U0381555

中国古生物研究丛书

Selected Studies of Palaeontology in China

志留纪骨甲鱼类生态复原（郭肖聪绘）

无颌类演化史与中国化石记录

Evolutionary History of Agnathans and Their Fossil Records in China

盖志琨　朱　敏　著
N. Tamura　杨定华　史爱娟　绘

上海科学技术出版社

图书在版编目(CIP)数据

无颌类演化史与中国化石记录/盖志琨，朱敏著. —上海：上海科学技术出版社，2017.6
ISBN 978-7-5478-3594-4

Ⅰ. ①无… Ⅱ. ①盖… ②朱… Ⅲ. ①无颌类-研究
Ⅳ. ①Q915.861

中国版本图书馆CIP数据核字（2017）第141053号

丛书策划 季英明
责任编辑 季英明
装帧设计 戚永昌

无颌类演化史与中国化石记录
盖志琨 朱 敏 著

上海世纪出版股份有限公司
上 海 科 学 技 术 出 版 社 出版
（上海钦州南路71号 邮政编码200235）
上海世纪出版股份有限公司发行中心发行
200001 上海福建中路193号 www.ewen.co
南京展望文化发展有限公司排版
上海中华商务联合印刷有限公司印刷
开本 940×1270 1/16 印张 21 插页 4
字数 610千字
2017年6月第1版 2017年6月第1次印刷
ISBN 978-7-5478-3594-4/Q·53
定价：398.00元

内 容 提 要

本书详细介绍了化石与现生无颌类各大类群的形态、解剖、分类、演化、生态、行为等内容，同时涉及化石的发现过程和研究历史等相关知识。选取全球范围内盲鳗亚纲、七鳃鳗亚纲、牙形动物、阿兰达鱼亚纲、星甲鱼亚纲、骨甲鱼亚纲、异甲鱼亚纲、花鳞鱼亚纲、缺甲鱼亚纲和茄甲鱼亚纲的部分代表性化石，以及中国无颌类昆明鱼目和盔甲鱼亚纲的大部分化石材料，共计47科99属107种，对其进行系统古生物学记述，每个属、种均有特征、产地与层位等信息，并配以素描图和生态复原图。

本书主要读者对象是古生物学、生物学、地质学工作者及爱好者，高校师生，自然博物馆类机构的工作人员和科普工作者。

Brief Introduction

The morphology, anatomy, taxonomy, evolution, ecology, and behavior of major groups of fossil and extant agnathans were presented in depth, and the relevant fossil finding and research history were introduced as well. A majority of Myllokunmingiida and Galeaspida found in China, and representatives of Euconodonta and other major agnathan groups including Myxini, Petromyzontida, Arandaspida, Astraspida, Heterostraci, Anaspida, Thelodontida, Pituriaspida and Osteostraci, 47 Families, 99 genera, 107 species in total, were selected for systematic description. The data of each genus and species included diagnosis, locality, horizon, and age, accompanied by fossil photos, anatomical illustrations and ecological restorations. This book is suitable to read for both professionals of paleontology, biology, geology, and amateurs of paleontology.

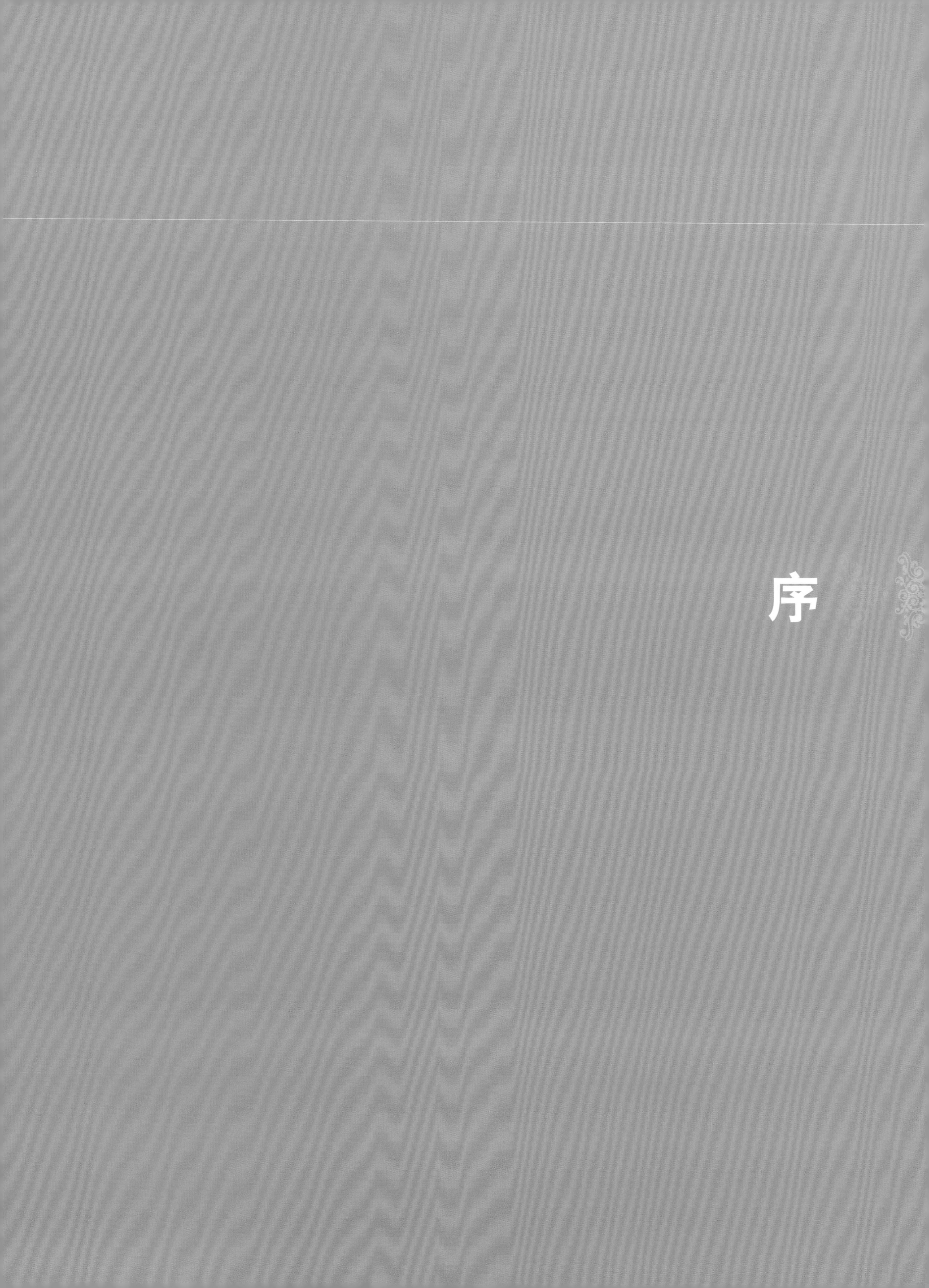

序

《中国古生物研究丛书》由上海科学技术出版社编辑出版，今明两年内将陆续与读者见面。这套丛书有选择地登载中国古生物学家近20年来，根据中国得天独厚的化石材料做出的研究成果，不仅记录了一些震惊世界的发现，还涵盖了对一些古生物学和演化生物学关键问题的探讨和思考。出版社盛邀在某些领域里取得突出成绩的多位中青年学者，以多年工作积累和研究方向为主线，进行一次阶段性的学术总结。尽管部分内容在国际高端学术刊物上发表过，但在整理和综合的基础上，首次全面、系统地编撰成中文学术丛书，旨在积累专门知识、方便学习研讨。这对中国学者和能阅读中文的外国读者而言，不失为一套难得的、专业性较强的古生物学研究丛书。

化石是镌刻在石头上的史前生命。形态各异、栩栩如生的化石告诉我们许多隐含无数地质和生命演化的奥秘。中国不愧为世界上研究古生物的最佳地域之一，因为这片广袤土地拥有重要而丰富的化石材料。它们揭示史前中国曾由很多板块、地体和岛屿组成；这些大大小小的块体原先分散在不同气候带的各个海域，经历很长时期的分隔，才逐渐拼合成现在的地理位置；这些块体表面，无论是海洋还是陆地，都滋养了各时代不同的生物群。结合其生成的地质年代和环境背景，可以揭示一幕幕悲（生物大灭绝）喜（生物大辐射）交加、波澜壮阔的生命过程。自元古代以来，大批化石群在中国被发现和采集，尤其是距今5.2亿年的澄江动物群和1.2亿年的热河生物群最为醒目。中国的古生物学家之所以能做出令世人赞叹的成果，首先就是得益于这些弥足珍贵的化石材料。

其次，这些成果的取得也得益于中国古生物研究的悠久历史和浓厚学术氛围。著名地质学家李四光、黄汲清先生等，早年都是古生物学家出身，后来成为地质学界领衔人物。正是中国的化石材料，造就了以他们为代表的一大批优秀古生物学家群体。这个群体中许多前辈的野外工作能力强、室内研究水平高，在严密、严格、严谨的学风中沁润成优良的学术氛围，并代代相传，在科学界赢得了良好声誉。现今中青年古生物学家继承老一辈的好学风，视野更宽，有些已成长为国际权威学者；他们为寻找掩埋在地下的化石，奉献了青春。我们知道，在社会大转型的过程中，有来自方方面面的诱惑。但凭借着对古生物学的热爱和兴趣，他们不在乎生活有多奢华、条件有多优越，而在乎能否找到更好、更多的化石，能否更深入、精准地研究化石。他们在工作中充满激情，愿意为此奉献一生。我们深为中国能拥有这一群体感到骄傲和自豪。

同时，中国古生物学还得益于改革开放带来的大好时光。我们很幸运地得到了国家（如科技部、中国科学院、自然科学基金委、教育部等）的大力支持和资助，这不仅使科研条件和仪器设备有了全新的提高，也使中国学者凭借智慧和勤奋，在更便利和频繁的国际合作交流中创造出优秀的成果。

将要与读者见面的这套丛书，全彩印刷、装帧精美、图文并茂，其中不乏化石及其复原的精美图片。这套丛书以从事古生物学及相关研究和学习的本科生、研究生为主要对象。读者可以从作者团队多年工作积累中，阅读到由系列成果作为铺垫的多种学术思路，了解到国内外相关专业的研究近况，寻找到与生命演化相关的概念、理论和假说。凡此种种，不仅对有志于古生物研究的年轻学子，对于已经入门的古生物学者也不无裨益。

戎嘉余　周忠和

《中国古生物研究丛书》主编

2015年11月

前 言

无颌类是脊椎动物中最原始也是最早出现的高阶元类群，包括昆明鱼目、圆口纲和甲胄鱼纲三大类群。它们早在寒武纪第二世（早寒武世）的澄江动物群中就已出现，是寒武纪大爆发中前途光明的物种，至今已有5亿多年的演化历史。无颌类现存种类已不多，但在志留纪、泥盆纪时期却非常繁盛，主要是各种"戴盔披甲"的甲胄鱼类，包括异甲鱼类、缺甲鱼类、花鳞鱼类、茄甲鱼类、骨甲鱼类、盔甲鱼类等类群，它们曾经一度是地球上的优势物种。3.6亿年前泥盆纪结束的时候，盛极一时的甲胄鱼类突然遭受灭顶之灾，彻底灭绝，无颌类只有营特殊寄生生活的盲鳗类和七鳃鳗类两个类群残存至今。由于无颌类的大部分类群均已灭绝，现生无颌类圆口纲种数仅占现生脊椎动物物种数的0.2%不到，因此无颌类对大多数人来说是陌生的。适逢上海科学技术出版社邀请撰写一部关于无颌类演化史与中国化石记录方面的专著，我们欣然接受，我们觉得十分有必要把无颌类这一神秘的类群全面、系统地介绍给公众。

从丁文江先生1914年滇东地质考察算起，中国无颌类化石已有整整百年的发现史。在中国发现的无颌类化石有昆明鱼类、花鳞鱼类、盔甲鱼类和七鳃鳗类等，其中昆明鱼类、盔甲鱼类、七鳃鳗类的许多研究成果为解决脊椎动物若干重大演化问题，如脊椎动物起源、颌的起源等，提供了关键资料。几代学者的不懈努力为本书的编写提供了珍贵的基础资料。我们都是在学术生涯之初就开始接触、研究无颌类化石，见证了中国无颌类化石研究的发展过程，也得益于刘玉海、潘江、Philippe Janvier等多位研究前辈的悉心指导与帮助。2006年起，我们开始应用大科学装置同步辐射X射线显微成像和计算机三维虚拟复原技术，开展盔甲鱼类曙鱼脑颅的三维重建和有颌脊椎动物起源的研究。历时5年完成7个曙鱼脑颅的三维重建与复原，同时结合分子发育生物学的最新资料，在脊椎动物颌的起源这一前沿领域取得了一定进展，相关成果在*Nature*杂志以封面推荐文章发表，引起国际学术界广泛关注，成果先后入选英美经典教科书*History of Life*（第五版）、*Vertebrate Palaeontology*（第四版），以及*New Scientist*（2904期）杂志封面故事，曙鱼被认为是与提克塔利克鱼、始祖鸟、弗洛勒斯人等同等重要的生物演化中的缺失环节。无颌类化石及其演化也开始越来越多地吸引学界与公众的目光。

目前，专门系统介绍无颌类演化的专著非常少，仅在部分教科书中有零散的介绍，既不系统，也不全面。对无颌类作最全面介绍的著作当属法国自然历史博物馆Philippe Janvier教授1996年出版的*Early Vertebrates*，它被业内认为是研究早期脊椎动物必读的"圣经"。但该书仅系统总结了1996年前的无颌类研究成果，此后再无新版本问世。我们在其基础上吸收总结最近20年来，特别是新技术条件下，无颌类研究取得的新进展，尽最大可能地复原无颌类各大类群的外表形态、内部解剖、生态环境、生活习性等，同时系统阐述无颌类的演化历史、系统分类等，尝试性地还原脊椎动物在从无颌到有颌的过渡中所经历的重大变化。本书将是国内第一本详细介绍无颌类各大类群比较解剖与系统演化的专著。

感谢西北大学早期生命研究所舒德干院士，中国科学院南京地质古生物研究所赵方臣博士，台湾"中央研究院"细胞与个体生物学研究所Kinya G. Ota博士，英国布里斯托大学Philip C.J. Donoghue教授、Carlos Martinez-Perez博士，澳大利亚Brian Choo博士，加拿大多伦多大学Gerry De Iuliis博士，以及中国科学院古脊椎动物与古人类研究所张弥曼院士、张江永研究员、郭肖聪、耿丙河等为本书提供部分精美插图；感谢山东科技大学孙智新、澳大利亚Susan Turner、瑞典乌普萨拉大学瞿清明博士、中国科学院古脊椎动物与古人类研究所潘照晖等同事和同行的大力支持与帮助，值此书完成之时，向他们表示衷心的感谢！

本书所涉及的研究工作得到国家自然科学基金（项目批准号：41572108、41530102、41372025）、中国科学院前沿科学重点研究项目（QYZDJ-SSW-DQC002）、中国科学院战略性先导科技专项（XDPB05）、国家高层次人才特殊支持计划（"万人计划"）、中国科学院脊椎动物演化与人类起源重点实验室的资助，在此一并表示感谢。

限于编著者的水平，书中难免有疏漏、错误和不妥之处，谨祈读者批评指正。

目 录

优雅皮卡鱼生态复原图（N. Tamura 绘）

1 无颌类概述

1.1 无颌类的定义

无颌类 (Agnathans) 顾名思义就是没有颌的脊椎动物，在分类上属于脊索动物门 (Chordata) 脊椎动物亚门 (Vertebrata) 无颌超纲 (Agnatha)，与之对应的则是脊椎动物亚门的另一大类群——有颌类，即有颌超纲 (Gnathostomata)。现生无颌类的种类已非常少，仅有圆口纲 (Cyclostomata) 的七鳃鳗和盲鳗两个类群，总共只有120多种，不到现生脊椎动物物种数的0.2%。其余现生脊椎动物均为有颌类，主要包括软骨鱼类、辐鳍鱼类和肉鳍鱼类 (肺鱼、拉蒂迈鱼和四足动物) (图1–1)。由于七鳃鳗和盲鳗这两个类群均具有一个圆形的口，无真正的上下颌和齿，只有可伸缩的角质齿，因此称为"圆口类"。圆口类是现生脊椎动物中最原始的类群，其化石记录最早可追溯到晚泥盆世，但系统发育分析表明它们的起源可能发生于寒武纪。

虽然无颌类现生种类不多，但在地史时期却非常繁盛，主要是活跃在志留—泥盆纪时期一些"戴盔披甲"的

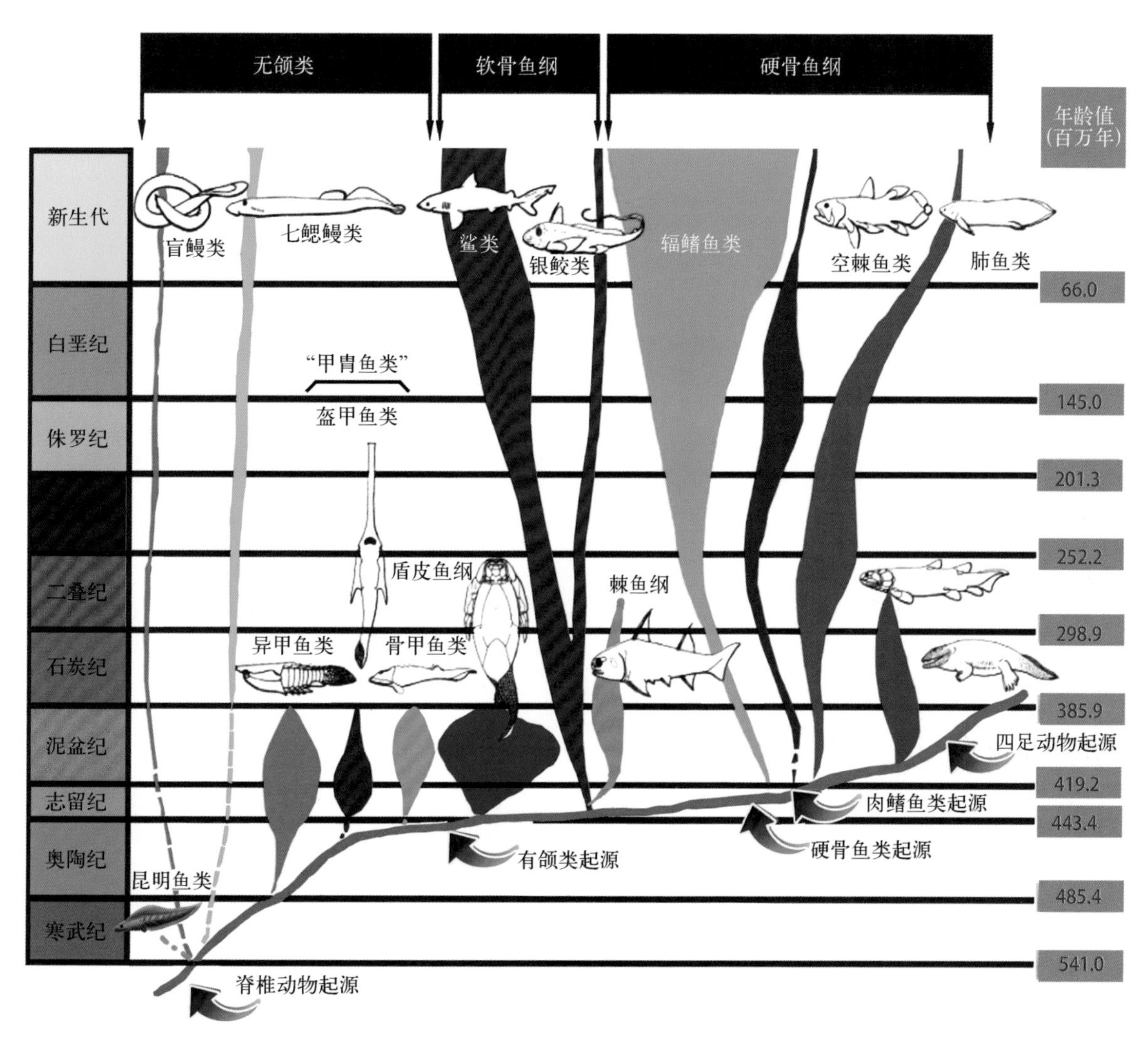

图1–1　无颌类在脊椎动物演化史中的地位

甲胄鱼类，包括星甲鱼类、阿兰达鱼类、异甲鱼类、缺甲鱼类、花鳞鱼类、茄甲鱼类、盔甲鱼类、骨甲鱼类等主要类群。目前这些类群在系统发育关系上被一致认为是现生圆口类和有颌类之间的过渡类群，即有颌类干群，这些类群对了解有颌类的起源与早期演化，特别是有颌类如何逐步获得其关键特征，起着至关重要的作用 (图1–2)。

无颌类是地球上最原始的脊椎动物，早在距今5.2亿年的寒武纪早期就已出现。1999年，舒德干等人在*Nature*上报道了在中国寒武纪第二世 (早寒武世) 澄江动物群中发现的昆明鱼 (*Myllokunmingia*) 和海口鱼 (*Haikouichthys*) 化石 (Shu et al., 1999)。这两条鱼具纺锤形身体，有"W"形肌节，还有较复杂的软骨质头颅、鳃弓、围心腔和鳍条，这些特征与现生七鳃鳗幼体十分相似。后续研究进一步确认海口鱼已具有原始脊椎，头部具有侧眼、鼻囊和听囊等感觉器官 (Shu et al., 2003)，表明它们已进入脊椎动物的范畴，从而将脊椎动物的起源时间向前推进了5 000万年，这一时间与校正后的分子钟预测的时间越来越接近。寒武纪这些全身裸露的无颌类在形态学上既不同于现生圆口类 (七鳃鳗、盲鳗)，也迥异于古生代形形色色"戴盔披甲"的甲胄鱼类，可能代表了一个脊椎动物早期演化的独特类群——昆明鱼目 (Myllokunmingiida) (Shu, 2003)，在演化位置上可能属于脊椎动物的干群 (stem-group vertebrates)，因此对于了解脊椎动物的起源有着重要意义 (图1–1)。

从寒武纪芙蓉世 (晚寒武世) 开始，地球上出现了最早具有硬组织的脊索动物——牙形动物 (conodonts)。牙形动物与最早的脊椎动物一样，是一种全身裸露的鳗形动物，因此很少在化石中完整保存。保存下来的通常只

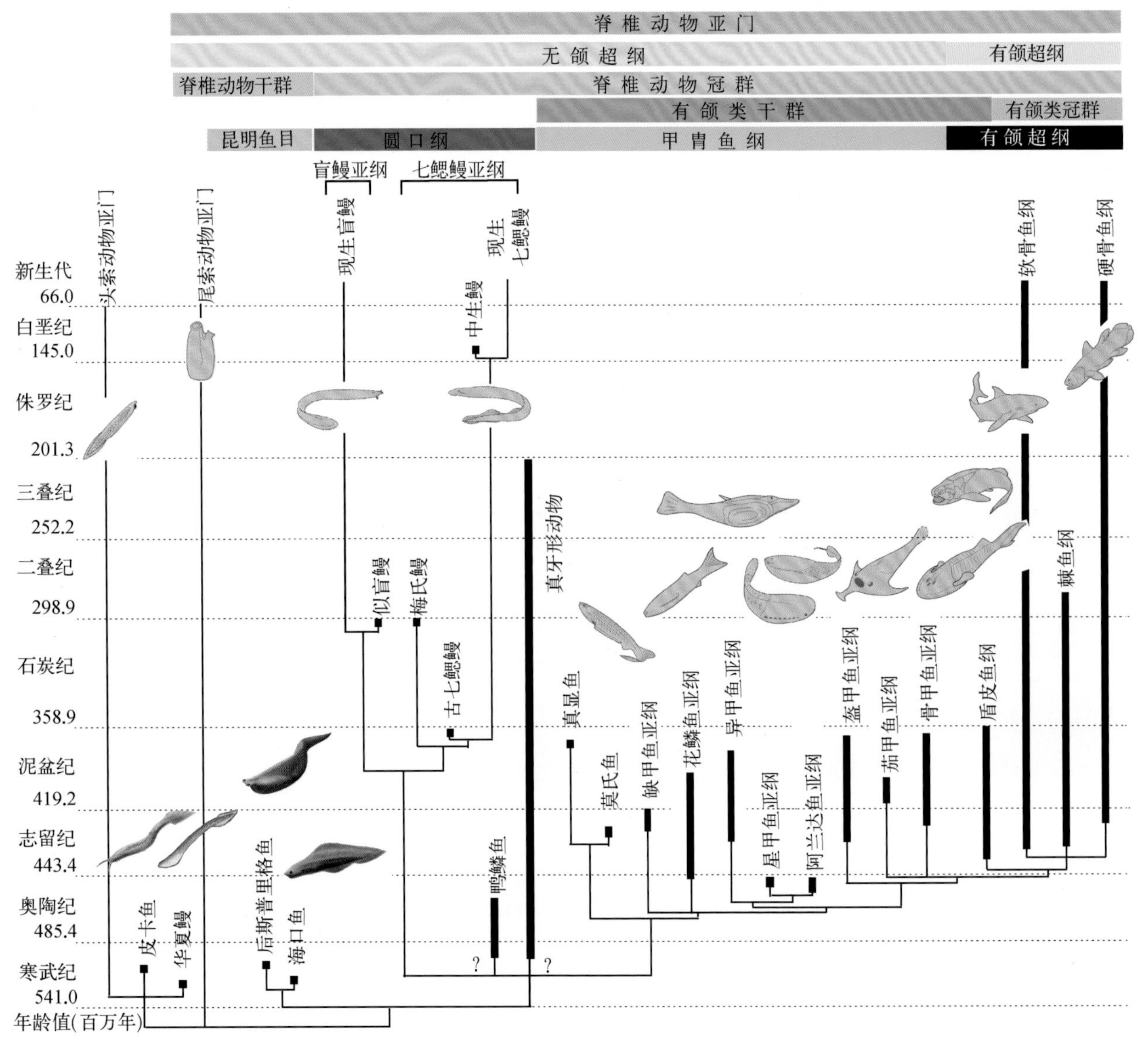

图1–2 无颌类在地史时期的分布

是它们身体中较硬的一些类似于牙齿的结构，在文献中常被称作牙形分子 (conodont elements)。牙形动物与现代七鳃鳗很相似，身体呈鳗形，两侧对称，具有一非常小的头，但上面长有一对大眼睛，肛门后位，有肌节和脊索，还有背鳍和可能有软骨辐条支撑的尾鳍等脊索动物典型特征。把牙形动物归到脊索动物门已无疑义，但它们是否属于真正的脊椎动物，目前仍有很大争议 (图1–2)。

虽然甲胄鱼类的疑似骨片在寒武纪芙蓉世 (晚寒武世) 就已出现，但最早无争议的具外骨骼保护的甲胄鱼类化石记录只能追溯到中奥陶世晚期 (距今约4.7亿年) 来自澳大利亚中部楼梯砂岩 (Stairway Sandstone) 的阿兰达鱼 (*Arandaspis*)。稍晚一些的有来自晚奥陶世早期 (距今约4.5亿年) 在北美落基山脉地区发现的星甲鱼 (*Astraspis*)、显褶鱼 (*Eriptychius*) 以及在南美玻利维亚地区发现的萨卡班坝鱼 (*Sacabambaspis*)，这些奥陶纪无颌类化石呈现了甲胄鱼类的最初形态 (图1–2)。

虽然甲胄鱼类化石从中奥陶世，甚至寒武纪芙蓉世 (晚寒武世) 就已出现，但直到奥陶纪末期，这些当时最有前途的脊椎动物却并未得到发展，整个奥陶纪的海洋仍是无脊椎动物的天下。到奥陶纪末期，由于赫南特大冰期的影响，地球生物圈经历了寒武纪大爆发以来的第一次生物大灭绝，导致无脊椎动物大量灭绝，古生代海洋出现了广阔的生态空位。熬过了大冰期的甲胄鱼类终于在志留—泥盆纪时期迎来辐射式发展，演化出以下几大类群：异甲鱼亚纲 (Heterostraci)、缺甲鱼亚纲 (Anaspida)、花鳞鱼亚纲 (Thelodonti)、茄甲鱼亚纲 (Pituriaspida)、骨甲鱼亚纲 (Osteostraci) 和盔甲鱼亚纲 (Galeaspida)，开始进入全盛的甲胄鱼类时代 (图1–2)。无颌类经过志留纪晚期和泥盆纪早期的繁盛，从泥盆纪中期开始衰落，到泥盆纪结束时，盛极一时的甲胄鱼类彻底灭绝。无颌类中只有盲鳗类和七鳃鳗类延续到现在。

盔甲鱼类是甲胄鱼类中土著性色彩浓厚的一个类群，目前只发现于中国和越南北部的志留—泥盆纪地层。经过近50年的研究积累，目前发现的盔甲鱼类约有58属76种，并建立起亚纲一级的分类单元，成为与骨甲鱼亚纲、异甲鱼亚纲、缺甲鱼亚纲、花鳞鱼亚纲并列的五大类群之一。近年来，研究表明盔甲鱼的脑颅在颌的起源之前就已发生关键的重组，成对鼻囊位于口鼻腔的两侧，垂体管向前延伸并开口于口腔，与七鳃鳗和骨甲鱼类的鼻垂体复合体完全不同，而与有颌类的非常相似，可能代表了在颌演化过程中的一个非常关键的中间环节。因此，中国的盔甲鱼类是解开脊椎动物颌起源之谜的一个关键类群，最早的有颌类可能就是从志留纪盔甲鱼类分化而来，而且很可能就发生在中国。

1.2 无颌类的系统分类

颌的起源可以说是脊椎动物演化史上最具革命意义的演化事件，深刻影响了脊椎动物的演化方向，它使脊椎动物成为“顶级掠食者”，爬上了整个食物链的最顶端。自此以后，脊椎动物结束了简单的滤食生活，向更为广阔的生态空间拓展，演化出了包括我们人类在内的形形色色的有颌脊椎动物 (Gai, Zhu, 2012)。

在前进化论时期，颌对脊椎动物的演化意义和分类重要性并没有被意识到，现生无颌类仅仅被看作是脊椎动物一个普通类群，从来没有人认为它们比脊椎动物其他类群原始得多。瑞士解剖学家Louis Agassiz在19世纪30年代最早从苏格兰收到第一批无颌类化石的时候，由于它们不像现在的任何生物，发现很难对这些化石进行分类。直到1844年，他才意识到这些化石没有活动的颌，并将它们归类到一个新的分类类群——甲胄鱼纲 (Ostracodermi)。

一直到19世纪末，基于颌的特征将脊椎动物一分为二的分类思想，才开始形成，古生物学家E. D. Cope于1889年首次将脊椎动物区分为两大类群，建立无颌超纲 (Agnatha) 和有颌超纲 (Gnathostomata)，并正式将甲胄鱼纲置于无颌超纲之下。在Woodward (1898) 的分类方案中，无颌超纲包括现生无颌类的圆口纲和古生代化石无颌类的甲胄鱼纲，但当时的甲胄鱼纲仅包括异甲鱼亚纲 (Heterostraci)、骨甲鱼亚纲 (Osteostraci) 和胴甲鱼亚纲 (Antiarchi)，胴甲鱼类后来被证明具有颌，被归入到盾皮鱼纲 (Placodermi)。

20世纪初，随着后续研究发现，现生无颌类七鳃鳗和有颌类的鳃在发育过程中分别来自内胚层和外胚层 (Goette, 1901)，Cope的这一分类思想得到进一步支持。后来发现的阿兰达鱼亚纲 (Arandaspida)、星甲鱼亚纲 (Astraspida)、缺甲鱼亚纲 (Anaspida)、盔甲鱼亚纲 (Galeaspida)、茄甲鱼亚纲 (Pituriaspida) 及花鳞鱼亚纲 (Thelodonti) 都被归到甲胄鱼纲，占据了无颌类中的绝大多数。20世纪末，随着一系列寒武纪无颌类的发现，属于脊椎动物干群的昆明鱼目也纳入无颌超纲的范畴里。因此现在的无颌超纲应包括昆明鱼目 (Myllokunmingiida)、圆口纲 (Cyclostomata) 和甲胄鱼纲 (Ostracodermi) 三大类群 (图1–3)。无颌超纲三大类群的详细分类系统见表1–1。

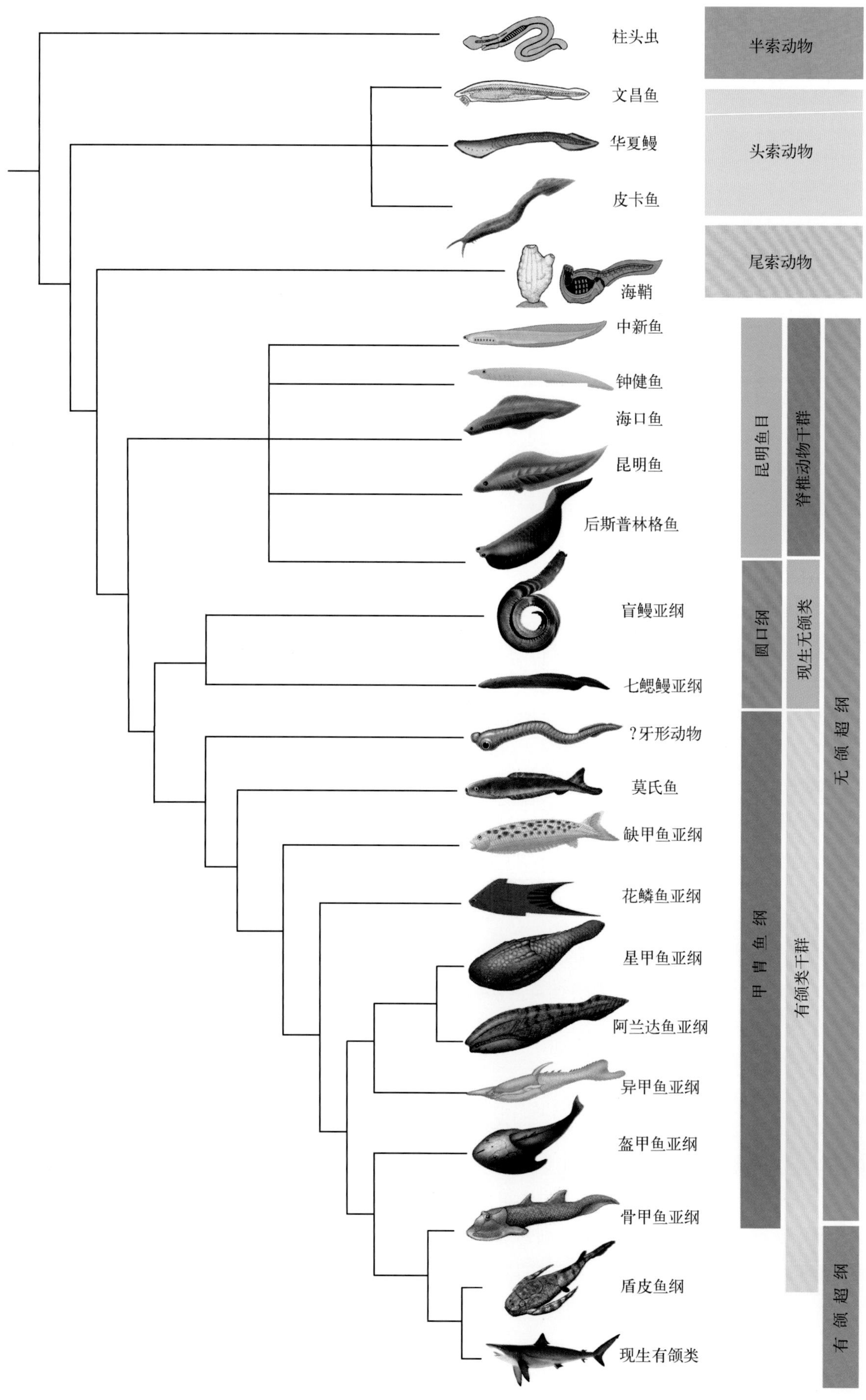

图1-3 无颌类的系统分类

表 1-1 无颌类的系统分类

Phylum Chordata 脊索动物门
Subphylum Urochordata 尾索动物亚门
Subphylum Cephalochordata 头索动物亚门
Subphylum Vertebrata (=Craniata) 脊椎动物亚门

Superclass Agnatha 无颌超纲
Order Myllokunmingiida 昆明鱼目*
Family Myllokunmingidae 昆明鱼科
Class Cyclostomata 圆口纲
Subclass Myxini 盲鳗亚纲
Order Myxiniformes 盲鳗目 (又称穿腭目 Hyperotreti)
Family Myxinidae 盲鳗科
Subfamily Myxininae 盲鳗亚科
Subfamily Epatretinae 黏盲鳗亚科
Subfamily Rubicundinae 红盲鳗亚科
Subclass Petromyzontida 七鳃鳗亚纲
Order Petromyzontiformes 七鳃鳗目 (又称完腭目 Hyperoartia)
Family Petromyzontidae 七鳃鳗科
Family Geotriidae 囊口七鳃鳗科
Family Mordaciidae 袋七鳃鳗科
Class Euconodonta 真牙形动物纲*
Order Ozarkodinida 欧扎克目
Family Cavusgnathidae 空刺科
Class Ostracodermi 甲胄鱼纲*
Subclass Arandaspida 阿兰达鱼亚纲*
Order Arandaspidiformes 阿兰达鱼目
Family Arandaspididae 阿兰达鱼科
Subclass Astraspida 星甲鱼亚纲*
Order Astraspidiformes 星甲鱼目
Family Astraspididae 星甲鱼科
Subclass Heterostraci 异甲鱼亚纲*
Order Cyathaspidiformes 杯甲鱼目
Family Cyathaspididae 杯甲鱼科
Family Amphiaspididae 两甲鱼科
Family Ctenaspididae 栉甲鱼科
Order Pteraspidiformes 鳍甲鱼目
Family Protopteraspididae 原鳍甲鱼科
Family Pteraspididae 鳍甲鱼科
Family Protaspididae 原甲鱼科
Family Psammosteidae 沙甲鱼科
Subclass Anaspida 缺甲鱼亚纲*
Order Birkeniida 长鳞鱼目
Family Birkeniidae 长鳞鱼科
Family Pharyngolepididae 咽鳞鱼科
Family Lasaniidae 裸头鱼科
Order Jamoytiiformes 莫氏鱼目
Family Jamoytiidae 莫氏鱼科
Family Euphaneropidae 真显鱼科

（续表）

Family Achanarellidae　阿卡纳鱼科
Subclass Thelodontida　花鳞鱼亚纲*
Order Thelodontiformes　花鳞鱼目
Family Coelolepididae　腔鳞鱼科
Family Loganelliidae　马钱鱼科
Order Phlebolepidiformes　脉鳞鱼目
Family Phlebolepididae　脉鳞鱼科
Order　Furcacaudiformes　叉尾鱼目
Family Furcacaudidae　叉尾鱼科
Subclass Pituiaspida　茄甲鱼亚纲*
Subclass Osteostraci　骨甲鱼亚纲*
Family Ateleaspididae　无角鱼科
Order Cornuata　角鱼目
Family Cephalaspididae　头甲鱼科
Family Zenaspididae　禅甲鱼科
Family Benneviaspididae　篮甲鱼科
Family Kiaeraspididae　凯尔鱼科
Family Thyestiidae　梯厄斯忒斯鱼科
Subclass Galeaspida　盔甲鱼亚纲*
Order Hanyangaspidida　汉阳鱼目
Family Hanyangaspidae　汉阳鱼科
Family Xiushuiaspidae　修水鱼科
Family Dayongaspidae　大庸鱼科
Order Eugaleaspiformes　真盔甲鱼目
Family Sinogaleaspidae　中华盔甲鱼科
Family Eugaleaspidae　真盔甲鱼科
Supraorder Polybranchiaspidida　多鳃鱼超目
Family Geraspididae　秀甲鱼科
Family Zhaotongaspidide　昭通鱼科
Order Polybranchiaspiformes　多鳃鱼目
Family Pentathyraspidae　五窗鱼科
Family Duyunolepidae　都匀鱼科
Family Polybranchiaspidae　多鳃鱼科
Order Huananaspiformes　华南鱼目
Family Sanchaspidae　三岔鱼科
Family Gantarostrataspidae　鸭吻鱼科
Family Sanqiaspidae　三歧鱼科
Family Nanpanaspidae　南盘鱼科
Family Huananaspidae　华南鱼科
Family Macrothyraspidae　大窗鱼科

* 表示已灭绝的类群。

对于脊椎动物的两大类群无颌超纲和有颌超纲，有颌超纲的单系性并无争议，例如Mazan等（2000）提出56个共近裔特征来定义有颌超纲。虽然最新的系统发育分析表明，现生无颌类（圆口纲）很可能是单系类群，但众多化石类群的加入使得无颌超纲作为更高一级的分类单元仍是并系。Cope和后来的古生物学家用来定义无颌类的特征，包括没有上下颌、没有水平半规管、单一的外鼻孔（鼻垂体孔）等，但这些特征都是脊椎动物的原始特征，而非共近裔特征，因此无颌超纲是一个并系类群，而非自然类群，是脊椎动物门剔除有颌类之后的集合。无颌超纲中的甲胄鱼纲（如盔甲鱼类、骨甲鱼类）相对于具有现生种类的圆口纲，与有颌类具有更近的亲缘关系，这些化石类群虽然还没有演化出上下颌，但据最新分支系统学分类，它们已落入有颌类全群的范畴，被称为有颌类干群。而无颌类的另一些类群，如寒武纪的昆明鱼类，可能占据着脊椎动物谱系树更基干的位置，是脊椎动物干群 (stem-group vertebrates)，对于探讨脊椎动物、头索动物和尾索动物间的相互关系具有重要意义。

1.3 无颌类的起源假说

无颌类在分类上属于脊索动物门 (Chordata) 脊椎动物亚门 (Vertebrata)。脊索动物门由德国生物学家海克尔于1874年建立，包括尾索动物亚门 (Urochordata Lankester, 1877)、头索动物亚门 (Cephalochordata Haeckel, 1866) 和脊椎动物亚门 (Vertebata Lamarck, 1801) 三大亚门，其共近裔特征有：① 具一条富弹性且不分节的脊索用以支撑身体。低等种类的脊索终生保留 (但有的仅见于幼体)，而多数高等种类只在胚胎期具脊索，成体时脊索由分节的脊柱所取代；② 具位于脊索上方的背神经管；③ 具咽鳃裂，其位于消化道前端的两侧，通过对称排列、数目不等的裂孔与外界相通，司呼吸功能。水生脊索动物终生保留鳃裂，而陆生脊索动物鳃裂仅见于胚胎期或幼体阶段 (如蝌蚪)；④ 具肛后尾，即位于肛门后方的尾，其中有肌肉和脊索，存在于生命史某一阶段或终生存在。而绝大多数两侧对称的无脊椎动物，消化道几乎伸展于身体的全长，身体无明显的尾；⑤ 具心脏，并总是位于消化道腹面，通过封闭式的循环系统 (尾索动物除外) 将血液输送到全身；⑥ 具中胚层形成的内骨骼，并在其表面附着肌肉；⑦ 具咽下腺 (在原索动物中称内柱，在脊椎动物中称甲状腺)，位于咽腹部，具有与碘结合的能力。

1885年英国生物学家W. Bateson为柱头虫 (*Balanoglossus*) 这类动物建立了半索动物亚门 (Hemichordata Bateson, 1885)，并将其归入脊索动物门，但其后的研究表明，柱头虫的口索并不是脊索的同源结构，很可能是一种内分泌器官，因此当排除在脊索动物门外。古生代海洋中曾盛极一时的笔石动物被认为与半索动物有着密切的亲缘关系 (Sato et al., 2008)。

头索动物亚门，又称无头类 (Acrania)，有贯穿全身的脊索，且脊索延伸到神经管前面，故称头索动物。其典型代表为文昌鱼 (*Branchiostoma*) (图1–4a,

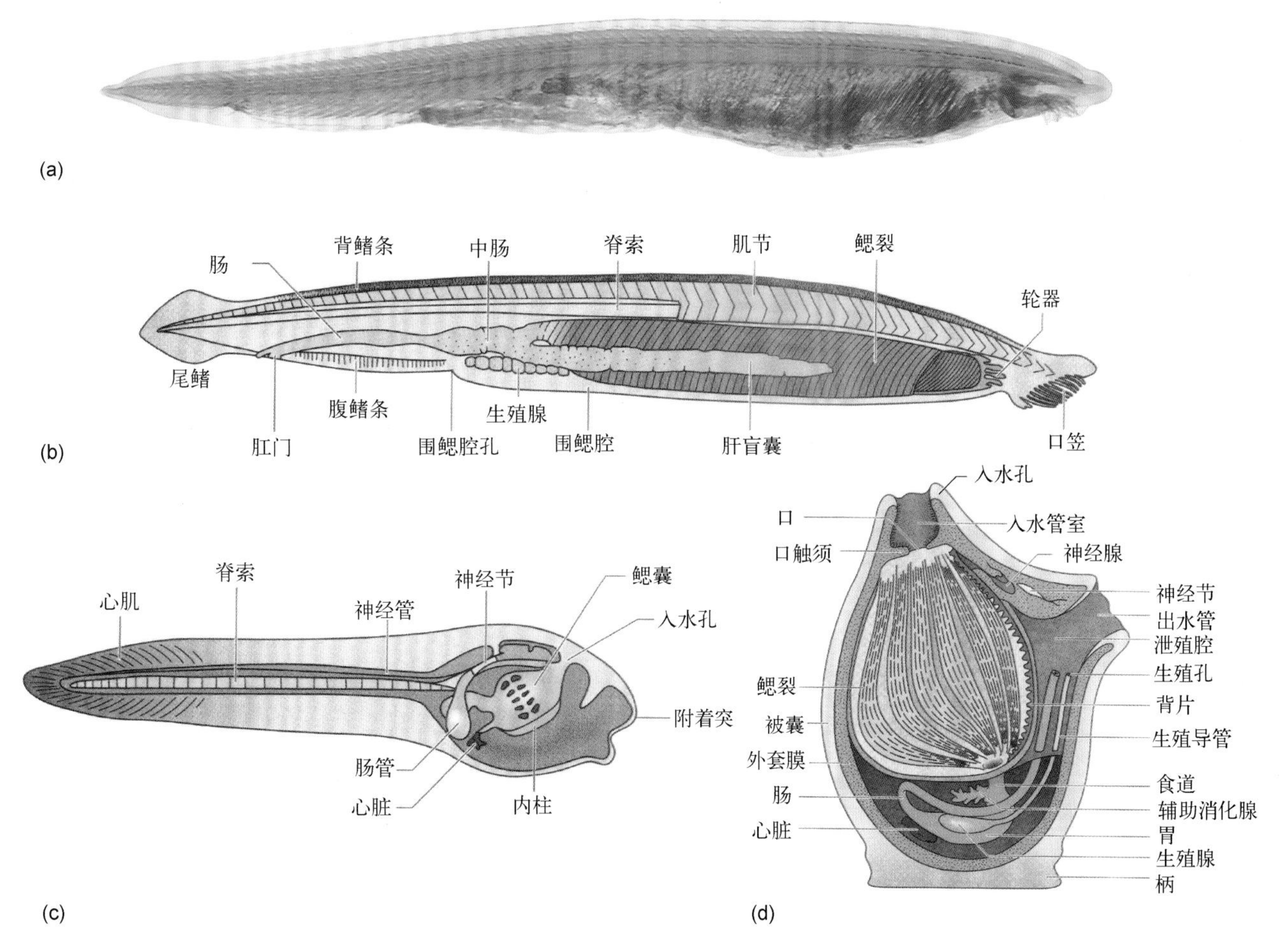

图1–4 原索动物 (Protochordata) 形态与比较解剖 a，b. 头索动物文昌鱼 (*Branchiostoma*) (a引自Gudo, Grasshoff, 2002)；c，d. 尾索动物海鞘 (*Ascidiacea*)。c. 幼体；d. 成体 (c、d引自Erwin, Valentine, 2013)。

b)，最早由德国生物学家P. S. Pallas于1774年在英国发现。1836年英国学者W. Yarrell根据其两头尖的形状，定名为双尖鱼 (*Amphioxus*)。Amphioxus不幸成为Branchiostoma的后出异名，但作为普通术语仍被广泛使用。文昌鱼身体似鱼，但无真正的头，终身都有一条纵贯全身的脊索，背侧有神经管，咽部具许多条鳃裂，无真正的心脏，只有一条能跳动的腹血管。头索动物喜栖水质清澈的浅海海底泥沙中，平时少活动，大半身体埋于泥沙中，前端露出沙外。身体除口以外，还有2孔与外界相通，即围鳃腔孔 (atriopore) 和肛门。头索动物亚门种类虽然不多，仅有头索纲一纲，包括文昌鱼等30余种，但由于身上以简单的形式终生保留着脊索动物的三大基本特征，长期以来在脊椎动物起源研究中占据中心地位。头索动物的化石记录最早可追溯到距今5.2亿年的寒武纪第二世 (早寒武世)，如中国澄江动物群的华夏鳗 (*Cathaymyrus*) (Shu et al., 1996a)，还有稍晚些的布尔吉斯页岩动物群的皮卡鱼 (*Pikaia*) (Conway Morris, Caron, 2012)。

尾索动物亚门，又称被囊类 (Tunicata)，代表动物为海鞘 (图1–4c, d)，因这个类群的身体均包裹在一个由外套膜分泌而来的胶质或近似植物纤维成分的被囊外鞘而得名，1 370余种，包括海鞘纲 (Ascidiacea)、尾海鞘纲 (Appendiculariae)、樽海鞘纲 (Thaliacea)。海鞘在外观上与海绵动物非常相像，但是海鞘具两个较大的、相距不远的开口，位置较高的是入水孔，下面的是出水孔；海鞘在幼体时期尾部具脊索和神经管，成体时尾索消失，神经管则变为神经节 (张劲硕，张帆，2014；王磊等，2010)。尾索动物化石记录最早可追溯到距今5.2亿年的寒武纪第二世 (早寒武世)，长江海鞘 (*Cheungkongella*) 和山口海鞘 (*Shankouclava*) 是澄江动物群中最接近被囊类尾索动物的一类化石。这些化石大多保存得非常精美，躯体构型与现生的海鞘十分相似，可能属于尾索动物，但P. Janvier (2014) 认为，根据差别很大的现生类群来解读它们的解剖结构，可能存在过度解释的风险，因此它们是否属于真正的尾索动物，目前尚存争议 (Shu et al., 2001a, 2009; Shu, 2008; Chen et al., 2003)。

尾索动物亚门和头索动物亚门是脊索动物门中最原始的类群，有时亦合称原索动物 (Protochordates)。虽然这两个类群均具脊索，但尚未形成脊椎，所以这两个亚门实质上仍然属于无脊椎动物，是现存的与脊椎动物最接近的无脊椎动物，而无颌类是脊椎动物亚门最原始的类群。因此，探讨无颌类的起源，可简化为厘清尾索动物、头索动物与脊椎动物3亚门之间的相互关系。

头索动物成体的形体构型比任何尾索动物更接近脊椎动物，比如，与海鞘的成体相比，文昌鱼的成体有分节的肌肉、原肾和肛后尾，肠中的内柱与脊椎动物的甲状腺同源。另外，基于18S rRNA和18S rDNA的分子系统学研究，也支持头索动物和脊椎动物的关系最近 (Peterson, 2001; Wada, Satoh, 1994)。因此，长期以来，文昌鱼一直被看作是与脊椎动物最接近的无脊椎动物。传统上，人们对脊索动物系统演化较为一致的看法是：后口动物中棘皮动物和半索动物共同构成其他后口动物的姐妹群，在脊索动物中尾索动物又是头索动物和脊椎动物的姐妹群，头索动物是与脊椎动物关系最接近的类群，它们首先聚在一起 (Winchell et al., 2002; Schubert, 2006) (图1–5)。

近年来，模式生物全基因组序列测序的完成和比较基因组学的兴起，越来越多的证据却支持尾索动物与脊椎动物的关系最近，例如Blair和Hedges (2005)、Philipppe等 (2005) 基于更多基因的系统分析表明，脊椎动物先与海鞘聚在一起，而不是文昌鱼，文昌鱼的传统地位由此受到挑战，人们开始重新思考脊椎动物起源的问题。Delsuc等 (2006) 对13种脊索动物的146种基因进行了大规模的系统发育分析，最终结果都表明是尾索动物海鞘而不是头索动物文昌鱼与脊椎动物关系最近。Jeffery等 (2004, 2007) 对海鞘形态学的研究发现，海鞘中有一种迁移细胞与脊椎动物的神经嵴细胞十分相似，这种迁移细胞产生于神经管附近，最终分化成为色素细胞，而这样的细胞在文昌鱼中迄今尚未发现，这一发现也支持尾索动物与脊椎动物的关系最近 (王磊等，2010)。

新的系统发育分析结果复活了脊椎动物起源的幼态演化假说 (Garstang's hypothesis of chordate larval evolution)。该假说由英国生物学家N. Garstang于1928年提出，认为脊椎动物无颌类的祖先可能类似于尾索动物的幼体，具有鳃裂，以滤食为生，成体则类似于现代尾索动物成体那样营底栖固着生活。这种动物随后出现了具脊索、背神经管和肛后尾的一个自由游泳蝌蚪样的幼体阶段，称为"蝌蚪幼体"阶段，这个幼体具有性早熟 (paedogenesis) 现象。在这种脊索动物的生命周期中，蝌蚪幼体阶段比固着生活的成体阶段生活的时间更长，此时，营固着生活的成体阶段就可能从这种原始祖先的生命周期中被淘汰。这种生物早期的一个侧枝演化为文昌鱼，而主干则进一步向两个方向发展，一是经过变态，成体营底栖固着生活，以

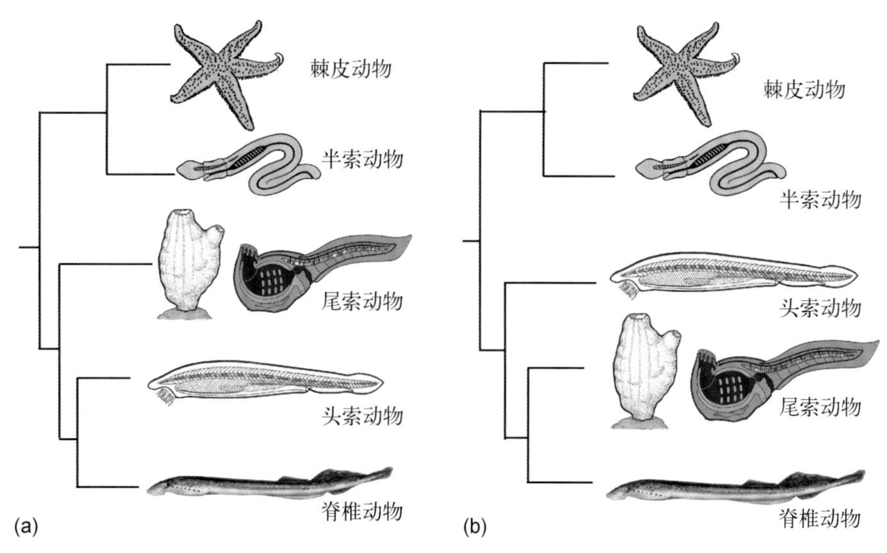

图1–5 后口动物的系统发育关系假说 a. 头索动物构成脊椎动物最近的姐妹群(Winchell et al., 2002, Wada, Satoh, 1994); b. 尾索动物构成脊椎动物最近的姐妹群(Philippe et al., 2005, Delsuc et al., 2006)。

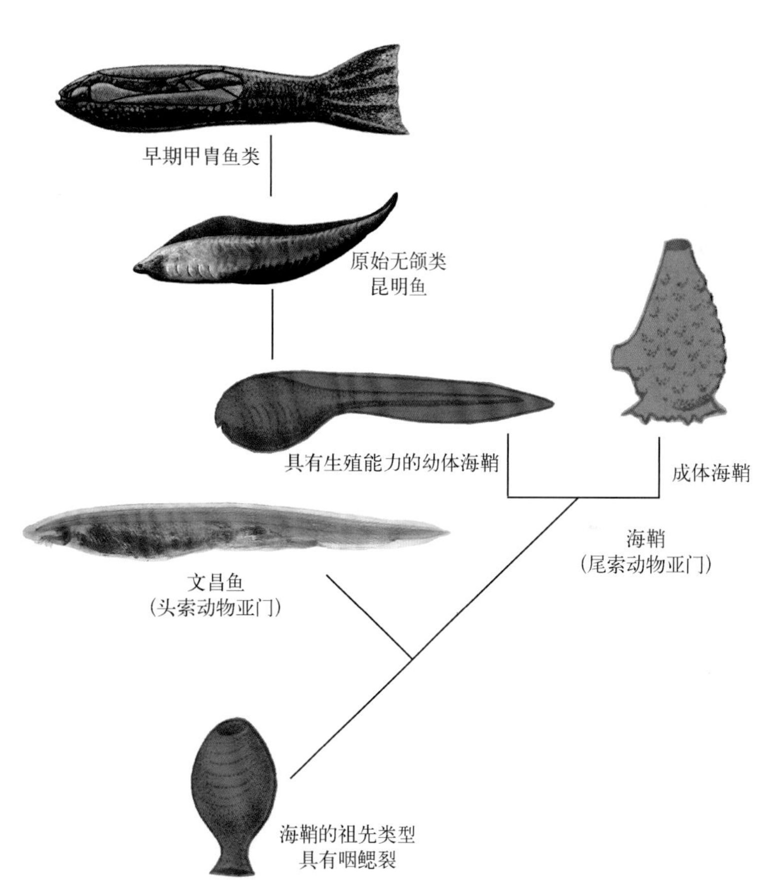

图1–6 无颌类的起源假说 (修改自Long, 2011; 文昌鱼图片引自Gudo, Grasshoff, 2002; 昆明鱼图片引自舒德干团队,2016)

鳃裂作为取食和呼吸器官；另一方向是幼体期延长并适应新的生活环境，不再变态，产生生殖腺并进行繁殖 (即幼态成熟)，进而发展出新的一类动物，即具有脊索、背神经管和鳃裂的自由运动的早期无颌类，如寒武纪的昆明鱼和海口鱼，之后又进一步分化为甲胄鱼类和有颌类 (Garstang, 1928) (图1–6) 。因此，该假说认为海鞘更接近于原始无头类脊椎动物的祖先，是脊椎动物最近的姐妹群。关于幼态成熟现象在现代的尾索动物尾海鞘纲的生命周期中可以明显地看到，尾海鞘纲动物已失去固着阶段，具繁殖能力，这一点可作为“幼体”性早熟的实例，并可视为脊索动物早期演化的活样板。很多动物学家认为营固着生活、以滤食为生的半索动物门的羽鳃纲是尾索动物祖先的模型。羽鳃纲动物具纤毛带的触手腕，它们利用触手腕滤过方式取食多于用鳃裂滤过方式取食。但此纲中某些种类在咽部具鳃裂，或许咽鳃裂这种结构演化为一种更有效的取食方式，并替代了触手腕滤食方式。

日本七鳃鳗（Kinya Ota 供图）

2 现生无颌类

2.1 概述

圆口纲 (Cyclostomata) 是脊椎动物中唯一现存的无颌类，包括盲鳗亚纲和七鳃鳗亚纲两个类群。这两个类群均具有一个圆形的口，无真正上下颌和牙齿，只有可伸缩的角质齿，因此被称为"圆口类"。

对于圆口纲是否是一个单系类群，长期以来一直存在很大争议。1806年，法国动物学家A. M. Constant Duméril最先提出将七鳃鳗和盲鳗作为一个单系类群，即现在的圆口纲，这一观点很长时间都没受到质疑。随着分支系统学的兴起，瑞典生物学家Søren Løvtrup (1977) 鉴于七鳃鳗和有颌类具一些共同的形态学特征，且这些特征不存在于盲鳗和头索动物，提出七鳃鳗与有颌类有着更近的亲缘关系的假说。这些重要的形态学和生理学特征包括脊椎弓片、眼肌结构和螺旋瓣肠等。鉴于盲鳗虽然有头的分化，但尚无脊椎，因此七鳃鳗和有颌类被归入脊椎动物，盲鳗与脊椎动物被归入有头类 (Craniata)。这一观点在此后20多年里得到很多动物系统学家的支持，越来越多的人开始接受现生无颌类 (圆口纲) 是并系类群。基于以上两种分类假说，脊椎动物这一分类单元所包括的类群也稍有差别 (图2–1)。

20世纪90年代流行起来的分子系统学使得生物学家可以由分子生物学的数据来验证基于形态数据的分类假说。让人意外的是，几乎所有分子生物学数据都支持盲鳗和七鳃鳗组成一个单系类群，即圆口纲。利用miRNAs数据进行的最新分类学研究同样支持这一单系类群的存在 (Heimberg et al., 2010)。miRNAs是一类内源性小分子，转录自DNA特定的非编码序列，用于调节细胞分化和体内代谢平衡，在个体发育过程中起重要作用。因为该类分子的极度保守性，在演化过程中很少有丢失现象，所以在讨论各类群系统发育关系上具明显优势。因此，本书采用分子生物学的分析结果，即较之于有颌类，盲鳗与七鳃鳗有着更近的亲缘关系，它们共同组成一个单系类群——圆口纲。

在分子系统学框架下，现生脊椎动物可以分为圆口

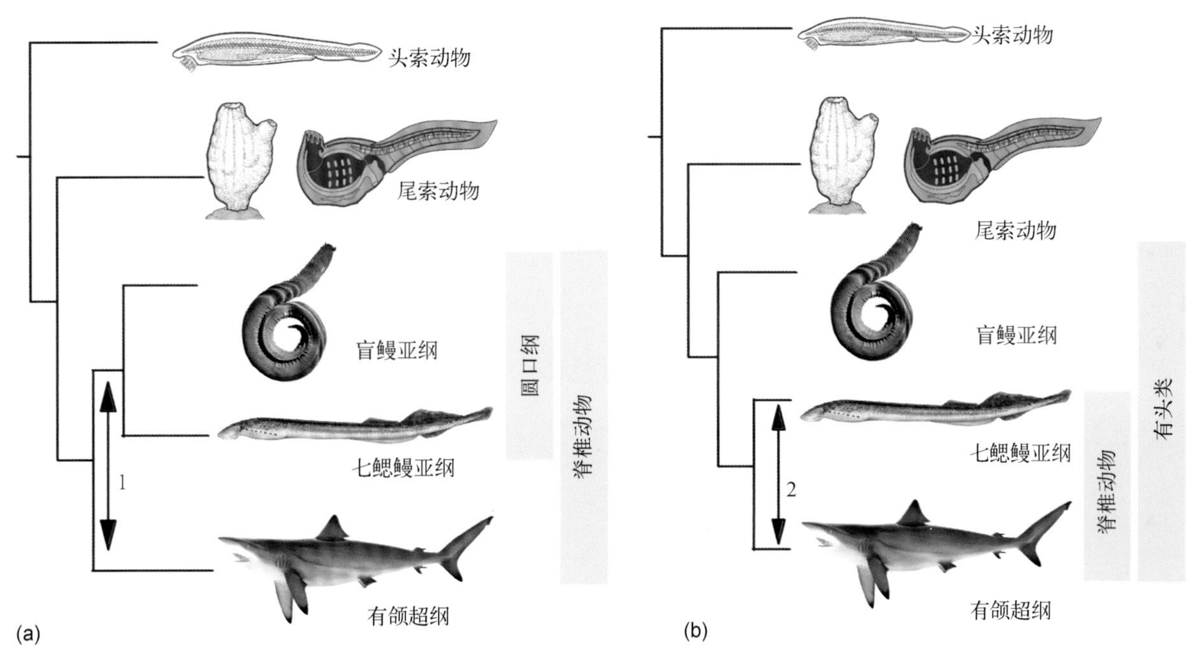

图2–1　圆口纲假说(a)与脊椎动物假说(b)

纲和有颌超纲两大类群。圆口纲是现生脊椎动物最原始的类群，现存种类不多，总共120多种，占脊椎动物物种数的0.2%都不到，其余现生脊椎动物均为有颌类，主要包括软骨鱼类、辐鳍鱼类和肉鳍鱼类（肺鱼、拉蒂迈鱼和四足动物），占现生脊椎动物物种数的99.8%以上（Nelson, et al., 2016）（图2–2）。

现生盲鳗目前有82种（张劲硕，张帆，2014），归于7属：盲鳗属（*Myxine*）、线盲鳗属（*Nemamyxine*）、新盲鳗属（*Neomyxine*）、双孔盲鳗属（*Notomyxine*）、黏盲鳗属（*Eptatretus*）、副盲鳗属（*Paramyxin*）和红盲鳗属（*Rubicundus*）（Fernholm et al., 2013）（图2–3）。常见种类有分布在大西洋的大西洋盲鳗（*Myxine glutinosa*）、太平洋和印度洋的太平洋黏盲鳗（*Eptatretus stoutii*）以及产于日本海和中国南方沿海的蒲氏黏盲鳗（*Eptatretus burgeri*）、杨氏副盲鳗（*Paramyxin yangi*）等。另外，盲鳗还有3个化石属：似盲鳗（*Myxinikela*）、吉尔平鱼（*Gilpichthys*）和近盲鳗（*Myxineidus*）（图2–3）。盲鳗最早的化石记录可追溯到距今约3亿年的石炭纪宾夕法尼亚亚纪莫斯科期（图2–3），为美国伊利诺伊州东北部弗朗西斯溪页岩（Francis Creek Shale）梅溪生物群（Mazon Creek Biota）成员。中国尚无盲鳗类化石记录。

现生七鳃鳗约有10属46种（张劲硕，张帆，2014），包括北半球的8属：七鳃鳗属（*Lampetra*）、海七鳃鳗属（*Petromyzon*）、里海七鳃鳗属（*Caspiomyzon*）、鱼吸鳗属（*Ichthyomyzon*）、叉牙七鳃鳗属（*Lethenteron*）、双齿七鳃鳗属（*Eudontomyzon*）、楔齿七鳃鳗属（*Entosphenus*）、四齿七鳃鳗属（*Tetrapleurodon*）；以及南半球的2属：囊口七鳃鳗（*Geotria*）与袋七鳃鳗（*Mordacia*）（图2–3）。中国有2属3种，均分布在东北：东北七鳃鳗（*Lampetra morii*）、日本七鳃鳗（*L. japonica*）和雷氏叉牙七鳃鳗（*Lethenteron reissneri*），其中日本七鳃鳗是中国唯一的溯河性洄游种类。另外，七鳃鳗还有6个化石属：古七鳃鳗（*Priscomyzon*）、哈迪斯蒂鳗（*Hardistiella*）、梅氏鳗（*Mayomyzon*）、双鳗（*Pipiscius*）、塔利怪鳗（*Tullimonstrum*）和中生鳗（*Mesomyzon*）（图2–3）。南非古七鳃鳗的发现将解剖学上现代七鳃鳗的最早化石记录向前推至晚泥盆世，这说明七鳃鳗有着非常古老的起源，并在3.6亿年的时间里经历了4次大灭绝事件，幸存至今。中国发现的七鳃鳗化石种类只有中生鳗一个属，代表了七鳃鳗类向淡水生活环境入侵的最早记录（图2–3）。

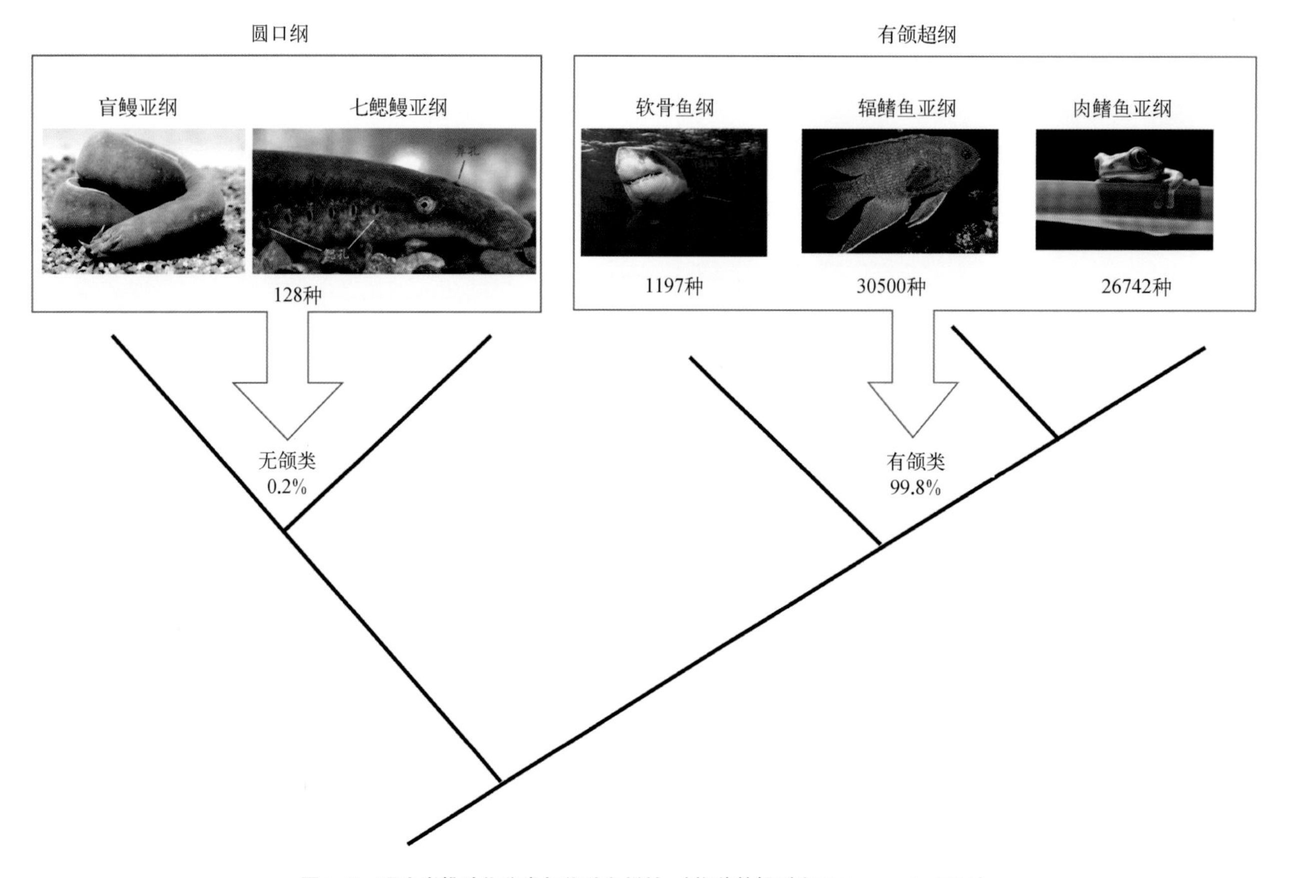

图2–2 现生脊椎动物分类与物种多样性（物种数据引自Nelson et al., 2016）

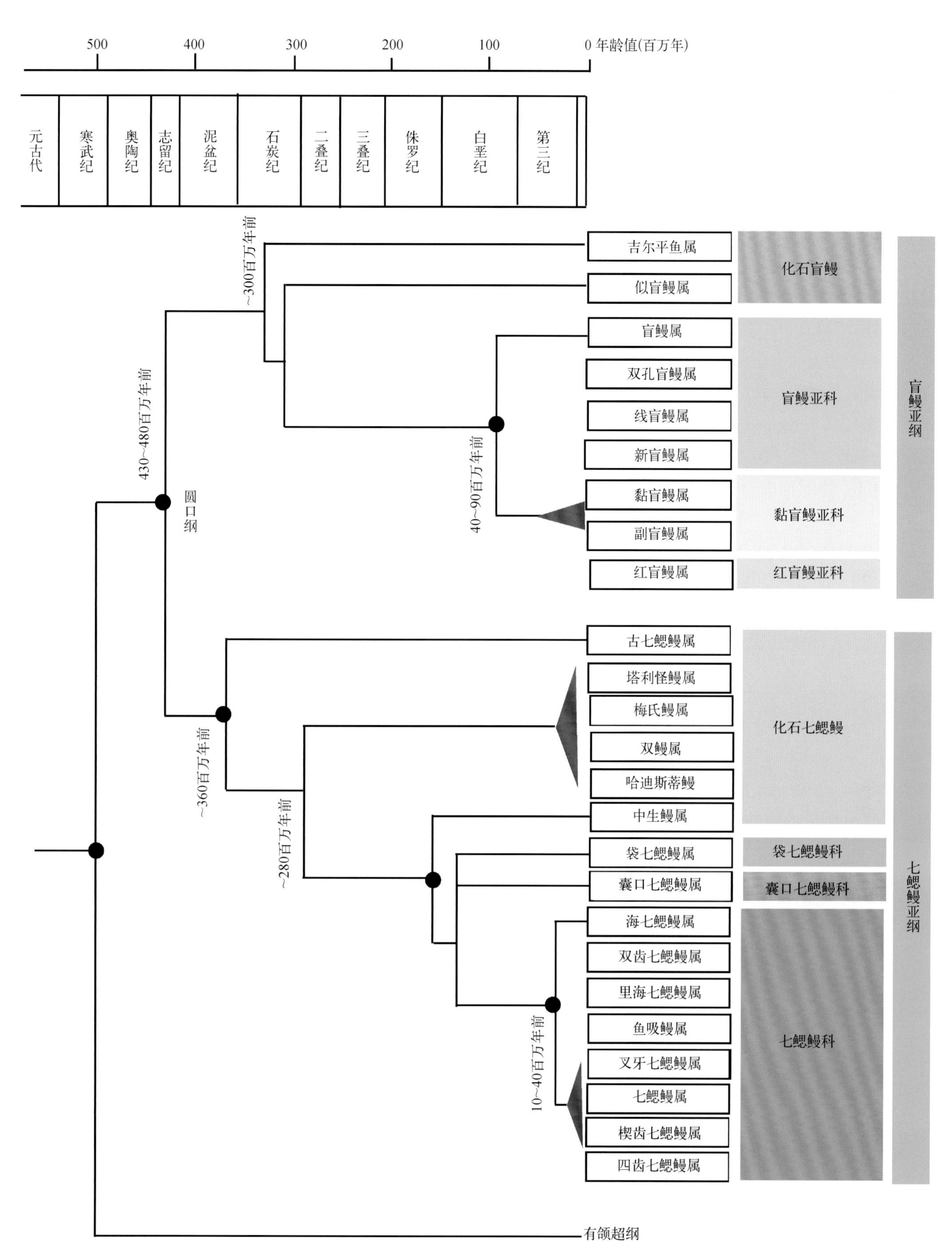

图2-3　圆口纲的系统分类与分异时间（据Kuraku, Kuratani, 2006; McCoy et al., 2016重绘）

2.2 盲鳗亚纲

盲鳗因长期生活在深海黑暗环境眼睛退化而得名，是一类身体呈鳗形的海生无颌类。盲鳗只有一个鼻孔，位于头的前端，其后的鼻咽垂体管向后穿透腭部，最后与咽腔相通，用于吸入水流，因此盲鳗目 (Myxiniformes) 又称为穿腭目 (Hyperotreti) (Cope, 1889)。盲鳗能分泌大量黏液，因此也经常被称为黏液鳗，盲鳗科 (Myxinidae) 科名的字首"myxin"就是黏液的意思。林奈 (1758) 是最早研究盲鳗的动物学家，他将盲鳗归于肠道蠕虫 (Vermes intestinalis)，因为它们经常穿梭于腐烂的鱼之间，被误以为是一种鱼体内的寄生虫。虽然M. E. Bloch早在1797年就意识到盲鳗的一些鱼类的属性，但直到1806年，法国动物学家A. M. C. Duméril才正式将盲鳗与七鳃鳗联系起来，归类于圆口纲。

2.2.1 外部形态

现生盲鳗的体型呈鳗状，体长1.4 ~ 18 cm。目前已知最大的赫氏黏盲鳗 (*Eptatretus carlhubbsi*)，体长能达到1.4 m，而最小的盲鳗只有几厘米长。身体分为头、躯干和尾三部分，吻端至最后一个鳃孔为头部，头后至肛门为躯干，肛门后方至尾鳍末端为尾部。

1. 头部

盲鳗只有一个鼻孔，开口于吻端。吻端具有3 ~ 4对触须，分别是2对分布在鼻孔两侧的鼻触须 (nasal tentacles)，1 ~ 2对分布在口两侧的口触须 (oral tentacles) (图2–4)。眼已退化，呈现为眼点，外面有苍白的皮肤覆盖。外鳃孔数目在不同种类有所变化，甚至同种的不同个体间也会有不同。盲鳗亚科只有1对总外鳃孔，而黏盲鳗亚科有5 ~ 16对外鳃孔。左侧外鳃孔后有一特殊小孔，该小孔由食管左侧伸出的一小管——皮咽管 (pharyngo-cutaneous duct) 与最后一鳃囊的出鳃管共同通向体外的开口，但它没有呼吸功能 (图2–5a)。

2. 口

盲鳗的口呈裂缝式，无口吸盘。口内有两对角质板，上面附有强大的栉状角质齿，称为锉舌，如蒲氏黏盲鳗的锉舌上每侧有两列黄色栉状齿，每列栉状齿由10枚小齿基部愈合而成 (图2–4)。盲鳗的锉舌可随口腔内壁伸缩，能前后上下活动，成为取食的重要器官。盲鳗的口并不涉及呼吸水流的摄入，该功能由鼻孔完成。

3. 躯干

盲鳗的躯干呈圆柱形，体表光滑，没有鳞片覆盖 (图2–4)。皮肤覆盖在肌肉上，就像"一只松弛的袜子"，肤色从粉红色到蓝灰色。盲鳗皮肤如果被划破，既不会流血，伤口也不会感染。身体腹面两侧各有一排连续的黏液腺，数目70 ~ 200个不等。肛门几近尾鳍基部。

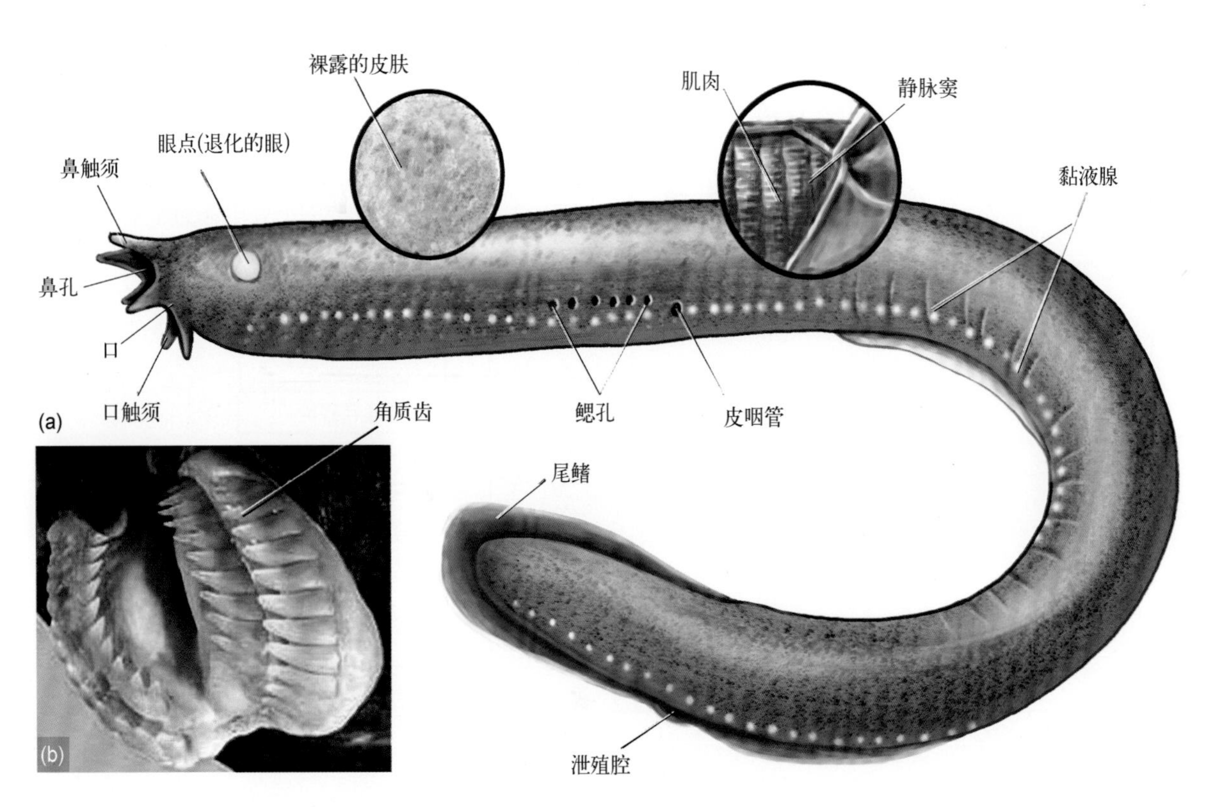

图2–4 盲鳗的外表形态 a. 太平洋黏盲鳗（杨定华据Martini, 1998重绘）; b. 新西兰黏盲鳗（*Eptatretus cirrhatus*）的角质齿（Zintzen et al., 2011）。

4. 尾部

盲鳗没有胸鳍、背鳍和臀鳍，仅有尾鳍（图2–4）。尾鳍由很多无肌肉活动的辐状软骨支撑，尾鳍或为轻微下歪尾，或如蒲氏黏盲鳗的尾鳍为宽扁状圆形尾。

2.2.2 内部解剖

1. 脑

盲鳗具一条几乎纵贯全身的脊索，脊索向前能到达中脑位置。脊索无收缩现象，被脊索鞘包围。脊索上方为脊髓，下方为血管，均为结缔组织包围，脊髓呈扁平的肋骨状（图2–5），与七鳃鳗较相似，而有颌类和头索动物文昌鱼的脊髓较高，呈管状。脊髓前方为脑，脑和脊髓主要由一层增厚结缔组织纤维鞘保护，称为脑膜外成鞘。该鞘位于脊索背部，代表脑颅的主体。盲鳗的脑前后扁长，各部分在同一平面上，没有弯曲，属于十分原始的类型。脑背面被一纵沟和三条横沟割裂成左右4对突起，前2对代表大脑半球及间脑，前者较狭小，后2对为视叶，视叶发达；其后为较大的延脑，小脑缺如，第三、第四脑室较明显（图2–6b–d）。盲鳗没有真正的松果器。垂体由神经垂体和腺垂体组成，位于间脑腹面的神经垂体紧贴着鼻咽管，但腺垂体却非常不发育（图2–6d）。盲鳗的腺垂体发育自内胚层的扩展，因此与其他所有有头类不同，其腺垂体是外胚层起源，发育上来自拉特克囊的外壁。

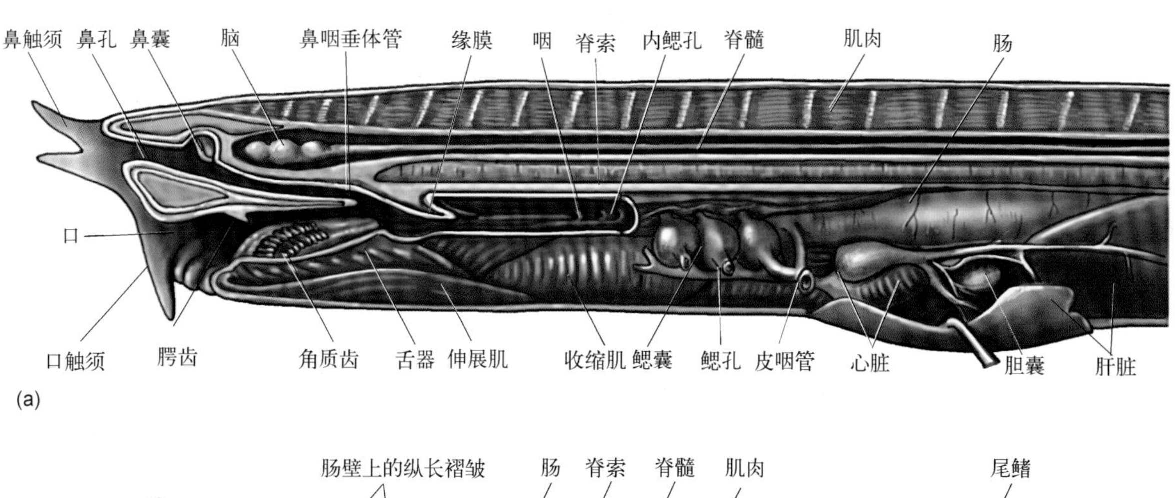

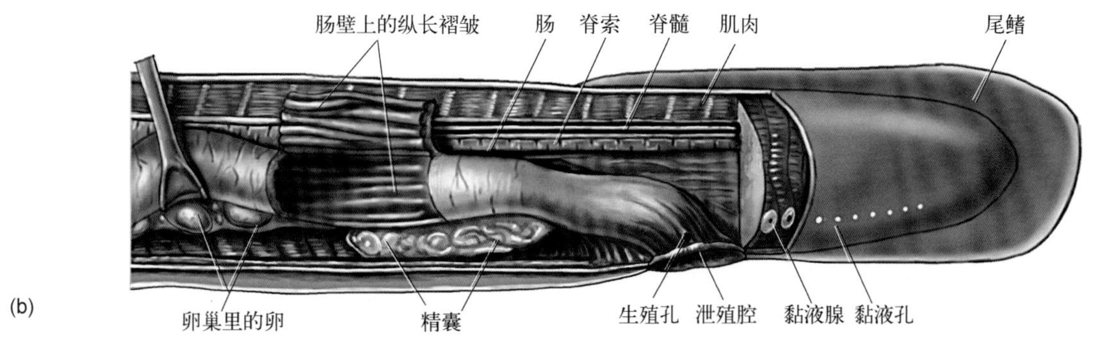

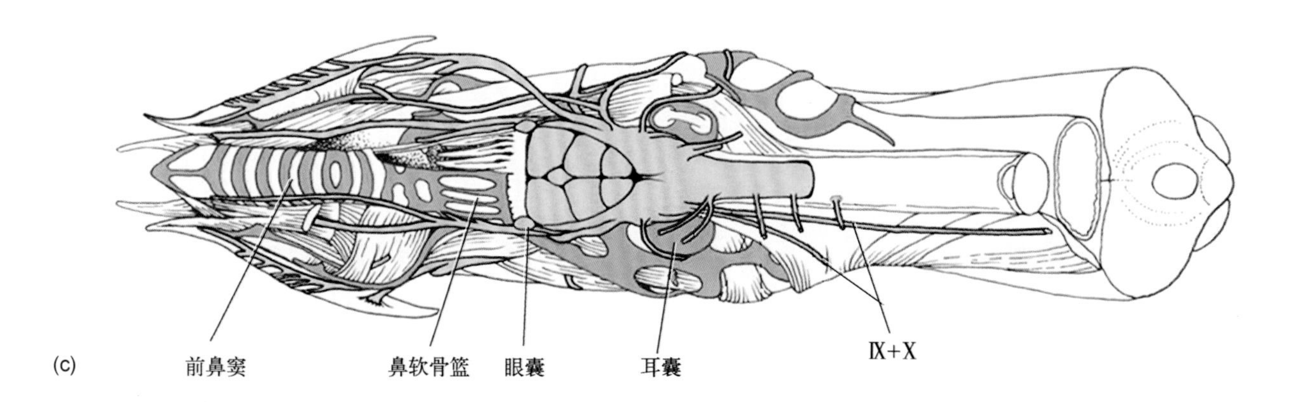

图2–5　盲鳗内部解剖　a, b. 太平洋黏盲鳗（杨定华据Martini, 1998重绘）。a. 头及身体前部分内部解剖，侧视；b. 身体后半部分内部解剖，侧视；c. 大西洋盲鳗脑颅比较解剖，背视（Oisi et al., 2015）。

2. 脑神经

盲鳗的脑神经基本与其他有头类的情况类似，脑神经包括嗅神经（Ⅰ）、视神经（Ⅱ）、三叉神经（Ⅴ）、颜面神经（Ⅶ）、听神经（Ⅷ），舌咽神经（Ⅸ）和迷走神经（Ⅹ），但是没有动眼（Ⅲ）、滑车（Ⅳ）和外展神经（Ⅵ），这些神经在其他有头类是用来支配外眼肌的。嗅神经（Ⅰ）由很多嗅神经纤维束组成，向前通向鼻囊（图2–6a–d）。三叉神经（Ⅴ）分别从两个分离的神经节发出，一支是三叉神经的深眼支（V_1），一支是三叉神经的颌支（$V_{2,3}$），但上颌支与下颌支的神经节分离；听神经（Ⅷ）具有2对神经节和神经通向听囊，但没有侧线神经的成分，因此不发出任何侧线支通向皮肤，皮肤上也不具有任何侧线系统的神经丘。在黏盲鳗的头部曾经发现独特的含有绒毛结构的沟，被认为是盲鳗的侧线感觉沟（Fernholm, 1985），但并没有证据表明这些侧线感觉沟被侧线神经束支配，它们也不含有任何神经丘状的构造。

舌咽神经（Ⅸ）和迷走神经（Ⅹ）愈合成一根。由于盲鳗鳃囊相对其他鱼类的鳃囊的位置比较靠后，愈合的舌咽神经（Ⅸ）和迷走神经（Ⅹ）向后经过很长一段距离才到达支配目标（图2–5c）（Matsuda et al., 1991）。由于盲鳗的舌颌囊（喷水孔）及其后面的两个鳃囊在胚胎发育过程中退化了，因此盲鳗舌咽神经（Ⅸ）并不像其他鱼类的一样支配鳃囊，而是支配负责收缩咽的肌肉（Jefferies, 1986），迷走神经（Ⅹ）支配鳃囊。盲鳗每对脊神经的背、腹两根到周围再合并到一起，背根在脊柱外面更有脊神经节，脊神经没有髓鞘包裹，因此呈灰色，腹根比背根粗大。

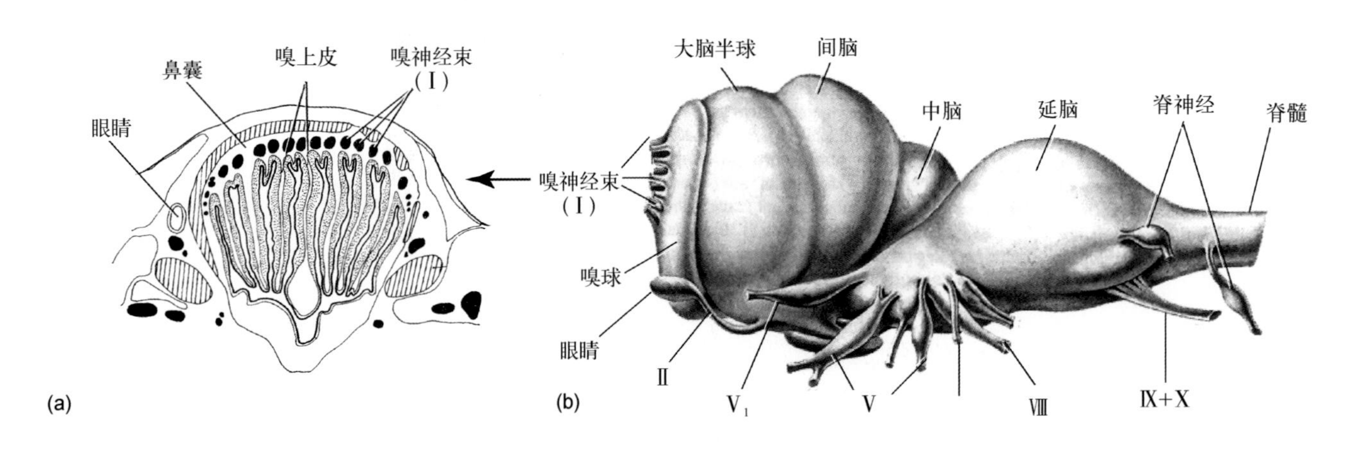

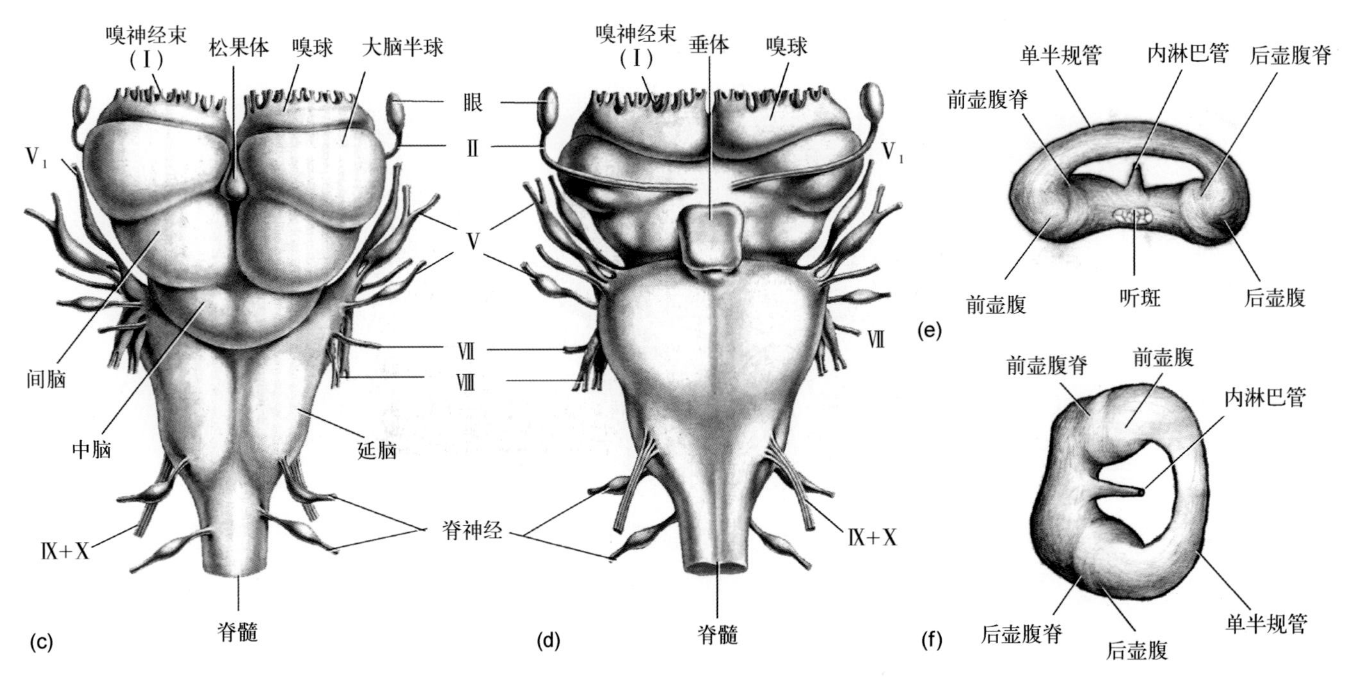

图2–6　盲鳗中枢神经系统与感觉器官　a. 嗅觉器官——鼻囊的横切面（Peters, 1963）；b–d. 脑区及脑神经解剖。b. 侧视；c. 背视；d. 腹视（Wicht, Nieuwenhuys, 1998）；e，f. 听觉器官——内耳。e. 侧视；f. 背视（据Marinelli, Stenger, 1956重绘）。

3. 嗅觉器官

盲鳗是单一鼻孔。头部最吻端有一鼻孔，是鼻咽垂体管的外部开口。鼻咽垂体管向后经过位于头顶中央的嗅觉器官——鼻囊，鼻囊上有很多嗅上皮和嗅神经束（图2–6a），水流通过的鼻孔时，与鼻囊发生接触，从而能感受外界的化学刺激。与七鳃鳗的鼻孔不同的是，盲鳗的鼻咽垂体管向后穿透了腭部，最后通向咽和鳃囊（图2–5a），可用于吸入水流。

4. 听觉器官

盲鳗的内耳非常简单，内耳迷路腔包含一个软骨的听囊（图2–5c），只有一个半规管，但具有2个壶腹，2个壶腹内都有听脊，在未分化的囊内有一个听斑，根据神经分布，可以认为盲鳗具有相当于其他脊椎动物的椭圆囊和前、后2个半规管的构造，有一内淋巴管向背方皮肤延伸（图2–6e，f）。对于盲鳗的单一垂直半规管是否来自两个独立垂直半规管的愈合，目前仍存很大争议。

5. 视觉器官

盲鳗的眼退化，形状近于圆锥形，被皮肤覆盖，含有视网膜结构，但无色素，成体无晶状体，眼肌不发育，因此很有可能不能成像。黏盲鳗属和副盲鳗属的眼比盲鳗属和新盲鳗属的眼大一些，后两者的眼部深埋到身体肌肉下方，厚度不超过100 μm。对于盲鳗的无眼状态是否是由于退化所致，或者说盲鳗支系是否曾经拥有真正的眼，是一个长期争论不休的话题。石炭纪盲鳗的化石材料表明，古生代的盲鳗拥有比现生种类更发达的眼（Bardack，1991）。显然，盲鳗的视觉感受很可能由于长期生活在深海黑暗的环境下而逐渐丢失。在这种环境下，盲鳗寻找食物主要通过嗅觉和触觉，口周围6根触须兼具这两种功能。

6. 呼吸系统

盲鳗的鳃由具很多上皮褶皱的鳃片构成，鳃片包裹在一个囊状结构中，称为鳃囊（图2–7a）。盲鳗属的鳃囊6对，内鳃孔直接开口于咽部，无专门呼吸管，各鳃囊不直接与外界相通，每个鳃囊都有一出鳃管向后延伸，通到一公共的总鳃管内，总鳃管在皮肤下向后延伸，通过一个总鳃孔，开口于体外。黏盲鳗的鳃的构造又有不同特征，具5～16对鳃囊，每个鳃囊直接通过鳃孔开口于体外，咽部左侧也伸出一咽皮管与最后一鳃囊的出鳃管共同开口于体外，故最后一个鳃孔的外观比一般鳃裂大许多。鳃孔在身体中部开口于腹侧方。

盲鳗的呼吸与其他鱼类有所不同，自由生活时，盲鳗通过鼻孔吸入水流，经前鼻窦和鼻咽垂体管进入口腔，然后通过缘膜向咽部输送。缘膜是盲鳗一种特殊抽水装置，它是一块从咽腔顶部延伸下来，向后倾斜的三裂状薄片，恰好位于鼻咽垂体管的后端口腔与咽之间的位置（图2–5a）。然后经过内鳃孔进入鳃囊，气体交换后，水流经各鳃囊的出鳃管汇总到总鳃管后排出体外（图2–7）。当盲鳗的鼻孔和鳃深埋到被取食的鱼尸体里时，水流通过总鳃管进入鳃囊，进行气体交换后，再由总鳃管排出。整个过程中，口在呼吸水流上不发挥任何作用。同时，皮肤的辅助呼吸开始发挥作用。盲鳗的皮肤具有发达的毛细管网，使它们可以在泥土中也能够通过皮肤进行“呼吸”。

盲鳗的鳃和皮肤下毛细血管都有摄取氧的功能。即使盲鳗深埋的污泥经常是缺氧的环境，但由于盲鳗通常出入的冷水环境中的含氧量非常高，因此皮肤呼吸的作用无疑将得到大大的加强。一些泥穴居的种类有着超强的缺氧忍耐能力，能够在缺氧环境下生活几小时，甚至更长，表现出对缺氧环境的明显适应（Malte，Lomholt，1998）。

7. 消化系统

盲鳗没有真正的胃，取而代之的是起始于咽部、中止于肛门的肠管，肠道前端具一块肌肉区，可阻止水流流入，肠管壁上具有纵长的褶皱，但并不具有螺旋瓣和纤毛（图2–5b）。盲鳗左右肝叶的肝管合并后与输胆管合成总胆管（图2–5a）。盲鳗缺少确切的胸腺、脾脏或骨髓，这些在脊椎动物中通常都是产生抗体的地方。盲鳗甚至可通过皮肤进食，它的皮肤能溶解有机物，选择吸收有营养的成分，这是首次在脊椎动物中观察到这样的进食习性，在无脊椎动物中水丝蚓属的动物可通过皮肤吸收营养。

8. 循环系统

盲鳗总共拥有一个主心脏和三个辅助性静脉心脏（图2–5）。主心脏包裹在围心腔内，位于最后一对鳃囊之后，具3个室，与其他所有的有头类不同的是，心室和心房彼此分离，它们之间通过桥状组织相连接（图2–8a）。3个静脉心脏都是单室，分别位于头部之后的头心脏，身体中部的门心脏（图2–8b）和尾部的尾心脏（图2–8c），这些多泵站的心脏能以不同的速率跳动，其中主心脏和门心脏是借助自身的肌肉收缩跳动，而头和尾心脏借助周围外在的骨骼肌肉的挤压来跳动。血液在离开几个主要的静脉窦之后，流速会大大减慢，因此3个辅助性心脏对于重建静脉里的血液流速十分必要，因此又称为静脉心脏。盲鳗这一特征被看作是整个有头类的原始特征，在七鳃鳗和有颌类中丢失。静脉窦代替了毛细血管床，使得具有部分开放的循环系统，这一特征更加接近于无脊椎动

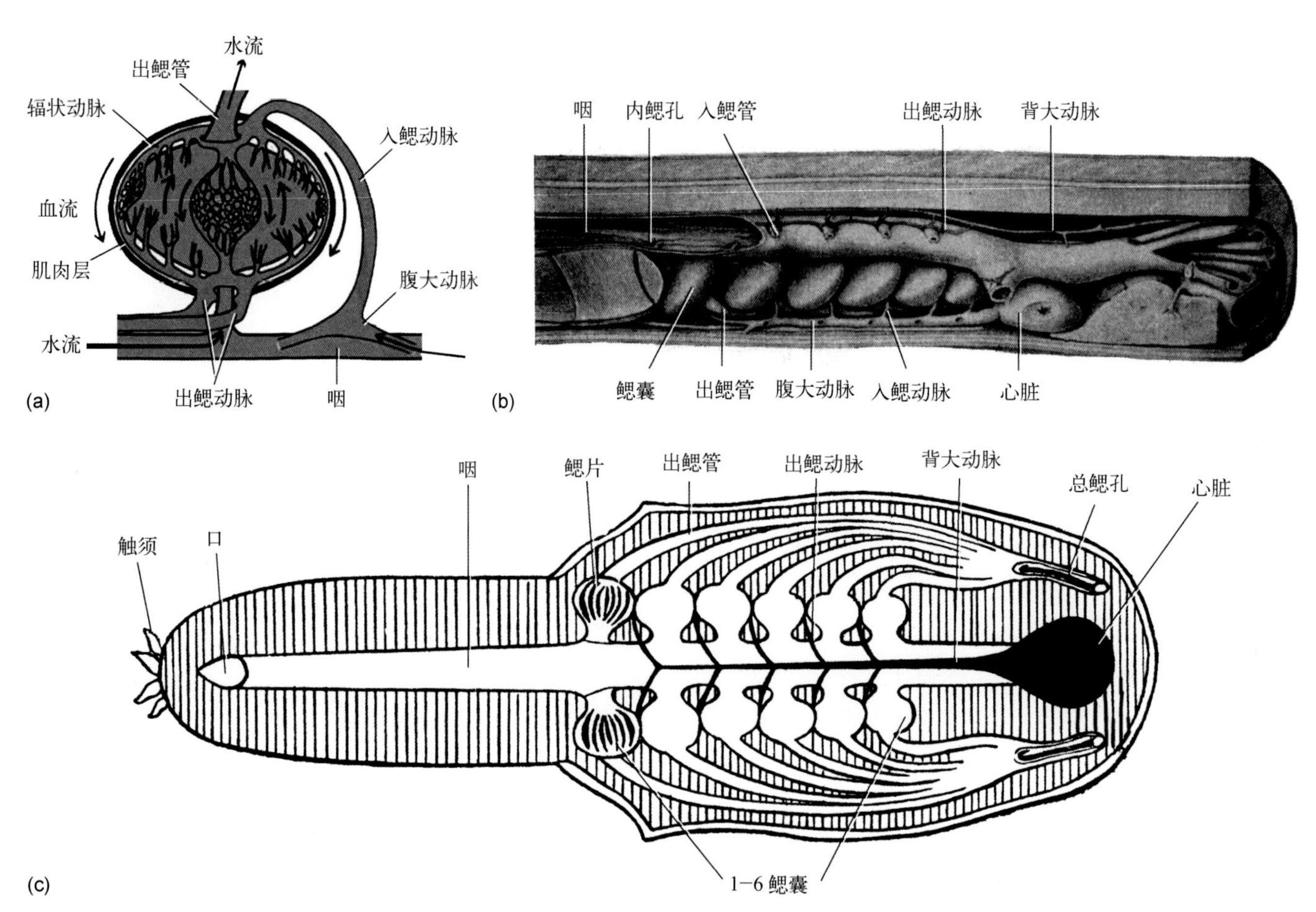

图2–7　盲鳗的呼吸系统　a. 单个鳃囊纵切面（Withers, 1992）; b. 鳃区中矢切面，侧视（Adam, 1963）; c. 鳃区结构示意图，腹视（Thomson, 1916）。

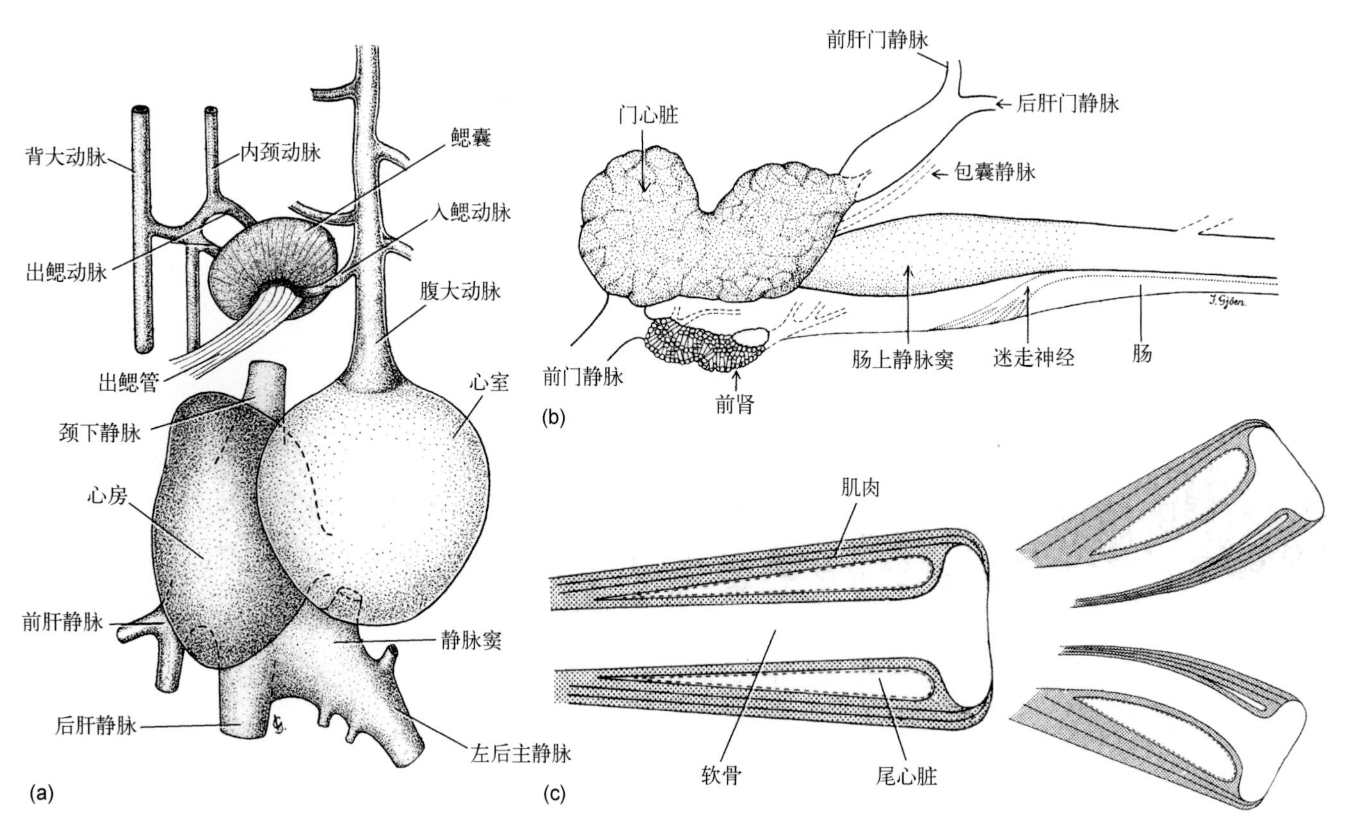

图2–8　盲鳗的循环系统　a. 主心脏及邻近血管; b. 门心脏; c. 尾心脏示意图，左示中央软骨、两个尾心脏以及外部肌肉，右示周围外在肌肉挤压尾心脏跳动。（a、c 引自 Johansen, 1963; b 引自 Fäng et al., 1963）

物，而非脊椎动物。盲鳗在运动时，体壁肌肉的收缩也能帮助推动血液从静脉窦流入相邻的血管。

9. 排泄系统

盲鳗的肾脏比其他鱼类简单得多，这也许可以解释盲鳗能生活的盐度范围为什么狭窄。盲鳗的肾脏很小，肾脉球的位置紧贴在输尿管上，因此可以认为这种肾缺乏肾小管或肾小管不发达，这时输尿管的上皮能起到中肾小管的一些作用，这种变化可能是次生现象。输尿管在后端合并，通入泌尿窦，借泌尿孔开口体外，生殖导管不通泌尿窦，开口于肛门后方。盲鳗还有前肾，终生保留，形成头肾。盲鳗的皮肤渗水性很强，它几乎缺乏调节氯化钠的能力，其体液的渗透浓度常随外界盐度的改变而迅速变化，血液的盐度几乎是硬骨鱼和七鳃鳗的3倍。

10. 生殖系统

盲鳗的生殖器官在结构上为雌雄同体，但在生理功能上两性仍然是分开的。盲鳗幼体中，生殖腺前部为卵巢，后部为精巢（图2–5b）。发育后期如果前端发达、后端退化，则为雌性，反之为雄性。

2.2.3 骨骼系统

1. 脑颅

盲鳗头骨尚不具完整软骨脑颅，它是由一系列软骨棒组成的复杂构造，用以加强消化管壁和供肌肉附着。由于盲鳗头骨不同部分都愈合在一起，其胚胎发育的信息又很少，因此盲鳗脑颅和咽颅两部分结构很难严格区分开，它们与七鳃鳗和有颌类头骨的同源性目前也不清楚（图2–5c）。

脑膜外成鞘向前延长形成鼻软骨篮，主要由纵长平行的软骨棒组成，里面容纳着嗅觉器官——鼻囊（图2–5c）。鼻软骨篮向前与一系列环状软骨愈合，称为前鼻窦环（prenasal rings），主要用来加强鼻咽垂体管前部的前鼻窦管的管壁（图2–9a）。上述软骨系列主要位于一系列腹面的软骨单元上，这里称它为颅基软骨（basicranial series）（图2–9b）。颅基软骨从后向前包括一对位于脊索前端两侧的软骨棒，称为侧索软骨棒（parachordal rod）；侧索软骨棒向内通过一短的横联合（transverse commissure）相连，使其能包围脊索前端，向外与耳囊连接，向前延伸为一对颅桁（trabeculae）；颅桁一开始被垂体窗远远地分开，但是向前逐渐收缩，向上与鼻囊相连，向下与垂体软骨（hypophysial cartilage）相接；鼻软骨篮和脑膜外成鞘前部均坐落在侧背软骨带上。侧背软骨带向前延长为腭软骨（palatine cartilage）和角突软骨（cornual cartilage）；中间的鼻下软骨（subnasal cartilage）是位于前鼻窦下面比较厚的一块软骨，具有加强鼻咽垂体管基底的功能，向前延伸成为触须软骨（tentacular cartilage），其后紧跟着的是比较薄的垂体软骨；两侧腭软骨前端愈合为腭联合（palatine commissure），位于鼻下软骨的腹面；最后面的一块便是椭圆形的软骨听囊，在听囊的腹外侧有一块大的软骨构造沿着咽延伸，称为耳下弓复合体（hypotic arch complex），它由两块比较大的软骨柱组成，分别为前柱（pila anterior）和后柱（pila posterior）。前柱和后柱在腹面愈合成一块比较大的软骨板，称为鳃顶面（planum viscerale）。

2. 鳃区骨骼

盲鳗的鳃软骨篮（branchial basket）不完整。在盲鳗属中，没有骨骼与鳃囊相连，因此没有鳃弓存在，但在黏盲鳗的胚胎中，有小的环状软骨单元与外鳃管相联系。除鳃孔周围有几块可能的软骨环，也不具有真正的鳃弓。这些小的通常难以捉摸的软骨单元是否与七鳃鳗的鳃孔环同源，目前尚不清楚。

3. 舌器骨骼

盲鳗的口有可往复伸展和收缩的“舌器”（图2–10），某种程度上可与七鳃鳗的情况类比，通常称为“锉舌”。盲鳗“舌器”的软骨位于脑颅之下，通过第一鳃弓外面部分与脑颅相连接，由3块位于中腹面的系列软骨组成，分别为前、中、后基舌软骨和一块相对活动的齿软骨（dentigerous cartilage）。齿软骨上两排角质齿（horny teeth）能围绕前基舌软骨的前端，以复杂的伸展和收缩肌肉的方式垂直转动。前基舌软骨有一个三裂状构造，其本身中部也显示出一狭长裂隙，表明其曾是成对的构造。

舌器的运动主要通过两组肌肉活动实现：伸齿肌（protractor dentis muscle）主要司齿软骨向前和向外拉伸，棒状肌（clavatus muscle）和舌骨耦舌肌（hyocopuloglossus muscle）主要司齿软骨的向后收缩。棒状肌是一块巨大的棒状肌肉，向后能达到鳃区，其向后收缩的功能受周围管状肌（tubular muscle）的辅助。管状肌的运动机制就像手指按压柠檬种子那样，促使棒状肌向后收缩。在棒状肌的后端中央有一个小的软骨单元，是中央垂直肌（perpendicular）附着的地方。

舌器上具两对梳状的角质齿，用来紧紧吸住食物，并向咽的方向输送。盲鳗的角质齿生长和替换模式长期以来一直是个谜。七鳃鳗的角质齿在纵切面上总是

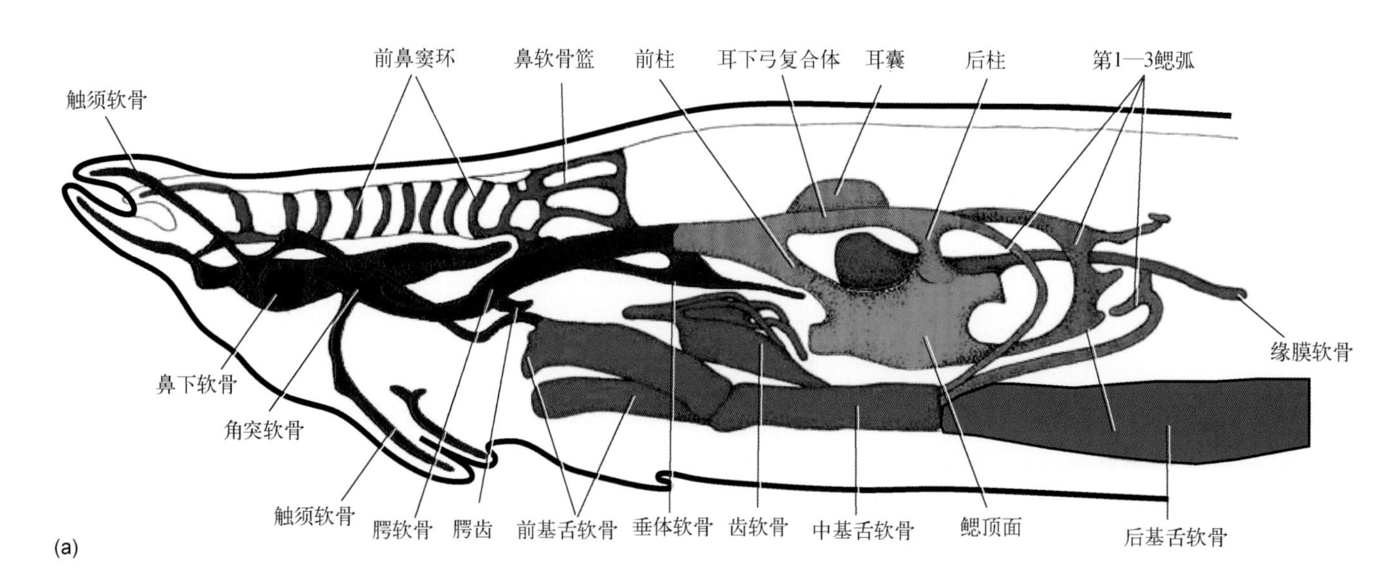

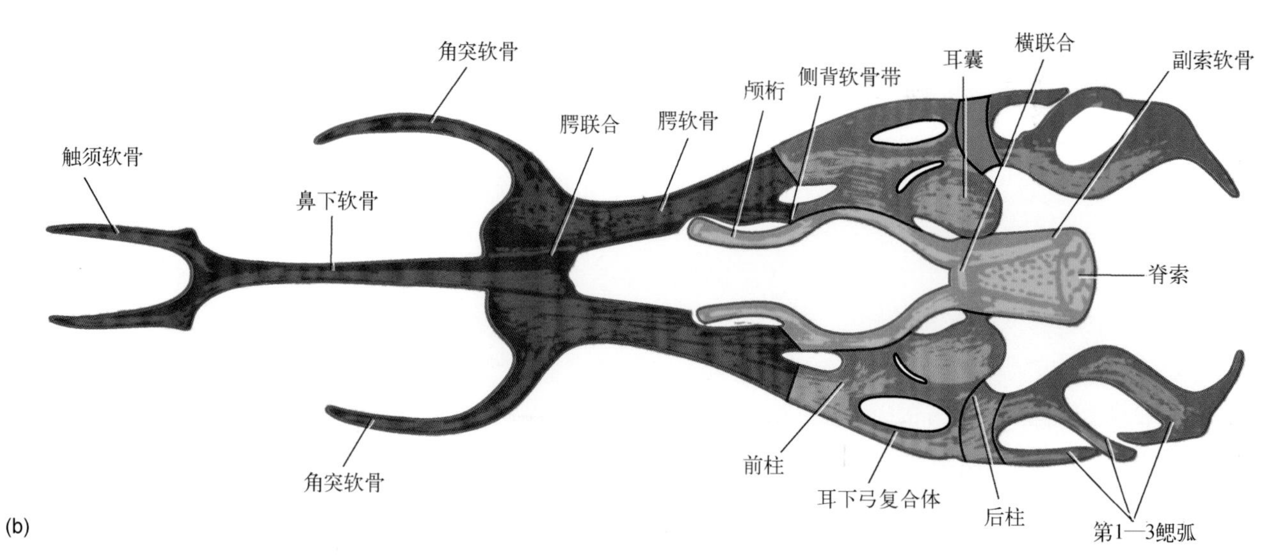

图2-9 盲鳗的头骨骨骼 a. 大西洋盲鳗头骨，侧视（Oisi et al., 2013）; b. 颅基软骨系列，背视（Janveir, 1993）。

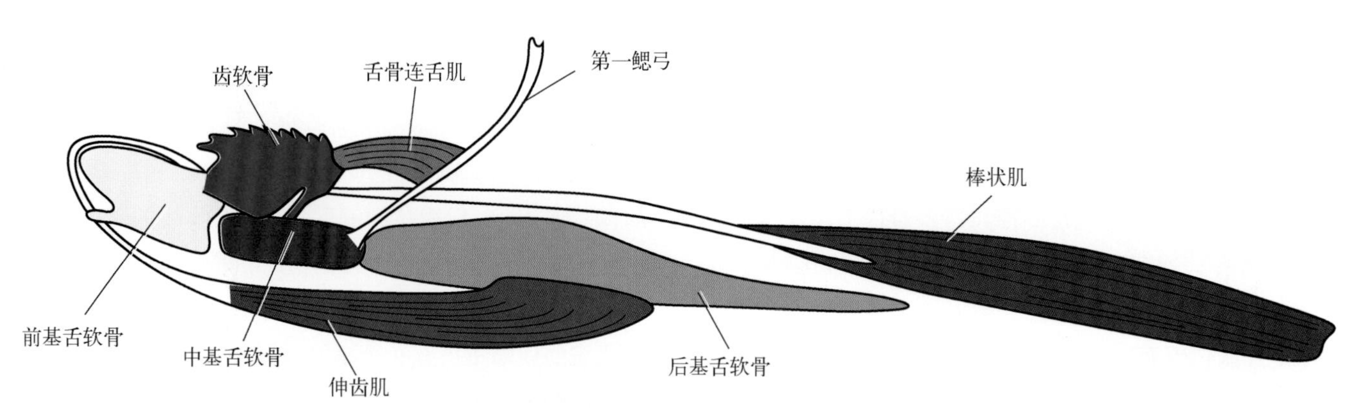

图2-10 盲鳗舌器骨骼及肌肉（史爱娟据 Yalden, 1985 重绘）

显示出一个下伏的替换齿，但盲鳗的替换齿直到最近才被观察到。角质齿的“髓腔”被几层不同的软组织所占据，尤其是一大簇的所谓杯细胞 (pokal-cells)。杯细胞很大，呈纺锤形，但其功能尚不清楚。早期的解剖学家曾认为它可能是正在形成过程中的替换齿，杯细胞的圆锥体部分可能是一种特殊类型的支撑组织，能加强和缓冲上覆的角质齿，进而与牙齿的替换相关。因此盲鳗的角质齿也显示出替换模式，但替换速度可能比七鳃鳗慢得多。

4. *口区骨骼*

盲鳗没有口吸盘，口周围具3 ~ 4对触须，分别是2对分布在鼻孔两侧的鼻触须 (nasal tentacles)，1 ~ 2对分布在口两侧的口触须 (oral tentacles)，每个触须都有软骨棒支撑。中间一对鼻触须的软骨由鼻下软骨的顶端发出，侧面一对鼻触须的软骨属于口侧触须的软骨棒的一个背部分支，同时也支撑着同一侧的口侧触须。两者均通过一小的肉茎附着到前基舌软骨的侧面。口中触须包含一独立的软骨核。

5. *头后骨骼*

盲鳗的椎骨非常原始，属于无椎型 (acentrous)，没有真正保护脊索的椎体，不具弓片，仅在脊索末端与尾鳍的辐状软骨的最后鳍条骨基部愈合成一块软骨板。正因如此，盲鳗经常被排除在脊椎动物之外。盲鳗的脊椎骨是否退化掉尚有争议。脊椎动物的椎体起源于与脊索相关的内骨骼的分节单元，被看作是所有脊椎动物的共近裔特征。在无脊椎的脊索动物中如文昌鱼和海鞘，脊索附近既没有脊椎，也没有由体节形成的脊椎原基——生骨节；有颌脊椎动物的椎体由背弓片和腹弓片组成，而在七鳃鳗的椎体仅有背部弓片。盲鳗长期以来一直被认为没有脊椎，身体中轴的支撑组织仅由脊索和软骨鳍条组成。Ota等 (2011) 在蒲氏黏盲鳗胚胎尾部脊索的腹面发现一系列的小的软骨结节，可能代表脊椎骨发育早期的腹面弓片 (图2–11)。这一发现表明所有脊椎动物的共同祖先可能已具有完整的椎体 (同时具有背、腹弓片)，在盲鳗、七鳃鳗支系中分别独立丢失了背弓片和腹弓片。

2.2.4 生活方式

盲鳗有反赤道的分布特点，均为海生，生活在北半球和南半球的寒冷海水中 (但也有少数热带种类)。盲鳗是一个夜行捕食者，通常白天栖息于松软沉积物的地洞中，或者将身体埋入泥沙中，晚上才出来捕食，以各种小型底栖无脊椎动物为生，食谱中最大的无脊椎动物是多毛类环节动物，偶尔会主动捕食其他鱼类，但更以寄生食腐行为闻名 (Shelton, 1978; Smith, 1990; Martini, 1998)。盲鳗可以通过自身打结的方法去撕开鱼肉。每次捕到猎物后，马上收起并关闭锉舌，然后身体向前打一个结，以取食的猎物为杠杆向前推进 (图2–12)。这种打结取食的方式也见于热带辐鳍鱼类海鳗，身体打结行为可以说是盲鳗清洁自身、捕食猎物和逃避敌害最常用的方式。

通常说“大鱼吃小鱼，小鱼吃虾米”，可这在盲鳗身上却不起作用。不起眼的盲鳗不仅能捕食比其自身大的鱼，甚至能捕食鲨鱼和鲸鱼等大型动物。盲鳗捕食鱼的方法十分巧妙，它们喜欢通过鳃或利用锉舌锉开皮肤进入到已死亡或将近死亡鱼的腹中，然后通过锉舌的翻转—抓取—收缩—释放往复循环运动进食，在里面先吃鱼的内脏，然后再吃鱼肉，用不了多少时间，就能把一条活生生的鱼的内脏和肌肉全部吃光，只剩外壳。之后从鱼腹中钻出来，再去寻找机会攻击另一条鱼。盲鳗食量极大，一条盲鳗在大鱼腹里待7小时左右，就可以吃进是它体重18倍的鱼肉，有时甚至能将一条鲸鱼吃得只剩下外壳和骨头。曾有人在加利福尼亚海岸附近的深海海底拍摄到一条死亡的鲸鱼周围聚集了大量的盲鳗。所以，作为捕食者和清道夫的盲鳗在维持海底生态系统平衡中发挥着重要作用 (图2–13) (Martini, 1998)。盲鳗的基础代谢率非常低，吃饱一次可以长达7个月不吃任何东西，Smith (1985) 曾估算过黑黏盲鳗 (*Eptatretus deani*) 在尸体上吃1.5小时，所获得的能量能够维持它生活一年时间。

盲鳗身体腹侧的黏液腺能分泌大量黏液，一次可产生多达20 L (图2–14a)，黏液中含有大量的黏液细胞 (mucous cell) 和线细胞 (thread cell)，其中线细胞为盲鳗所特有，其分泌物系一种螺旋状线形黏液 (图2–14b) (Fudge, et al., 2014)。关于盲鳗黏液的功能，长期以来争议较大。最新的“鳃孔阻塞假说”认为盲鳗的黏液是抵御敌害的有效手段，盲鳗嗅觉和触觉异常灵敏，一旦感知到海洋掠食者的到来，仅用0.4秒便可分泌大量黏液，并与海水发生反应形成黏性极强的新黏液，粘住掠食者的鳃，使其窒息。盲鳗则会先把自己打一个结，然后挺直身体钻出这个结，使自己摆脱黏液，这一手段被认为是盲鳗躲避捕食鱼类的高度成功的演化策略 (图2–14c–h) (Zintzen et al., 2011)。

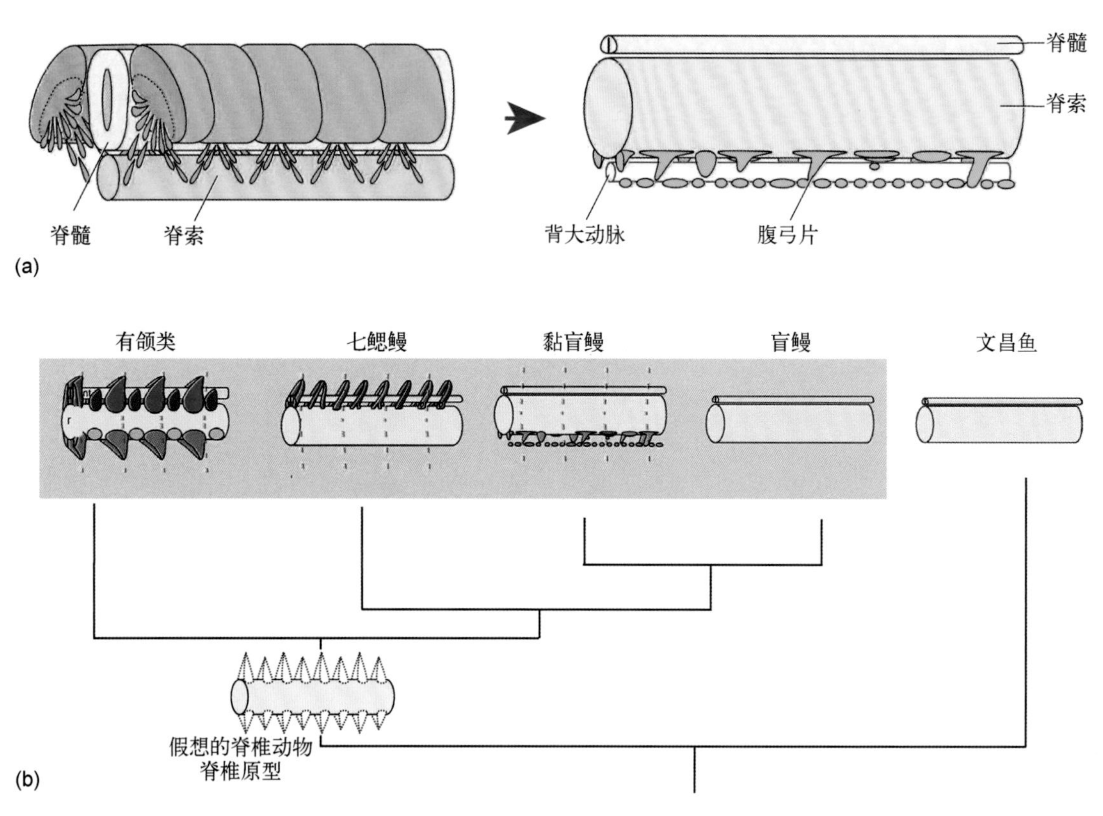

图2-11 蒲氏黏盲鳗的腹弓片(a)与脊椎动物脊椎的演化(b)(Ota et al., 2011, 2014)

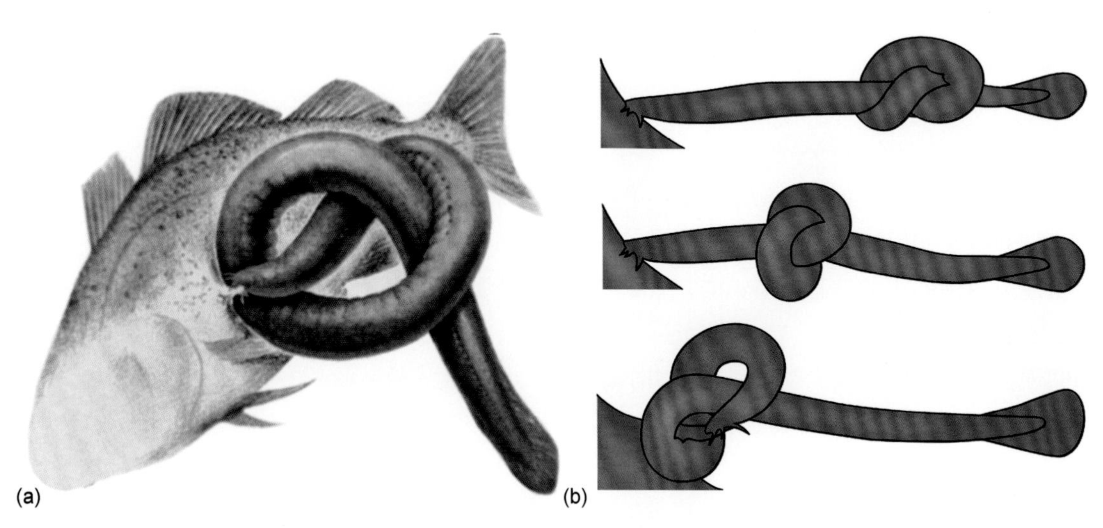

图2-12 盲鳗打结的捕食方式 a. 一条盲鳗正准备以身体打结的方式进入猎物体内(鲁中石, 2012); b. 盲鳗捕食时身体打结的过程示意图(史爱娟据Strahan, 1963重绘)。

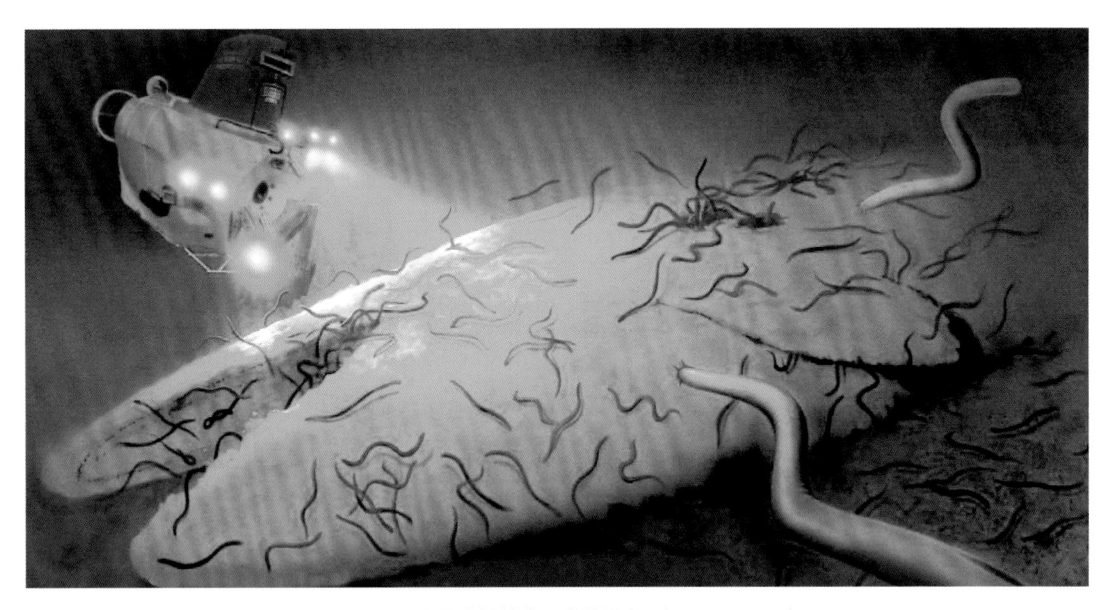

图2-13　大量盲鳗捕食死去的鲸鱼 （Martini, 1998）

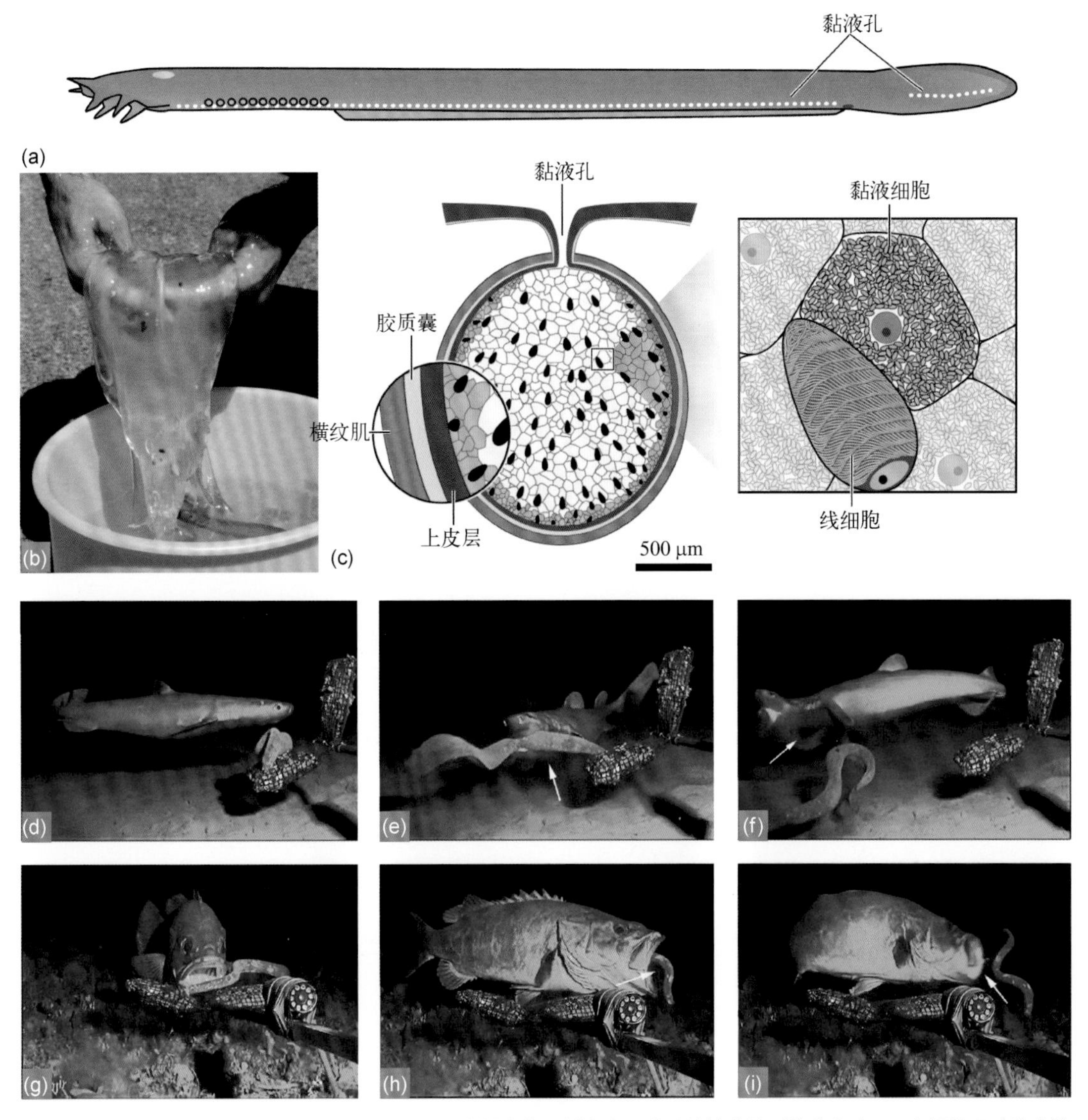

图2-14　盲鳗的黏液腺的形态、解剖与功能　a. 盲鳗身体两侧有大量成对的按节排列的黏液腺；b. 盲鳗能通过体表的黏液孔一次性排出大量黏液；c. 盲鳗的黏液腺由大量黏液细胞和线细胞构成（a–c 引自 Fudge et al., 2015）；d–i. “鳃孔阻塞假说”认为黏液是一种应对鳃呼吸捕食者的防御机制（Zintzen et al., 2011）。

2.2.5 生殖方式

盲鳗的生殖目前仍是一个谜。出生时为雌雄同体，具有两套性器官，性腺的前后分别分化为卵巢与睾丸组织。接近成熟的时候，一种类型的生殖细胞会占主导地位，因此可能变成雄性或雌性，但是性别也可随着季节变化而变化。

盲鳗被认为是体外受精，因为雄性没有交配器，雌性体内也没有受精卵。雌性一生中能产大量的卵，但每次只能产下少量的卵，20 ～ 30个。尽管每次产卵数量不多，但盲鳗仍可大量存在，在一块较小的水域，盲鳗种群数量可达1.5万条，这表明盲鳗有着很高的存活率。盲鳗卵在鱼类中属于大型，呈长椭圆形，大小1.5 ～ 4.0 cm，卵黄很大，卵泡较硬，外包角质外壳。卵成簇，常常通过锚丝的方式连成一串，因为在卵膜两端有许多丝状突起，突起末端有一锚状小钩，丝状突起将许多卵子连结成带状或者束状，常粘附在海底或海藻上 (图2–15)。

卵的孵化大约需要2个月时间。与其他鱼类不同，盲鳗经历了一个无幼体阶段的直接发育。新孵化出来的幼体长约45 mm，可以说是母体的缩微复制版。大多数盲鳗没有明显的季节性生殖。但实际的生殖时间、频率、地点、行为、胚胎发育细节、成熟年龄和生殖寿命等在大多数种内都是未知的。丹麦皇家科学院在1854年曾专门设立现金奖项悬赏发现大西洋盲鳗的生殖秘密，但至今无人认领。

2.2.6 现生盲鳗的系统分类

盲鳗目分类主要依据角质齿、鳃囊结构和数目、体节组合、形态和颜色等特征。依据这些特征，现生盲鳗分为3亚科：盲鳗亚科 (Myxininae)、黏盲鳗亚科 (Epatretinae) 和红盲鳗亚科 (Rubicundinae) (Fernholm et al., 2013) (图2–16)。

盲鳗亚科包括盲鳗属 (*Myxine*)、线盲鳗属 (*Nemamyxine*)、新盲鳗属 (*Neomyxine*)、双孔盲鳗属 (*Notomyxine*)，其单系性目前没太多争议，因为它们只有1对总外鳃孔，可以看作该亚科共近裔特征。盲鳗亚科约有27种，分布在大西洋、太平洋，包括阿根廷和新西兰沿岸。

黏盲鳗亚科包括黏盲鳗属 (*Eptatretus*) 和副盲鳗属 (*Paramyxin*)，其主要特征是具5 ～ 16对外鳃孔。但黏盲鳗亚科是否形成一个单系类群目前存在很大争议。且副盲鳗属的有效性目前还不确定，可能是黏盲鳗属的同物异名，但副盲鳗的鳃孔比黏盲鳗的更加靠近，可能代表黏盲鳗属和盲鳗亚科的一个中间状态。黏盲鳗亚科有51种，分布在大西洋、印度洋和太平洋。

红盲鳗亚科 (Rubicundinae) 仅有1属，红盲鳗属 (*Rubicundus*)。红盲鳗属虽也有多对外鳃孔，但它并不能归入传统的黏盲鳗亚科。Fernholm等 (2013) 基于最新的分子生物学研究数据 (16S rRNA) 表明，红盲鳗属

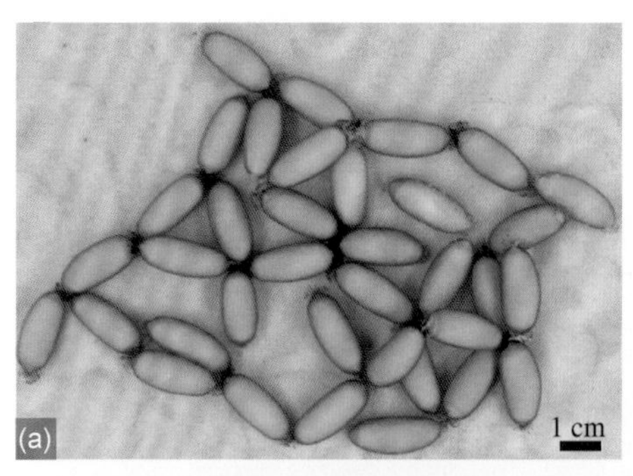

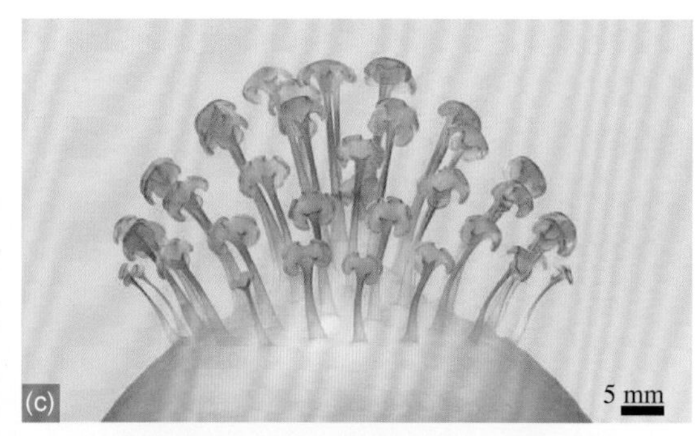

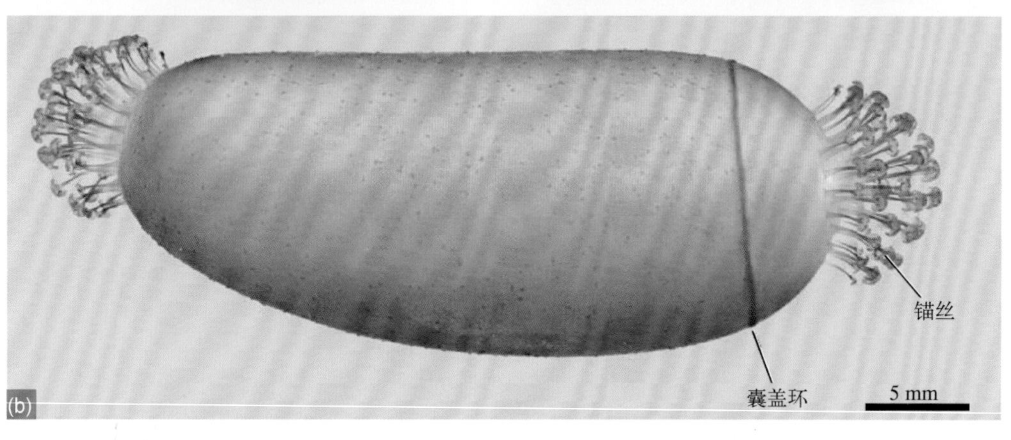

图2–15 盲鳗的卵 a. 蒲氏黏盲鳗，示盲鳗卵的两端常通过锚丝方式连结成簇 (Ota, Kuratani, 2006)；b, c. 新西兰黏盲鳗单个的卵 (b) 及末端锚丝的局部放大 (c) (Zintzen et al., 2015)。

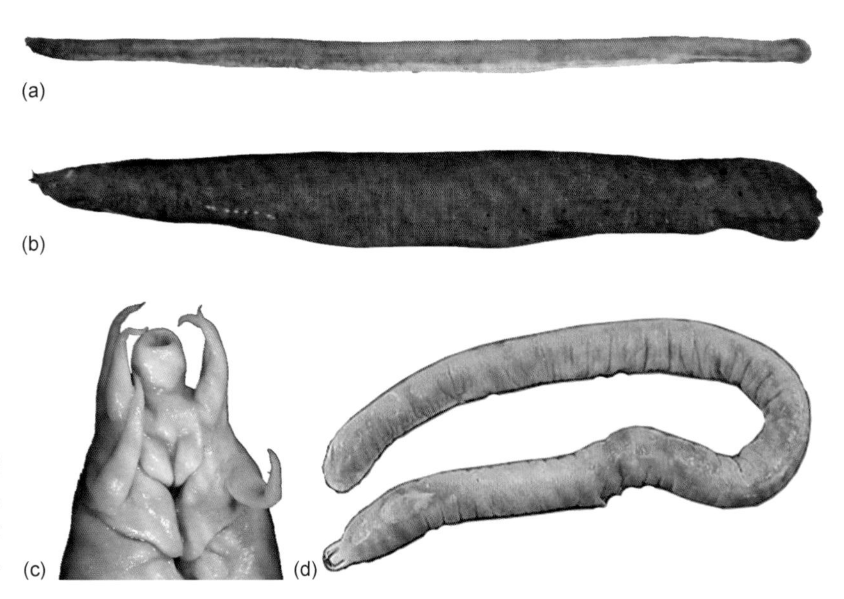

图2-16 盲鳗3亚科的代表 a. 盲鳗亚科新盲鳗属；b. 黏盲鳗亚科黏盲鳗属（a、b引自Zintzen, et al., 2015）；c，d. 红盲鳗亚科红盲鳗属。c. 头部放大，示长管状鼻孔；d. 完整标本，侧视（c、d引自Fernholm et al., 2013）。

(*Rubicundus*) 与盲鳗科其他所有成员形成姐妹群，可能代表了一个新的亚科——红盲鳗亚科 (Rubicundinae)，其主要特征是长管状鼻孔和粉红色皮肤，而多对外鳃孔可能代表了盲鳗的一个原始状态。红盲鳗亚科有3种，主要分布在北大西洋 (美国东南部)、西太平洋 (中国台湾的东北海岸) 400 ~ 800 m深的深海。

2.3 七鳃鳗亚纲

七鳃鳗亚纲因七鳃鳗眼后有7个彼此独立的鳃孔而得名。鳃孔呈圆形或椭圆形，与眼排成一直行，看起来好像有8只眼，所以七鳃鳗又称“八目鳗”。七鳃鳗也只有一个鼻孔，但鼻孔之后的鼻垂体管是封闭的，没有洞穿腭部，不能吸入水流，因此七鳃鳗目又称完腭目 (Hyperoartia) (Cope, 1889)。林奈也是最先研究七鳃鳗的动物学家，但当时他错误地将七鳃鳗放到了两栖纲中的南特目 (Nantes，游泳两栖动物)。与盲鳗不同的是，七鳃鳗在成长过程中要经历彻底的变态过程，其幼体称为沙隐虫，与成体形态差异很大，没有锉舌和口吸盘，拥有马蹄形口，三角形鼻孔，以致19世纪的许多鱼类学家误以为七鳃鳗的幼体和成体分属于七鳃鳗不同的属。Müller (1856) 是一位意识到沙隐虫是七鳃鳗幼体的鱼类学家。

2.3.1 外部形态

身体细长，呈鳗形，体长13 ~ 100 cm，分为头、躯干和尾三部分 (图2–17)。

1. 头部背面

头部背面只有一个外鼻孔——鼻垂体孔，位于头顶两眼之间的中线上，是鼻囊与垂体管的共同开口，因此又被称“单鼻孔类”。鼻孔之后有一小块透明的皮肤，下面是七鳃鳗的松果复合体，是七鳃鳗的感光器官。头两侧鳃孔之前有1对眼，成体的眼非常发育，中等大小，除袋七鳃鳗 (*Mordacia*) 外，眼均为侧位，无自由活动的眼睑，完全由透明的皮肤覆盖。眼后有7个彼此独立的鳃孔，鳃孔呈圆形或椭圆形，与眼排成一直行。

2. 口吸盘

头部腹侧有一圆形漏斗状的口吸盘。七鳃鳗的口吸盘与盲鳗的不同，周围没有触须，但边缘有许多细软的乳状突起，具有感觉功能。口吸盘上布满无数的角质齿，中央有一个肉质的“舌器”——锉舌。锉舌呈活塞形，可伸出口吸盘，上面也长有角质齿，用来锉开猎物皮肤，便于吸取血液和体液。口位于锉舌背面，两侧有许多黄色角质齿。角质齿的颜色不同，代表的硬度也有所不同，一般来说颜色较深的牙齿 (橙色或褐色) 比颜色较浅的牙齿 (白色和黄色) 硬度有所增加。七鳃鳗的角质齿属于角质化的表皮衍生物，由角蛋白构成，因此与脊椎动物真正的牙齿并不同源。角质齿呈现可替换模式，其内部中空，允许替换齿以叠覆的形式叠加在一起。据推算，一条成年海七鳃鳗的牙齿两年里可替换约30次。口吸盘和锉舌是七鳃鳗亚纲的一个主要特征。口吸盘的吸力主要由缘膜和锉舌来控制，两者都会产生抽吸作用。成体七鳃鳗的锐利角质齿口吸盘在生活中有4大作用：寄生的附着器；吸取食物；产卵时起挖掘作用做产卵巢；产卵时雄体口吸盘吸住雌体头部，雌、雄缠绕在一起完成产卵排精 (图2–18)。

3. 躯干

躯干呈圆柱形，在躯干部和尾部交界处的腹面正中

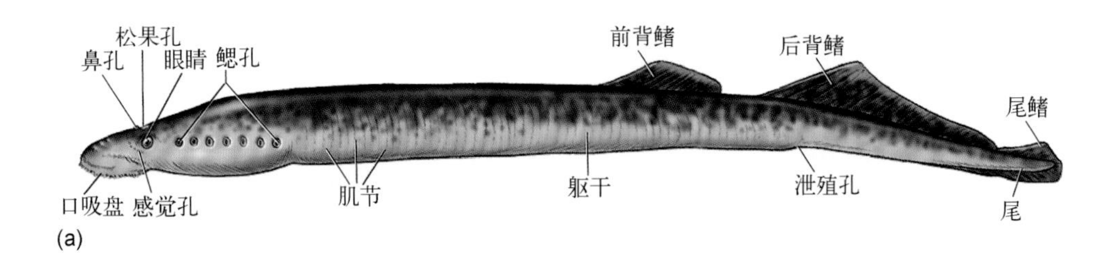

图2–17　七鳃鳗外部形态　a. 海七鳃鳗（*Petromyzon marinus*），侧视（De Iullis, 2007）（D. Pulera绘）；b. 美国五大湖区的海七鳃鳗（摄于美国芝加哥谢德水族馆）。

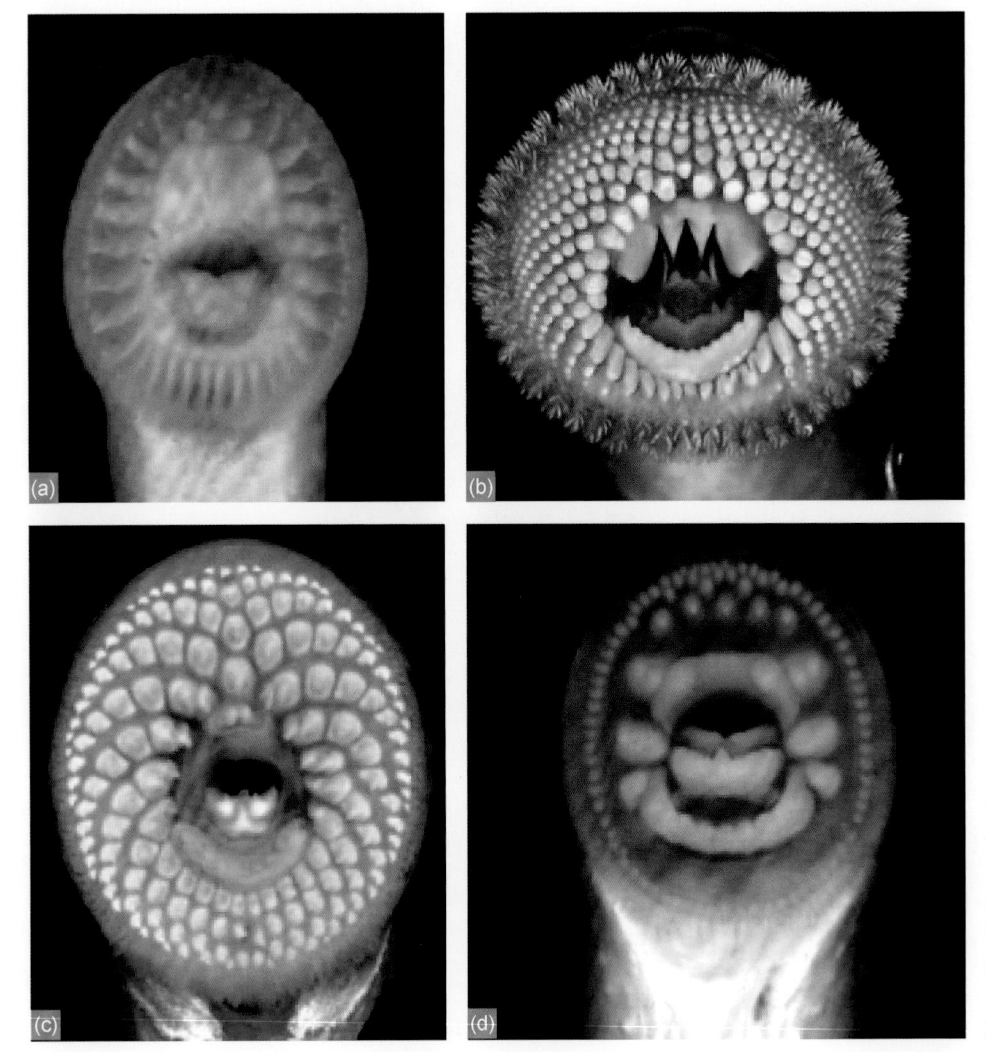

图2–18　七鳃鳗的口吸盘　a. 短头袋七鳃鳗（*Mordacia mordax*）充分变态后；b. 澳洲囊口七鳃鳗（*Geotria australis*），溯河产卵的早期；c. 海七鳃鳗（*Petromyzon marinus*），溯河产卵的后期；d. 欧洲七鳃鳗（*Lampetra fluviatilis*）刚刚完成变态。（Potter et al., 2015; b–d. D. Bird摄）

有一肛门。肛门后方有一小乳头状突起，即泄殖突，裂隙状的泄殖孔开口于此突起上。躯干裸露，无鳞（外骨骼），仅被光滑的皮肤所覆盖，皮肤上有腺体，能够分泌有毒的黏液，可有效防御较大鱼类的捕食。七鳃鳗只有奇鳍，没有偶鳍，背中线上有1～2个背鳍，其中鱼吸鳗属有一个背鳍，其他属有两个背鳍。后背鳍高于前背鳍，背鳍有性别差异，雄性后背鳍高于雌性后背鳍；鳍由单行不分节的软骨鳍条支持。

4. 尾

躯干从头部一直延伸到泄殖孔，其后是尾。尾侧扁，向后延伸到身体末端。尾鳍为轻微的下歪尾。

5. 侧线

头部和身体表面分布有侧线系统。七鳃鳗侧线系统非常原始，各神经丘是孤立的，没有管道把它们串通起来，神经丘通过感觉孔与外界相通，感觉孔在头部排列成行，通常情况下每只眼后各有一排，其他则分布于眼和口吸盘之间，由听觉神经的侧线支配。

2.3.2 内部解剖

1. 脑

七鳃鳗已具有头和脑。脑分化为端脑、间脑、中脑、小脑和延脑五部分。脑整体形状细长，成体的脑呈现轻度的背曲。端脑的两大脑半球小且不发达，大脑半球前端的嗅叶较发达，无神经细胞构成的灰质。间脑顶壁上有感光作用的松果体和松果旁体，左侧缰神经节显著大于右侧缰神经节。间脑底部有脑下垂体和漏斗体，脑下垂体通过鼻垂体管与鼻孔相连。中脑未形成二叠体，只有一对略微膨大的视叶，顶上有脉络丛。小脑非常小，与延脑还未分离，在视叶和后脑之间以一层薄薄的曲褶的形式存在。脊髓呈扁平带状，比盲鳗小（图2–19a–c）。

2. 脑神经

七鳃鳗有10对脑神经，包括控制眼外肌的动眼神经、滑车神经和外展神经。三叉神经下颌支与上颌密切相连，与盲鳗的明显不同，而与有颌类比较相似。听神经具有发育的侧线支支配侧线神经丘；舌咽神经和迷走神经因枕骨不发育，而从头骨外的延脑发出。脊神经的背根和腹根分离，不愈合形成混合神经，这一点与头索动物文昌鱼相同，而与其他脊椎动物不同，其中腹根发出的运动神经进入肌节，调控肌肉（图2–19a–c）。

3. 嗅觉器官

七鳃鳗嗅觉器官位于鼻孔正后方，很小，呈圆形，包裹在一个软骨囊——鼻囊内。鼻囊内表面有许多褶皱，可增加表面积，后壁上分布着嗅觉细胞，端脑左右两嗅叶发出的嗅神经末梢分布于此。成体的鼻囊只有一个，但在胚胎发育初期是成对的，中间由鼻间隔分开。由脑垂体发出的垂体管向前延伸，与鼻囊相连，共同通过鼻孔开口于外界，因此又称为鼻垂体管。垂体管后端封闭，终止于脊索前端腹面，不洞穿口腔上腭（图2–20）。咽壁收缩时，水流可进入垂体管，然后流出嗅觉器官。

4. 视觉器官

七鳃鳗的眼已具备脊椎动物眼的基本结构。眼很发育，相对较大，具晶状体和眼外肌，但不具有眼内肌。除上斜肌，其他眼外肌的排列方式与有颌类非常相似（图2–21）。由于没有眼内肌，晶状体的调节主要由角膜肌实现。角膜肌很宽，横跨整个角膜，从而能推动晶状体靠近视网膜（图2–19d，2–21）。在现生脊椎动物中，七鳃鳗这种视觉调节模式非常独特。眼没有睫状体、虹膜和眼睑，也无泪腺，视网膜组织简单。幼体时期眼埋在皮肤下面，成年时才露出表面。

除眼之外，七鳃鳗还有一个顶眼，由松果体和松果旁体组成，位于鼻孔后方头部中央的皮肤下，其结构和真眼有很多相似之处，具有晶状体和视网膜，视网膜有感光细胞，具感光作用，能够通过感受光强度的变化直接调控体内激素水平，因此顶眼也称为七鳃鳗的"第三只眼"（图2–20，19a，b）。顶眼是脊椎动物的一个原始特征，曾经广泛存在于早期无颌类甲胄鱼类中，现在只作为痕迹器官存在于少数脊椎动物中。

5. 听觉器官

七鳃鳗具一对内耳，位于耳软骨囊内。内耳具有前后两个垂直半规管及其壶腹，但是缺少有颌类的水平半规管。内耳的椭球囊和球状囊还没有明显的分化，腹面有5个特殊的纤毛囊，在维持平衡中发挥作用（图2–19e，f）。

6. 肌肉系统

七鳃鳗肌肉比较原始，躯干和尾部侧面可以看到一系列分节的肌肉单元——肌节（图2–20）。肌节由连续的结缔组织肌间隔纵向分隔肌纤维形成。七鳃鳗的肌节呈W形，中央顶点指向前方，且是一整体（不再由水平隔肌细分）。身体一侧的肌节收缩可以将身体屈曲向另一边，身体两侧肌节交替收缩就会产生鱼类特有的游泳运动，左右摇摆游动。内脏肌主要是鳃囊部位的环肌及控制口吸盘和锉舌活动的复杂肌肉。

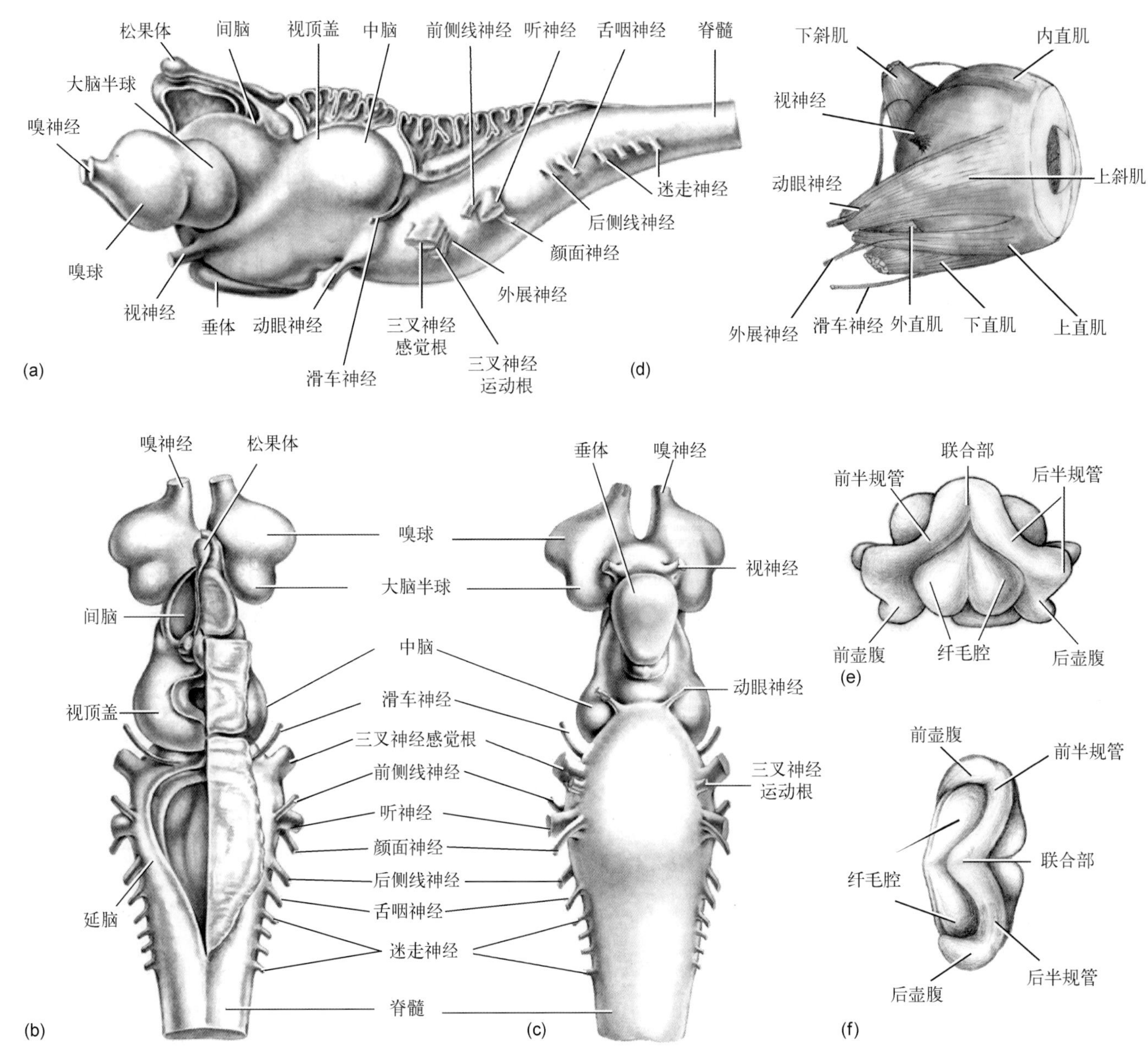

图2-19 七鳃鳗的中枢神经系统与感觉器官 a–c. 中枢神经系统（脑和脑神经）。a. 侧视；b. 背视；c. 腹视（Wicht, Nieuwenhuys, 1998）；d. 感觉器官（眼、眼肌及其神经支配），背视（据Janvier, 1975重绘）；e, f. 感觉器官（内耳）。e. 侧视；f. 背视（据Marinelli, Stenger, 1954重绘）。

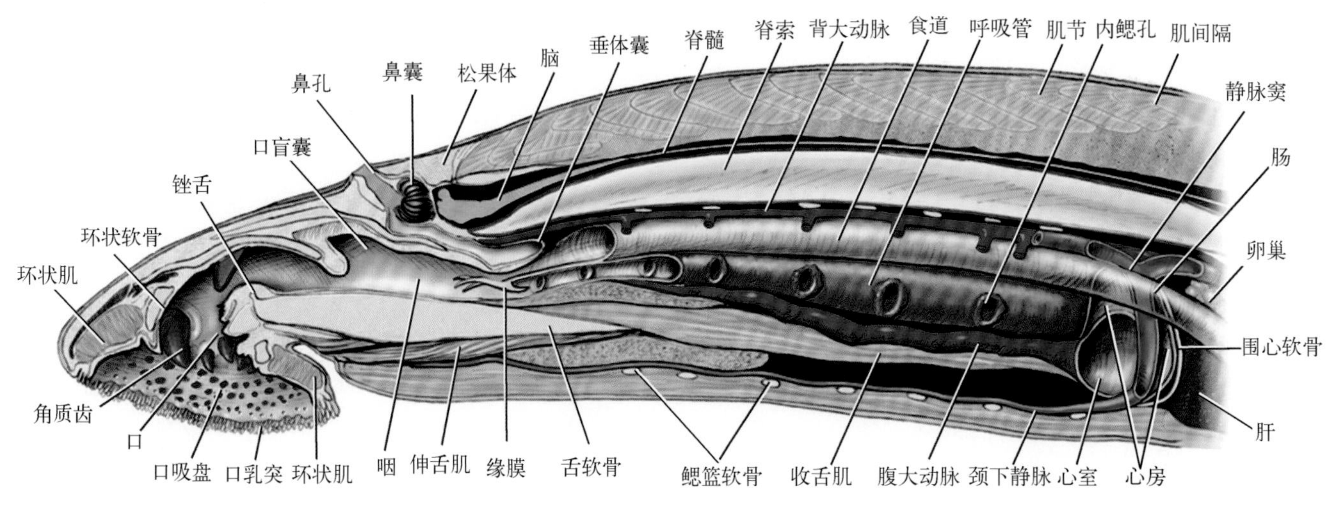

图2-20 海七鳃鳗内部解剖 （De Iuliis, 2007; D. Pulera 绘）

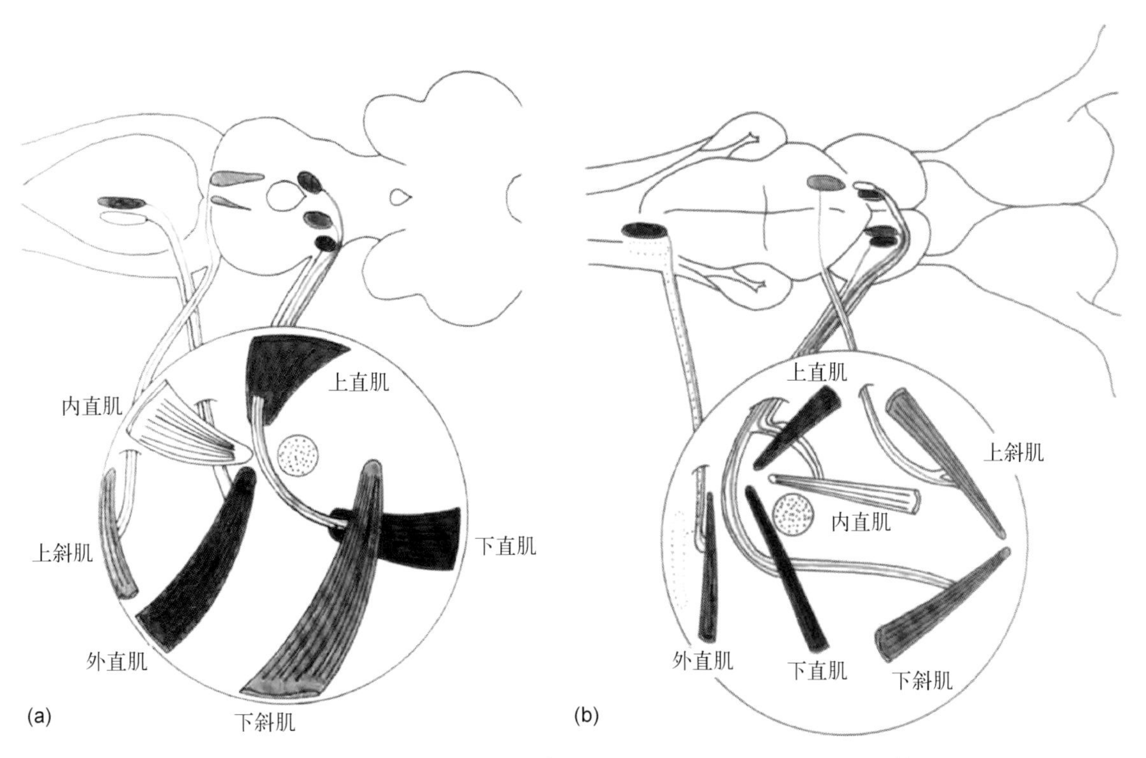

图2–21　七鳃鳗(a)与有颌类(b)眼肌的排列方式　a. 欧洲七鳃鳗(*Lampetra fluviatilis*); b. 美星鲨(*Mustelus canis*)。(Fritzshc et al., 1990)

7. 呼吸系统

七鳃鳗呼吸系统由7个鳃囊组成。鳃囊内壁是由内胚层演化而来的褶皱状鳃片，其上有丰富的毛细血管，在此进行气体交换（图2–22）。鳃囊外为围鳃窦，由鳃间隔分为小室，鳃囊通过7个独立外鳃孔开口于外界。每个鳃都由前后半鳃组成。事实上，七鳃鳗幼体解剖表明，每个鳃囊的后半鳃与下一个鳃囊前半鳃组成一个鳃单元，与有颌类非常相似，而最前面第一对鳃是由舌弓的后半鳃骨支撑，而非颌弓（图2–22）。虽然七鳃鳗的胚胎中，曾经在颌弓和舌弓之间出现过一个喷水孔的裂隙，但在发育早期就消失了，幼体七鳃鳗并没有喷水孔。在成体七鳃鳗中，鳃囊通过内鳃孔向内与呼吸管（咽鳃管）相通。呼吸管是口腔后腹面分出的一支盲管，开口于口腔，终止于心脏前方，开口处有缘膜，其末端封闭为盲管。呼吸管在七鳃鳗变态时才发育形成，因此幼体仍与其他鱼类一样，水流都由口进入，由外鳃孔流出（图7–22），而成体七鳃鳗，在呼吸管形成后，水流的进出则都经过外鳃孔。水流从七鳃鳗两侧靠近嘴部的鳃孔流入，顺着任意一个鳃道从7个外鳃孔中的一个流出体外（图7–22）。每一个外鳃孔都有软骨环支持。当七鳃鳗吸附在俘获动物身体上时，外界的水流可以从外鳃孔的中膜与鳃孔之间的小孔进入鳃囊，鳃囊内的水排出外界时只能从中膜与前膜之间的孔洞流出，原来的入水孔，由于中膜与鳃孔的阻挡，水流不能由原路流出来。与盲鳗一样，七鳃鳗也有一个泵吸装置——缘膜（图7–20，7–22b），但是两个类群的缘膜是否同源目前还不确定。七鳃鳗的缘膜软骨无疑属于颌弓的衍生物，成年七鳃鳗缘膜软骨是一个小的手状软骨，位于咽鳃管和食道入口之间，但是缘膜的功能仅局限于口部水流的循环，在呼吸水流循环上并没有发挥主要作用。

8. 循环系统

七鳃鳗的循环系统为封闭式，心脏位于咽鳃管之后，有横隔把胸腹腔隔开，由1心室、1心房和1静脉窦组成（图2–20）。心脏包裹在一个软骨的围心腔内，心房主要占据围心腔的左侧，而心室主要占据围心腔右侧，静脉窦是管状结构，位于心房和心室之间。当心室收缩时，会对心房产生一个泵吸效应。与盲鳗不同的是，七鳃鳗心房和心室紧密联系，并且有神经支配。另外，七鳃鳗也没有辅助性的副心脏。血液从心室流出，通过腹主动脉发出的8对入鳃动脉，分布于鳃囊壁上，形成毛细血管，血液经气体交换后，注入8对出鳃动脉，然后集中到1对背动脉根内，颈动脉向前发出1条颈动脉至头部，向后汇合而成为背大动脉（图7–23）。背大动脉向后发出的分支到体壁和内脏各器官。另外，尾部还有尾动脉。头部血液的回流主要通过背侧的前主静脉和腹侧的颈下静脉，而身体后部的

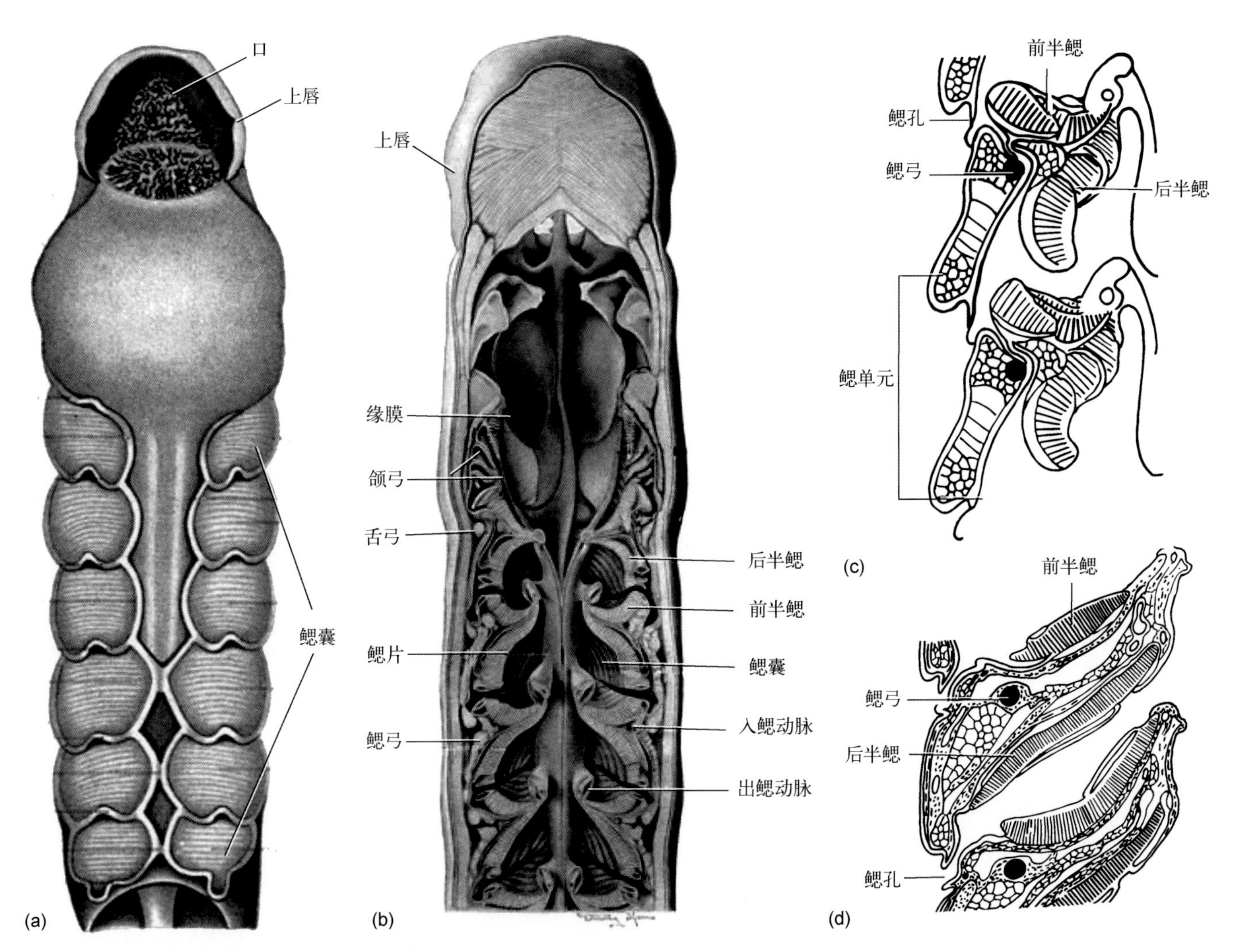

图2–22 七鳃鳗的呼吸系统 a, b. 叉牙楔齿七鳃鳗(*Entosphenus tridentatus*)幼体口鳃区。a. 腹视；b. 背视，上半部分已移走，以便观察内部构造(Daniel, 1934)；c, d. 七鳃鳗幼体(c)和成体(d)两个连续鳃单元的水平切片(Janvier, 2004)。

血液主要通过1对后主静脉回流，也包括一对肝门静脉。前后主静脉共同汇合成主静脉，然后注入静脉窦背侧，颈下静脉是一个中央结构，它进入静脉窦腹侧端 (图7–23)；七鳃鳗没有肾门静脉系统，所以尾静脉不分叉成肾门静脉然后进入肾脏。相反，尾静脉分支为左、右后主静脉，从肾脏接收血液。血液红色，已经具有白细胞和红细胞。红细胞和心脏的出现，加强了血液循环和血液携带氧气的能力。

9. 消化系统

七鳃鳗的消化系统原始而特殊，口吸盘之后为咽。咽分为背腹两个管道，背面较窄的管道为食管，腹面较宽的管道称为呼吸管，也叫咽鳃管。消化道尚没有胃的分化，由食管直接进入肠，肠道内壁存在很多纵行的螺旋状黏膜褶皱，被称盲沟或螺旋瓣，但它与其他脊椎动物的螺旋瓣的关系尚不明确 (图2–24)。与有颌类中肠道曲折弯曲不同的是，七鳃鳗的肠道是直的，但内壁上的螺旋瓣和纤毛大大增加了吸收面积，有时肠道会出现后端膨大现象，可能是直肠，肠道末端是肛门 (图7–24)。七鳃鳗没有胃，可能因为七鳃鳗主要以吸食血液为生，尚不需要一个单独的胃暂时存储食物。七鳃鳗已有独立的肝，肝分为左右两叶，较大，呈绿色，位于围心腔的后方，由肠道的前端突出 (图2–20)。胆囊和胆管在幼体阶段存在，但在七鳃鳗成年后消失。没有独立的胰，但有一些胰腺细胞群散布在肝和肠壁上，以及肠道和食道的交界处。

10. 排泄系统

七鳃鳗已具有集中的肾，但与生殖系统没有联系。肾1对，呈长条形，位于背中线两侧，肾一侧以腹膜连到体腔背壁上，另一侧游离。输尿管沿腹侧向后延伸，末端开口于泄殖突上的泄殖孔上。肛门位于泄殖孔前方。成体的肾为中肾，一直保留分节排列状态 (图2–25)。输尿管

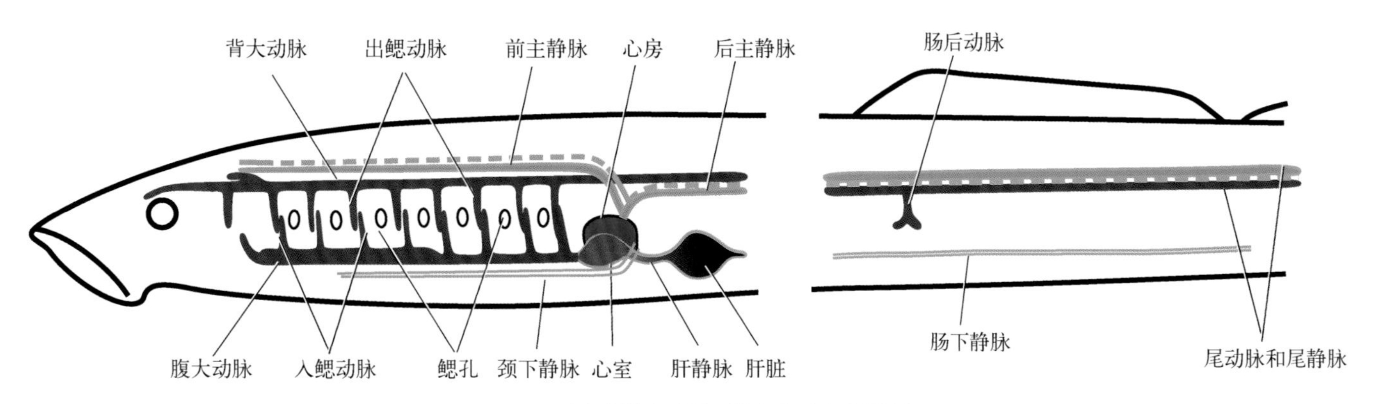

图2-23 七鳃鳗的血液循环模式图 (史爱娟绘)

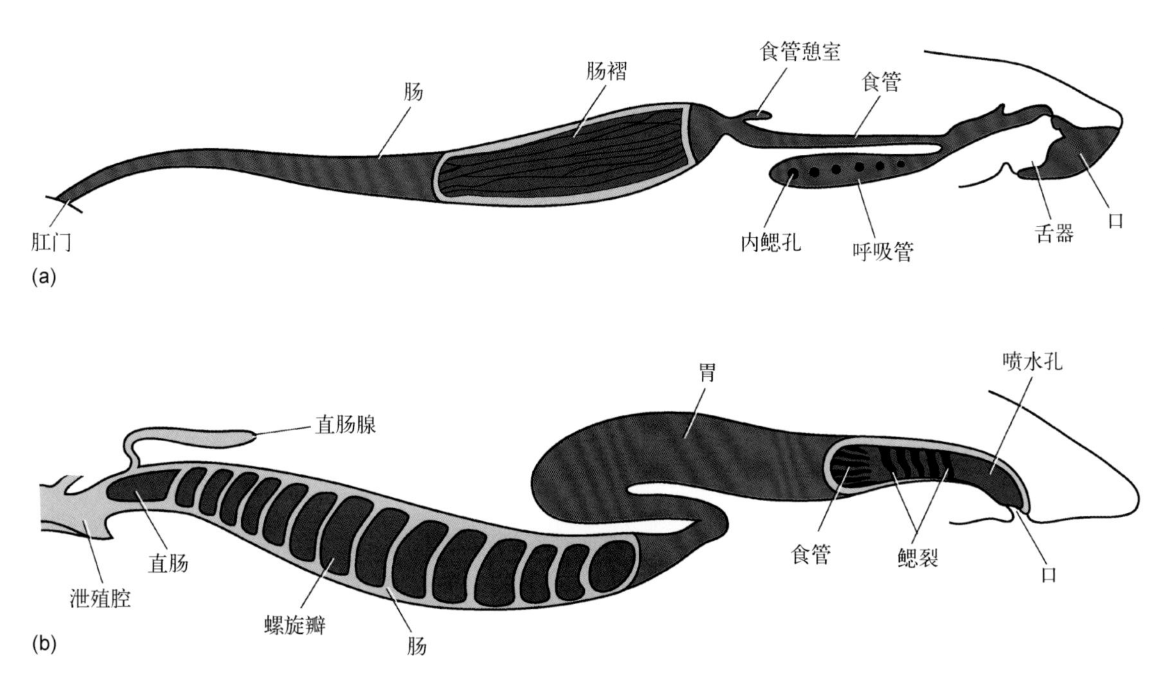

图2-24 七鳃鳗(a)与有颌类鲨鱼(b)的消化系统对比 (史爱娟绘)

只有输尿作用,不承担运送生殖细胞的任务。胚胎时期肾为前肾,幼体同时存在前肾和中肾,两者同时行使泌尿功能。

11. 生殖系统

七鳃鳗生殖腺在胚胎发育早期是1对,后合并成一个,充满体腔的大部分,无输出管,卵巢后部有精巢残余物。七鳃鳗这一卵巢和精巢同时存在的现象说明这类动物的性分化比较晚。泄殖腔是位于腹部中央的一个浅浅的凹陷。肠道通过裂缝状的肛门开口于泄殖腔。肛门之后是一个小的泄殖乳突,其后是泄殖孔(图7-25)。成熟的卵子或精子突破生殖腺而落入体腔内,其后经过泄殖窦上1对生殖孔而入泄殖腔,再经泄殖孔排出体外。

2.3.3 骨骼系统

七鳃鳗全身骨骼由结缔组织和软骨组成。虽然还不具真正的硬骨,但软骨可以钙化,形成比较坚固钙化的软骨。七鳃鳗软骨非常特殊,可能为这个类群所特有,被称为七鳃鳗质(lamprin)。七鳃鳗的软骨包括脑颅、咽颅和头后骨骼,其中咽颅又包括支持口区、舌器和鳃区的软骨系统。

1. 脑颅

七鳃鳗的脑颅仍比较原始,但已比盲鳗的复杂得多,由1对前索软骨和侧索软骨愈合形成的颅桁和脑下基底板组成,两者前后拼合形成脑颅底壁。颅底基板向后包围着脊索,颅桁则向前包围一中空的垂体窗,里面容纳着脑垂体。垂体管穿过脑颅腹面,向后与咽腔的顶壁紧密接触,向前与鼻囊相通。脑颅的侧壁,前部由颅桁的部分向上伸展而成,后部借助耳软骨囊的内侧壁与脑下基底板愈合而成,侧壁的前端每侧有一个视神经的通入孔——视神经孔;脑颅顶壁尚未完全封闭,在两侧有部分

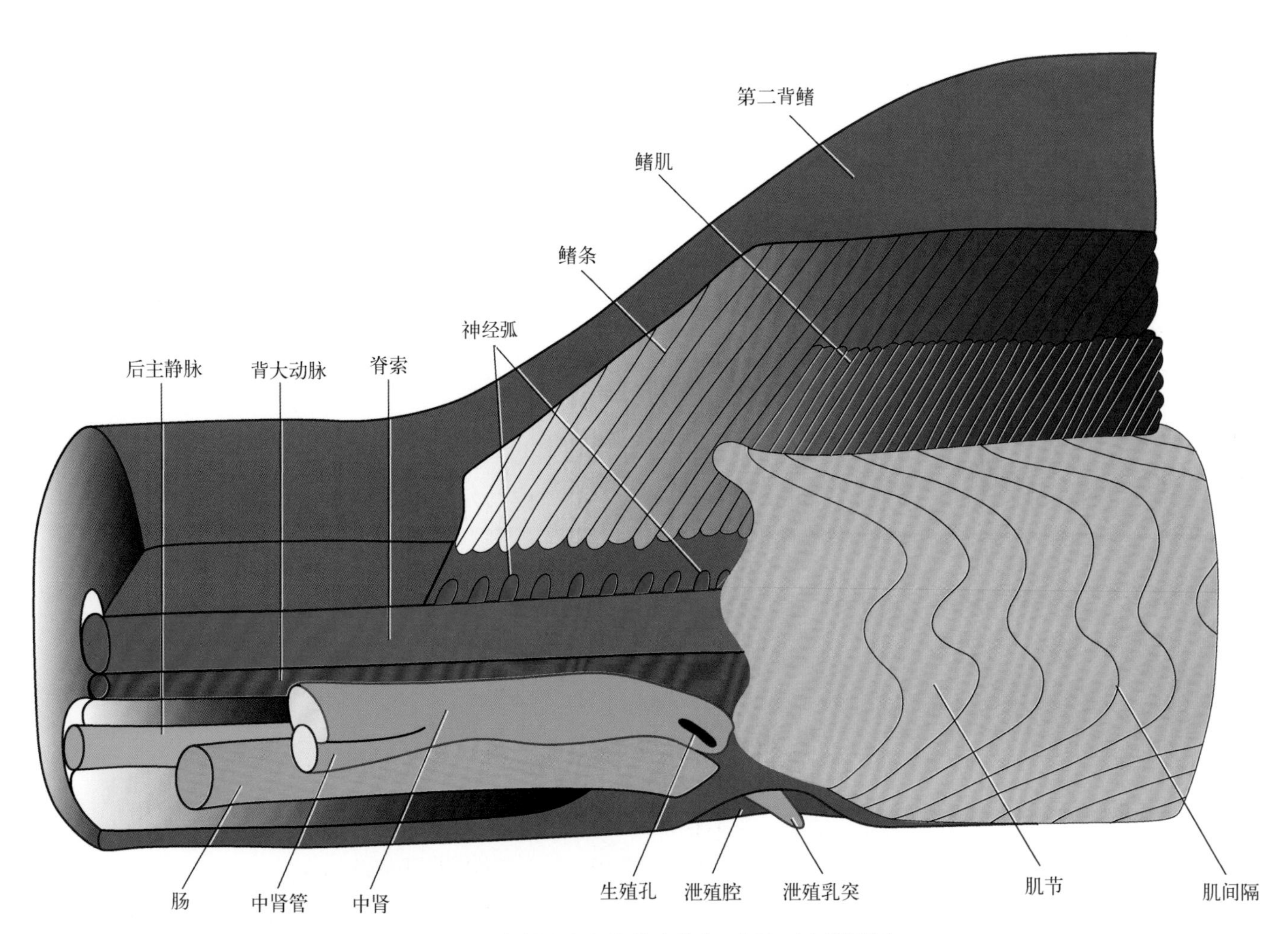

图2–25 七鳃鳗泄殖腔附近解剖构造示意图 （史爱娟绘）

侧壁向上延展，形成很窄的顶盖，如视顶盖；另外在听囊之间有横向的联耳顶盖，也作为脑颅的软骨质顶盖，其余部分均为结缔组织所覆盖。脑颅无后壁，也没有相应的枕部，向后有一个枕大孔。脑颅包裹着感觉器官，包括一对耳软骨囊、视囊和单个的鼻软骨囊。耳囊并未与颅骨完全愈合，仅以结缔组织与颅骨相连，这样的结构相当于其他脊椎动物颅骨胚胎发育的早期阶段，即颅底形成期；视囊不与脑颅相连接，但软骨颅桁、颅底基板和后背软骨向外腹侧发出的环状眶下弧，在环圈内撑起结缔组织膜，共同支持眼球（图2–26）。眶下弧后面，向后倾斜出一个“J”形的角状软骨，其外前方有一突起的茎状突；鼻囊只有一个，由脑颅前壁与结缔组织连接，其软骨化程度非常弱，鼻软骨囊发出一个管状鼻垂体管向背前方延伸，并通过单鼻孔开口于体外，腹面通过一个大的开口与垂体管相通（图2–26）。

2. 口区骨骼

包括环状软骨、针状软骨、中腹软骨、后背软骨、前背软骨、前侧软骨和后侧软骨。口周围由一系列软骨板加固，形成一个软骨环，称为环状软骨，支持口吸盘。环状软骨与前背软骨的开合可形成口吸盘的真空，起到吸附作用。在环状软骨的后腹侧有一对针状软骨，呈长锥形，以韧带与环状软骨相连，是调整口盘方向肌肉的附着处；环状软骨的后方横置着一“T”形软骨，以韧带横连在针状软骨之间。口吸盘的内表面和舌器前端有很多角质齿，其中较大的3对是侧唇齿，其基部或多或少地软骨化了，特别是内侧唇齿的基部更是有稍隆起的齿突，每个角质齿都由一个小的软骨内核支撑，并显示出替换模式。环状软骨上有齿突，可与角质的前口板齿（2枚）和后口板齿（6 ～ 7枚）对应（图2–26）。

3. 舌器骨骼

包括舌软骨、连接软骨、舌顶软骨、顶侧软骨、顶上软骨，顶上软骨支持着一对角质齿。舌软骨位于中腹软骨正背面，借韧带与之相关联。舌软骨前段侧扁，往后是背面逐渐平凹而腹面起棱的剑形骨条。前端进入舌齿板基部，以微凸的关节面与舌顶软骨相关节，大段向后延伸在呼吸道之下，经角状软骨腹面而进入心脏

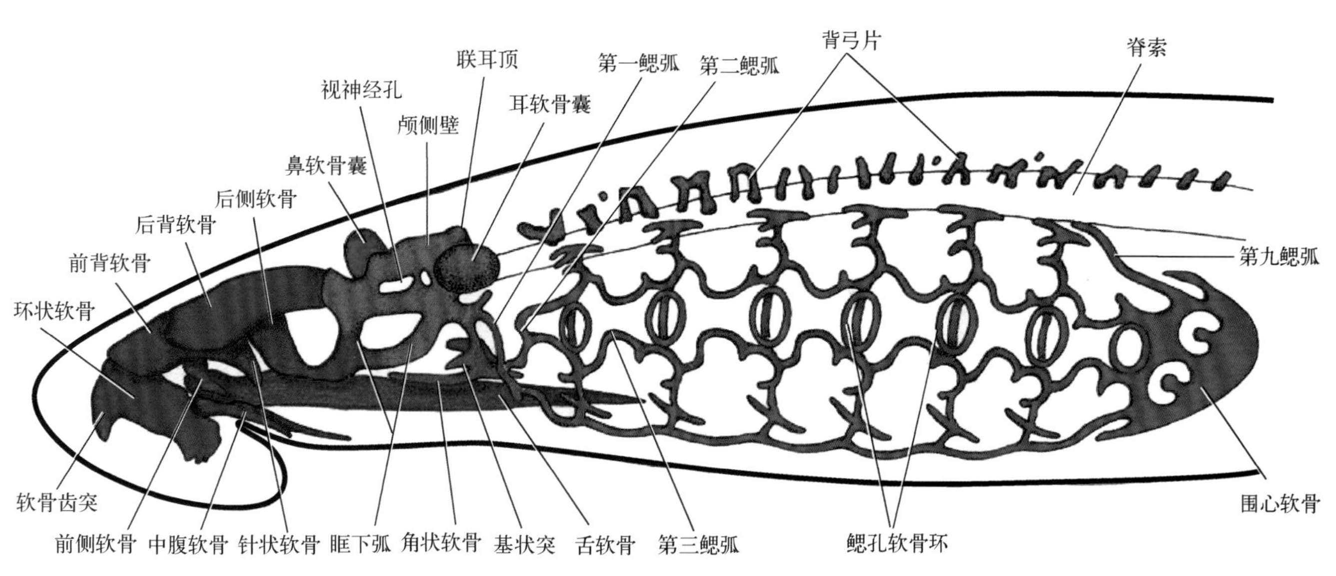

图2–26　七鳃鳗的骨骼系统　（Oisi et al., 2013）

舌顶肌的中心，以微细的肌腱与该肌相连接。舌顶软骨略呈三角形，位于舌齿板基部，前后均为内凹的关节面，后端与舌软骨相关节，前端支持一大的喙状角质齿——舌顶齿 (apical tooth)，具有锉舌功能。顶上软骨一对，位于顶侧软骨上方，左右各一，呈半月形，游离在结缔组织之中，以韧带与顶侧软骨相连，支持一对后舌齿板。舌器骨骼与非常复杂的肌肉组织相关联，它的总体功能是伸展和收缩整个“锉舌”，以及在垂直平面旋转顶端软骨。在进行后一运动时，顶上软骨及其角质齿在水平面内移动，等锉舌收缩时，便可相互紧密接触 (图2–27)。

4. 鳃区骨骼

由支持鳃囊的软骨鳃篮构成，由一系列大致垂直的9对波状鳃弧和4对沿轴向排列的软骨条互相编织而成。第一鳃弧对位于听囊下方，第二对位于第一外鳃孔前方，中部前突出去，下方与第一对相连；第三对鳃弧位于第一外鳃孔后方，其他依次顺数，第九对鳃弧亦即最后一对特化为围心软骨，将心脏包围在这块软骨里 (图2–26)。

七鳃鳗最前面一对鳃弧根据胚胎证据判断应与舌弓相对应，但这些垂直的波状鳃弧是否可以看作鳃弓或者鳃外弓，取决于无颌类和有颌类的鳃弓构造是否同源 (Balabai, 1937)。现在相对有说服力的证据表明，这样的同源性可能并不存在，因为七鳃鳗和有颌类鳃片的结构非常相似，这意味着它们的鳃可能是同源的。而在两个类群里，鳃弓相对于鳃的位置完全不同。因此，一般认为它们的鳃是同源的，而鳃弓是非同源的 (Jollie, 1968; Mallatt, 1984)。整个鳃篮由一小的软骨棒与脑颅相连接，该软骨棒在听囊下与每边的眶下弧相连。与盲鳗不同的是，七鳃鳗经历一个幼体阶段和变态过程，在这一阶段，软骨和肌肉都被大幅重组，因此成体头骨的不同骨骼单元的性质都非常模糊，有时甚至很难区分脑颅和咽颅。

5. 头后骨骼

七鳃鳗的脊索发达，终生保留一条纵贯身体首尾的脊索，为圆柱体，位在脊髓腹面，消化道背侧，周围包有很厚的结缔组织膜，即脊索鞘，尚未形成真正的脊椎。从耳囊后侧开始，在脊索背侧开始出现一系列的小软骨骨片，每一肌节对应两对，可能代表了脊椎的雏形——弓片，前对相当于间背片，后对相当于基背片。七鳃鳗的背鳍和尾鳍由软骨的鳍条支持着，鳍条下段埋在背正中隔里，鳍条起点几乎与脊椎弓片连接，末端几达尾梢，鳍条单行不分节，左右两侧各有一组鳍条肌附着 (图2–26，2–28)。

2.3.4　生活习性

七鳃鳗也有反赤道分布的特点，主要生活在寒冷和温和的水域，这可能是因为七鳃鳗幼体的热耐受性比较差 (最高为31.4℃) 而不得不在凉爽或温和的河流中产卵。唯一例外的是四齿七鳃鳗可以在北纬20° 热带地区产卵，不过仅限于低纬度凉爽的流域。七鳃鳗广泛分布于寒、温带的淡水和近海水域，包括非寄生、淡水寄生及洄游寄生种类。

七鳃鳗的生命周期主要有三个发展阶段：幼体

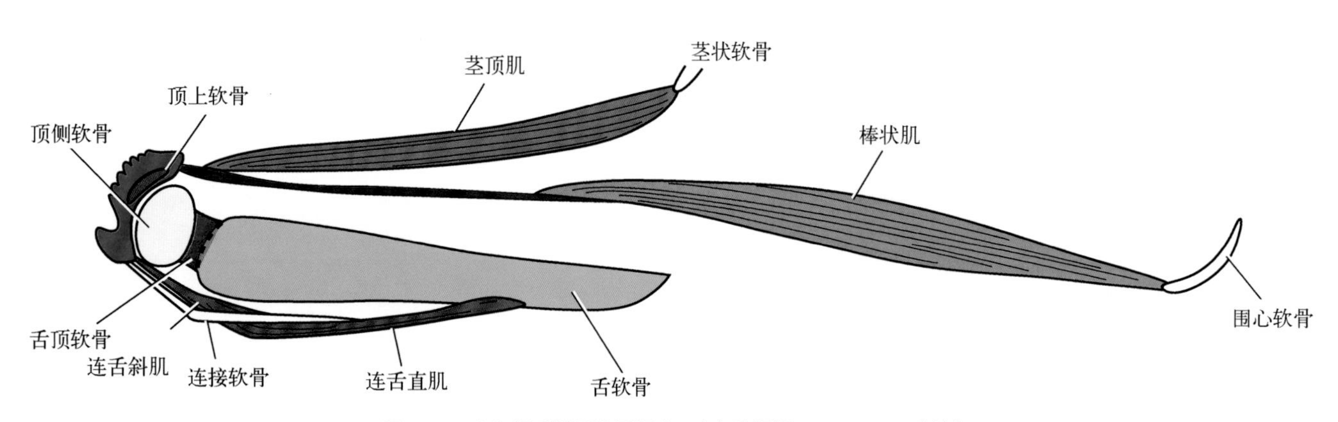

图2-27 七鳃鳗舌器骨骼及肌肉 （史爱娟据Yalden, 1985重绘）

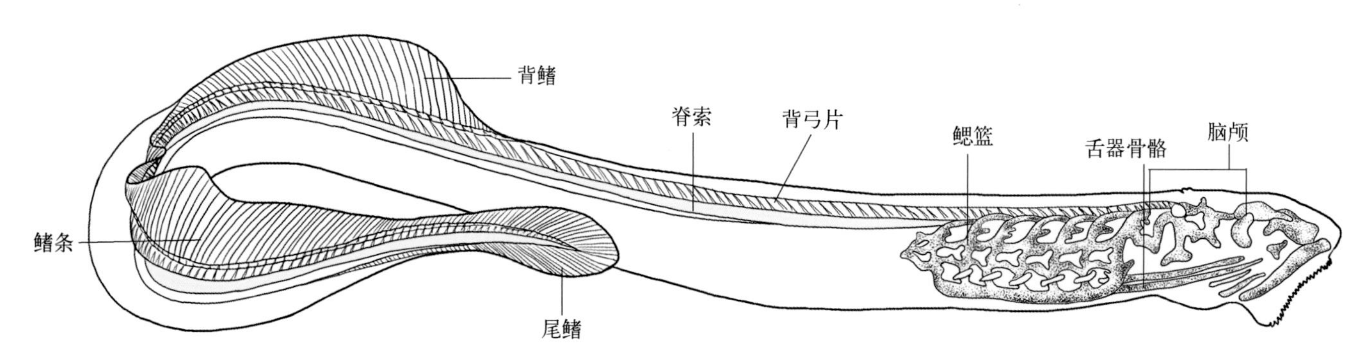

图2-28 七鳃鳗的头后骨骼 （杨定华据鲁中石,2012重绘）

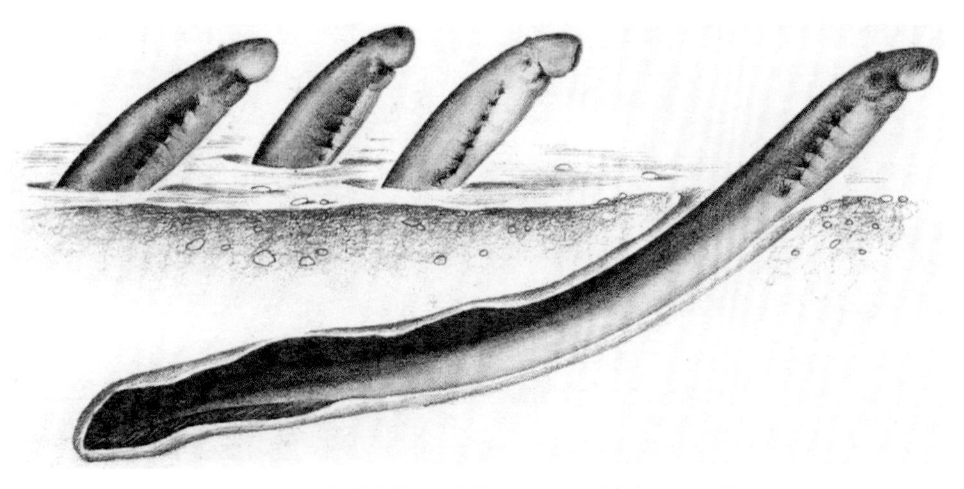

图2-29 七鳃鳗幼体沙隐虫的生活方式 （鲁中石,2012）

阶段，变态阶段和成体阶段。七鳃鳗的幼体沙隐虫(ammocoete)与成体形态差异很大，没有锉舌和口吸盘，拥有一个马蹄形口笠，一个三角形的中央鼻孔，眼很小，被皮肤覆盖，依靠近尾部的感光区域探测光线，鳃裂呈三角形，尖端朝向前方且连接在凹槽中；有一个或两个低背鳍，且第二背鳍或尾鳍不与第一背鳍成对出现，幼七鳃鳗是像文昌鱼一样的滤食微小颗粒的食碎屑者。它们白天埋藏在泥砂下边，夜晚出来摄食，以水中的浮游微生物为食，借助肌肉（而不是像原始脊索动物那样用纤毛）的活动引导水流入口，口周缘由鞭须网组成，水经咽而通过咽裂出身体，与文昌鱼相同，咽部有内柱（图2–28）。幼体阶段是七鳃鳗整个生命周期中最长的一段时间，如海七鳃鳗的幼体期长达7年，溪七鳃鳗为3～6年。变态阶段是从幼体阶段到成体阶段必经的过程，是七鳃鳗生命中的一道难关，总会发生较高的死亡率。变态过程非常深刻彻底，整个口、摄食和消化系统都要重组，眼变得发达，并摒弃穴居习性，以自由游泳为生。变态阶段约持续6～8个月，在此期间，七鳃鳗不进行也无法进行摄食（鲁中石，2012）。成体七鳃鳗变态后过着半寄生生活，多寄生于鲑鱼类、狗鱼等身体上，以口吸盘吸附鱼体，以口内的角质齿起钩扎紧扣的作用，以舌面的角质齿扎破鱼体，以舌片作活塞往返伸缩吸取鱼的体液、血、肉为食，有时被吸食之鱼最后只剩下一副骨架；也可用以吸附水底岩石，摄取蠕虫或小体甲壳纲动物；并可在水流湍急处吸附其他动物体借以前进，缓流处以肌节摆动，尾部推动身体向前行（图2–30）。

图2–30 七鳃鳗的三阶段生命周期 （Salas et al., 2015）

2.3.5 生殖方式

七鳃鳗雌雄异体，属体外受精，卵小，直径约1 mm，含卵黄较多，为端黄卵，卵发生为全裂式，发育有变态期。七鳃鳗一般在4 ~ 5月间溯河产卵。产卵时，雄七鳃鳗首先到达，选择水体浅、流速快、沙质底的河段筑巢，它们先将大石块摆放在逆流面，再用口吸盘吸起较小的石块依次垒放，堆成一个直径约1 cm的呈卵圆形或圆形的产卵巢。所有七鳃鳗物种所筑的巢都十分相似，但不同物种中，负责筑巢的性别有所不同。七鳃鳗行体外受精，即雄性和雌性缠绕在一起，各自将精子和卵子排至水中。产卵通常为群体行为，如溪七鳃鳗，通常有10 ~ 30条个体一起产卵。欧洲七鳃鳗还有求偶现象：雄性筑巢时，雌性从巢顶经过并将其身体的后半部分贴近雄性的头部，这可能是为了用气味刺激对方（鲁中石，2012）。产卵时，雌性则用口吸盘将自己吸附在巢上游的石头上，雄性则用口盘吸附在雌性头上，并把尾巴绕在她的躯干部分，确保其排卵时姿势不变，两者呈椭圆状，可使两者的泄殖孔紧密相邻，然后通过雄性的肌肉收缩帮助排卵，每次产卵1.4万 ~ 2万枚（姜云垒、冯江，2006）。双方将配子释放到河基底，部分被掩埋的卵子受精。受精卵具有黏性，能够粘在沙砾上，随后亲体用更多的沙砾覆盖在受精卵上。受精卵经过一个月左右的发育，孵化出约10 cm的幼体，称为沙隐虫，沙隐虫大约经过3 ~ 7年后变态成成体，变态季节为秋冬。一些七鳃鳗繁殖期绝食数月，生殖后死亡（图2–30）。

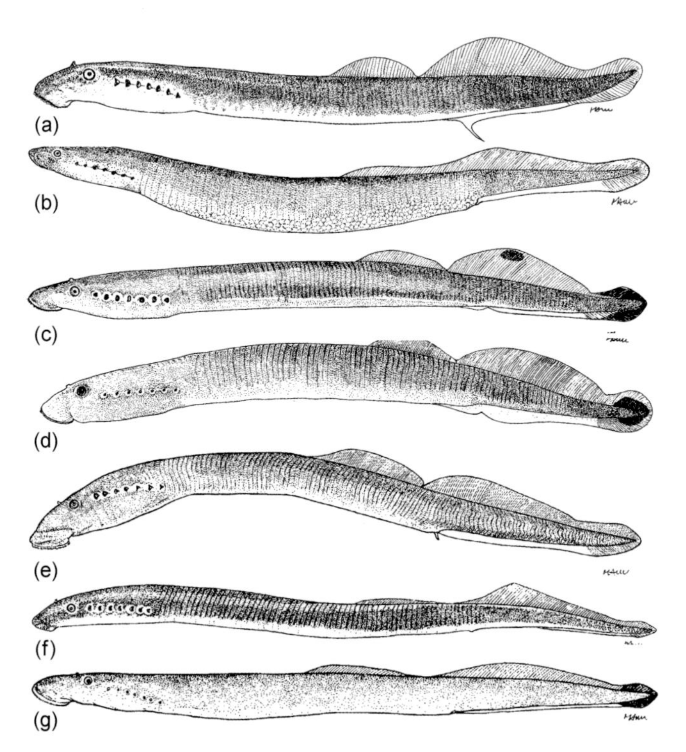

图2–31　七鳃鳗科的主要代表　a. 七鳃鳗属；b. 鱼吸鳗属；c. 叉牙七鳃鳗属；d. 双齿七鳃鳗属；e. 楔齿七鳃鳗属；f. 里海七鳃鳗属；g. 四齿七鳃鳗属。（Renaud, 2011）

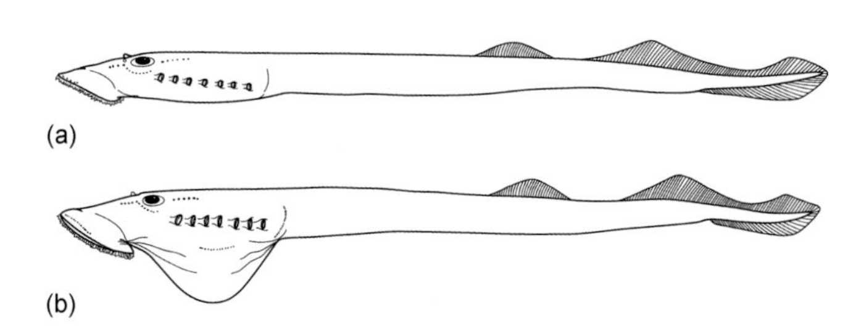

图2–32　小眼袋七鳃鳗　a. 产卵前的成体，侧视；b. 产卵期的雄性，侧视。（史爱娟据Renaud, 2011重绘）

2.3.6 现生七鳃鳗的系统分类

现生七鳃鳗仅有七鳃鳗目（Petromyzontiformes），又称完腭目（Hyperoartia），分为七鳃鳗科（Petromyzontidae）、囊口七鳃鳗科（Geotriidae）和袋七鳃鳗科（Mordaciidae）。

七鳃鳗科主要包括北半球的8属：七鳃鳗属（*Lampetra*）、海七鳃鳗属（*Petromyzon*）、里海七鳃鳗属（*Caspiomyzon*）、鱼吸鳗属（*Ichthyomyzon*）、叉牙七鳃鳗属（*Lethenteron*）、双齿七鳃鳗属（*Eudontomyzon*）、楔齿七鳃鳗属（*Entosphenus*）、四齿七鳃鳗属（*Tetrapleurodon*）（图2–31）。该科主要特征有口吸盘，每边只有3 ~ 4个侧围口齿；两个背鳍连续或者靠得非常近；喉囊非常小或者完全缺失。

袋七鳃鳗科仅有发现于南半球的1属3种，分别是小眼袋七鳃鳗（*Mordacia lapicida*）（图2–32）、短头袋七鳃鳗（*Mordacia mordax*）和早熟袋七鳃鳗（*Mordacia praecox*）。该科主要特征是：两个背鳍，第二背鳍在幼体时与尾鳍连续；泄殖腔位于第二背鳍后半部分下面；口吸盘仅在两侧有角质齿，前后缘角质齿缺失；幼体眼背侧位，成体眼完全背位，具3个颊腺。

囊口七鳃鳗科仅有发现于南半球的1属1种，即澳洲囊口七鳃鳗（*Geotria australis*）（图2–33），其主要特征是：身体呈鳗形，长约60 cm，身体后半部分有两个比较低的背鳍，两个背鳍彼此分离，第二背鳍与尾鳍分离，但在幼体沙隐虫时，第二背鳍与尾鳍连续，雄性在眼睛下面会发育出下垂的袋状喉囊，位置位于口吸盘到第一或第二鳃孔之间，产卵期间雌性的喉囊更发育，但其功能尚不清楚。

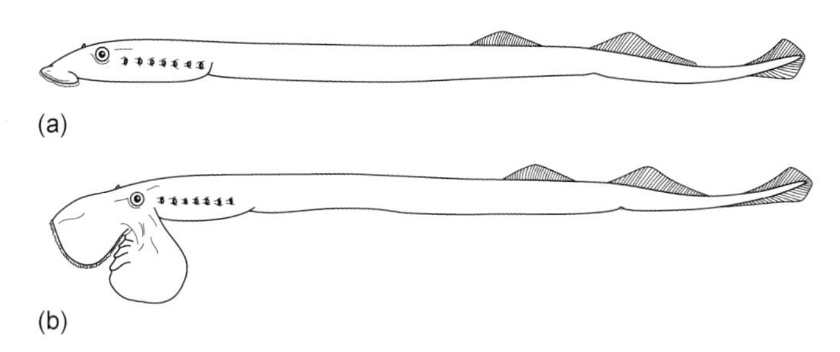

图2–33 **澳洲囊口七鳃鳗** a. 产卵前的成体，侧视；b. 产卵期的雄性，侧视。（史爱娟据Renaud, 2011重绘）

2.4 盲鳗与七鳃鳗化石的记录

盲鳗和七鳃鳗全身裸露没有硬组织，只有特异环境下才能保存软体化石。目前全球保存七鳃鳗、盲鳗软体化石的生物群只有5个：南非晚泥盆世的黑色炭质页岩生物群、美国伊利诺伊州石炭纪的梅溪生物群 (Mazon Creek Biota)、美国蒙大拿州中部石炭纪的熊溪灰岩 (Bear Gulch Limestone) 生物群、法国石炭纪的蒙索莱米讷生物群 (Montceau-les-Mines Lagerstätte) 和中国白垩纪的热河生物群 (Jehol Biota)。

2.4.1 梅溪生物群

梅溪生物群化石点位于美国伊利诺伊州东北部，形成于距今约3.07亿年的石炭纪宾夕法尼亚亚纪莫斯科期位于热带地区的河口三角洲环境。这个三角洲如同现在的黄河入海口，沉积环境是一种类似沼泽的厌氧环境。这里产出大量精美的动植物化石，主要保存于石炭纪煤层附近的菱铁矿 ($FeCO_3$) 结核中。这些结核将生物躯体整个包被，因此软组织能够以印痕的形式特异保存下来。目前在该生物群中发现的七鳃鳗化石有3属，分别为梅氏鳗、双鱼鳗和塔利怪鳗，盲鳗化石有1属，似盲鳗。

早在1958年，美国业余化石收藏家F. Tully就在该生物群发现了一个全身柔软的怪物 (图2–34a)，其尾鳍呈

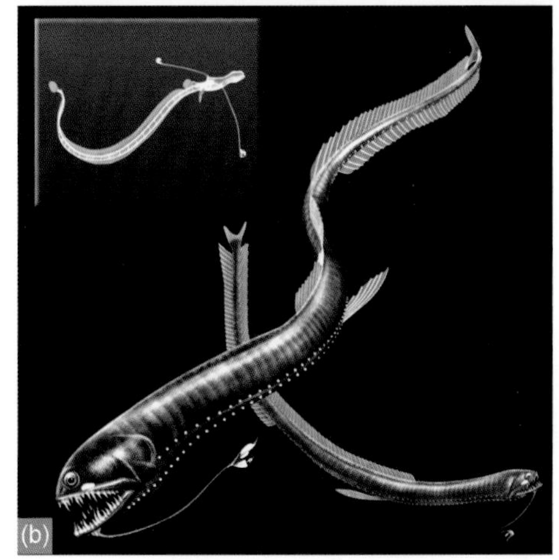

图2–34 **塔利怪物与具有茎状眼柄或钳状捕食器的生物** a. 塔利怪物化石及早期复原，示其典型特征茎状眼柄和钳状捕食器（摄于美国芝加哥菲尔德自然历史博物馆）；b. 巨口鱼类奇棘鱼（*Idiacanthus*）及其幼体，示幼体的茎状眼柄与塔利怪物惊人相似；c. 寒武纪节肢动物欧巴宾海蝎（*Opabinia*），示其钳状捕食器与塔利怪物惊人相似（N. Tamura绘）。

铲形，与现生的鱿鱼有几分相像，身体头部附近两侧延伸出一对茎状结构，上面长着眼，与现生的锤头鲨和巨口鱼的幼体非常相似（图2–34b），而头部前端延伸出一长鼻状“捕食器”，末端呈钳状，又与寒武纪的节肢动物欧巴宾海蝎（*Opabinia*）惊人地相似（图2–34c）。由于样子怪异，无法将之归于生物的某个门，而被称为“塔利怪物（Tully monster）”。在长达半个多世纪里，“塔利怪物”是一个谜一样的生物，曾被认为是纽形动物、多毛动物、腹足动物、节肢动物和牙形动物等。

1968年，美国古生物学家D. Bardack和R. Zangerl在梅溪生物群中鉴别出第一批七鳃鳗化石，并定了一个新属种——皮克梅氏鳗。这批标本来自两组收藏，一是S. May捐赠给费氏自然历史博物馆的收藏，二是H. T. Piecko的私人收藏。梅氏鳗化石保存在铁质结核中，能够见到的只是身体的轮廓，位于头侧部的眼睛、模糊的耳囊和几个鳃孔、肝脏的轮廓、腹部从前到后的一条被作者解释为消化管道的黑色条带，以及作者根据隐约可见的不甚规则的一些印痕推测的头部软骨。

1977年，D. Bardack和E. S. Richardson又报道了该生物群的双鳗化石。双鳗已拥有典型的七鳃鳗口吸盘，周围保存了角质板。角质板的排列方式与现生鱼吸鳗有些相似，但与其他七鳃鳗的排列方式差别很大。

1991年，D. Bardack又报道了该生物群的第一种盲鳗化石——似盲鳗（*Myxinikela*）。似盲鳗标本尽管个体非常小（约50 mm长），但清晰地显示了一些典型的盲鳗特征，如触须和长的前鼻窦管，与现生盲鳗非常相似。它与现生盲鳗的不同之处在于其比较靠前的鳃孔，较为粗短的体形，以及更加发育的尾鳍。

2016年，V. E. McCoy等重新研究了1 200件“塔利怪物”化石，发现其有一条从头一直延伸到尾末端的浅色带状物。早期描述认为这个带状物是消化道，但大量化石显示，这个弹性带状物具有脊索的特征，可能包覆着一些原始脊椎动物才有的脊髓。另外，“塔利怪物”已具有软骨的脊椎弓片、背鳍、不对称的尾鳍、角质齿、单鼻孔和顶盖软骨等一系列脊椎动物典型特征（McCoy et al., 2016）。同时，Clements等首次在“塔利怪物”的眼中鉴定黑色素体化石，目前为止也仅有脊椎动物才具有两种不同外形的黑色素体，这是迄今发现最早的生物色素细胞（Clements et al., 2016）。新的系统发育分析表明，“塔利怪物”与七鳃鳗亲缘关系密切，属于七鳃鳗的干群，是现代七鳃鳗的祖先。鉴于“塔利怪物”的最新系统分类位置，本书将其属名译为“塔利怪鳗”。这种奇特外形的动物很可能是一种掠食性脊椎动物。

2016年，S. E. Gabbott等应用扫描显微镜对似盲鳗和梅氏鳗化石材料进行了重新研究。他们将眼部位黑色斑点放大5 000倍，鉴定出似盲鳗和梅氏鳗眼中由大量微小黑色素体组成的视网膜结构，这一结构与人类视网膜相同，能防止杂散光在眼周围反射，能够形成清晰的视觉图像。化石盲鳗中视网膜细节的发现表明，盲鳗至少在3亿年前仍具有功能齐全的视觉系统，证明现生盲鳗的眼睛是在几亿年的演化中逐渐退化的，并不代表脊椎动物的原始状态。同时，这一发现也支持圆口纲是一个单系类群的假说，脊椎动物的祖先可能已经具有功能性的视觉系统（Gabbott et al., 2016）。

2.4.2 熊溪灰岩生物群

美国西北部蒙大拿州的石炭纪密西西比亚纪谢尔普霍夫期（距今约3.23亿年）的熊溪灰岩是另一个符合软躯体特异保存条件的化石宝库。灰岩约30 m厚，分布面积约65 km^2，具有丰富的脊椎动物和无脊椎动物化石，尤其以鱼类化石的多样性而闻名，包括软骨鱼类、辐鳍鱼类和肉鳍鱼类。沉积学研究表明，化石的埋藏环境是在淡水至微咸水的滩涂或泻湖，沉积环境是微浊流水体，可能是夏季季风期间，风暴将风化或悬浮沉积物运送到海洋密度跃层生成的。这些浊流携带的有机带电絮状沉积物在下降时大量吸收氧气，从而使底层的动物窒息死亡，并快速埋葬。周期性的风暴沉积和缺氧的粉砂质底部抑制了细菌的腐蚀，从而特异保存了动物的软躯体结构（图2–35）（Grogan, Lund, 2002）。

1983年，P. Janvier和R. Lund联袂发表了熊溪灰岩里七鳃鳗化石的一新属种——蒙大拿哈迪斯蒂鳗，时代比梅氏鳗化石要略早一些。与所有其他现生和化石七鳃鳗不同，哈迪斯蒂鳗具有发达的臀鳍和明显的倒歪尾，还有延长的前背鳍。与缺甲鱼和花鳞鱼等一些外类群比较，这些特征很可能是近祖特征。另外，部分哈迪斯蒂鳗标本还保存了一些与现生七鳃鳗幼年个体的软骨桁和鼻囊非常相似的棒状软骨印痕，表明其可能是未经过变态的幼年个体。但与梅氏鳗一样，哈迪斯蒂鳗化石保存也欠佳，许多形态特征难以确认。随着一些更加原始七鳃鳗的发现，哈迪斯蒂鳗的属征将来很可能需要修订。

2.4.3 黑色炭质页岩生物群

2006年，R. W. Gess等在南非东开普省格雷厄姆斯敦（Grahamstown）滑铁卢农场（Waterloo farm）晚泥盆世法

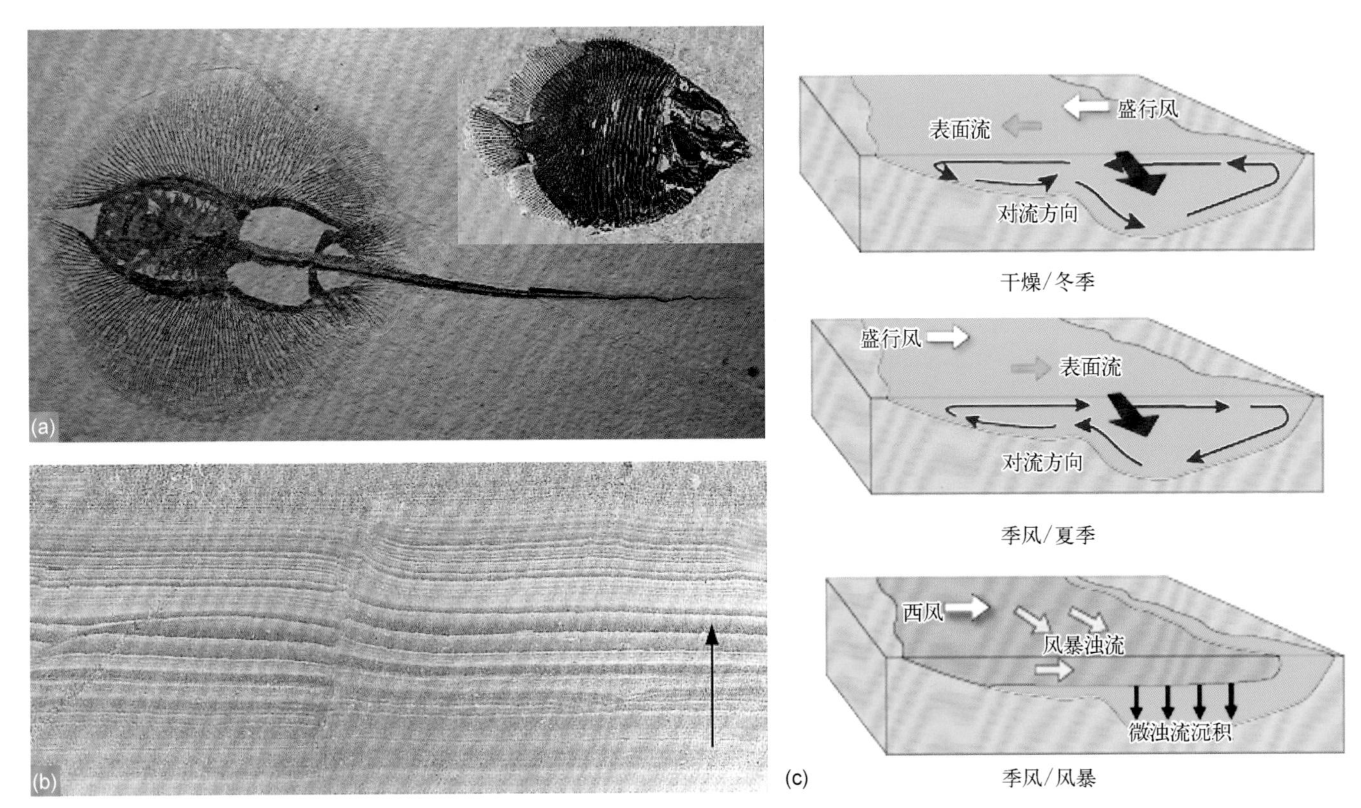

图2–35 美国熊溪灰岩生物群及特异保存成因 a. 特异保存的鱼化石；b. 多层微浊流沉积；c. 夏季季风引起的风暴沉积是该生物群能够特异保存的主要成因。(Grogan, Lund, 2002; Lund, Grogan, 2005)

门期（距今约3.6亿年）地层里发现了世界上最古老的七鳃鳗化石——古七鳃鳗（*Priscomyzon*）。化石主要保存在黑色炭质页岩中，在化石形成过程中受到严重挤压，原始生物组织已经被变质云母取代，变成了绿泥石。这种黑色炭质页岩可能由厄加勒斯海（Agulhas Sea）入海口的厌氧淤泥沉积形成。化石保存异常完好，揭示出鳍、口吸盘的细节，并提供了口围齿、鳃篮的最早化石证据。古七鳃鳗保存了最早的角质齿，其排列方式与现生七鳃鳗非常相似。与古七鳃鳗共生的泥盆纪鱼类有盾皮鱼类化石南非沟鳞鱼（*Bothriolepis africana*）（图2–36a）、棘鱼类化石双棘鱼（*Diplacanthus*）（图2–36b），无脊椎动物化石有双壳类、介形虫、叶肢介和广翅鲎（图2–36e），还有其他生物门类，如藻类、陆地植物等（图2–36c）。

2.4.4 蒙索莱米讷生物群

石炭纪蒙索莱米讷特异埋藏化石库位于法国中央高原东北部。这个化石点在石炭纪宾夕法尼亚纪格舍尔期（距今约2.98亿年）的时候位于赤道纬度的附近，可能是一个淡水环境。化石库保存了丰富多样的植物群（石松类、楔叶类、蕨类和科达树类）和动物群（双壳类、环节类、甲壳类、多足类、昆虫、螯肢类、辐鳍鱼类、肉鳍鱼类和四足动物）（图2–37）。这些特异保存的化石有两种保存状态，一种是页岩里的扁平保存；另一种是菱形结核里的三维立体保存。这样的特异保存是由几个因素的组合促成的：快速被缺氧的细淤泥埋藏，早期菱铁矿沉积诱导了结核的形成，以及角质层和软组织特征的磷酸化（Perrier, Charbonnier, 2014）。

2001年，C. Poplin等报道了来自该生物群的第一个盲鳗化石。他们从成千上万的化石结核中，发现了大约15件保存了蠕虫状印痕的奇怪化石。尽管缺少身体分节的证据，这些奇怪的化石最初仍被解释为蠕虫。但进一步研究发现，在化石内部有一条细长的结节性充填，可能为消化道；在其中两个标本的充填末端还清楚地保存了两排呈V形排列的尖齿印痕，与现生盲鳗矬舌上的角质齿异常相似，因此作者认为这些蠕虫状化石可能代表盲鳗的一个新属种，并命名为戈农近盲鳗（*Myxineidus gononorum*）。目前已知的现生盲鳗均生活在海洋环境中，但是近盲鳗却非常奇怪地来自淡水山间湖泊沉积（Poplin et al., 2001）。

2014年D. Germain等通过X射线同步辐射显微成像技术对戈农近盲鳗标本进行了重新研究，证实在自然填充口腔的前部存在两排呈V形排列的非矿化的角质齿。除了发现身体上可疑斑块可能代表死后软组织的矿化

图2-36　南非厄加勒斯海黑色炭质页岩生物群及其特异埋藏环境　a. 盾皮鱼类化石——南非沟鳞鱼；b. 棘鱼类化石——双棘鱼；c. 古植物化石——粗枝八辐轮藻（*Charophyte octochara*）；d. 七鳃鳗化石——里尼古七鳃鳗（*Priscomyzon riniensis*）；e. 节肢动物海蝎子的螯肢；f. 古环境复原；g. 沉积相复原。（Büttner et al., 2015）

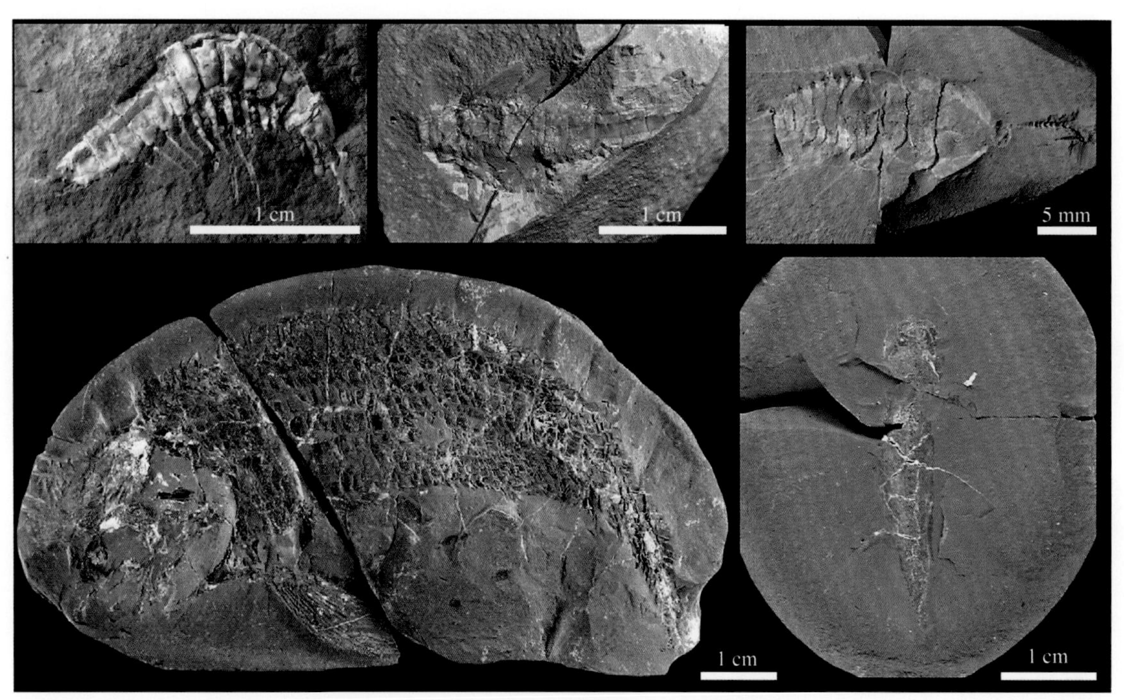

图2-37　法国蒙索莱米讷生物群的化石特异保存　（Perrier, Charbonnier, 2014）

外，研究并没有发现有关内脏的进一步证据。然而，三维重建揭示出来的近盲鳗的模糊体型更像七鳃鳗的样子，这不禁会引起该化石是否是盲鳗的疑虑。如果将戈农近盲鳗重新解释为七鳃鳗的话，倒是可以与蒙索莱米讷生物群的淡水环境相一致 (Germain et al., 2014)。

2.4.5 热河生物群

热河生物群是中生代晚期分布在东亚地区的一个著名土著性生物群。在中国辽西地区是研究热河生物群的经典地区，包括义县组和九佛堂组两个地层，共跨越约1 800万年，保存了大量精美的化石，涵盖20多门重要生物类群：无颌类、软骨鱼类、硬骨鱼类、两栖类、爬行类、鸟类、哺乳类等脊椎动物类群，以及无脊椎动物的腹足类、双壳类、叶肢介类、介形虫类、虾类、昆虫和蜘蛛类，轮藻、各类陆生植物（含被子植物）等（图2–38）。辽西生物群的特异保存方式可能与火山作用密切相关。中生代晚期地壳运动加剧，火山爆发频繁，大量生物因此窒息或中毒死亡，沉入湖底，在大量火山灰的快速埋藏下与外界隔绝。湖底的缺氧环境、沉积物中较低的有机碳含量以及火山喷发产生的可溶性铁和硫化物，为化石黄铁矿化作用提供了必要条件。生物体中的有机质在硫酸盐还原菌作用下腐烂释放的硫化氢，与沉积物孔隙内的铁离子结合形成黄铁矿，从而保存了生物体的外部轮廓。

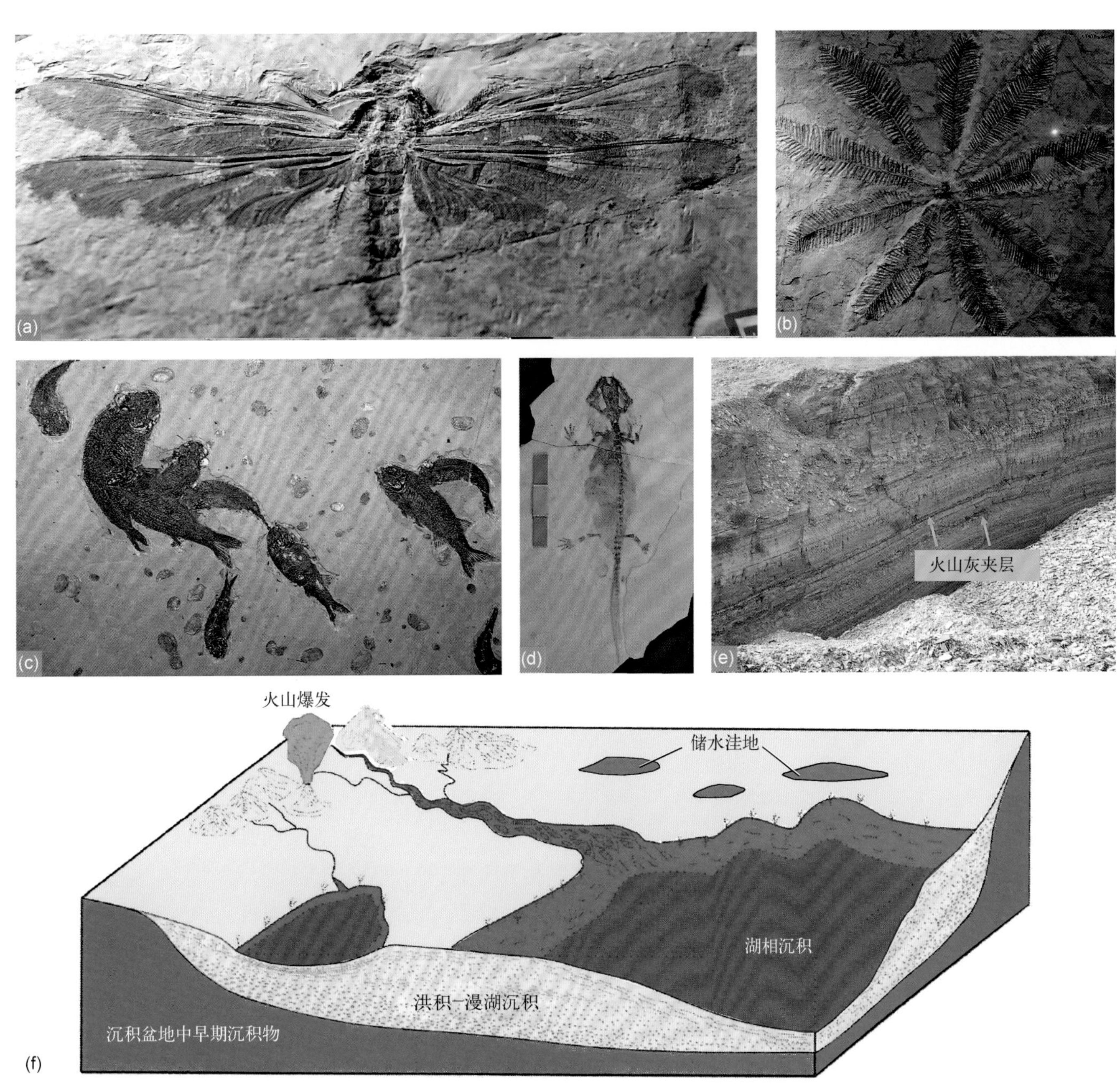

图2–38 热河生物群化石特异保存（a–d）及其沉积环境（e, f）（张江永供图）

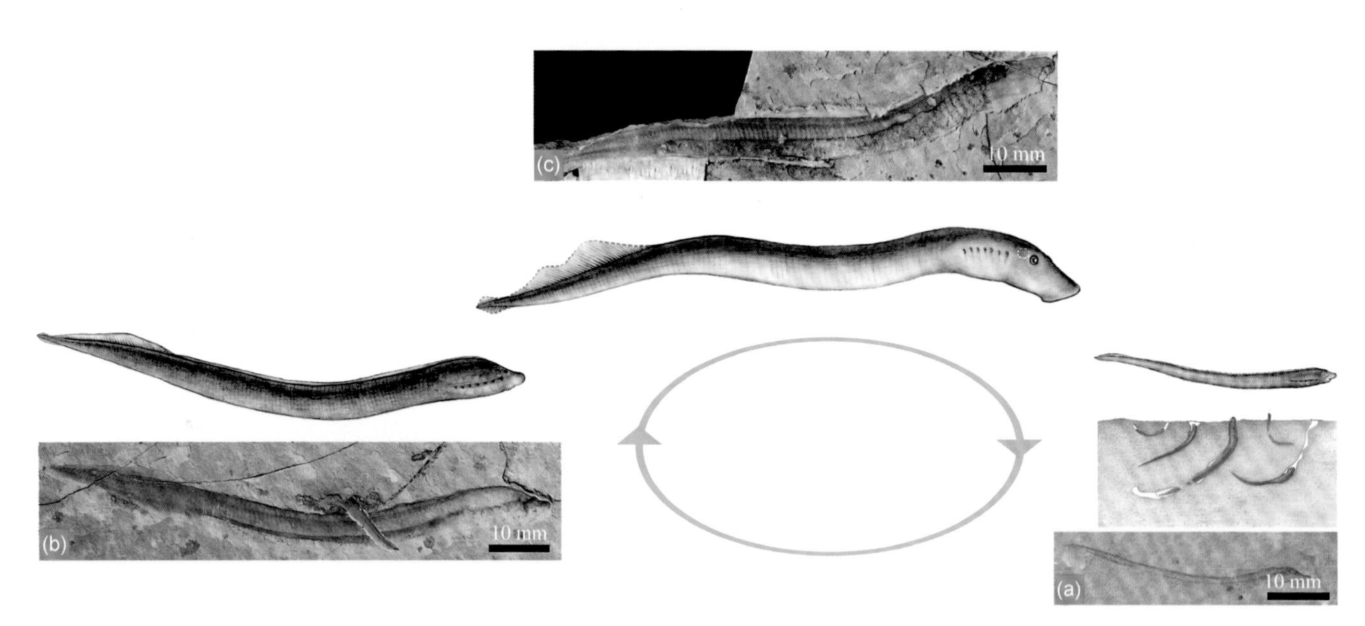

图2–39 孟氏中生鳗三阶段生命周期示意图 a. 幼体期；b. 变态期；c. 成体期。(张江永供图)

2006年，张弥曼等首次报道来自热河生物群的七鳃鳗化石——孟氏中生鳗。化石保存较好，许多重要的形态特征得以确认，与之前在美国发现的两个种类相比，呈现出相似于现代海生七鳃鳗成体的诸多解剖结构和寄生习性，说明在长达1亿多年的演化历程中，其演化速率异常缓慢，几乎可称为演化停滞 (Chang et al., 2006)。中生鳗的化石材料发现于白垩系义县组的淡水页岩沉积，与其同层发现的还有大量的热河生物群的典型代表，包括昆虫、戴氏狼鳍鱼、蝾螈、蜥蜴及一些鸟类化石。这些生物都是陆地或淡水的居住者。因此，中生鳗可能代表了七鳃鳗类向淡水生活环境入侵的最早记录，但仍保留了一些海生七鳃鳗的原始特征，比如口部吸盘非常发达，具有辐射状的凹陷区 (似乎应为齿板覆压所致)。目前大部分七鳃鳗化石发现于北美石炭纪地层，中国石炭纪灰岩分布很广，但至今尚未发现石炭纪的七鳃鳗类化石，鉴于北美石炭系的上述新发现，以及中国白垩系中生鳗的发现，今后在中国也有可能在石炭纪甚至更古老的地层中找到七鳃鳗化石。

2014年，张弥曼又报道了内蒙古早白垩世热河生物群孟氏中生鳗的新材料，首次识别出孟氏中生鳗的幼体和变态期幼体，揭示其具有三阶段的生命周期 (图2–39)。研究显示孟氏中生鳗幼体的形态特征和生活习性与其现代后裔几乎没有差别：眼细小，口部由宽圆的口笠和分离的下唇组成，鳃区前置达于耳囊之下，背部鳍褶连续而延长，且与现代七鳃鳗幼体一样，以滤食泥砂中动植物碎屑为生。变态期幼体则耳囊较大，口笠加厚或吻部变尖，眼稍增大，背鳍褶内辐状软骨已现，但鳃区位置仍靠前，且口部吸盘尚未发育，这些都是现生七鳃鳗变态期早期阶段所出现的变化。这表明现代七鳃鳗独特的三阶段生命周期早在距今1.25亿年的早白垩世晚期即已成型并保持至今 (Chang et al., 2014)。

2.5 系统古生物学

脊索动物门 Chordata Bateson, 1885

脊椎动物亚门 Vertebrata Cuvier, 1812

无颌超纲 Agnatha Cope, 1889

圆口纲 Cyclostomata Duméril, 1806

盲鳗亚纲 Myxini Linnaeus, 1846

盲鳗目 Myxiniformes Linnaeus, 1846

盲鳗科 Myxinidae Rafinesque, 1815

似盲鳗属 ***Myxinikela*** Bardack, 1991

模式种 希罗卡似盲鳗 *Myxinikela siroka* Bardack, 1991 (图2–40)。

特征 身体呈管状，身长7.2 cm，高1.2 cm，身体前1/3向下倾斜，有背鳍、尾鳍和臀鳍。但没有证据表明鳍内有软骨支撑；可能由于保存状态的原因，身体侧面没有黏液腺孔；口周围具一对口触须，一对唇触须，位置比现生盲鳗靠后得多；鼻孔周围有2对鼻触须；前鼻窦管呈长菱形，上有若干小孔；前鼻窦管后的鼻囊清晰可见，与现生盲鳗一样，鼻囊具有若干纵长开孔；鼻囊后面保存了眼，眼突出，前后延长，与现生黏盲鳗一样，眼可能具有视网膜和晶状体；眼后面保存了听囊构造；听囊后面是鳃。

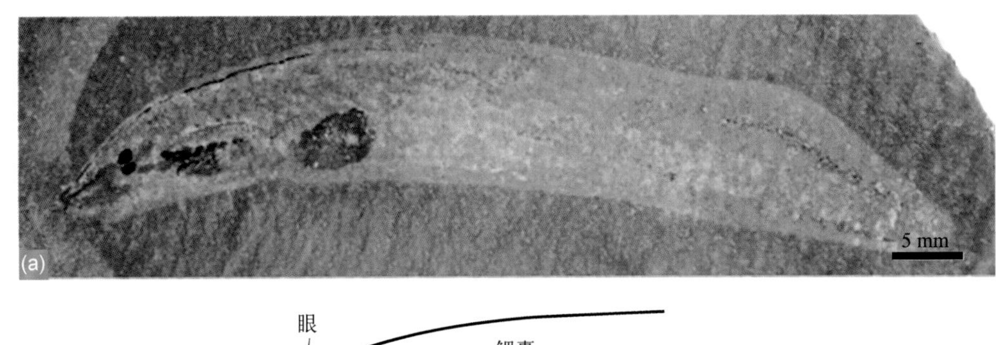

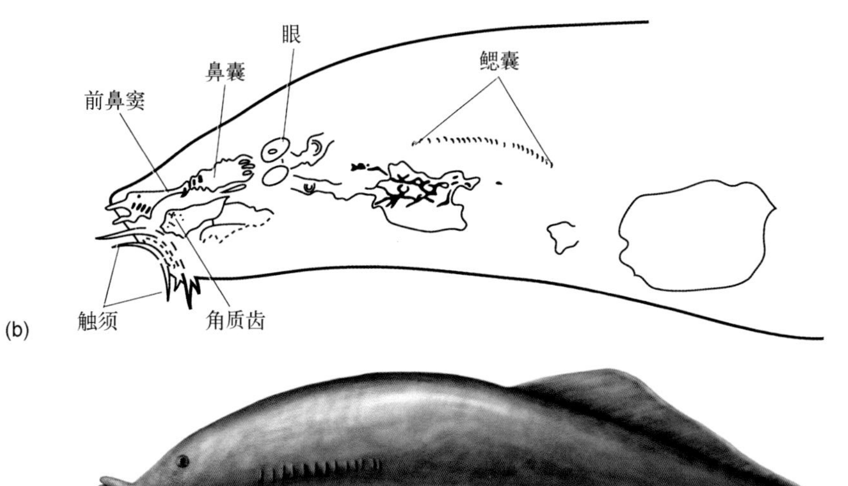

图2–40 **希罗卡似盲鳗** a. 化石标本PF15373，侧视（Gabbott et al., 2016）；b. 标本PF15373的头部解剖解释性素描（史爱娟据Bardack, 1991重绘）；c. 复原图，侧视（杨定华绘）。

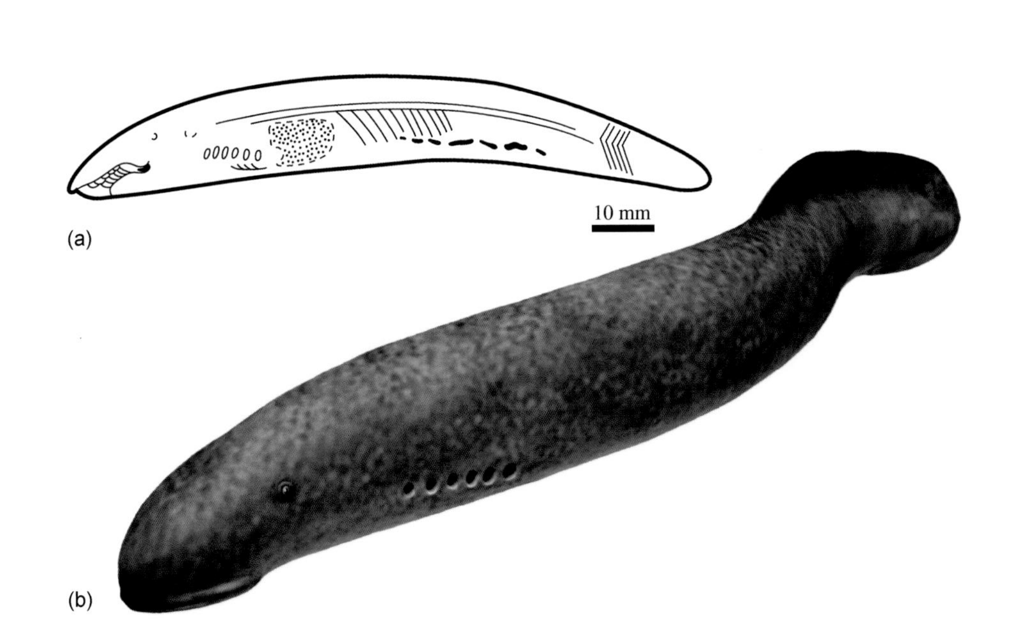

图2–41 **格林吉尔平鱼** a. 化石标本解释性示意图，侧视（史爱娟据Bardack, Richardson, 1977重绘）；b. 复原图，前侧视（N. Tamura绘）。

产地与时代 美国伊利诺伊州东北部卡本代尔组(Carbondale Formation) 弗朗西斯溪页岩 (Francis Creek Shale)；石炭纪宾夕法尼亚亚纪莫斯科期 (距今约3.07亿年) 梅溪生物群。

吉尔平鱼属 *Gilpichthys* Bardack et Richardson, 1977

模式种 格林吉尔平鱼 *Gilpichthys greenei* Bardack et Richardson, 1977 (图2–41)。

特征 身体修长的无颌类，长4 ~ 14 cm，高5 ~ 13 mm，具脊索和背部中空的神经索，标本不论大小，眼总位于第一鳃裂到吻短之间的中间位置，可能具有视网膜和晶状体；眼上保存听囊等听觉构造，具独特管状口咽器，上面排列有发达的肌肉组织和向后方向的角质齿，至少6对鳃裂，身体分节，具体腔、消化道，没有鳍。

产地与时代 美国伊利诺伊州东北部卡本代尔组弗朗西斯溪页岩；石炭纪宾夕法尼亚亚纪莫斯科期（距今约3.07亿年）梅溪生物群。

虽然没有盲鳗特有的触须，但吉尔平鱼具独特的管状口咽器，上面排列有发达的肌肉组织和有向后方向的角质齿，与现生的盲鳗非常相似，很可能属于盲鳗类（Janvier, 1996b, 2008）。McCoy等（2016）的系统发育分析结果表明吉尔平鱼代表了最基干的盲鳗类。吉尔平鱼的身体形状及缺少鳍的事实，表明它不是一个主动捕食者，吉尔平鱼生活在石炭纪的沿海近岸环境中，食物来源可能主要是碎屑物（通过身体简单蠕动和特殊口咽器摄取）和活着的底栖生物（如环节动物——该动物群很常见的物种之一）。

近盲鳗属 *Myxineidus* Poplin et al. 2001

模式种 戈农近盲鳗 *Myxineidus gononorum* Poplin et al. 2001（图2–42）。

特征 身体呈鳗形，体长约17 cm，大小在现生大西洋盲鳗的尺寸范围；口内保存两排V形尖齿，其形状和组织形式与现生盲鳗的角质齿异常相似；化石保存的一系列有机印痕显示该动物可能具有咽、内脏和鳃囊。

分布与时代 法国中央高原（Massif Central）大煤层组（Great Seams Formation），蒙索莱米讷生物群；石炭纪宾夕法尼亚亚纪格舍尔期（距今约2.98亿年）。

近盲鳗在身体外形和角质齿的排列等方面与现生盲鳗异常相似，在系统位置上可能比北美洲的似盲鳗更接近现生类群，但是，很遗憾没有保存对盲鳗系统分类起关键作用的鳃囊和鳃孔的信息。目前已知的圆口类化石均来自海相沉积，但是近盲鳗却非常奇怪地来自淡水山间湖泊沉积（Janvier, 2007a）。

七鳃鳗亚纲 Petromyzontida

七鳃鳗目 Petromyzontiformes

古七鳃鳗属 *Priscomyzon* Gess et al., 2006

模式种 里尼古七鳃鳗 *Priscomyzon riniensis* Gess et al., 2006（图2–43）。

特征 古七鳃鳗体长约42 mm，显著特征是具有较大的圆形口吸盘，由环状软骨支持；口呈圆形，位于口吸盘中央，周围有14个间隔均匀的小齿环绕，小齿结构简单，没有与其相关联的辐射状附加齿，后面的齿比前面的齿明显延长，而现生种类里往往是侧面或前面的齿最大；与现生种类相比，其齿在形态上也非常简单，可能代表一种原始状态，但在其他方面与现生的种类非常相似，表明七鳃鳗吸血生活方式从远古的海洋便已开始；眼的位置目前不清楚；口吸盘的后面保存了很清楚的鳃的印痕，明显具有7个鳃囊，左右2个鳃囊部分保存下来，后5个鳃弓的界限非常清楚；具有1个背鳍，从鳃后开始一直延伸到尾末端，与现生七鳃鳗的幼体沙隐虫非常相似，而与成体明显不同，现代七鳃鳗通常具有前后独立的2个背鳍。

产地与时代 南非东开普省格雷厄姆斯敦

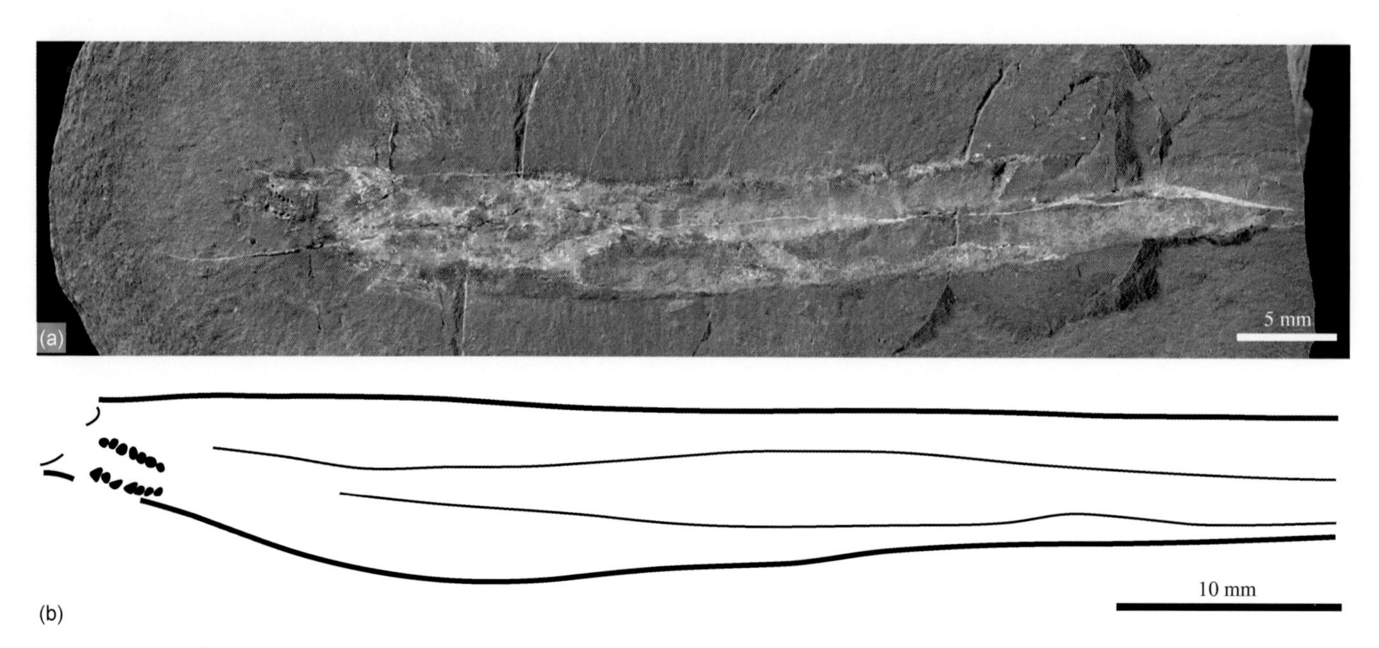

图2–42 戈农近盲鳗 a. 标本MNHN.F.SOT092390，侧视（Germain et al., 2014）；b. 化石标本解释性示意图（史爱娟据Janvier, 2001重绘）。

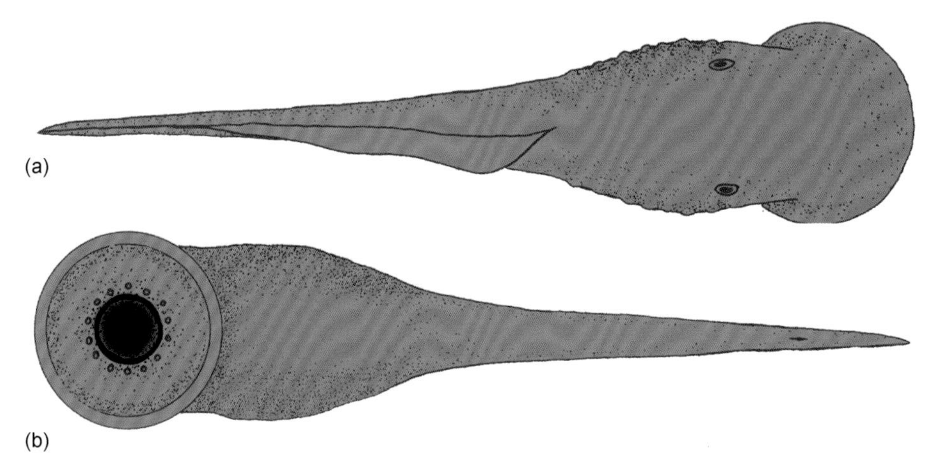

图2–43 里尼古七鳃鳗复原图 a. 背视；b. 腹视。(Büttner et al., 2015)

(Grahamstown) 滑铁卢农场 (Waterloo farm)；维特贝格群 (Witteberg Group) 维特普特组 (Witpoort Formation) 晚泥盆世法门期 (距今约3.6亿年)。

古七鳃鳗在形态上甚至比宾夕法尼亚亚纪的梅氏鳗更接近现生七鳃鳗，表明解剖学意义上的现代七鳃鳗类至少在晚泥盆世之前就已出现。古七鳃鳗巨大的圆形口吸盘表明圆口类的寄生生活方式已形成，且在3亿多年的时间里几乎没有发生变化 (图2–44)。

梅氏鳗属 *Mayomyzon* Bardack et Zangerl, 1968

模式种 皮克梅氏鳗 *Mayomyzon pieckoensis* Bardack et Zangerl, 1968 (图2–45)。

特征 七鳃鳗化石保存有非常完好的整体形态、部分头部骨骼、锉舌、鳃囊和其他内部器官，与现生七鳃鳗非常相似。体长3 ~ 6 cm，身高大于体宽，身体最高处约是体长的1/9 ~ 1/8，背鳍与尾鳍相连形成连续的鳍褶；口与体轴斜交，口吸盘很小，很可能没有围口笠和角质齿；具复杂的舌器，由活塞软骨支撑，眼很大，鳃囊较小，5 ~ 6对，彼此靠近，始于听囊下方，距眼较近。

产地与时代 美国伊利诺伊州威尔县卡本代尔组弗朗西斯溪页岩；石炭纪宾夕法尼亚亚纪莫斯科期梅溪生物群。

梅氏鳗除体型相对短粗、鳃囊较小、背鳍与尾鳍相连等，在很多方面与现生七鳃鳗非常相似。梅氏鳗已具有活塞软骨，其位置与现生七鳃鳗几乎一模一样，活塞软骨在维持成年七鳃鳗口吸盘结构一致性方面发挥着非常重要的作用，这表明其可能拥有复杂的“舌器”。梅氏鳗的眼非常发育，现生种类的眼通常在完全变态后才开始发育，这表明所发现的梅氏鳗化石大部分为成年个体。虽然化石梅氏鳗拥有很多成年个体的特征，但最大标本的体长也仅有6 cm，比现生寄生属种最小的成年个体还要小。梅氏鳗的口吸盘很小，很可能没有围口笠和角质齿，这些特征表明梅氏鳗很可能者是食腐者，而非寄生者。

哈迪斯蒂鳗属 *Hardistiella* Janvier et Lund, 1983

模式种 蒙大拿哈迪斯蒂鳗 *Hardistiella montanensis* Janvier et Lund, 1983 (图2–46)。

特征 较小的七鳃鳗，体长约10 cm，哈迪斯蒂鳗与梅氏鳗和现生七鳃鳗一样，只有奇鳍而无偶鳍，臀鳍发育，位于泄殖腔之后；尾型为清晰的反歪尾 (下叶长尾形)，前背鳍延长，一直延伸到臀鳍后方，前背鳍后部的内骨骼的鳍条骨隐约可见，后背鳍明显短于前背鳍；具七鳃鳗最典型的特征——头部具延长的眶前区，其弯曲方式与现生七鳃鳗吻部几乎一模一样，没有显著的口吸盘，口可能仅仅被简单的口笠所围绕，与变态期的七鳃鳗较相似；眼保存为黑色的圆斑，相对大小与梅氏鳗几乎相同，左眼黑色圆斑中的白色亮点很可能代表晶状体的位置；眼后面两个小的蘑菇状黑斑可能是内耳迷路的耳；鳃囊区较短，与梅氏鳗一样靠近眼后方，但是鳃囊数目不确定；身体保存了部分消化道。

产地与时代 美国蒙大拿州弗格斯县 (Fergus county) 贝克特南部 (south of Beckett)；希斯组 (Heath Formation) 熊溪灰岩段 (Bear Gulch Limestone member)，石炭纪密西西比亚纪谢尔普霍夫期 (距今约3.23亿年)。

双鳗属 *Pipiscius* Bardack et Richardson, 1977

模式种 詹格尔双鳗 *Pipiscius zangerli* Bardack et Richardson, 1977 (图2–47)。

特征 小型无颌类，体长4 ~ 6.5 cm，体高0.7 ~ 1.4 cm，既无偶鳍，也无明显尾鳍，身体后端有一短的背鳍，至少由10根纤细鳍条支持；背鳍前方保存约20个肌

图2-44 里尼古七鳃鳗生态复原图 (N. Tamura绘)

图2-45 皮克梅氏鳗 a. 标本ROMV56800b,侧视(Gabbott et al., 2016); b. 复原图(杨定华绘)。

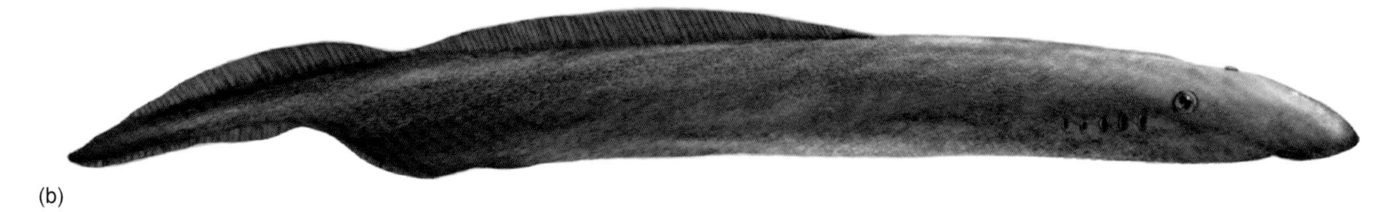

图2–46　蒙大拿哈迪斯蒂鳗　a. 化石，侧视（Lund et al., 2005）；b. 复原图（杨定华绘）。

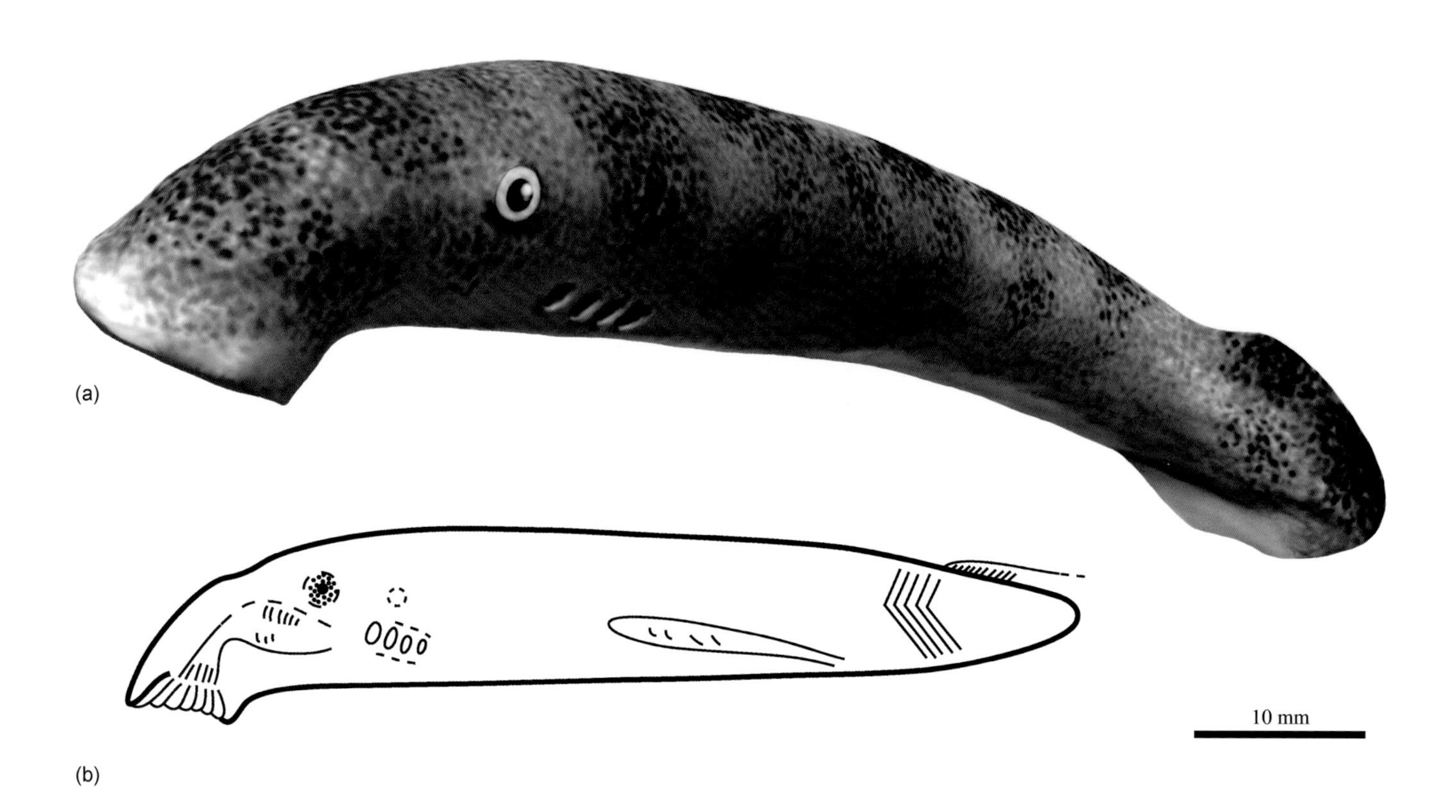

图2–47　詹格尔双鳗　a. 复原图，前侧视（N. Tamura绘）；b. 化石标本解释性示意图（史爱娟绘）。

节，肌节呈向后开口的V形，肌节上下不对称，上臂明显短于下臂。双鳗最典型的特征是具有圆形的口吸盘，口吸盘由33块多边形角质骨片围绕口腔形成；口吸盘往后与一条纤细的咽囊相通，咽囊外壁有肌肉组织，能产生泵吸作用；咽管后面至少保存4对鳃孔，咽囊上方保存一对色素圆斑，可能代表眼的位置，其中央可能是晶状体；眼后方具有一个前后轻微延长的球状构造，可能代表听囊，身体后部保存有部分消化道。

产地与时代 美国伊利诺伊州威尔县 (Will country) 和坎卡基县 (Kankakee country)；卡本代尔组弗朗西斯溪页岩，石炭纪宾夕法尼亚亚纪莫斯科期梅溪生物群。

双鳗口吸盘周围骨片的排列方式与中国澄江动物群早寒武地层发现的皇冠西大虫的口周围环饰片的排列方式非常相似，可能是平行进化的结果 (Shu et al., 1999)。双鳗口吸盘配合咽囊的泵吸作用，能产生一种强有力的捕食机制，有效地摄取有机碎屑和小的无脊椎动物。虽然双鳗三维立体保存了显著的口吸盘，但其身体的整体形态并非典型的七鳃鳗形，因此，双鳗能否归到七鳃鳗亚纲一直存在较大争议。南非晚泥盆世拥有巨大口吸盘的古七鳃鳗的发现，强烈支持双鳗属于七鳃鳗的假说。

塔利怪鳗属 *Tullimonstrum* Richardson, 1966

模式种 寻常塔利怪鳗 *Tullimonstrum gregarium* Richardson, 1966 (图2–48)。

特征 身体呈窄长管状，不具外骨骼，最长可达35 cm，最小个体长约8 cm，具有背鳍和不对称的尾鳍，尾鳍呈铁铲形；具脊索、肌节、背神经管、脊椎弓片、鳃囊、特化的头部等。只有一个鼻孔，呈新月形，位于头顶中央，与现生七鳃鳗鼻孔位置相符，这可能意味着它有嗅觉；头部附近两侧延伸出一对茎状结构，上面长着眼，在眼中发现脊椎动物独有的黑色素化石颗粒，显示其脊椎动物属性；塔利怪鳗最典型的特征是头部前端延伸出一长鼻状构造，该构造并不是一个弹性软管，而由内骨骼支撑，末端呈钳状，由背腹两半组成，能上下活动，上面长有8个牙齿，牙齿与七鳃鳗的牙齿一样可能是由角质组成。长鼻状构造可能是塔利怪鳗的“口器”，为圆口类“锉

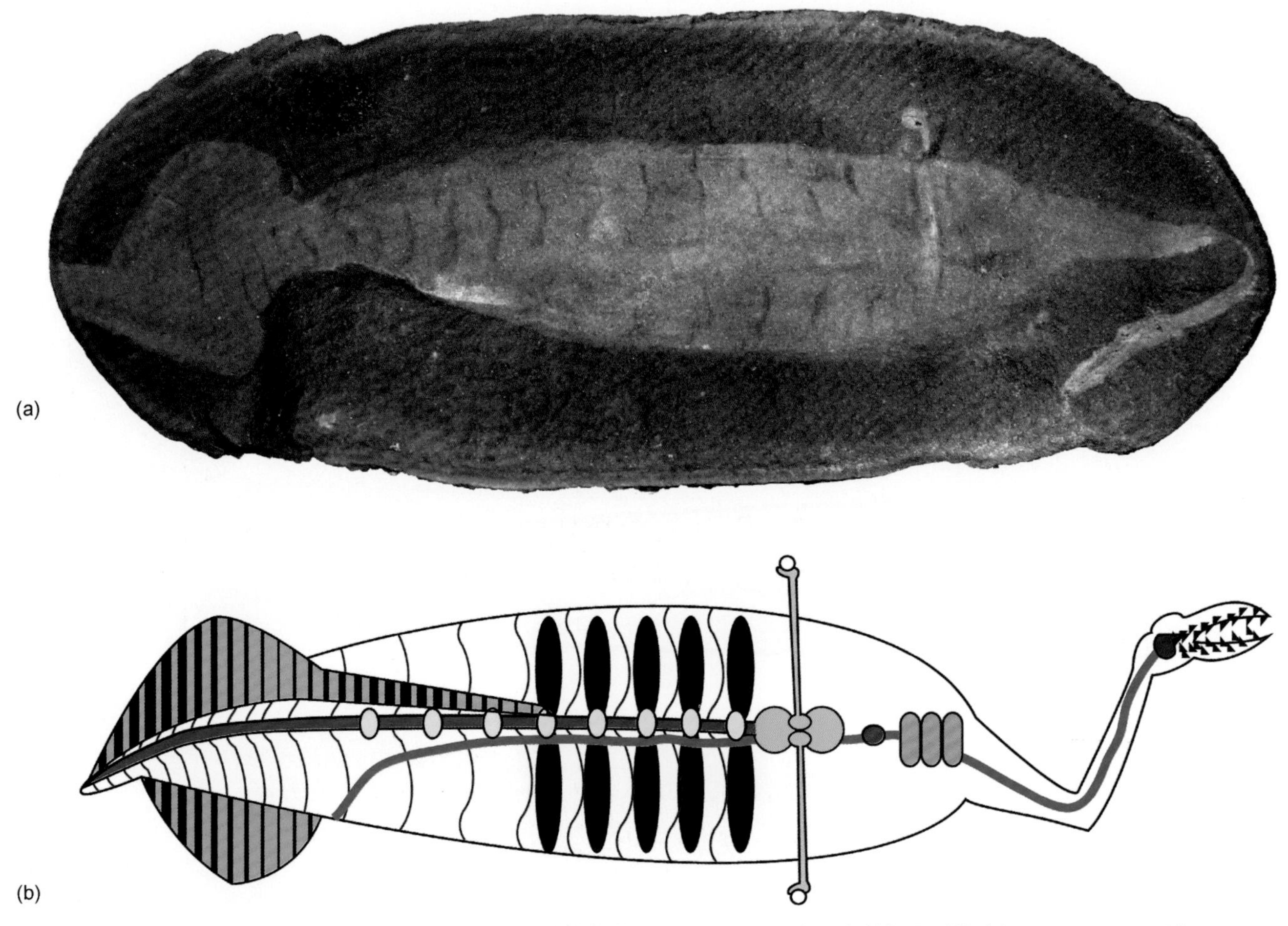

图2–48 寻常塔利怪鳗 a. 标本BMRP2014MCP1000，侧视（Clements et al., 2016）；b. 解剖复原图（修改自McCoy et al., 2016）。

舌”的一种特化形式，用来捕食小动物或摄取泥底有机碎屑（图2–49）。

产地与时代 美国伊利诺伊州威尔和格兰迪县（Will and Grundy counties），卡本代尔组弗朗西斯溪页岩；石炭纪宾夕法尼亚亚纪莫斯科期梅溪生物群。

中生鳗属 *Mesomyzon* Chang, Zhang et Miao, 2006

模式种 孟氏中生鳗 *Mesomyzon mengae* Chang, Zhang et Miao, 2006（图2–50，2–51）。

特征 小型的七鳃鳗类，体细长呈鳗状，体长是高度的4倍、头长的4倍左右；头部眶前区较长，占头长的1/3左右；几个方形凹陷区呈扇状包围口缘，可能为角质齿板的附着处，类似现生七鳃鳗中的角质齿板构成吸盘结构；鳃囊结构发育，具7对鳃囊，鳃器明显长于头部眶前长度；听囊后腹侧为第一对鳃囊；标本上可见8 ~ 9个圆形生殖腺，生殖腺不分节；体部具有80对以上肌节，没有偶鳍和臀鳍，背鳍位于身体后侧，尾鳍为原尾型。

产地与时代 中国内蒙古宁城县；义县组早白垩世。

中生鳗的身体比石炭纪的哈迪斯蒂鳗和梅氏鳗的身体更细长，体长与体高的比例更接近现生七鳃鳗类；其吻端长，口部吸盘非常发育；鳃囊结构和围心软骨与现代七鳃鳗的几乎一模一样；鳃区与眶前区的长度比例也介于石炭纪七鳃鳗类与现生七鳃鳗类之间，这些特征表明，中生鳗与现生七鳃鳗类的亲缘关系更近。

图2–49 寻常塔利怪鳗生态复原图（N. Tamura绘）

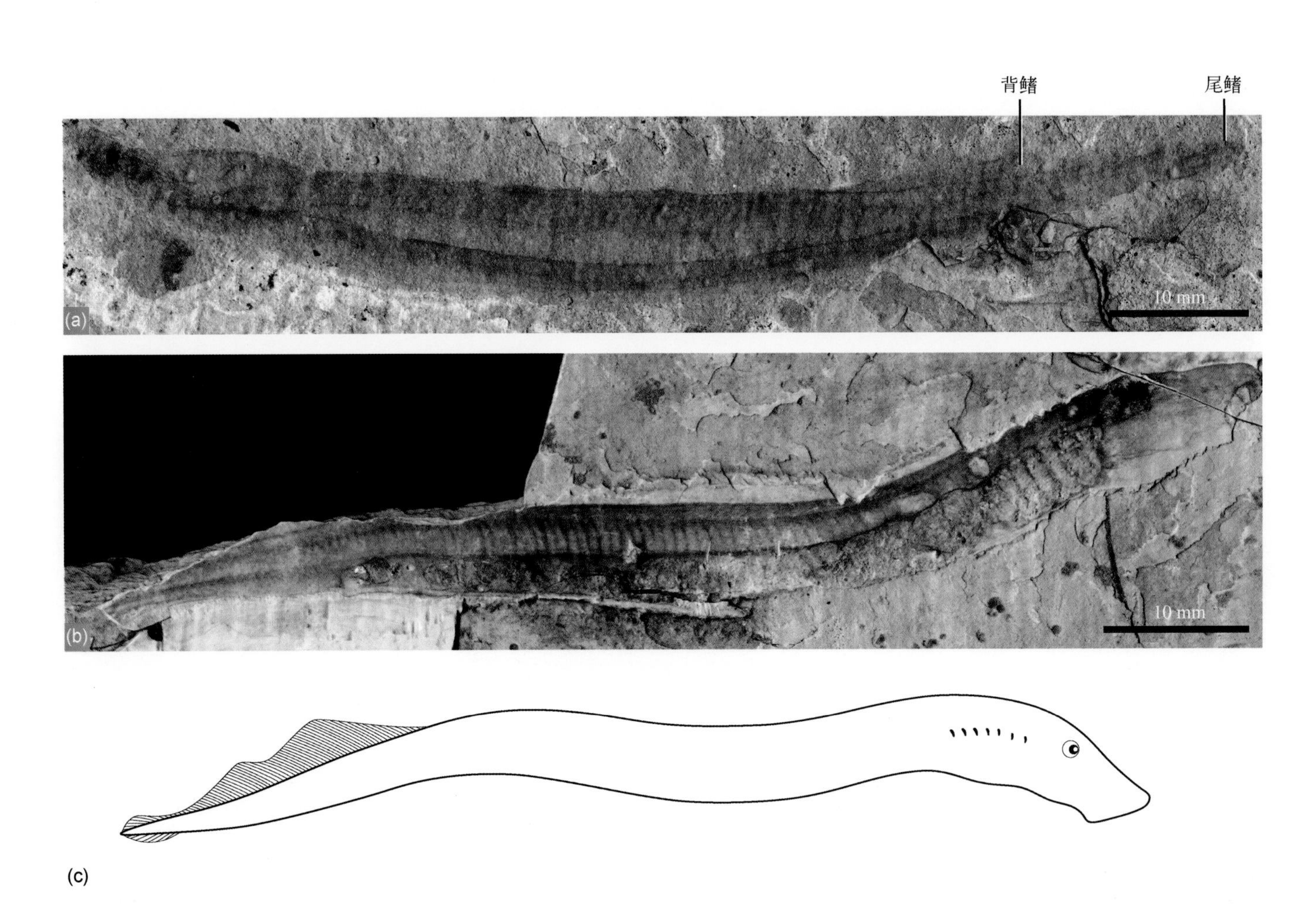

图2-50 孟氏中生鳗 a. 幼体七鳃鳗化石，侧视；b. 成体七鳃鳗化石，侧视（张弥曼供图）；c. 成体复原图（史爱娟据Chang et al., 2006绘）。

图2–51 孟氏中生鳗生态复原图（N. Tamura绘）

后斯普里格鱼复原图 （N. Tamura绘）

3 最早的无颌类

3.1 概述

无颌类是地球上最早出现的脊椎动物，研究无颌类对了解脊椎动物的演化有着极其重要的意义。现生无颌类七鳃鳗和盲鳗的化石记录最早可分别追溯到晚泥盆世和晚石炭世，但现生生物类群的分子生物学数据表明，无颌类与它们最近的脊索动物祖先分道扬镳的时间距今约7.51亿年 (Hedges, 2001)，为元古宙南华期，这一分异时间比澳大利亚元古代晚期埃迪卡拉动物群 (距今5.75亿年) 和寒武纪大爆发 (距今5.42亿) 的时间还要早很多。最近的研究表明，分子钟在寒武纪时期要比后续时期大约快5倍 (Lee et al., 2013)。因此，更加保守和合理的推算是地球上最早的无颌类可能出现在寒武纪早期。

寒武纪 (Cambrian) 是显生宙的开始，距今5.42亿年~4.88亿年。"寒武纪"一词是英国地质学家A. Sedgwick于1835年首次引进地质文献，该词来源于罗马时期英国威尔士的一个古代地名"Cambria"。相当长一段时期内，最早的无争议的无颌类化石记录只能追溯到早奥陶世 (距今4.8亿年)，即澳大利亚中部楼梯砂岩的阿兰达鱼 (*Arandaspis*) (Young, 1997)。此外，在北美、格陵兰和斯匹次卑尔根的晚寒武世—早奥陶世地层中还发现一些称为鸭鳞鱼 (*Anatoiepis*) 的化石，主要是一些布满瘤点的零碎甲片，虽然其组织结构与典型脊椎动物的齿质非常相似 (Smith, Sansom, 1995)，但却很难与志留—泥盆纪时期繁盛的甲胄鱼类组织结构对比，比如在这些甲片上从未发现感觉管或感觉沟，无法证明其已具有脊椎动物典型表皮基板 (Janvier, 2007)。因此，这些甲片是否属于真正的脊椎动物目前仍存很大争议。

事实上，这些早奥陶世或寒武纪芙蓉世的外骨骼甲片化石并不能提供脊椎动物起源的关键信息。新的早期脊椎动物系统发育关系表明，全身裸露，既没有外骨骼，也没有牙齿的圆口类比"戴盔披甲"的甲胄鱼类更原始，而非它们外骨骼退化的后裔。这表明脊椎动物体内硬组织的矿化作用是后来才发生的，最早的脊椎动物可能与现存圆口类一样，是一群全身裸露，既无外骨骼，也无牙齿的无颌类。这意味着在寒武纪早期追溯无颌类的起源，只能依靠寻找特异埋藏条件下保存软躯体构造的化石才能实现。全球范围内符合这一埋藏条件的寒武纪化石动物群目前主要有两个，一个是中国的澄江动物群，一个是加拿大的布尔吉斯页岩动物群 (图3–1)，它们为了解"寒武纪大爆发"提供了非常重要的窗口。

3.1.1 澄江动物群

发现于中国云南的澄江动物群，是全球寒武纪最早的特异埋藏化石群，保存了大量具软躯体或弱矿化外壳的后生动物化石。澄江动物群的时代是寒武纪第二世第三期 (距今约5.2亿年)，这一时期的地层可划分为两个三叶虫化石带，底部的拟阿贝德虫 (*Parabadiella*) 带和上部的古莱德利基虫–武定虫 (*Eoredlichia-Wutingaspis*) 带 (图3–2)。澄江动物群化石产出的层位主要为玉案山组帽天山页岩段 (图3–3a)，主要分布于云南东部地区，岩性主要为灰绿色薄层泥岩 (事件层泥岩) 和灰黑色含有机成分较高的泥岩层 (背景层是泥岩) 耦合式叠加组合，夹有黄色中层至薄层不等的粉砂岩层。这一沉积组合指示风暴事件引起快速沉积，其中灰绿色薄层泥岩是软躯体化石保存的主要层位 (赵方臣, 2010)。周期性发生的风暴所引起的快速沉积可能是造成大量澄江动物群软躯体化石特异埋藏的主要原因之一。寒武纪第二世第三期，中国滇东地区是位于赤道附近的热带陆表浅海 (图3–1)，属热带、亚热带信风区，热带风暴作用频繁而强烈。周期性的风暴作用将滨海地带大量泥沙卷入海中，形成泥流。海水中的生物被颗粒很小的泥流包裹起来，从而窒息死亡，并被迅速掩埋。这一埋藏条件使生物体与空气瞬间隔绝，免遭腐烂或被食腐动物及蠕形动物破坏，生物的软体组织因此能够保存为化石 (罗惠麟等, 2001)。

迄今为止，澄江动物群中至少已有228种物种被报道，归属于18个门一级的生物分类单元 (图3–3b)。不同门类按物种数所占比例大小，依次是节肢动物 (84种)、

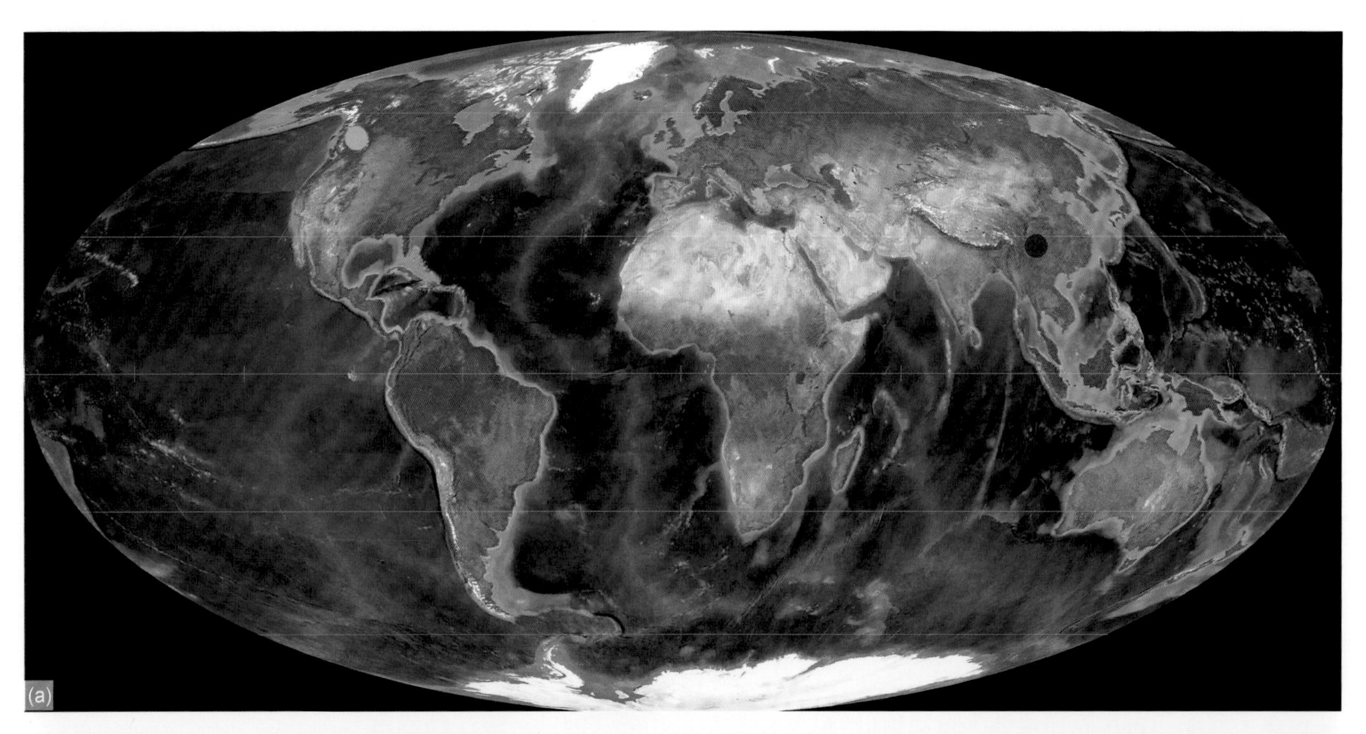

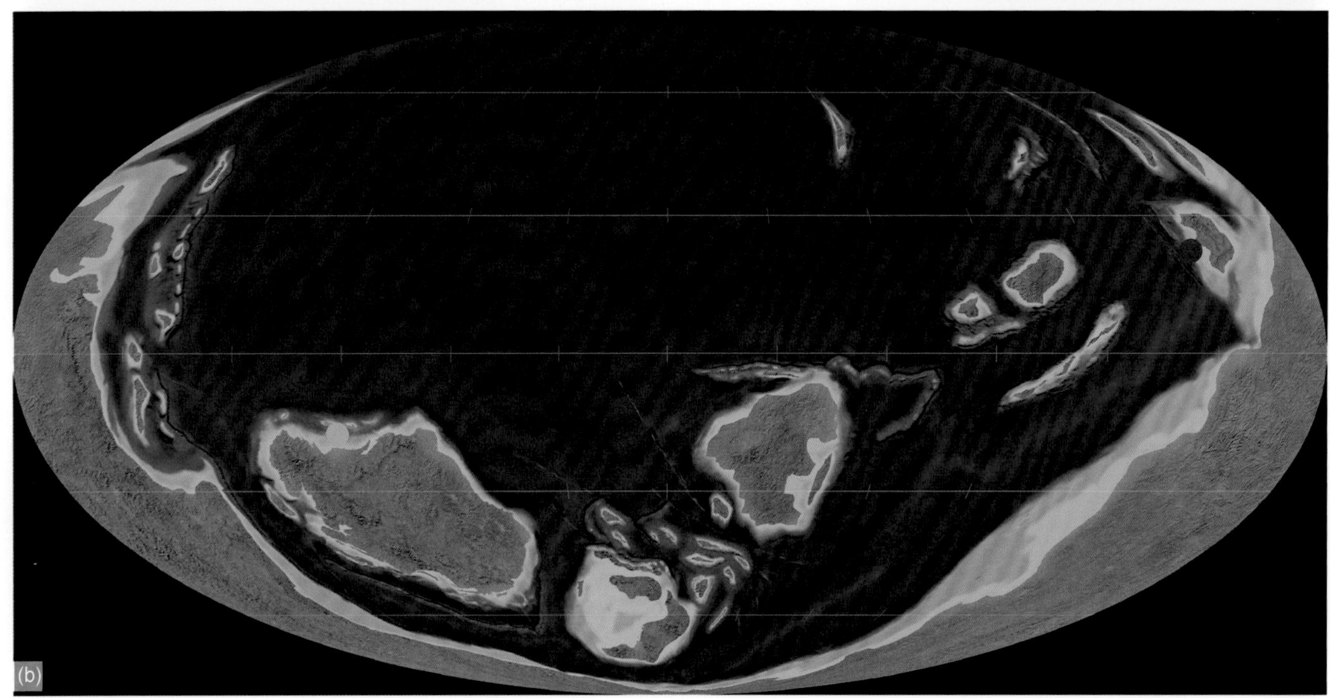

图3-1 澄江动物群与布尔吉斯页岩动物群的化石点(a)与古地理位置(b) 红色处为澄江动物群；绿色处为布尔吉斯页岩动物群。(古地理图由Colorado Plateau Geosystems Inc.授权使用，授权号60317)

海绵动物(28种)、曳鳃动物(19种)、叶足类(12种)、脊索动物(10种)、腕足动物(9种)、软舌螺(8种)、古虫动物(7种)、栉水母动物(7种)、刺细胞动物(7种)、奇虾类(4种)、棘皮动物？(2种)、星虫动物(2种)、毛颚类动物(1种)、环节动物(1种)、开腔骨类(1种)、箒虫动物(1种)、藻类(3种)，还有大量疑难化石其生物门类属性难以判定(22种)，几乎现生所有动物门类在澄江动物群中都有发现(赵方臣等，2010)。澄江动物群不仅包括现生海洋中主要的无脊椎动物门类，还出现了最早的脊椎动物，如最原始的无颌类昆明鱼(*Myllokunmingia*)、海口鱼(*Haikouichthys*)、钟健鱼(*Zhongjianichthys*)等。

澄江动物群生动地再现了距今5.2亿年的寒武纪海洋生物世界的真实面貌(图3-4)，是研究全球寒武纪大爆发演化事件最重要的化石宝库，被誉为20世纪最惊人

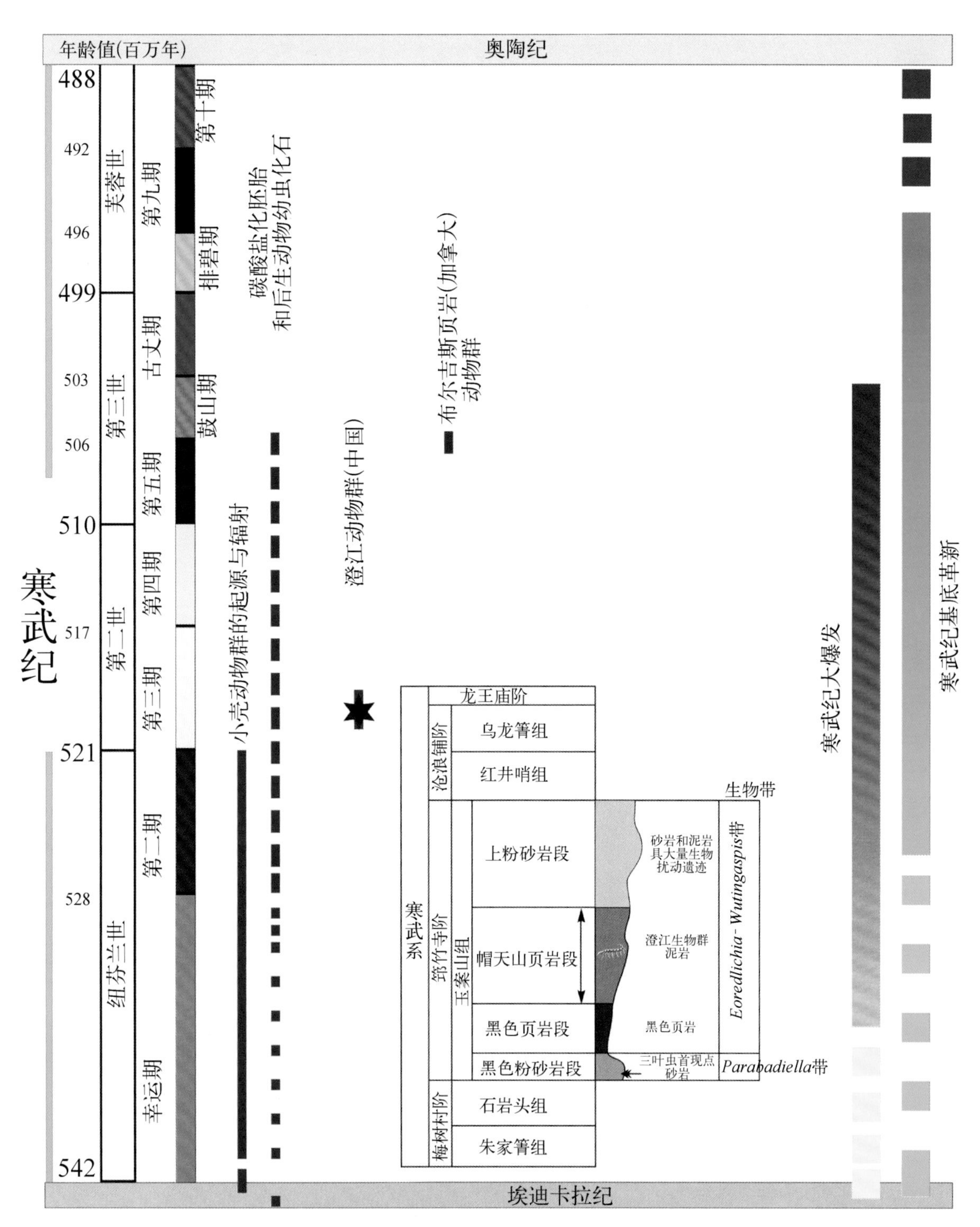

图3-2 澄江动物群与布尔吉斯页岩动物群的时代 （赵方臣供图）

的科学发现之一。它将包括脊索动物在内的大多数现生动物门类的最早化石记录追溯到寒武纪早期，充分展示了寒武纪大辐射时期海洋生态系统和后生动物的多样性，为解开“寒武纪大爆发”奥秘提供了极其珍贵的直接证据。

3.1.2 布尔吉斯页岩动物群

布尔吉斯页岩动物群位于加拿大大不列颠哥伦比亚省，其时代距今约5.05亿年的寒武纪第三世（中寒武世）（图3–2），比澄江动物群晚约1 500万年。布尔吉斯页岩富含化石的层位主要是史蒂芬组（Stephen Formation），该组主要由深海快速沉积的暗色钙质泥岩层组成。

在距今5.05亿年的寒武纪中期，劳伦西亚古大陆的西缘（图3–1b）海洋里有一高约160 m近于垂直的水下断崖，下面生活着由钙藻形成的巨大生物礁群落——布

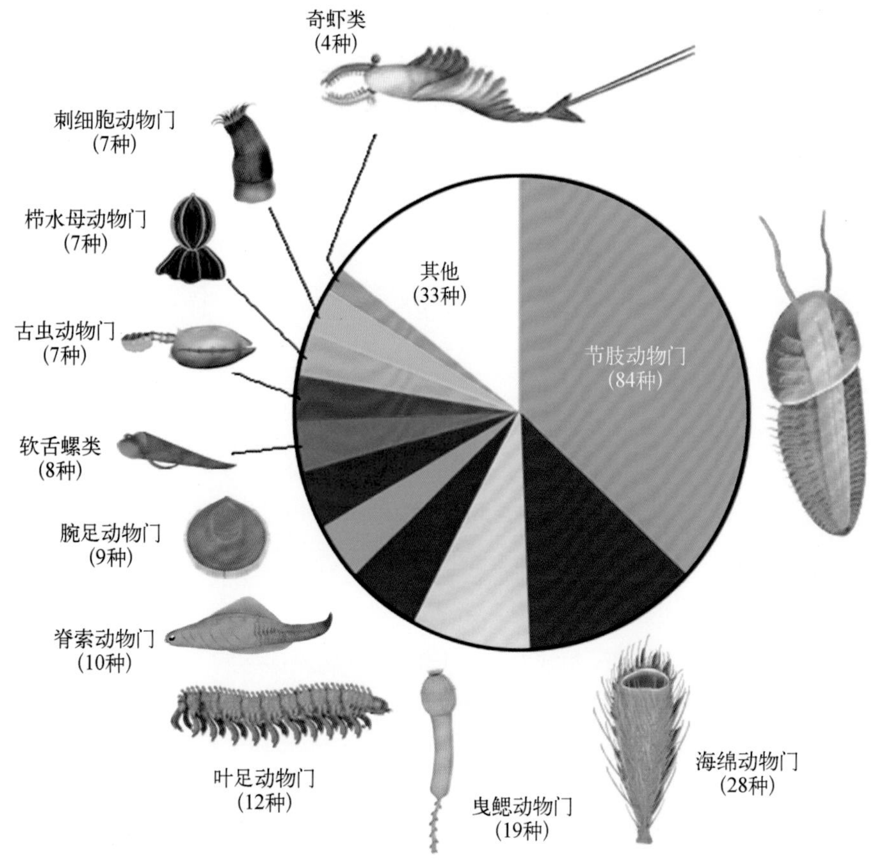

图3–3 澄江动物群化石产地与生物多样性 a. 化石产地帽天山远景; b. 澄江动物群代表生物及其物种多样性统计。(赵方臣供图)

图3-4　澄江动物群代表生物及生态复原图　1. 奇虾（*Anomalocaris*）；2. 尖峰虫（*Jianfengia*）；3. 抚仙湖虫（*Fuxianhuia*）；4. 古莱德利基虫（*Eoredlichia*）；5. 加拿大虫（*Canadaspis*）；6. 滇虫（*Diania*）；7. 海口鱼（*Haikouichthys*）；8. 华夏鳗（*Cathaymyrus*）；9. 地大动物（*Didazoon*）；10. 古囊珊瑚虫（*Archisaccophyllia*）。（a. B. Choo绘；b. N. Tamura绘）

尔吉斯页岩动物群。断崖底部远低于暴风雨引起的强烈海浪，具有充足的光照和空气，是一种能孕育各种海洋生物多样性的典型环境。泥滩沿着断崖堆积，逐渐变厚且不稳定，小型的地震可能会引发“浊流”，栖息在海底泥土上或泥土里的布尔吉斯动物群经常会遇到来自断崖上面的大量向下跌落的稠密泥云，这种周期性的灾难快速地把生活在这里的动物掩埋起来，隔绝氧气，从而使它们的腐烂速度相应降低，软躯体得以保存下来（图3–5）

图3–5 布尔吉斯页岩动物群化石点及沉积环境复原 a. 布尔吉斯页岩化石点在沃尔科特采石场（Walcott quarry）出露，沃尔科特采石场页岩段（赵方臣供图）；b. 布尔吉斯页岩特异埋藏成因解释（陈爱林等，2015）。

(Ludvigsen et al., 1986)。

1909年，美国古生物学家C. Walcott在加拿大落基山脉发现布尔吉斯页岩动物群（图3–5a）。页岩中的化石成千上万，许多都保存得相当完好，软体部分（如肌肉）和矿化程度较低的骨骼都保存了很好的细节。该动物群多样性已超过120属170多种，分属宏观藻类、疑源类、多孔动物、腔肠动物、蠕形动物、多腿缓步类动物、软舌螺动物、软体动物、水母状动物、腕足动物、节肢动物、棘皮动物、脊索动物，以及分类位置未定的化石类别（图3–6，3–7）。从生物门类来看，布尔吉斯页岩动物群与澄江动物群拥有的动物门类大多相同。节肢动物无论是物种多样性还是个体丰度在两个动物群都占有主控地位。两个动物群中海绵动物门、曳鳃动物门、腕足动物门具有较高的物种多样性，但脊索动物在布尔吉斯页岩动物群中，无论是物种数量还是个体丰度都非常稀少，仅有头索动物皮卡鱼和脊椎动物后斯普里格鱼各1种（赵方臣，2010）。

图3–6　布尔吉斯页岩动物群代表生物　a. 内克虾（*Nectocaris*）；b. 奇虾（*Anomalocaris*）；c. 瓦普塔虾（*Waptia*）；d. 微瓦霞虫（*Wiwaxia*）；e. 怪诞虫（*Hallucigenia*）；f. 奥托虫（*Ottoia*）；g. 欢腾虫（*Ovatiovermis*）；h. 软舌螺（*Haplophrentis*）；i. 海怪虫（*Yawunik*）。（N.Tamura绘）

图3–7 寒武纪古海洋生态复原图 1. 加拿大虫(*Canadaspis*); 2. 欧巴宾海蝎(*Opabinia*); 3. 多须虫(*Sanctacaris*); 4. 皮卡鱼(*Pikaia*); 5. 山口虾(*Shankouia*); 6. 威瓦亚虫(*Wiwaxia*); 7. 足杯虫(*Dinomischus*); 8. 马尔三叶形虫(*Marrella*); 9. 拟油栉虫(*Olenoides*); 10. 怪诞虫(*Hallucigenia*); 11. 瓦普凯亚海绵(*Wapkia*); 12. 奇虾(*Anomalocaris*); 13. 滇虫(*Diania*); 14. 皮拉尼海绵(*Pirania*)。(M. Hattori 绘)

3.2 寒武纪无颌类发现史

澄江动物群和布尔吉斯页岩动物群的最大学术价值在于：都特异保存了生物软组织印痕，为寻找早寒武世的无颌类提供了前提条件。

早在1911年，C. Walcott就描述了布尔吉斯页岩动物群中一个非常引人注目的物种——一种约2.5 cm长的侧向压扁的带状生物。他根据产地附近的皮卡山 (Pika) 和其优雅的外形，将其命名为优雅皮卡虫 (*Pikaia gracilens*) (图3–8a)，并根据皮卡虫具有的明显而有规律的身体分节，很自信地将其归入多毛类环节动物。Conway Morris和Whittington (1979) 通过对皮卡虫的重新观察，发现其很可能已具有坚硬的棒状脊索和“之”字形肌节，在很多方面很像现生的文昌鱼，认为其很可能是一种古老的脊索动物，但在其他许多方面，皮卡虫与预想的原始脊索动物的特征相差迥异，虽然已有了清楚的头部特征，但并没有眼或牙齿，此外还长着两个小小的触角，可能司感觉功能，用来寻觅水中有机物。皮卡虫是否属于脊索动物在很大程度上取决于对其在脊索和“之”字形肌节的判断。最近，Conway Morris等 (2012) 又通过一系列新成像技术，如扫描电子显微镜，对114件皮卡虫标本化石进行分析，最终在皮卡虫中确认了肌节、神经索、脊索和血管系统等脊索动物的典型特征，从而结束了长达十几年的关于“皮卡虫是否属于脊索动物”的争论。既然皮卡虫属于脊索动物确切无疑，本书亦将其也相应译为皮卡鱼，以显示其脊索动物的属性。

1996年舒德干等首次报道了我国澄江动物群发现的脊索动物——好运华夏鳗 (*Cathaymyrus diadexus*) (图3–8b) (Shu et al., 1996)。华夏鳗个体很小，仅长约2 cm，身体前段具宽大咽腔，咽腔中有纵向密集排列的鳃裂；躯干中段保存有明显的“V”字形肌节；纵贯身体中段和后段背部有一条极为显著的褶痕，很可能代表该动物坚韧的脊索构造。华夏鳗与皮卡鱼惊人地相似，两者的肌节与现生脊索动物文昌鱼的“V”字形肌节极为相似，但尚无头部的分化，因此尚不能进入脊椎动物的演化序列。华夏鳗生活的时间比皮卡鱼约早1 000万年，是当时已知最古老的脊索动物。皮卡鱼前端有一对奇怪的触角，形态学上更为特化，可能只是早期脊索动物演化的一个侧支。

皮卡鱼与华夏鳗的发现预示着脊索动物作为演化

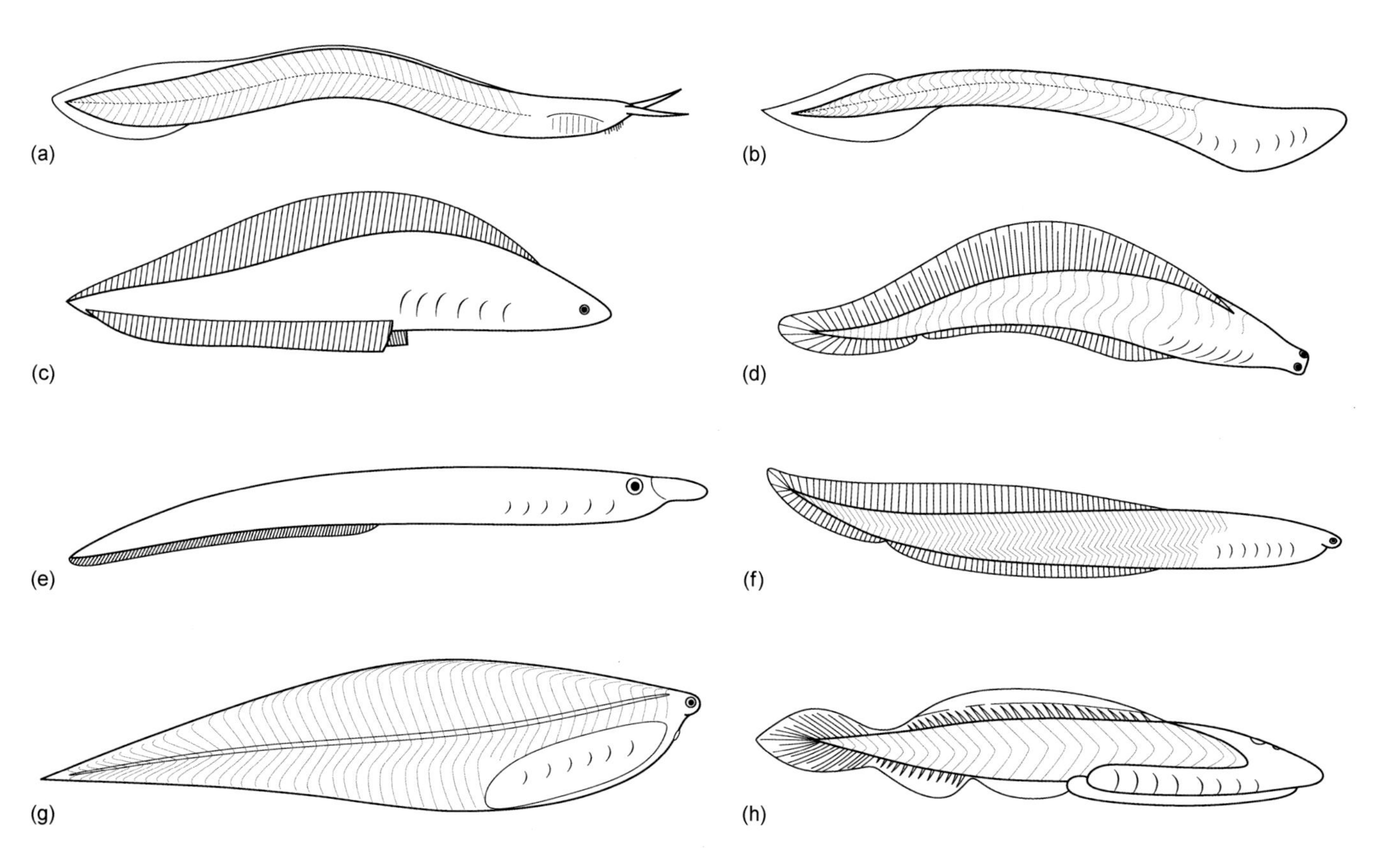

图3–8　寒武纪脊索动物主要代表　a. 优雅皮卡鱼 (*Pikaia gracilens*)；b. 好运华夏鳗 (*Cathaymyrus diadexus*)；c. 凤娇昆明鱼 (*Myllokunmingia fengjiaoa*)；d. 耳材村海口鱼 (*Haikouichthys ercaicunensis*)；e. 长吻钟健鱼 (*Zhongjianichthys rostratus*)；f. 中间型中新鱼 (*Zhongxiniscus intermedius*)；g. 沃氏后斯普里格鱼 (*Metaspriggina walcotti*)；h. 假想的脊椎动物祖先。(史爱娟绘)

的主角开始登上生物演化的舞台，但长期以来“寒武纪生物大爆发”事件中却一直没有见到真正的脊椎动物无颌类鱼化石的身影，这一状况持续到20世纪末才有所改变。1999年11月4日，舒德干等报道了在我国早寒武世澄江动物群中发现的昆明鱼 (*Myllokunmingia*) 和海口鱼 (*Haikouichthys*) 化石 (Shu et al., 1999)。这两条鱼具有纺锤形身体，具有“W”形肌节，还有较复杂的软骨质头颅、鳃弓、围心腔和鳍条，这些特征与现生七鳃鳗的幼体鱼十分相似。后续研究进一步确认，海口鱼已具有原始脊椎，头部具侧眼、鼻囊和听囊等感觉器官，表明它们已进入脊椎动物范畴，是迄今发现的最令人信服的早寒武世脊椎动物 (Shu et al., 2003)。同期杂志配发了P. Janvier的题为“逮住世界第一鱼”的评论，指出“昆明鱼和海口鱼的发现是学术界期盼已久的早寒武世脊椎动物”，将脊椎动物的化石记录提前了5 000万年 (Janvier, 1999)。

2003年舒德干又报道了与昆明鱼和海口鱼同期出现的无颌类新属种——长吻钟健鱼 (*Zhongjianichthys rostratus*)。钟健鱼头部前端向前延伸成鸭嘴状吻突，有明显的头部分化，头部具明显的眼、鼻囊等感觉器官，但躯干上都未见肌节印痕，这很可能显示该属种皮肤增厚，与现生七鳃鳗、盲鳗相似。钟健鱼身体呈鳗形，与纺锤形的海口鱼明显不同，同时背、腹鳍不发育，可能显示其游泳能力不强，营底栖表生或间歇性钻泥沙生活 (Shu, 2003)。

值得一提的是，2001年罗惠麟等报道了昆明海口早寒武世筇竹寺地层中发现的两枚脊索动物化石——海口华夏鳗 (*Cathaymyrus haikouensis*) 和中间型中新鱼 (*Zhongxiniscus intermedius*) (图3–8f) (Luo et al., 2001)。海口华夏鳗与模式种好运华夏鳗 (*Cathaymyrus diadexus*) 在躯体外形和肌节形态上均较相似，头部不膨大，无明显头部分化，尚不具背鳍，被归入头索动物并无太多疑义，但中新鱼具明显的背鳍，形态上更接近昆明鱼和海口鱼。一般来说，背鳍被看作是脊椎动物神经嵴的衍生物，因此中新鱼很可能有了脊椎动物特有的胚胎物质——神经嵴。但中新鱼的肌节呈“S”形，又与昆明鱼和海口鱼的“W”形肌节明显不同，且肌隔较密。从肌节构造和背鳍特征来看，中新鱼可能是华夏鳗与昆明鱼和海口鱼之间的过渡类型，可能与脊椎动物有着更近的亲缘关系。从分支系统学的观点看，中新鱼应该也进入了脊椎动物的演化序列，属于真正的脊椎动物 (Donoghue, Keating, 2014)。中新鱼标本目前仅有一件，其头部信息不多，是否属于真正的脊椎动物，尚需更多材料来确认。昆明鱼、海口鱼、钟健鱼和中新鱼的陆续发现，表明在早寒武世脊椎动物刚出现不久，地球上最有前途的动物类群便开始第一次分化。

2012年布尔吉斯页岩动物群打破了持续近百年的“脊椎动物沉默”，首次确认寒武纪第三世 (中寒武世) 的脊椎动物化石——后斯普里格鱼 (*Metaspriggina*) (图3–8g)。后斯普里格鱼早在一个世纪前就已被发现，发现之初被认为与埃迪卡拉动物群的斯普里格虫 (*Spriggina*) 相似而得名 (现证明两者并无亲缘关系)，但早期对该生物的了解仅仅局限于两块非常零碎的化石。Simonetta和Insom (1993) 第一次描绘了这种生物的整体面貌，但此后相当长一段时间里，后斯普里格鱼一直被认为是原始的脊索动物。Conway Morris等 (2014) 对从加拿大西南部发掘出的上百块后斯普里格鱼化石进行重新研究，发现后斯普里格鱼已具备典型脊椎动物特征：具脊索，“W”形肌节，相机型眼，成对的鼻囊，以及可能的软骨头颅、脊椎弓片和臀后鳍等，确切无疑地属于寒武纪脊椎动物。

总之，过去20年间确证了寒武纪第三世的无颌类后斯普里格鱼 (*Metaspriggina*)，发现了更多寒武纪无颌类化石：第二世的海口鱼 (*Haikouichthys*)、昆明鱼 (*Myllokunmingia*)、钟健鱼 (*Zhongjianichthys*) 和中新鱼 (*Zhongxiniscus*)。寒武纪第二世一系列无颌类化石的发现，表明脊椎动物和头索动物在寒武纪早期就已分道扬镳，这一分异时间与校正后的分子钟预测的时间越来越接近。

3.3 形态特征

寒武纪具软躯体特异保存的无颌类化石，为研究提供了前所未有的有关最早脊椎动物的详细信息，其关键性形态特征总结如下：

3.3.1 脊索和原始脊椎

在大部分寒武纪特异保存的无颌类化石中都保存了一条纵贯全身的脊索。脊索是一种非常古老的结构，它已经存在于文昌鱼、海鞘等更原始的脊索动物，在早寒武世的华夏鳗和中寒武世的皮卡鱼等早期脊索动物化石上均鉴定出脊索的构造。因此，寒武纪无颌类化石中保存有脊索构造，应是意料之中的事。特别值得注意的是，在有些海口鱼标本的脊索周围保存了10个按节分离排列的方形成分 (图3–9a, b中的弓片)，在后斯普里格鱼脊索的背面也保存了一些疑似弓片的构造。这些按节排列的分离构造可能代表了原始脊椎，其原始成分为软骨。此外，

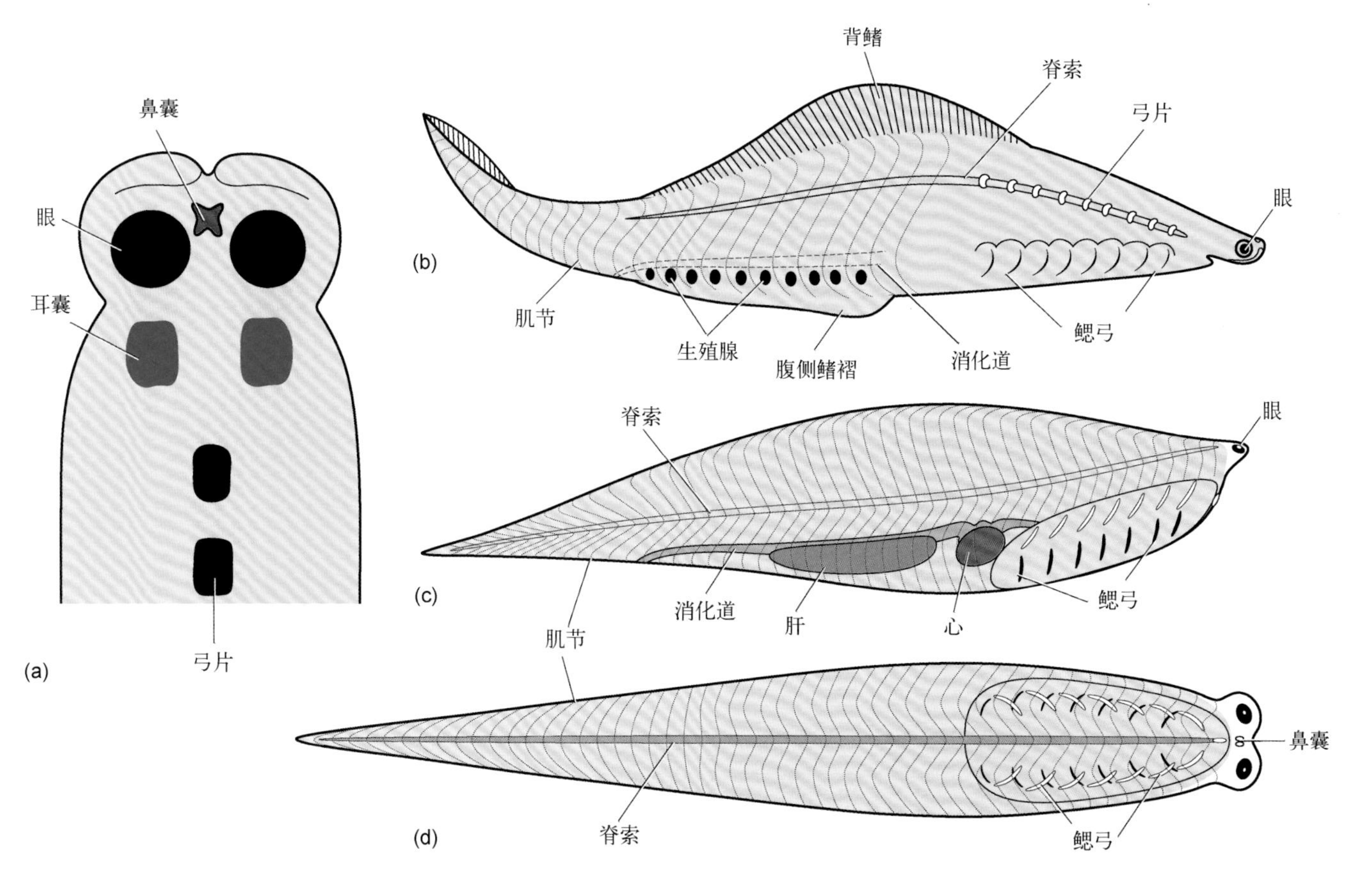

图3-9　寒武纪无颌类解剖特征　a，b. 海口鱼（*Haikouichthys*）解剖特征复原。a为头部背视，b为整体侧视（史爱娟据Shu et al., 1999; Janvier, 2003; Kardong, 2015重绘）；c，d. 后斯普里格鱼（*Metaspriggina*）解剖特征复原。c为侧视，d为腹视（史爱娟据Conway Morris, Caron, 2014重绘）。

在海口鱼原始脊椎的背方和腹方还出现了成对的神经弧和血管弧的雏形。

脊椎在比较高等的有颌脊椎动物中才真正成形。在有颌类中，脊索的功能逐步被脊椎所代替；随着脊椎的发展，脊索在有颌类成体中逐步退化，仅存在于胚胎时期。在现生无颌类（圆口类）中，脊索则终生存在，并不具有真正的脊椎。盲鳗在脊索周围并无任何脊椎的成分，没有真正保护脊索的椎体，不具有弓片，仅在脊索末端有一块软骨板，由尾鳍辐状软骨的最后鳍条骨基部愈合而成。七鳃鳗的情形与盲鳗的相似，不同的是，在脊索背方出现了很小的弧片状脊椎组分——背弓片。在更原始的脊索动物中如文昌鱼和海鞘，脊索也终生存在，脊索附近既没有脊椎，也没有由体节形成的脊椎原基——生骨节。因此，盲鳗和七鳃鳗不具有真正的脊椎，长期以来一直被认为代表脊椎动物的原始特征。

Ota等（2011）在蒲氏黏盲鳗胚胎尾部脊索腹面发现一系列小的软骨结节，可能代表了原始的脊椎组分——腹弓片。据此，Ota等认为脊椎动物的共同祖先可能已具有原始脊椎（即同时具有背、腹弓片），只是在漫长的演化中，盲鳗、七鳃鳗分别独立丢失了背弓片和腹弓片。在寒武纪最原始的无颌类海口鱼和后斯普里格鱼的脊索周围发现了许多按节分离排列的原始脊椎，这无疑为他们的理论提供了最直接的化石证据。当然，一些学者对寒武纪无颌类原始脊椎的鉴定还持保留意见，比如这些原始脊椎相对身体的尺寸异常地大，也尚未发现其延伸到身体的鳃后区，认为其可能是某种来自鳃部骨骼的构造（Janvier, 2003, 2007）。

脊索和原始脊椎的出现是脊椎动物演化史上第一次具革命性的演化创新，脊椎动物头骨的形成、颌的出现都是在此基础上进一步完善和发展而成的。脊索位于身体中轴、消化管背侧，在经历数亿年的演化之后，逐渐形成脊柱。脊索（以及脊柱）对脊椎动物中空的背神经管和身体中轴起到了有力的支撑作用，使内脏器官得到保护，同时也是肌肉附着的支点。另外，脊索能够存储大量的弹性能量，并在适当的时候释放，大大提高脊椎动物的运动效率，对于脊椎动物主动捕食和逃避敌害意义重大（Cowen, 2013）。因此，原始脊椎的出现为脊椎动物最终成功拓展新的生态空间奠定了基础。

3.3.2　肌节

寒武纪的无颌类化石大多保存了肌节（myomere）

构造。昆明鱼和海口鱼整个躯干由排列整齐的25 ~ 30块“W”形肌节构成（图3–9）。头部腹面完全为鳃区占据，缺失肌节，而头部背面的后半部虽有肌节，但分隔微弱，已明显愈合为整体肌块，而头部背面前半部完全缺失肌节。后斯普里格鱼的肌节构造与海口鱼非常相似，呈“W”形，但腹面额外的“V”形肌节具明显的背向弯曲，也呈“W”形（图3–9），可与现生鱼类直接对比。随着身体向后逐渐变细，肌节端点也逐渐变得尖锐。后斯普里格鱼的肌节约有40个，其“V”形端点比皮卡鱼的尖锐得多，表明其可能是更积极的游泳者。中新鱼具有“S”形肌节，肌隔较密，平均每毫米约有7个肌节。

肌节形态是脊索动物演化和分类的一个重要标志。最初是一些简单的垂直肌带，如半索动物的肌节十分平缓，几近于直线，寒武纪云南虫、海口虫的肌节便是此种类型。后期演化中肌节才逐渐形成“V”形曲折，以此增加肌肉效能，如头索动物文昌鱼的肌节，从侧面看呈尖端向前的“V”形。脊椎动物肌节的曲折形式更是趋于复杂化，从侧面看，每个肌节呈上端向前的“W”形，体侧上下各有一个尖端向后的“V”形，目前已知脊椎动物的肌节均呈“W”形。华夏鳗和中新鱼的“S”形肌节在古生物学研究中尚属首次发现，很可能是“V”形和“W”形肌节之间的过渡类型（罗惠麟等，2001；蒋平，郭聪，2004）。

脊椎动物众多连续肌节彼此呈圆锥式套叠形成轴肌，它是鱼类的主要运动器官，鱼体用两侧肌肉节律性交替收缩，形成的运动波传到尾部，在向尾部传递时，其效应也随之不断积累增强；这种波形运动向后方作用于周围水体所产生的反作用力会推动鱼体前行（Romer, Parsons, 1986）。

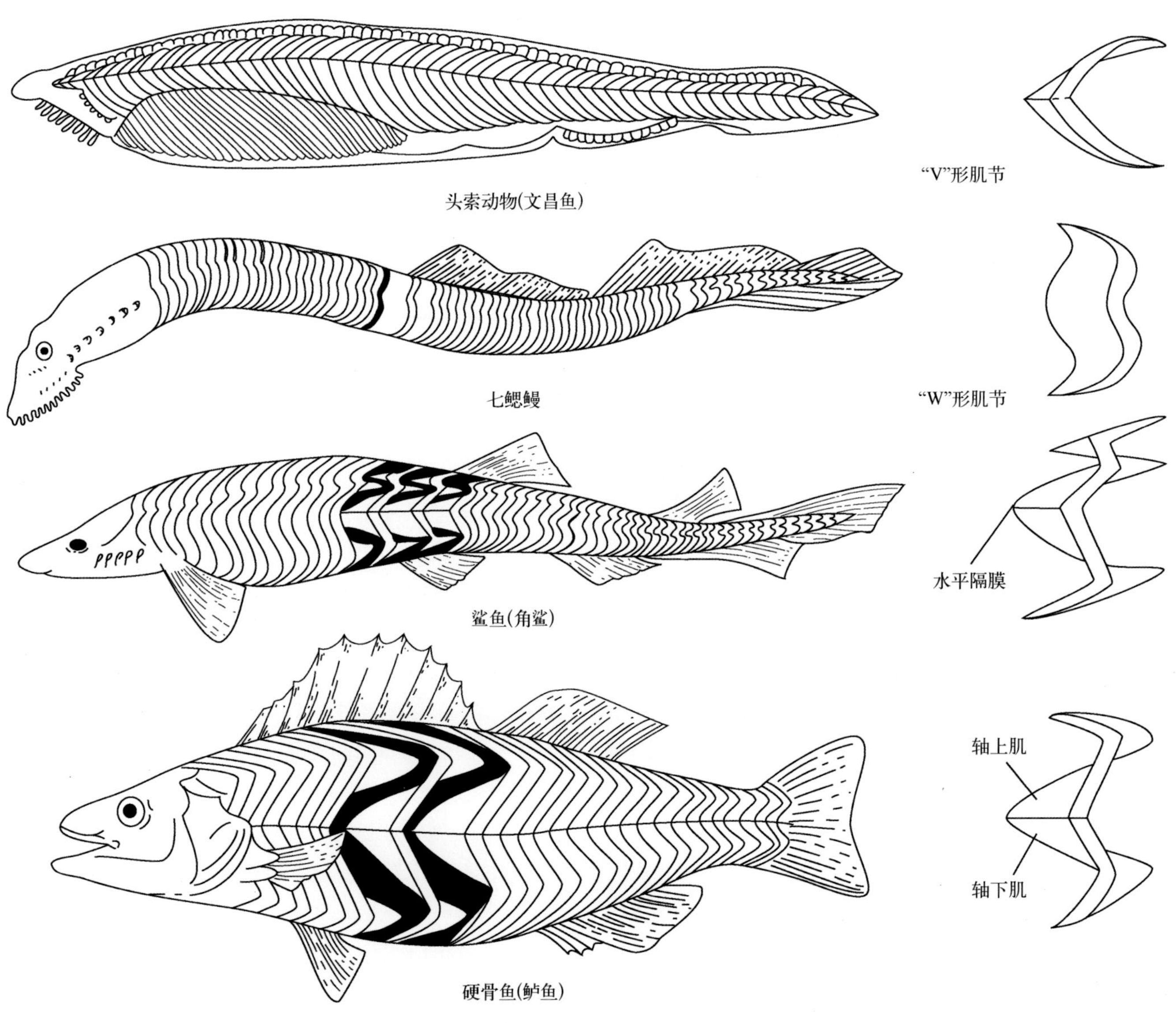

图3–10 脊索动物体肌肉（肌节）的对比 （Pough et al., 2009）

3.3.3 头的分化

寒武纪无颌类的头部两侧保存着一对外露的大眼或眼囊，眼囊之间留有一对离得很近的圆形区域，可能代表了嗅觉器官鼻囊，眼囊后可能存在听囊（图3–9），但尚无证据表明它们的嗅觉器官是否像七鳃鳗一样开口背面，并形成一个鼻垂体复合体。眼囊、鼻囊、听囊等感觉器官的出现表明这些寒武纪无颌类已有明显的头部分化（舒德干，2003；Conway Morris, Caron, 2014）。脊椎动物的一个典型特征是具有一个高度分化的头部，头部集中了眼囊、鼻囊、听囊等感觉器官，因此也常被称为有头类（craniates）。而头索动物（如文昌鱼）虽出现了前端膨大的背神经管或脑的雏形，但尚未发生头的分化，因此被称为无头类（acraniates）。后斯普里格鱼的头部保留了一个中央三角区，可能代表了头部软骨。

尚无证据表明这些寒武纪无颌类已具有相对完整的软骨脑颅，但在眼囊、鼻囊等感觉器官外围都形成了一个非常光滑的表面，说明它们很可能与盲鳗一样，具有由软骨或者纤维等组成的某种形式的脑颅（Janvier, 2007）。

3.3.4 相机型眼

大量海口鱼化石虽然保存了确切无疑的眼的证据（图3–11a, b），但并没有提供晶状体确切的证据。少数标本上虽然能见到一些圆形的区域，可能为眼球晶状体，但其形态位置并不一致，目前很难确认其属性。另外，少数海口鱼标本的眼呈现内凹印痕，显示其具有较硬的巩膜层（Shu et al., 2003）。后斯普里格鱼则在眼结构方面提供了更详细的信息，在头顶具有一对突出的眼，呈圆形（图3–11c, d），在眼中间有一个边缘清晰的圆形区域（直径约0.4 mm），代表了晶状体的位置（图3–11c），表明脊椎动物典型的相机型眼已经出现。脊椎动物的眼及其功能很像一个简单的盒式照相机，晶状体是脊椎动物眼发生中第二个出现的重要结构，像照相机的透镜，能把光线聚集到后面的视网膜上；眼球腔相当于暗室；视网膜的功能与胶片一样，能感受影像；虹膜相当于光圈，控制瞳孔大小（Romer, Parsons, 1986）。后斯普林鱼的一对眼与体轴有一比较尖锐的夹角，表明头部已形成一个可转动的轴突，可使眼向上或向前看，形成双目立体视觉（图3–11e）（Conway Morris1, Caron, 2014）。

海口鱼和后斯普里格鱼的眼另一个引人注目的特征是，头部前缘是一个前延的二分裂的叶状体，眼位于该叶状体上，形成前位眼，这与牙形动物、阿兰达鱼、莫氏鱼等较相似。钟健鱼的眼较靠后，甚至处于前背叶之后，形成后位眼。前位眼很可能是一种原始性状，后位眼的出现可能是因为嗅觉器官逐渐增大而使吻突不断增大的结果（Shu et al., 2003）。

3.3.5 鳃囊及鳃弓

昆明鱼的鳃囊可清晰辨识的有5对，但按咽颅前端的空间大小推测，很可能还存在2对较小的鳃囊。在后面几对鳃囊中仍保存有精细的半鳃构造。海口鱼的咽颅中没能保存鳃囊等软体构造，但其软骨系构造显示它至少有7个鳃囊。而根据整个咽颅空间大小推测，鳃囊数也可能多达9个。

海口鱼的鳃弓不同于七鳃鳗复杂的鳃篮，其明显简单的构造与有颌类鳃弓系列排列相当，特别是其下方的角弓和底弓尤为近似，这说明有颌类分节排列的鳃弓仍保留了一些原始特征。后斯普里格鱼在鳃弓方面则提供了更多信息，保存了7对被称作“鳃弓”的杆状结构，鳃弓呈弧形构造，其主要功能是过滤食物和呼吸。最前一对鳃弓有轻微增厚的迹象，比其他几对鳃弓更坚硬，预示着颌演化的第一步。除最前面的鳃弓外，其他每一对鳃弓均与外面的鳃相连，很可能包裹在鳃囊之内。

后斯普里格鱼一个引人注目的特征是具有二分叉的“有颌类型”鳃弓结构，与现生七鳃鳗的“鳃篮”完全不同。有颌类被认为是在脊椎动物演化时间线上出现相对较晚的类群，但是有颌类样式的鳃弓结构却出现在寒武纪的海口鱼、后斯普里格鱼身上，这可能表明现生圆口类七鳃鳗的鳃弓在某些方面是非常特化的，而非脊椎动物的原始状态。

3.3.6 奇鳍和偶鳍

海口鱼中保存了一个明显的背鳍或者鳍褶，从头部一直延伸到尾部末端，背鳍具明显的鳍条，鳍条以垂直方向20° 夹角向前端倾斜（Shu et al., 1999）。这一现象在脊椎动物中比较奇怪，因为目前已知脊椎动物的背鳍鳍条一般是向后倾斜。海口鱼新材料显示，这些前倾的鳍条在身体中部开始变得垂直，并向尾端方向逐渐变得向后倾斜，同时新材料也表明海口鱼背鳍鳍条可能并不是真正的具内骨骼支撑的鳍条，而是类似某些有颌类角质鳍条的上皮褶皱或者胶原结构（Zhang, Hou, 2004）。腹面有一个腹鳍褶从鳃区一直延伸到尾，但在肛门处有一个间断，很可能与成体盲鳗、七鳃鳗幼体以及一些有颌类幼体一样，具有一个臀前鳍褶。

最初描述的昆明鱼和海口鱼的腹侧保存了一条起自鳃后缘的条带状鳍褶。除了不具鳍条之外，在形态、大

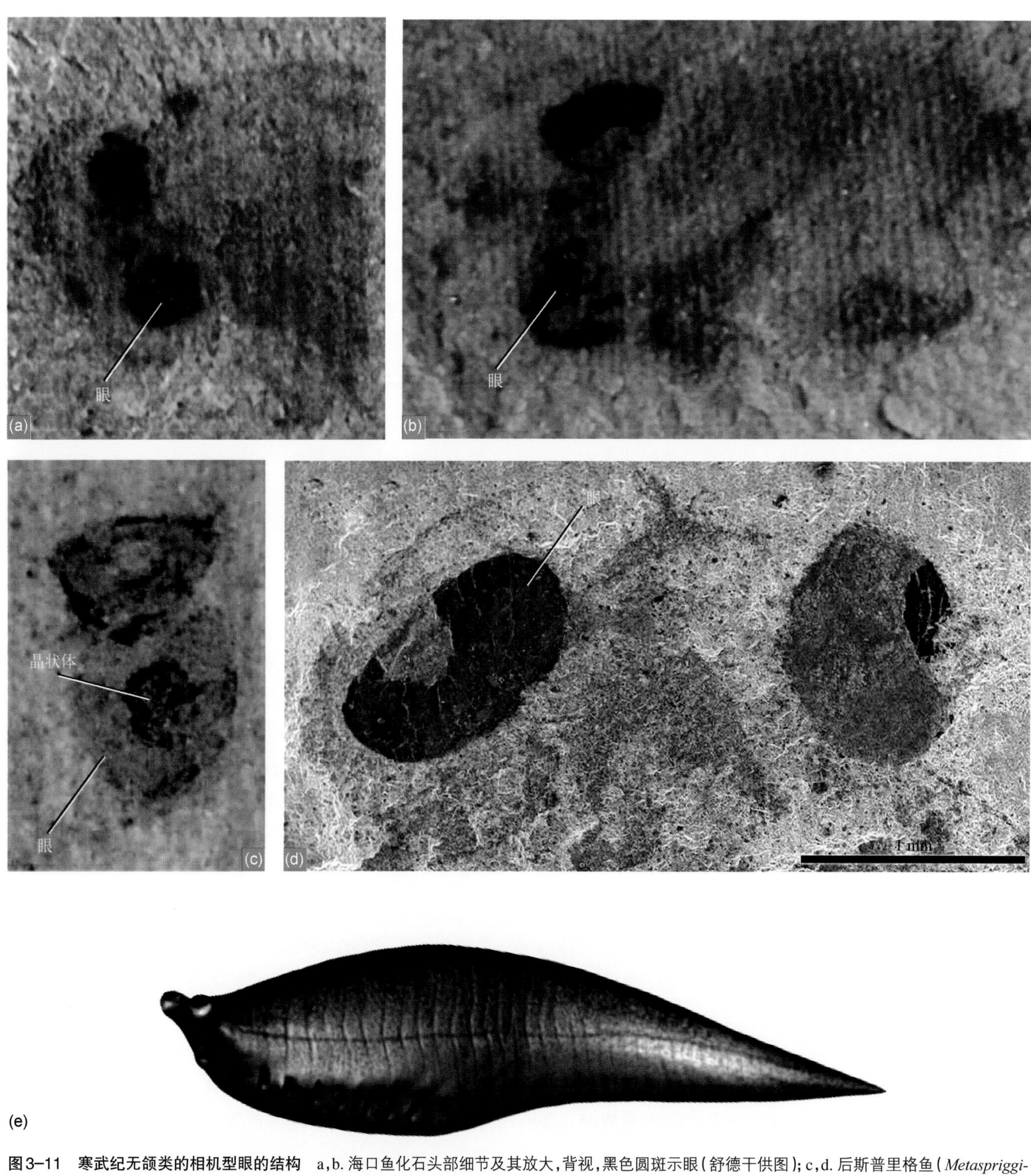

图3-11 寒武纪无颌类的相机型眼的结构 a, b. 海口鱼化石头部细节及其放大，背视，黑色圆斑示眼（舒德干供图）；c, d. 后斯普里格鱼（*Metaspriggina*）化石眼的细节，背视，呈圆形，眼中间有一边缘清晰的圆形区域（直径约0.4 mm），代表晶状体位置（Conway Morris1, Caron, 2014）；e. 后斯普林鱼复原图，示一对眼与体轴有一较尖锐的夹角，表明头部已形成一个可转动的轴突，可使眼向上和向前看，形成双目立体视觉（N. Tamura绘）。

小、着生位置方面，该鳍褶都与脊椎动物的原始偶鳍或侧鳍非常相似。这不禁令人想起关于偶鳍起源的鳍褶理论，该理论认为鱼类偶鳍可能起源于体侧两条从鳃后缘延伸至肛门的连续鳍褶；在后期鱼类演化过程中，由于身体摆动方式的着力点分别集中于躯体前端和后端，这种连续的侧鳍逐步发生断裂和集中，中间部分最终消失而形成成对的胸鳍和腹鳍。这一学说得到许多鱼类胚胎发育过程的有力支持，然而一直未得到古生物学上最古老脊椎动物化石的证实。如果昆明鱼和海口鱼的腹侧鳍褶形成方式能够确认的话，无疑将为这一假说提供最有力的化石证据，但遗憾的是，后续海口鱼的新材料未能提供腹侧鳍褶的确切证据 (Shu et al., 2003; Zhang, Hou, 2004)。

3.3.7 生殖腺

在一些海口鱼标本的消化道印痕的腹面保存了13对圆形斑块，这被认为是多对重复的生殖腺化石证据。生殖腺又称性腺，是生成精子或卵子的腺体，多位于消化道腹侧。多对重复的生殖腺目前仅见于云南虫、海口虫、头索动物文昌鱼和半索动物肠鳃类的某些种，而在现生脊椎动物中尚无发现。在生殖腺的排列方式上，海口鱼与文昌鱼极为一致。如果这一特征能被确认的话，海口鱼除了拥有典型脊椎动物特征外，还拥有头索动物的原始特征。海口鱼这一镶嵌特征显示，海口鱼生殖器官的演化明显滞后于头部器官的演化。不过，海口鱼腹侧保存的连续斑块也令人联想起盲鳗腹侧一系列黏液腺在身体肌肉表面留下的系列印痕。两者也惊人地相似，需要在解释的时候予以考虑。

综合寒武纪无颌类化石的信息，可以更好地描绘出最早脊椎动物祖先可能的样子：一条无颌的鱼，开始有了头部的分化，具有一对大的前侧向相机型眼，一对位于头顶中央的嗅觉器官，5 ~ 7对鳃囊和鳃弓，一个胃，一系列W形肌节和一个中背鳍，因此与曾经假想的脊椎动物的祖先十分相似 (图3–8h) (Janvier, 2014)。

3.4 系统分类

从整体解剖特征上看，寒武纪无颌类已具有成对眼囊、鼻囊、听囊，鳃弓和背鳍等，这表明它们已具备目前被认为是脊椎动物最可靠的共近裔特征：表皮基板和神经嵴衍生组织，属于确切无疑的脊椎动物。但它们到底是属于脊椎动物干群还是冠群，仍不十分明确。最初的系统发育分析显示，昆明鱼和海口鱼都属于脊椎动物的冠群，其中昆明鱼是除盲鳗之外的包括七鳃鳗和其他所有脊椎动物的姐妹群，而海口鱼是七鳃鳗的姐妹群，处于七鳃鳗的基干位置 (Shu et al., 1999; Donoghue et al., 2003)。这些全身裸露的寒武纪脊椎动物，一方面已具有脊索，甚至原始脊椎，有复杂的“W”形肌节、原始鳃弓、相机型眼、鼻囊等头部感官，具背鳍、腹鳍等脊椎动物的创新特征，另一方面仍保留着“重复型”生殖腺，背鳍不具有内骨骼支撑的鳍条等原始特征。如果这些原始特征能被确认的话，那么它们很可能属于脊椎动物的干群，从而填补了头索动物和脊椎动物冠群之间的形态鸿沟 (Janvier, 2003; Zhang, Hou, 2004)。

通过对新发现的后斯普里格鱼的系统发育分析的研究结果表明，这些寒武纪无颌类均处在脊椎动物演化的基干位置，比皮卡鱼、文昌鱼等头索动物的位置稍高，但比脊椎动物冠群的位置低 (即现生脊椎动物与它们化石亲属的最后共同祖先)，但它们之间的关系尚未解决，处于基干多分支状态 (图3–12)。这些全身裸露的寒武纪无颌类在形态学上既不同于现生圆口类 (七鳃鳗、盲鳗)，也迥异于早古生代形形色色的“戴盔披甲”的甲胄鱼类，可能代表了一个脊椎动物早期演化的独特类群——昆明鱼目 (Myllokunmingiida) (舒德干，2001)。

3.5 系统古生物学

脊索动物门 Chordata Bateson, 1885

头索动物亚门 Cephalochordata Haeckel, 1866

皮卡鱼科 Pikaiidae Walcott, 1911

皮卡鱼属 *Pikaia* Walcott, 1911

模式种 优雅皮卡鱼 *Pikaia gracilens* Walcott, 1911 (图3–13，3–14)。

词源 以加拿大阿伯塔省毗邻化石产地的皮卡峰命名。

特征 身体呈纺锤形，侧扁，长约5 cm；仅有一较窄的背鳍，但无鳍条；身体肌节呈“S”形，覆盖于全身，有约100个肌节；头小，分成两叶，拥有2个纤细的触角；没有眼存在的证据；身体前端有一系列至少9对两侧排列、可能是咽或咽孔相关的附属物；口可能几乎端位；腹侧一条更窄的带状组织可能代表神经索和脊索，几乎贯穿全身。除这些结构外，也有血管系统存在的证据，包括一条腹侧血管。

产地与时代 加拿大西部落基山脉布尔吉斯页岩；寒武纪第三世 (中寒武世)。

华夏鳗属 *Cathaymyrus* Shu, Conway Morris et Zhang, 1996

模式种 好运华夏鳗 *Cathaymyrus diadexus* Shu, Conway Morris et Zhang, 1996 (图3–15，3–16)。

词源 *Cathay* (拉丁词源) 意为华夏，中国古称，该鱼发源地为中国，*myrus* (拉丁词源) 意为该化石有着鳗鱼般的体型；*diadexus* (希腊词源) 预示好运，代表对未来更多新发现的期望。

特征 身体蜿蜒呈鳗形，身长约22 mm，身体前部适

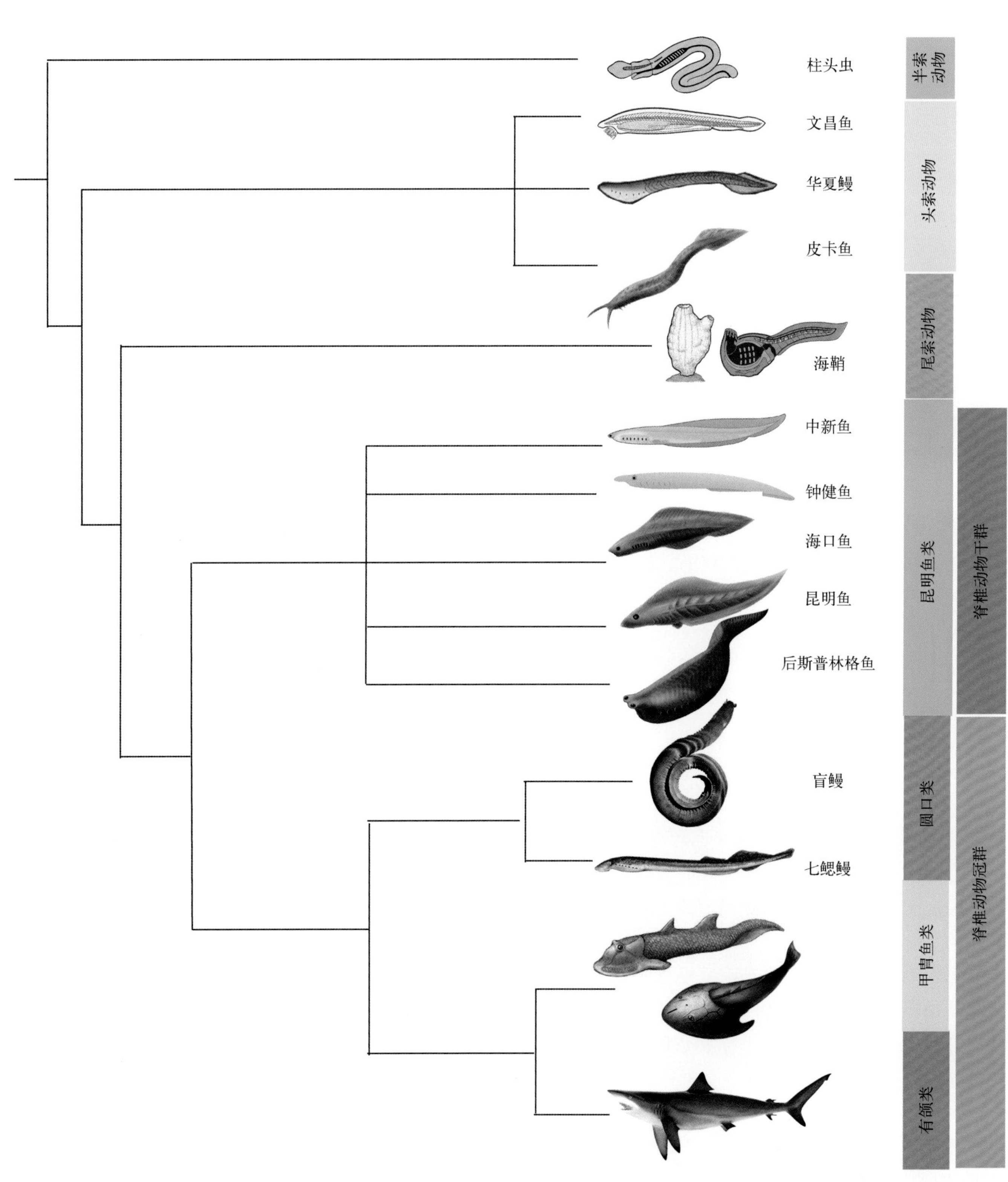

图3–12　寒武纪无颌类系统位置

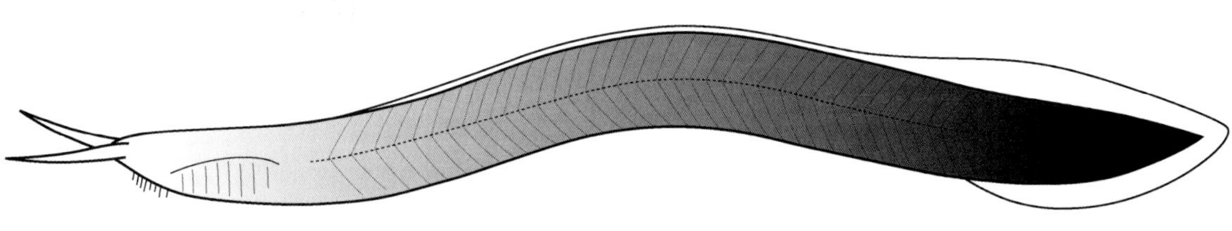

(b)

图3–13　优雅皮卡鱼　a. 化石标本USNM（Erwin, Valentine, 2013）；b. 复原图（史爱娟据Conway Morris, Caron, 2014重绘）。

图3–14　优雅皮卡鱼生态复原图　（N. Tamura绘）

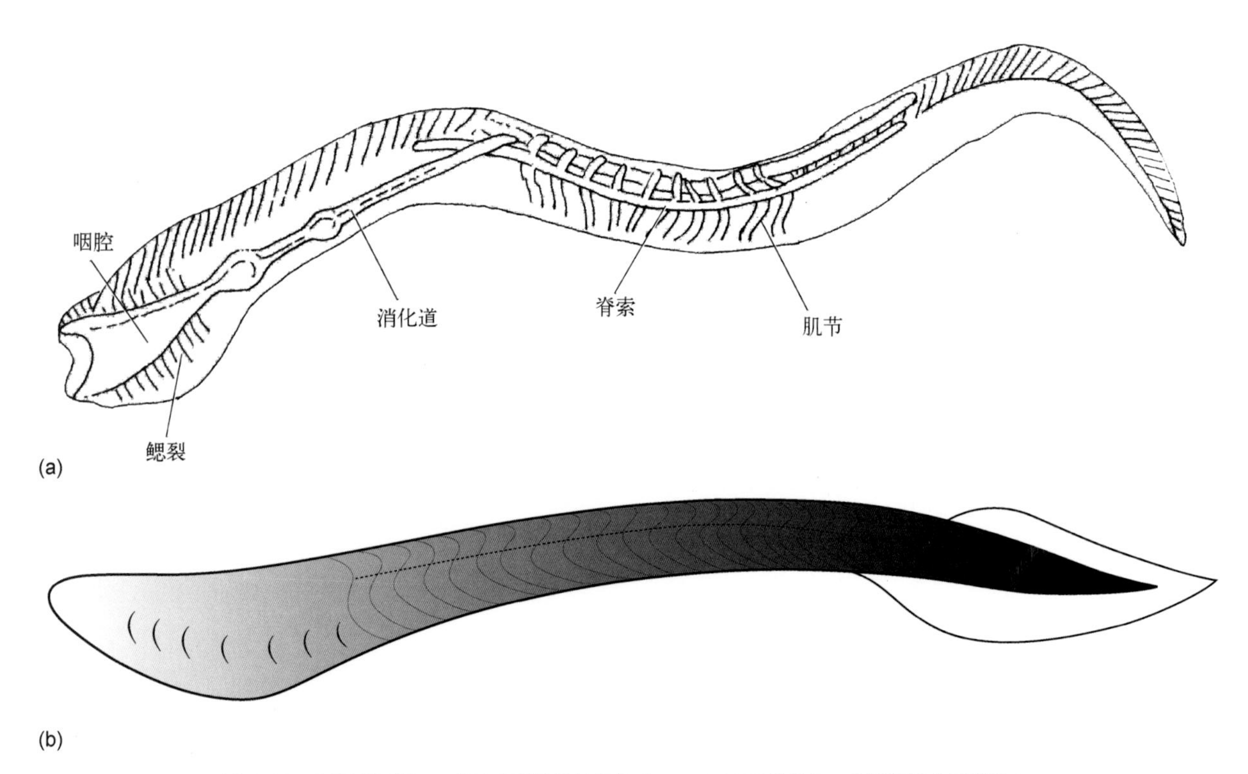

图3–15 **好运华夏鳗** a. 标本素描(赵日东依Shu et al., 1999重绘); b. 复原图(史爱娟绘)。

图3–16 **好运华夏鳗复原图** (N. Tamura绘)

度膨胀，包裹一个后凹的卵圆形区域，可能代表咽的构造，咽上保存了许多间隔均匀（约16 mm）的横纹，可能代表鳃裂；具“V”形肌节，为沿身体腹部的一系列“V”形分节；沿身体背部有一条很深的褶痕，可能是脊索留下的痕迹。

产地与时代 云南昆明市西山区海口镇耳材村；寒武纪第二世第三期。

归入种 海口华夏鳗 *Cathaymyrus haikouensis* Luo, Hu et Chen, 2001（图3–17）。

特征 头部保存不完整，身体较直，细而长，前部较宽，向后逐渐变细，体长约15 mm，体最宽处约1 mm；躯干具大量呈“S”形的肌节，肌膈较密，平均7个肌节/mm，现有标本至少可观察到60个肌节。身体背部保存一条明显突起的脊索，脊索从前向后逐渐变细，延伸成为一条黑线，一直延伸到尾部；身体腹面保存一条断续延伸的灰线，可能代表肠道；尾部后端保存不完整。海口华夏鳗与模式种好运华夏鳗在躯体外形和肌节形态上均较相似，但该种躯体相对较窄，头部不膨大，肌膈较密，背部肌节“V”形较窄，尖端向后突出；躯干中部肌节“V”形较宽，尖端指向前，接近腹部又向后弯，越向后弯曲度越大，两者明显不同。这些化石大多数被归入脊索动物，因为它们至少具有脊索、身体分节结构或鳃裂。虽然身体肌肉的分节和鳃裂具有不同发育原因，但通常被认为是脊索动物的标志，使它们很容易与节肢动物或环节动物身体的重复分节相区别。

产地与时代 云南昆明海口耳材村；寒武纪第二世第三期。

脊椎动物亚门 Vertebrata Cuvier, 1812

无颌超纲 Agnatha Cope, 1889

昆明鱼目 Myllokunmingida Shu, 2003

昆明鱼科 Myllokunmingidae Shu, 2003

昆明鱼属 *Myllokunmingia* Shu, Zhang et Han, 1999

模式种 风娇昆明鱼 *Myllokunmingia fengjiaoa* Shu, Zhang et Han, 1999（图3–18，3–19）。

词源 *Myllo*（希腊词源），鱼的意思；*kunming*，鱼的发现地在云南昆明附近；*fengjiao* 意为美丽。

特征 原始的无颌鱼类，表皮上没有鳞片和膜质骨板。身体呈纺锤形，具明显的头部和躯干。背鳍前位，腹侧鳍褶从躯干下方长出，很可能成对，无鳍条；头部具5个或6个鳃囊，每个鳃囊具有前、后两个半鳃，鳃囊可能与围鳃腔相通。躯干约有25个肌节，皆为双“V”形结构，腹部“V”形尖端指向后，背部“V”形尖端指向前；脊索、咽和消化管可能贯穿身体到尾部；可能具围心腔。昆明鱼只有一块正模，其尾尖还保存在围岩里，未暴露。由于软体化石保存条件的限制，昆明鱼某些特征（如肌节形态，腹位鳍褶是否成对）的解释仍存争议或不确定的地方（Hou, Bergström, 2003），直接影响到昆明鱼系统学位置的

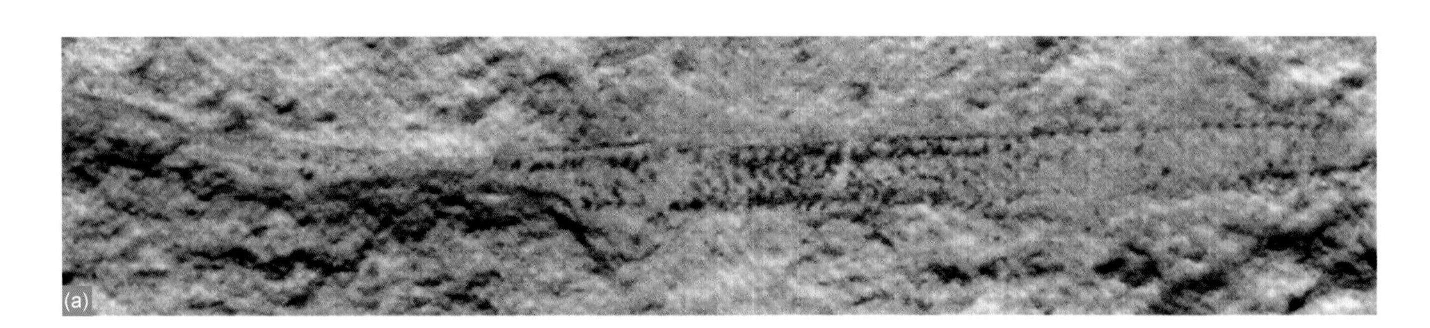

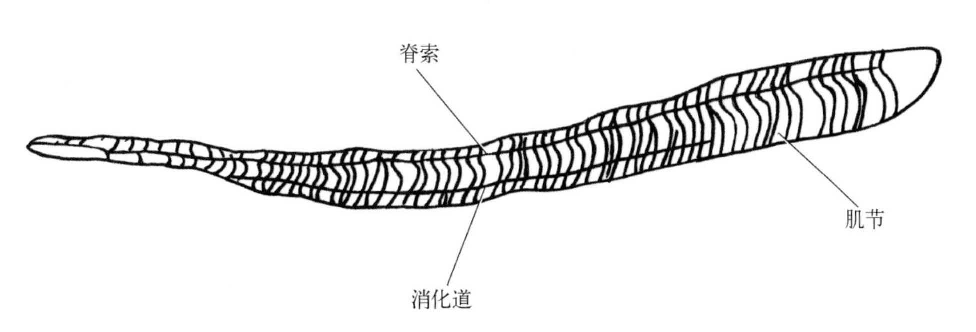

图3–17 海口华夏鳗 a. 一条近于完整的鱼，正模，Hz–f–12–129，侧视（陈良忠等，2002），罗惠麟提供；b. 标本素描（赵日东依Luo et al., 2001重绘）。

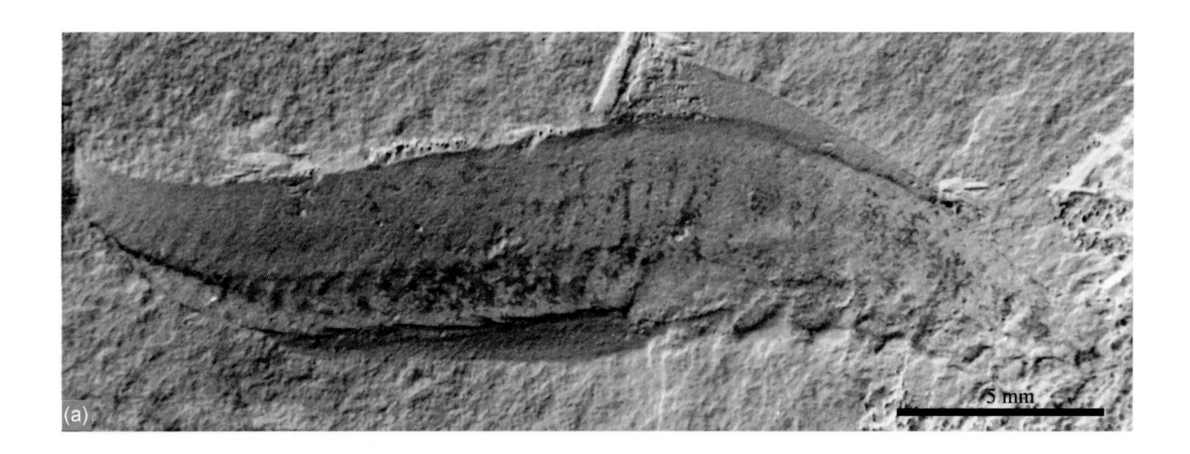

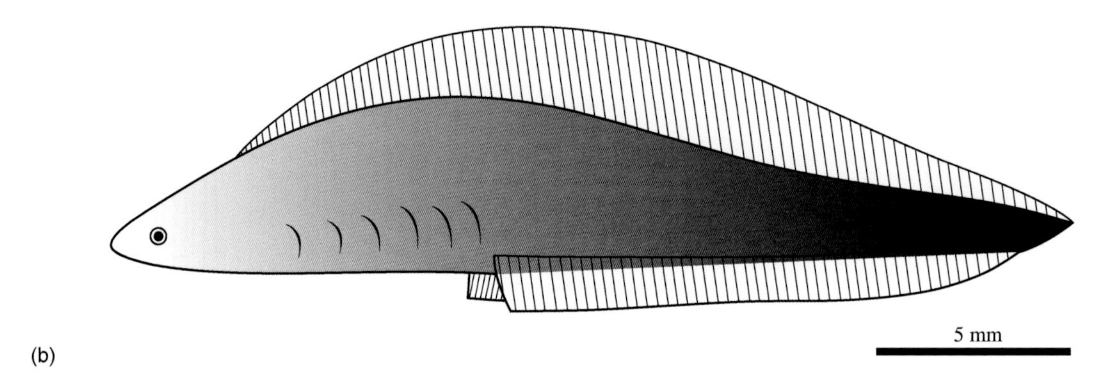

图3-18 凤娇昆明鱼 a. 一条完整的鱼,正模,ELI-0000201,侧视(舒德干供图);b. 整体复原图,侧视(史爱娟绘)。

图3-19 凤娇昆明鱼生态复原图 (N. Tamura绘)

确定。

产地与时代 云南昆明西山区海口镇耳材村；寒武纪第二世第三期。

海口鱼属 *Haikouichthys* Luo, Hu et Shu, 1999

模式种 耳材村海口鱼 *Haikouichthys ercaicunensis* Luo, Hu et Shu, 1999 (图3–20，3–21)。

词源 *Haikou*意指昆明海口镇；*ichthys* (希腊词源)，鱼的意思；*ercaicun*意指化石采集地昆明海口镇耳材村。

特征 原始的无颌鱼类。鱼体纺锤形，但比昆明鱼更细长，仍可分头和躯干两部分。头部小的叶状印痕表明其很可能具鼻软骨囊、眼软骨囊和耳软骨囊。鳃由鳃弓支撑，至少有6个鳃弓，也可能多达9个。背鳍明显靠近身体前部，具鳍条。腹侧鳍褶在下腹部与躯干连接，躯干与腹侧鳍褶之间的陡坎表明腹侧鳍褶成对。躯干肌节呈双“V”形。内部解剖构造包括头颅软骨、围心腔、肠道和一列生殖腺，生殖腺沿躯干腹侧排列，脊索上具按肌节分离排列的软骨脊椎成分。

产地与时代 云南昆明市西山区海口镇耳材村及耳材村东南3 km处露头 (Zhang, Hou, 2004)；寒武纪第二世第三期。

科不确定 Incertae familiae

钟健鱼属 *Zhongjianichthys* Shu, 2003

模式种 具吻钟健鱼 *Zhongjianichthys rostratus* Shu, 2003 (图3–22)。

词源 *Zhongjian*取自中国古脊椎动物学奠基人杨钟健；*rostratus*表示其“长吻”的特征。

特征 体小而细长，长鳗形，身体包括头部和躯干两部分，但两者间并无明显分界；头部前端向前延伸成鸭嘴状吻突 (前背叶)，前背叶前端两侧具一对吻板，其间为单鼻孔；眼1对，位于前背叶后，两眼之间有1对嗅囊；皮肤裸露，无鳞和膜质骨板，但表皮较厚，未见皮下肌节；前腹部至少可见5对简单鳃弓。钟健鱼产出层位与昆明鱼和海口鱼的相当或稍高。钟健鱼的眼相对昆明鱼更靠后，这可能是一个相对进步的

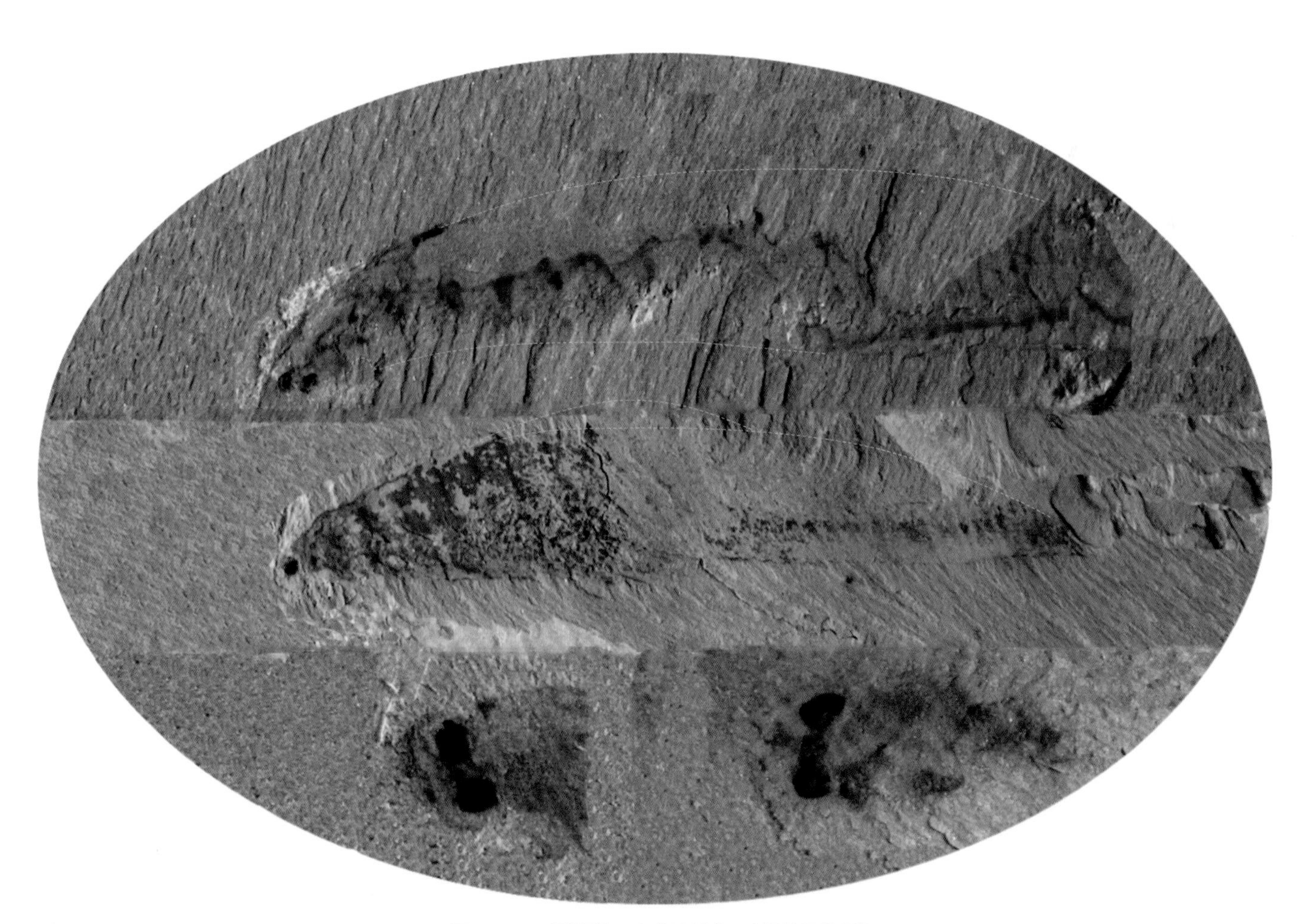

图3–20 耳材村海口鱼化石照片 (舒德干供图)

图3–21 耳材村海口鱼复原图 （N. Tamura绘）

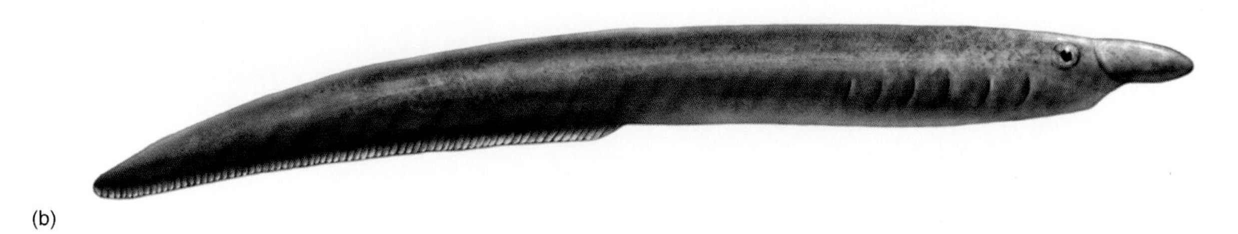

图3–22 具吻钟健鱼 a. 一条近于完整的鱼，正模，ELI–0001601（舒德干供图）；b. 复原图（杨定华绘）。

特征。化石中没有保存肌节结构，可能指示增厚的表皮层，与现生的无颌类七鳃鳗和盲鳗相似，具有多层细胞构成的表皮层。与海口鱼相比较，钟健鱼表现出一些进步或特化性状：相对于海口鱼前位眼的原始性状，钟健鱼的吻部（前背叶）拉长，可能导致嗅觉构造增大，迫使眼后移，以至退于前背叶之后；海口鱼标本上易于观察到体内的肌节、脊椎和生殖腺体，表明其皮肤较薄，与无头类情况相近，而钟健鱼恰好相反，皮肤较厚，更接近有头类的特点。钟健鱼的特化性状主要表现在其鳗形躯体，背鳍与腹侧鳍褶不发育，显示其游泳能力不及海口鱼，可能营底栖表面或间歇性钻泥沙生活。

产地与时代 云南昆明市西山区海口镇耳材村尖山剖面；寒武纪第二世第三期。

科不确定 Incertae familiae

中新鱼属 *Zhongxiniscus* Luo et Hu, 2001

模式种 中间型中新鱼 *Zhongxiniscus intermedius* Luo et Hu, 2001（图3–23）。

特征 身体较小，宽而短，呈鱼形，长约10 mm，中间处最宽，约1 mm，前端轻微收缩，向后明显变细，尾端较尖；头部部分保存了咽裂；躯干部分呈现明显的“S”形肌节，肌隔较密，平均约7个肌隔/mm，肌膈在背部向前弯曲，交于腹边缘；躯干背面具有两个近三角形突起的背鳍。

产地与时代 昆明海口中新街耳材村；寒武纪第二世第三期。

后斯普里格鱼属 *Metaspriggina* Simonetta et Insom, 1993

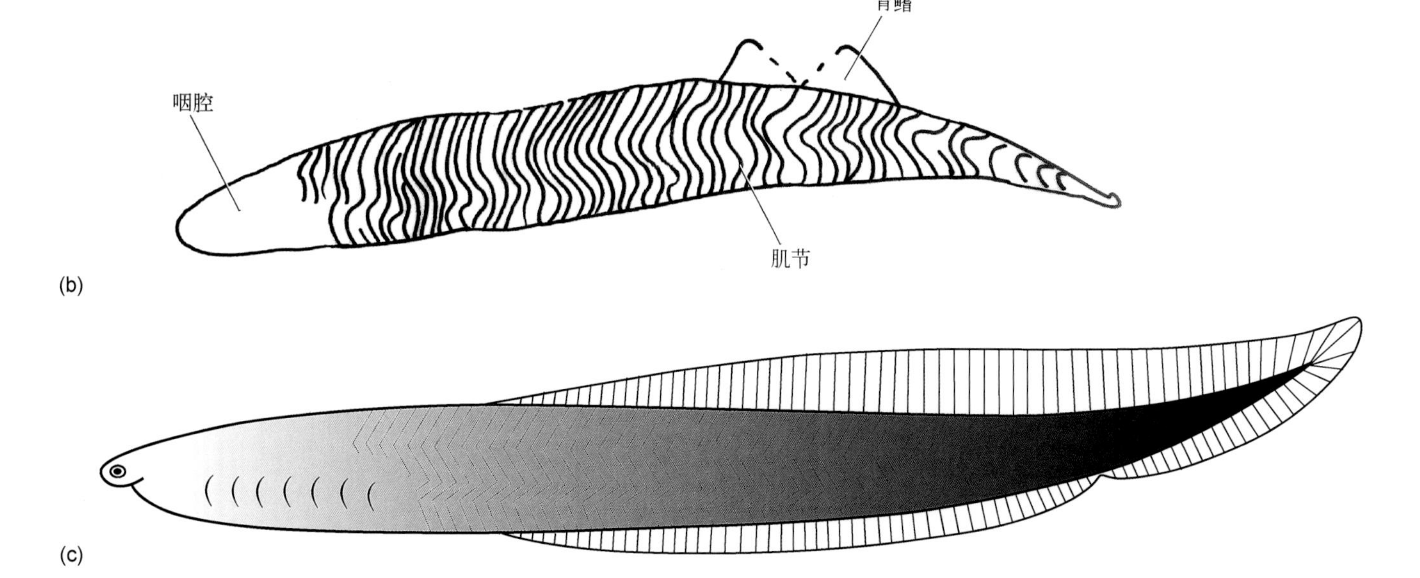

图3–23 中间型中新鱼 a. 一条近于完整的鱼，正模，He–f–6–4–682（陈良忠等，2002），罗惠麟提供，侧视；b. 标本素描图（赵日东据Luo et al., 2001重绘）；c. 整体复原图（史爱娟绘）。

模式种 沃氏后斯普里格鱼 *Metaspriggina walcotti* Simonetta et Insom, 1993 (图3–24, 3–25)。

词源 *Meta* (希腊词源) 意为“伴随”和“后来”，形态上曾被认为与埃迪卡拉动物群的斯普里格虫 (*Spriggina*) 相近 (现证明两者并无亲缘关系)，*spriggina* 取自澳大利亚前寒武纪埃迪卡拉动物群发现者Reg Sprigg；*walcotti*取自加拿大布尔吉斯页岩动物群发现者Charles Walcott。

特征 身体呈纺锤形，长约60 mm，高8 ~ 13 mm；身体前端较圆，最宽处位于身体中部，向后逐渐变细；身体腹缘前部有一龙骨状构造，但无鳍；具脊椎动物标志性的“W”形肌节，数目不少于40个，肌节端点比皮卡鱼明显尖锐，表明其可能是更积极的游泳者；头部扁平，较小，轻微两分，具光滑边缘和一中部凹陷；头顶具一对突出的眼，眼呈圆形，中间有一明显的圆形区域 (约0.4 mm)，可能代表晶状体，可向上、向前看；眼中间保存一对鼻囊，远端可能与一中央管相连；可能具有头部软骨和原始的脊椎弓片；具有7对被称作“鳃弓”的杆状结构。

产地与时代 加拿大落基山脉优鹤国家公园 (Yoho National Park) 沃尔科特采石场 (Walcott quarry)；寒武纪第三世 (中寒武世)。

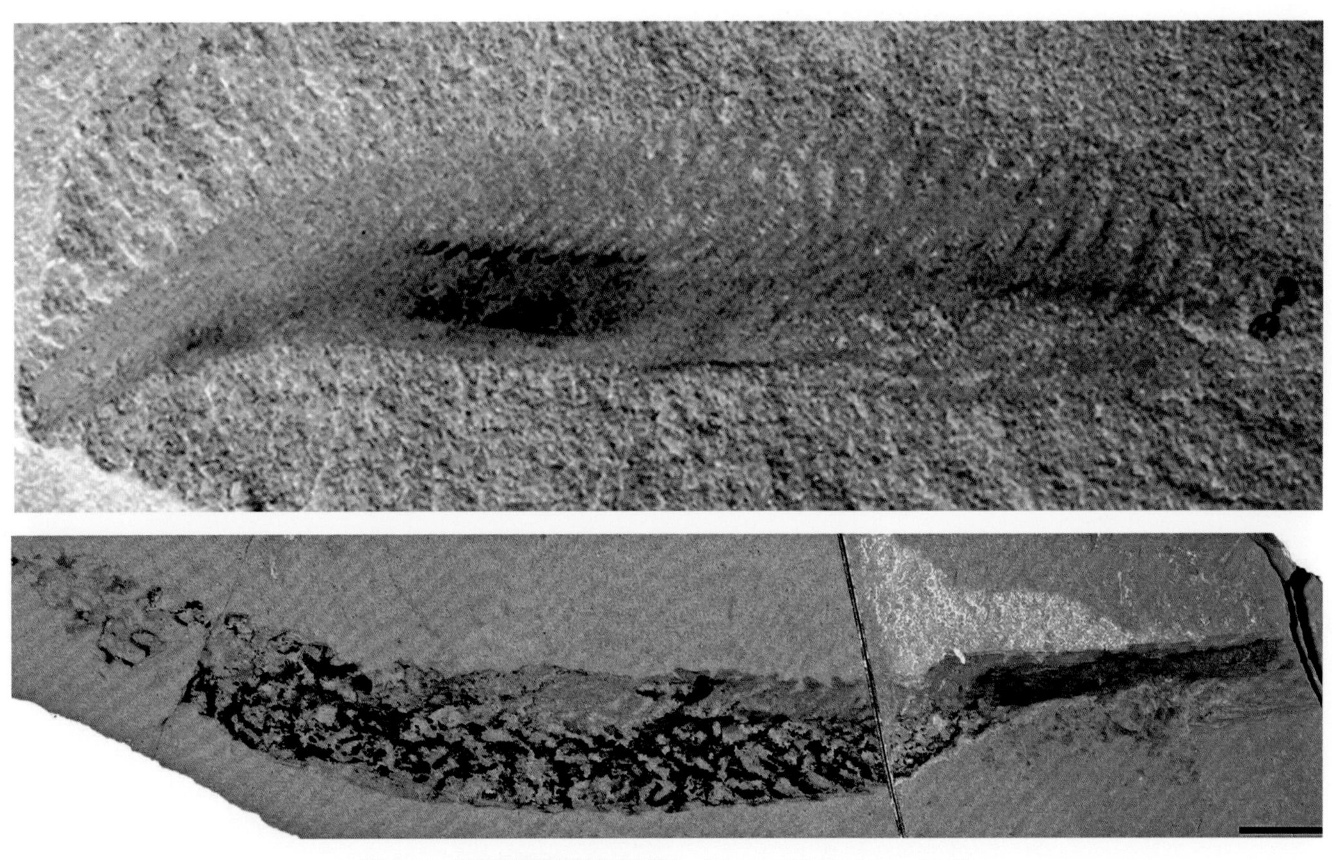

图3–24 沃氏后斯普里格鱼（背视）（Conway Morris, Caron, 2014）

图3-25 后斯普里格鱼生态复原图 （杨定华绘）

美丽希望鱼复原（N. Tamura绘）

4 牙形动物之谜

4.1 概述

寒武纪第二世（早寒武世）澄江动物群软躯体特异保存化石记录证明，最早的无颌类是一群全身裸露，既无外骨骼，也无牙齿等硬组织的鳗形或鱼形动物。从寒武纪芙蓉世（晚寒武世）开始，地球上出现了最早具硬组织的脊索动物——牙形动物（conodonts）。

牙形动物与最早的脊椎动物一样，是一种全身裸露的鳗形动物，因此很少能在化石中完整保存。通常保存下来的只是它们身体中较硬的一些类似于牙齿的结构，在文献中常被称作牙形分子（conodont element），英文名称conodont来自词源cone（锥形）加上odont（牙齿）。牙形分子是C. H. Pander在1856年首次发现，主要是一些微小的由生物磷灰石组成的分子或小齿，属于微体化石的范畴，长度一般在0.2 ～ 2 mm之间，罕见的例子可达20 mm。牙形分子在寒武纪—三叠纪（距今5.3亿年～ 2亿年）海相地层中极为常见，全球分布广，演化速度迅速，具重要地层划分和对比意义。

根据不同形状，牙形分子可分为单锥型、复合型和平合型等类型（图4–1）。绝大多数牙形分子标本都是分散保存的，仅有少数的例子是不同形态的牙形分子成行、成对有规律地排列在一起，这种组合被称为牙形分子集群（自然集群）。譬如，在美国石炭纪地层中发现的多个牙形石集群，其中一个由一对舟刺（*Gondolella*）、两对尖枪刺（*Lonchodina*）和四对矛刺（*Lonchodus*）组成，很可能代表了它们在牙形动物内时的位置和排列组合情况（Scot, 1934, 1942）（图4–1）。

牙形动物定义为长有牙形分子的动物。根据牙形分子的内部组织结构，牙形动物可分为三类：原牙形动物、副牙形动物和真牙形动物，但在具有软躯体特异保存的牙形动物发现之前，这些微体齿形化石的生物属性十分模糊。一个多世纪以来，关于牙形分子来自何种动物的解释各式各样，有的甚至充满幻想，曾被归入脊索动物、环节动物、节肢动物、头足类、袋虫类、腹毛类、毛颚类，甚至植物等18个不同生物门类。所以说，没有任何一种化石的分类位置像牙形分子或牙形刺那样扑朔迷离（赖旭龙，1995；张舜新，1997）。

直到1983年，Briggs等首次报道了第一个长有牙形分子的动物：一来自石炭纪（距今约3.3亿年）具有软体组织印痕保存的鳗形动物，其口中保存了真牙形分子类组合，认为这就是百多年来一直在寻找的牙形动物（Briggs et al., 1983）。此后，其他具有牙形分子的软躯体标本陆续被发现。相当数量的保存有软体组织的化石不断被发现，终于揭开了牙形动物的神秘面纱。牙形动物与现代七鳃鳗很相似，身体呈鳗形，两侧对称，具一非常小的头，但上面长有一对大眼，肛门后位，有肌节和脊索，还有背鳍、可能有软骨辐条支撑的尾鳍等的脊索动物典型特征。因此，把牙形动物归入脊索动物门已经没有太大问题，但它们是否属于真正的脊椎动物，目前仍存在很大争议，比如它们缺少像鳃囊或鳃裂等更多的典型的脊椎动物特征，肌节呈"V"形等，而非脊椎动物的"W"形等。

需要指出的是，迄今为止，已经发现的牙形动物软躯体标本都来自真牙形动物，至于早、中寒武世的原牙形动物和副牙形动物，是否也属于脊索动物目前尚不确定。在这三种类型牙形动物中，可能只有真牙形动物是单系类群，并且与副牙形动物亲缘关系较近。原牙形分子形态上较简单，其组织学特征与副牙形分子和真牙形分子的迥然不同，很可能不是一个单系或自然类群。譬如，澄江动物群中发现的云南虫（*Yunnanozoon*）和海口虫（*Haikouella*）就具有矿化单锥形原牙形分子（Chen et al., 1999，陈孟莪，钱逸，2002），也有证据表明一些原牙形分子来自毛颚类动物的捕食器官（图4–2）。因此，本章关于牙形动物形态特征和系统位置的讨论均针对真牙形动物。

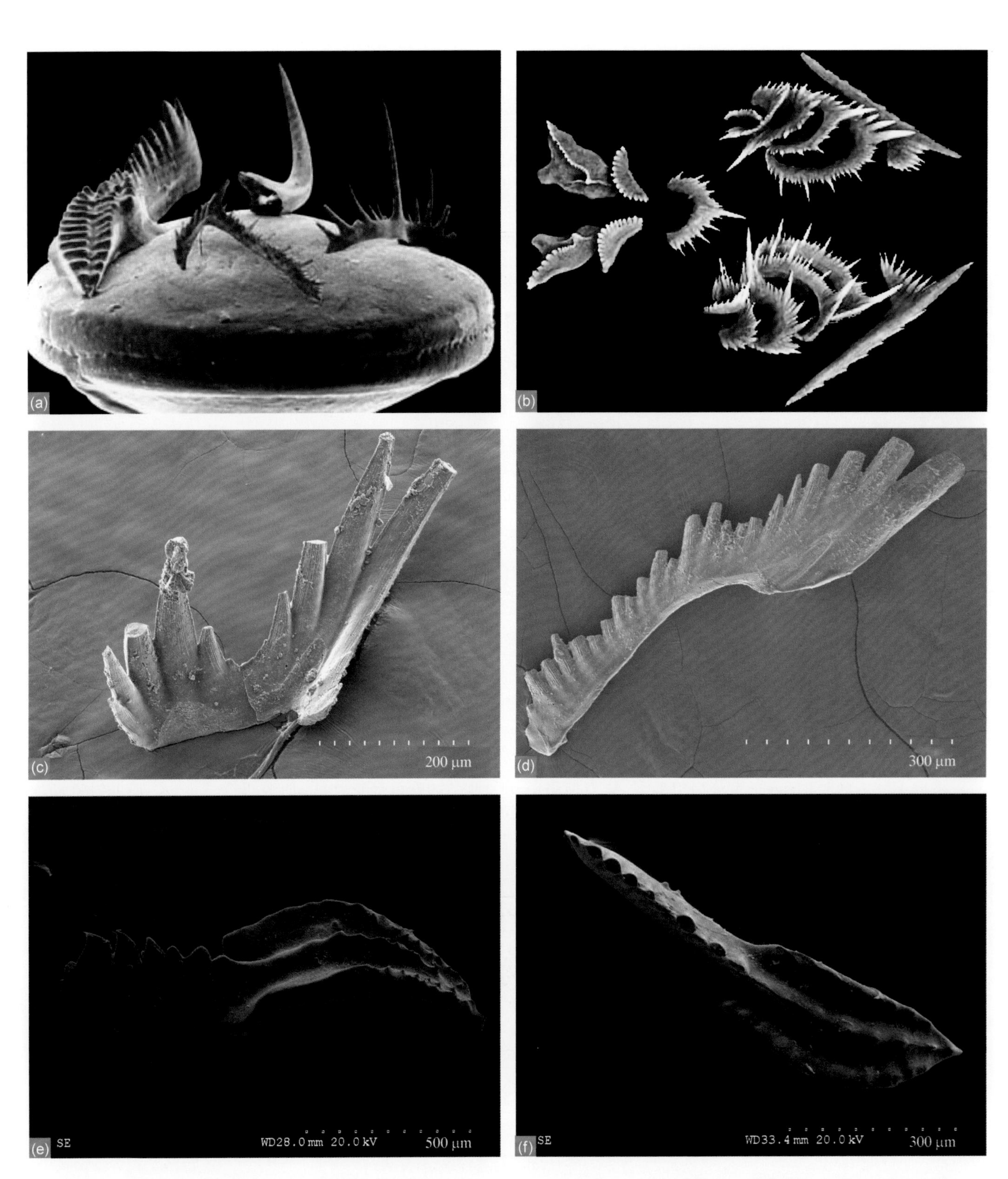

图4-1 牙形分子的形态多样性（a、b引自Holmes, 2008；c、d. T. Kolar-Jurkovšek和C. M. Perez供图；e、f引自Martinez-Perez et al., 2016）

图4–2　可能具有牙形分子的动物　a. 毛颚类动物(Chaetognatha)(Jan van Arkel供图); b. 云南虫(*Yunnanozoon*)(Cong et al., 2015); c. 谜齿虫(*Odontogriphus*)(Erwin, Valentine, 2013); d. 真牙形动物(N. Tamura绘)。

4.2　牙形动物发现史

1856年,C. H. Pander在其专著《俄罗斯波罗的海省志留系鱼牙化石》(*Monographie der Fossilen Fische des Silurischen Systems der Russisch-baltischen Gouvernements*) 首次描述了牙形分子化石,自此揭开了探索牙形动物之谜的序幕。在160多年时间里,已发现4 000多个牙形分子的形态种,但是与寒武纪脊椎动物一样,具有软躯体保存的牙形动物化石点非常少,全球目前确定无疑的地点只有三个。

Melton和Scott (1973) 曾在美国蒙大拿州中部的石炭纪熊溪灰岩 (Bear Gulch Limestone) 中发现几件具有软体组织印痕保存的鱼形动物标本,定名为"牙索动物 (*Conodontochordata*) " (图4–3a) 。并在其三角肠内发现了牙形分子,认为牙形分子可能是牙索动物三角肠内的食物过滤器。但后续研究发现,这些牙形分子只不过是牙形动物被捕食后遗留在三角肠内的 (Lindström, 1973; 1974; Conway Morris, 1985) 。类似地,中国也有牙形动物被捕食的证据。郝天琪等 (2015) 报道了中国早三叠世巢湖龙动物群中的粪化石,内含多枚保存完好的牙形分子。依据粪化石的形状、保存状态,以及同层位共生化石组合等,初步推断粪化石的来源可能系同层位产出的节肢动物 (图4–3b) 。

Conway Morris (1976) 描述了产自加拿大不列颠哥伦比亚省中寒武世布尔吉斯页岩中的一件保存有软体印痕的动物标本,其口周围保存了约20个齿状构造。Conway Morris认为这可能是一种具有牙形分子的牙形动物,并定名为谜齿虫 (*Odontogriphus*) (图4–2c) 。随着真正牙形动物的发现,这种解释也很快遭到否定。Caron等 (2006) 通过对189件新标本的研究发现,这些所谓的"牙形分子"实际上只不过是软体动物的齿舌,是一种像锉刀一样的硬器官,用来将藻类从岩石上剥离。

1982年是寻找牙形动物软体组织取得重要突破的一年。英国爱丁堡大学的E. Clarkson在重新研究苏格兰下石炭统格兰顿小虾层的标本时,偶然发现了一些细长、形

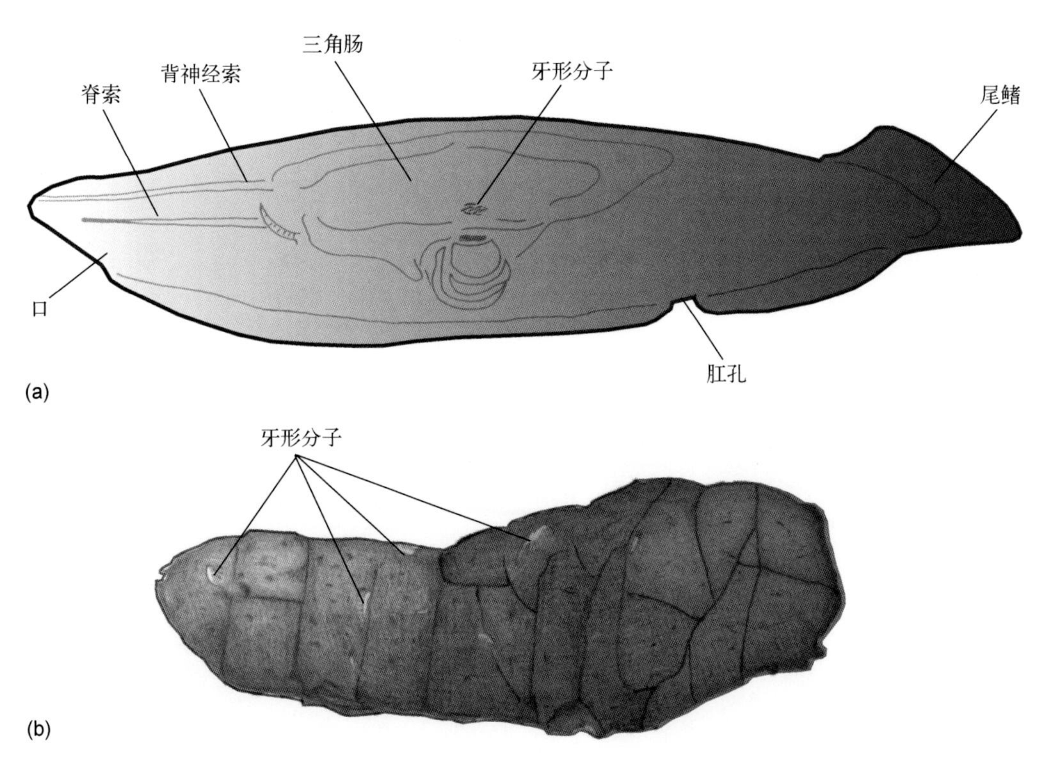

图4–3 牙形动物被捕食的证据 a. 美国蒙大拿州石炭纪熊溪灰岩含牙形分子的一种鱼形动物——牙索动物（据Melton, Scott, 1973重绘）; b. 中国早三叠世巢湖龙动物群中可能为节肢动物粪化石的标本，内含多枚保存完好的牙形分子（郝天琪等，2015）。

似蠕虫、头部具有牙形分子的软躯体印模化石。当他把这些化石给R.J. Aldridge和D.E.G. Briggs鉴定时，他们坚信这就是他们一直在寻找的牙形动物，牙形动物的谜团真相大白。牙形刺存在于牙形动物口的位置，是牙形动物躯体上唯一坚硬的部分。另外，来自该地点的还有一种保存类似原牙形分子的前锥鱼 (*Conopiscius*)，它像真牙形动物一样，也具有一系列的"V"形肌节，但只有一对空心、弱矿化的牙形分子，表明该牙形分子可能部分或完全由角质组织覆盖。

Smith等 (1987) 在美国威斯康星州发现了志留纪早期具有潘德尔刺 (*Panderodus*) 牙形动物的软体组织标本。尽管这个动物所保存下来的软体组织远不及苏格兰早石炭世的牙形动物，但这一发现的重要性在于，潘德尔刺是几乎完全由锥形分子组成的器官，可能是一种更原始的牙形动物的器官类型。

1990年以来，Aldridge等人在南非晚奥陶世桌山群 (Table Mountain Group) 西达堡组 (Cedarberg Formation) 苏姆页岩 (Soom Shale) 段中发现目前已知最大的牙形分子自然集群 (长达17 mm) (Aldridge et al., 1990)。这个自然集群曾一度被认为是维管植物。经过3年的不懈努力，Aldridge和Theron (1993) 终于在南非上奥陶统中发现上百个保存完好的个体很大的牙形动物的软躯体印模，并命名其为希望鱼 (*Promissum*)。

4.3 形态特征

牙形动物是一种个体很小的鳗形动物，身体侧向扁平，最大长度50 mm，最小长度为21 mm (可能代表幼体分子)，高度为1 ~ 2 mm。南非晚奥陶世的牙形动物整体轮廓与苏格兰的标本十分相近，但体型大一些。

4.3.1 脊索和神经索

在苏格兰和南非的标本上均保存了两条微弱的大致平行的暗线，贯穿躯干。通过与逐渐腐烂的文昌鱼的比较，这两条平行线可能代表脊索的主脊 (图4–4e, f)。在一些标本上甚至保存了脊索的纤维。这些纤维向躯体轴部定向排列，所呈现的白色与标本上其他特征的颜色不同，可能反映脊索鞘的纤维状性质。在头索动物中脊索一直延伸到头部前端，而在脊椎动物中脊索则结束于脑颅基部。在牙形动物所有标本中，脊索向前都没有超过捕食器官，这一点与头索动物明显不同，而与脊椎动物较相似。

4.3.2 肌节

苏格兰的一些标本保存了迄今最清楚的牙形动物肌

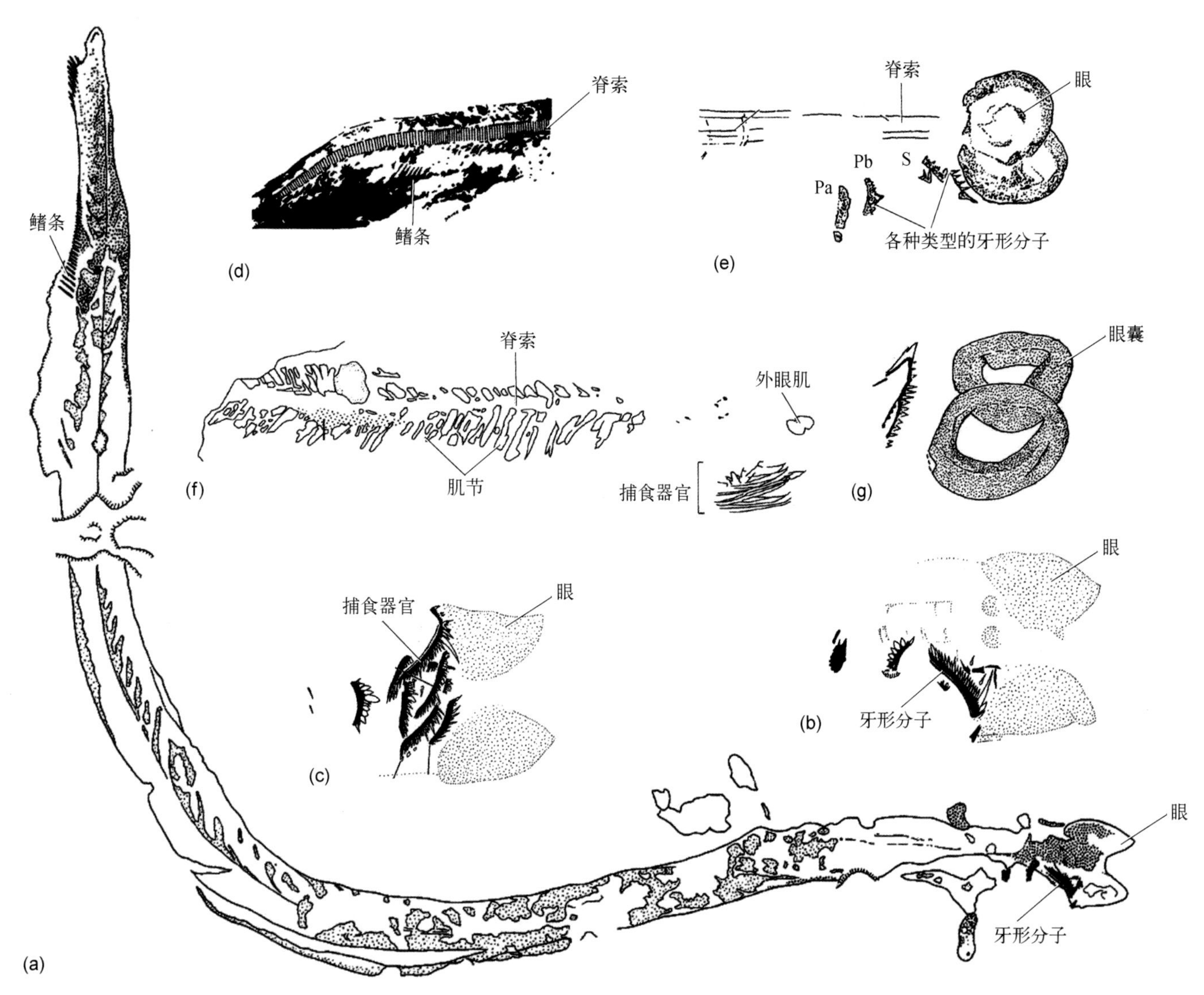

图4–4 牙形动物的解剖学特征 a–e. 苏格兰空腔克利德赫刺鱼(*Clydagnathus cavusformis*)镜下解释性素描图。a. 一条近于完整的鱼，标本IGSE 13821，背视；b. 头部放大，示眼及牙形分子；c. 标本IGSE 13822头部放大，示眼及捕食器官(a–c引自Aldridge et al., 1993; Briggs et al., 1983)；d. 尾部放大，示轻微下歪尾，与盲鳗相似，标本HU221(Janvier据Aldridge et al., 1986重绘)；e. 标本RMS GY1992. 4.1，头部放大及解释复原，侧视(引自Aldridge, 1993)；f, g. 南非美丽希望鱼(*Promissum pulchrum*)的镜下解释性素描图。f. 标本C721a(Gabbott et al., 1995)；g. 标本C351a，显示眼及眼周围的巩膜软骨(Aldridge, Theron, 1993)。

节的形态特征，它们呈明显的、分离的"V"形，肌节间隔较大，约1 mm，可以解释为其在死亡后由于肌肉束的收缩而造成。其中两块标本的肌节几乎占据整个躯干部分，"V"形肌节的尖顶指向前方，后部和中部呈微尖的锐角，而在前部变得更圆缓。利用扫描电镜对肌节纤维的研究表明，它与保存在化石鱼类中的肌肉组织非常相似(图4–4)。

4.3.3 头的分化

牙形动物已有了明显的头部分化。在苏格兰标本头部前端还保存一对大的叶状构造，被认为是一对较大的眼(图4–4a–c)(Briggs et al., 1983)。南非标本保存了由巩膜软骨形成的眼囊，里面包裹着眼，眼的绝对尺寸较大，直径2.1 ~ 3.1 mm，但相对整个身体的比例却比苏格兰标本小很多(Aldridge, Theron, 1993)。另外，在南非标本的眼周围还鉴定出肌肉纤维组织，被认为是外眼肌(Gabbott et al., 1995)。在苏格兰的另一个标本中，还保存了微弱的可能是听囊和鳃囊的痕迹，但尚未发现鼻囊的构造。

4.3.4 捕食器官

在眼的后面保存了由不同牙形分子组合形成的复杂的捕食器官(图4–4, 4–5)，但在取食器官周围并没有肌肉等软组织保存。根据形态不同，牙形分子可以分为3种类型：梳状S型分子，锄状M型分子，平台状的P型分子。M型分子可能位于最前端，中间细长状的为S型分

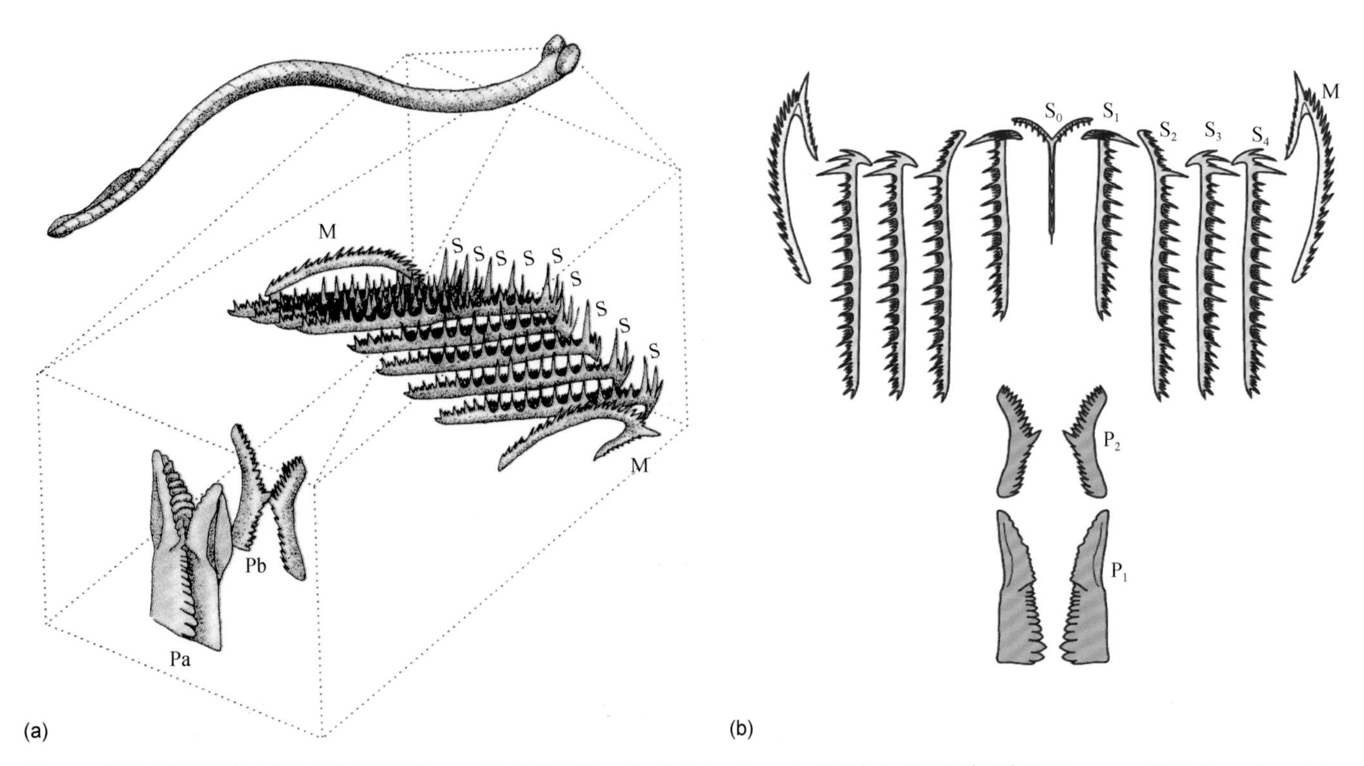

图4–5　牙形动物捕食器官中的牙形分子组合　a. 立体透视图（Punell, 1993; Pouch, et al., 2009）; b. 平面展布图（Aldridge et al., 1995; Donoghue et al., 2008）。

子，最后侧为P型分子。S型分子和M型分子可能是滤食器官或捕食器官，像筛子一样过滤水中的显微食物颗粒或主动捕食；而P型分子负责切碎和磨细由S和M型分子捕获到的食物 (Nicoll, 1985, 1987; Aldridge et al., 1987; Aldridge et al., 1995)。应用同步辐射显微CT成像技术和三维动画模拟技术，Goudemand等 (2011) 动态复原了牙形动物捕食器官的这种运作机制，发现与现代七鳃鳗的“锉舌”非常相似。虽然牙形分子生物磷酸钙成分与生长方式阻止了与现代圆口类角质锉舌建立直接同源关系的可能性，但认为牙形动物捕食器官整体运作机制与现代七鳃鳗的锉舌是一致的。

4.3.5　尾部

牙形动物保存有尾鳍的标本很少，尾鳍的精确结构还不十分清楚。有的标本上，脊索有延伸至尾部的痕迹，脊索末端可能稍微下歪，与盲鳗有些类似。在苏格兰另一块标本上，尾鳍保存了明显的鳍条，鳍条向后倾斜，但是鳍条并不与肌节一一对应，似乎也没有肌肉附着的痕迹。

4.4　组织学特征

从组织学看，真牙形分子的硬体主要由外部的齿冠和内部的基体构成；基体内部是空腔，称为基腔。齿冠主要是由层状组织和白色物质组成，白色物质又可以细分为真白色物质和假白色物质 (图4–6)。基体的结构最富于变化，从管状到非管状的层状组织和球状体颗粒均有发育。Müller (1981) 认为这种组织结构是牙形动物特有的一种结构，Krejsa等 (1990) 则认为牙形分子与盲鳗的角质舌齿同源。需要特别指出的是，英国学派的学者将牙形分子的硬组织与脊椎动物的牙齿或膜质骨瘤突进行对比。认为在齿冠的白色物质中存在大量细小的腔隙和连接管，大小与骨甲鱼类的骨细胞腔隙完全相同，因此白色物质可以与脊椎动物细胞骨对比，白色物质就是细胞骨；组成齿冠的晶体颗粒较粗，可以和釉质或类釉质对比；基体中管状的层状组织与脊椎动物的齿质同源，球状颗粒彼此融合在一起形成连续的圆齿状，与脊椎动物的球状钙化软骨很相似 (Briggs, 1992; Sansom et al., 1992, 1994)。

这种对比遭到大部分古鱼类学家的反对。如果仅考虑牙形分子的硬组织形态特征并与典型的脊椎动物硬组织进行对比，这些牙形分子所体现的特征与脊椎动物的釉质、齿质和骨组织具有明显的区别：没有髓腔结构；所谓的齿质和釉质是共同生长的，形成同心结构，与脊椎动物的齿质和釉质发育模式完全不同；牙形分子的硬组织具有很大的晶体结构，与脊椎动物硬组织不可比 (图4–

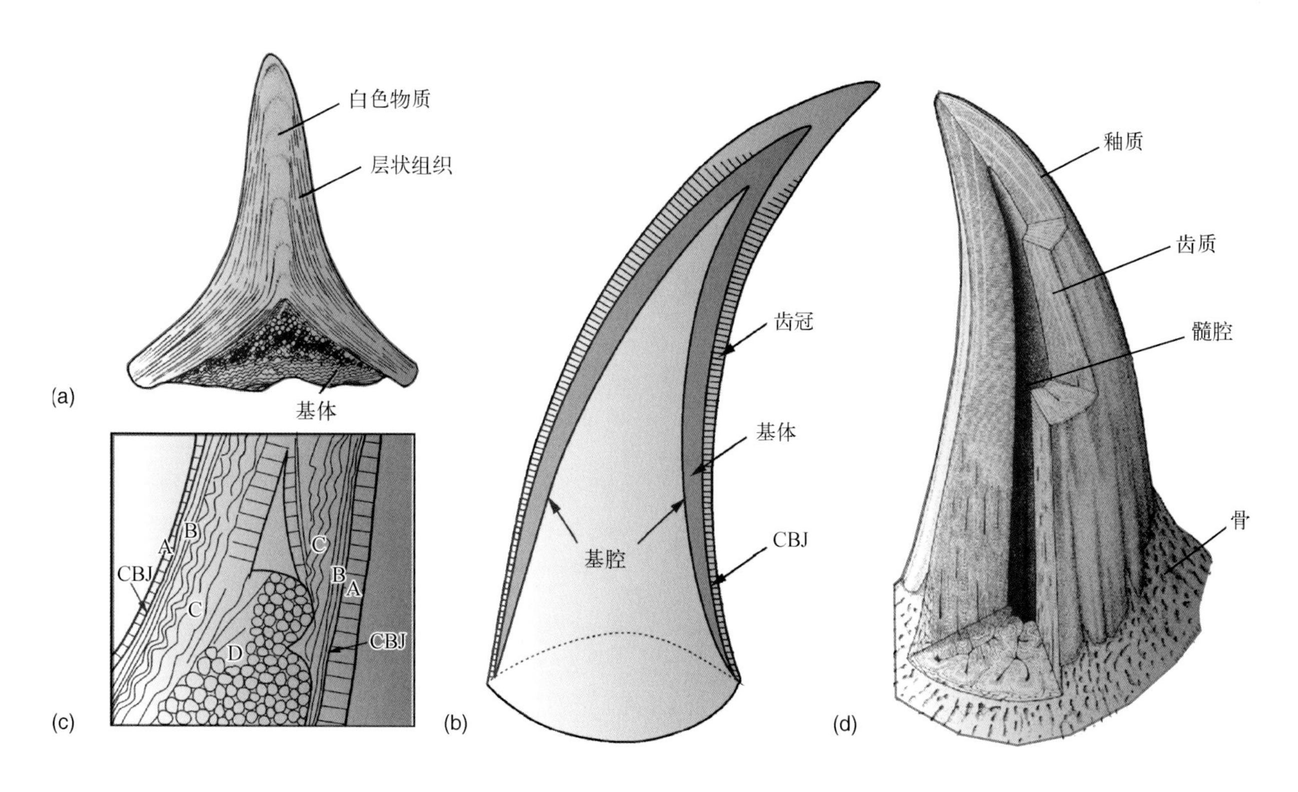

图4–6 真牙形分子与脊椎动物(肉鳍鱼类)牙齿组织学对比 a–c. 牙形分子。a. 横切面(Turner et al., 2010); b. 齿冠和基体示意图(董熙平, 2007); c. 组织学构造示意图(郭伟等, 2005), A为齿冠组织, B为层状组织, C为波层状组织, D为球状粒晶体, CBJ为基体与齿冠的汇合处; d. 肉鳍鱼类潘氏鱼牙齿组织结构(Schultze, 1969)。

6d)。借助目前最先进的同步辐射X射线断层显微成像技术,这一争议最终得以解决,研究显示真牙形类的齿组织在结构和生长方式上与脊椎动物的牙齿或膜质骨瘤突具有很大差异。从系统发育关系上看,副牙形分子被认为是真牙形分子的祖先类型,研究显示副牙形分子尚没有齿冠,也就是说没有与牙齿同源的构造,而最原始的真牙形分子前锥刺属 (*Proconodontus*) 的齿冠刚刚发育,齿冠较薄、基腔深达顶尖,不发育白色物质 (Miller, 1969),因此齿冠的出现可能是从副牙形分子演变为真牙形分子的最重要创新。这样看来,"牙形分子"与牙齿并没有同源关系,牙形动物的硬组织只不过是生物进行的一次独立尝试,它们之间的相似性可以看成平行演化的一个例证 (Murdock et al., 2013)。

4.5 牙形动物与有颌类牙齿的起源

传统观点认为,有颌类的口腔内的牙齿起源于皮肤或外骨骼上的瘤突,这些外骨骼的瘤突最早出现在无颌类甲胄鱼类的外骨骼上,随着颌的起源,这些由外胚层神经嵴细胞发育而来的瘤突向口腔内生长,附着在由内胚层发育而来的颌弓和鳃弓上,最终发育成牙齿,即有颌类牙齿起源"由外而内"(outside-in) 假说 (Blais et al., 2011) (图4–7a);而基于牙形分子与有颌类牙齿的同源性的"由内而外"(inside-out) 假说却认为,有颌类的牙齿起源内胚层的咽齿,这些咽齿最早出现在牙形动物咽部的牙形分子,随着颌的起源,这些咽齿向外扩张,附着在颌上最终形成牙齿 (图4–7b)。由于牙形动物尚没有外骨骼,因此脊椎动物牙齿的起源早于外骨骼瘤突 (Johanson, Smith, 2005)。牙形分子与有颌类牙齿的同源性被否定以后,基于它们之间同源性提出来的有颌类牙齿起源的"由内而外"假说也就失去了理论基础。

4.6 系统位置

过去15年中,真牙形动物的系统学位置始终处于激烈争论之中。英国学派的学者比较倾向地认为,牙形动物是比现生圆口类还进步的类群,与有颌类有着更近的亲缘关系,为有颌类的干群成员。这一观点的主要证据支撑是,牙形分子的硬组织被认为与有颌类的硬组织同源,具有釉质,齿质,细胞骨和钙化软骨,而所有圆口类都不具备这些特征。但这一观点遭到很多古鱼类学家的强烈反对。另外,在早期对真牙形动物进行系统发育分析

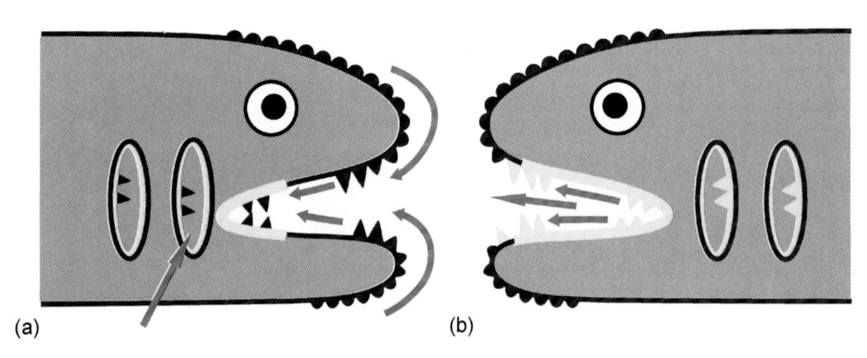

图4–7 有颌类牙齿起源“由外而内”假说(a)和“由内而外”(b)假说 (史爱娟据Witten et al., 2014重绘)

的性状矩阵中，具有很多与神经嵴细胞相关的特征，神经嵴细胞及其衍生物通常被认为是脊椎动物的定义特征，被认为是脊椎动物的第四胚层，脊椎动物的硬组织结构如牙齿、鳞片等，都由神经嵴细胞发育而来。如果认为牙形分子的组织与齿质、釉质等结构同源，就意味着牙形动物也具有神经嵴细胞及相关的衍生结构，进而进一步支持将真牙形动物归入脊椎动物，这里显然存在循环论证的问题。

随着牙形分子的硬组织与有颌类牙齿或膜质骨瘤点的同源关系已被彻底否定。需要重新审视牙形动物的系统位置。牙形动物的完整标本没有明显的鳃裂结构，而目前发现最早的脊椎动物云南鱼和海口鱼的标本都保存有明显的鳃裂结构；没有任何听囊和脑区结构，这些结构同样在云南鱼和海口鱼的标本十分明显；其肌节形态为“V”形而非圆口类及有颌类的“W”形，与头索类更接近。

总而言之，这些真牙形动物的软躯体标本并不具有圆口纲和现生有颌类组成类群的共近裔特征，甚至不具有云南鱼和海口鱼所具备的特征，所以将其置入高于现生无颌类的位置是值得商榷的。但不管怎样，真牙形类的身体印痕仍然保存了脊索动物，甚至脊椎动物很多特征，比如脊索是尾索动物、头索动物和脊椎动物共同的特征；“V”形肌节是头索动物的特征，头的分化、眼、尾鳍的鳍条是脊椎动物共有的特征，而外眼肌是七鳃鳗和有颌类才具有的特征，软体组织数据表明真牙形动物仍然很可能是有颌类干群（图4–8c）、脊椎动物干群（图4–8a）或者圆口类干群（图4–8d）。另外，一些早期的观点认为，真牙形动物可能与圆口类，尤其是盲鳗类的亲缘关系比较近（图4–8b），可能属于盲鳗干群，比如神秘的前锥鱼显示具有“V”形肌节，但是只有一对中空、微弱矿化的牙形分子，这表明牙形分子可能表面覆盖有一层现生圆口类特有的角质组织（Briggs, Clarkson, 1987）。

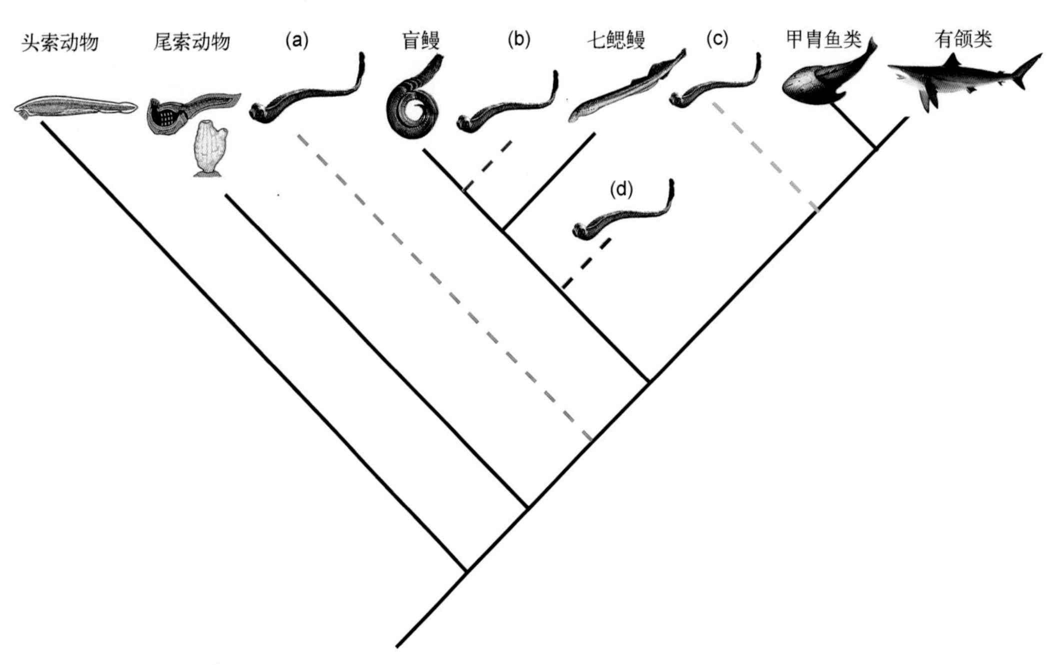

图4–8 牙形动物可能的系统位置 a. 脊椎动物干群；b. 盲鳗亚纲干群；c. 有颌类干群；d. 圆口纲干群。

4.7 生活习性

牙形动物身体呈鳗形，两侧对称，保存的肌肉组织表明一些牙形动物（至少希望鱼）是一种积极的游泳型生物，但可能不具备速度的爆发性。眼较大且侧位，表明拥有良好的视力，能适应不同的生境。

基于对捕食器官的不同复原方式，对牙形动物的生活方式有两种推测，一种认为牙形动物是滤食性动物，即通过过滤水中的有机物颗粒来进食，S分子和M分子像筛子一样过滤水中的显微食物颗粒，这些食物颗粒被送到P分子进一步切碎、磨细（Nicoll, 1985, 1987）；另一种认为牙形动物是能够主动捕食的，S分子和M分子可能是捕食器官，P分子负责切碎和磨细由S和M分子捕获到的食物（Aldridge et al., 1987; Aldridge et al., 1995）。

Purnell (1995) 在牙形分子的表面发现了像哺乳动物牙齿一样的表面磨损现象。Jones (2012) 应用工程力学的方法分析牙形分子的结构，发现牙形动物拥有史上最锋利的牙齿结构。牙形分子虽然很微小，齿尖只有2 μm见方，是人类头发丝的1/20，却一样能承受增大的压力，与大型动物一样有咬碎食物的能力。该研究同时揭示了牙形动物的食性。很多牙形分子在埋藏时都呈剪刀状组合，就像食肉哺乳动物的裂齿一样。在哺乳动物中，这种边缘锋利的牙齿用来咀嚼坚韧的食物如昆虫或肉，牙形动物拥有多个这样的小齿组合，一样可以切断类似的坚韧食物。这些研究结果表明，大多数牙形动物可能是一种主动捕食或食肉的动物。另外，潘德尔刺科（Panderodontidae）的一些牙形动物的捕食器官是由具众多长锥状牙形分子组成，上面具有非常特殊的狭窄的纵向齿沟。传统观点认为，牙形动物的牙形分子是包在软体组织里，潘德尔刺的齿沟是用来固着肌肉的（Lindstrō, Ziegler, 1971）。但越来越多的牙形动物主动捕食证据说明，牙形分子至少是部分暴露的，并用作捕捉、咬切和研磨食物，这就否定了牙形刺全部被软体组织（如角质鞘）包裹的观点。Mat Kowski等（2009）详细研究了潘德尔刺特殊的齿沟结构，并与其他现存和灭绝的有毒动物的牙齿或棘刺进行对比，认为潘德尔刺齿沟很可能是毒液的传导系统。牙形动物可能是世界上最早的有毒动物，从早奥陶世就已经出现。可能正是因为这些独特的特征，牙形动物才能在历史长河中长时间存在并不断发展，一直延续3亿年。

4.8 系统古生物学

脊索动物门 Chordata Bateson, 1885

真牙形动物纲 Euconodonta Janvier, 1997

欧扎克目 Ozarkodinida Dzik, 1976

空刺科 Cavusgnathidae Austin et Rhodes, 1981

克利德赫刺属 *Clydagnathus* Rhodes, Austin et Druce, 1969

模式种 空腔克利德赫刺鱼 *Clydagnathus cavusformis* Rhodes, Austin et Druce, 1969（图4–9，4–10）。

特征 小型牙形动物，呈鳗形，长40 ~ 60 mm，宽大都小于1.8 mm；躯干两侧由一系列“V”形的肌节，末端具尾鳍，背部有一条棒状脊索，脊索长度与躯体长度一致，头两侧为一对球状物，直径约1.3 mm，被认为是包围眼的骨化了的软骨组织；捕食器官位于头部的口内，代表了欧扎克目牙形动物的器官结构。

产地与时代 英国苏格兰格兰顿小虾层；早石炭世（密西西比亚纪）。

目、科未指定

前锥鱼属 *Conopiscius* Briggs et Clarkson, 1987

模式种 克拉克前锥鱼 *Conopiscius clarki* Briggs et Clarkson, 1987（图4–11）。

词源 属名来自身体前方一对锥形的牙形分子和鱼形的身体，种本名取自捐献第一块化石的发现者N.D.L. Clark。

特征 小型牙形动物，体长20 ~ 30 mm，躯干保存了大量V形肌节；在头部保存了一对并行排列的牙形分子，弱矿化，呈中空的锥形，与盲鳗和七鳃鳗的角质锉舌有些类似，但在数目和排列方式又完全不同。

产地与时代 英国苏格兰格兰顿小虾层；早石炭世（密西西比亚纪）。

先圣鱼目 Priodontina Sweet, 1988

希望鱼属 *Promissum pulchrum* Kovacs-Endrody, 1986

模式种 美丽希望鱼 *Promissum pulchrum* Kovacs-Endrody, 1986（图4–12，4–13）。

特征 大型牙形动物，保存长度约90 mm；根据保存的长度和宽度，估计全长可达400 mm。保存了良好的肌节、眼、外眼肌和捕食器官。眼直径2.1 ~

图4–9 空腔克利德赫刺鱼 a. 一条近于完整的鱼，标本RMS GY 1992.41.1，侧视（黄金元供图）；b. 复原图（史爱娟绘）。

图4–10 空腔克利德赫刺鱼复原图 （N. Tamura绘）

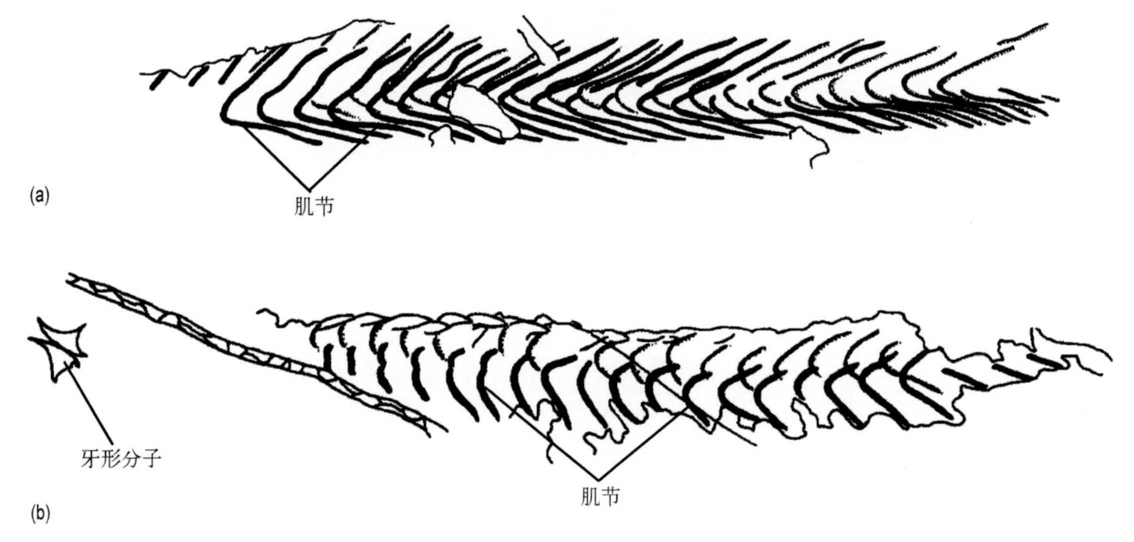

图4–11 克拉克前锥鱼 a. 标本RSM GY 1986.25.5的解释性素描；b. 标本RSM GY 1986.25.6的解释性素描。（Briggs, Clarkson, 1987）

3.1 mm，但相对整个身体的比例较小，躯干肌节保存了肌原纤维和可能的横纹肌肌原纤维。捕食器官前上方保存的卵形灰白色组织其位置与眼的位置相当，可能为外眼；捕食器官长约17 mm，为世界上最大牙形分子自然集群。

产地与时代　南非桌山群西达堡组苏姆页岩段；晚奥陶世赫南特期。

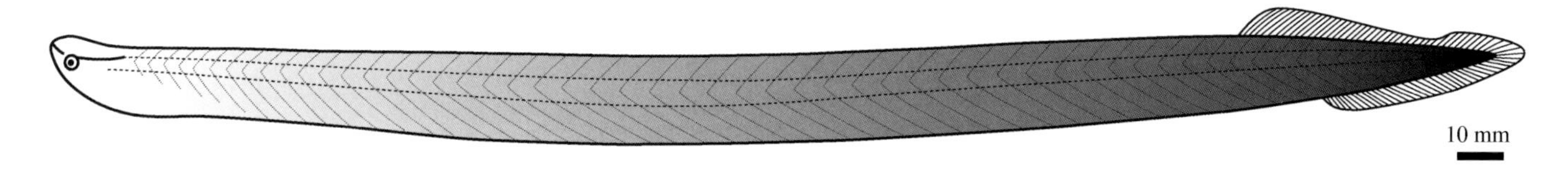

图4-12　美丽希望鱼（史爱娟绘）

图4-13　美丽希望鱼复原图（N. Tamura绘）

奥陶纪甲胄鱼类生态复原图 （B. Choo 绘）

5 甲胄鱼类的出现

5.1 概述

寒武纪大爆发以后的4 200万年是古生代的第二个纪——奥陶纪（距今4.85亿年～4.43亿年）。“奥陶（Ordovices）”一词最初由英国地质学家C. Lapworth于1879年提出，代表出露于英国阿雷尼格（Arenig）山脉向东穿过北威尔士的岩层，位于寒武纪与志留纪岩层之间，因该地区是古奥陶部族的居住地而得名。

奥陶纪早、中期延续了寒武纪的温暖气候，也延续了寒武纪晚期不断上涨的海平面，可以说奥陶纪是地质历史上海侵最广泛的时期之一，海平面比现在高出400 m。不断上涨的海平面淹没了除冈瓦纳大陆之外的其他大陆的绝大部分，现今1/3的陆地都被浅海覆盖。在板块内部的地台区，海水广布，表现为滨海浅海相碳酸盐岩的普遍发育，在板块边缘的活动地槽区，为较深水环境，形成厚度很大的浅海、深海碎屑沉积和火山喷发沉积。在孕育过寒武纪的生物大爆发后，海洋迎来又一次的物种快速发展，即“奥陶纪大辐射（Ordovician radiation）”。

“寒武纪大爆发（Cambrian explosion）”主要体现在门、纲级别的规模上，而奥陶纪大辐射则发生在更低的分类级别，目、科、属的多样性快速增加。海生无脊椎动物空前繁盛，其中以笔石、三叶虫、鹦鹉螺类和腕足类最为常见，腔肠动物中的珊瑚、层孔虫，棘皮动物中的海林檎、海百合，节肢动物，苔藓动物等也开始大量出现（图5–1）。低阶元门类的辐射发展使奥陶纪的物种多样性远远大于寒武纪。到奥陶纪末期，科的数量达到寒武纪末期的4倍多，奠定了随后2亿多年时间里全球海洋生态系统的主要格局。

无颌类虽然在距今5.2亿年的早寒武世就已出现，但一直到奥陶纪末期，这些最有前途的脊椎动物却并未得到发展。除了澄江动物群和布尔吉斯页岩页岩动物群两个特异保存例子外，来自寒武纪和奥陶纪的其他无颌类化石极其罕见。当然，这种化石记录所呈现出来的演化格局也有可能是化石的差异埋葬所致。最早期的脊椎动物还没有演化出硬质的外骨骼，导致它们很少被保存下来，正如盲鳗和七鳃鳗的化石记录十分少见。如第4章所述，最早的具硬组织的脊索动物——真牙形动物在晚寒武世的地层中开始出现，到奥陶纪，牙形动物的物种多样性已非常高，那时的古海洋可以说是牙形动物的乐园，生活着近100种牙形动物，达到演化的巅峰（图5–2）。另外，在北美、格陵兰和斯匹次卑尔根的晚寒武世——早奥陶世的地层中还发现了大量被称为鸭鳞鱼（*Anatolepis*）零散骨片。虽然还存在争议，这些骨片有可能来自最早的甲胄鱼类（图5–2）。

最早无争议的具外骨骼保护的甲胄鱼类化石一直到中奥陶世晚期（距今约4.7亿年）才出现，它是来自澳大利亚中部楼梯砂岩（Stairway Sandstone）的阿兰达鱼（*Arandaspis*）（图5–3）。稍晚一些的还有来自晚奥陶世早期（距今约4.5亿年）的在北美落基山脉地区发现的星甲鱼（*Astraspis*）、显褶鱼（*Eriptychius*）以及在南美玻利维亚地区发现的萨卡班坝鱼（*Sacabambaspis*）（图5–3）。但奥陶纪脊椎动物在整体上表现出来的多样性非常低，目前大约只有10个种被描述，其中只有星甲鱼、阿兰达鱼和萨卡班坝鱼具有相对完整的头甲保存。

这些奥陶纪无颌类普遍由磷酸钙形成的外骨骼装甲保护，其内部组织构造由典型的无细胞骨组成，与志留纪出现的异甲鱼类非常相似，进一步填补了早寒武世昆明鱼类和志留纪甲胄鱼类之间的演化鸿沟。至于早期无颌类为什么会在奥陶纪演化出“戴盔披甲”的甲胄，可能与当时的选择压力有关系。奥陶纪海中的顶级捕食者当属直壳鹦鹉螺和大型板足鲎，它们身长分别可达4 m和3.6 m，是当时海洋中凶猛的肉食性动物。为了防御，奥陶纪的三叶虫在胸、尾长出许多针刺来防御食肉动物的袭击或吞食。可能在同样的选择压力下，早期的无颌类也逐渐演化出外骨骼头甲来抵御这些大型食肉无脊椎动物的捕食。

到了奥陶纪末期，冈瓦纳古大陆进入南极地区，已经接近或者到达了极点，地球进入到一个大的冰期——赫

图5-1　奥陶纪古海洋生态复原图　1. 萨卡班坝鱼（*Sacabambaspis*）；2. 阿兰达鱼（*Arandaspis*）；3. 牙形动物（conodonts）；4. 等称虫（*Isotelus*）；5. 隐头虫（*Flexicalymene*）；6. 海座星（*Isorophus*）；7. 直角石（*Cameroceras*）；8. 巨型羽翅鲎（*Megalograptus*）；9. 盔海桩（*Enoploura*）；10. 瑞芬贝（*Rafinesquina*）；11. 平扭贝（*Platystrophia*）；12. 辛辛那提海百合（*Cincinnaticrinus*）。（M. Hattori绘）

南特冰期 (Hirnantian glaciation)，其分布范围包括现在的非洲，特别是北非、南美的阿根廷、玻利维亚以及欧洲的西班牙和法国南部等地。全球气温持续下降了10 ～ 20℃，海面也大幅度下降了50 ～ 100 m (图5–2)，地球变得异常寒冷，冰期导致约85%物种灭绝，地球生物圈经历了寒武纪大爆发以来的第一次生物大灭绝。虽然早期脊索动物在大灭绝中也遭受重创，如牙形动物在晚奥陶世共有近100个种，大约80种灭绝了，占总数的80%。但无脊椎动物的大量灭绝为志留纪的古海洋腾出了广阔的生态空间。到志留纪，随着气候逐渐变暖，形成大规模海侵，地层中的脊椎动物记录逐渐丰富起来，出现了甲胄鱼类的各大类群，开始进入全盛的甲胄鱼类时代。

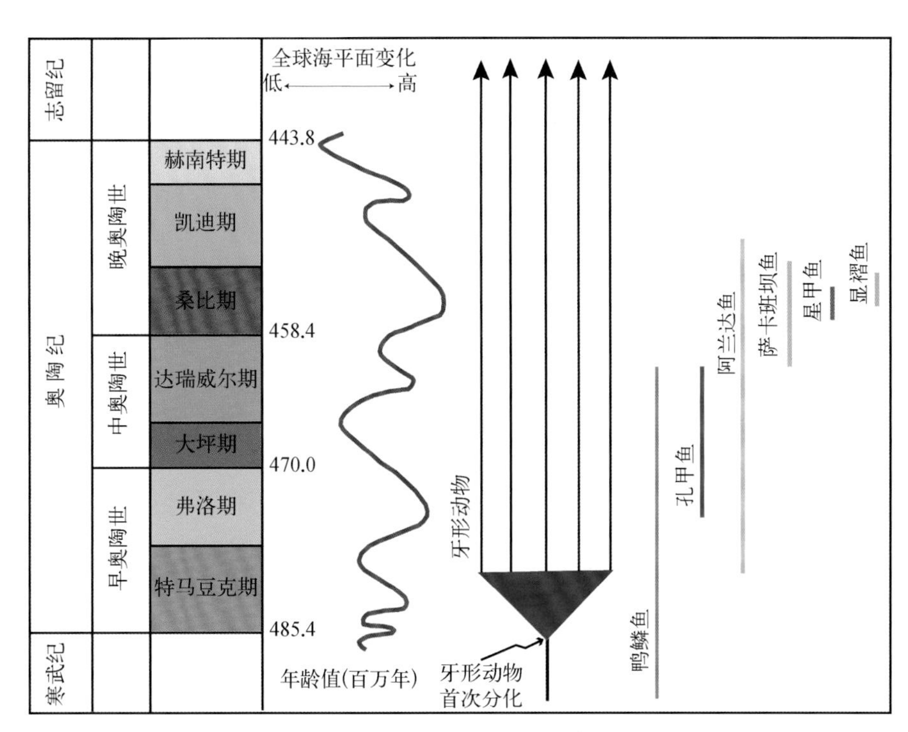

图5-2 奥陶纪海平面变化与无颌类地史分布图（据Sansom et al., 2001重绘）

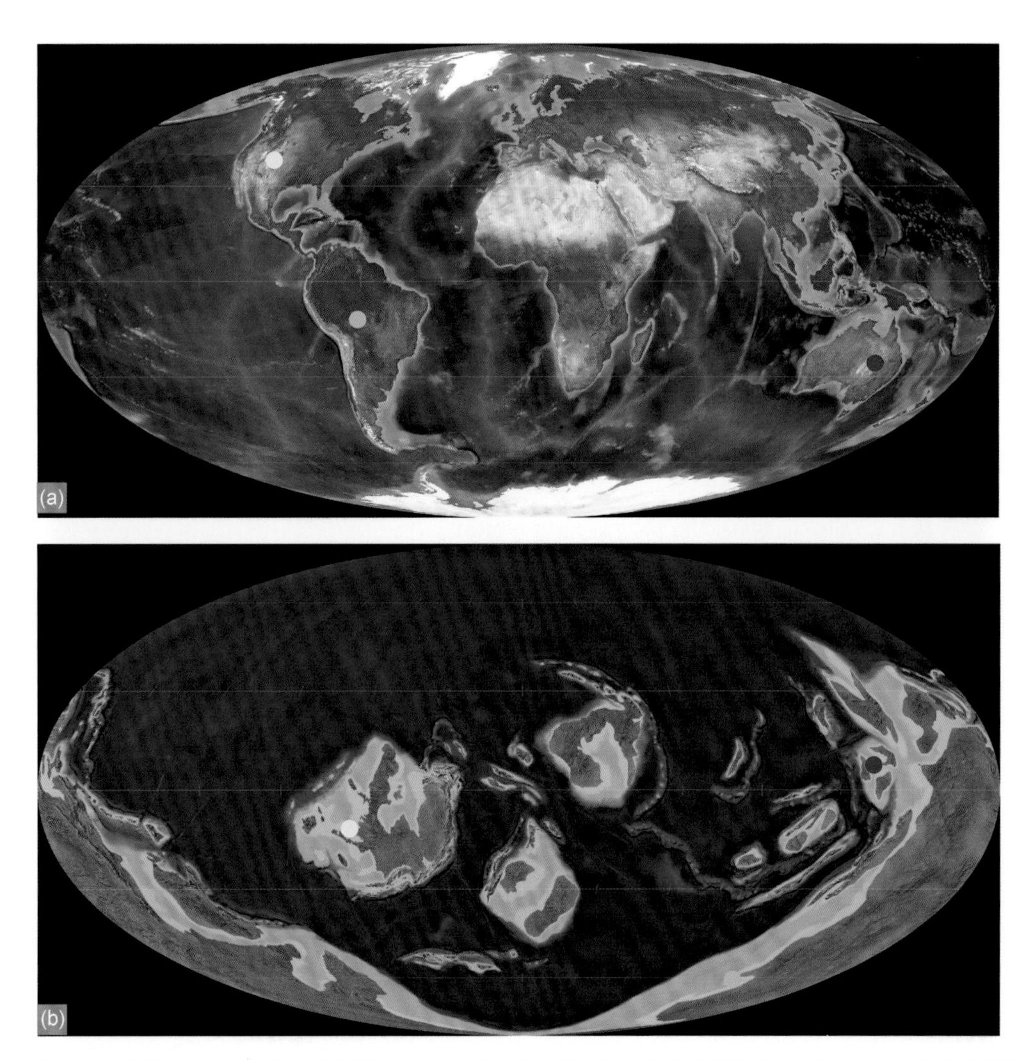

图5-3 奥陶纪无颌类主要化石产地(a)与古地理位置(b) 红色处为澳大利亚阿兰达鱼发现地点；绿色处为南美玻利维亚萨卡班坝鱼发现地点；黄色为北美星甲鱼发现地点。(古地理图由Colorado Plateau Geosystems Inc.授权使用，授权号60317)

5.2 奥陶纪无颌类发现史

奥陶纪的无颌类化石记录非常少，其中确切的具有相对完整的头甲保存的化石产地只有3处：北美、澳大利亚和玻利维亚。另外，在格陵兰、挪威、西伯利亚、阿根廷、阿拉伯和中国等有零散骨片发现。

早在1892年，C. D. Walcott (1850—1927) 在其发现加拿大布尔吉斯生物群 (1909年) 之前就描述了发现于北美科罗拉多的距今约4.5亿年的晚奥陶世早期哈丁砂岩两个无颌类化石，分别为星甲鱼和显褶鱼，是当时所知最早的脊椎动物化石。在此后100多年的时间里，星甲鱼的新材料在美国的蒙吕拿地区、亚利桑那州、俄克拉荷马州、加拿大魁北克地区、俄罗斯北部、西伯利亚、图瓦等均有发现，但都是一些零散骨片。1958年，Ørvig又描述了来自美国怀俄明州哈丁砂岩一新属——坚甲鱼 (*Pycnaspis*) (图5–4)。虽然仅是一些零碎的骨片，但坚甲鱼成体具有较大的蘑菇状瘤点，与星甲鱼的星状瘤点区别明显。此外，在哈丁砂岩中还发现可能属于鲨鱼、花鳞鱼、棘鱼的鳞片，说明对这一时期的脊椎动物的认识还远远不够 (Sansom et al., 1996)。

1976年，Bockelie和Fortey在*Nature*上报道了在研究海相微体化石时发现的一种被称为鸭鳞鱼 (*Anatolepis*) 的化石。化石发现于挪威斯匹次卑尔根的早奥陶世地层中，后来在北美洲、格陵兰和澳大利亚的晚寒武世到早奥陶世的地层中均有发现。化石非常小，仅有1 ~ 2 mm，主要是由众多细小鳞片连接到条状坚硬外骨骼上组成，在显微镜下可见有一个粗糙的表面上有大量微小的多孔通道，可以解读为某种鳞片结构 (图5–5a, b)。这些鳞片的成分是由羟基磷酸钙组成，这是脊椎动物骨骼的特征之一，未见于无脊椎脊索动物或早、中寒武世的脊椎动物。1996年，对所有鸭鳞鱼的标本的重新研究后发现，鳞片外骨骼中含有齿质成分 (图5–5c)，齿质被认为脊椎动物特有的一种硬组织 (Smith等, 1996; Friedman, Sallan, 2012)。因此，这些骨片可能代表了一种早期无颌类——甲胄鱼类。但在这些甲片上从未发现感觉管或感

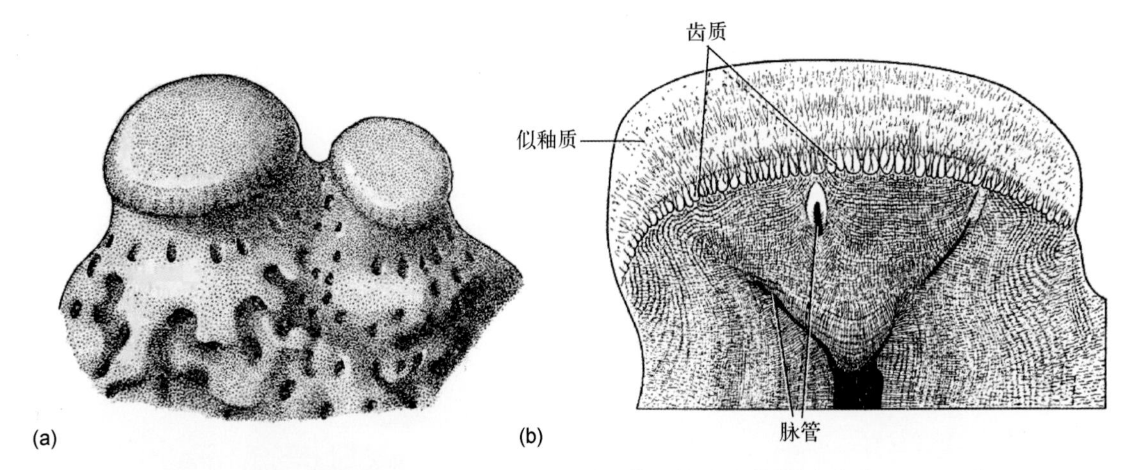

图5–4　美国怀俄明州晚奥陶世哈丁砂岩的坚甲鱼骨片 (a) 与组织学结构 (b) (Ørvig, 1958)

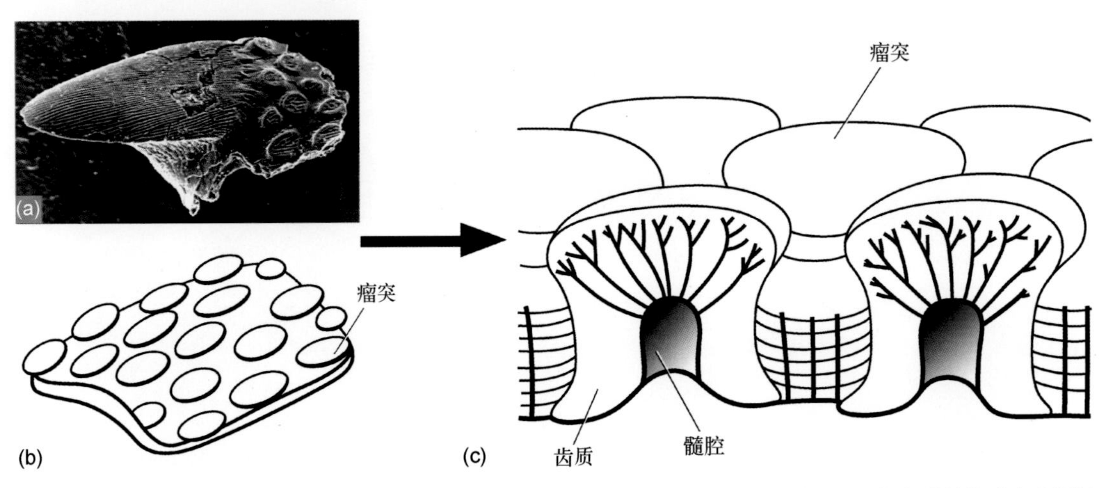

图5–5　挪威斯匹次卑尔根早奥陶世鸭鳞鱼骨片及组织学结构　a. 化石；b. 化石形态示意图；c. 组织学结构。(史爱娟据Bockelie, Fortey, 1976; Janvier, 2014重绘)

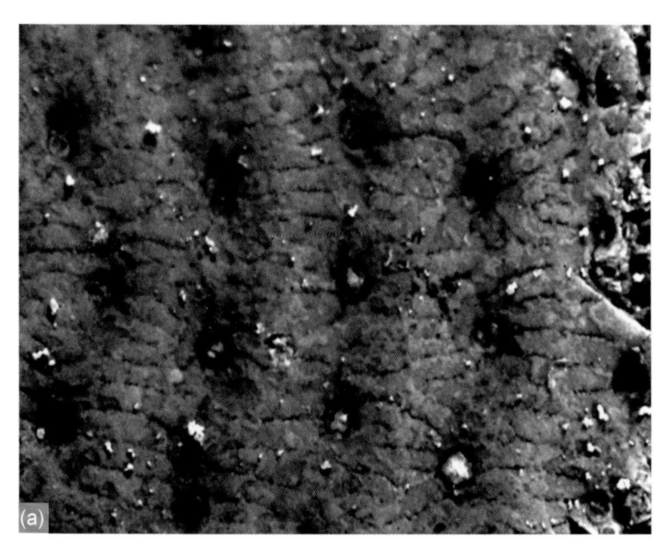

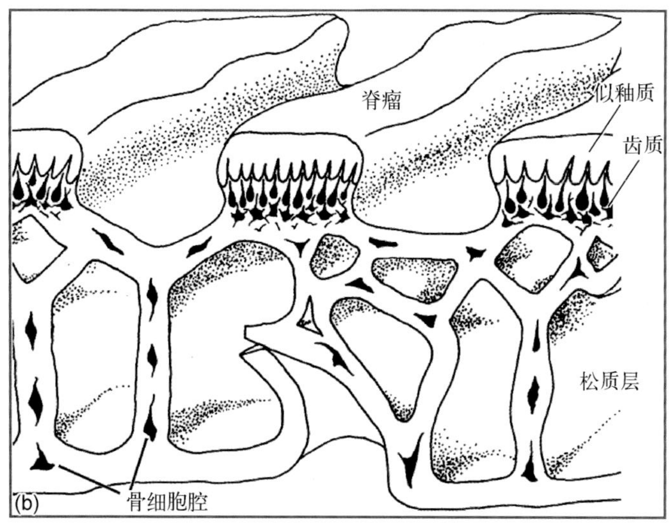

图5–6 澳大利亚晚奥陶世理奇鱼的骨片(a)和组织学结构(b)（Sansom et al., 2013）

觉沟，无法证明其已具有脊椎动物典型表皮基板 (Janvier, 2007)。因此，这些骨片是否属于真正的脊椎动物目前仍存在很大的争议。

寻找奥陶纪无颌类的第2个主要突破来自南半球的澳大利亚。1977年，Ritchie和Gilbert-Tomlinson (1977) 描述了在澳大利亚中部阿玛迪斯盆地 (Amadeus basin) 中奥陶世早期 (距今约4.7亿年) 楼梯砂岩中的无颌类新发现——阿兰达鱼 (*Arandaspis*) 和孔甲鱼 (*Porophoraspis*)。孔甲鱼只是一些零碎的骨片，目前所知信息很少。而阿兰达鱼则世界上迄今所知能够根据一些相关联的主要骨片复原其部分形态的最古老的脊椎动物，比星甲鱼还要早200万年。属名阿兰达鱼取自化石产地的澳大利亚土著居民阿兰达人。阿兰达鱼是在南半球首次发现的最早的脊椎动物化石，因在两眼孔之间还有左右并排的两个鼻孔，与两个眼一起看，就像四只眼，因此又称“南方四眼鱼”。与阿兰达鱼伴生的有鹦鹉螺、三叶虫等海洋无脊椎动物和其他一些鱼类。

1997年，Young又在阿玛迪斯盆地早奥陶世 (距今约4.85亿年) 的帕库塔砂岩 (Pacoota sandstone) 里发现了一些类似阿兰达鱼类的骨片，将奥陶纪甲胄鱼类的化石记录向前推进了1 000万年。Sansom等 (2013) 又描述了在西澳大利亚州坎宁盆地晚奥陶世 (距今4.5亿年) 地层中发现的阿兰达鱼类一新属——理奇鱼 (*Ritchieichthys*) (图5–6)。虽然依旧是一些零散骨片，但理奇鱼代表了阿兰达鱼类在坎宁盆地的首次发现，将阿兰达鱼亚纲的延续时间向后扩展到晚奥陶世的凯迪期。

Gagnier等 (1986) 在南美玻利维亚中部又发现了第三个奥陶纪脊椎动物产地，其时代为晚奥陶世早期 (距今约4.5亿年)，与美国的哈丁砂岩时代相近。有两个属被描述，分别为萨卡班坝鱼 (*Sacabambaspis*) 和安迪纳鱼 (*Andinaspis*)。萨卡班坝鱼是奥陶纪第三个具有较完整头甲保存的无颌类，形态上与澳大利亚发现的阿兰达鱼非常相似，因此，这两类化石被认为有着很近的亲缘关系，现在都属于阿兰达鱼亚纲。1986年，Gagnier在南美玻利维亚邻近科恰班巴 (Cochbamba) 的萨卡班坝村 (Sacabamba) 附近发现了第一件化石标本，此后陆续发现约30件标本，是奥陶纪无颌类保存最好的一个属种。在野外发现萨卡班坝鱼的时候，许多标本聚集在一起，它们几乎完全朝着相同的方向排列 (图5–7)，表明可能出现了突发性死亡事件。值得注意的是，与萨卡班坝鱼伴生的海洋无脊椎动物有三叶虫和海豆芽 (腕足类)。海豆芽因能忍受大范围盐度变化而广为人知，当大量淡水突然涌入海中时，海豆芽是能存活到最后的无脊椎动物。与萨卡班坝鱼伴生的海豆芽也大批量群集死亡，似乎表明它们可能死于突然性的海水盐度变化。此后近20年间，萨卡班坝鱼的标本在澳大利亚 (Young, 1997)、阿根廷 (Albanesi, Astini, 2002) 和阿曼的阿拉伯半岛 (Sansom et al., 2009) 的奥陶纪地层均有发现，但均是一些零散骨片。

中国目前尚未发现相对完整的奥陶纪无颌类化石，发现的均是一些零散骨片。王俊卿和朱敏 (1997) 报道了发现于内蒙古乌海市桌子山地区中奥陶统下部的无颌类化石。该化石的时代与澳大利亚阿兰达鱼的时代相当，但比北美的星甲鱼和南美的萨卡班坝鱼的时代早200多万年，该件标本与晚寒武世至中奥陶世的鸭

鳞鱼 (*Anatolepis*) 更接近。Long和Burrett (1989) 将在湖北宜昌黄花场下奥陶统分乡组和红花园组中发现的一批微体动物化石命名为张文堂分乡虫 (*Fenhsiangia zhangwentangi*) 并认为其与脊椎动物可能存在某种联系。分乡虫也被认为是可疑的脊椎动物 (Turner et al., 2004)。盖志琨等 (2015) 在摩洛哥举行的“寒武—奥陶纪生物多样性事件”国际学术会议上报道了新疆南部巴楚地区中—晚奥陶世疑似无颌类骨片，骨片上瘤点与哈丁砂岩星甲鱼非常相似，但令人遗憾的是并无令人信服的组织学特征保存 (图5–8)。

图5–7　法国自然历史博物馆多个定向保存的萨卡班坝鱼标本　(Ghedoghedo, 2013)

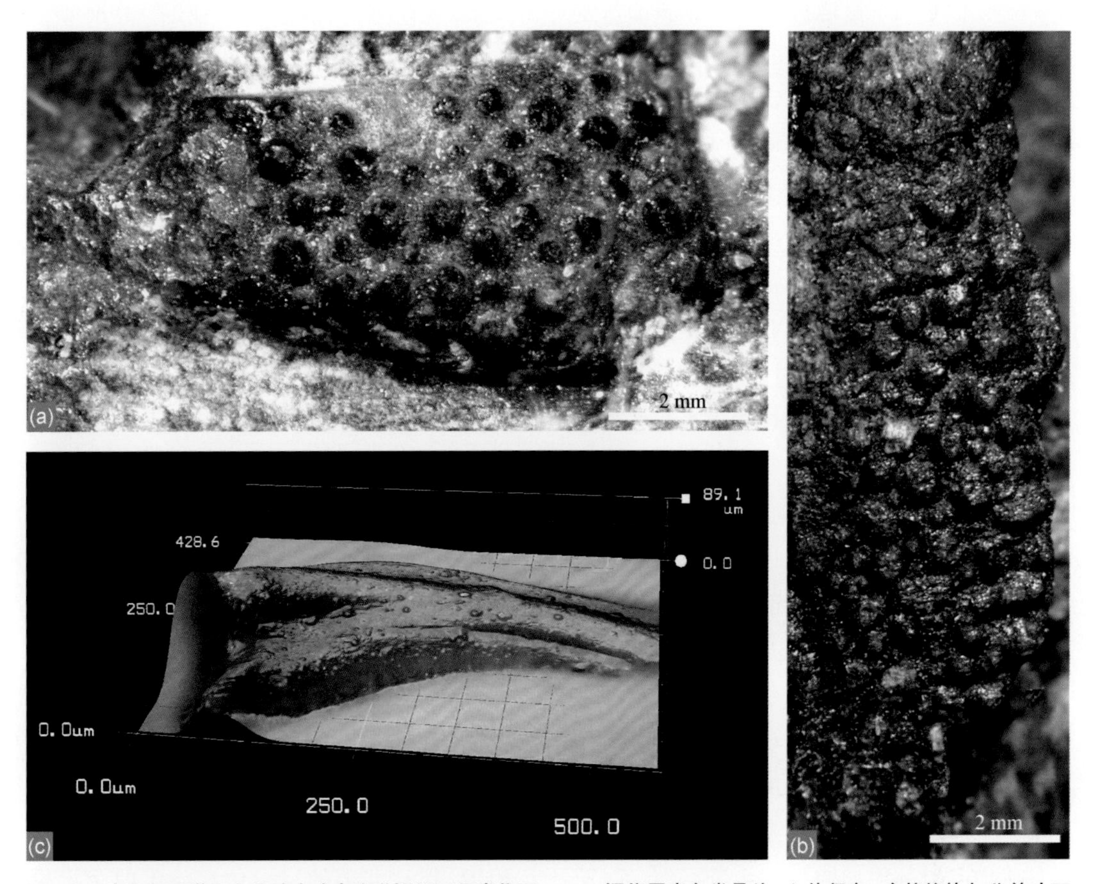

图5–8　中国新疆塔里木盆地中晚奥陶世疑似无颌类化石　a, b. 疑似甲胄鱼类骨片，立体保存，瘤状纹饰与北美哈丁砂岩星甲鱼非常相似；c. 同层保存的牙形分子化石的三维显微照相。

5.3 阿兰达鱼亚纲

阿兰达鱼亚纲 (Arandaspida) 目前已知5属，分别是阿兰达鱼 (*Arandaspis*)、孔甲鱼 (*Porophoraspis*)、萨卡班坝鱼 (*Sacabambaspis*)、安迪纳鱼 (*Andinaspis*) 和理奇鱼 (*Ritchieichthys*)，它们之间的区别主要在于膜质骨表面的纹饰有所不同。保存最好的是来自澳大利亚的阿兰达鱼属和来自玻利维亚晚奥陶世的萨卡班坝鱼，因此对阿兰达鱼亚纲形态特征的讨论与复原大部分是依据这两个属种。

5.3.1 形态特征

阿兰达鱼类属于中等大小的无颌类，身体高圆，体长约13 cm。头甲由背甲和腹甲组成，形状大体呈椭圆形，背甲非常扁平，而腹甲向下凸起形成一个曲面，呈深碗状。头甲侧面背甲和腹甲之间由一系列菱形的鳃片，沿着一块狭长的上鳃片排列，鳃片之间未发现独立的外鳃孔。一般来说，无颌类的鳃囊是通过两块毗邻鳃片之间的小孔开口于外界的，但也可能像异甲鱼类那样通过总鳃孔与外界相通。眼似乎被封装在具有内骨骼的骨化中，并且可能被外骨骼的巩膜环所覆盖。阿兰达鱼类的眼位置极端靠前，位于头甲前缘的一个大的凹陷内，鼻孔位置仍不确定，但Gagnier (1993a) 认为它们可能向每只眼的中间开口，并且被中央T形膜质骨分开 (图5–9c)。眼之后的背甲被一对彼此离得很近的小孔洞穿，很可能是松果体和副松果体的开孔。阿兰达鱼类是早期无颌类中唯一具有成对松果体和副松果的脊椎动物。口部位于T形膜质骨的腹面，并且其下部“唇部”覆盖有呈扇形束

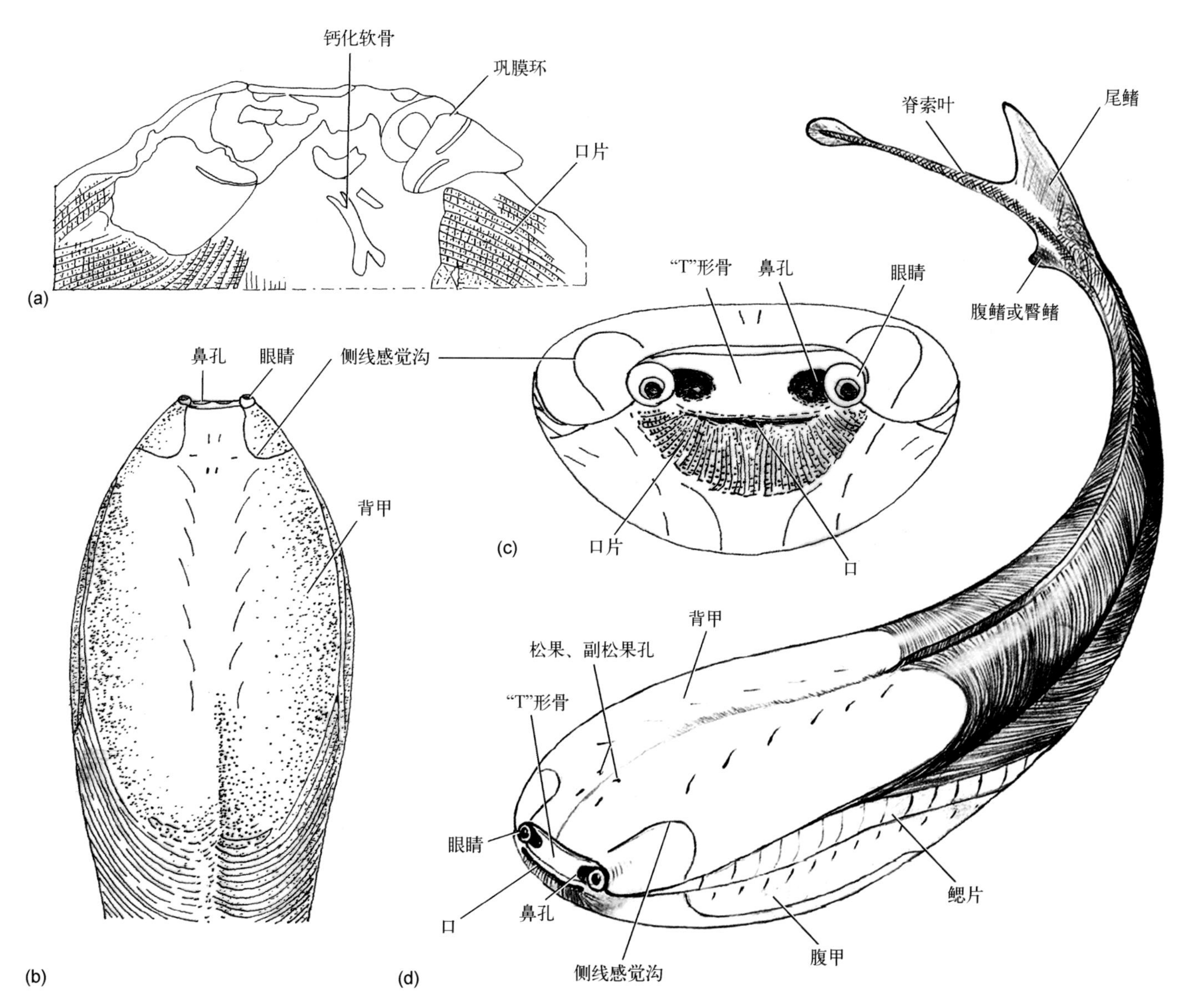

图5–9 阿兰达鱼类形态特征 a–d. 萨卡班坝鱼。a. 一保存较好的标本头甲前部素描，腹视；b. 头甲复原，背视；c. 头甲复原，前视（a–c. 赵日东据Janvier, 1996重绘）；d. 整体复原，前侧视（Zigaite, Blieck, 2013）。

排列的细小鳞列，其很可能随着嘴张开而向外扩张，形成一个勺状物，来攫取海底淤泥里的有机物。

头甲内部解剖的信息目前所知很少，但头甲上的一些模糊印痕表明至少存在10个鳃囊，如果鳃片和鳃囊的数目是一一对应的话，甚至可能有更多（最多可达20个）（图5–9d）。在阿兰达鱼类中似乎已有一些内骨骼骨化的证据，至少在头部前端和眼周围，但目前仍不确定它们到底是简单的钙化软骨，还是真正的骨。在阿兰达鱼属两个标本的口腔内观察到一种特殊的哑铃形钙化软骨构造（图5–9a）——钙化软骨，可能类似现代圆口类的舌器（Gagnier, 1993a）。侧线系统在头甲和身体上发育良好，且被包裹在狭长的感觉沟中，并有多列细小的瘤点沿感觉沟两侧排列。

身体背面或腹面不具有中央脊鳞。除了尾鳍，阿兰达鱼类并不具有成对的偶鳍或不成对的奇鳍。尾鳍由一个中等大小的扇形网组成，上覆盖细小的鳞片，且向背面和腹面扩展形成上叶和下叶，中间形成一个细长的轴突，可能为包含脊索的中叶（图5–9d）。

身体被以狭长的鳞片，几个属之间稍有不同，是分类的主要依据之一。阿兰达鱼的鳞片与异甲鱼类相似，呈细长的杆状，边缘具细小的锯齿（图5–10a），鳞片在身体的每侧呈“V”形排列，与缺甲鱼类的排列方式非常相似。孔甲鱼的鳞片呈多孔的盾形纹饰（图5–10b），萨卡班坝鱼头甲具紧密排列的水滴状或橡树叶状纹饰（图5–10c）（Janvier, 1996）。

5.3.2 组织学特征

目前对有关阿兰达鱼类的外骨骼的组织学结构仍知之甚少。萨卡班坝鱼外骨骼与异甲鱼类的结构类似，分为三层，最表层的瘤突由似釉质和齿质构成，中部松质层（cancellous bone）呈蜂窝状，具丰富脉管，最底部为板状层（laminar bone）（图5–10d）（Sansom et al., 2005）。从水平截面观察时，中间的松质层与异甲鱼类一样呈蜂窝状构造。在最初的描述中，在松质层和板状层的壁偶尔发现微小的骨细胞腔隙，推测松质层和板状层为细胞骨。最近理奇鱼的外骨骼组织学研究确认了这一推测，并在理奇鱼的外骨骼表层瘤突中还观察到以前未直接观察到的齿质，齿质也罕有大量的骨细胞（图5–6b）。

5.4 星甲鱼亚纲

星甲鱼亚纲（Astraspida）包括星甲鱼（*Astraspis*）、坚甲鱼（*Pycnaspis*）和显褶鱼（*Eriptychius*）。显褶鱼的材料十分有限，其能否归到星甲鱼亚纲，仍需更多化石材料予以确认。Ørvig（1989）认为该属的组织学与异甲鱼类的更相似，可能属于异甲鱼类，然而，归到该属的一块孤立的鳃片显示其上具有凹槽，这表明它很可能与星甲鱼一样具有独立的外鳃孔（图5–10d）。星甲鱼的材料较好，有两件标本保存了部分头甲和身体，因此有关星甲鱼亚纲的形态讨论与复原均依据这两件标本（图5–11a, b）。

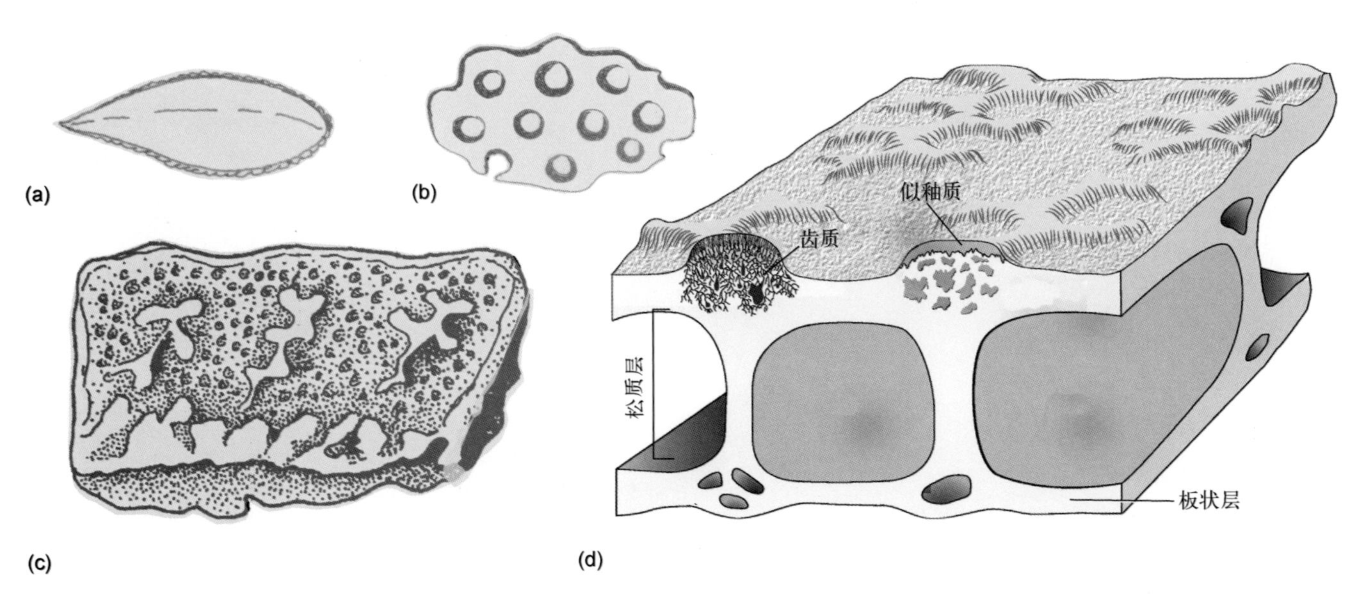

图5–10 阿兰达鱼类外骨骼瘤突与组织学 a. 阿兰达鱼；b. 孔甲鱼（a、b. 赵日东据Janvier 1996重绘）；c. 萨卡班坝鱼的橡树叶状瘤突（Young, 1997）；d. 萨卡班坝鱼的外骨骼组织结构（Sansom et al., 2005）。

5.4.1 形态特征

中等大小的无颌类，全身长度不超过20 cm。星甲鱼的头甲由一块较扁平的背甲和一块向下凸出的腹甲组成。背甲和腹甲由许多松散接触的多边单元或镶嵌片组成，每块多边单元大体呈星形，这也是其名字"星甲鱼"的由来。与阿兰达鱼类一样，头甲侧面由一系列鳃片排列组成，至少分隔出8个水平排列的外鳃孔 (图5–11c)。与阿兰达鱼类不同的是，星甲鱼类的鳃孔相对较大和独立，且没有骨片覆盖。背甲表面具5条标志性纵长的脊 (图5–11b)。侧线除了保存了不完整的眶上管以外，其他的更难完整追踪，但可以明确的是，它们通过了一些镶嵌片的中心。

星甲鱼有两个较大的眼位于头甲的两侧，与阿兰达鱼类位于头甲前端的眼明显区分。眼周围有一圈骨片装甲保护，上面饰有瘤状纹饰和感觉管，可能为围眶骨。

头甲包裹着部分身体，大体延伸到身体中部结束，此后星甲鱼的身体被鳞片呈网状覆盖。星甲鱼的鳞片较大，呈菱形，具有瘤状纹饰 (图5–11c)。这种类型的鳞列虽然能够起到很好的保护作用，但不具备特别的流体动力学功能，因此星甲鱼的生活方式可能是典型的底栖生活 (Turner et al., 2004)。

星甲鱼的尾巴从现有化石材料很难判断，尾鳍形状仍然未知，也没有任何其他中间奇鳍和成对偶鳍的证据，可能是由一个单一的垂直方向尾叶组成，能够左右摆动，推动身体前行 (图5–11a)。星甲鱼身体缺少其他任何类型的鳍，说明它是一个笨拙的游泳者。

除推测其可能拥有至少8个鳃囊或鳃单元以外，目前对星甲鱼类的内部解剖几乎一无所知。在一块被认为是显褶鱼标本中，Denison (1967) 描述了其口部具有一块大的球状钙化软骨，里面包含许多血管。通常情况下，除了在表面，软骨一般很少或从不维管化。因此，这种与其他内骨骼已知的现生或化石脊椎动物所遇到的情况相当不同。另一种可能性是这些血管主要还是在表面，可能代表了许多早期脊椎动物中常见的外骨骼和内骨骼之间的皮下脉管丛。

5.4.2 组织学特征

哈丁砂岩中无颌类的硬组织保存较好，因此星甲鱼类的组织学特征相对清楚 (Ørvig, 1989)。星甲鱼的头

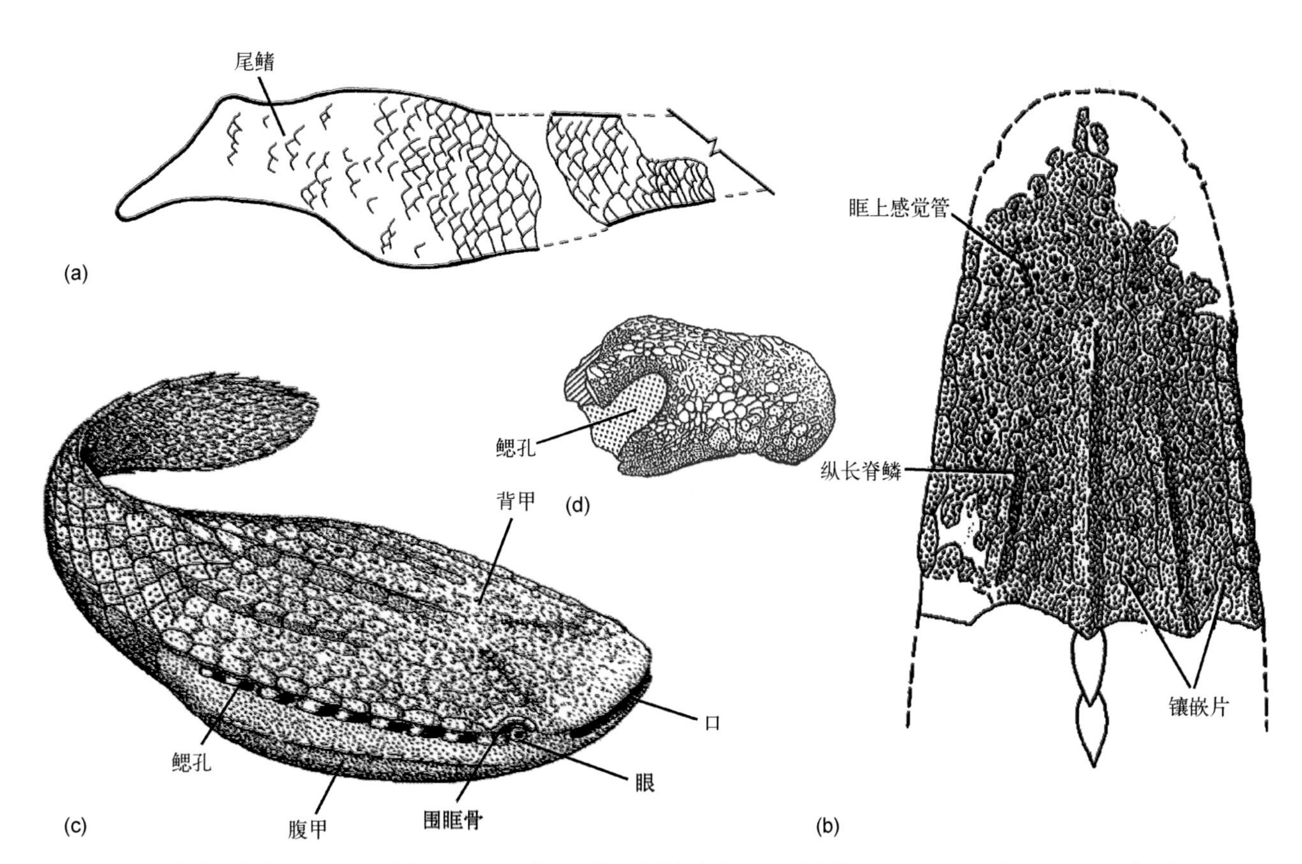

图5–11 星甲鱼类形态特征 a–c. 星甲鱼属。a. 一保存尾部的不完整标本（PF 5733）素描图（Lehtola, 1983）；b. 一近于完整保存的头甲标本素描图（Halstead, 1973）；c. 复原图前侧视（Elliott 1987）；d. 显褶鱼属，一不完整的独立鳃片，示鳃孔（Ørvig, 1989）。

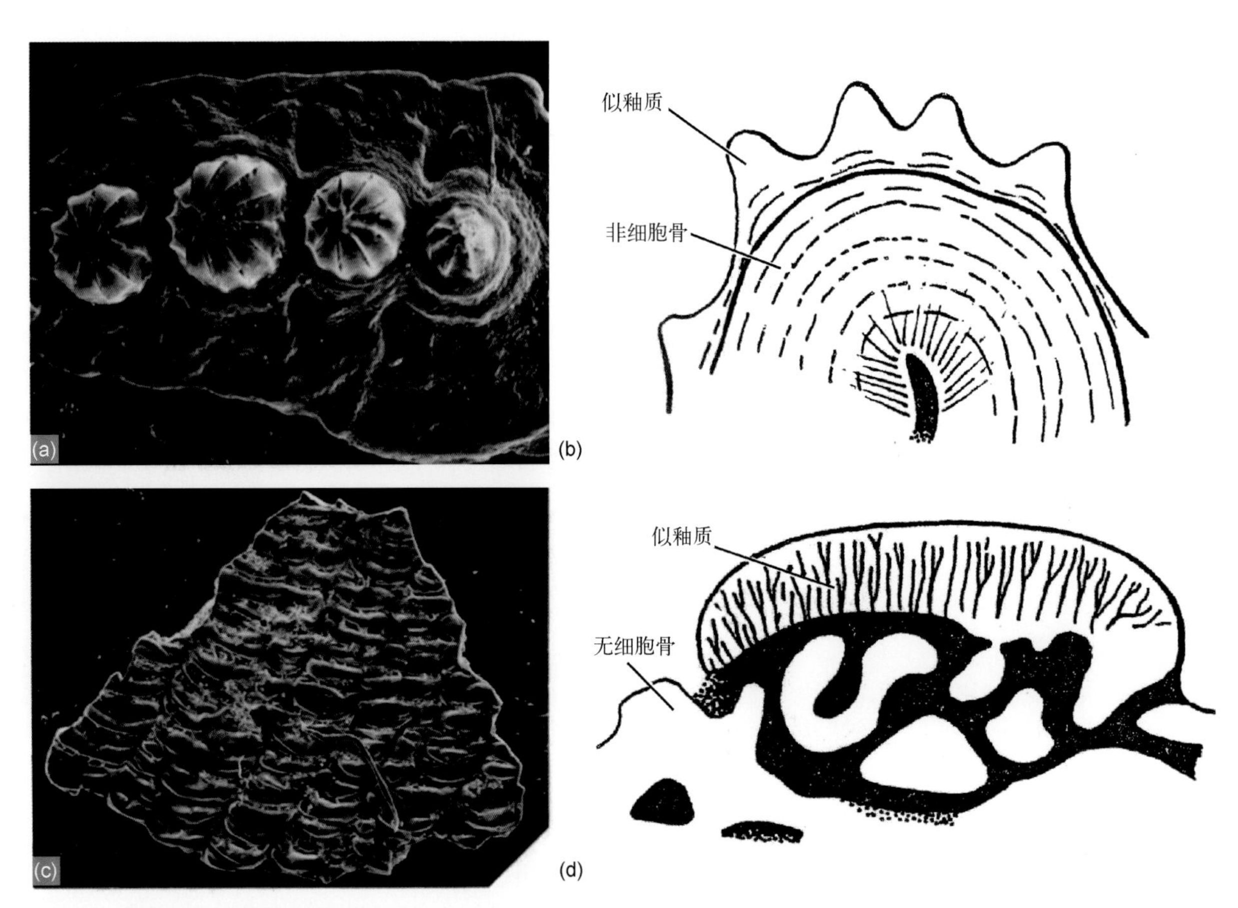

图5–12 星甲鱼类外骨骼瘤突与组织学特征 a，b. 星甲鱼属。a. 外骨骼纹饰；b. 外骨骼组织学切片示意图；c，d. 显褶鱼属。c. 外骨骼纹饰；d. 外骨骼组织学切片示意图。（a、c引自Darby, 1982; b、d引自Janvier, 1996）

甲有很多镶嵌片组合而成，每个镶嵌片成分为海绵状无细胞骨，表面中央具有一个大的瘤点，周围围绕有很多小的瘤点。瘤状纹饰显示出再生和替换的痕迹，旧的瘤状纹饰逐渐被新生的覆盖，并逐渐坏死。每个瘤状纹饰具有一层厚厚的非晶体似釉质层，直接覆盖于海绵状无细胞骨上 (图5–12a)。坚甲鱼中，在似釉质层和海绵状无细胞骨之间还存在一层类似中齿质组织的介入层 (图5–4)。显褶鱼中，这些齿质组织连同细长的分支小管占据瘤状纹饰的大部分空间 (图5–12b)。星甲鱼类的无细胞骨与异甲鱼类的较相似，但异甲鱼类的无细胞骨更厚，具致密的纤维束，且有点类似齿质。由于星甲鱼类的无细胞骨与异甲鱼类的有所不同，Halstead (1987b) 提出了“星甲质 (astraspidine) ”概念，用来描述星甲鱼类的组织学。

5.5 系统分类

奥陶纪的无颌类大约只有10个种被描述，其中只有星甲鱼、阿兰达鱼和萨卡班坝鱼具有相对完整的头甲保存。后两者形态比较相似，又均发现于古冈瓦纳大陆，可能有着比较近的亲缘关系，被归到了阿兰达鱼亚纲。星甲鱼与显褶鱼主要发现于劳伦大陆 (北美地区)，它们的组织学相似，暂被归入星甲鱼亚纲。奥陶纪无颌类头甲形态特征与组织学特征上与异甲鱼类有很多相似的地方，比如头甲都有背甲和腹甲组成，头甲均是有无细胞骨组成。因此，目前大多数观点认为，阿兰达鱼亚纲、星甲鱼亚纲与异甲鱼亚纲 (Heterostraci) 关系比较近，可能形成一个单系类群——鳍甲鱼形动物 (Pteraspidomorphi) (Blieck, 2011) (图5–13)。因奥陶纪无颌类化石可用于系统发育分析的内部解剖信息非常少，鳍甲鱼形动物的系统位置与内部的系统发育关系十分不稳定，存在较大争议。早期的观点认为鳍甲鱼形动物无细胞骨比较原始，可能代表最原始甲胄鱼类 (Janvier, 1996; Donoghue, 2000)，但最近系统发育分析表明，没有外骨骼甲片的莫氏鱼及其所在的缺甲鱼亚纲可能代表最原始的甲胄鱼类，鳍甲鱼形动物可能与更进步的盔甲鱼亚纲、骨甲鱼亚纲和有颌类组成单系类群有着更近的亲缘关系 (Sansom et al., 2010)。

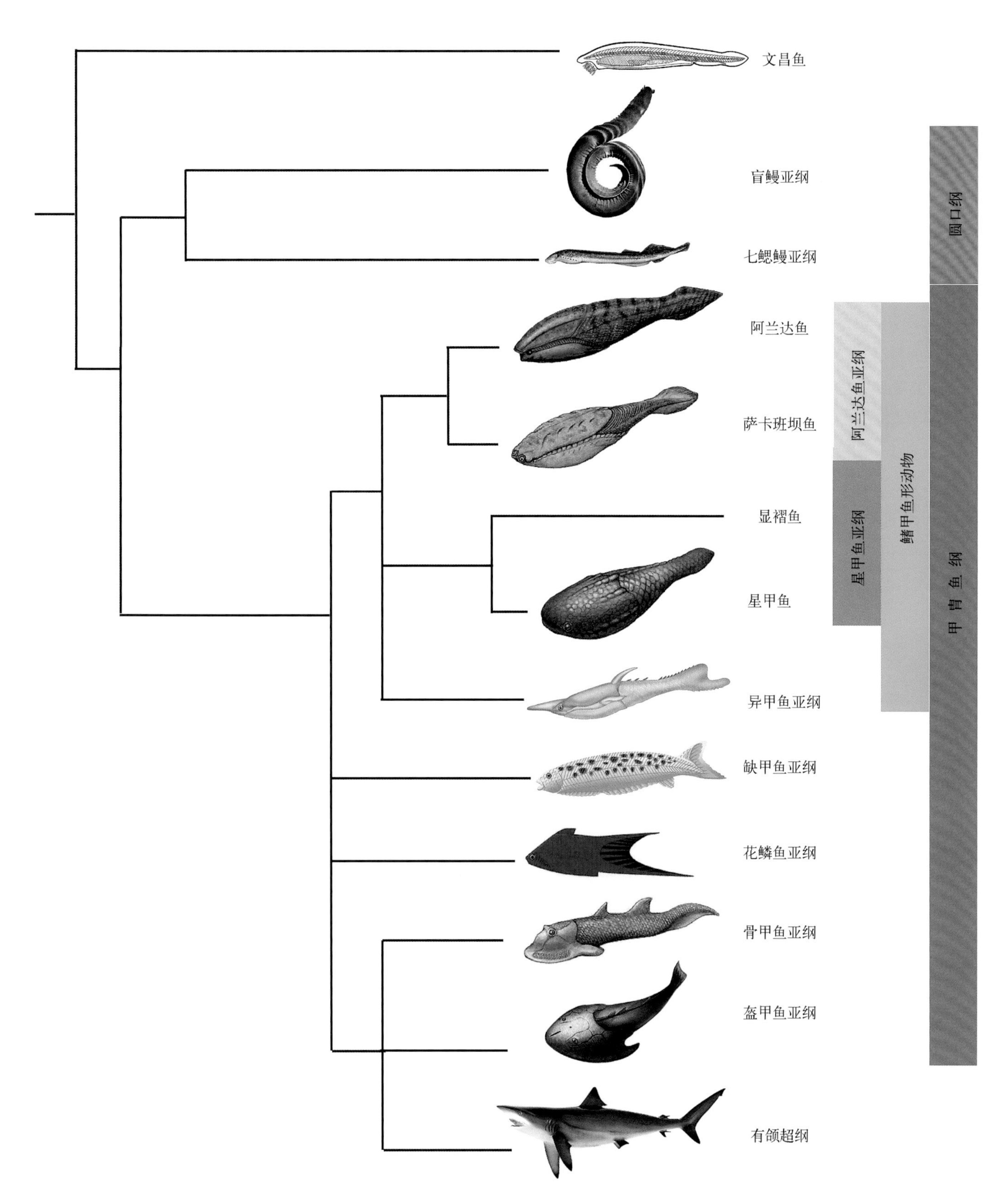

图5-13　奥陶纪无颌类的系统分类位置

5.6 生活方式

阿兰达鱼类和星甲鱼类似乎喜欢近岸浅海环境 (Denison, 1967; Blieck, Turner, 2003; Davies, Sansom, 2009) 。Halstead (1969) 认为星甲鱼类完全是一种底栖生活者。作为能力不强的游泳者，这类鱼可能生活在接近浅海底部的平静水域，靠从淤泥和水中滤食碎屑及其他有机物为生 (Darby, 1982; Gagnier, Blieck, 1992) (图5–14) 。阿兰达鱼类和星甲鱼类头部包裹着厚重的外骨骼，增加了身体的重量和游泳阻力，付出较大的水动力学代价。因此，磷灰石的外骨骼头甲一定具有某种非常重要的优点来平衡这些缺点。从我们人类的牙齿可以了解到，齿质能够感知周边的环境。磷灰石这种骨骼和牙齿最常见矿物成分同时具有介电性能，使得外骨骼头甲不仅可以探测到来自附近生物的放电，也可探测到这些生物位置。侧线系统在大多数无颌类里都非常发育，因此早期的无颌类可能又通过侧线系统来增强磷灰石外骨骼对周边环境的探测。

5.7 地史分布

奥陶纪无颌类的地理分布具有浓烈的区域性色彩，可以区分出两个明显的古动物地理区系：冈瓦纳区系和劳伦–波罗的海–西伯利亚区系 (Blieck, Turner, 2003; Zigaite, Blieck, 2013) 。

在奥陶纪，南部大陆聚集在一起形成一个单一的大陆，被称作冈瓦纳超级大陆 (Gondwana) (图5–15) 。冈瓦纳超级大陆起源于赤道附近地区，随着时间的推移，逐渐向南极漂去。阿兰达鱼亚纲在奥陶纪冈瓦纳超级大陆分布十分广泛，主要发现于冈瓦纳超级大陆的边缘，主要包括澳大利亚中部阿玛迪斯盆地发现的锯鳞阿兰达鱼 (*Arandaspis prionotolepis*) 、钝锯孔鳞鱼 (*Porophoraspis crenulat*) ，澳大利亚沃伯顿盆地 (Warburton basin) 阿兰达鱼待定种 (*Arandaspis* sp.) ，西澳大利亚州坎宁盆地发现的尼贝理奇鱼 (*Ritchieichthys nibili*)；澳大利亚号角谷砂岩发现的萨卡班坝鱼待定种 (*Sacabambaspis* sp.) ，南美阿根廷和玻利维亚发现的让维埃萨卡班坝

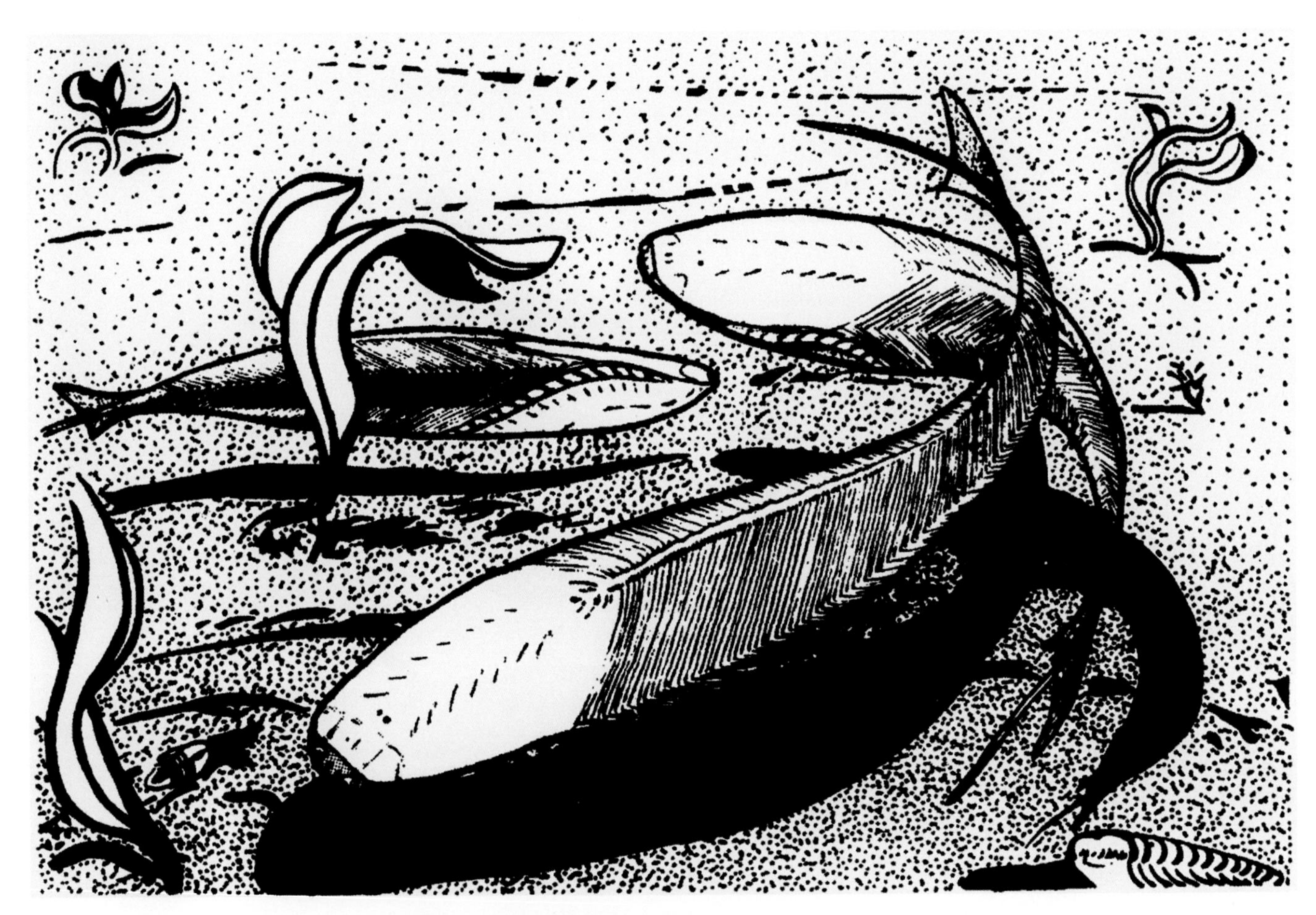

图5–14 阿兰达鱼类生活方式复原 (Gagnier, Blieck, 1992)

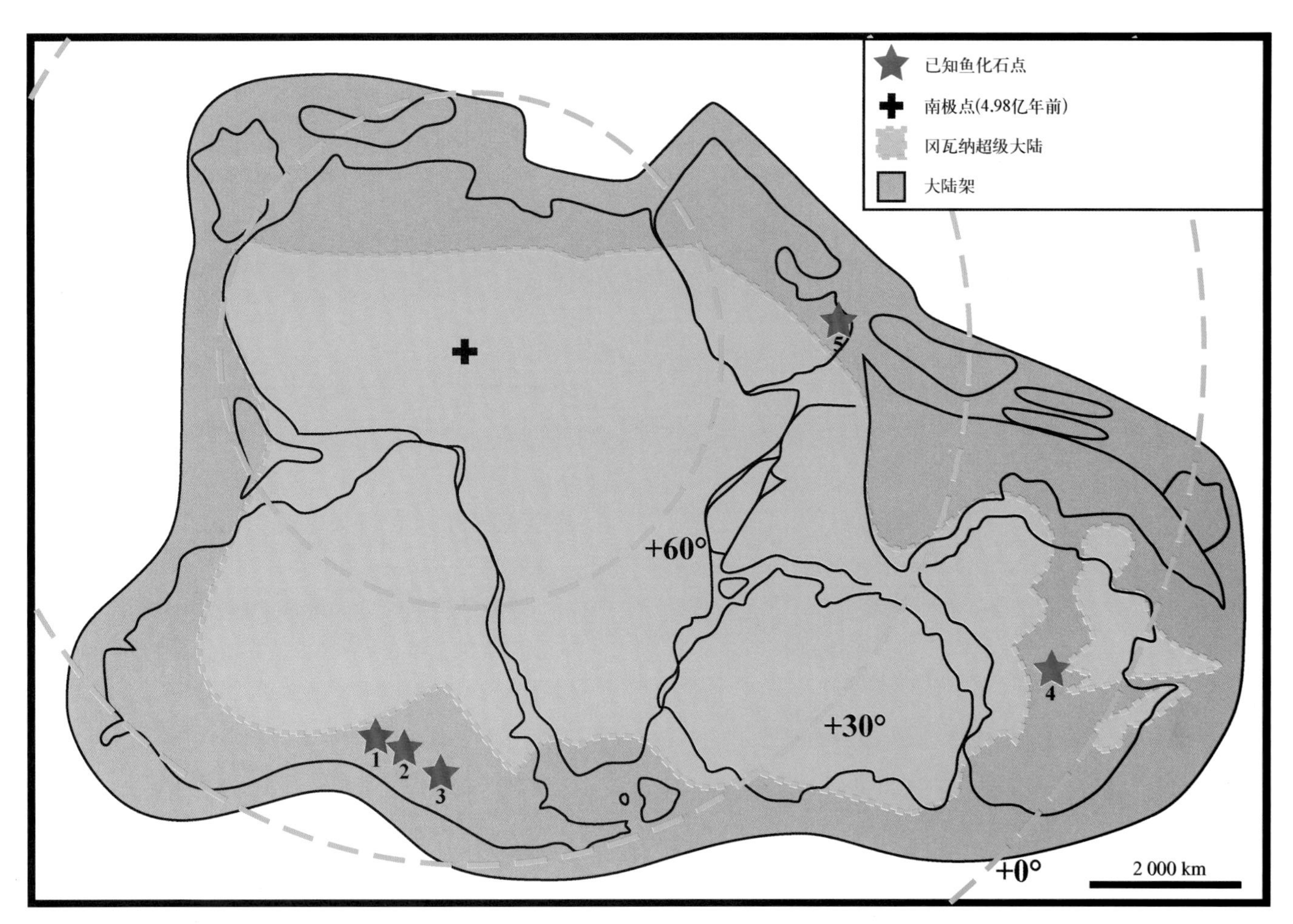

图5-15 奥陶纪阿兰达鱼类化石点在冈瓦纳超级大陆边缘的古地理分布 1. 玻利维亚Anzaldo组; 2. 阿根廷Sepulturas组; 3. 阿根廷Trapiche群; 4. 澳大利亚Larapinta群; 5. 阿曼Amdeh组。(史爱娟据Sansom et al., 2009绘)

鱼(*Sacabambaspis janvieri*)、苏吻安迪纳鱼(*Andinaspis suarezorum*),阿拉伯半岛阿曼发现的萨卡班坝鱼待定种(*Sacabambaspis* sp.)(图5-15)。由此可以看出,阿兰达鱼类是冈瓦纳古大陆边缘浅海生物群的优势物种,其分布时限从在早奥陶世弗洛期一直延续到晚奥陶世的凯迪期。因此,对冈瓦纳超级大陆的重建有助于探索发现南美洲的新的化石地点。

劳伦大陆(Laurentia,现今北美地区),西伯利亚大陆(Siberia,现今西伯利亚地区)和波罗的海大陆(Baltica,现今北欧地区)在奥陶纪仍然是相互独立的大陆,后来波罗的海大陆开始朝着劳伦大陆运动,引起它们之间的巨神海开始收缩。在北美(劳伦大陆)和西伯利亚(西伯利亚大陆)晚奥陶世地层发现的主要为星甲鱼类的成员包括美国、加拿大发现的希望星甲鱼(*Astraspis desiderata*)、美洲显褶鱼(*Eriptychius americanus*),奥维格显褶鱼(*Eriptychius orvigi*)。另外,有一些来自西伯利亚志留纪早期的化石记录,但这些仍然需要从组织学上证实。

5.8 系统古生物学

脊索动物门 Chordata Bateson, 1885

脊椎动物亚门 Vertebrata Cuvier, 1812

无颌超纲 Agnatha Cope, 1889

甲胄鱼纲 Ostracodermi Agassiz, 1844

阿兰达鱼亚纲 Arandaspida Janvier, 1996

阿兰达鱼目 Arandaspidiformes Ritchie et Gilbert-Tomlinson, 1977

阿兰达鱼科 Arandaspididae Ritchie et Gilbert-Tomlinson, 1977

阿兰达鱼属 *Arandaspis* Ritchie and Gilbert-Tomlinson, 1977

模式种 锯鳞阿兰达鱼 *Arandaspis prionotolepis* Ritchie et Gilbert-Tomlinson, 1977 (图5-16, 5-17)。

词源 属名取自澳大利亚中部土著居民阿兰达人,

种本名取自希腊语*prionotos-*，意为锯齿状，*lepis*意为鳞片。

特征 中等大小的无颌类，体长12～14 cm；头甲由背甲和腹甲组成，腹甲较深，向下圆弧状凸出，背甲较平，具有纵长的中脊；头甲侧面有一系列菱形鳃片，鳃片之间原始的鳃孔的并不可见，很可能通过后面的总鳃孔通向外界；口孔端位或下端位，近圆形；眶孔、松果孔、鼻孔尚不清楚；纹饰变化较大，从扁平冠状多边形瘤点到狭长的纺锤状瘤点和脊；身体和鳍的位置、数目尚不清楚。

产地与时代 澳大利亚中部阿玛迪斯盆地楼梯砂岩；中奥陶世晚期。

萨卡班坝鱼属 *Sacabambaspis* Gagnier, Blieck et Rodrigo, 1986

模式种 让维埃萨卡班坝鱼 *Sacabambaspis janvieri* Gagnier, Blieck et Rodrigo, 1986 (图5–18, 5–19)。

词源 属名取自化石产地附近的萨卡班坝镇；种本名取自将标本送给法国自然历史博物馆的P. Janvier。

特征 中等大小的无颌类，体长约25 cm；头甲由背甲和腹甲组成，背甲中线轻微隆起形成中脊，而腹甲向下凸起，呈深碗状。头甲纹饰由橡树叶状或水滴状瘤点组成，头甲侧线系统较发育，呈沟状，较宽，但很浅；头甲两侧有一系列菱形鳃片覆盖鳃区。眼和鼻孔位于头甲端位，可能有内骨骼包围；向后背甲被一对彼此离得很近的小孔洞穿，很可能是松果孔和副松果孔。头甲后面的身体覆盖带状鳞片；尾鳍由较大的上叶、下叶以及中间包含脊索的中叶组成。

产地与时代 南美玻利维亚中部、澳大利亚、阿根廷和阿曼的阿拉伯半岛；晚奥陶世早期。

星甲鱼亚纲 Astraspida Berg, 1940

星甲鱼目 Astraspidiformes Berg, 1940

星甲鱼科 Astraspididae Eastman, 1917

星甲鱼属 *Astraspis* Walcott, 1892

模式种 希望星甲鱼 *Astraspis desiderata* Walcott, 1892 (图5–20, 5–21)。

词源 属名来自拉丁词*astralis*，意为星状的，*aspis*意为盾甲，头甲纹饰呈星状；种本名取自拉丁词*desiderata*,

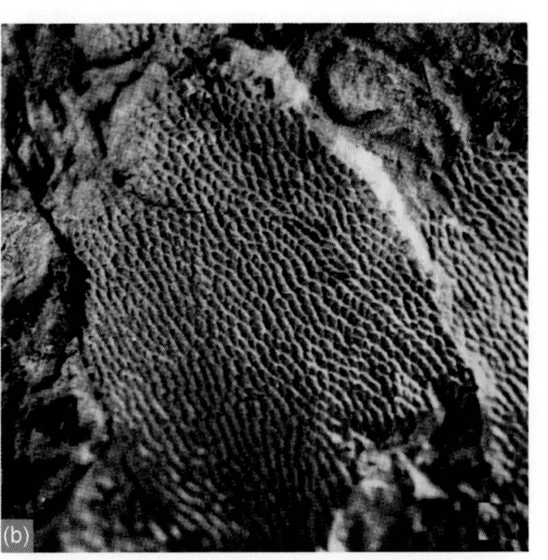

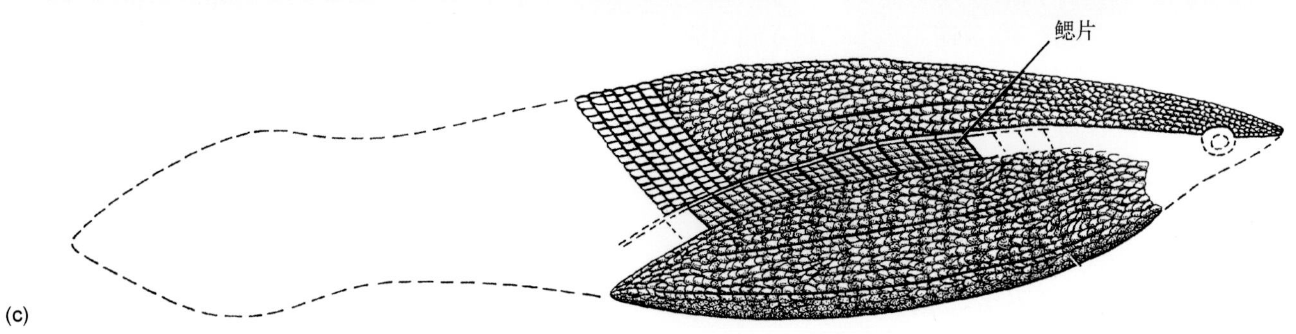

图5–16 锯鳞阿兰达鱼 a. 一较完整腹甲印痕；b. 腹甲纹饰印痕的局部放大(Long, 2011)；c. 整体复原(Gagnier, 1995)。

图5–17　锯鳞阿兰达鱼生态复原图　(B. Choo绘)

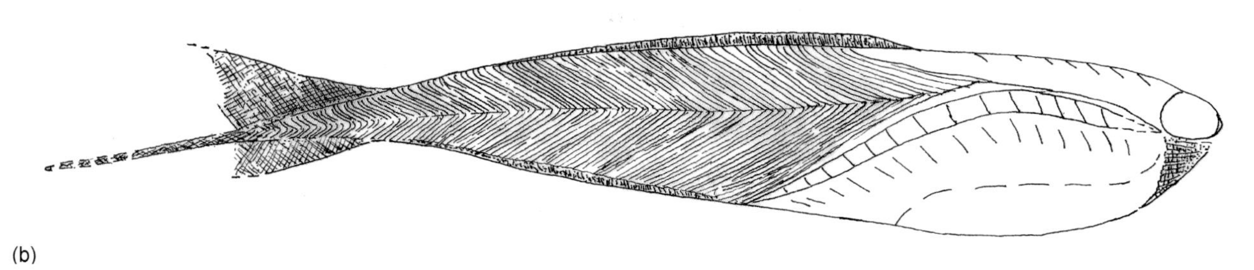

图5–18　让维埃萨卡班坝鱼　a. 一近于完整鱼的模型(Long, 2011)；整体复原(赵日东据Janvier, 1996重绘)。

图5-19　让维埃萨卡班坝鱼生态复原图　（N. Tamura绘）

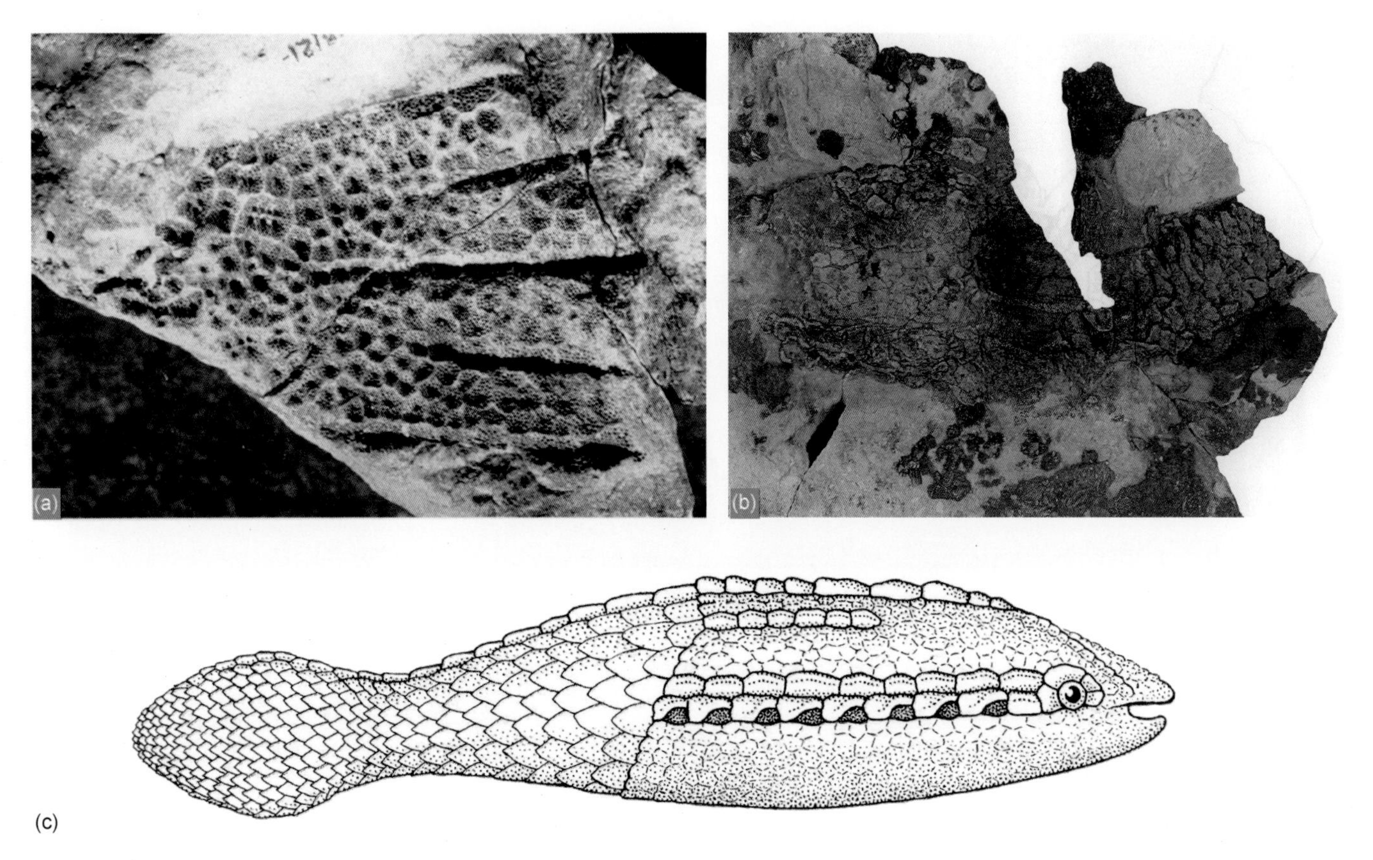

图5-20　希望星甲鱼　a. 一近于完整的头甲，背视（Bryant, 1936）；b. 一带身体保存的不完整鱼，背视（Sansom et al., 1997）；c. 整体复原（Kardong, 2015）。

希望的意思。

特征 整个头甲由一块较平坦的背甲和一块下凸的腹甲组成，背甲有许多规则多边形镶嵌片愈合而成，而腹甲镶嵌片形状不规则；眶孔周围有一圈围眶骨片；头甲侧面有8个鳃孔，呈一条线状向后倾斜排列。具8个鳃囊，两条背感觉沟；松果区封闭，未见松果孔；尾部鳞片较大，加厚，呈菱形；头甲纹饰由星状、光滑、从圆形到椭圆形的单元组成；具有似釉质，小管齿质和无细胞骨。

产地与时代 北美科罗拉多、蒙吕拿地区、亚利桑那州、俄克拉荷马州、加拿大魁北克、俄罗斯北部、西伯利亚、图瓦；晚奥陶世早期。

图5–21 希望星甲鱼生态复原图 （N. Tamura绘）

泥盆纪甲胄鱼类生态复原图 （李荣山绘）

6 甲胄鱼类的辐射

6.1 概述

甲胄鱼类虽然可能在寒武纪晚期就已经出现，但一直到奥陶纪末期，这些当时最有前途的脊椎动物却并未得到发展，整个奥陶纪的海洋仍然是无脊椎动物的天下。到了奥陶纪末期，由于赫南特大冰期的影响，地球生物圈经历了寒武纪大爆发以来的第一次生物大灭绝，导致了无脊椎动物的大量灭绝，古生代海洋出现了广阔的生态空位。熬过了大冰期的甲胄鱼类终于在志留—泥盆纪时期迎来辐射式发展，演化出以下几大类群：异甲鱼亚纲 (Heterostraci)、缺甲鱼亚纲 (Anaspida)、花鳞鱼亚纲 (Thelodonti)、茄甲鱼亚纲 (Pituriaspida)、骨甲鱼亚纲 (Osteostraci) 及盔甲鱼亚纲 (Galeaspida)，开始进入全盛的甲胄鱼类时代。这些“戴盔披甲”的鱼类体型大小不一，小的体长几厘米，大的几十厘米。外表形态差异也很大，如异甲鱼类身体呈纺锤形，口周围有扇形排列的口片，或许可以用来刮取食物；骨甲鱼类头甲呈马蹄形，有成对胸鳍，头甲上具特殊的侧区，可能用于容纳发电器官或与侧线相连的感觉器官；花鳞鱼类的身体扁平，全身披有细小的鳞片，看起来与现代鲨鱼非常相似；缺甲鱼类身体细长侧扁，是甲胄鱼类中少数几个没有较大头甲骨片的类群之一，一些属种甚至全身裸露，无鳞片覆盖，可能与现代七鳃鳗有较近的亲缘关系 (图6–1)。生活方式多种多样，多数种类在海底营底栖生活，靠滤食海底有机物为生，而一些异甲鱼类游泳能力

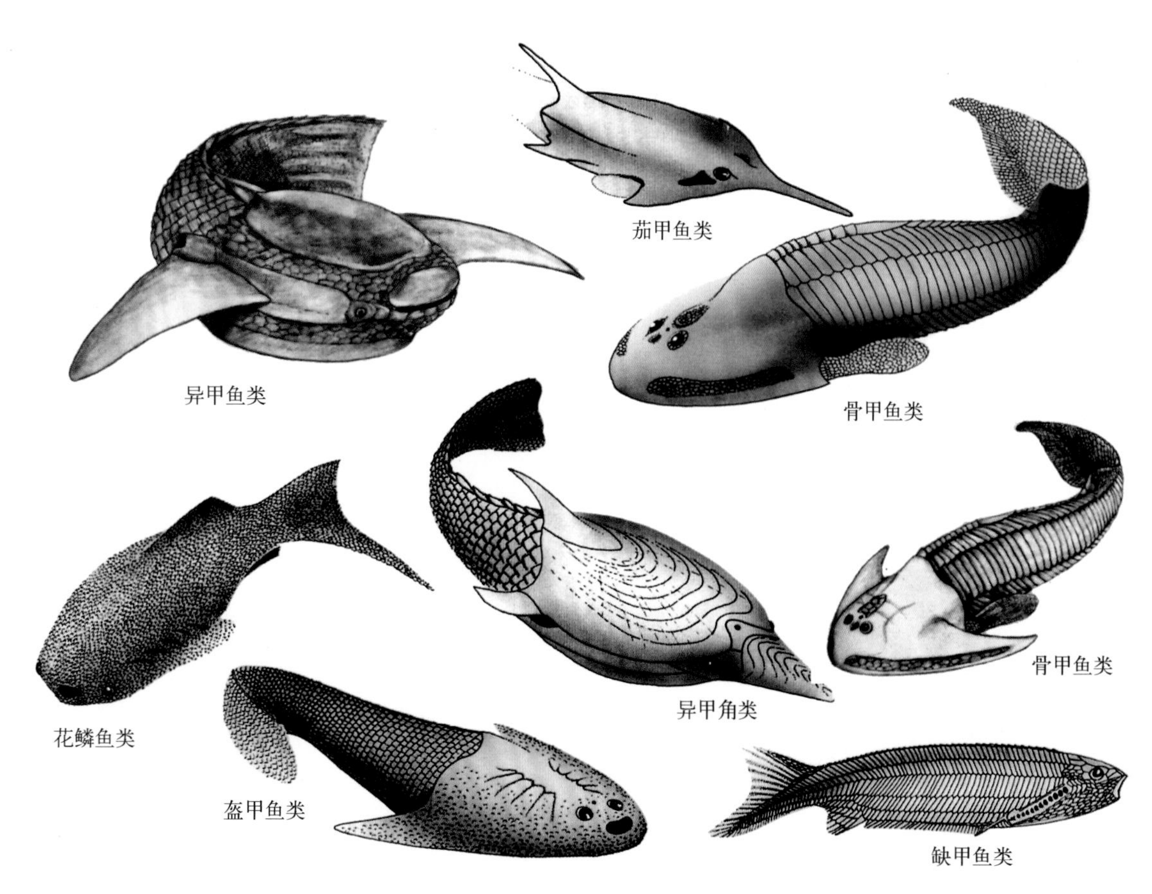

图6–1　甲胄鱼类的主要类群

比较强，能在水层表面取食。

这时期甲胄鱼类的物种多样性比奥陶纪有了爆发式增长，如异甲鱼类辐射发展出300多种，骨甲鱼类200多种，盔甲鱼类也有近100种，在早泥盆世甚至一度占脊椎动物物种数的大多数（图6–2）。分布范围也比奥陶纪时大大扩展，其中花鳞鱼类的鳞片全球广泛分布，是鉴定地层年代的好材料，可用作地层对比；异甲鱼类和骨甲鱼类经常一起保存，主要分布于北半球，见于欧洲、北美及西伯利亚地区（图6–3）；缺甲鱼类主要分布于欧洲和北美的晚志留世和早泥盆世地层；南半球的甲胄鱼类只有在澳大利亚发现的茄甲鱼类，属种较少（图6–3）；盔甲鱼类主要发现于中国南方、西北地区和越南北部，是土著色彩非常浓厚的一个类群。

甲胄鱼类在经过志留纪晚期和泥盆纪早期的繁盛后，从泥盆纪中期开始衰落，到泥盆纪末期便全部灭绝（图6–2）。甲胄鱼类的灭绝与有颌脊椎动物盾皮鱼类、软骨鱼类和硬骨鱼类的兴起有很大关系。甲胄鱼类由于缺少颌这一有力器官，在取食上过度依赖鳃囊滤食，因此这类动物有很宽大的头部，其大部分为鳃腔所占据，造成头大尾小的不相称体形（Romer, Parsons, 1977；周明镇等，1979）。在防御上借助于笨重的甲胄，只能被动防守。志留纪甲胄鱼类之所以能在物种多样性和物种数量上发展成优势物种，主要由于早期有颌类还非常稀少。有颌类虽然在志留纪早期就已出现，但在志留纪晚期和早泥盆世早期的有颌类，主要是小型的盾皮鱼类和棘鱼类（图6–4），而硬骨鱼类分布范围局限，它们不能对这些戴盔披甲的甲胄鱼类造成明显威胁。当时海洋中的最大威胁可能主要来自一些大型无脊椎动物，板足鲎是当时海洋无脊椎动物中最大、最凶猛的食肉动物，体长可达2 m（图

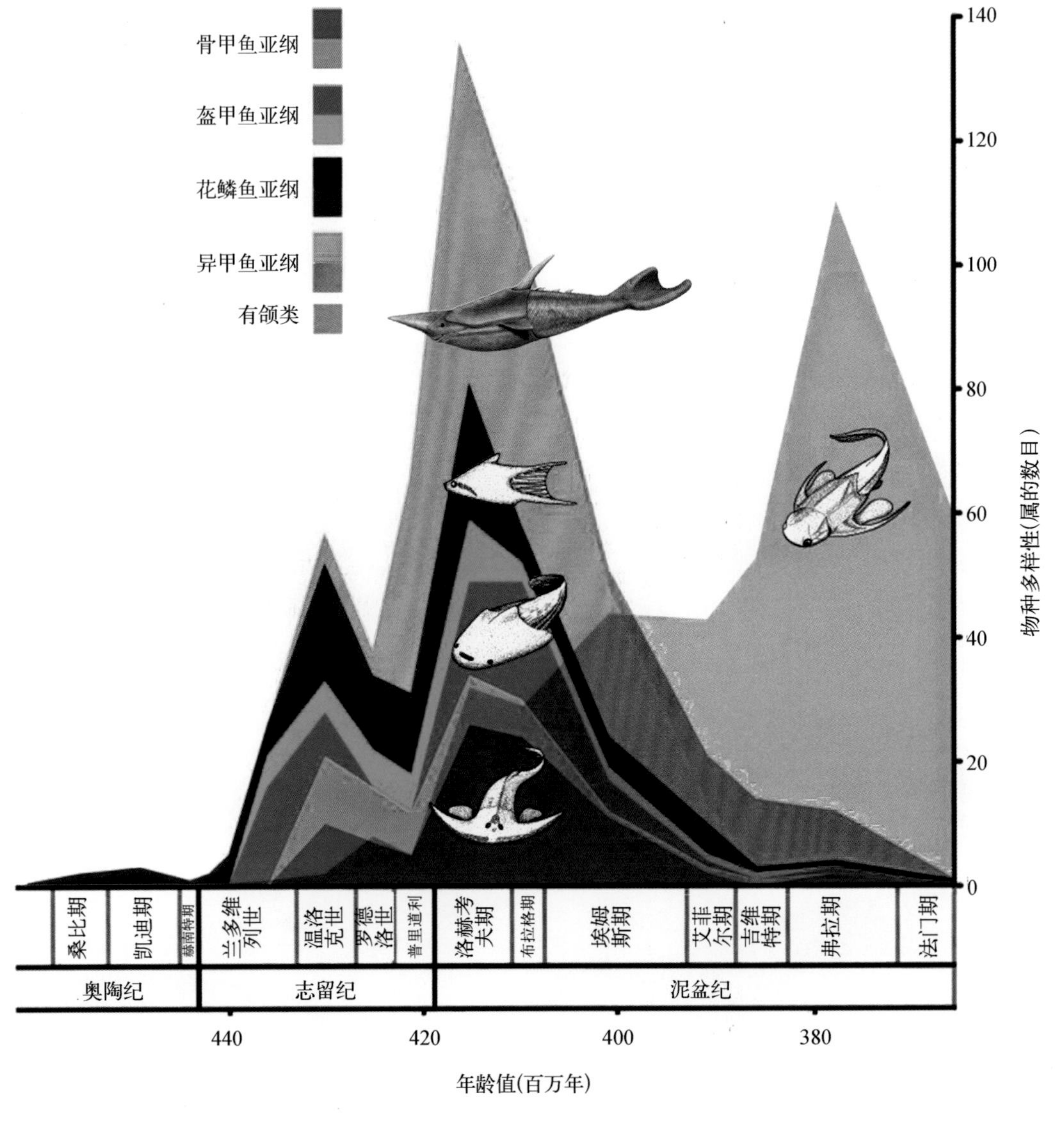

图6–2　地史时期甲胄鱼类物种多样性演变（Sansom et al., 2015）

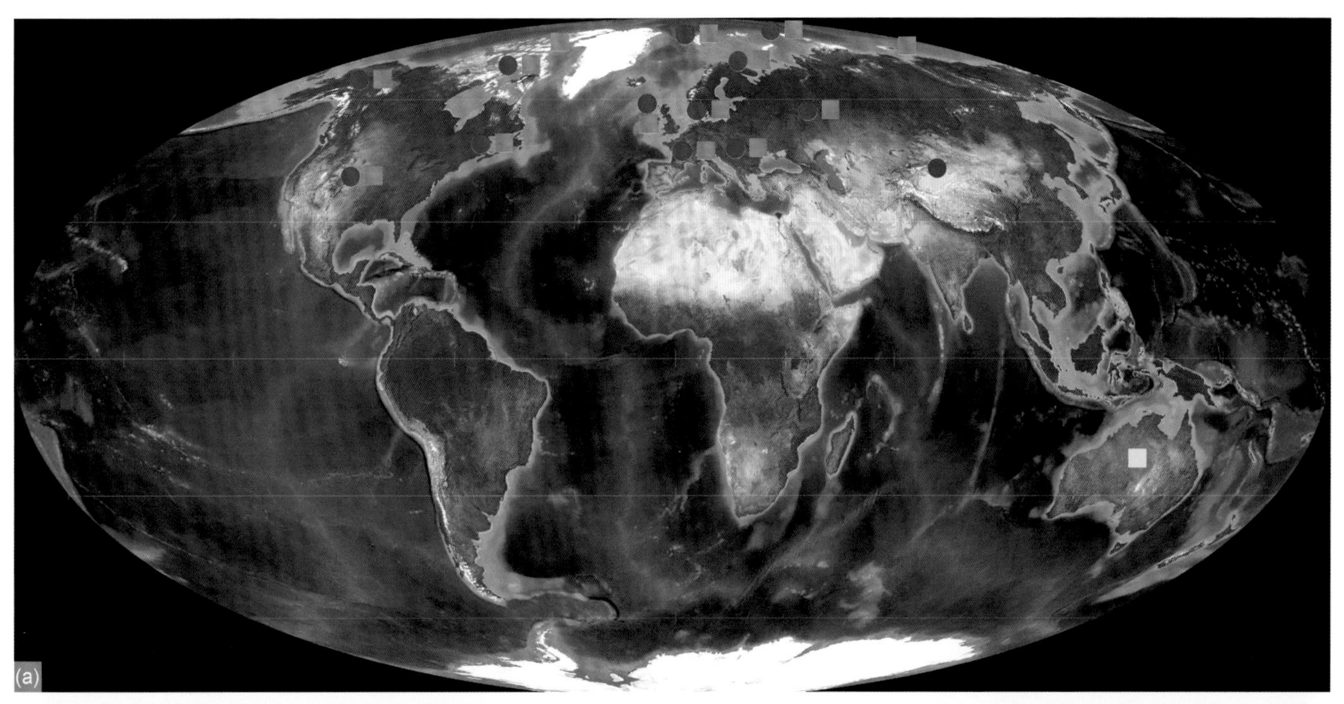

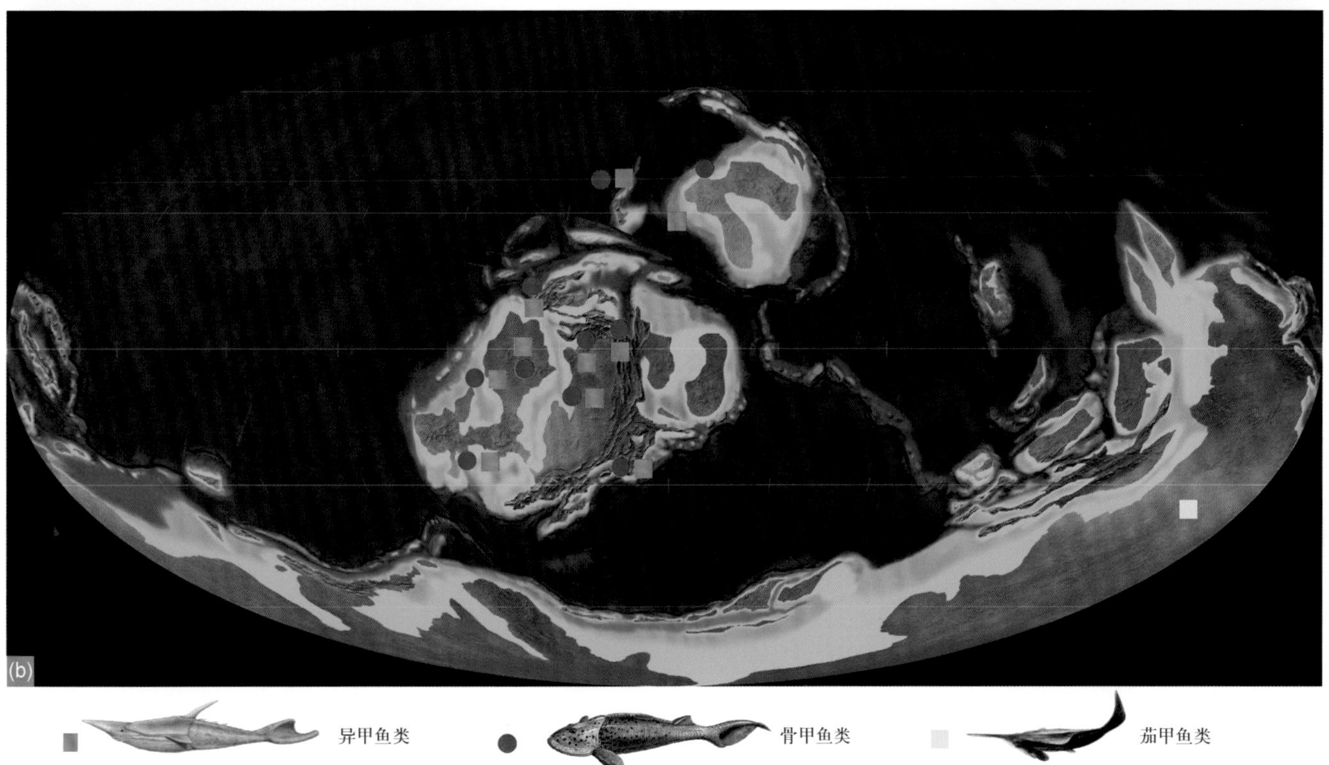

图6–3 泥盆纪甲胄鱼类主要化石点（a）与古地理分布（b）（据Janvier, 1996）（古地理图由Colorado Plateau Geosystems Inc.授权使用，授权号60317）

6–4)，而无颌类在与奥陶纪头足类、志留纪板足鲎类长期“军备竞赛”中发展出的笨重甲胄，能够很好抵御它们的捕食，因此甲胄鱼类在志留纪晚期和泥盆纪早期，发展成为适应于各种水生生态环境和具有各种生活习性的几大类群，可谓取得空前成功 (图6–4)。

泥盆纪中期以后情况发生了很大变化，从中泥盆世开始，浅海开始入侵到世界各大洲，随之而来的是海洋生物及各大有颌类鱼群的空前繁盛，许多有颌类类群在物种多样性上均已达到顶峰，这一时期的有颌类盾皮鱼类不但发展出像邓氏鱼、粒骨鱼这样巨大的凶猛肉食者，同时更进步的鱼类如软骨鱼类、软骨硬鳞鱼类、肉鳍鱼类，甚至四足形动物等均已得到很大发展 (图6–5) (Janvier,

图6–4　志留纪古海洋生态复原图　1.翼肢鲎(*Puterigotusu*); 2. 雷蝎(*Brontoscorpio*); 3. 混足鲎(*Mixopterus*); 4. 裂肋虫*Arctinurus*; 5.半环鱼(*Hemicyclaspis*); 6. 莫氏鱼 (*Jamoytius*); 7. 脉鳞鱼(*Phlebolepis*); 8. 栅棘鱼(*Climatius*); 9.安氏鱼(*Andreolepis*); 10. 核果海林擒(*Caryocrinites*); 11. 鱼鳞海百合(*Ichthyocrinus*); 12.顶囊蕨(*Cooksonia*)。(M. Hattri绘)

1996)。这些有颌类大多具有符合流体力学的纺锤状体形，覆瓦状的鳞片取代大块的甲片，既有防御效果，又排除了限制身体活动的弊端。以上这些构造方面的进步发展，标志着有颌类在活动能力和适应能力方面已达到很高水平 (周明镇等，1979)，甲胄鱼类与之相比，相形见绌，处于明显的劣势，因此不同体型甲胄鱼类所占据的生态位不断被相似体型的有颌类所接管，如东波罗的海地区的扁平叶鳞鱼目盾皮鱼类就直接出现在扁平的沙甲鱼科无颌类灭绝之后；异甲鱼类很可能被另一类有装甲保护的早期盾皮鱼所打败，因为盾皮鱼不仅能更好防御捕食者，而且可能游得更快；而底栖滤食碎屑有机物的无颌类则很可能被新型底栖盾皮鱼类如胴甲鱼类 (Antiarchs) 彻底击垮 (Long, 2011)。

到晚泥盆世开始时，甲胄鱼类的许多科大部分均已灭绝，只有屈指可数的属种幸存到法门期，包括来自加拿大埃斯屈米纳克组 (Escuminac Formation) 骨甲鱼类的4种，缺甲鱼类一种；中国北部宁夏盔甲鱼类的一未定种；澳大利亚花鳞鱼的一种，以及来自欧洲异甲鱼类中大型扁平沙甲鱼类的几种。到距今3.55亿年泥盆纪结束时，这些盛极一时的甲胄鱼类彻底灭绝 (Long, 2011)。

对于甲胄鱼类的分类位置，由于长相怪异，很难与现生生物任何一门类对比，自发现以来一直存在很大争议。瑞士解剖学家L. Agassiz在19世纪30年代最早从苏格兰收到第一批甲胄鱼类化石时，由于它们不像现在任何生物，很难对这些化石进行分类。他最初与鲇鱼和鲟鱼等现生有装甲保护的鱼类比较，直到1844年，他才意识到这些化石没有活动的颌，并将它们归类到一个新分类类群——甲胄鱼纲。1889年，古生物学家E. D. Cope开始使用无颌超纲 (Agnatha) 这一分类单元，并正式将甲胄鱼纲置于无颌超纲下。Woodward (1898) 的分类方案中，当时甲胄鱼纲包括异甲鱼目 (Heterostraci)、骨甲鱼目

图6–5　晚泥盆世古海洋生态复原图　1. 刺甲鱼（*Boreaspis*）；2. 鳍甲鱼（*Pteraspis*）；3. 镰甲鱼（*Drepanaspis*）；4. 邓氏鱼（*Dunkleosteus*）；5. 真掌鳍鱼（*Eusthenopteron*）；6. 鱼石螈（*Ichthyostega*）；7. 棘螈（*Acanthostega*）；8. 星木（*Asteroxylon*）。（M. Hattri 绘）

(Osteostraci) 和胴甲鱼目 (Antiarchi)。胴甲鱼类后来被归入有颌的盾皮鱼纲 (Placodermi)。

此后，在20世纪的很长一段时间内，这些已灭绝的甲胄鱼类被认为是现生七鳃鳗和盲鳗的祖先，其中某些类群被认为与七鳃鳗具较近的亲缘关系，而另一些则被认为与盲鳗具较近的亲缘关系。骨甲鱼类的脑颅软骨已有骨化结构 (软骨外成骨)，使得脑颅能在化石中保留下来。瑞典古生物学家E. Stensiö (1891—1984) 首次详细研究了骨甲鱼类的脑颅形态结构，并基于此提出七鳃鳗与骨甲鱼类具有较近的亲缘关系，而盲鳗则衍生自异甲鱼类。时至今日，越来越多的证据表明，这些身披盔甲的甲胄鱼类可能并不是一个单系类群，而是一个并系类群，且与有颌类具有更近的亲缘关系，它们与盾皮鱼类一起作为有颌类的干群，是现生无颌类和有颌类之间的过渡类群 (图6–6)。目前，甲胄鱼纲作为一个并系或复系类群，已经很少在正式的分类系统中使用，但由于历史原因，这一术语还是经常用来统称志留—泥盆纪时期这些“戴盔披甲”的化石无颌类。甲胄鱼类作为现生无颌类和有颌类之间的过渡类群，对于探讨脊椎动物的早期演化，有颌脊椎动物的起源，以及有颌脊椎动物如何逐步获得其关键的特征，起着至关重要的作用。例如，目前大部分人认为骨甲鱼亚纲是有颌脊椎动物最近的无颌类祖先，它提供了很多有颌类关键特征的演化证据，比如有内骨骼支撑的成对胸鳍、具有骨细胞的外骨骼、软骨外成骨、巩膜环和上歪尾等。也就是说，现生有颌类区别于现生无颌类 (圆口纲) 的很多特征，实际上起源于这些已灭绝的甲胄鱼类，这些化石类群填补了现生类群间的演化空白。显然，对这些化石类群的研究为揭示现生类群的起源过程提供了独一无二的信息。鉴于甲胄鱼类的重要性，本章将系统介绍甲胄鱼纲的异甲鱼亚纲、缺甲鱼亚纲、花鳞鱼亚纲、茄甲鱼亚纲、骨甲鱼亚纲，而中国和越南所特有的盔甲鱼亚纲 (Galeaspida) 将在第7章予以专门介绍。

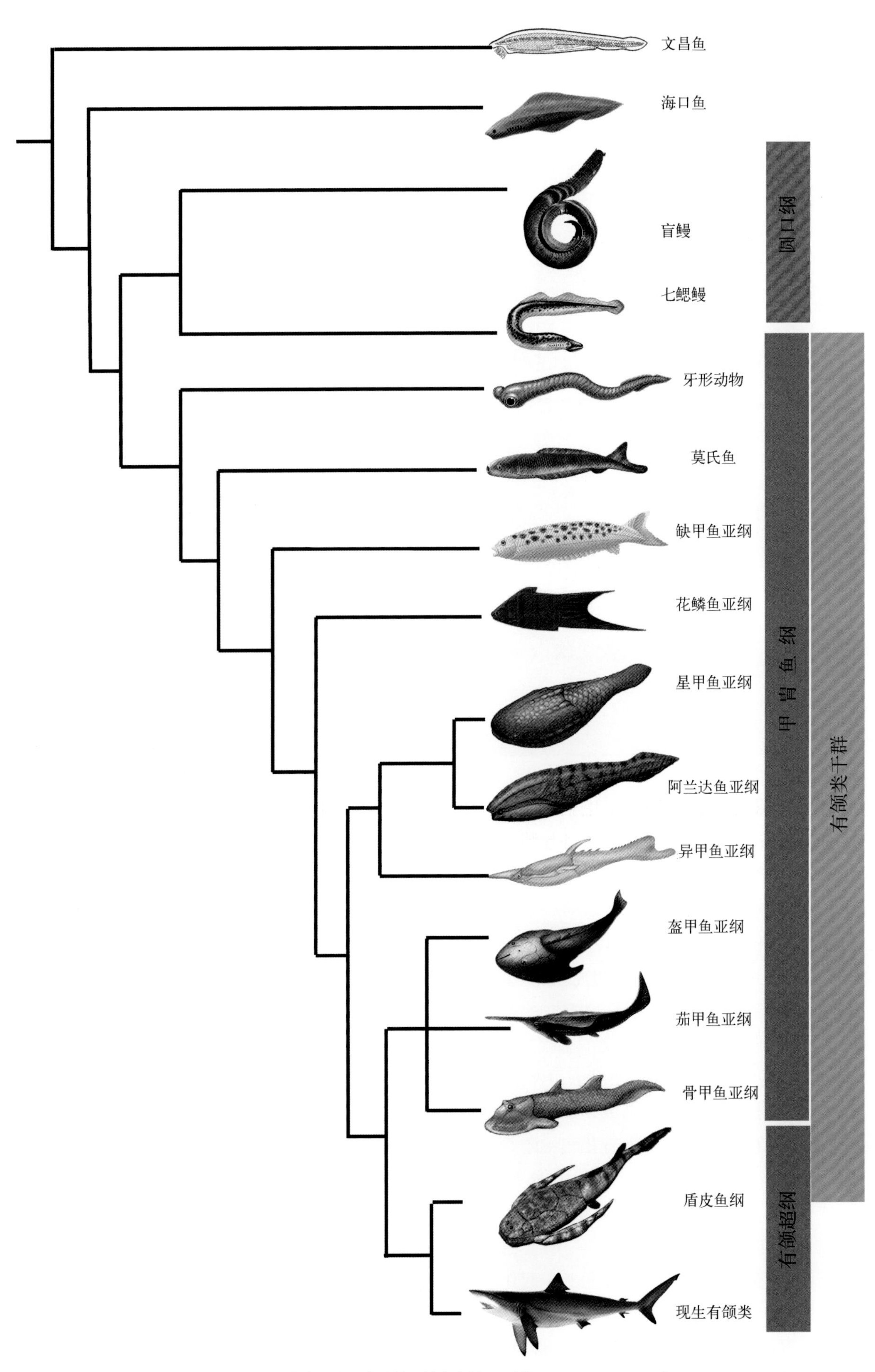

图6-6　甲胄鱼纲主要类群的系统发育关系（据Sansom, et al., 2010）

6.2 异甲鱼亚纲

异甲鱼亚纲是甲胄鱼类中物种多样性最高的类群，目前已描述的约300种，主要生活于志留纪兰多维列世到晚泥盆世的北美、欧洲和西伯利亚地区。异甲鱼类的特征是头部和躯干前部被大小不等的若干外骨骼甲片包围，头甲分为背甲和腹甲两部分，头后的身体部分被细小的鳞片覆盖。与其他甲胄鱼类不同的是，异甲鱼类头甲背面没有单个鼻孔，鳃囊也不直接开口体外，而通过一个总鳃孔通向体外。由于异甲鱼类的外骨骼甲片由无细胞骨组成，且通常呈现特殊的蜂窝状结构，因此一开始并不清楚它们的脊椎动物属性，最初发现时，常被误认为是鱿鱼或甲壳动物的外壳。直到1858年，英国博物学家T. H. Huxley (1825—1895) 才认识到它们可能属于早期脊椎动物。Lankester (1864, 1868) 后来证实了这一观点，并指出异甲鱼类头甲两侧的总鳃孔可能是异甲鱼类不同于其他甲胄鱼类的进步特征。虽然可能有人会指出单一总鳃孔也见于现生无颌类的盲鳗属和有颌类的全头类和硬骨鱼类，但即使现在，这一类群除了这个特征外，也没有其他更好的独一无二的共近裔特征了。

异甲鱼与其他甲胄鱼类群 (除了阿兰达鱼和星甲鱼) 的亲缘关系是过去100年中颇有争议的话题。这一类群曾被归入软骨鱼类，而后是无颌类；从祖裔关系上看，它被认为是盲鳗或有颌类的祖先类型。异甲鱼类大部分的系统发育分析主要依据其外骨骼材料。它们与阿兰达鱼与星甲鱼一样，具有梭形身体和无细胞骨外骨骼。后一个特征使人们最初将异甲鱼置于星甲鱼之中，但其实这一性状广泛出现于脊椎动物的外骨骼中。除此之外，异甲鱼类还具有像阿兰达鱼一样的覆盖背部和腹部的大骨片，扇形排列的口片以及外骨骼表面橡树叶形的纹饰等。这些特征在这3个类群中是独一无二的，因此，异甲鱼类与阿兰达鱼类、星甲鱼类可能组成一个单系类群——鳍甲鱼形动物 (Pteraspidomorphi) (图6–6)，但鳍甲鱼形动物的系统位置，在不同系统发育分析中会稍有不同。

6.2.1 外部形态

异甲鱼类从子弹形的鳍甲鱼 (*Pteraspids*) 到扁平的镰甲鱼 (*Drepanaspids*)，外表形态差异很大。这里以鳍甲鱼类的鳍甲鱼 (*Pteraspids*)、伊瑞芙甲鱼 (*Errivaspis*)，杯甲鱼类的角甲鱼 (*Anglaspis*)、线孔鱼 (*Poraspis*) 为代表，介绍该亚纲的外表形态，但目前还难以确定哪个类群代表更原始的异甲鱼类。

鳍甲鱼类的头甲由背甲和腹甲组成。背甲分为一块吻片、一块松果片、一块“背盘”片和一对包围眼的眶片、一对鳃片及角片 (图6–7)。这些骨片都有自己的生长中心，表面装饰有非常薄的同心齿质脊，具明显的锯齿状骨缝线。吻片具有上颌缘区，扩大构成口盖的顶板，且在顶板之前有一清楚的口前区。“背盘”向后有一容纳中背棘的凹槽，中背棘很长，由一个中背脊鳞特化而成，可能起平衡作用。头甲侧面则有鳃片和眶片，间或有翼状角片由后加入，鳃孔位于角片的边缘。在有些鳍甲鱼类属种中，角片可以延伸得相当长。眶孔侧位，非常小，洞穿眶片。腹面主要为一件硕大的腹甲。口孔腹位，在口孔与腹甲间还有一系列扇形排列的口片，口片小而尖，它们可能会通过上唇的外翻呈扇形向外张开 (图6–7)。异甲鱼类经常被描述成“能够撕咬的无颌类”，这主要是由于这些口片可能与颌有关的根深蒂固的想法。各种异甲鱼口片的精确重建，已经表明其几乎不能咬合，这些口片可能更像阿兰达鱼中那样，覆盖在腹唇边缘。一个有趣现象是，当现生盲鳗的口收缩时，会显示出与阿兰达鱼、异甲鱼口片排列方式完全吻合的腹侧皮褶。这意味着口片的扇形样式可能或多或少与进食方式相关，口片前端可能是活动的，可用来刮擦甚至抓住食物。

杯甲鱼类的头甲呈梭形，有背甲、腹甲以及成对的鳃片组成。背甲由覆盖整个头部的单个甲片组成，尚未分化成独立的骨片 (图6–8)。在一些原始杯甲鱼类中，如角甲鱼，背甲表面的脊格式分成明显的区域，即上蛛网区 (epitega)，这些区域应该是由单独的生长中心产生的，具吻区、松果区和鳃区，但它们不完全对应于鳍甲鱼类的单个骨片。Dension (1964) 认为鳍甲鱼类是从杯甲鱼类通过甲胄的再分化而来的。原始杯甲鱼类的上蛛网区在某种程度上已预示了鳍甲鱼类的分开的吻片、松果片和“背盘”。眶孔腹面有一块小的新月形眶下片，可能与后来的盾皮鱼类的眶下片和硬骨鱼类的颧骨同源 (Gai, Zhu, 2017)。松果体的位置由头甲背面一轻微突起代表，尽管外骨骼在该处薄而半透明，但并无证据表明松果体洞穿头甲。背甲和腹侧的骨片由细长的鳃片横向分开，鳃孔在鳃片上。腹甲由单一的骨片组成，其比背甲更加凸起。杯甲鱼类没有中背棘，但宴甲鱼 (*Ariaspis*) 一个大的稜鳞似乎有着鳍甲鱼类中的背棘的影子 (Dension, 1963)。

异甲鱼类头甲侧线系统十分发育，呈格栅状分布，有2对背纵管和2对腹纵管，多对横联络管把它们连接，组成背网和腹网 (图6–7, 6–8)。其排列方式接近于一种假想的脊椎动物原始状态，其他无颌类和有颌类的侧线

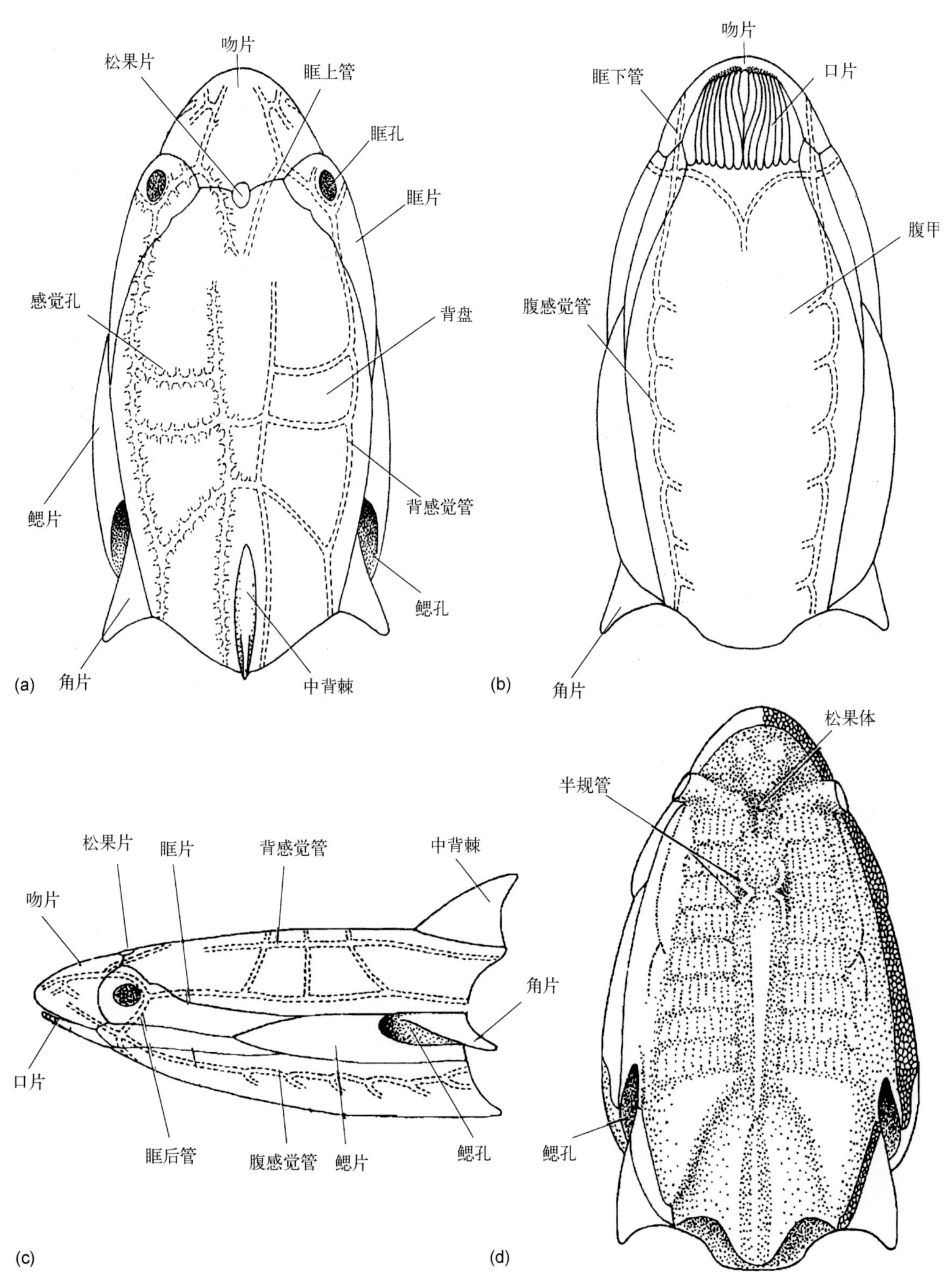

图6–7　鳍甲鱼类的鳍甲鱼头甲外表形态　a. 背视；b. 腹视；c. 侧视；d. 内部解剖结构在背甲印痕的解释性复原。(Jollie, 1962)

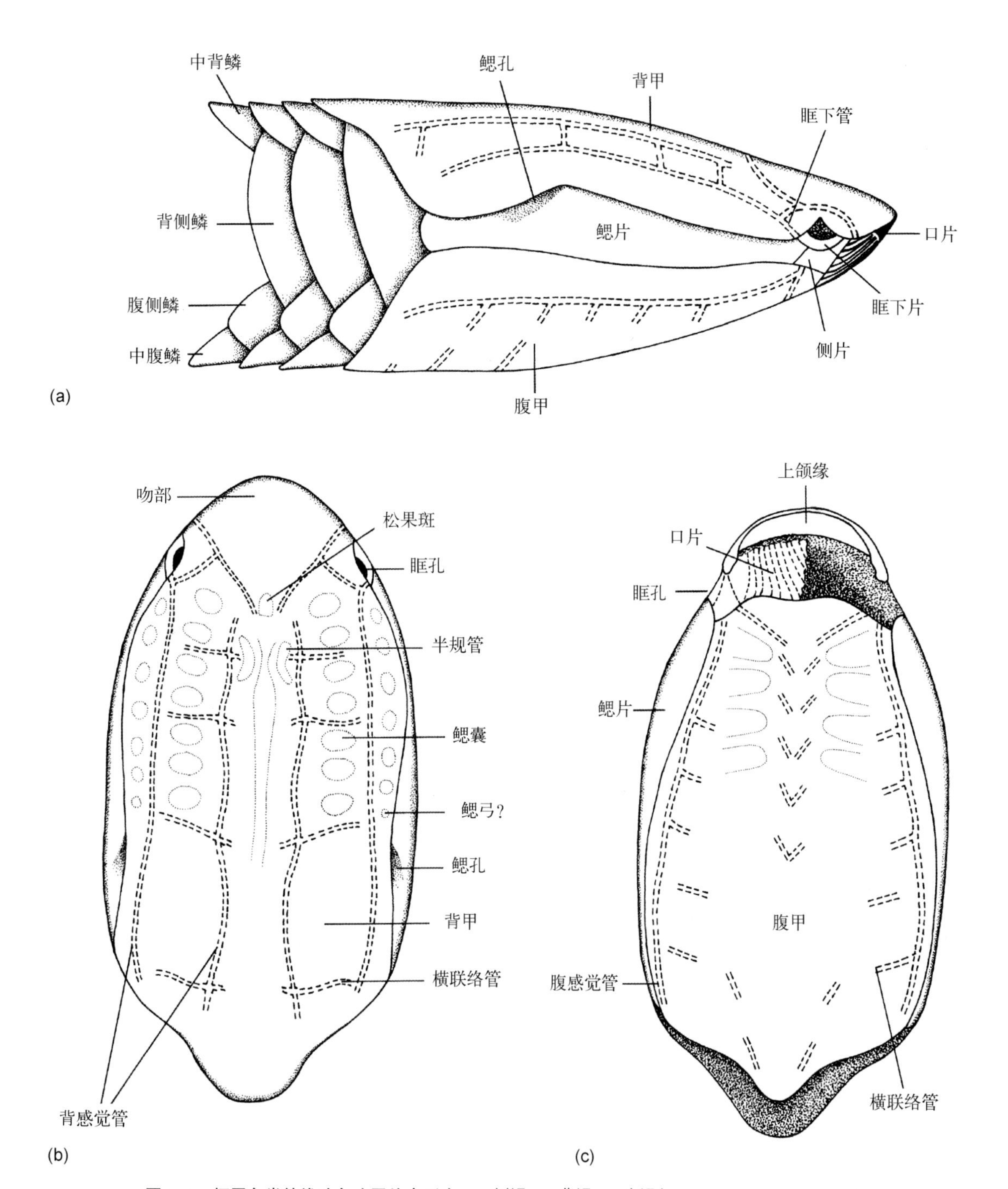

图6-8 杯甲鱼类的线孔鱼头甲外表形态 a. 侧视；b. 背视；c. 腹视（Moy-Thomas, Miles, 1971）。

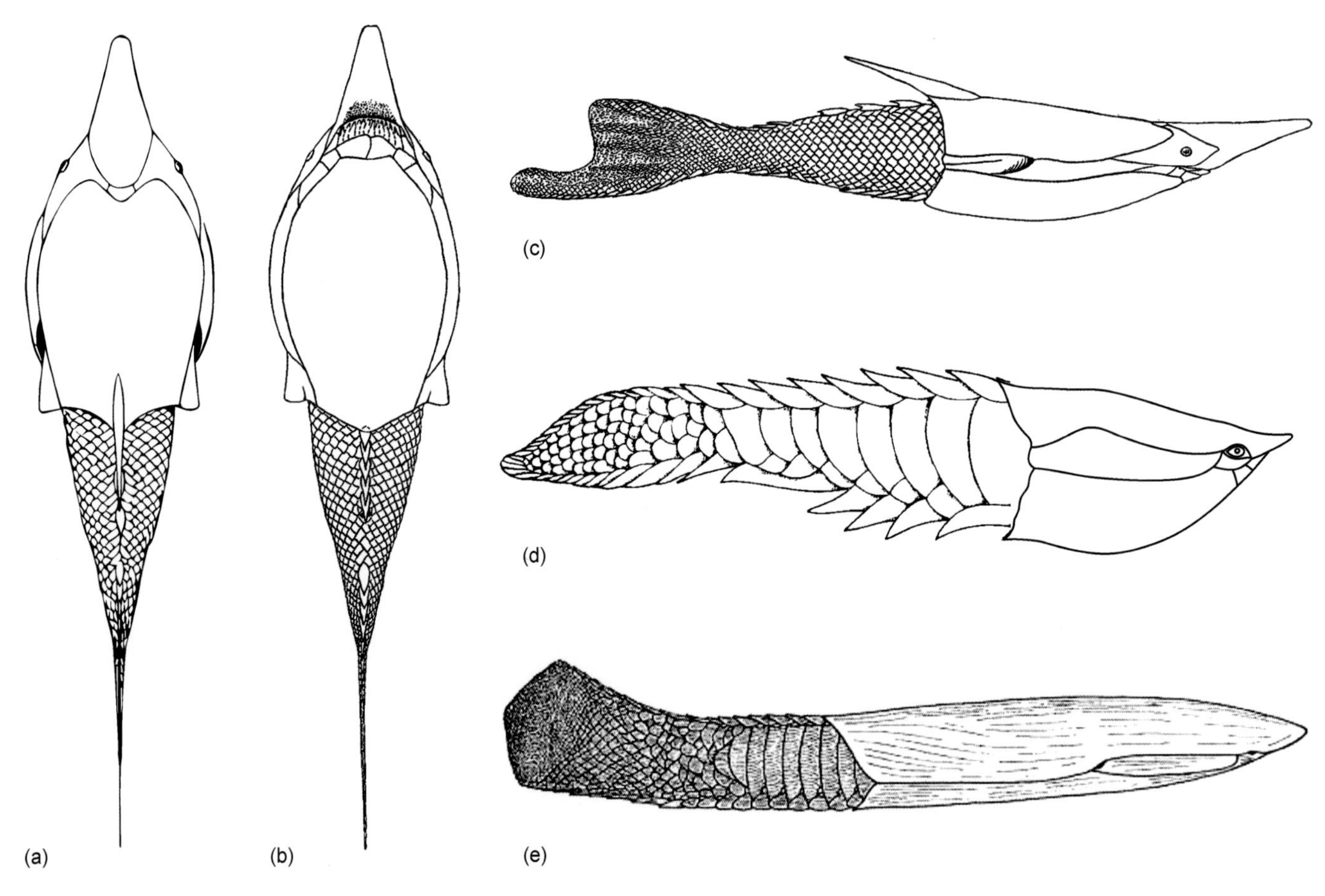

图6–9　异甲鱼类的身体　a–c. 鳍甲鱼类鳍甲鱼，分别为背视、腹视、侧视（White, 1935）；d. 杯甲鱼类角甲鱼（Kiaer, 1932），侧视；e. 杯甲鱼类鳐甲鱼（*Torpedaspis*），侧视（Broad, Dinely, 1973）。

系统的型式可能由此分化而来。在一些特化的鳍甲鱼目中，在松果斑后面有两条眶上管，眶上管在背甲的前部呈"V"形。不过在杯甲鱼目中，两个分支永远不会在松果斑后面汇合。在外骨骼的中层，感觉管以一系列小孔开口到外面。杯甲鱼类的侧线感觉管和感觉孔也出现在躯干鳞片中，最远到达尾部，但鳍甲鱼类至今还没有躯干上的感觉管保存的证据。

鳍甲鱼类身体接近于流线型，体表覆盖着菱形或大型长肋形鳞片，背侧和腹侧具脊鳞；没有偶鳍，尾鳍为扇形尾（原尾型），粗壮且有力，并覆盖有细小的鳞片，其中一些径向排列的比其他的大（图6–9）。杯甲鱼类的躯干鳞片包括非常大的边缘鳞，以及背部和腹侧的脊鳞，其大小向尾部逐渐减小。肛门应该位于大的中腹鳞后面。尾部的前缘覆有细长的中脊鳞，可能是下歪尾，即尾下叶包含脊索，且向后腹方倾斜。

6.2.2　内部解剖

一些异甲鱼类化石保存良好，特别是加拿大北极志留纪兰多维列世、德国早泥盆世（洪斯吕克页岩）的材料，但是，除了头甲外骨骼内表面上一些印痕外，还没有任何内骨骼的痕迹。头甲内表面通常相当光滑，即使在有内部器官保存的地方也是如此，这可能表明异甲鱼内骨骼不是很发育（Janvier, 1996），但是脑和迷路腔可以在外骨骼上留下如此精确的印痕，表明它们可能被纤维鞘包裹。在其他具有内骨骼的脊椎动物中，如盔甲鱼类、骨甲鱼类、盾皮鱼类，软骨或钙化软骨都直接附着在外骨骼上，因此外骨骼的内表面粗糙或呈现海绵状，或者基底层显示出皮下脉管丛的印痕。

异甲鱼类的内部解剖结构是通过几个类群头甲的内表面上的印模推测的。这些印痕在杯甲鱼类和鳍甲鱼类的成员中有所保存，其中最常见的是位于背甲的内表面脑区、松果体、鼻囊、眼和内耳半规管的印痕（图6–10）。

脑似乎比较原始，脑区印痕至少显示出三个不同的区域：松果凹代表的间脑区，成对球状印痕代表的后脑区，菱形沟印痕代表的延脑区，延脑细长没有特化。在一些标本中，延脑和脊髓可能在半圆形凹槽内继续向后延伸（图6–10）。

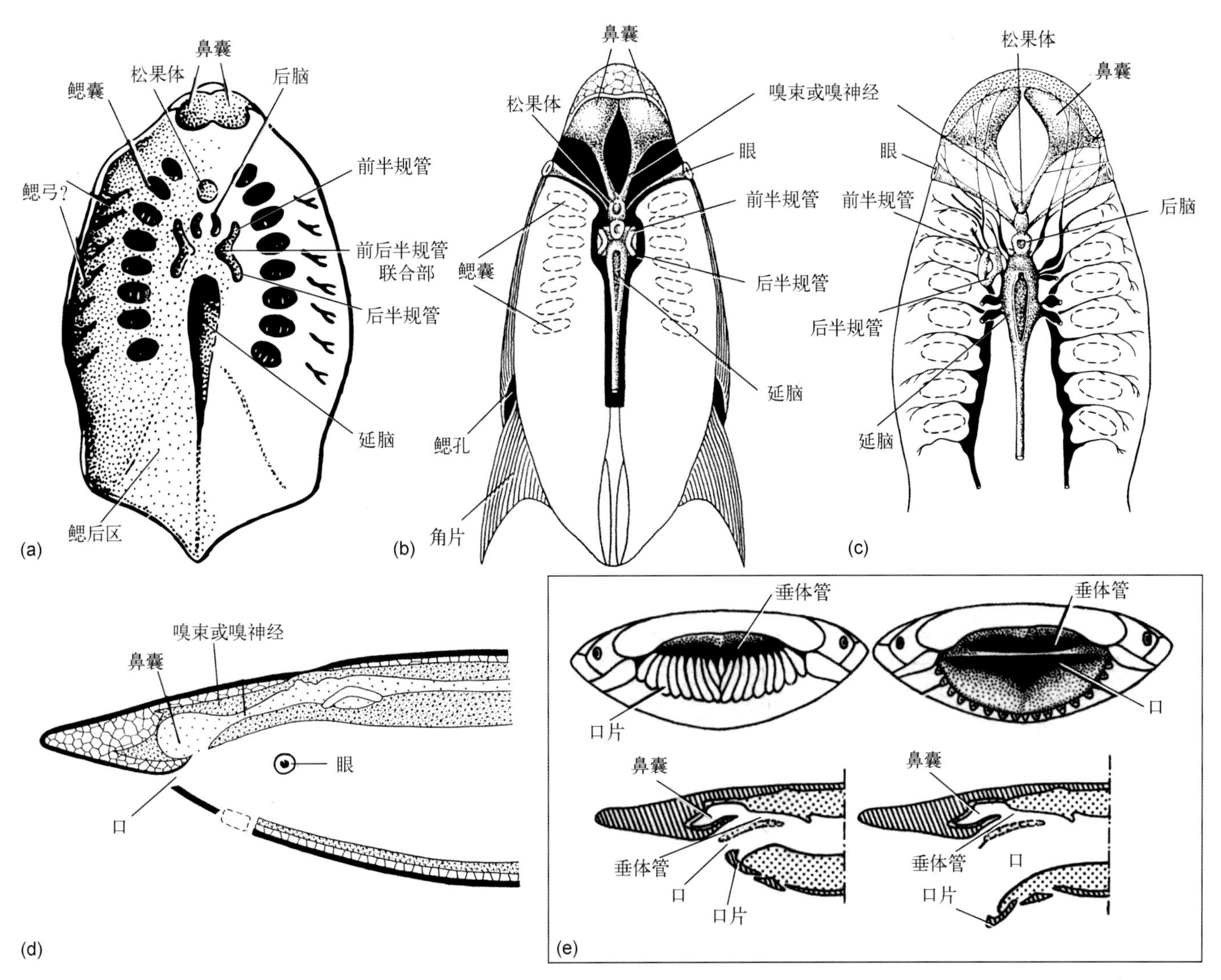

图6–10　异甲鱼类内部解剖　a. 一杯甲鱼类背甲内表面软组织印痕复原，腹视（Halstead, 1965）；b. 杯甲鱼类线孔鱼（*Poraspis*）内部解剖复原，背视（Novitskaya, 1974）；c，d. 鳍甲鱼类波尔多鱼（*Podolaspis*）内部解剖复原（Novitskaya, 1983）。c. 背视；d. 中矢切面；e. 口片捕食机制复原（Janvier, 1993, 1996a）。

嗅觉器官位于口腔顶部，背甲前缘吻片的腹面有一对凹陷，被解释为鼻囊的位置，鼻囊是成对的，但无确切鼻孔位置被辨认出，因此鼻囊很可能直接开口于口腔内。在一些杯甲鱼类的标本，鼻囊边缘经常可观察到一对缺口，被认为是与有颌类相当的鼻孔 (Novitskaya, 1983)，或者是触须的通道 (Stensiö, 1964)，但这些解释仍存疑。鼻囊常通过一对头甲背面的一对凹槽，连接到松果区前的脑部，由于没有端脑印痕保存，端脑嗅球的位置不明，尚无法判断这一对凹槽里容纳的是否是端脑嗅束 (图6–11)，还是通向鼻囊的嗅神经。依据现生脊椎动物中鼻囊与嗅球两种不同连接模式，将会有不同的解释 (图6–11)。

眼的印痕是半圆锥形，眶孔通常非常小。在一些特化两甲鱼类中，口、眼和嗅觉器官都位于头甲长管状吻突前端，且远离松果体区。这意味着在这些类群中嗅神经和视神经都非常长。

内耳明显只有两个垂直半规管。Halstead (1973a, b) 认为异甲鱼可能具有一个像有颌类那样的水平半规管，但Janvier (1996) 认为这不可能，因为一个鳃囊印痕出现在两个垂直半规管印痕之间。

在背甲和腹甲两侧8 ~ 10对横置卵圆形的印痕通常被认为是鳃囊造成的。有时这些印痕带有横的细纹，可能代表鳃片结构。此外，鳃囊印痕向外会对应一个“U”形或“Y”形印模，可能代表鳃弓或鳃外的结构。Halstead (1973a, b) 试图用有颌类的解剖来解释异甲鱼的内部解剖，对他来说，“鳃囊”的印痕实际上代表了肌节，“U”或“Y”形印模可能相当于有颌类类型的鳃。在腹片内表面上，两侧通常会保存有鳃囊在腹部的印痕，有时中间也会有印痕保存，这通常被认为类似于盲鳗或七鳃鳗内柱或

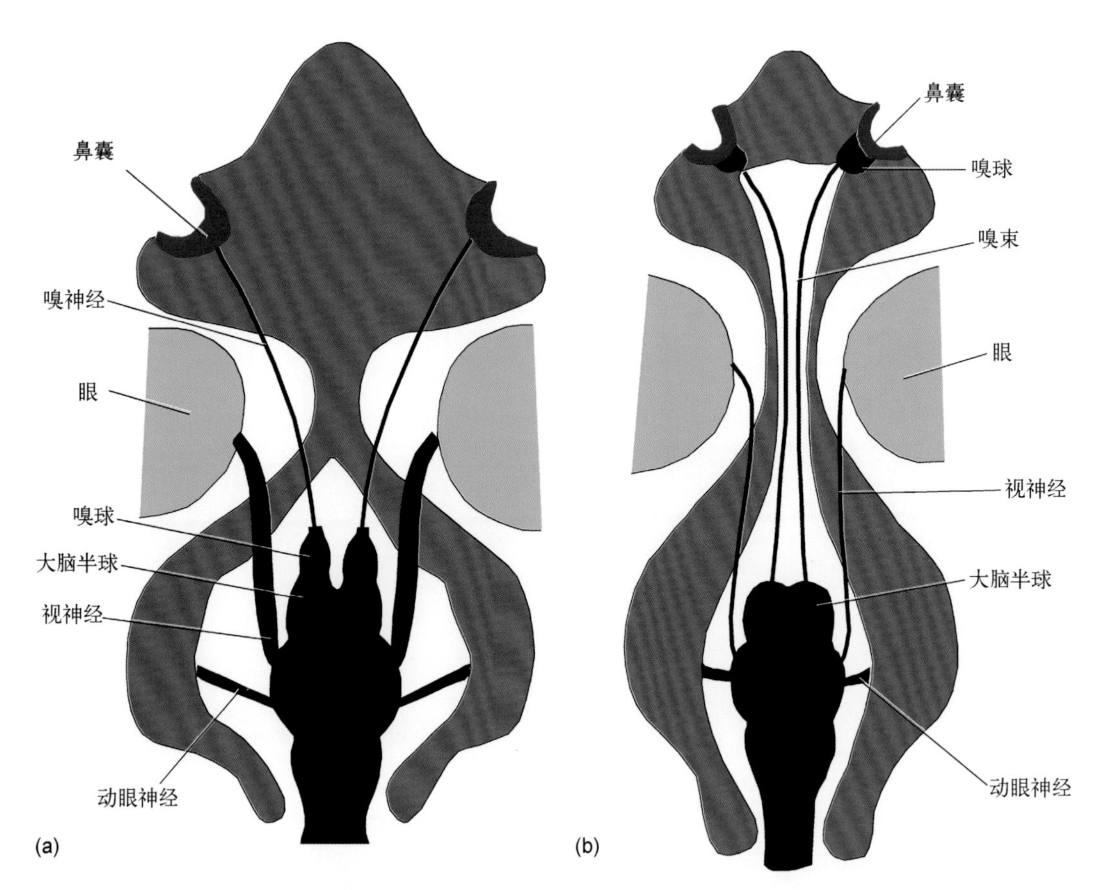

图6–11 脊椎动物中鼻囊与嗅球的两种连接模式 a. 鲑鱼型(Salmonidae-type); b. 鲤鱼型(Cyprinidae-type)。(据Harder, 1975重绘)

"舌"器的痕迹。

6.2.3 组织学特征

异甲鱼类的组织学特征常被用于讨论脊椎动物硬组织的起源等相关问题。通常情况下，异甲鱼类的骨甲分为三层，最上层的纹饰部分由似釉质(有些属种没有)和齿质构成，中间层因具有蜂窝状空腔，也被称为海绵层(spongy layer)，主要由脉管系统丰富的松质骨构成，基底层为致密的板状骨(图6–12)。组织学上，异甲鱼类外骨骼的中间层和基底层通常被认为是由一种特殊的无细胞骨组成。虽然Tarlo (1963, 1964) 在沙甲鱼类中的无细胞骨中发现了一些微小腔隙，并把它解释为骨细胞窝，但Ørvig (1967) 把这些腔隙解释为胶原纤维窝。目前关于无细胞骨性质，特别在它是否与齿质或硬骨密切相关，以及它是原始还是进步性状的问题上，尚存在很大争议。显然，无细胞骨并非像齿质那样生成，因为在其中没有观察到与齿质小管相当的结构。它的生长模式仍是不明的，可能是由单一细胞的前端向后退产生的。

6.2.4 系统分类

异甲鱼亚纲除一些基干类群(如雅典娜鱼)和分类位置不明的类群(如心甲鱼)，可以识别出两大单系类群：杯甲鱼目(Cyathaspidiformes) 和鳍甲鱼目(Pteraspidiformes) (图6–13)。

1. 杯甲鱼目

该目包括2科：杯甲鱼科(Cyathaspididae) 和两甲鱼科(Amphiaspididae)。其主要特征是，背甲是一块由几个上蛛网区融合形成的单一甲片，头甲表面具有纵向纹饰和相互平行的齿质脊；两条眶上管不在松果体区汇合，躯体相当大，边缘鳞呈"V"形或垂直排列。其中杯甲鱼科具有梭形，甚至是雪茄形的头甲，身体具有狭长而垂直排列的边缘鳞；两甲鱼科具有坚固无缝的头甲，头甲所有骨片都融合为一个单一"圆管"，整个头部很平坦，具有细圆齿状的边缘，且被无齿质的凹槽分隔(图6–14)。两甲鱼科在早泥盆世和中泥盆世早期时，在西伯利亚地区经历了惊人的辐射发展。两甲鱼科可能由西伯利亚以外的栉甲鱼(*Ctenaspis*) 演化而来的，栉甲鱼显示出甲片刚开始愈合，但头甲表面星状瘤点纹饰不同于其他杯甲鱼目成员。

2. 鳍甲鱼目

该目包括原鳍甲鱼科(Protopteraspididae)、鳍甲鱼科(Pteraspididae)、原甲鱼科(Protaspididae) 和沙甲鱼科(Psammosteidae) (图6–15)。其主要特征是，背甲由几个

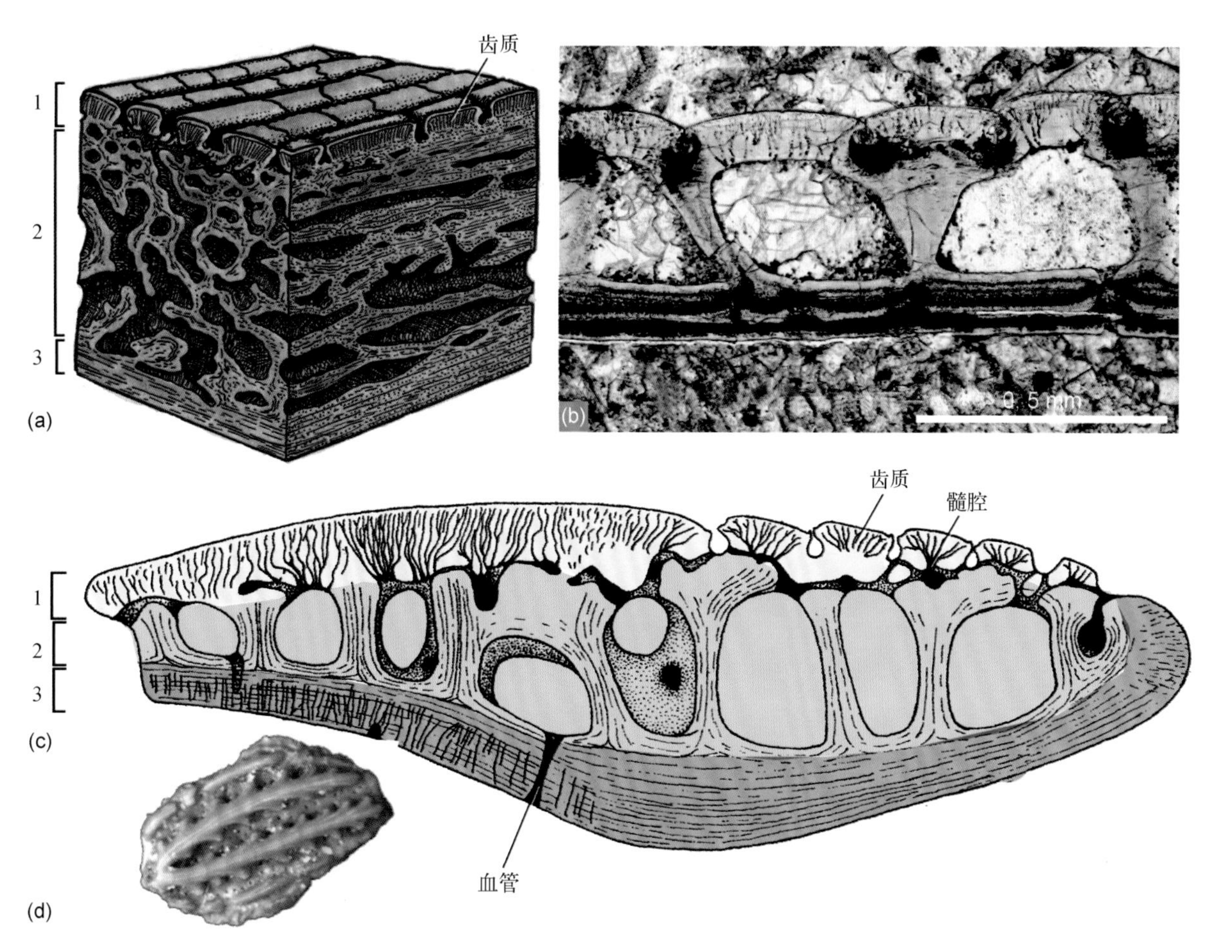

图6–12　异甲鱼类外骨骼组织学　a. 鳍甲鱼类外骨骼无细胞骨示意(Long, 2011); b. 杯甲鱼类粒鳞鱼(*Tolypelepis*)组织学切片(Paleobiodiversity in Baltoscandia, 2017a); c. 杯甲鱼类外骨骼切面示意(据Gross, 1961重绘); d. 异甲鱼类橡树叶形纹饰。1. 表面: 齿质层; 2. 中间: 海绵层,由松质骨构成; 3. 基底: 板状骨层。

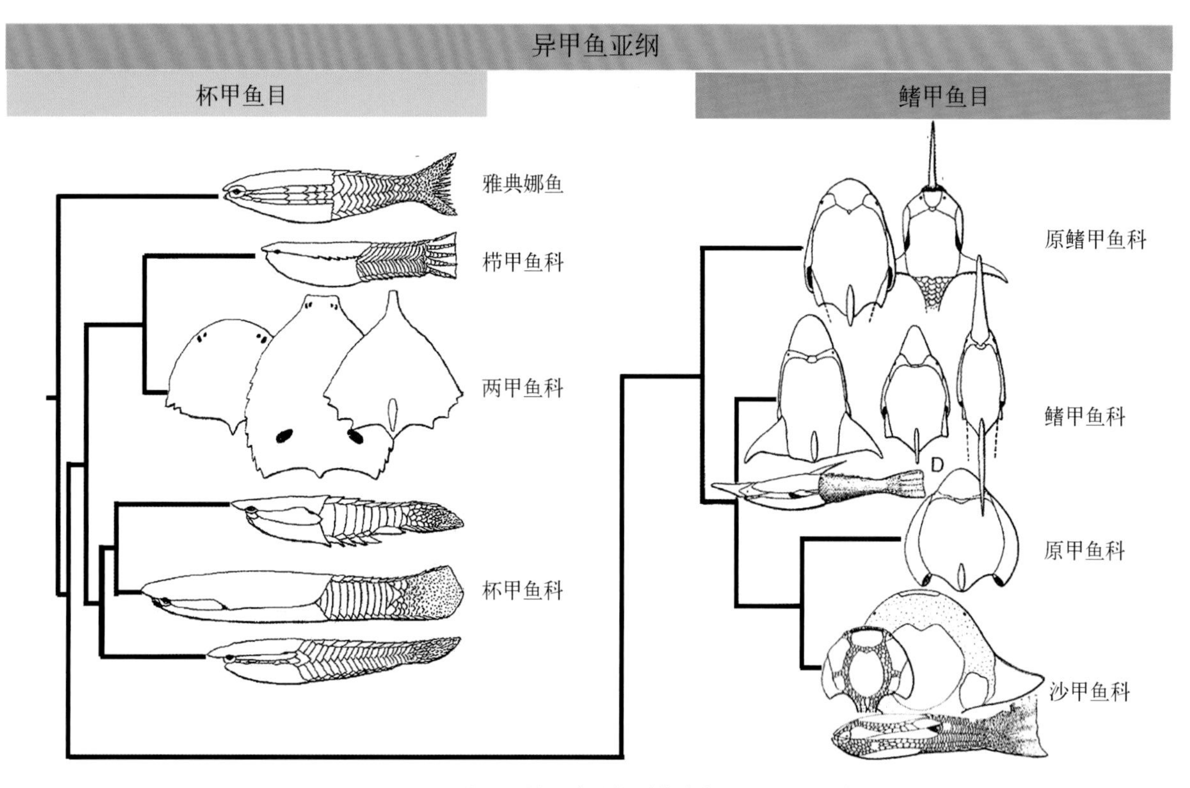

图6–13　异甲鱼亚纲的系统分类　(修改自Janvier, 1996b)

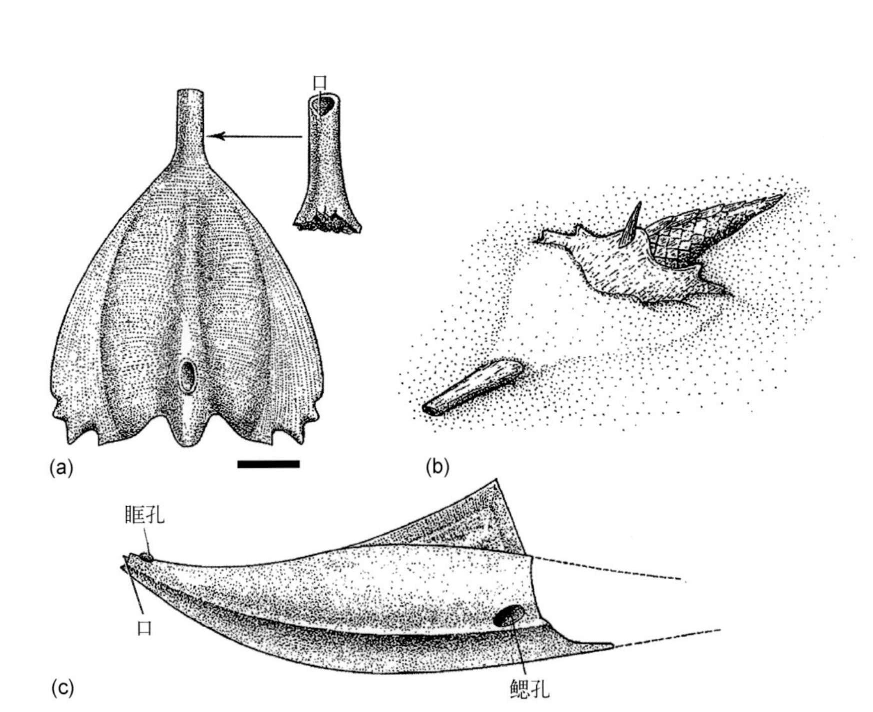

图6–14 两甲鱼科的形态特性与生活方式 a. 针甲鱼(*Eglonaspis*)头甲背视和吻部腹视复原图; b. 针甲鱼生活方式复原图(Janvier, 1993); c. 斜甲鱼(*Olbiaspis*)头甲复原图(a、c引自Moy-Thomas, Miles, 1971)。

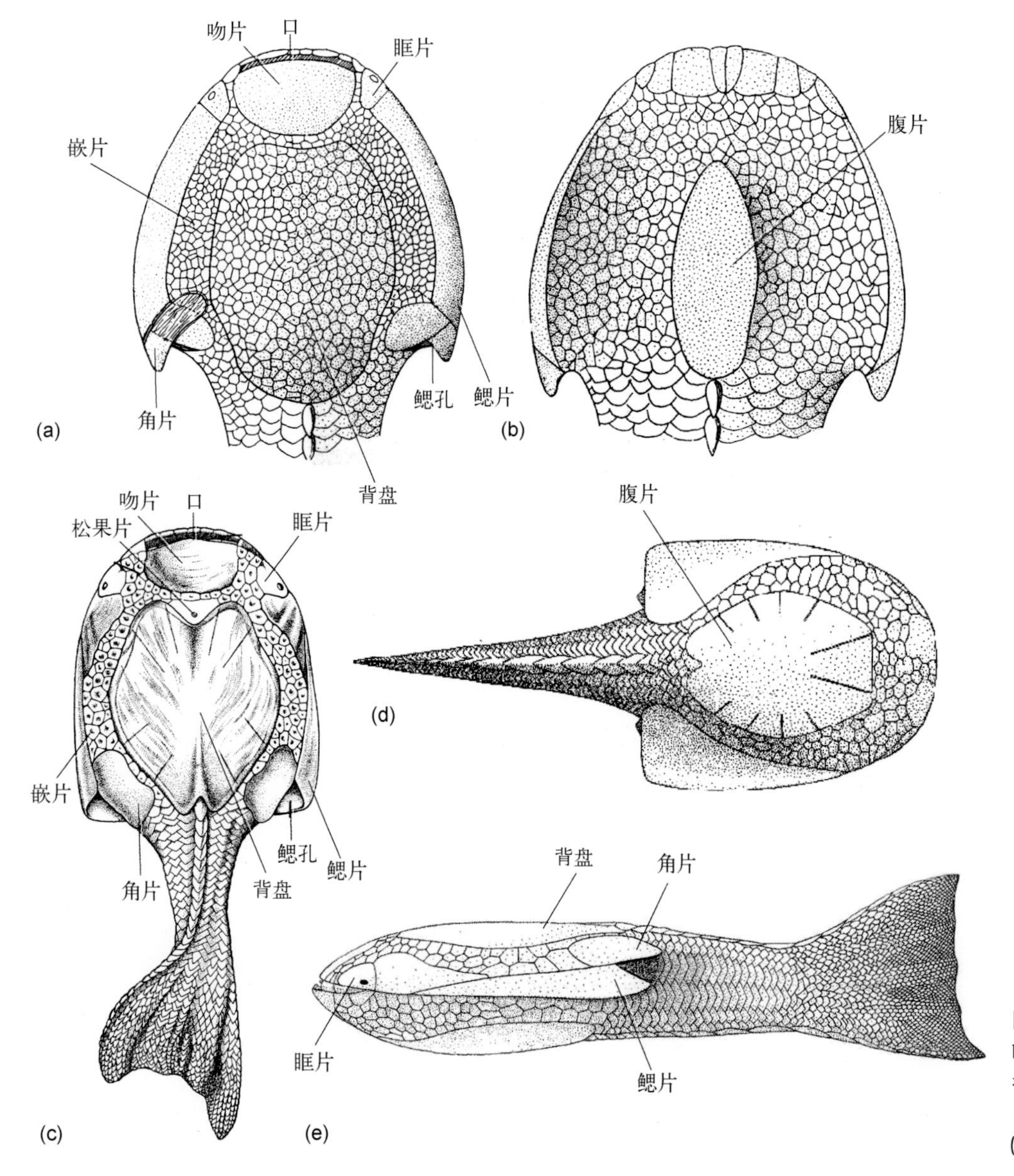

图6–15 沙甲鱼科形态特征 a, b. 沙甲鱼(*Psammosteus*)。a. 背视; b. 腹视(Tarlo, 1961); c–e. 镰甲鱼。c. 背视; d. 腹视; e, 侧视(Moy-Thomas, Miles, 1971)

独立的骨片组成，包括吻片、松果片、“背盘”、眶片、鳃片和角片，背甲骨片排列模式相当稳定；除沙甲鱼科外，头甲饰以瘤点，每个瘤点又由锯齿状的同心齿质脊装饰；眶上管在松果体区后面相交；躯干尺寸相对较小，呈菱形，这可能是一个趋同的情况，因为这样的形态也存在于雅典娜鱼 (*Athenaegis*) 等非鳍甲鱼目成员中。鳍甲鱼科背甲的鳃片和鳃后角片都是分开的 (图6–7)。原鳍甲鱼科和鳍甲鱼科在形态上非常相似，两者可能构成姐妹群，其特征是眶上管穿过松果体 (图6–13)。一些原鳍甲鱼，例如魛甲鱼 (*Doryaspis*)，形态比较特殊，口腹侧骨片向前极大延伸，形成假吻 (图6–13)。

沙甲鱼科 (Psammosteidae) 是鳍甲鱼目中一支特征鲜明的支系，其特征是，两对眶片，缩小的角片，海绵结构的无细胞骨 (蜂窝状层应该消失不见) 和闪亮的星状头甲瘤饰。该科被认为是最原始的异甲鱼，因为它们有一个具有很多“嵌片”镶嵌形成的头甲，这使人想到奥陶纪的阿兰达鱼与星甲鱼。然而，它们却具有一些鳍甲鱼目中的特殊性状，特别是背甲的形状，分开的骨片以及被眶孔洞穿的眶片。该科侧线模式仍然未知 (侧线可能太浅，未在外骨骼上留下任何痕迹)。在成年沙甲鱼类中，主要的骨片之间总是或多或少地被多边形小嵌片分隔，但发育阶段则没有这样的小嵌片，头甲由大甲片直接拼接，这令人联想到原鳍甲鱼科。此外，沙甲鱼类的骨片能像其他骨片一样生长，没有中央瘤点。此类动物是最年轻的异甲鱼，一直生存到泥盆纪法门期结束。最著名的沙甲鱼类是早期泥盆世镰甲鱼，大小中等，但晚泥盆世的一些类型，如钝厚甲鱼 (*Pycnosteus*)，沙鳞鱼 (*Psammolepis*) 可以达到1.5 m，具有横向扩张和向腹侧弯曲的鳃片。原甲鱼科 (Protaspididae) 可能是沙甲鱼科的姐妹群，因为它们都具有一对很大的眶片和一个大大缩小的角片 (图6–16)。

6.2.5 生活方式

鳍甲鱼类身体接近于流线型，没有偶鳍，尾鳍为下歪尾，粗壮且有力，背面和侧面的棘可能有一定的平衡作用，眼睛位于头甲侧面。这些特征表明，异甲鱼类可能是相对灵活的游泳者，并能很自由地接近水面觅食 (图6–17)，而不像骨甲鱼类和盔甲鱼类那样，只是过着一种底栖生活。异甲鱼类的口周围有扇形排列的口片，有人认为可能具有撕咬作用，但是这些口片的末端并没有捕食

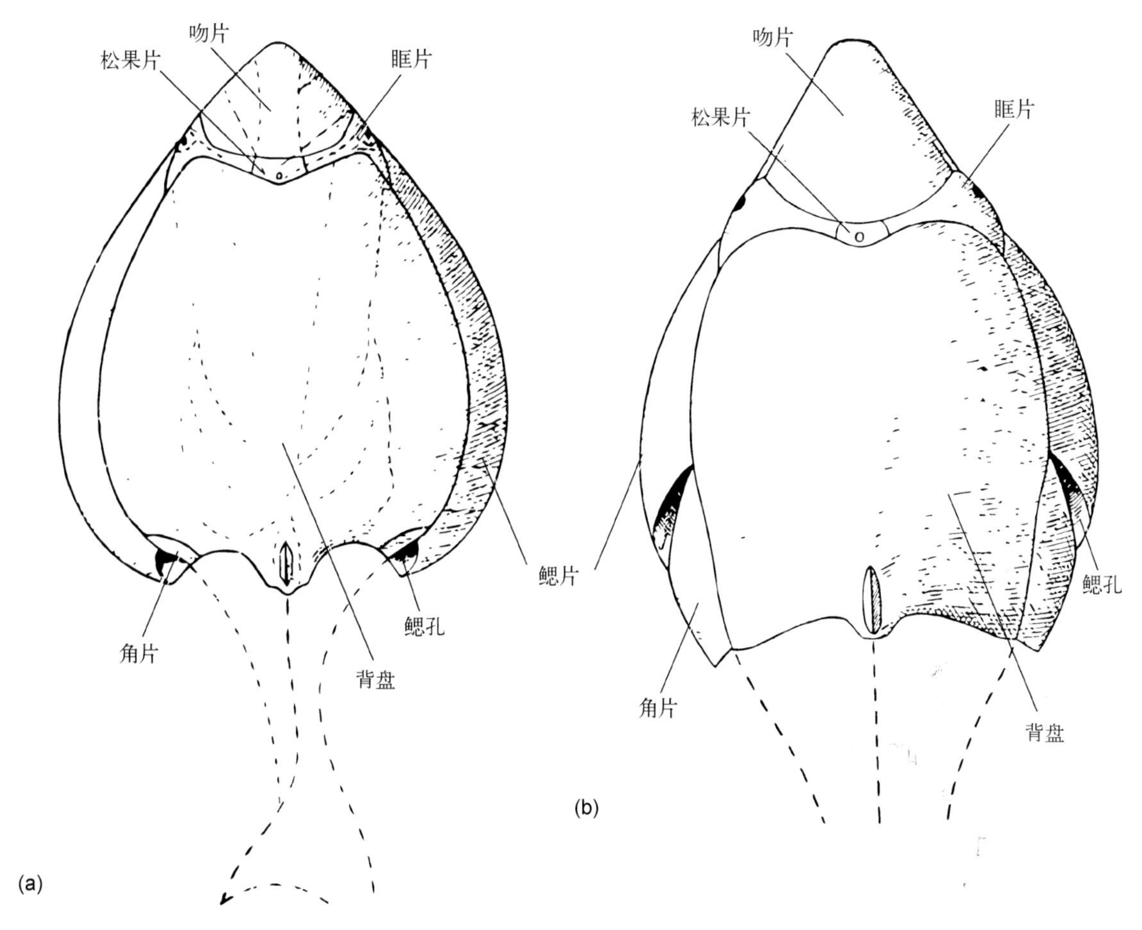

图6–16 原甲鱼科形态特征 a. 原甲鱼 (*Protaspis*)，背视；b. 短鳍甲鱼 (*Brachipteraspis*)，背视。(Piveteau, 1964)

图6–17 鳍甲鱼类取食方式复原（Janvier, 1974）

磨损痕迹，所以不可能用于插入软泥中摄食。口片还覆盖着小小的指向外侧的小齿，这会妨碍大型食物进入口腔。Purnell (2001) 认为大多数异甲鱼类在海洋上层游泳，捕食在水面漂浮或在水中游泳的小型猎物。大多数异甲鱼生活在浅海中，但也有一些可能栖息在河流或三角洲中。

在两甲鱼科某些属中，如针甲鱼 (*Eglonaspis*)，甲片前部伸长成管状结构，眼消失，表明其营底栖或甚至是洞穴的生活 (图6–14)；而另一些属中，如壮甲鱼 (*Gabreyaspis*)，眶孔外有一个特殊的开口，被解释为喷水孔或在背部开口的鼻孔，可能是一个吸入口，表明两甲鱼类或多或少像现存的鳐一样，半埋在沉积物中。还有一些异甲鱼类，其身体平扁且骨化减少，但眼在侧位，而口近于背位，因此其生活方式很难推测。

6.2.6 地史分布

异甲鱼类主要生活于志留纪温洛克世到晚泥盆世的北美、欧洲和西伯利亚地区。已知最早的异甲鱼类出现在志留纪温洛克世早期，例如雅典娜鱼，但是晚志留世之前"高级类型的异甲鱼"并未发现。志留纪的异甲鱼类基本属于杯甲鱼目和其他一些亲缘关系不定的"镶嵌"类群。鳍甲鱼目在志留纪结束时已经出现。早泥盆世属于杯甲鱼目的类型较少，除了西伯利亚的两甲鱼类生存到布拉格期外，其余被鳍甲鱼目成员逐渐取代。在中泥盆世结束时，唯一幸存的异甲鱼类是局限于沙滩三角洲，甚至洪泛平原的沙甲鱼类，最晚的一直生存到法门期后期。迄今为止，中国没有异甲鱼类化石的发现。潘江 (1962) 曾报道产自南京志留系的异甲鱼类，该件标本后被认为是节肢动物。

6.3 缺甲鱼亚纲

缺甲鱼亚纲是甲胄鱼类中少数几个无较大头甲骨片的类群之一，因此得名"缺甲鱼"，是甲胄鱼类物种多样性较低的类群，目前仅20余种被描述。缺甲鱼类曾被认为是七鳃鳗的祖先。鳞片不发育，体形延长，鳃孔倾斜排列，具环形软骨，背位的鼻垂体孔等特征被看作支持这个观点的证据。鳃前区的延长甚至被用来推测缺甲鱼类已具七鳃鳗式的锉舌。但七鳃鳗完全不具硬骨组织，偶鳍缺如，有特殊的角质齿，使一些古生物学家对此观点有所保留。缺甲鱼类也曾被认为是最接近有颌类的类群 (Maisey, 1986)，因为其肌节形态指示其存在横隔膜的可能，偶鳍延伸到肛门或许是腹鳍出现的先决条件，然而这一观点的证据也相当薄弱。Sansom等 (2010) 最新的系统发育分析表明，缺甲鱼位于有颌类干群最基干的位置 (图6–6)。

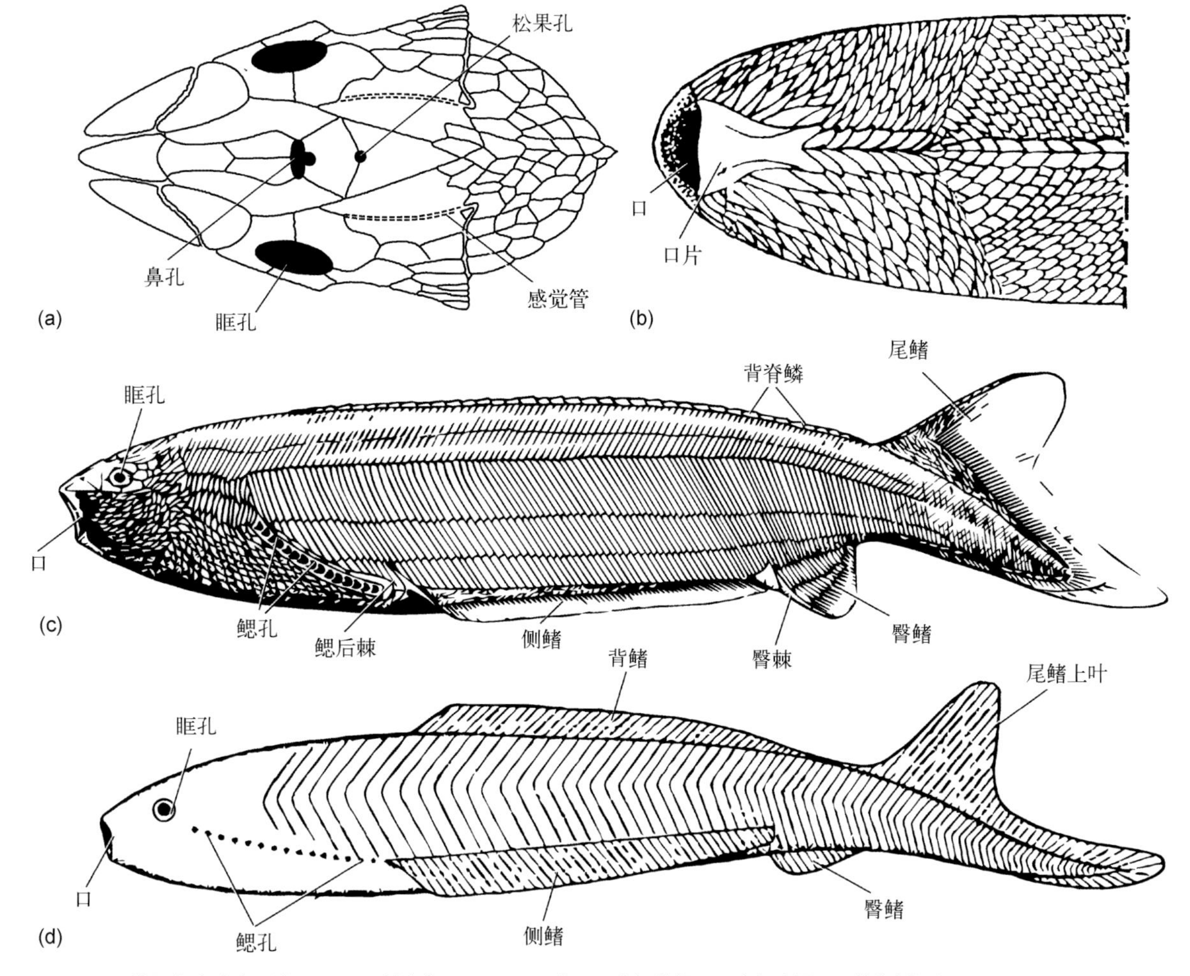

图6–18　缺甲鱼类外表形态　a–c. 咽鳞鱼（*Pharyngolepis*）。a. 头部背视；b. 头部腹视；c. 整体侧视（Janvier, 1996）；d. 莫氏鱼侧视（Moy-Thomas, Miles, 1971）。

6.3.1　外部形态

缺甲鱼类是体型较小的甲胄鱼类，整体外部形态与七鳃鳗相似。头部纺锤形，通常被许多成对排列的外骨骼小甲片或细小鳞片覆盖。眼位于头两侧，但位置很高，眶孔很大，被许多眶片所环绕，这些眶片与巩膜环有些类似，但并未骨化。在节鳞鱼 (*Rhyncholepis*) 眶片上还发现许多来自感觉管的感觉孔 (Ritchie, 1980)，因此这些眶片更可能相当于有颌类的围眶骨，而非巩膜环。头顶只有单一的鼻垂体孔和松果孔。松果孔位于眶孔之间，在其前方有一个“T”形或钥匙形鼻垂体孔，可能与七鳃鳗和骨甲鱼的鼻垂体孔非常相像。口端位，形状是纵裂的卵圆形，或许生活时由柔软组织环绕。莫氏鱼 (*Jamoytius*) 的口由一个环形软骨所支持，但只有少数标本可见口的情况，其似乎是一个或大或小的圆形口。上下唇为外骨骼口片覆盖，可能像有颌类的颌一样，能上下咬合。眼后方有倾斜排列的6 ~ 15个鳃孔，这些鳃孔洞穿单个鳃片或周边有新月形鳞片排列 (图6–18)。

侧线系统所知很少。咽鳞鱼中，头部和鳃区保存了纵和横的非常细的沟槽，显示可能至少在头部存在侧线，但这依旧需要更多化石证据支持。

缺甲身体细长，体长不超过15 cm，通常像阿兰达鱼一样被“V”形排列的细长条状鳞片覆盖，但背部经常有大型脊鳞 (图6–18c)。裸头鱼 (*Lasanius*) 的鳞片非常简化，仅具大型脊鳞和鳃部与鳃后的鳞片。莫氏鱼的鳞片薄而柔软，以致Ritchie (1968) 怀疑它是否由外骨骼形成。

偶鳍仅发现于咽鳞鱼 (*Pharyngolepis*) 和节鳞鱼中，这应是缺甲鱼类的共有特征。偶鳍由身体两侧的侧鳍所代表，正常情况下从鳃后棘刺一直延伸到肛门附近，其长度取决于后者的位置，如咽鳞鱼的身体非常狭长，肛门位置靠后，因此其侧鳍为延长的带状；相对而言，节鳞鱼肛门前的区域较短，因此其偶鳍也相对较短。侧鳍有排列成细行的鳞片覆盖，可能具有辐状骨支持，较大鳞片覆盖的狭窄的基部也反映了辐状肌肉组织的存在。侧鳍前方有一个强壮的三角形胸棘所支持。裸头鱼中有7 ~ 10根这样的胸棘，由排列成行的位于头后两侧的大骨棒所支持，其中最后一个胸棘可能支持着偶鳍膜。缺甲鱼连续的侧鳍可能对了解脊椎动物的偶鳍和腹鳍的起源有着比较重要的意义。

尾是典型的倒歪型尾，具有大的脊索上叶，不过这些脊索上叶究竟属于尾鳍还是背鳍，仍未确定。尾鳍近端通常有鳞片覆盖，而远端则有膜质骨鳍条支持，内骨骼的辐状骨伸达尾鳍叶的边缘。莫氏鱼和迹鳞鱼 (*Endeiolepis*) 中，有一条长的背鳍，但在典型的缺甲鱼类中却没有背鳍，确认代之的是一行中背脊鳞。有一个被鳞片覆盖的小臀鳍，通常前面有一个臀棘，在长鳞鱼 (*Birkenia*) 和裸头鱼中，臀鳍消失，中背脊鳞可以变得相当大，并具有两个尖头。

6.3.2　内部解剖

对于典型缺甲鱼类的内部解剖所知甚少，但一些外观上与缺甲鱼相近的属，如莫氏鱼、迹鳞鱼、真显鱼 (*Euphanerops*) 和勒鳞鱼 (*Legendrelepis*)，其内部软组织在特殊条件下部分保存。不过这些属都没有鳞，也不具有鳃后刺和中背脊鳞等典型缺甲鱼类特征，因此对于它们是不是严格意义上的缺甲鱼还存在很大争议，不过可以认为它们的内部解剖结构与缺甲鱼应该十分相似。

苏格兰志留纪兰多维列世的莫氏鱼是一类没有矿化外骨骼的鳗鱼形动物，可能具有延展的偶鳍。一些标本保存了焦油状眼印痕、可能的嗅觉器官、环状软骨，以及20对鳃孔，可能具有鳃篮。

加拿大魁北克米瓜莎 (Miguasha) 所产的晚泥盆世真显鱼和勒鳞鱼虽然没有观察到鳃后棘，但在形态上是非常类似缺甲鱼的。此类鱼矿化程度很低，由于其外骨骼的退化，内部的解剖学信息通过印痕表现出来。似乎有像七鳃鳗一样环绕口部的环形软骨，腹侧有像头索动物文昌鱼一样的延伸到肛门附近的30个鳃孔。无论这些性状代表原始的还是进步的状态，根据这些结构所得到的谱系图，显示其是与其他类群不同的具有缺甲鱼与七鳃鳗镶嵌特征的独特类群。真显鱼背部一条纵贯全身的脊索两侧，同时保存了系列连续的脊椎背弓片和腹弓片印痕，表明其已具有完整的脊椎结构，而七鳃鳗却仅有脊椎背弓片，尾鳍上还有大的软骨辐条。

迹鳞鱼、真显鱼和勒鳞鱼来自相同的产地与层位，但迹鳞鱼腹部外侧具有一系列特殊的鳞片，形成一个明显的波状隆起。但并不清楚这一隆起究竟代表改进的偶鳍，还是新结构。迹鳞鱼的一些标本还保存了一些肌肉痕迹和肠或胃的印痕。特别是在一些特异保存的标本中，肛门前背方的肠道保存了一些螺旋形印痕，可能代表肠道内壁的螺旋形肠褶，与有颌类肠道的螺旋瓣非常相似。

根据这些稀少的类缺甲鱼类的内部解剖结构，可能会认为像咽鳞鱼或翼鳞鱼 (*Pterygolepis*) 这样的典型缺甲鱼或多或少拥有七鳃鳗一样的软骨、小的脑腔和向后延伸很远的鳃篮。但典型缺甲鱼口部骨片的特殊形态指示其不太可能具有环形软骨和吸盘。

另外，缺甲鱼类大部分鳞片是严格按照肌节排列的，如果这能够反映其下肌节形态的话，缺甲鱼的肌节形态更像头索动物文昌鱼，即呈简单的向后开口的"V"形，而与现生无颌类和有颌类的"W"形不同。同时也可以判断，缺甲鱼与七鳃鳗一样，肌肉组织在鳃上或鳃下向前延展，鳃上肌肉组织甚至可到达眼部，表明缺甲鱼可能有一个类似七鳃鳗的视觉调节系统，即角膜肌横跨角膜。

6.3.3　组织学特征

缺甲鱼类外骨骼的组织学十分特殊，骨片和鳞片均由一种类似于无细胞骨的层状骨组织构成，没有齿质和釉质结构，如同异甲鱼类外骨骼的基层那样。外骨骼表面被以细小的瘤状或脊状突起，但是找不到齿质或似釉质保存的证据 (图6–21a–c)。孔–管系统如果存在的话，也不发育 (Gross, 1958)。

Janvier和Arsenault (2002) 首次在真显鱼内骨骼中发现主要由中空的细小球状体组成的钙化软骨。这些球状体通过其壁或中间的基质，呈泡沫状松散状相互附着在一起。组织学切片显示这些球状体有时被分成两个腔室，且它们的壁由钙化软骨组成，保存了生长环的证据 (图6–21d)，这种结构与七鳃鳗的非钙化软骨惊人相似，而与骨甲鱼类和盔甲鱼类的球状钙化软骨不同。

6.3.4　系统分类

缺甲鱼类外骨骼和内部解剖信息也有限，因此它们的系统发育关系并不明确。一般来说，广义的缺甲鱼类可分为两大类 (图6–22a)。一类以咽鳞鱼为代表的典型的缺甲鱼类，归入长鳞鱼目 (Birkeniida)，包括节鳞鱼、长鳞鱼、翼鳞鱼、裸头鱼等。其重要鉴别特征包括身体覆盖背腹拉长呈"V"形排列的鳞片，头部也覆盖许多成对排列的外骨骼小甲片，鳃后具典型三角形鳃后棘，这部分缺甲鱼可以被称为狭义缺甲鱼类。另一大类是全身裸露，没有外骨骼，不具备缺甲鱼典型特征的莫氏鱼目 (Jamoytiiformes)，其中最著名的是发现于苏格兰地区志

图6–19 勒鳞鱼(*Legendrelepis*)外表形态 (杨定华绘)

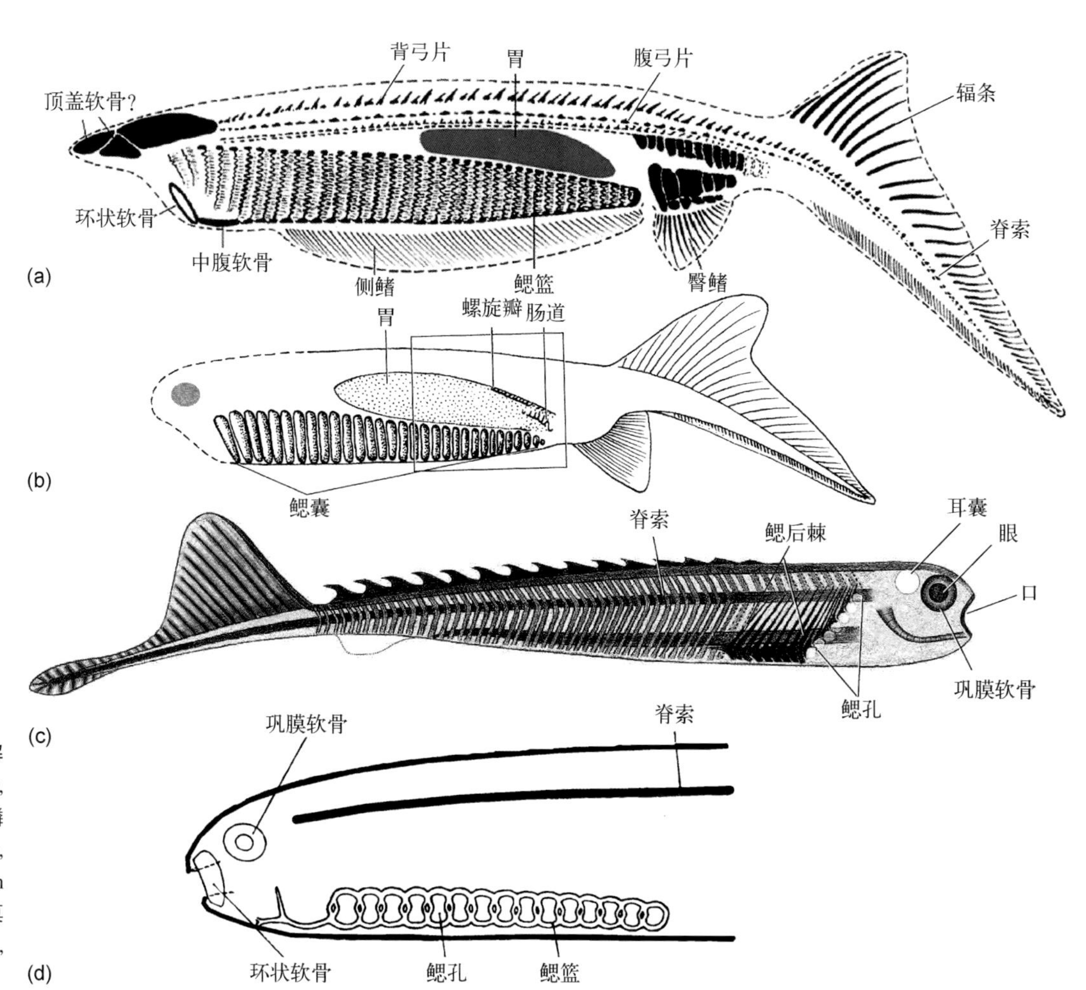

图6–20 缺甲鱼类内部解剖 a. 真显鱼，侧视(Janvier, Arsenault, 2007); b. 迹鳞鱼，侧视(Arsenault, Janvier, 2010); c. 裸头鱼，侧视(Van der Brugghen, 2010); d. 莫氏鱼(Moy-Thomas, Miles, 1971)。

留系兰多维列统的莫氏鱼，另外还有加拿大魁北克地区的上泥盆统发现的迹鳞鱼、真显鱼、勒鳞鱼，以及苏格兰北部中泥盆统艾菲尔阶的阿卡纳鱼 (*Achanarella*) 和角鱼 (*Cornovichthys*) 。这类缺甲鱼外表看起来像七鳃鳗，全身裸露没有外骨骼，口部还可能保存了环状软骨，可能与七鳃鳗有着比较近的亲缘关系 (图6–22a) ，但它们的尾型为强烈的下歪尾，与七鳃鳗明显不同。因此，莫氏鱼目到底与七鳃鳗还是与典型缺甲鱼类关系最近，目前存在很大争议。莫氏鱼和真显鱼曾被认为是七鳃鳗类的近亲 (Arsenault, Janvier, 1991; Gess et al., 2006) ，但现在大多数系统发育分析结果认为，它们与典型缺甲鱼类具有较近的亲缘关系 (图6–6) ，常在系统发育分析中被作为缺甲鱼类的外类群，也可纳入到广义的缺甲鱼亚纲之下 (Sansom et al., 2010) 。

对于狭义缺甲鱼类的内部系统发育关系，早期观点认为裸头鱼是一种非常特化的缺甲鱼类，其非常简化的鳞片是一种衍生特征，是鳞片退化的结果 (Janvier, 1996b; Arsenault, Janvier, 1991) (图6–22a) ；但最近基于简约性

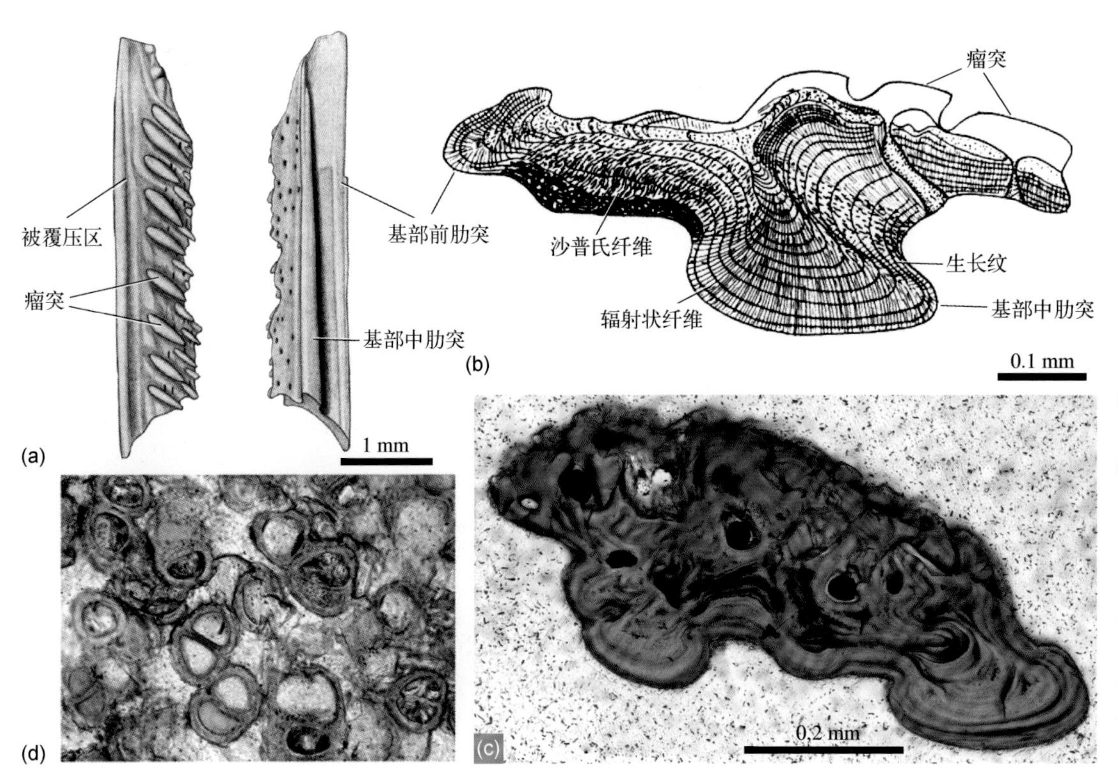

图6-21 缺甲鱼类的组织学 a. 缺甲鱼类(不定属)不完整鳞片素描冠视(左)和基视(右); b. 缺甲鱼类(不定属)鳞片纵切面解释性素描图(a、b引自Gross, 1958); c. 节鳞鱼组织学切片(Paleobiodiversity in Baltoscandia, 2017b); d. 真显鱼钙化软骨组织学切片(Janvier, Arsenault, 2007)。

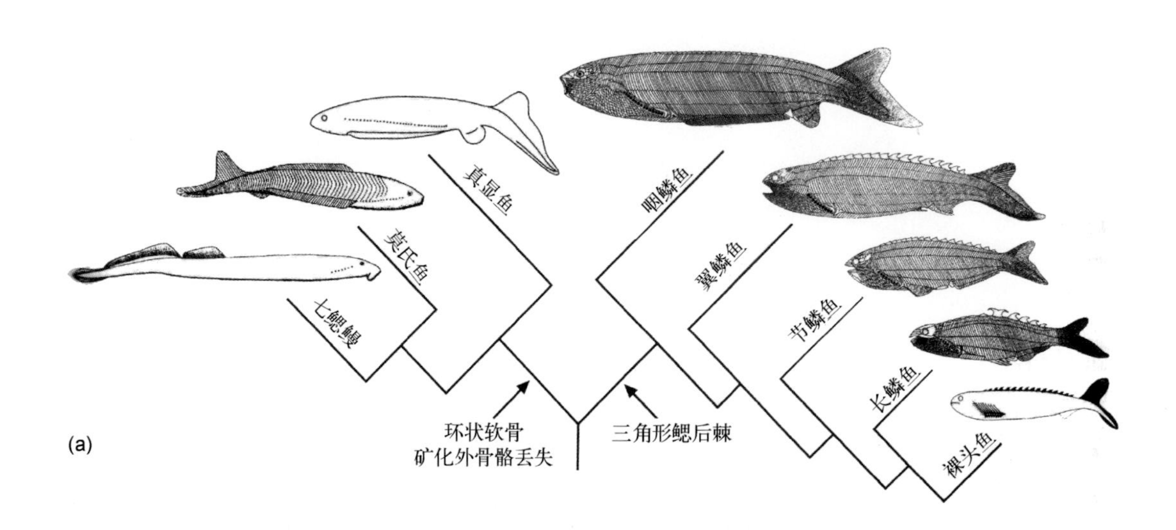

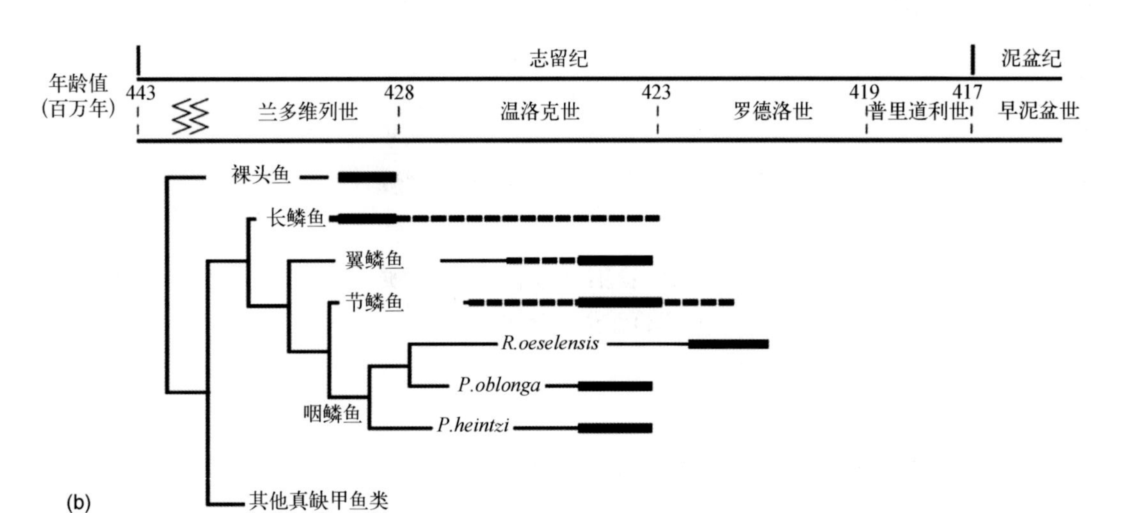

图6-22 缺甲鱼的系统分类 a. 广义缺甲鱼类并系假说(Arsenault, Janvier, 1991; Janvier, 1996b); b. 狭义缺甲鱼类系统发育关系及地史分布(Blom, 2012)。

的系统发育分析结果却显示裸头鱼可能处于典型缺甲类最基干的位置，简化的鳞片代表了一种原始特征 (图6–22b)。

6.3.5 生活方式

缺甲鱼类大多具强烈的下歪尾和发育的侧鳍。Parrington (1958) 认为下歪尾能够产生使身体前部的向下倾斜的力，非常适合底栖动物在水底滤食；相反，Ritchie (1964) 却认为“鱼类运动方式的表明，一个强烈的下歪尾有助于鱼类身体前部向上倾斜”。Thomson (1971) 认为，缺甲鱼类的下歪尾与圆形尾一样可以产生各种运动；Hopson (1974) 对咽鳞鱼进行了详细的生物力学分析，并得出与Parrington (1958) 相似的结论，认为下歪尾与体重相结合，能产生作用于全身的下推力，而成对的侧鳍则会抵消这种下推力，增加缺甲鱼类在水中的动态稳定性，因此缺甲鱼类很可能已具有“有限的机动性”，可以在水中转向、上升或下降，或者稳定地向上倾斜或向下倾斜地游泳。总之，尽管机动性有限，但几乎可以进行每一个基本的动作。Janvier (1987) 发现缺甲鱼类的侧鳍非常薄，并有大量软骨辐条支撑，外面覆盖细小的鳞片，这种结构与辐鳍鱼类的偶鳍更加相似，而非软骨鱼类。通过与辐鳍鱼类对比，他认为缺甲鱼类的侧鳍能够产生从前到后运动的波，推动鱼体慢慢前行。这种偶鳍产生的缓慢运动对生活在水底滤食有机微粒的缺甲鱼类来说是非常有用的。当它们不得不躲避捕食者时，缺甲鱼类可能会将身体两侧的侧鳍卷起，依靠尾巴或整个身体的波动推动自己快速逃跑 (Janvier, 1987) (图6–23)。

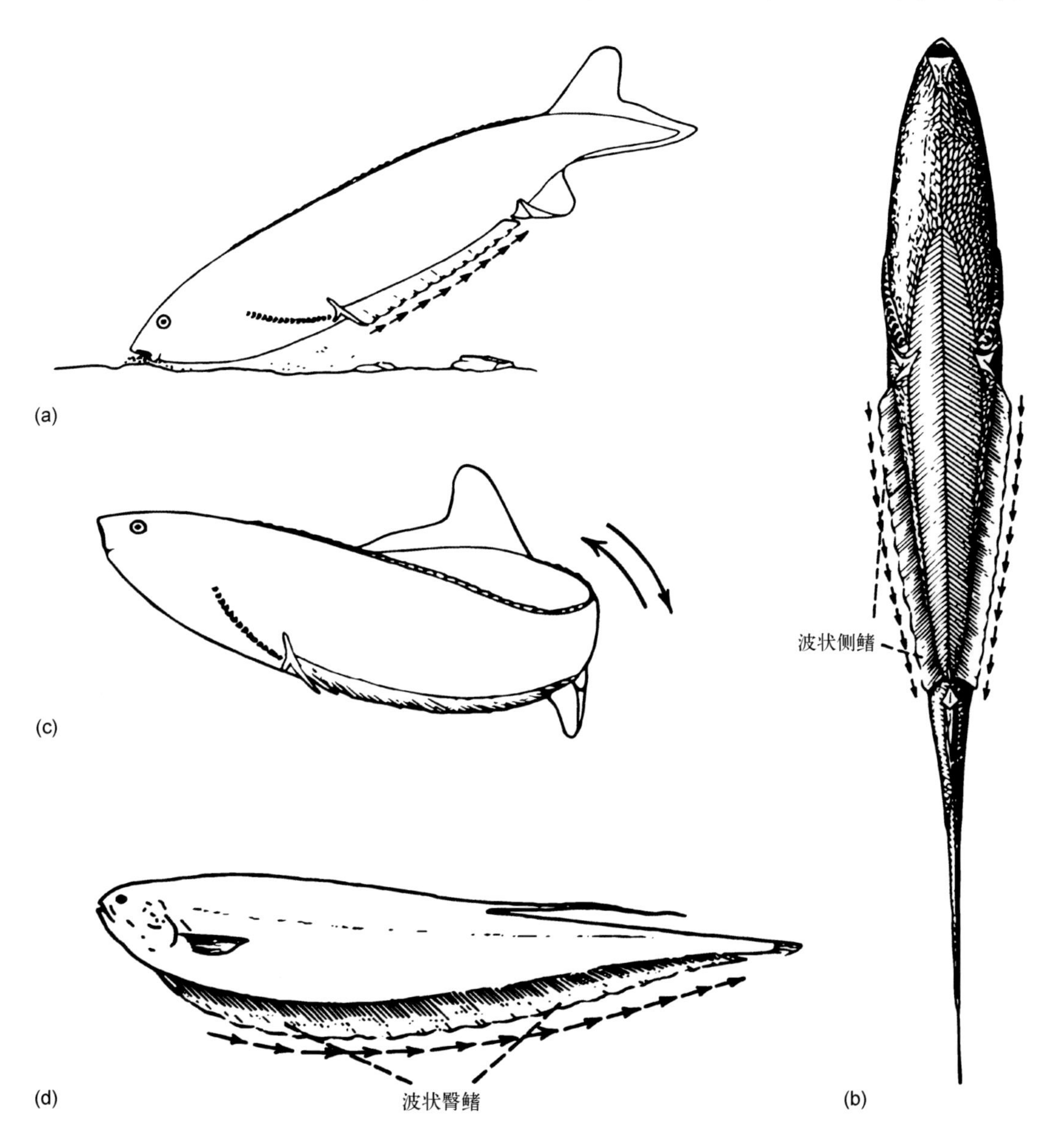

图6–23 缺甲鱼类的生活方式 a–c. 咽鳞鱼，示拉长的波状腹侧偶鳍；d. 现生辐鳍鱼类裸鱼目电鳗 (*Sternarchus*) 示波状臀鳍，两者可能有着相似的功能。(Janvier, 1987)

6.3.6 地史分布

典型的缺甲鱼类生活在志留纪兰多维列世到志留纪最晚期的北美和欧洲 (图6–22b)，比如了解最多的咽鳞鱼、翼鳞鱼和节鳞鱼都来自挪威的灵厄里克 (Ringerike) 志留纪温洛克世—罗德洛世地层。莫氏鱼在志留纪早期已经出现，但一些类似莫氏鱼 (*Jamoytius*) 的种类在美国的早泥盆世地层被发现。迹鳞鱼、真显鱼和勒鳞鱼都来自加拿大魁北克米瓜莎地区的上泥盆统。刘时藩 (1983) 报道了产于重庆秀山回星哨组中的一些无颌类化石，其中包括一件被归入缺甲鱼类的鳞列，这些鳞列印痕与盔甲鱼类的头甲位于一块石板上，应属于该盔甲鱼的头后躯干部分。所有已知的缺甲类，包括晚泥盆世全身裸露的类型都是海生的，且最有可能是生活在光合作用带的甲胄鱼类 (Janvier, 1996)。

6.4 花鳞鱼亚纲

花鳞鱼类是一类具有完全矿化的微型鳞状外骨骼的甲胄鱼类，通体覆以形似盾鳞的小鳞，偶有完整鱼体发现，因此对其了解极不充分，其鉴定往往依据鳞片基部的形态，这是一个经常演变的鳞片固着结构。虽然有少数几属的完整个体被发现，但由于缺少骨化的内骨骼与较大的外骨骼甲片，复原其三维特征也是困难的。在保存时其背侧往往被压平，尾部歪倒向一侧，这可能预示着其身体比较低平。但最近发现自加拿大志留纪和早泥盆世的一些保存较好的标本显示，其身体是侧扁的，显示了花鳞鱼类较大的形态分异度。花鳞鱼的鳞片在奥陶纪至泥盆纪的海相沉积物中相当丰富，全球广泛分布，是区域地层对比的好材料。中国泥盆纪地层中也有花鳞鱼化石的发现。

花鳞鱼类的单系性及其系统发育位置一直都是研究的重点问题。关于花鳞鱼类是否是单系类群仍在争论中，支持花鳞鱼类是单系的研究者认为，其鳞片特征可用于定义该类群 (譬如Turner, 1991)，但是也有人认为这些鳞片特征很可能是具有外骨骼脊椎动物的原始特征，并不是花鳞鱼类的自有裔征 (譬如Janvier, 1981, 1996)。尽管如此，本书依然采用Wilson和Märss (2004, 2009) 的系统发育分析结果，将花鳞鱼类作为单系来简化处理。即使作为单系的花鳞鱼类，与其他无颌类和有颌类的系统发育关系也是有争议的问题，与异甲鱼类为姐妹群 (Halstead, 1982)、与盔甲鱼类为姐妹群 (Donoghue, Smith, 2001)、与骨甲鱼类为姐妹群 (Gess et al., 2006)、与有颌类的软骨鱼类为姐妹群 (Turner, 1991; Turner, Miller, 2005) 等可能性都被提出过。这种不确定性可能是由于完整的花鳞鱼标本也仅仅保存了很少的解剖学信息 (如鳞片形态和分布，鳍的位置和形态，头部的外部形态等)，而内颅等特征完全没有保存。尽管如此，该类群对研究相关特征 (偶鳍，尾型，体型等) 在颌起源之前的演化仍具有重要意义 (Wilson et al., 2007)。

6.4.1 外部形态

这里以欧洲志留纪的刺椎鳞鱼 (*Lanarkia*)、都灵鱼 (*Turinia*)、马钱鱼 (*Loganellia*) 和脉鳞鱼 (*Phlebolepis*) 为代表的扁平类型和加拿大泥盆纪的足球鱼 (*Pezopallichthys*)、叉尾鱼 (*Furcacauda*) 为代表的高度侧扁类型来介绍花鳞鱼的外表形态 (Wilson, Caldwell, 1993) (图6–24)。

产于欧洲志留系的刺椎鳞鱼是一类小型花鳞鱼，两眼分开，且相距较远，具有一对三角形侧位鳍褶和一个叉形的下歪尾。身体由脊状鳞片覆盖，其中一些鳞片个体较大并沿纵向分布。鳃可能位于一对侧鳍褶之间的腹侧。

马钱鱼与刺椎鳞鱼有很多相似处，但马钱鱼的鳞片小，并有一膨大的基部，有7 ~ 8对非常明显的鳃，位于一对侧鳍褶之间的腹侧。眼眶被两块新月形骨片包围，有一背鳍和一臀鳍。尾鳍为叉形下歪尾，下叶较大，可能含有脊索。尾鳍鳍网显示出增大鳞片的向后扩展辐射带，与异甲鱼类的情况较相似。

脉鳞鱼是一类产于爱沙尼亚志留系的具有大型髓腔舟形鳞的小型花鳞鱼。眼同样被两块新月形骨片包围，奇鳍和尾部的情况与马钱鱼相同。尽管侧线系统可能存在于绝大多数甚至全部的花鳞鱼中，但脉鳞鱼是其中唯一侧线系统被详细研究的属种。侧线系统由相互联通的封闭管道组成，并通过鳞片上的微小孔隙与外界相通。与大部分脊椎动物一样，其由眼眶上方的发散状线和大致平行的横向线组成。这类感觉管在身体背侧和腹侧都存在，并延伸至尾部。

足球鱼是产自加拿大北极地区志留系温洛克统的身体高度侧扁的一类小型花鳞鱼类。头部和鳃区呈水桶形，身体中部有一很大的罗锅形驼背，约有9个外鳃孔；有一个明显的尾柄 (caudal peduncle)，大约是身体最大长度的三分之二；尾为对称的圆尾型，在形状上与许多异甲鱼类相似，具12个中间尾叶，没有背鳍。产自加拿大下泥盆统的叉尾鱼，身体也是高度侧扁，头部较小，呈圆锥状；具有一对腹侧鳍褶和背鳍，尾柄很短，且极度侧扁；尾鳍

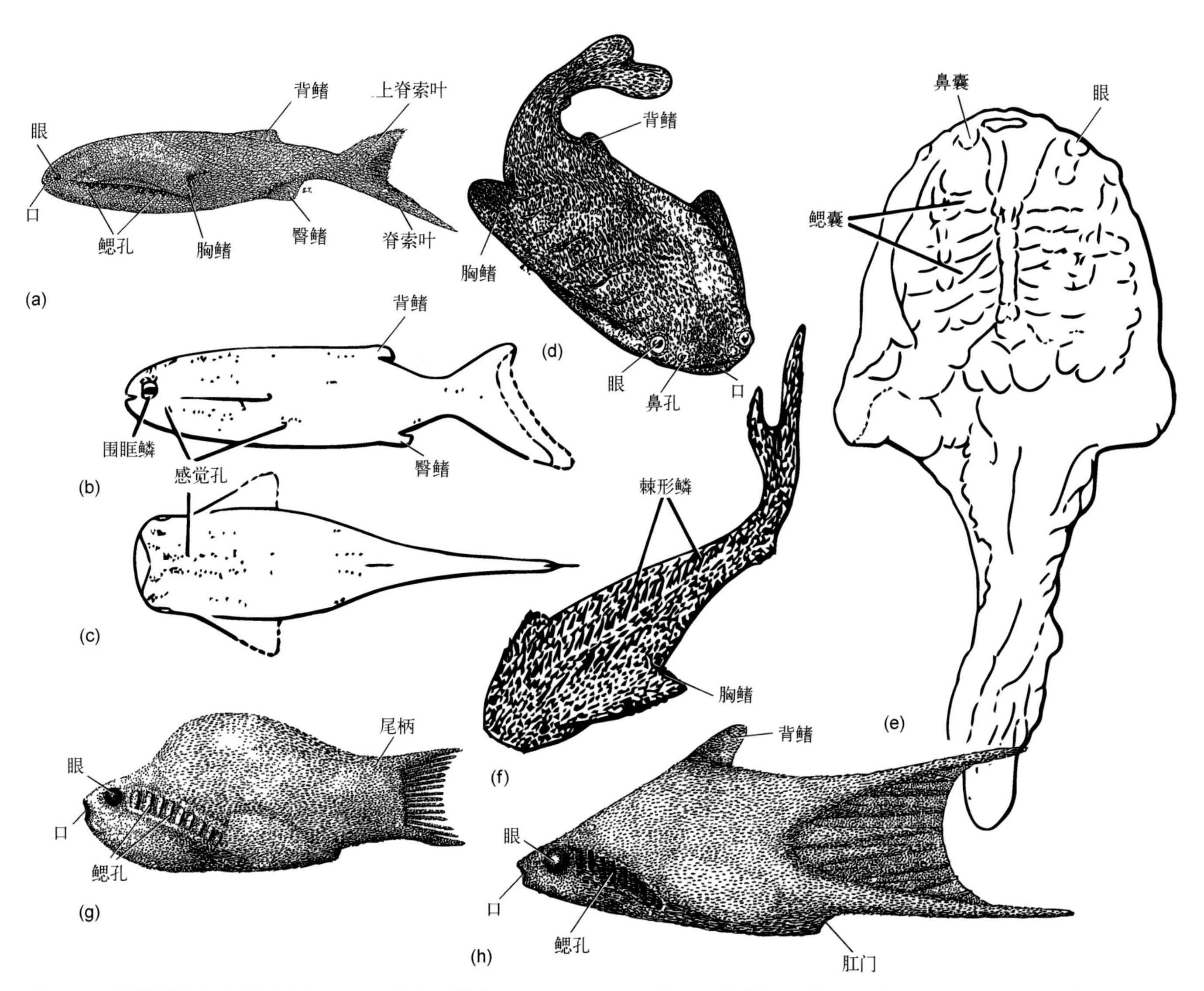

图6–24　花鳞鱼的外表形态与内部解剖　a. 马钱鱼，侧视（Halstead, Turner, 1973）；b，c. 脉鳞鱼。b. 背视；c. 腹视（Märss, 1979）；d，e. 都灵鱼。d. 前侧视；e. 内模，背视（Turner, 1992, 1991）；f. 刺椎鳞鱼，前侧视（Turner, 1992）；g. 足球鱼，侧视；h. 叉尾鱼，侧视（g、h引自Wilson, Caldwell, 1993）。

大大增大，亦为对称的叉形尾，中间鳍叶少于10个，背腹的鳍叶小于中间的鳍叶，尾鳍网上有鳞片覆盖，肛门位于尾叉前端后腹方。

6.4.2　内部解剖

除一些标本中保存的印痕外，我们几乎对花鳞鱼的内部解剖结构一无所知。部分马钱鱼的标本显示了一些内部结构的印痕，比如眼、嗅觉器官、脑和“鳃篮”（图6–25）。“鳃篮”与缺甲鱼类莫氏鱼的情况颇为类似。在加拿大足球鱼中也发现了大的眼、侧位倾斜排列的鳃和奇怪的圆柱形“胃”，胃的腔室很大，占据了整个消化道的大部分空间，并通过一短的逐渐变细的肠道与肛门相连。

一件保存完好的苏格兰志留纪都灵鱼标本中，表面成对的起伏结构或许代表了鳃囊的模糊印痕（图6–24e）。然而，花鳞鱼内部解剖的材料都不能提供其亲缘关系的重要信息。可以认为花鳞鱼的内骨骼没有骨化，如果从印迹中对其脑颅的识别是正确的，则其脑颅比七鳃鳗更发达，这与鲨鱼或盾皮类颇为类似。

嗅觉器官看起来好像是成对的，最近从保存良好的马钱鱼标本的酸处理中识别出各种各样的咽内小齿，可以提供一些花鳞鱼内部结构的信息，其尺寸为外部鳞片的1/4（图6–25）。在吻部，这些小齿均指向前方，这与脊椎动物中常见的牙齿或咽齿的方向并不相同，小齿指向后方，有利于传送食物颗粒进入消化道。这些指向前方的小齿使人联想到盔甲鱼鼻孔吻端指向朝前的瘤状凸起。如果这种解释是正确的，则花鳞鱼具有的位于吻端的大型椭圆形开孔应该解释为鼻孔，而非原来认为的口孔（Janvier, 1996）。咽后方的小齿则均指向后方；两侧鳃区有许多细长小齿集合，其有时融合形成钩状的一组，

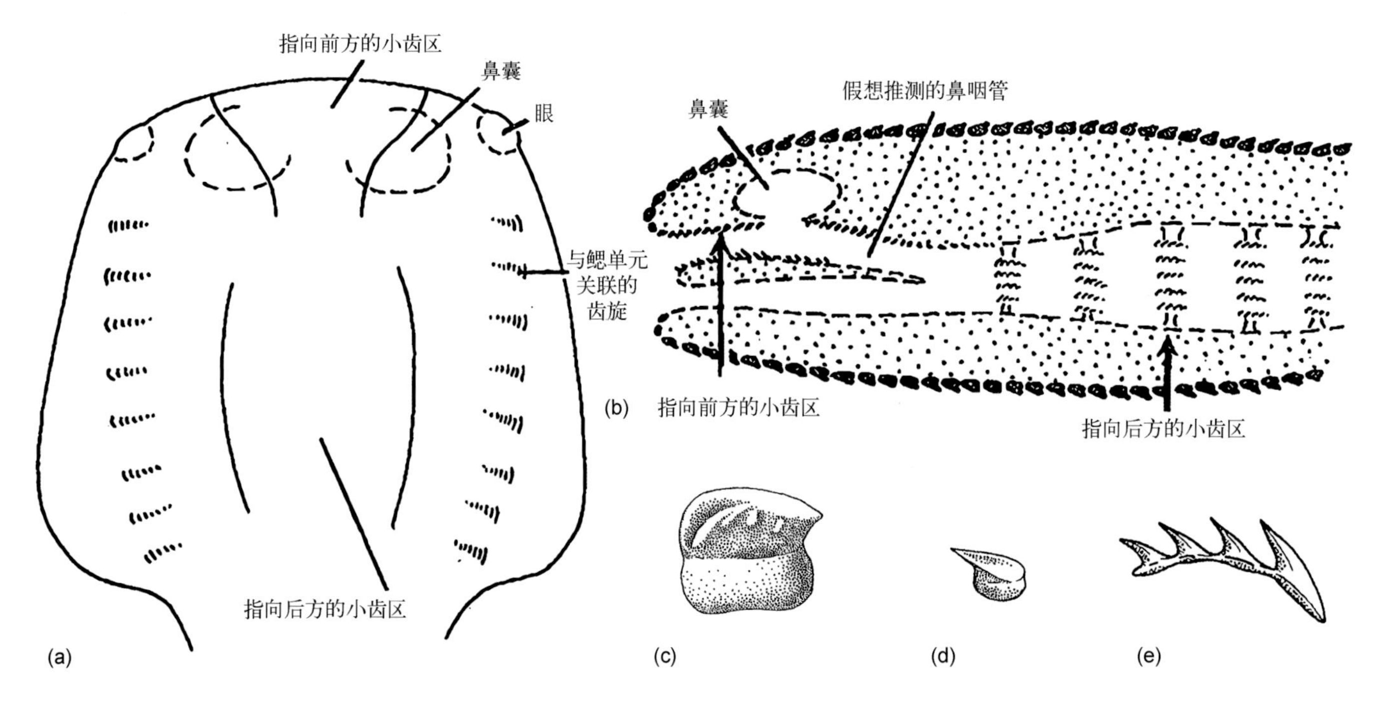

图6–25 花鳞鱼类马钱鱼的内部解剖 a. 头部解剖示意图，背视，示三种类型的体内齿的位置（引自Van der Brugghen, 1993）; b. 假象的头部中矢切面，示指向前方体内小齿的位置；c. 体外鳞片；d. 指向前方的体内小齿；e. 鳃区的齿旋（b–e引自Janvier, 1996）。

这与早期有颌类的咽齿旋非常相近，并且可能与鳃间隔或鳃盖有关。马钱鱼是唯一在头部发现体内咽齿的无颌类，这种情况与有颌类比较相似，因此一部分人认为花鳞鱼可能比其他无颌类类群在亲缘关系上更接近有颌类(Janvier, 1996)。

6.4.3 组织学特征

花鳞鱼类具有独特的鳞列系统，身体不同区域的鳞片形态各异，因此，对完整的花鳞鱼标本可以对其鳞列系统进行细致的分区。某些属种的分区甚至多达10个(Turner, 2000)。从形态上看，花鳞鱼类的鳞片可分为冠部 (crown)、颈部 (neck) 和基部 (base) (图6–26a–c)，这种外形特征与现生软骨鱼的楯鳞十分相似，不同之处在于花鳞鱼类鳞片的颈部通常没有开孔，且很多花鳞鱼类的鳞片基部具有连接真皮层的固着结构 (通常为一刺突状构造)。不同身体区域及不同属种的鳞片在冠部纹饰和形状、颈部高低以及基部的髓腔形态有所不同，而鳞片在个体生长过程中基部深度和基部髓腔开口的模式会发生变化。

从古组织学上看，鳞片冠部和颈部都由齿质组成，基部类似骨组织，但没有骨细胞，与异甲鱼类的无骨细胞骨相似，基部通过沙普氏纤维与身体连接 (图6–26d, e)。目前鳞片在组织学上被分为10类 (Märss et al., 2007)，主要区别在于齿质管的分布和粗细、髓腔 (管) 的形态和数目等特征。古组织学特征也是目前对微体鳞片化石进行分类的最重要依据。花鳞鱼的组织学特征是否具有比其他无颌类类群多、比有颌类少的多样性意义，这点还未确定。比如Turner (1991) 宁愿将其解释为后齿质 (metadentine)、正齿质和类似中齿质之间的过渡体，但更接近哪一方则仍未下定论。

6.4.4 系统分类

Märss等 (2007) 对已发现的完整标本共计25种花鳞鱼类，进行了详细总结，从外形上看可分为两个大类：一类是主要发现于苏格兰和爱沙尼亚地区的类群，其具有相对均一的体型 (纺锤形或前部略微扁平)，亦被称为传统定义的花鳞鱼类；另一类则是发现于加拿大麦肯锡山 (Mackenzie mountains) 地区的叉尾鱼目。叉尾鱼目与传统定义的花鳞鱼在鳞片结构上非常相似，但鳞片更小，其典型特征是具有高度侧扁的身体，罗锅状的背部隆起，大眼，倾斜排列的鳃孔，突出的肛槽、大的近于对称的叉形尾。独特的尾鳍表明它们可能与异甲鱼类有着一定亲缘关系。总之，花鳞鱼可能是目前最神秘的甲胄鱼类，但因其能提供许多早期脊椎动物的总体形态学信息，因此同样是早期脊椎动物研究中极具潜力的类群。

6.4.5 生活方式

传统花鳞类依然具有扁平头部，可能与其他甲胄鱼

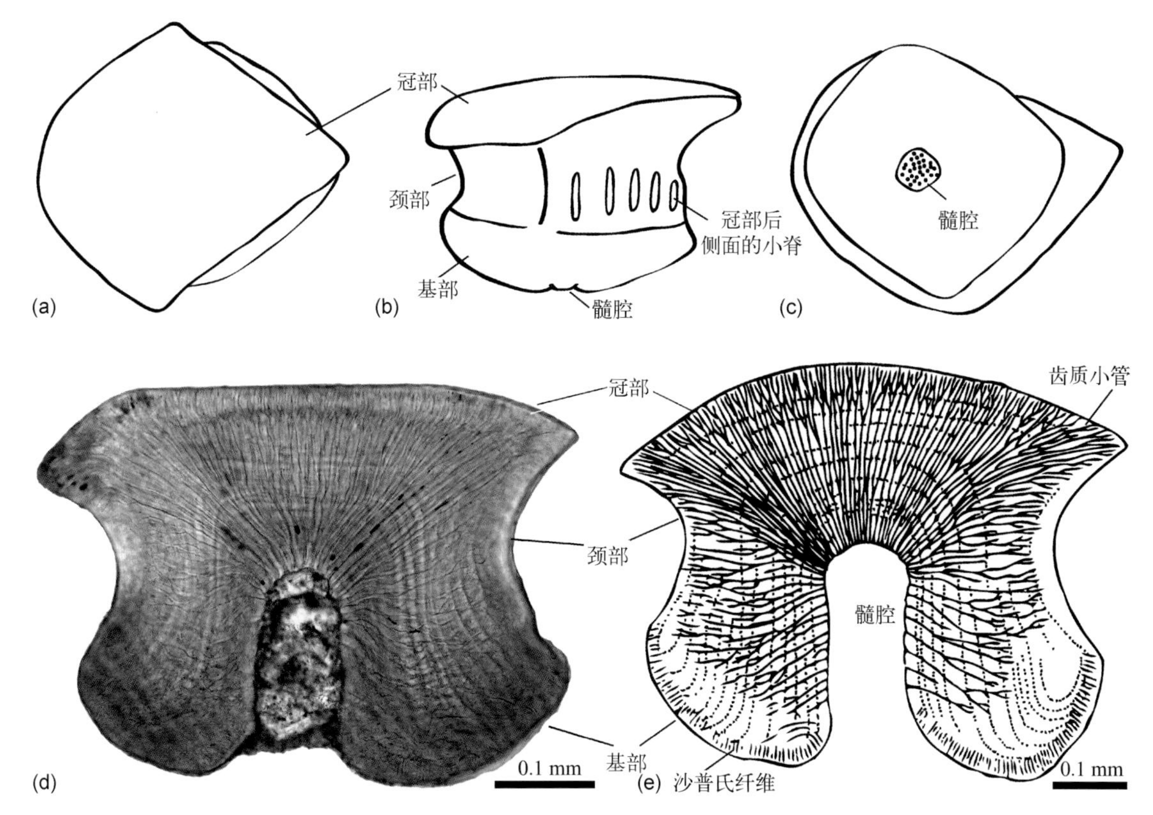

图6–26 花鳞鱼鳞片组织学基本特征 a–c. 爱沙尼亚志留纪花鳞鱼(*Thelodus*)体部鳞片素描图(Gross, 1967)。a. 冠视;b. 侧视;c. 基视;d. 体部鳞片纵向切片照片,GIT 232–112(Geoscience collections of Estonia, 2017);e. 体部鳞片纵向切片素描图(Märss, 1986)。

类一样,营底栖滤食生活。但是花鳞鱼类中的叉尾鱼目是目前已知唯一具有深度侧扁体型的无颌类,尾部尺寸占整个身体的比例最大,其他一些显著的形态特征包括大的眼、咽后具有胃一样的腔室、背鳍、倾斜的鳃孔、腹鳍和“前臀鳍”等。一般认为,深度侧扁的体型与较高的侧向机动性相关,较大的尾部能产生较大的推动力,因此能提高或加速穿过底层的能力(Soehn, Wilson, 1990; Pellerin, Wilson, 1995)。胃一般也只是出现在食较大食物的类群里,而滤食或食碎屑生物一般都没有胃;较大的眼一般被认为能是快速发现捕食者的一种适应性特征。因此,Wilson和Caldwell (1998) 认为,一些身体高度侧扁、尾鳍十分发达的叉尾鱼类可能逐渐变得强大,成为灵活的游泳者。它们当中一些属种可能不再局限于底栖生活,会像一些异甲鱼类那样营自游泳生活,并能很自由地接近水面觅食(图6–27)。

6.4.6 地史分布

花鳞鱼类微体化石在全球海相地层分布广泛,最早出现于中奥陶世,灭绝于晚泥盆世。花鳞鱼似乎大多是主动游泳的海洋动物,其鳞片特征明显,演化速度较快,非常适合作为标准化石,在欧洲波罗的海地区建立的志留纪脊椎动物年代地层格架中具有重要作用(Märss et al., 1995)。奥陶纪的花鳞鱼类化石主要是一些单独的鳞片;世界各地的志留系罗德洛统—下泥盆统都有花鳞鱼类大量的鳞片和少量完整的标本发现(Donoghue, Smith, 2001; Märss et al., 2007);中—上泥盆统花鳞鱼类分布局限在冈瓦纳大陆及其周缘(伊朗,澳大利亚,南极),并在上泥盆统法门阶最后出现。中国至今尚未发现过完整保存的花鳞鱼类标本,所有记录都是微体化石标本,均属散落的鳞片,隶属副花鳞鱼(*Parathelodus*)、都灵鱼2属,另外,还有尼考里维鱼科的一个待定属。副花鳞鱼属含5种,该属迄今只发现于云南和四川洛赫考夫期地层中(王念忠,1997),为泛华夏盔甲鱼生物区系分子之一。都灵鱼属是一世界性分布的属,在中国发现于云南和广西,下泥盆统到中泥盆统均有。副花鳞鱼属的鳞片显示了志留纪花鳞鱼和泥盆纪都灵鱼两者的古组织学镶嵌特征,指示中国产出的花鳞鱼类不同于其他地区同时代的化石,具有强烈的地域性(Wang, 1984, 1995;王念忠,1997)。因此,中国发现的花鳞鱼类对该类群在全球的古地理分布研究具有重要意义,为中国部分地区古生代地层的海相—非海相对比提供了新的证据。

图6–27　花鳞鱼的生活方式复原（引自Wilson, Caldwell, 1998; M. W. Caldwell绘）

6.5　茄甲鱼亚纲

除了花鳞鱼的微体鳞片外，茄甲鱼类是志留—泥盆纪时期唯一发现于南半球的甲胄鱼类，仅有2属：茄甲鱼(*Pituriaspis*)和尼雅坝鱼(*Neeyambaspis*)(Young, 1991)。尽管这2属都具一个长的吻突，但两者间的差别还是非常大的(图6–28)。

6.5.1　外部形态

尼雅坝鱼头甲中部似乎拥有一个巨大的中背孔，如果这面代表了背面的话，则与盔甲鱼类的情况比较相似。茄甲鱼的材料较为完整，头甲较长，呈背腹向扁平状，分为背甲和腹甲，腹甲上有一较大的口鳃窗，与骨甲鱼类的非常相似，但头甲背面则与骨甲鱼截然不同。头甲两侧向后侧方伸出一对突出的角，角内侧具有明显的胸鳍附着区，可能是胸鳍与头部连接的关节。眶孔明显分开，两侧各具一功能不明的近眶凹(可能为感受器)。没有松果体孔和鼻垂体孔，口孔可能位于靠近吻突的腹面。

6.5.2　内部解剖

一些内部结构的内模指示，茄甲鱼类可能有像盔甲鱼和头甲鱼那样的钙化软骨或矿化的内骨骼，但鉴于头部内部解剖形态的模糊保存，已难以做进一步解释，目前只能识别出一对彼此分开的类似端脑或嗅觉器官的构造以及脑区的印痕(图6–28d)。对外骨骼组织学的唯一认识就是外表面覆盖有细小的瘤状纹饰。

6.5.3　系统分类

茄甲鱼类与骨甲鱼类和有颌类都有易于识别的胸鳍附着区，而这三者与盔甲鱼类都具有钙化的软骨或矿化的内骨骼，因此被暂时放在与这三个类群相近的位置(图6–6)。

6.5.4　地史分布

茄甲鱼亚纲的早期标本均发现于澳大利亚昆士兰地区乔治娜盆地(Georgina basin)克雷文峰层(Cravens Peaks beds)，该层曾经发现花鳞鱼鳞片和盾皮鱼类伍塔鱼(*Wuttagoonaspis*)骨片，时代为早泥盆世；后期标本大量收集于托克向斜(Toko Synclines)地区，大多保存在可能为三角洲或淡水沉积物中。该地区除花鳞鱼和盾皮鱼类伍塔鱼(*Wuttagoonaspis*)外，还发现大量节甲鱼类、硬骨鱼类、棘鱼类的鳞片和棘刺，软骨鱼类的鳞片和牙齿等早期脊椎动物化石。

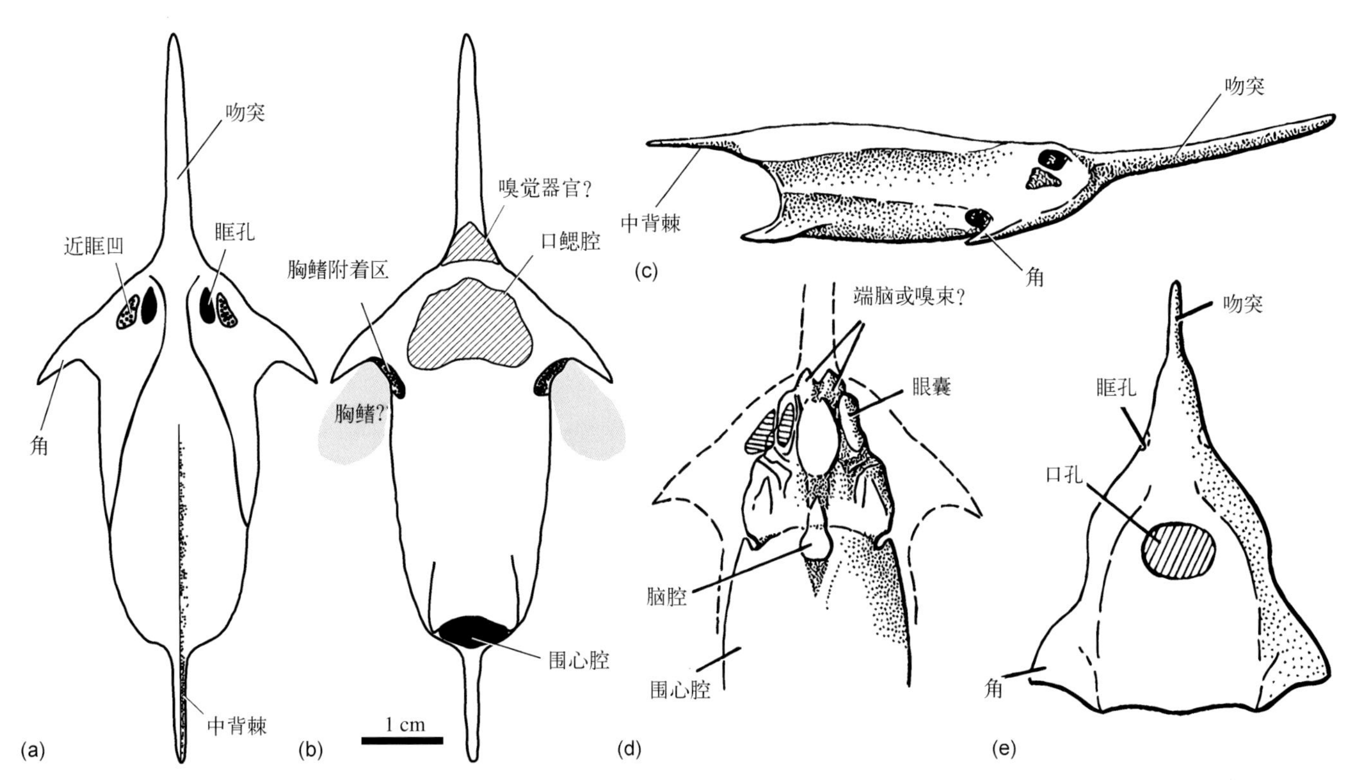

图6–28 茄甲鱼类外表形态与内部解剖 a–d. 茄甲鱼。a. 背视；b. 腹视；c. 侧视；d. 内部空腔的内模复原；e. 尼雅坝鱼，背视。(Young, 1991)

6.6 骨甲鱼亚纲

骨甲鱼亚纲是甲胄鱼类中发展非常成功的一个类群，总共辐射演化出200多种，主要发现于欧洲、西伯利亚、中亚、北美等地区的志留纪罗德洛世—晚泥盆世的地层里。它也是甲胄鱼类中外部形态与内部解剖都了解得较清楚的一个门类。

典型的骨甲鱼类的整个头部被一整块半圆形或马蹄形外骨骼头甲包裹，因头甲外骨骼主要是由一种含有骨细胞的细胞骨组成，因而得名骨甲鱼。骨甲鱼类一个共近裔特征是，头甲两侧和中央具有发育的侧区和中央感觉区，这些感觉区通过放射状管道与内耳相连，这些感觉区可能是一种发电器官，就像现生的电鳐一样，能通过电场变化感知外来物体。

在漫长的演化过程中，骨甲鱼类的头甲适应性地演化出很多类型 (图6–29)，有长方形、马蹄形、六边形，在一些较晚的种类中还出现了拉长子弹形。有些类型头甲还演化出带有指向后方的中背棘或细长角，有些甚至在前端还有一个或一对长吻突。骨甲鱼类也是最早具有成对胸鳍的无颌类，一对扇形的胸鳍附着在头甲两个胸角之间，胸鳍外面覆盖有小型鳞片，内部有内骨骼支撑，表明其游泳能力大大加强了。

骨甲鱼类因具有一个与现生七鳃鳗惊人相似的钥匙孔形鼻垂体孔，长期以来一直被认为与七鳃鳗有着较近的亲缘关系，并与缺甲鱼类一起组成一个单系类群——头甲鱼形纲。骨甲鱼类同时具有许多有颌类的特征，例如细胞骨、软骨外成骨、巩膜环、上歪尾、胸鳍等。目前，大多数分支系统学研究表明，骨甲鱼类是无颌类中与有颌脊椎动物亲缘关系最近的一个类群，它们与七鳃鳗有许多惊人相似之处，可能只是平行演化的结果 (图6–6)。

6.6.1 外部形态

骨甲鱼外部形态将以苏格兰志留纪早期的缺角鱼 (*Ateleaspis*) 所代表普遍类型和爱沙尼亚志留纪晚期的洞甲鱼 (*Tremataspis*) 所代表的特化类型为例，分别予以介绍 (图6–30, 6–31)。

缺角鱼具有典型马蹄形头甲，头甲两侧具成对的称为侧区的凹陷带，其上覆以镶嵌起来的小甲片；中央有一与侧区相似的中区，内淋巴管通过在中区的中心开口与外部联通。关于这些区的功能尚不了解，一般认为与感觉有关。一对眶孔位于头甲背面，较大，彼此靠得很近，眼球被一个骨化的巩膜环包围。两个眶孔之间有一横长棒状松果体片，中央被松果孔洞穿。松果孔之前乃是纵长的哑铃状鼻垂体孔，鼻孔在前，松果孔在后。头甲沿边缘折向腹面呈帽檐状，其间是一大的圆形口鳃室，腹面由小骨片覆盖，口孔即位于该室前缘，8对鳃孔排列在口鳃

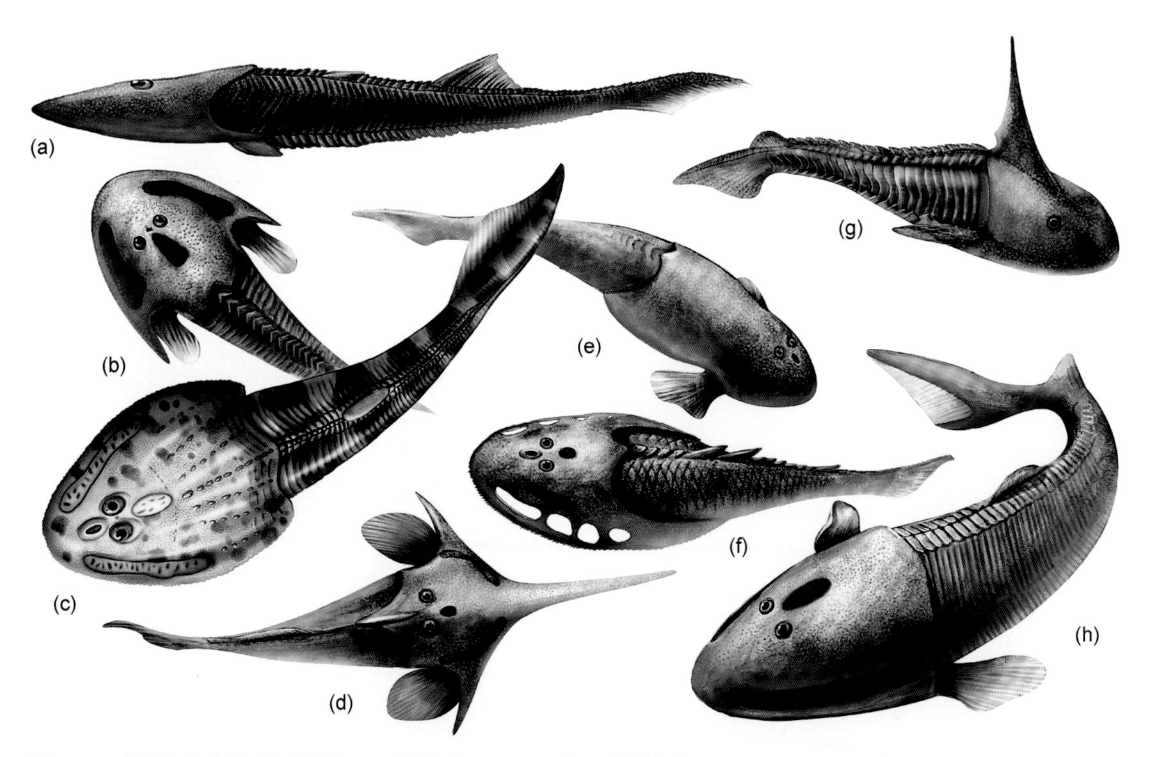

图6–29　骨甲鱼类头甲形态多样性　a. 头甲鱼（*Cephalaspis*）; b. 增甲鱼（*Auchenaspis*）; c. 洞甲鱼（*Trematäspis*）; d. 刺甲鱼（*Boreaspis*）; e. 双甲鱼（*Didymaspis*）; f. 硬甲鱼（*Sclerodus*）; g. 高甲鱼（*Meteoraspis*）; h. 半环鱼（*Hemicyclaspis*）。（杨定华绘）

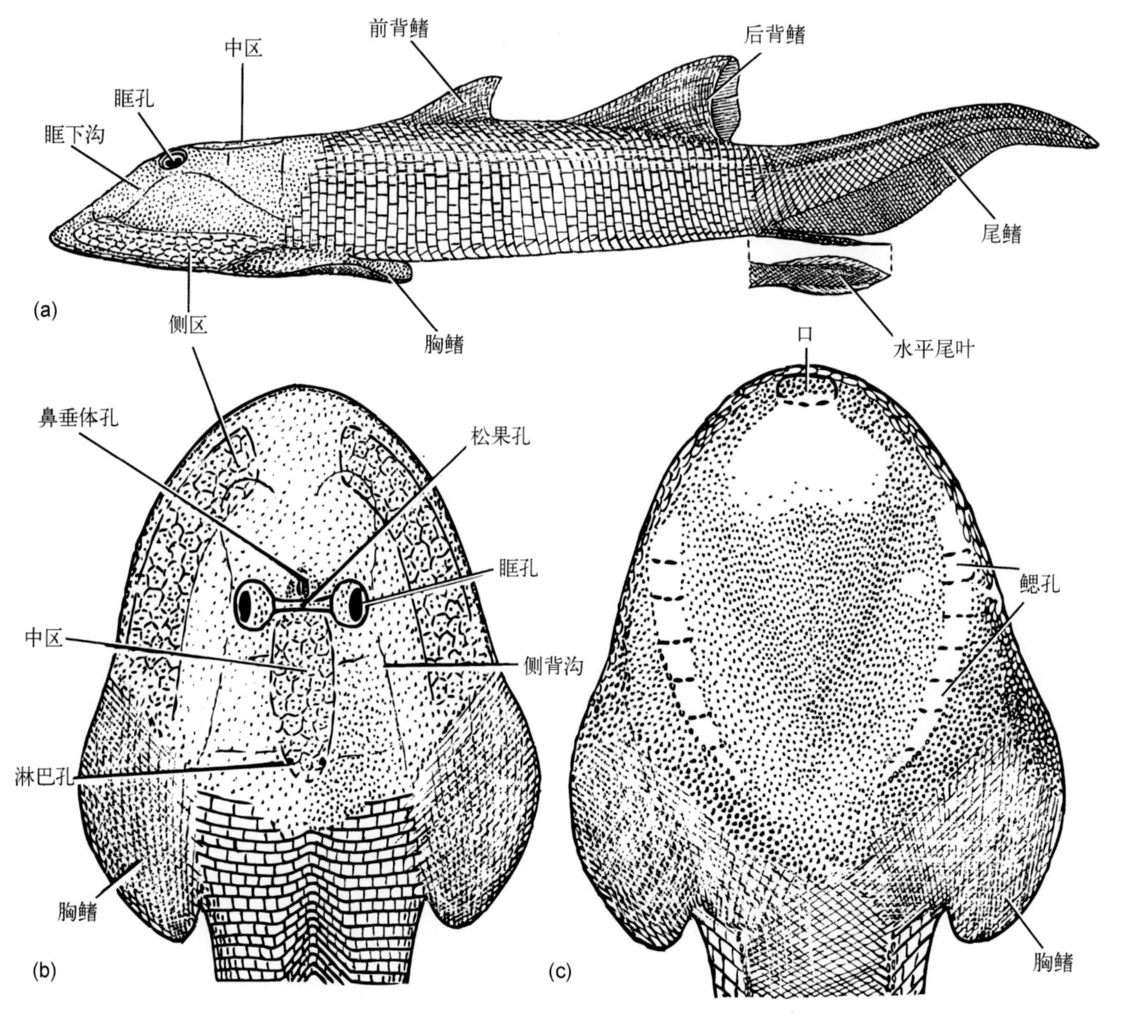

图6–30　原始骨甲鱼类缺角鱼外表形态　a. 侧视; b. 背视; c. 腹视。（Ritchie, 1967）

腔两侧 (图6–30)。

侧线系统在骨甲鱼类中是很稳定的，侧线不封闭，呈开放的沟槽状，被称为感觉沟。感觉沟的模式与大多数脊椎动物一样，分为纵贯头甲的纵沟和纵沟间横向联络的横沟，但由于其眶孔的位置太过靠上，因此不存在眶上沟。相反，主侧沟向前延伸形成环状的眶下沟。同大部分的骨甲鱼一样，头甲外骨骼纹饰由许多具有中齿质的瘤的多边形骨片镶嵌组成。除头顶部的“中区”，外骨骼都紧贴在下面的内骨骼上 (图6–30)。

身体被成排的小鳞片覆盖，没有特别的中背脊鳞，但在腹侧发育有特殊的鳞片。有两个背鳍，但前面的背鳍没有鳍网，只是一个具鳞的高凸部。尾是典型正歪尾，具有大腹网和一个平行于尾鳍的水平尾叶 (图6–30)。

洞甲鱼是骨甲鱼类中高度特化的一个类群 (图6–30)，但因其早在志留纪就已出现，头甲形态又相对简单，所以在很长一段时间内都被误认为是一种原始类型的骨甲鱼类。洞甲鱼的头甲在骨甲鱼类中是比较独特的，除侧区和中区之外，并没有见到任何小的镶嵌嵌片。头甲向后拉长，包裹身体胸部，可视为头胸甲，能保护心脏等重要内部器官，与异甲鱼类和一些原始类型的盔甲鱼如修水鱼比较相似，没有偶鳍和向后延伸的角。头甲侧区和中区都很小，侧区不连

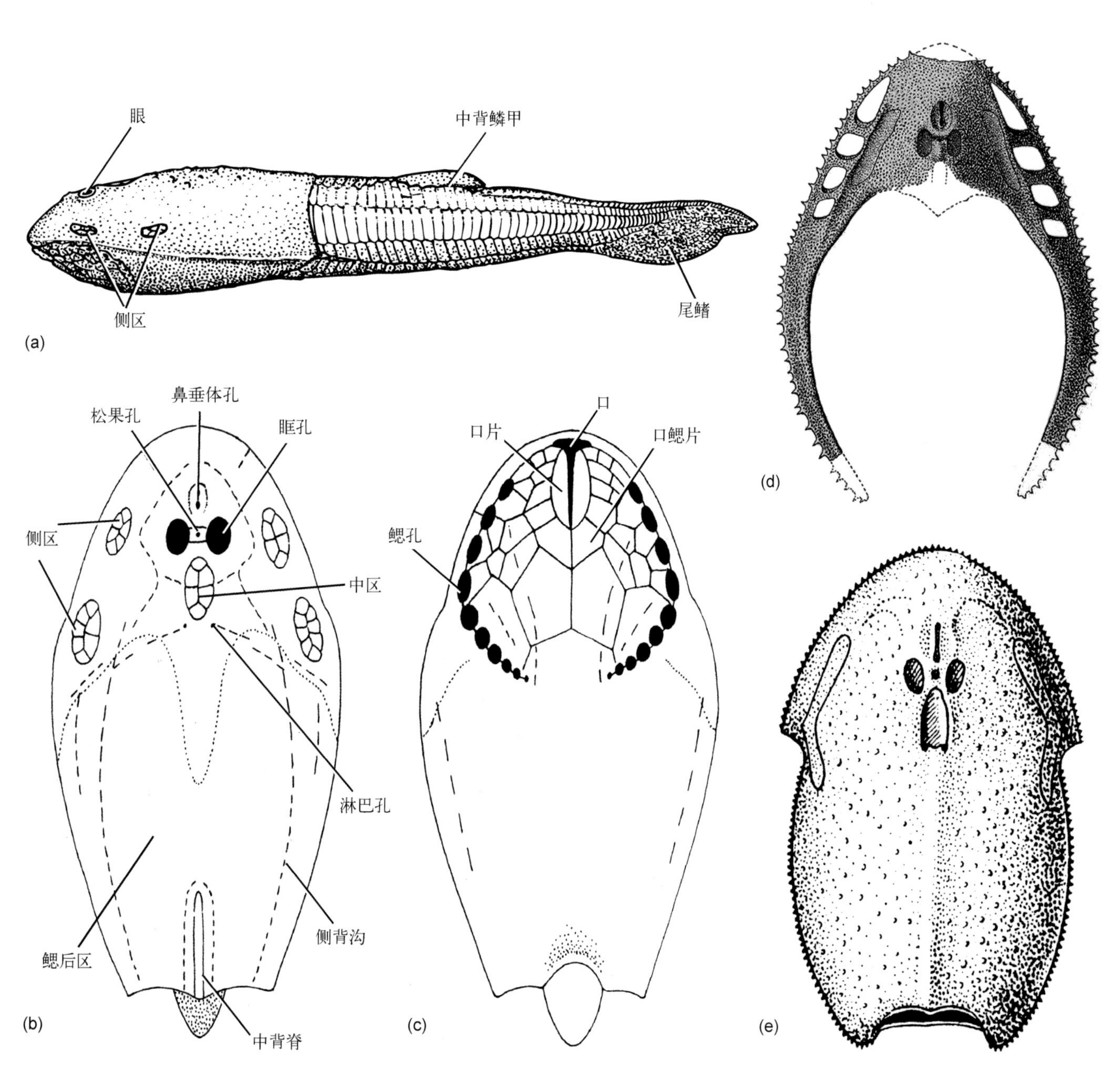

图6–31　高度特化的洞甲鱼亚科(Tremataspidinae)外表形态　a–c. 洞甲鱼。a. 侧视；b. 背视；c. 腹视(Westoll, 1958; Janvier, 1996)；d. 硬甲鱼(*Sclerodus*)，背视(Forey, 1987)；e. 双甲鱼(*Didymaspis*)，背视(Lankester, 1868–1870)。

续，分为前后两块，由于中区大大减少，导致内淋巴管在中区后方直接向外开放。有证据表明，洞甲鱼松果片可以前后轻微移动，松果体腔可能以这种方式对外开放和闭合。口位于头甲腹侧，很小，并装有两个大口片，其边缘具有微小的圆齿。头甲腹部的口鳃腔被较大骨片覆盖。

身体覆盖较大的长条形鳞片，没有背鳍，但有一个大的中背棘，可能是背鳍的退化残迹。尾鳍大大减小，其鳍网被许多多边形鳞片覆盖，不像其他骨甲鱼那样有细长的皮质鳍，这表明其运动能力较差。没有平行于尾鳍的水平尾叶 (图6–31a)。

洞甲鱼的侧线系统比较正常，没有特化，两条主侧沟越过头甲的头区，沿胸区两侧向后延伸。由于头甲胸区这部分可能来源于边缘鳞片的融合，推断所有骨甲鱼在躯干上也应有感觉沟的分布 (图6–31b, c)。

洞甲鱼属于梯厄斯忒斯鱼科 (Thyestiidae) 下的一个分支——洞甲鱼亚科 (Trematapidinae)，该亚科的原始成员都具有典型的骨甲鱼类形态特征，表明洞甲鱼特殊而简单的形态是次生的，可能代表着对于洞穴生活的一种特殊适应 (Janvier, 1996b)。

6.6.2 内部解剖

骨甲鱼类头甲内骨骼是一整块大的软骨，其内容纳脑、感觉器官和主要血管的通道。因头甲内骨骼边缘有一层骨化的软骨外成骨，骨甲鱼头的许多器官被天然保存下来。来自爱沙尼亚志留纪晚期和挪威斯匹次卑尔根泥盆纪早期的骨甲鱼类材料特殊保存了脑颅内部解剖结构。Stensiö (1927) 和Janvier (1981a) 使用经典的连续磨片方法详细揭示出脑颅内部的解剖特征。

1. *咽颅*

头甲腹面向下包裹着一大的半球形中空口鳃腔 (图6–32)，可能用来容纳鳃，也可能具有类似于七鳃鳗缘膜的抽水装置。口鳃腔后面被一完整的鳃后壁封闭，并被食道、背大动脉、腹主动脉和肝静脉洞穿。鳃后壁前有一围心腔，里面容纳着心脏。口鳃腔的顶部显示出许多成对的凹陷，即鳃穴，鳃穴之间由横向或稍微倾斜的鳃间脊分开，有的鳃穴内表面保存了鳃片印痕，表明鳃容纳在鳃间脊之间的鳃囊内。前面有一三角形上口区，它代表着口腔的顶部，其上有凹陷，供口腔肌肉附着，有时上面长满细小的外骨骼瘤齿 (图6–32)。长期以来一直没有发现骨甲鱼类独立的鳃弓。

Stensiö (1927, 1964) 认为分离鳃穴的鳃间脊实际上就是鳃弓的背部，它们被脑颅吸收，一起组成头甲内骨骼。鳃弓腹部应该是软骨，并附着在腹脊的延长部位上 (图6–32d)。Janvier (1985, 1996b) 则提出另一种可能性，即在口鳃腔顶部看到的形态仅仅是整个鳃组织的"内模"，而整个软骨鳃弓位于口鳃腔内，并延伸连接到头甲内骨骼 (图6–32c)。后一种假说虽然使得许多特征更容易解释，特别是血管系统，但无法解释脑颅两侧头甲内骨骼的来源。最近，笔者通过对盔甲鱼类的整个头骨的三维虚拟复原，则更加支持Stensiö的最初解释。

2. *脑颅*

脑颅中央是脑腔，其内模是脑的形状的精确反映，可以很容易区分出端脑区、间脑区、中脑区、后脑区和延髓。松果体位于间脑区背面，其后存在不对称的隆起，骨甲鱼类可能像七鳃鳗一样，左侧的松果体缰神经节比右侧的大。脑腔腹面是脊索腔，里面容纳了一条纵贯全身的脊索，枕骨区之后的部分，脊索腔大大扩大，表明脊索在躯体部分像盲鳗和七鳃鳗一样发育。

脑神经在脑颅中穿行的管道相对较细，根据它们从脑区发出的位置和它们支配的目标，可以比较容易做出鉴定。目前对动眼神经 (Ⅲ)、滑车神经 (Ⅳ)、舌咽神经 (Ⅸ) 和迷走神经 (X_{1-5}) 的解释没有太多争论。争论焦点主要集中在三叉神经 (V_{1-3}) 和颜面神经 (Ⅶ) 的解释上。现在比较清楚的是支配口鳃腔的第三根神经管从迷走腔后的脑腔中发出，然后向前弯曲，经背向前进入迷走腔，因此可以判断其为舌咽神经 (Ⅸ)。由此可以判断前面的两条神经管为颜面神经、三叉神经的下颌和上颌支，但仍无法确定三叉神经下颌骨支究竟是与上颌支一起穿过第一根神经管，还是与后面的颜面神经一起穿过第二根神经管。后一种解释将与最常见的脊椎动物 (包括七鳃鳗) 中的情况相仿，其三叉神经的下颌骨分支经常靠近面神经。因此，目前对骨甲鱼类脑神经的解释使得口鳃腔的情况与七鳃鳗的非常相似。三叉神经 (上颌骨和下颌骨) 的脏运动分支支配口区和缘膜，面神经则进入舌弓，像七鳃鳗一样，舌弓与缘膜相联系且缺乏前半鳃。这种解释意味着骨甲鱼类可能像七鳃鳗一样，支持缘膜的颌弓和舌弓紧密联系或可能完全愈。因此，骨甲鱼类的第一个鳃囊位于舌弓和第一鳃弓之间 (图6–33)。

脑腔向前与筛骨腔相通，筛骨腔里包含一个小的梨状嗅觉器官，嗅觉器官腹面是一个像七鳃鳗一样向后延

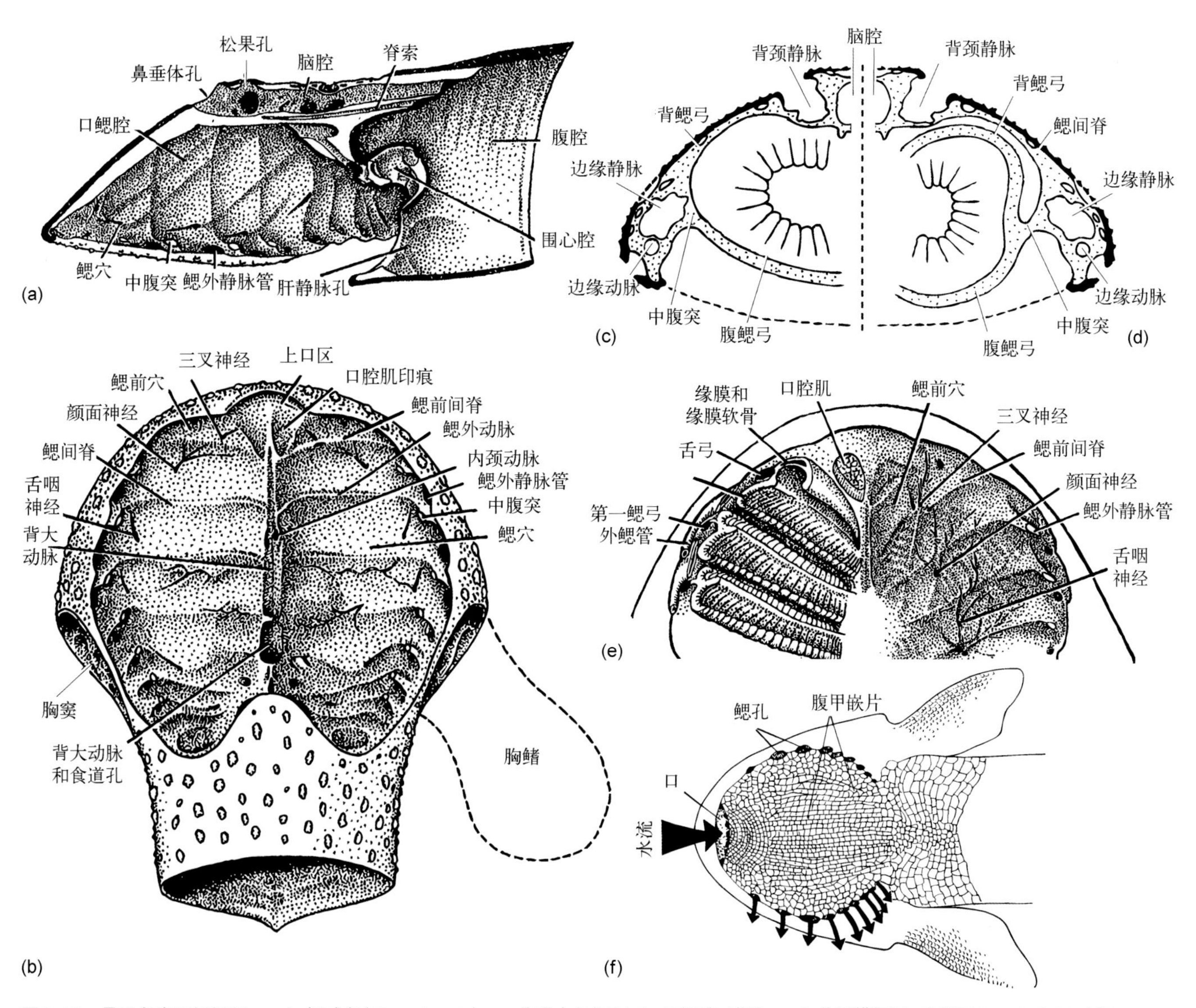

图6–32　骨甲鱼类咽颅解剖　a–d. 挪威鱼（*Norselaspis*）。a. 头甲中矢切面；b. 口鳃腔，腹视；c，d. 头甲横切面，分别示Stensiö（1927）和Janvier（1985）关于鳃弓的两种不同解释；e. 虫甲鱼（*Scolenaspis*），示口鳃腔顶部，左边示缘膜和鳃片的复原（a–e修改自Janvier, 1996b）；f. 半环鱼（*Hemicyclaspis*）头甲腹面，示水流进出方向（Jarvik, 1980）。

伸到中脑垂体区的垂体管。垂体管和脑腔下面是容纳脊索的细中管，脊索终止于垂体区前部（图6–34a，b）。

在一些骨甲鱼中还出现了眼骨化的现象，例如在洞甲鱼中保存了明显的杯状骨化的巩膜和外骨骼巩膜环。容纳眼的空腔有几个不同的凹陷，或者肌室，是外眼肌附着的地方；肌室的分布与排列几乎与七鳃鳗一模一样，即上斜肌附着在眶孔后部，这一特征曾经被认为是与这两个类群的鼻垂体复合体的背移相关，但这也可能是早期脊椎动物的普遍特征（图6–34c–e）。动眼神经和滑车神经的存在，能够进一步证明骨甲鱼类可能确实存在外眼肌。

内耳迷路腔内模显示具有两个垂直半规管，有各自的壶腹，两个半规管在迷路腔中部连接形成前后半规管联合部，其后部伸出内淋巴管，并在头甲中区的内部或后部开口于外界。骨甲鱼类内耳最有趣的特征是由迷路腔两侧部分发出5根外侧管，这些外侧管最初被Stensiö（1927）以“sel”缩写形式提到，其中多个分支分别通向侧区和背区。对于这些外侧管的解释，目前争议颇多，例如其整体面貌和尺寸大小表明它们极可能是像电鳐那样的电动神经，但是它们似乎又具有近端膨胀的现象，里面可能存在神经节，又提示它们可能具有感觉功能。另外，还有一种解释是这些“外侧管”里面并没有传导神经，只是内耳迷路腔的延长，与七鳃鳗迷路腔中的5个纤毛腔相当，甚至同源，这种“外侧管”里充满内淋巴液，能通过覆盖在侧区或中区的活动的嵌片，将周围环境的水压或振动传递到迷路腔（图6–34f，g）。

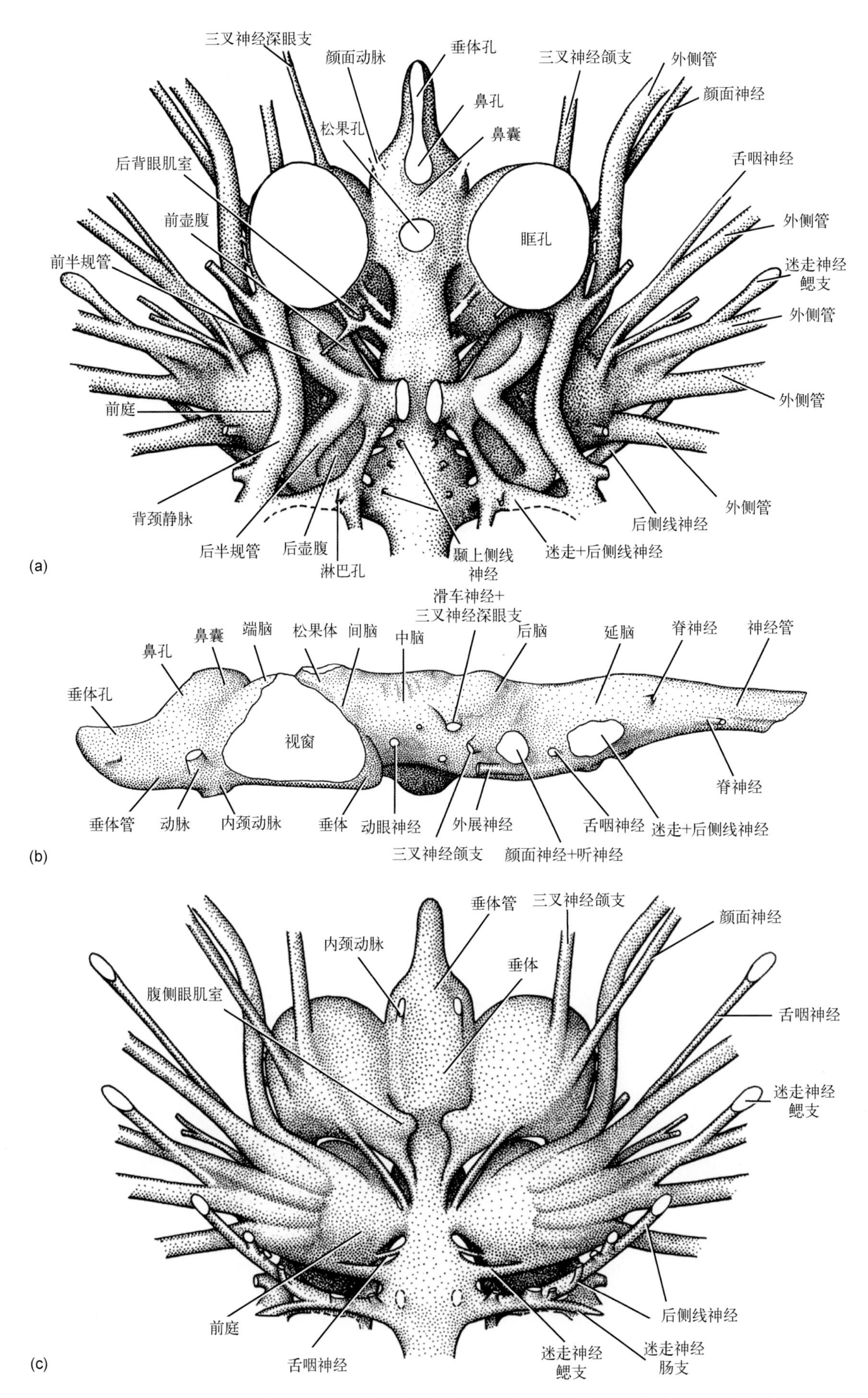

图6–33　骨甲鱼类脑颅解剖　a–c. 挪威鱼脑颅内模复原。a. 背视；b. 侧视；c. 腹视。(P. Janvier供图)

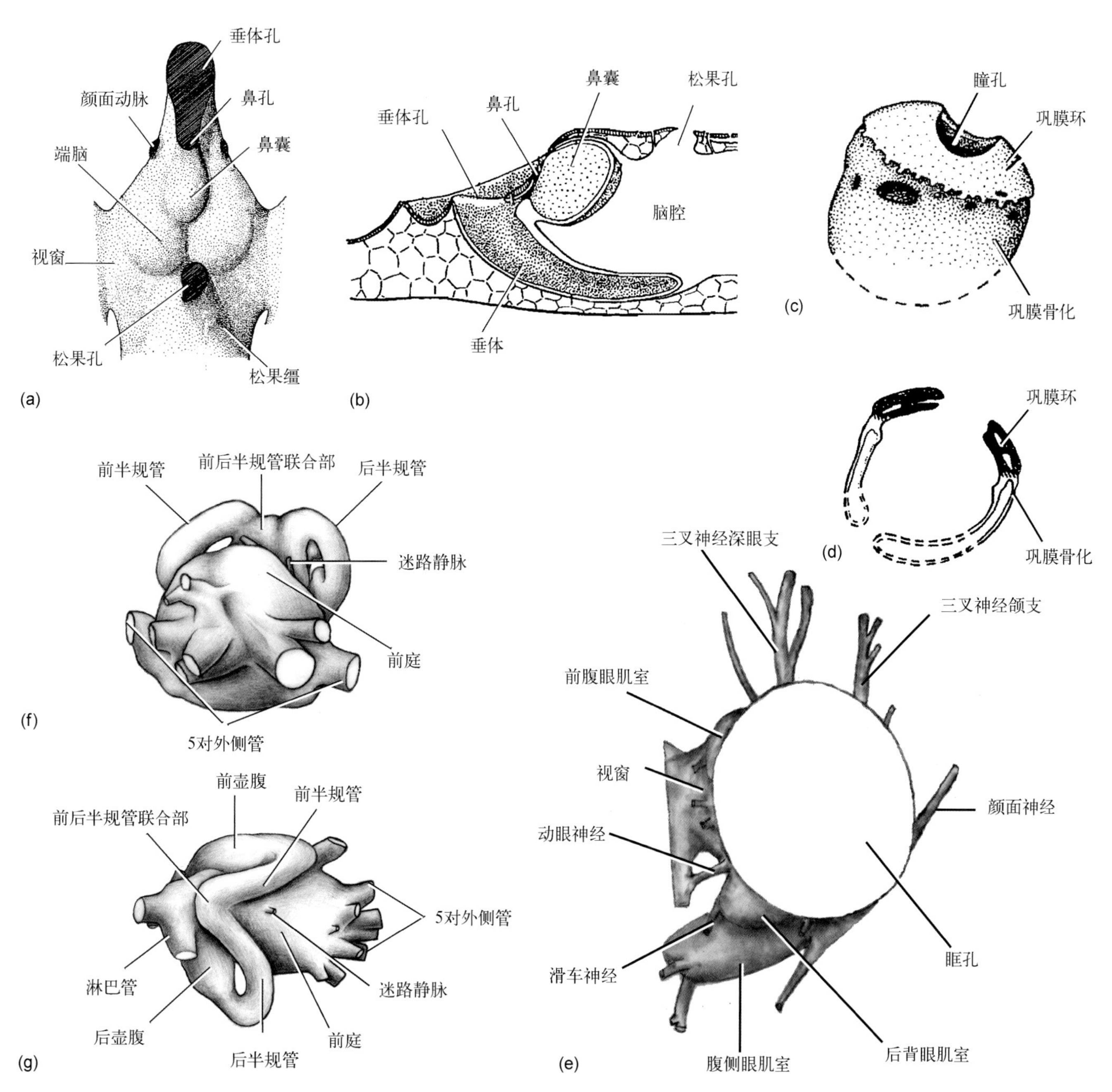

图6–34 骨甲鱼类的感觉器官 a，b. 嗅觉器官。a. 背视；b. 中矢切面（Janvier, 1971）；c–e. 视觉器官。c. 后视；d. 横切面（引自Janvier, 1985）；e. 眼腔内模（赵日东据Janvier, 1975重绘）；f，g. 听觉器官。f. 侧视；g. 背视（据Stensiö, 1927重绘）。

3. 头后骨骼

头甲胸鳍附着区上的多个凹陷显示，胸鳍可能包含复杂的肌肉组织。偶鳍中有一些内骨骼的迹象，其形式提示可能为关节区。对于骨甲鱼类的脊椎骨知之甚少，但是附着在洞甲鱼枕区后腹部、背壁附近的小块内骨骼的中部区域表明，骨甲鱼至少具有骨化的背弓片。

4. 循环系统

骨甲鱼类的循环系统可以根据保存在内骨骼中的血管穿行的通道进行重建。心脏容纳在鳃后壁前方的围心腔，围心腔的形状表明存在一心室和一心房，两者并排排列，这与七鳃鳗非常相似。从心室开始，血液通过一个大孔被送到腹主动脉并传入鳃动脉。结合氧后，通过出鳃动脉到达不对称的背大动脉，并与食管一起进入在口鳃腔顶部的较大的中背管。然后，从背侧主动脉，血液通过内颈动脉和枕叶动脉（可能是变化了的节段动脉）进入到脑和眼；通过髂外动脉进入鳃肌肉、绒毛和口腔肌肉；通过锁骨下动脉和肱动脉进入偶鳍；通过背主动脉的后侧延伸进入躯体（图6–35）。

脱氧血通过静脉系统回收至心房。头背部的血主要通过一对大的静脉主枝——背颈静脉回到心房，头甲边缘有一对大的边缘静脉，收集鳃囊的鳃外静脉和胸鳍的肱静脉的血液回心房。这些非常大的边缘静脉原来被认为是骨甲鱼类所特有的 (Janvier, 1985)，但最近在盔甲鱼类的循环中也有发现，它们能起到与前主静脉一样的作用，甚至怀疑它们可能就是异位前主静脉。来自躯干的血液可能通过后主静脉和肝静脉，再通过鳃后壁的腹侧孔到达心脏 (图6–35)。

6.6.3 组织学特征

骨甲鱼类的组织学结构比其他所有甲胄鱼类的组织学结构更加多样化和复杂化。外骨骼是具有骨细胞腔隙的细胞骨，有3层结构：外层为齿质层，中层为管状层，基层是板状层。

外层的齿质层为中齿质，由齿质细胞组成，侵入髓腔较少，之间通过血管系统连接 (图6–36c, d)。中齿质曾被看作是骨和真齿质，或正齿质之间的“中间类型”，但现在认为它是从正齿质衍生出来的。在一些类群中，如翼甲鱼 (*Alaspis*)，中齿质外面有时会紧贴一层很薄的似釉质层 (图6–36a)。

中层的管状层包含通常被称为“黏液”管网的水平管网络。它由沿着镶嵌片边缘形成的较大的多边形管网和在镶嵌片内形成的小型内部管网组成 (图6–36b)。在一些表面齿质层退化的骨甲鱼类中，呈现出“黏液槽”。这些“黏液槽”网可能与洞甲鱼孔网系统相同，且可能是侧线感觉管系统的一部分。在“黏液”管网下面还有一层或多层薄的血管系统，从每个嵌片的中心向外辐射。Qu等 (2015) 应用同步辐射X射线显微成像通过洞甲鱼外骨骼组织学的三维虚拟复原发现，上下管网系统具有不同的几何形状，表明其可能有不同的发育起源，上层管网层可能来自上皮的内陷，具感觉功能，而下层网孔系统可能完全是血管系统 (图6–36d)。

最基部的一层板状骨直接紧贴在内骨骼之上。外骨骼和内骨骼之间还有一层皮下脉管丛层，从这里发出的血管能够为外骨骼供血。

内骨骼是一大块软骨，外面紧贴一层软骨外成骨，软骨外成骨中也含有骨细胞腔隙 (图6–36c)。内骨骼软骨

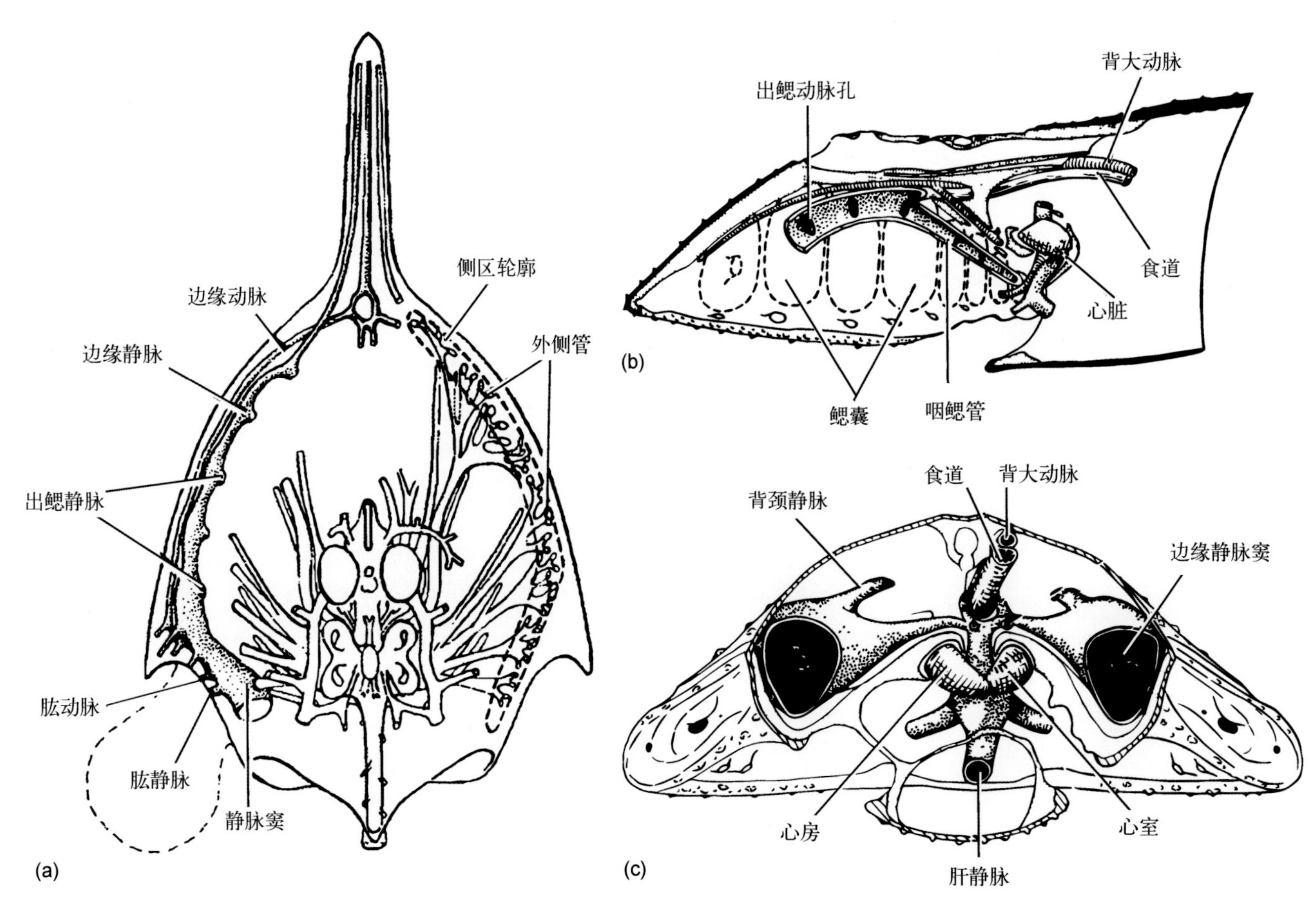

图6–35 骨甲鱼类循环系统 a. 贝隆鱼 (*Belonaspis*)，脑颅内空腔与管道内模，背视；b, c 挪威鱼。b. 脑颅中矢切面；c. 心脏附近横切面。(Janvier, 1984, 1985)

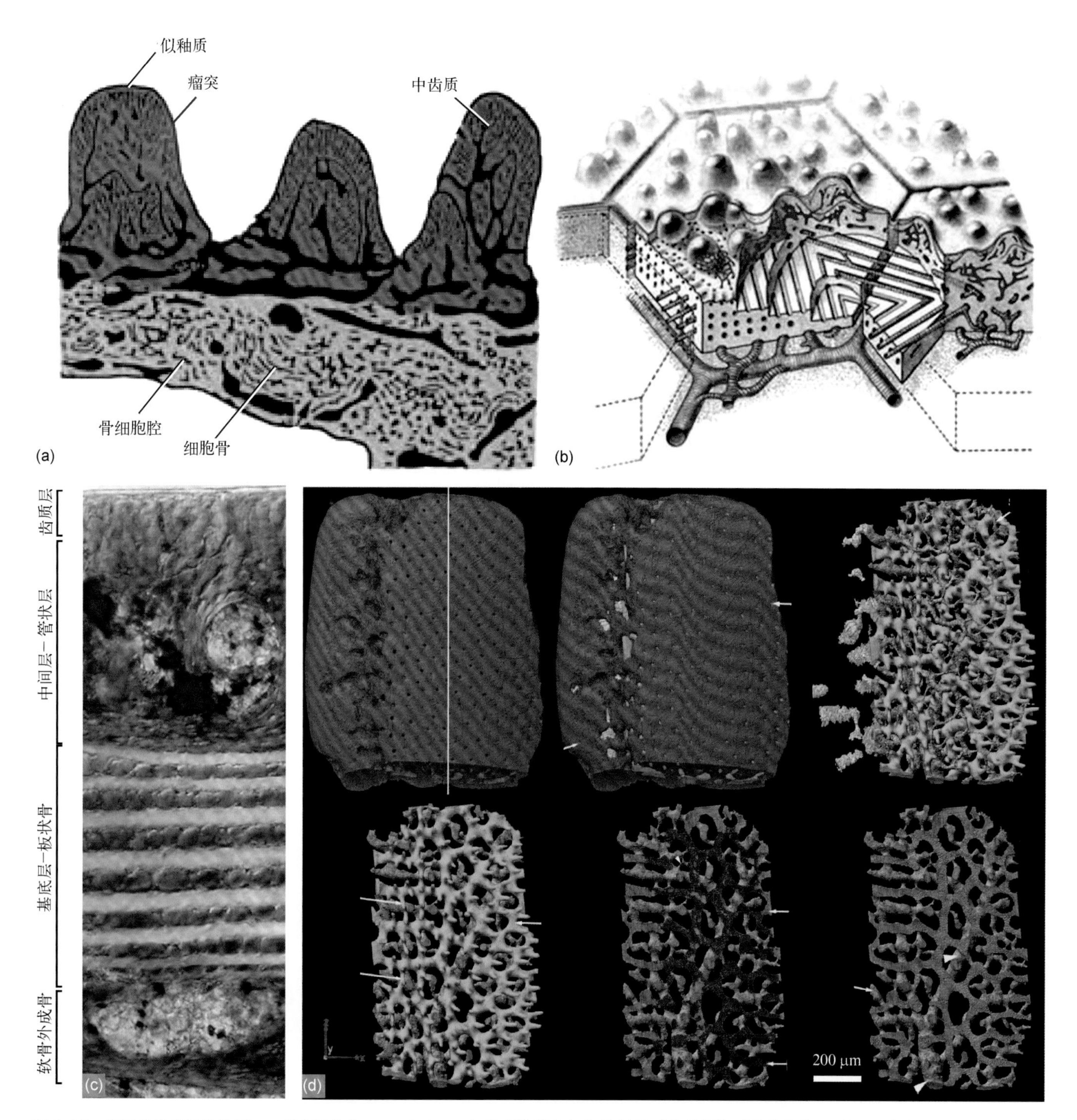

图6–36　骨甲鱼类组织学特征　a. 前头甲鱼(*Procephalaspis*),外骨骼纵向切片示意图,由细胞骨组成的基层外,覆盖一层由中齿质和一薄层似釉质组成瘤突(Ørvig, 1951; Sire et al., 2009); b. 翼甲鱼(*Alaspis*),头甲多边形嵌片及其下的孔管富集区重建,示红色和蓝色两个系列的管网(Sire et al., 2009); c, d. 洞甲鱼。c. 头甲外骨骼及其内骨骼纵向切片显微照片,示外骨骼的外层齿质层,中层管状层,基层板状层及其下的软骨外成骨(Donoghue et al., 2006); d. 应用同步辐射显微成像对外骨骼组织学的三维虚拟重建,青绿色代表上层管网层,黄色代表基层管道,粉色代表下层管网层和皮下脉管层,暗紫色代表多孔隔膜(Qu et al., 2015)。

中还出现了球状钙化软骨,通常紧贴软骨外成骨内侧,或充满比较窄的软骨突起,如角或吻突。除主动脉和干静脉(颈静脉、边缘静脉和动脉)外,内骨骼内没有血管化,所有血管网都在外围。骨甲鱼类内骨骼的本质尚不清楚。Stensiö (1927) 认为它可能与七鳃鳗的黏液软骨同源,而Johnels (1948) 注意到,成年七鳃鳗的头部皮层增厚并强烈地血管化,并与骨甲鱼类头骨形状类似。然而这些解释都不能被完全证实。

6.6.4　系统分类

骨甲鱼亚纲目前已发现200多种,除缺角鱼

(*Ateleaspis*)、雇佣鱼 (*Hirella*)、半环鱼 (*Hemicyclaspis*)、枫甲鱼 (*Aceraspis*) 等少数几个无角类型 (non-Cornuates) 占据了骨甲鱼亚纲基干位置外，其余均为有角类型，构成了一个非常大的演化支系——角鱼目 (Cornuata) (图6–42)。

在无角类型中，缺角鱼 (*Ateleaspis*) 被认为是骨甲鱼类原始类型的代表，缺乏后延伸角、腹侧小甲片和中背脊鳞；雇佣鱼 (*Hirella*) 具有狭窄的偶鳍和覆盖头部腹面的腹侧小甲片；半环鱼 (*Hemicyclaspis*) 具有更窄的侧区，且其前背鳍被退化为大的中鳞甲 (图6–37)。

角鱼目 (Cornuata) 中可以识别出5个主要演化支系，分别为头甲鱼科 (Cephalaspididae)、禅甲鱼科 (Zenaspididae)、篮甲鱼科 (Benneviaspididae)、凯尔鱼科 (Kiaeraspididae) 和梯厄斯忒斯鱼科 (Thyestiidae)。

1. 头甲鱼科

具有较长的垂体前叶区和大的后延伸角。该科的副升甲鱼 (*Parameteoraspis*) 代表目前已知的最大的骨甲鱼类，头甲宽度达到40 cm，其中一些具有新月形的头甲 (图6–38)。

2. 禅甲鱼科

通常也是大型的骨甲鱼类，可能也是最保守的有角类型，具有窄而厚的后延伸角、向后扩大的侧区以及鼻垂体孔中具有较大的垂体区。然而，其中一些类型，如短剑甲鱼 (*Machairaspis*)，在枕区发育出一根非常大的向前倾斜的中背棘，而皇冠鱼 (*Diademaspis*) 具有很宽的中区 (图6–39)。

3. 篮甲鱼科

有一个低平的头甲，头甲在外骨骼中没有辐射管网。篮甲鱼 (*Benneviaspis*) 具有非常平坦的头甲。该科的刺甲鱼亚科 (Boreaspidinae) 一些属种，头甲向前发育出一个非常长的吻突，如刺甲鱼 (*Boreaspis*)、贝隆鱼 (*Belonaspis*)；在锄甲鱼 (*Hoelaspis*) 中，原本后延伸角却向前弯曲；牛甲鱼 (*Tauraspis*) 具有一对向头甲前外侧延伸的特殊“吻突”(图6–40)。

4. 凯尔鱼科

是只有指甲大小的小型骨甲鱼类，具有退化的后向延伸角和扩大的口上区。凯尔鱼 (*Kiaeraspis*) 和挪威鱼具有相当长的腹区，没有后向延伸的角，“区”表现出减小和分开的趋势。瑞典鱼 (*Gustavaspis*) 是这个群体中最常见的属，具有大大减少的“区”和背位的口 (图6–41)。

5. 梯厄斯忒斯鱼科

头甲外骨骼的孔管系统和侧线管系统被多孔薄层分割，头甲背面具有从中间通向后方的眶下感觉沟。该科包含骨甲鱼类最特化的类型，其中洞甲鱼亚科具有近于橄榄

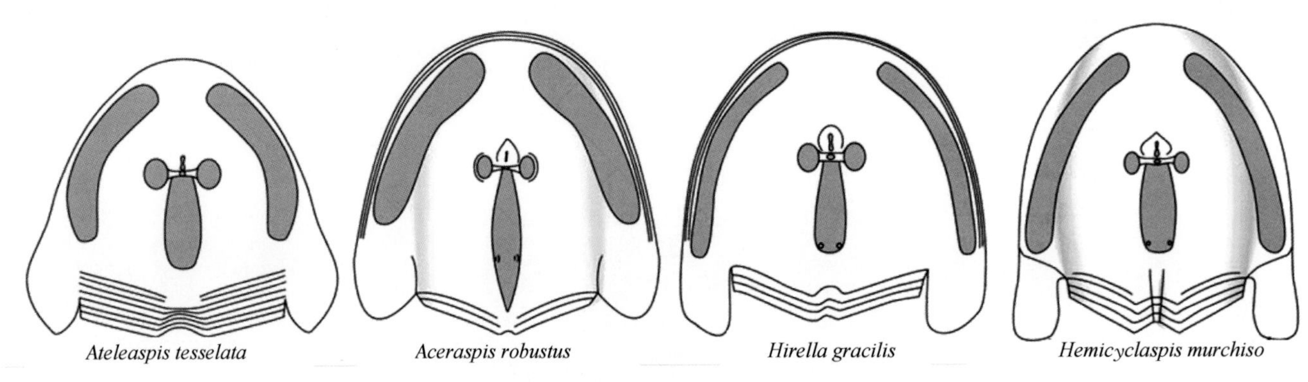

图6–37　无角类型骨甲鱼类代表 (Sansom, 2009)

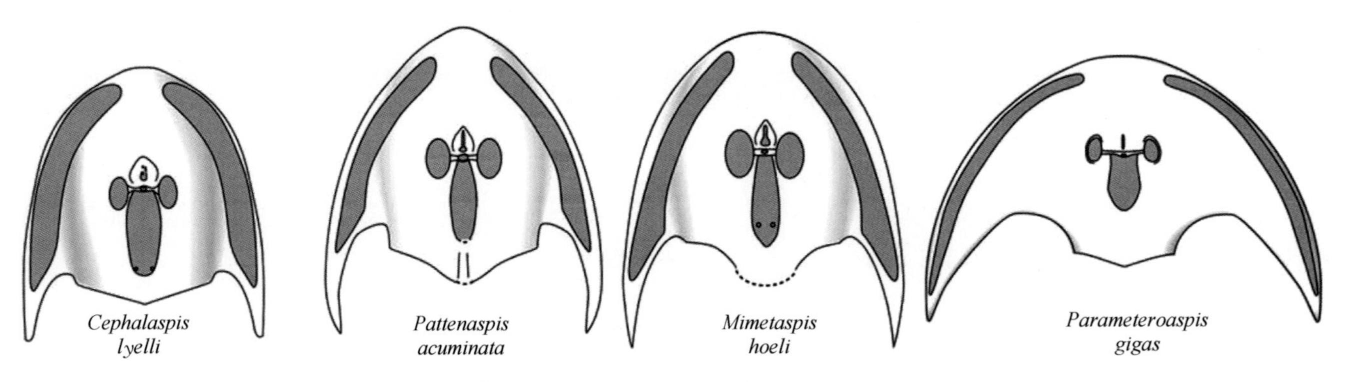

图6–38　头甲鱼科的主要代表 (Sansom, 2009)

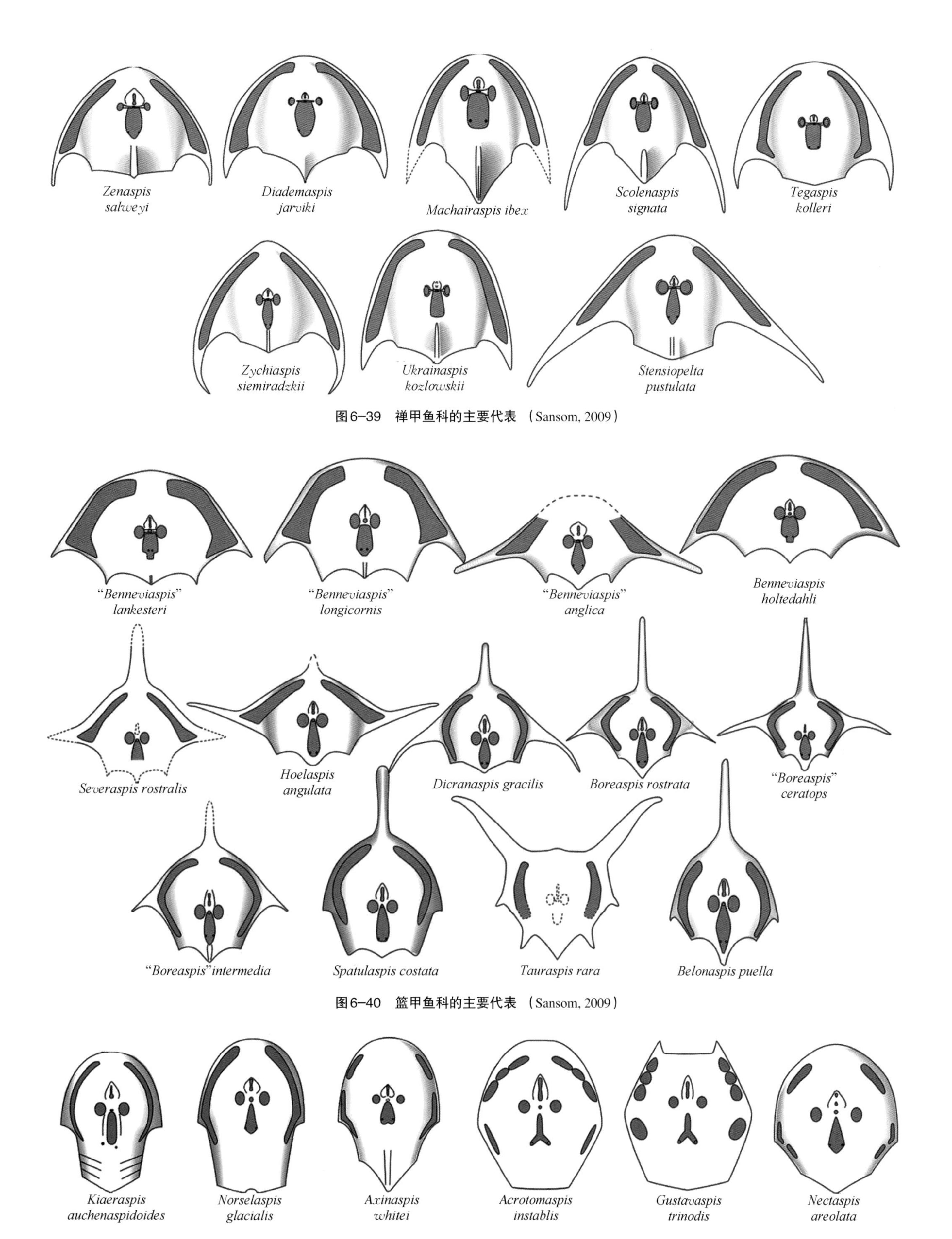

图6–39　禅甲鱼科的主要代表（Sansom, 2009）

图6–40　篮甲鱼科的主要代表（Sansom, 2009）

图6–41　凯尔鱼科的主要代表（Sansom, 2009）

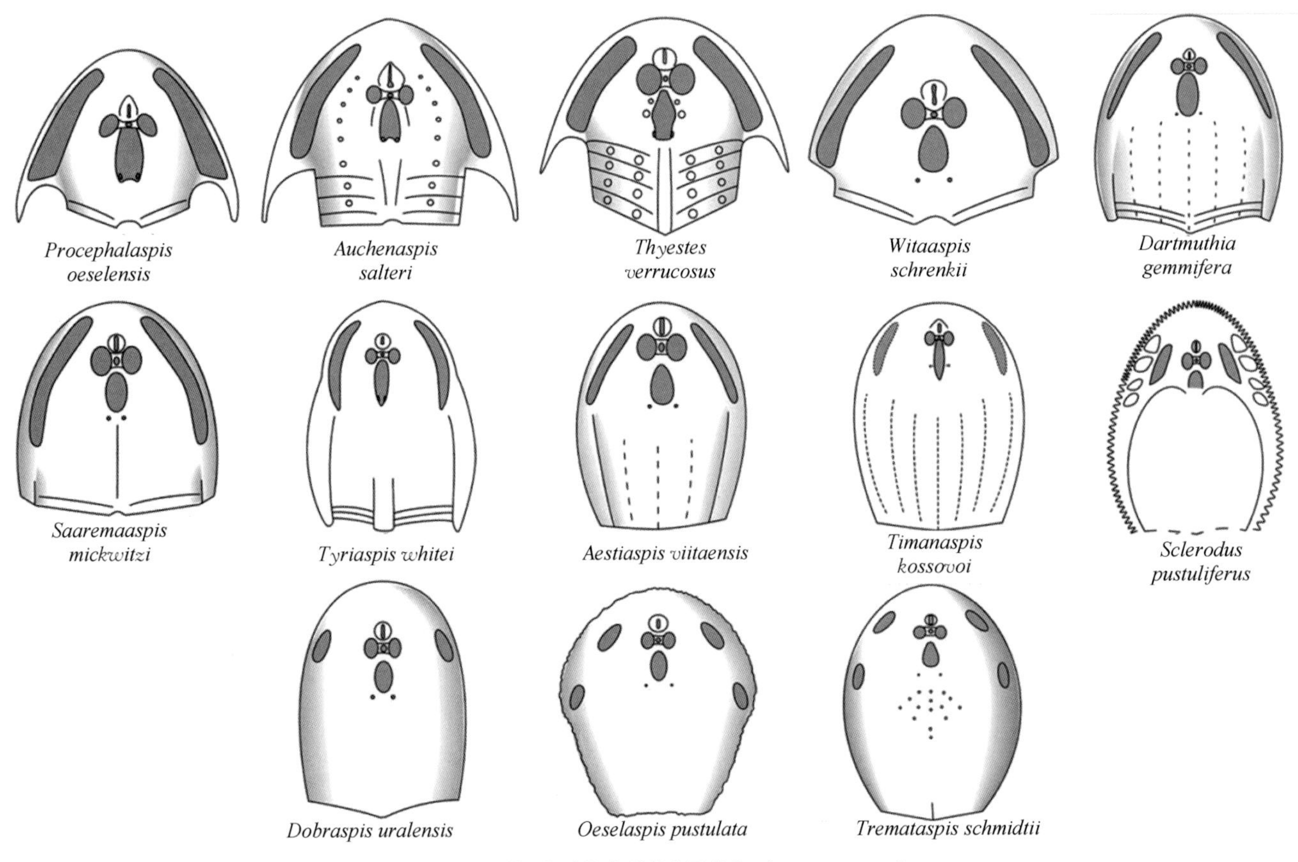

图6–42 梯厄斯忒斯鱼科的主要代表（Sansom, 2009）

形的拉长头甲，偶鳍和向后延伸的角完全丢失。该科比较原始的类型，如前头甲鱼（*Procephalaspis*）具有典型的向后延伸的角，而在更进化的类型，如梯厄斯忒斯（*Thyestes*）中，角和偶鳍均变小，一排躯干鳞片与头甲的后部融合。洞甲鱼亚科从镖口鱼（*Dartmuthia*）到洞甲鱼显示了头甲的持续拉长、"区"的不断减小和连续的孔管系统的发育。硬甲鱼是最特化的洞甲鱼类，其拉长的头甲极其简化，且是骨甲鱼中唯一在头甲侧面具有窗的类群（图6–42）。

6.6.5 生活方式

大部分的骨甲鱼类生活在宁静的浅海环境中，最常见是在泻湖、潮滩或三角洲中，但不排除有些类群可能生活在内陆河流中，靠滤食微小悬浮有机物为生。一些类型的盾状外形和纹饰（洞甲鱼类中的橄榄形头甲，禅甲鱼类中的屋顶形头甲）可能反映了对沙子或泥土的频繁流动的适应（图6–44）。一些骨甲鱼甚至可能半埋在沉积物中，但背部没有口，表明它们不能长期停留在泥沙中，否则会损坏鳃。刺甲鱼类向后延伸长角，表明其可能是自游泳生活，这些结构的作用可能是为了使其头部看起来像一个大型捕食者。另外，大多数骨甲鱼类看起来好像都已经具有了成对的胸鳍和柔韧的尾鳍（上歪尾），这些特征表明骨甲鱼类可能是甲胄鱼类中身体最灵活、运动能力最强的类群。

6.6.6 地史分布

最早的骨甲鱼类来自志留纪温洛克统，它们既包括像缺角鱼这样的原始类型，也包括像角鱼目洞甲鱼类（tremataspids）这样比较高级或特化的类群。这表明，大多数骨甲鱼类的演化和多样化可能发生在更早的兰多维列世，或者更早的奥陶纪。但是总体来说，骨甲鱼类在整个志留纪的化石记录都很少，直到早泥盆世，伴随着老红砂岩沉积相的广泛分布，骨甲鱼类形态分异度和物种多样性才突然增加；在中泥盆世大多数骨甲鱼类群都消失了，只有头甲鱼类（cephalaspidids）和禅甲鱼类（zenaspidids）的个别属种幸存到晚泥盆世法门期，如来自加拿大魁北克米瓜莎的盾甲鱼（*Escuminaspis*）（Janvier, 1996b）。

骨甲鱼类只在北美、欧洲和西伯利亚等地有发现，最东的骨甲鱼类是西伯利亚图瓦的橡甲鱼类（tannuaspids）。骨甲鱼鱼类大多是区域性很强的分子。例如梯厄斯忒斯鱼类（thyestiids）只分布在英国、波罗的海、俄罗斯季曼岭和乌拉尔；刺甲鱼类（Boreaspidinae）只出现在斯匹次卑尔根岛和俄罗斯北地岛。

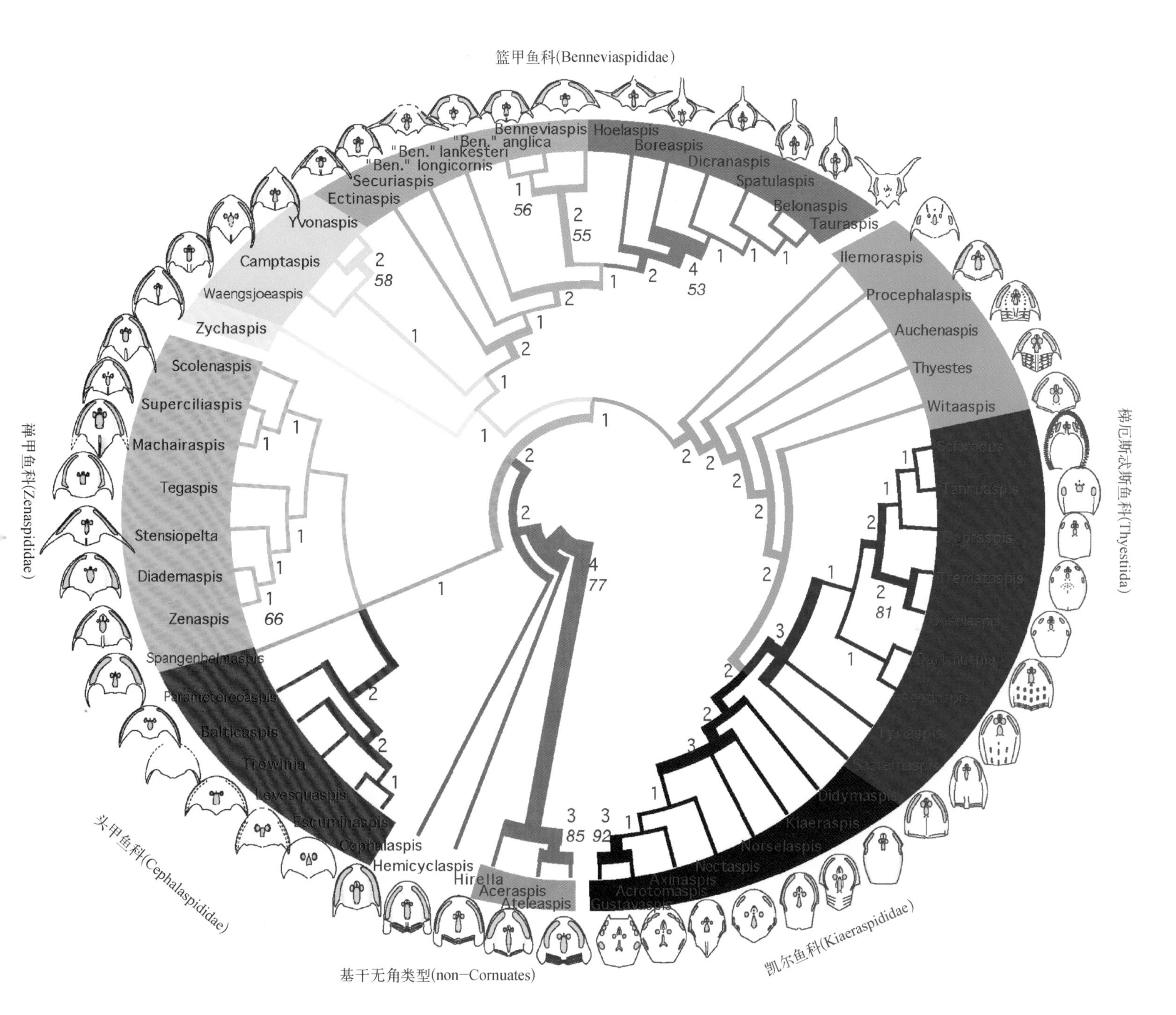

图6-43　骨甲鱼亚纲的系统发育关系（Sansom, 2009）

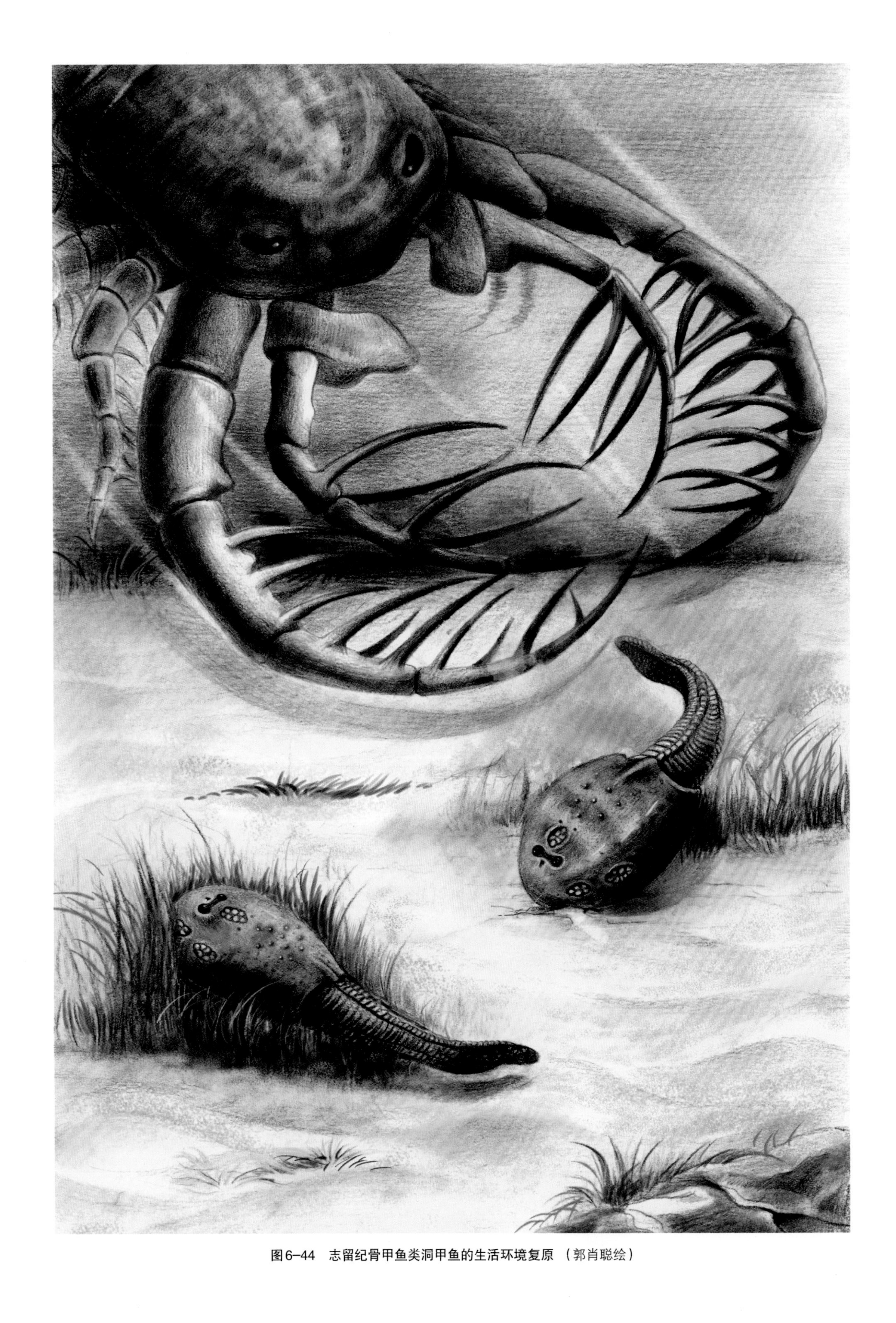

图6–44 志留纪骨甲鱼类洞甲鱼的生活环境复原（郭肖聪绘）

6.7 系统古生物学

脊索动物门 Chordata Bateson, 1885

脊椎动物亚门 Vertebrata Cuvier, 1812

无颌超纲 Agnatha Cope, 1889

甲胄鱼纲 Ostracodermi Agassiz, 1844

异甲鱼亚纲 Heterostraci Lankester, 1868

杯甲鱼目 Cyathaspidiformes Berg, 1940

雅典娜鱼属 *Athenaegis chattertoni* Soehn et Wilson, 1990

模式种 查特顿雅典娜鱼*Athenaegis chattertoni* Soehn et Wilson, 1990 (图6–45, 6–46)。

特征 小型杯甲鱼类，全长约5 cm；头甲短宽，宽长比约为3 ∶ 4；头甲最宽处较靠后；松果凹不明显；背甲上没有外鳃孔保存的证据；鳃区由独立的鳞和较长鳃片

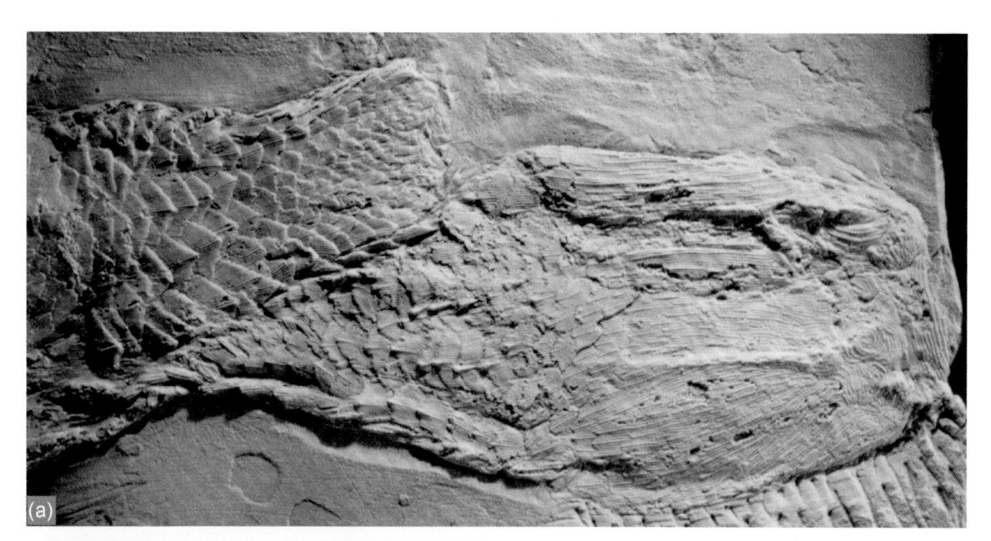

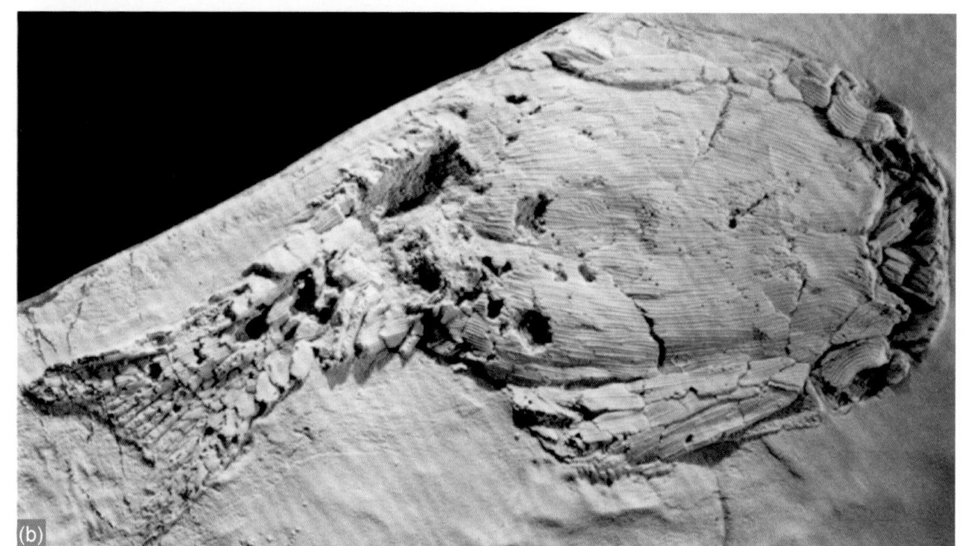

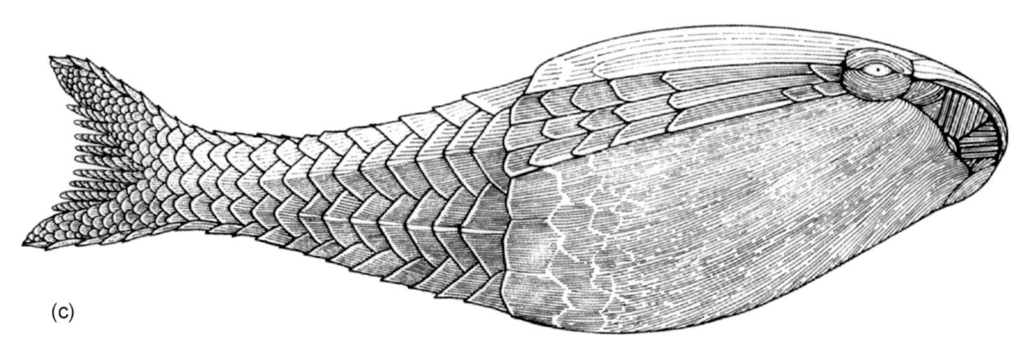

图6–45 查特顿雅典娜鱼 a, b. 两件近于完整的鱼化石。a. UALVP 15683，背视；b. 正模，UALVP 15682，腹视；c. 复原图，侧视（Soehn, Wilson, 1990）。

图6–46 查特顿雅典娜鱼生态复原图（N. Tamura绘）

覆盖，并没有显示出单一鳃孔的证据；眶孔下面具有一新月形眶下片；口区的口片呈“V”形排列，具有口侧片和侧片；身体上的鳞片大体呈卵圆形，至少有8列，每列背腹鳞片大小相当，具有侧背和侧腹鳞；尾呈叉形，近于对称，具有向后逐渐变细的单排辐射状鳞列。雅典娜鱼具有相当大的边缘鳞，提示了其与“高等异甲鱼”（杯甲鱼目和鳍甲鱼目）的密切关系。

产地与时代 加拿大西北地区麦肯锡山（Mackenzie mountains）；志留纪温洛克世早期德洛姆群（Delorme Group）。

杯甲鱼科 Cyathaspididae Kiaer, 1932

角甲鱼属 *Anglaspis* Jaekel, 1927

模式种 麦卡洛角甲鱼 *Anglaspis macculloughi* Woodward, 1891。

归入种 海因茨角甲鱼 *Anglaspis heintzi* Kiaer, 1932（图6–47，6–48）。

特征 头甲呈梭形，由背甲、腹甲和成对鳃片组成。背甲由覆盖整个头部的单个甲片组成，尚未分化成独立的骨片。具典型的三角形吻突，中间具有齿质脊，从松果突一直延伸到背甲前缘。眶孔腹面有一块小的新月形眶下片，松果体位置由头甲背面一轻微突起代表，并无证据表明松果孔洞穿头甲。躯干鳞片包括非常大的边缘鳞，以及背部和腹侧的脊鳞，其大小向尾部逐渐减小。肛门应该位于大的中腹鳞的后面。尾部的前缘覆有细长的中脊鳞，垫状鳍网，可能是下歪尾。

产地与时代 挪威斯匹次卑尔根；早泥盆世洛赫考夫期本尼维斯组（Ben Nevis Formation）。

图6-47 海因茨角甲鱼 a. 一近于完整的头甲标本MNHN.F.SVD694，背视；b. 一近于完整的头甲标本MNHN.F.SVD912，背视；c. 几件近于完整的身体化石，MNHN.F.SVD911，背视。（Muséum national d'Histoire naturelle, 2017）

图6–48　海因茨角甲鱼生态复原图（N. Tamura 绘）

栉甲鱼科 Ctenaspididae Kiaer, 1930

栉甲鱼属 *Ctenaspis* Kiaer, 1930

模式种　多齿栉甲鱼 *Ctenaspis dentata* Kiaer, 1930（图6–49, 6–50）。

特征　非常小的杯甲鱼类，头甲长约2 ~ 3 cm；背甲非常扁平，具有锯齿状边缘，与杯甲鱼属不同的是，栉甲鱼背甲没有任何分区；吻区短，眶孔距头甲前缘较远；鳃后区较短，尚未发现独立的鳃片和口片；腹甲弯曲弧度较大；侧线系统发育。

产地与时代　挪威斯匹次卑尔根；早泥盆世洛赫考夫期本尼维斯组（Ben Nevis Formation）。

两甲鱼科 Amphiaspididae Tarlo, 1962

爱尔兰鱼属 *Hibernaspis* Obruchev, 1939

模式种　大鳞爱尔兰鱼 *Hibernaspis macrolepis* Obruchev, 1939（图6–51）。

特征　扁平的异甲鱼类，全长5 ~ 8 cm；头甲近三角形，覆盖头部和身体前部，由愈合的背甲、腹甲和一对鳃片组成；三角形的口位于头甲前缘腹面；眶孔背位，靠近头甲前缘；鳃区有大量棘状突起，表面覆盖宽平的齿质脊。

产地与时代　俄罗斯西伯利亚地区；早泥盆世洛赫考夫期。

壮甲鱼属 *Gabreyaspis tarda* Novitskaya, 1968

模式种　迟钝壮甲鱼 *Gabreyaspis tarda* Novitskaya, 1968（图6–52）。

特征　中等大小的杯甲鱼类，全长约30 cm；背甲呈宽阔椭圆形，宽明显大于长；背甲中后部隆起，并向后延伸，形成中背棘；眶孔很小，靠近吻缘；眶孔外侧有一对较大的孔，呈半月形，目前尚不清楚其真正属性，可能为喷水孔、电区或者某种类型的感觉器官；头甲纹饰为圆形

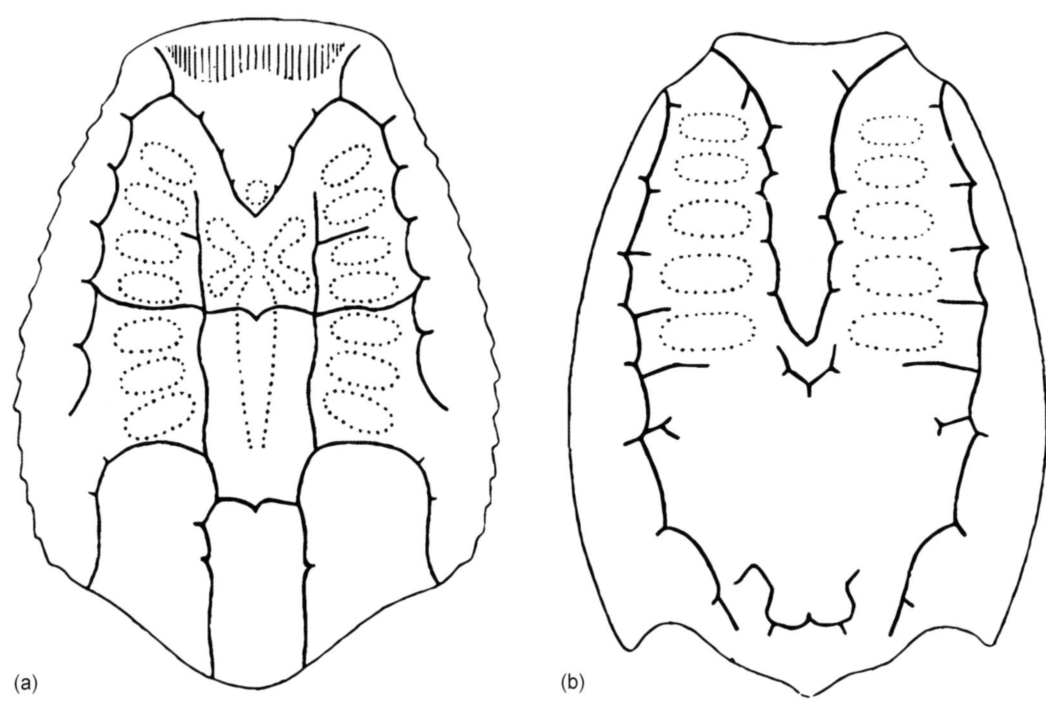

图6–49 多齿栉甲鱼头甲复原图 a. 背视；b. 腹视。(Kiaer, 1930)

图6–50 多齿栉甲鱼生态复原图 （N. Tamura绘）

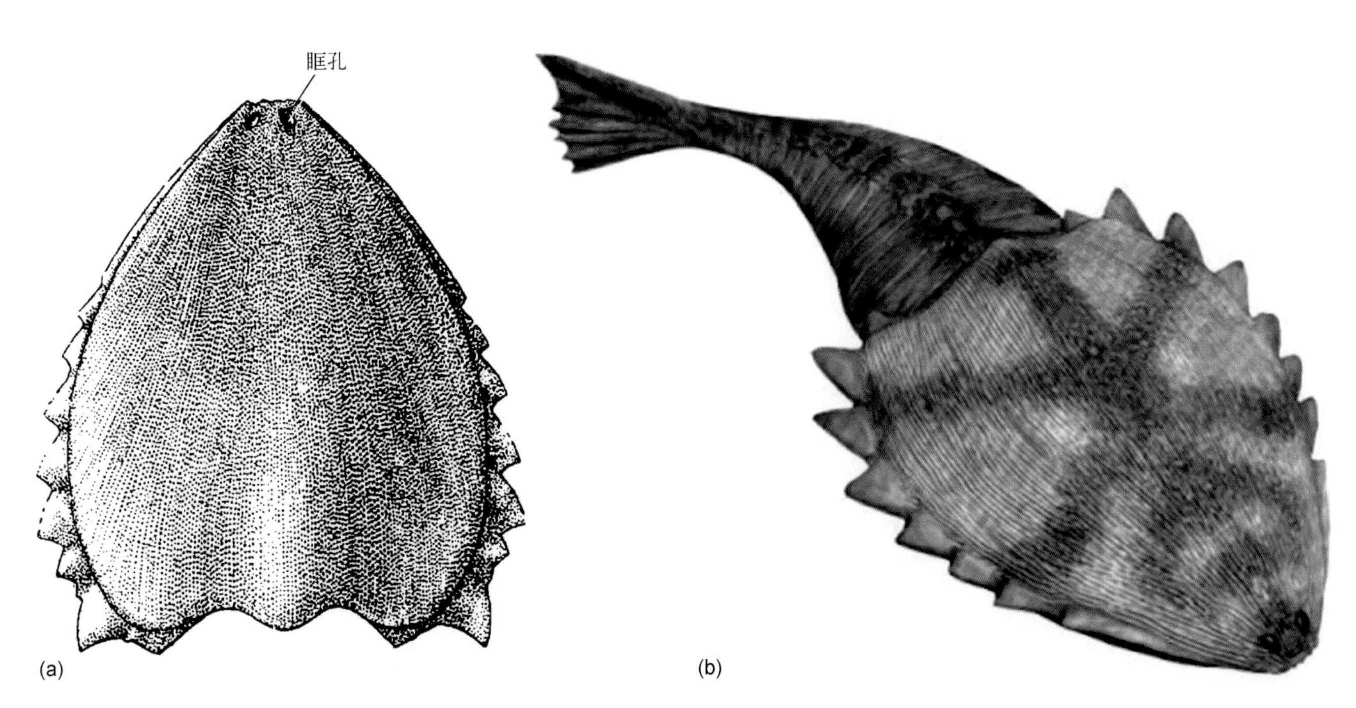

图6-51 大鳞爱尔兰鱼 a. 头甲复原图，背视（Obruchev, 1939）；b. 整体复原图（N.Tamura绘）。

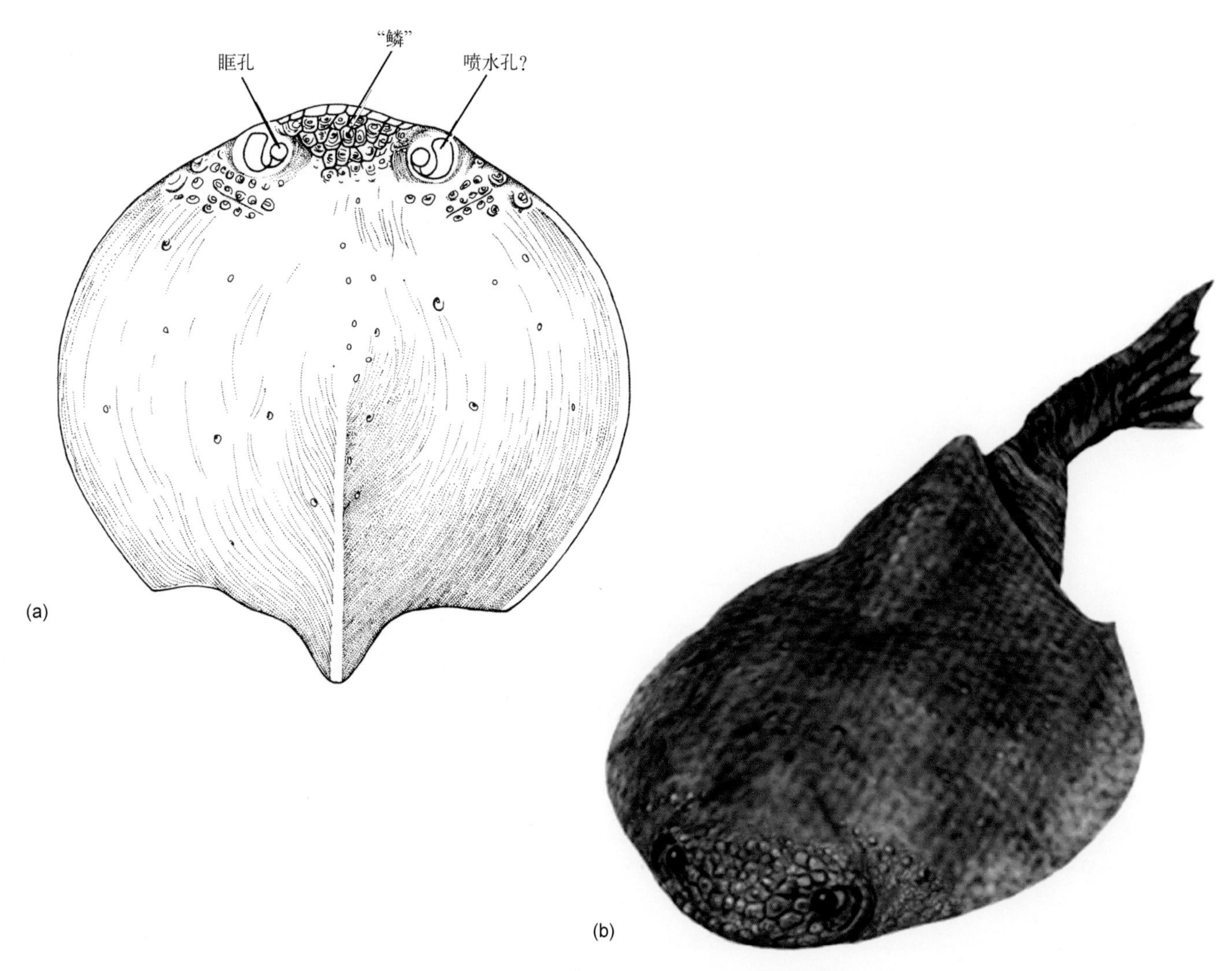

图6-52 迟钝壮甲鱼 a. 头甲复原图，背视（Benton, 2014）；b. 整体复原图（N. Tamura绘）。

同心环状。

产地与时代 俄罗斯西伯利亚地区泰梅尔半岛；早泥盆世洛赫考夫期。

鳍甲鱼目 Pteraspidiformes Berg, 1940

原鳍甲鱼科 Protopteraspididae Novitskaya, 1983

鲂甲鱼属 *Doryaspis* Lankester, 1884

模式种 天赋鲂甲鱼 *Doryaspis nathorsti* Lankester, 1884 (图6–53,6–54)。

特征 原鳍甲鱼科是十分特殊的种类。除壳面具有同心纹、背甲上的鳃片和鳃后角片互相分开等原鳍甲鱼常见的特征外，其还具有十分奇特的外观形态：有三个明显的角，其中前侧的角是由口腹侧骨片向前极度延伸而成，并非吻突。

产地与时代 挪威斯匹次卑尔根地区；早泥盆世埃姆斯期木湾组 (Wood Bay Formation)。

鳍甲鱼科 Pteraspidae Claypole, 1885

鳍甲鱼属 *Pteraspis* Kner, 1847

模式种 斯氏鳍甲鱼 *Pteraspis stensioei* White, 1935 (图6–55,6–56)。

特征 背甲由几个单独的骨片组成："背盘"片，眶片，松果体片和吻片。这些片块都有自己的生长中心，骨片表面装饰有非常薄的同心牙本质脊，具明显锯齿状边缘。背侧有一个容纳长中刺片的缺口，长中刺片是一个特化的中背脊鳞。侧面有一细长的鳃片，但鳃孔在一个小的角片边缘。眶孔非常小，刺穿眶片，吻片腹面有前鼻窦的两个凹槽。口的腹侧边缘被口片和腹片覆盖。口片

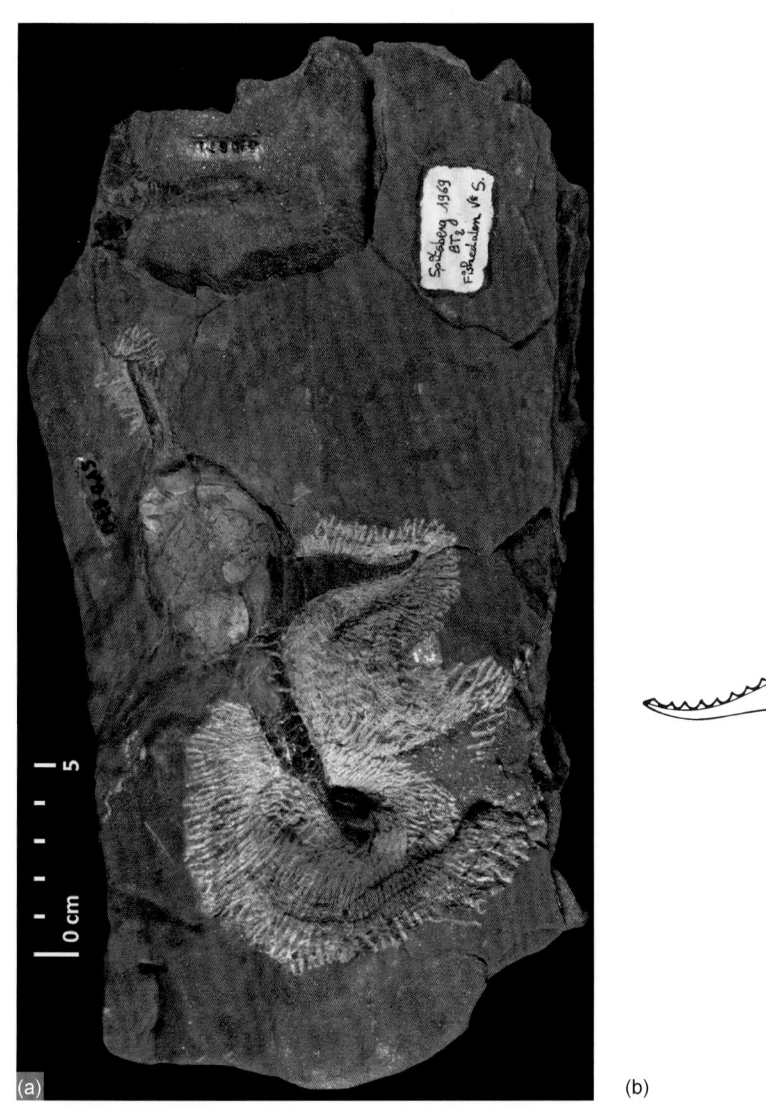

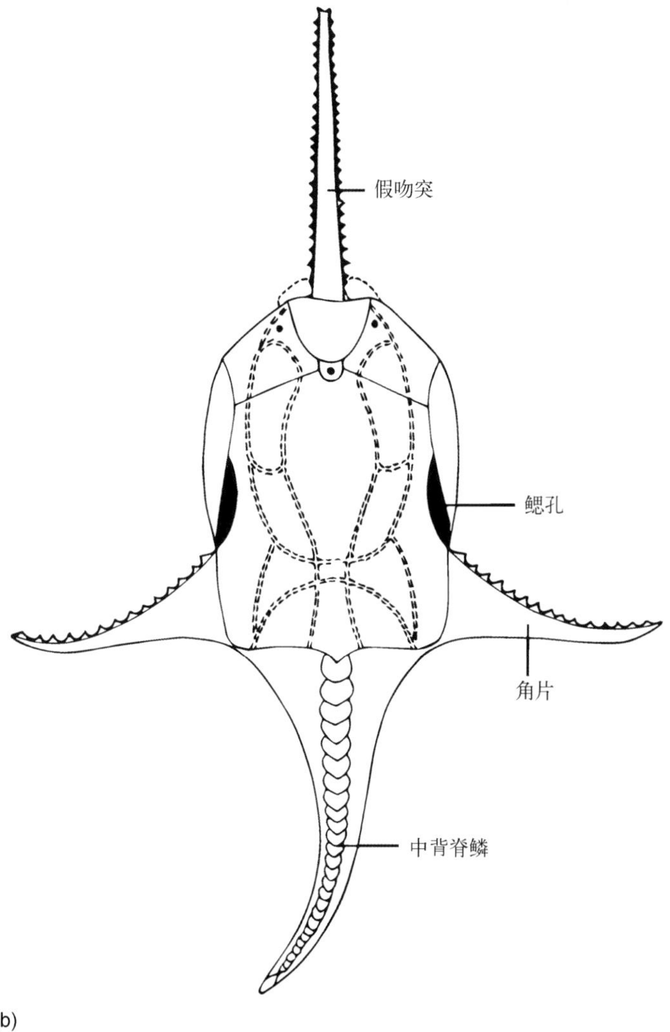

图6–53 天赋鲂甲鱼 a. 一件近于完整保存的鱼化石照片，MNHN.F.SVD870，背视（Muséum national d'Histoire naturelle, 2017）; b. 整体复原图（Moy-Thomas, Miles, 1971）。

图6–54　天赋魴甲鱼生态复原图（N. Tamura绘）

图6–55　斯氏鳍甲鱼　保存于美国芝加哥菲尔德自然博物馆一件近于完整的头甲化石。

图6–56 斯氏鳍甲鱼生态复原图（N. Tamura绘）

小而尖，它们可能会通过唇皮肤的外翻向外张开。头甲腹侧有单个腹片。横侧线管通过细长的狭缝向外开放。躯体覆盖着大型的钻石状鳞片，中背脊鳞明显。尾巴是下歪尾，并覆盖有微小的鳞片，其中一些径向排列的比其他位置的更大。侧线由2对侧横管组成，其中内侧侧线十分靠近；另有从背甲生长中心辐射的三条斜连线。至今还没有发现躯干上感觉线的证据。

产地与时代 英国西部赫里福郡 (Herefordshire) 维恩特里夫采石场 (Wayne Herebert quarry)，法国和比利时北部；早泥盆世洛赫考夫期，老红砂岩底部。

伊瑞芙甲鱼 *Errivaspis* White, 1935

模式种 维恩伊瑞芙甲鱼 *Errivaspis waynensis* White, 1935 (图6–57)。

特征 与鳍甲鱼十分类似，显著的不同点在于背侧没有明显的中背脊鳞。尾是圆尾型而非歪尾型。

产地与时代 英国赫里福郡 (Herefordshire) 维恩特里夫采石场 (Wayne Herebert quarry) 和乌克兰波多里亚 (Podolia) 地区；早泥盆世洛赫考夫期，迪顿群 (Ditton Group)。

原甲鱼科 Protaspididae

原甲鱼属 *Protaspis* Brotzen, 1936

模式种 横宽原甲鱼 *Protaspis transversa* Brotzen, 1936 (图6–16，6–58，6–59)。

特征 背甲由几个单独的骨片组成：“背盘”片，眶片和喙片。这些甲片都有自己的生长中心。背侧有一个高起的脊。吻片钝圆。其侧面有一个细长的鳃片，鳃孔在鳃片后边缘上。眶孔非常小。中背脊鳞明显。尾是圆尾型。侧线由数对近似放射状的侧横管组成，内侧侧线十分靠近；从背甲生长中心辐射三条斜连线。原甲鱼曾被认为是鳍甲鱼与沙甲鱼之间的过渡类型，最近的研究表明，它为一类非常特化的鳍甲鱼，是沙甲鱼的姐妹群。

产地与时代 美国犹他州、怀俄明州和爱达荷州；早泥盆世布拉格期–埃姆斯期，熊牙山组 (Beartooth Butte Formation)

沙甲鱼科 Psammosteidae Traquair, 1896

镰甲鱼属 *Drepanaspis* Schlüter, 1887

图6–57　维恩伊瑞芙甲鱼　a. 一件完整保存的鱼化石标本模型，背视（耿丙河供图）；b. 整体复原图，侧视（杨定华绘）。

图6–58　横宽原甲鱼　一件近于完整保存的鱼化石，腹视，示清晰密集的生长线，保存于美国芝加哥菲尔德自然历史博物馆。

图6–59 横宽原甲鱼生态复原图 （杨定华绘）

模式种 宝石镰甲鱼 *Drepanaspis gemuendenensis* Schlüter, 1887 (图6–15c–d, 6–60, 6–61)。

特征 镰甲鱼是最著名的沙甲鱼类，其最显著的特点为两对眶片，缩小的角片，海绵结构的无细胞骨 (蜂窝状层消失不见) 和闪亮的星状壳面瘤饰。沙甲鱼被认为是非常原始的异甲鱼，因为它们有一个“镶嵌”的头甲，

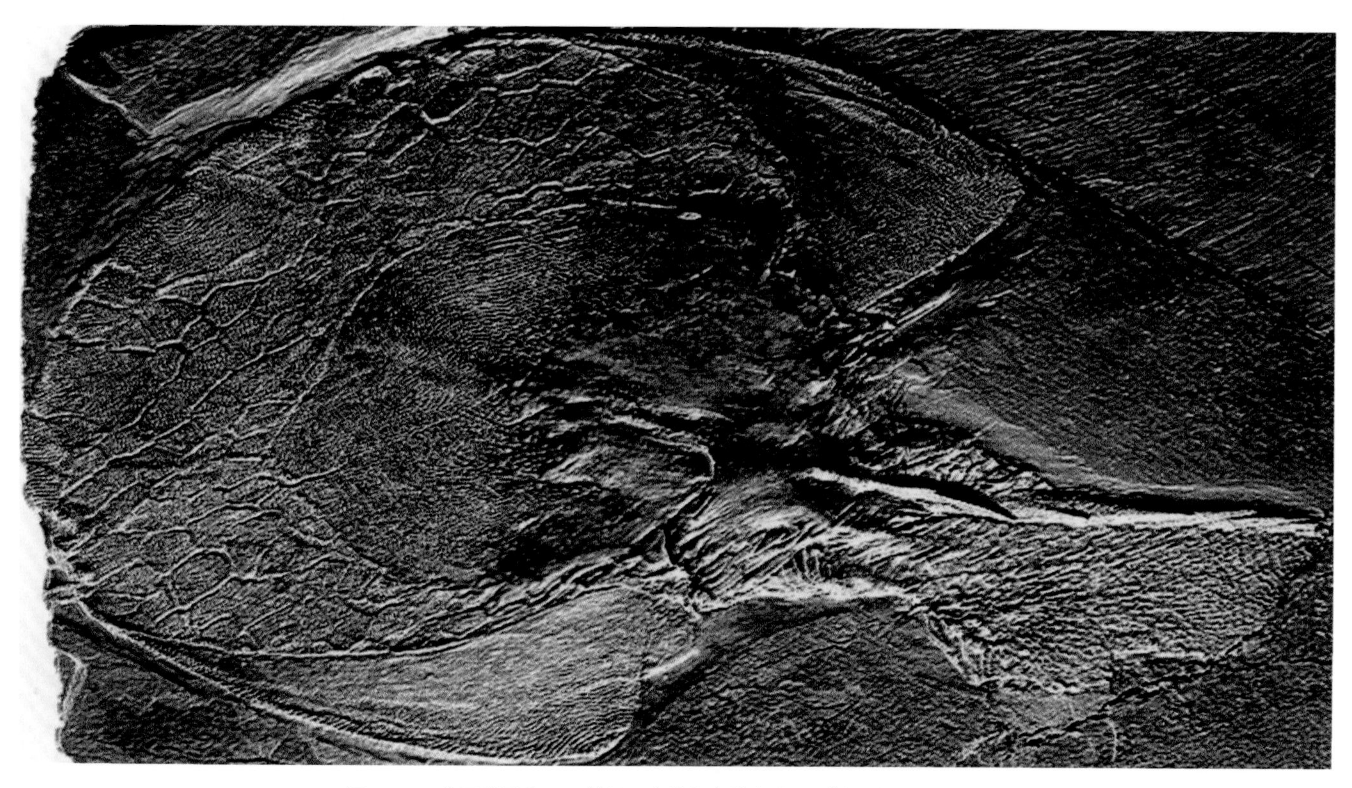

图6–60 宝石镰甲鱼 一件近于完整保存的鱼化石，背视。(Maisey, 1996)

图6–61 宝石镰甲鱼生态复原图 （N. Tamura绘）

这使人想到奥陶纪的阿兰达鱼与星甲鱼。特别是背甲的形状，分开的骨片和被眶孔洞穿的眶片，即使它们的侧线系统仍未知（侧线可能太浅，未在外骨骼上留下任何痕迹）。在成年镰甲鱼中，主要的骨片之间总或多或少地被多边形小骨片分隔，但发育阶段显然没有这样的小骨片，头甲由大骨片直接拼接。

产地与时代 德国西部埃菲尔地区（Eifel region）；早泥盆世埃姆斯期，安思茹克板岩（Unsrück Slate）。

钝厚鱼属 *Pycnosteus* Rohon, 1901

模式种 肿胀钝厚鱼 *Pycnosteus tuberculatus* Rohon, 1901（图6–62）。

特征 钝厚鱼是体型巨大的淡水沙甲鱼，大小可达1.5 m，其显著特点在于横向扩张和向腹侧弯曲的大型特殊鳃片。

产地与时代 爱沙尼亚瓦尔加县（Valga county）；中泥盆世吉维特期晚期（Burtnieki Stage），高崎组（Gauja Formation）。

沙鳞鱼属 *Psammolepis* Obruchev, 1965

模式种 温氏沙鳞鱼 *Psammolepis venyukovi* Obruchev, 1965（图6–63，6–64）。

特征 体型最大的沙甲鱼，长度在1.5 m以上。体型扁平，背甲由几个有各自生长中心的骨片和其间“镶嵌”的小骨片组成。其性状与镰甲鱼基本相似。

产地与时代 爱沙尼亚沃鲁县（Võru county）；中泥盆世吉维特期晚期（Gauja Stage），高崎组（Gauja Formation）。

分类位置未定

心甲鱼属 *Cardipeltis* Branson et Mehl, 1931

模式种 华莱士心甲鱼 *Cardipeltis wallacii* Branson et Mehl, 1931（图6–65）。

归入种 布莱恩心甲鱼 *Cardipeltis bryanti* Branson et

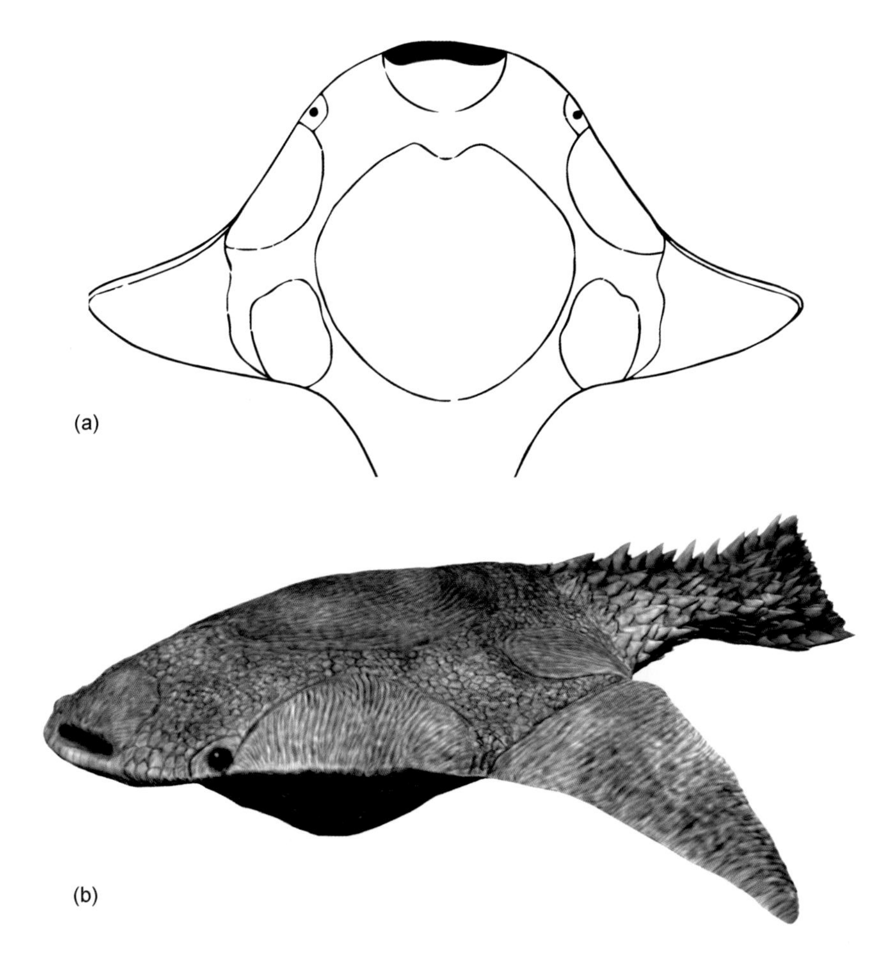

图6–62　肿胀钝厚鱼　a. 头甲复原，背视（Moy-Thomas, Miles, 1971）；b. 整体复原图（N. Tamura绘）。

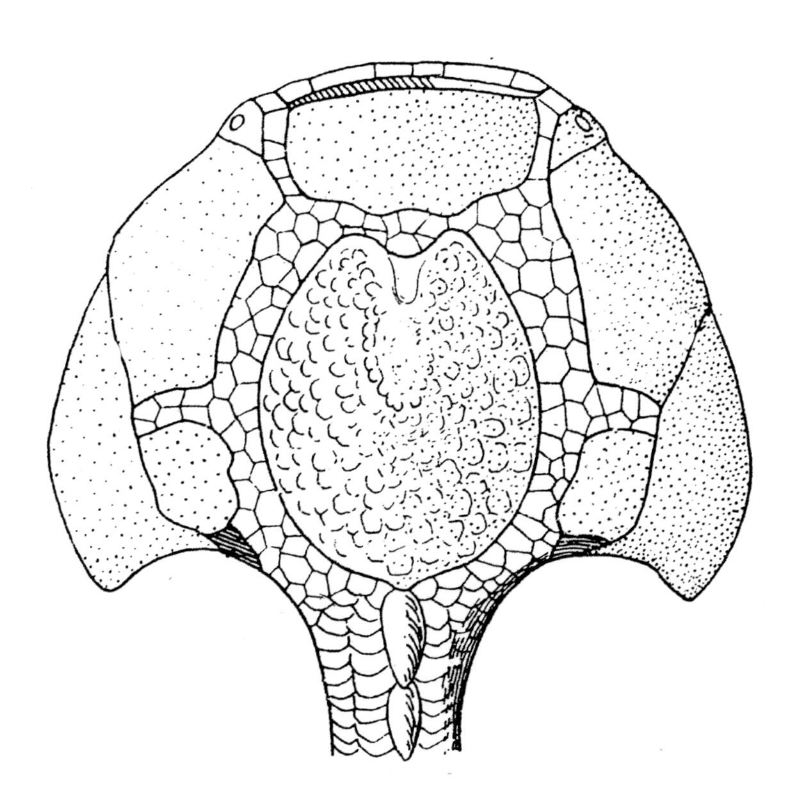

图6–63　温氏沙鳞鱼　头甲复原图，背视。（Heintz, 1957）

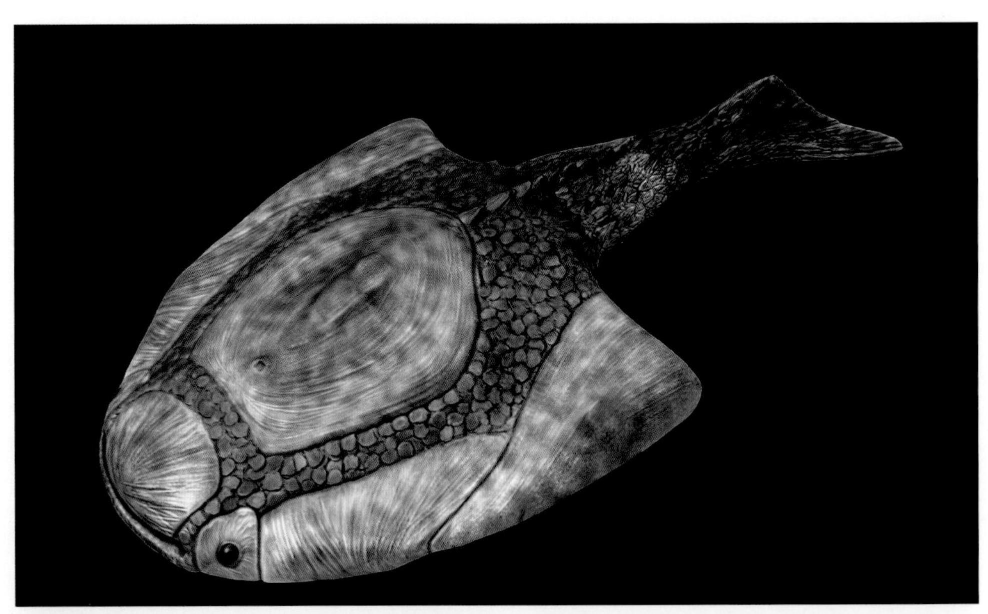

图6–64　温氏沙鳞鱼复原图（N. Tamura绘）

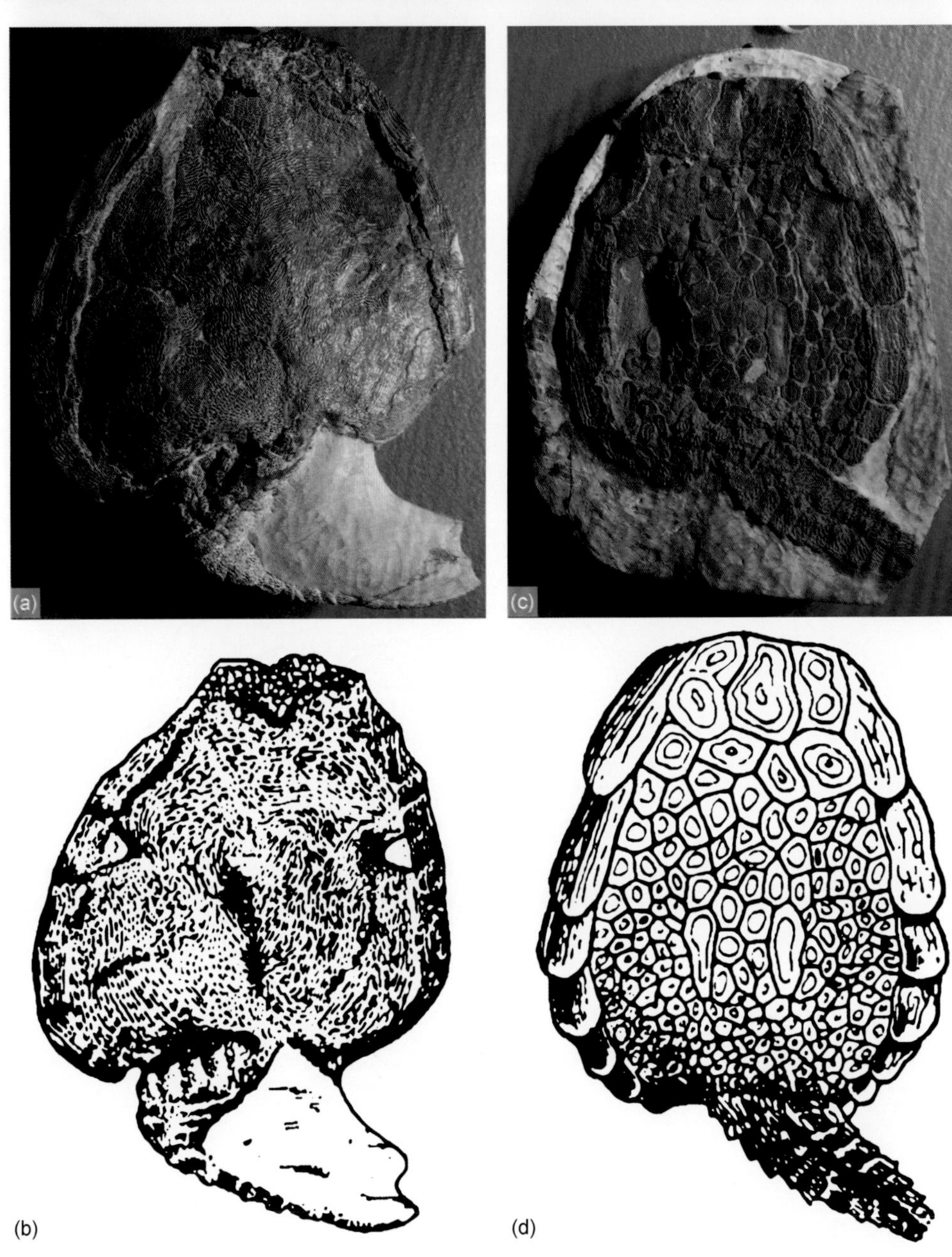

图6–65　心甲鱼（*Cardipeltis* Branson, Mehl, 1931）　a, b. 华莱士心甲鱼。a. 化石，背视；b. 素描图，背视；c, d. 布莱恩心甲鱼。c. 化石，腹视；d. 素描图，腹视（a、b均为保存于美国芝加哥菲尔德自然历史博物馆的完整头甲化石，b、d引自Halstead, 1973）。

Mehl, 1931。

特征 相对大型的异甲鱼，头甲背部凹陷，由大的骨片和较小的小骨片组成，腹片缺如。鳃孔在背侧侧面的槽中。感觉线看起来似乎像杯甲鱼一样具有横向的连线。圆尾鳍的尾，并至少有四个分支，没有鳍网。心甲鱼甲片部分的“镶嵌”结构可能指示其与沙甲鱼的关系，但在这个属中却没有发现沙甲鱼的明确特征。

产地与时代 美国犹他州和怀俄明州；早泥盆世，杰佛逊组 (Jefferson Formation)。

缺甲鱼亚纲 Anaspida Traquair, 1899

长鳞鱼目 Birkeniida Berg, 1937

长鳞鱼科 Birkeniidae Traquair, 1899

长鳞鱼属 *Birkenia* Traquair, 1899

模式种 雅致长鳞鱼 *Birkenia elegans* Traquair, 1899 (图6–66，6–67)。

特征 中背脊鳞非常大，且具两个尖头，上侧叶和臀鳍较退化，鳃较少，只有8对，可见鳃后棘，鳞片大小和分布比较均匀。

产地与时代 苏格兰莱斯马黑戈 (Lesmahagow)；志留纪兰多维列世晚期—温洛克世早期，水头群 (Waterhead Group) 斯劳特伯恩组 (Slot Burn Formation)。

咽鳞鱼科 Pharyngolepididae Kiaer, 1924

咽鳞鱼属 *Pharyngolepis* Kiaer, 1911

模式种 狭长咽鳞鱼 *Pharyngolepis oblongus* Kiaer, 1911 (图6–18a–c，6–68，6–69)。

特征 咽鳞鱼代表了缺甲鱼的常规类型。个体十分狭长，具有小的背脊鳞。具有众多鳃孔，可见鳃后刺。头部被较大的鳞片覆盖。有发育的臀鳍。肛门位置靠后，具有非常延长的带状偶鳍。

产地与时代 挪威斯匹次卑尔根灵厄里克

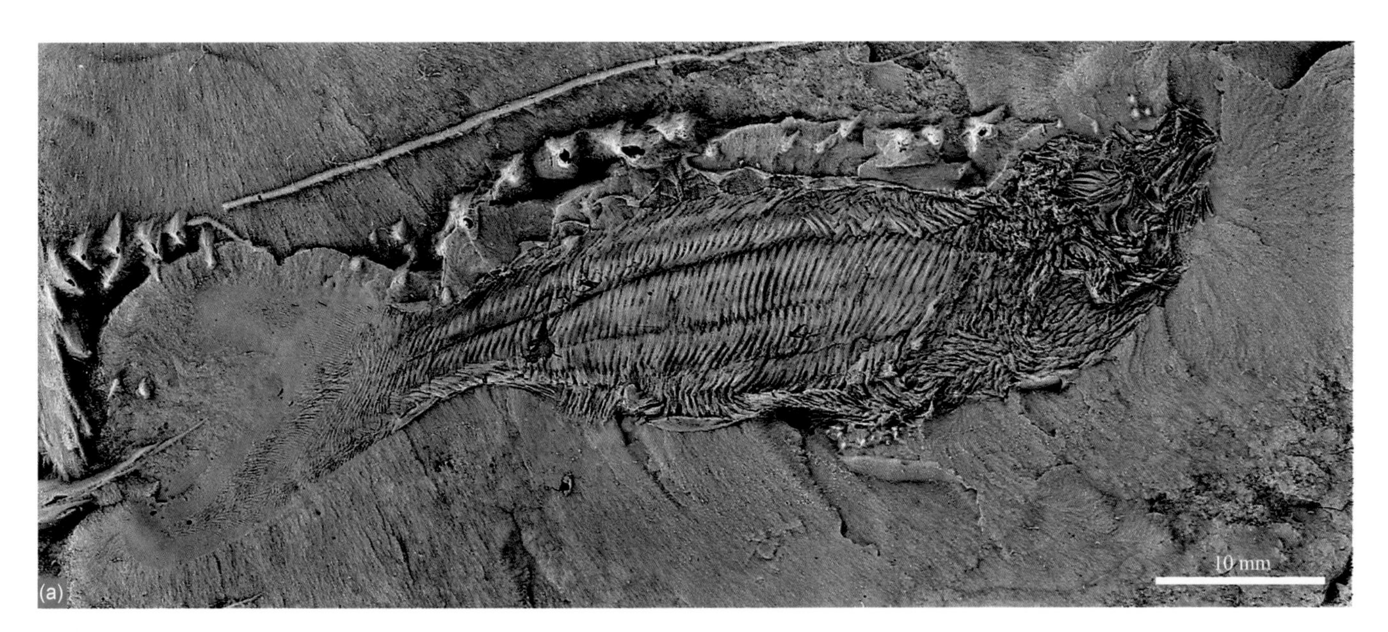

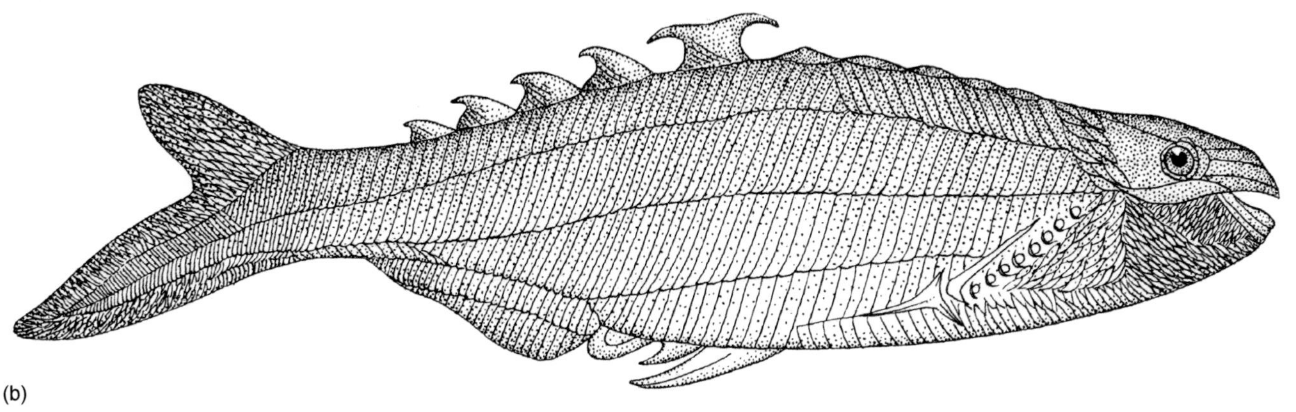

图6–66 雅致长鳞鱼 a. 化石标本KIMMG：Vf6/7的硅胶翻模，侧视；b. 复原图，侧视（Blom et al., 2002）。

图6–67 雅致长鳞鱼生态复原图（N. Tamura绘）

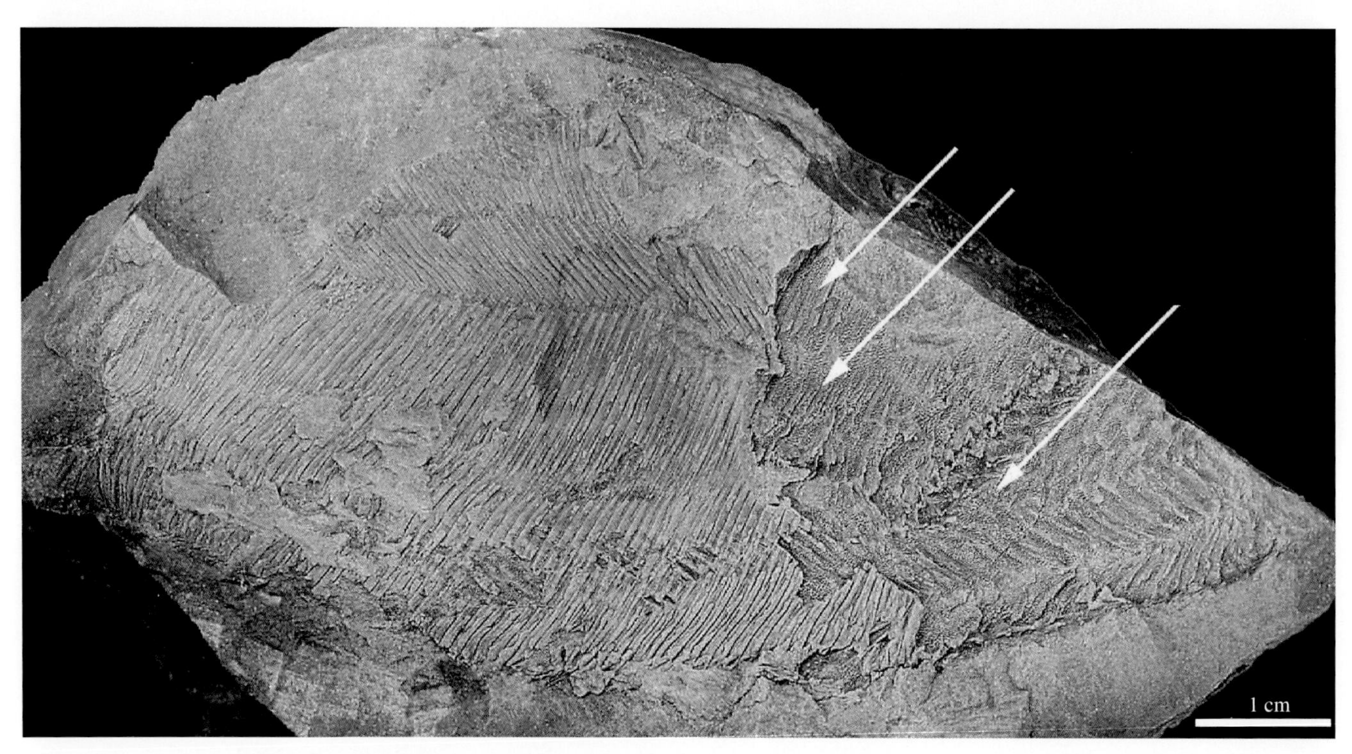

图6–68 狭长咽鳞鱼 一不完整化石标本，PMO E0090，示鳃区及其后的躯体。（Blom et al., 2002）

图6–69 狭长咽鳞鱼生态复原图（N. Tamura绘）

(Ringerike) 地区；志留纪温洛克世晚期，桑德沃伦组 (Sundvollen Formation)

裸头鱼科 Lasaniidae Abel, 1919

裸头鱼属 *Lasanius* Traquair, 1898

模式种 疑难裸头鱼 *Lasanius problematicus* Traquair, 1898 (图6–70，6–71)。

特征 鳞片非常简化，大部分退化，仅具有鳃后刺、大型脊鳞和鳃部与鳃后的鳞片，无臀鳍。

产地与时代 苏格兰拉纳克郡 (Lanarkshire) 莱斯马黑戈 (Lesmahagow)，埃尔郡 (Ayrshire) 等；志留纪兰多维列世晚期—温洛克世早期。

莫氏鱼目 Jamoytiiformes Tarlo, 1967

莫氏鱼科 Jamoytiidae White, 1946

莫氏鱼属 *Jamoytius* White, 1946

模式种 克伍德莫氏鱼 *Jamoytius kerwoodi* White, 1946 (图6–72，6–73)。

特征 没有矿化的鳗形动物，可能具有延长的偶鳍。一些标本具有眼的印痕、可能的嗅觉器官和环形软骨。具有20对鳃孔和可能的鳃篮。具有强壮的下歪尾。其分类地位仍不清楚，被认为是缺甲鱼与七鳃鳗之间的中间类型，或七鳃鳗的姐妹群。

产地与时代 苏格兰莱斯马黑戈 (Lesmahagow)；志留纪兰多维列世 (层位比裸头鱼稍低)。

真显鱼科 Euphaneropidae Woodward, 1900

真显鱼属 *Euphanerops* Woodward, 1900

模式种 古老真显鱼 *Euphanerops longaevus* Woodward, 1900 (图6–74，6–75)。

特征 具有强壮的下歪尾，尾部具大的辐条。没有鳃后刺。体表矿化程度非常低，内部的解剖学信息通过

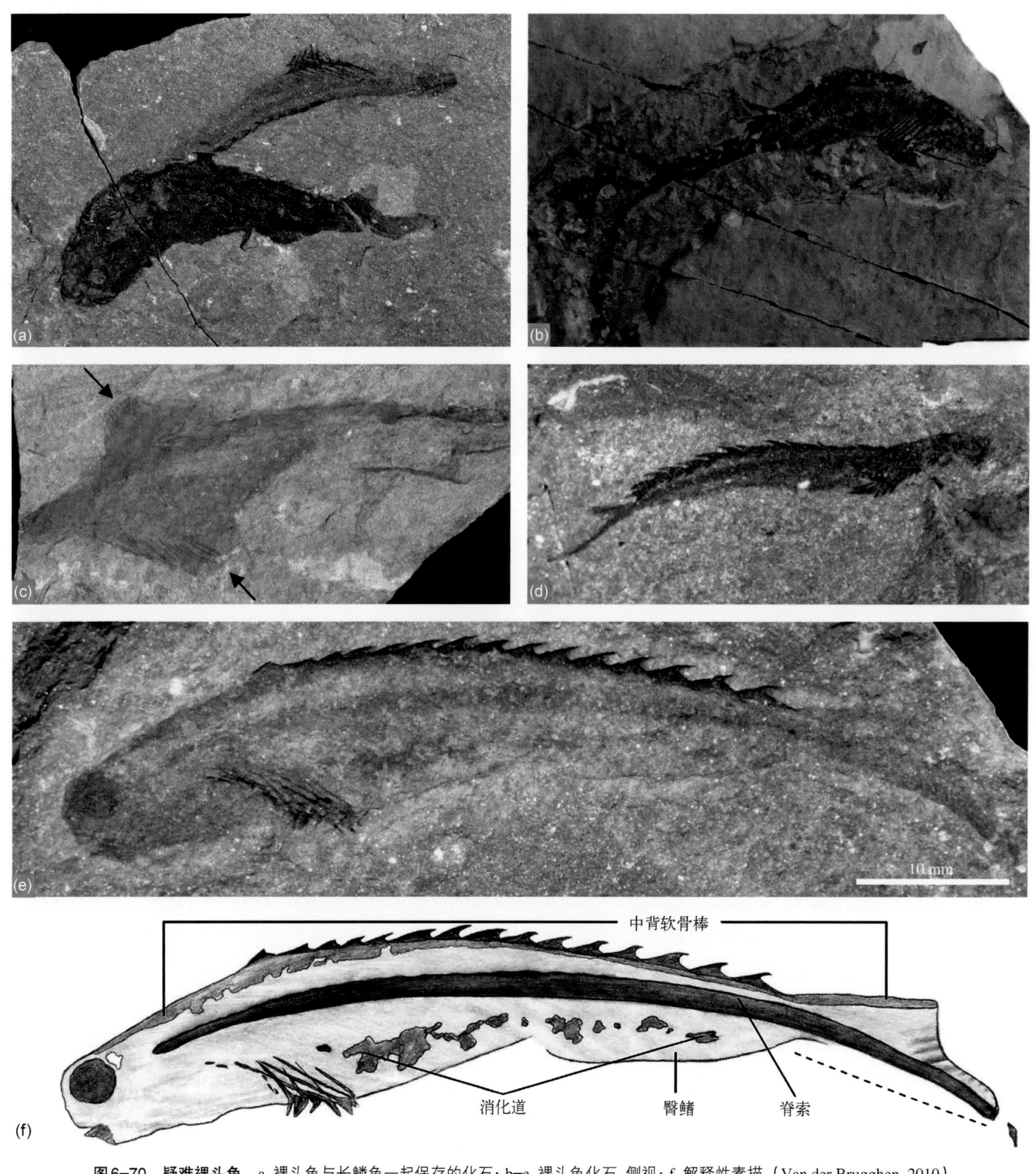

图6-70 疑难裸头鱼 a. 裸头鱼与长鳞鱼一起保存的化石；b–e. 裸头鱼化石，侧视；f. 解释性素描。（Van der Brugghen, 2010）

图6–71　疑难裸头鱼生态复原图（N. Tamura绘）

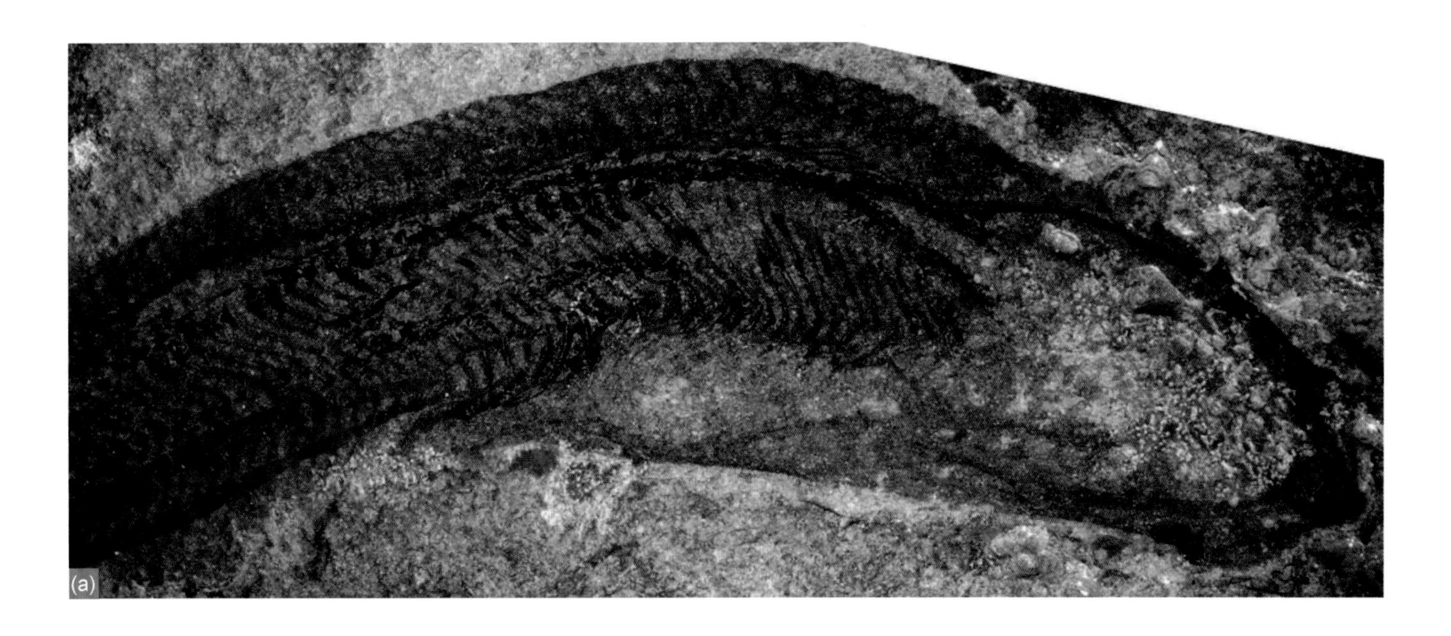

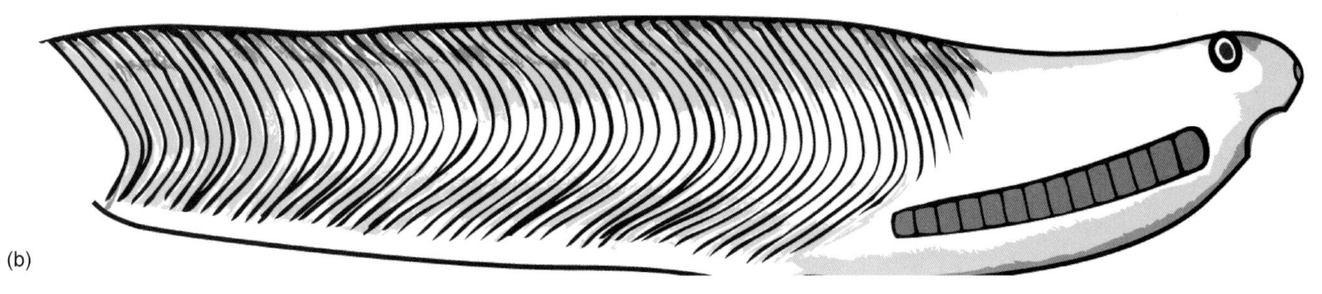

图6–72　克伍德莫氏鱼　a. 正型标本，NHM P11284a，侧视；b. 根据新资料所绘的复原图（Sansom et al., 2010）。

图6–73 克伍德莫氏鱼生态复原图 （N. Tamura绘）

印痕表现出来：具有环形软骨，延伸至肛门附近的30对鳃孔。分类位置不很清楚。

产地与时代 加拿大魁北克米瓜沙；晚泥盆世法门期，艾斯屈米纳克组 (Escuminac Formation)。

角鱼属 *Cornovichthys* Newman et Trewin, 2001

模式种 布洛温角鱼 *Cornovichthys blaauweni* Newman et Trewin, 2001 (图6–76，6–77)。

特征 一种非常小型的无颌类，身体细长，长约11.5 cm；其特征与真显鱼十分类似，均具有一个非常有力的下歪尾与发达的臀鳍。尾鳍上脊索叶明显有软骨辐条支持；脊索叶非常长，且逐渐变细；没有背鳍或中背鳞甲；体表没有鳞或鳞状构造；眶孔靠近背面；鳃篮具有12 ~ 16个鳃孔；鳃孔下面有一排倾斜的鳃弓。

产地与时代 苏格兰凯恩内斯郡 (Caithness) 阿卡纳采石场 (Achanarras quarry)；中泥盆世艾菲尔期，阿卡纳灰岩层。

阿卡纳鱼科 Achanarellidae Newman, 2002

阿卡纳鱼属 *Achanarella* Newman, 2002

模式种 特里温阿卡纳鱼*Achanarella trewini* Newman, 2002 (图6–78，6–79)。

特征 个体丰富，体型瘦而细长，具有发育的尾鳍与臀鳍，尾鳍上脊索叶可能有软骨辐条支撑，且间距较宽；脊索叶很长，向后逐渐变细，臀鳍较大；头比较小，不到整个身体长的1/10，眼睛大，且显著；鳃篮至少有13个鳃孔，甚至可能多达20个以上，第一鳃孔离眼睛很近，可能与莫氏鱼和真显鱼关系密切。

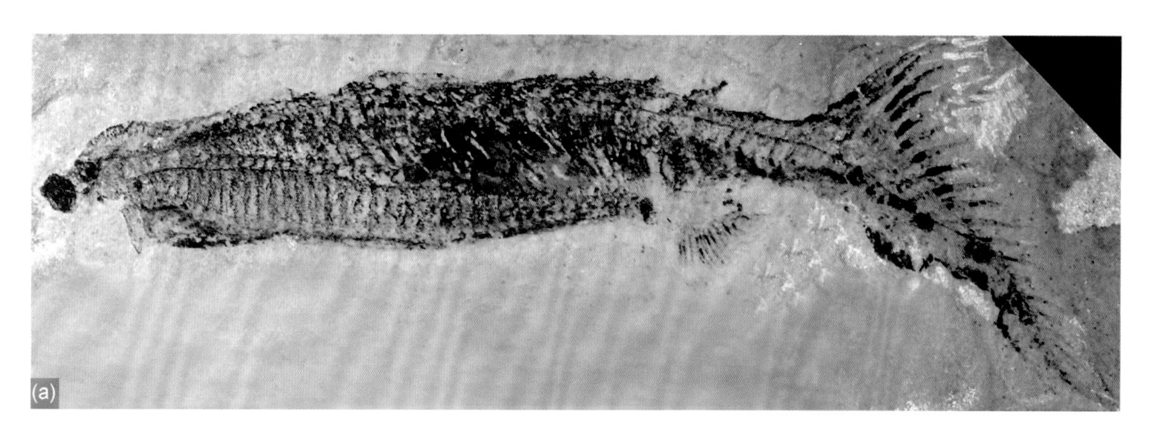

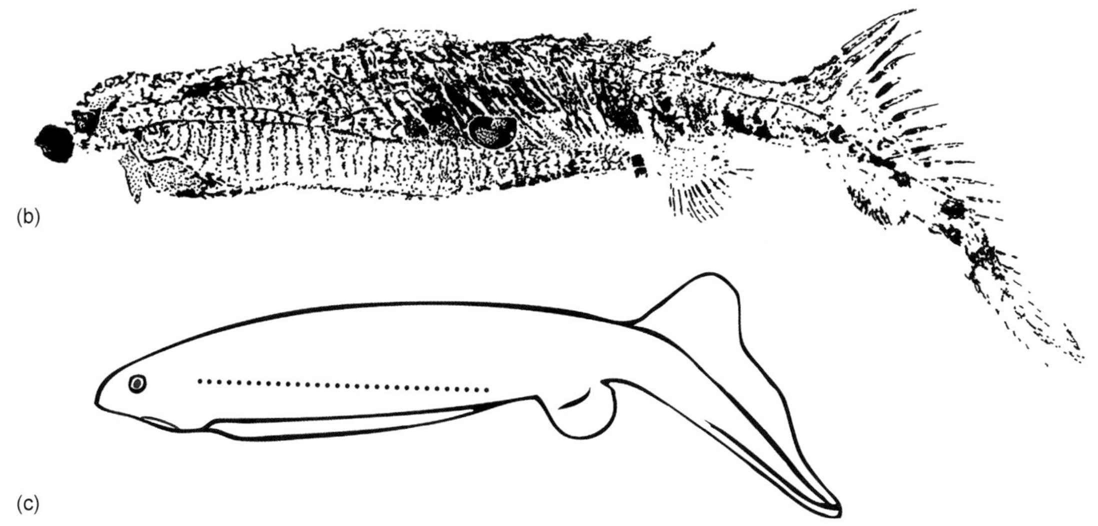

图6–74　古老真显鱼
a. 一近于完整的鱼化石标本，MHNM 01–02，侧视；b. 化石解释性素描图，侧视；c. 复原图，侧视（Sansom et al., 2010, 2013）。

图6–75　古老真显鱼生态复原图（N. Tamura绘）

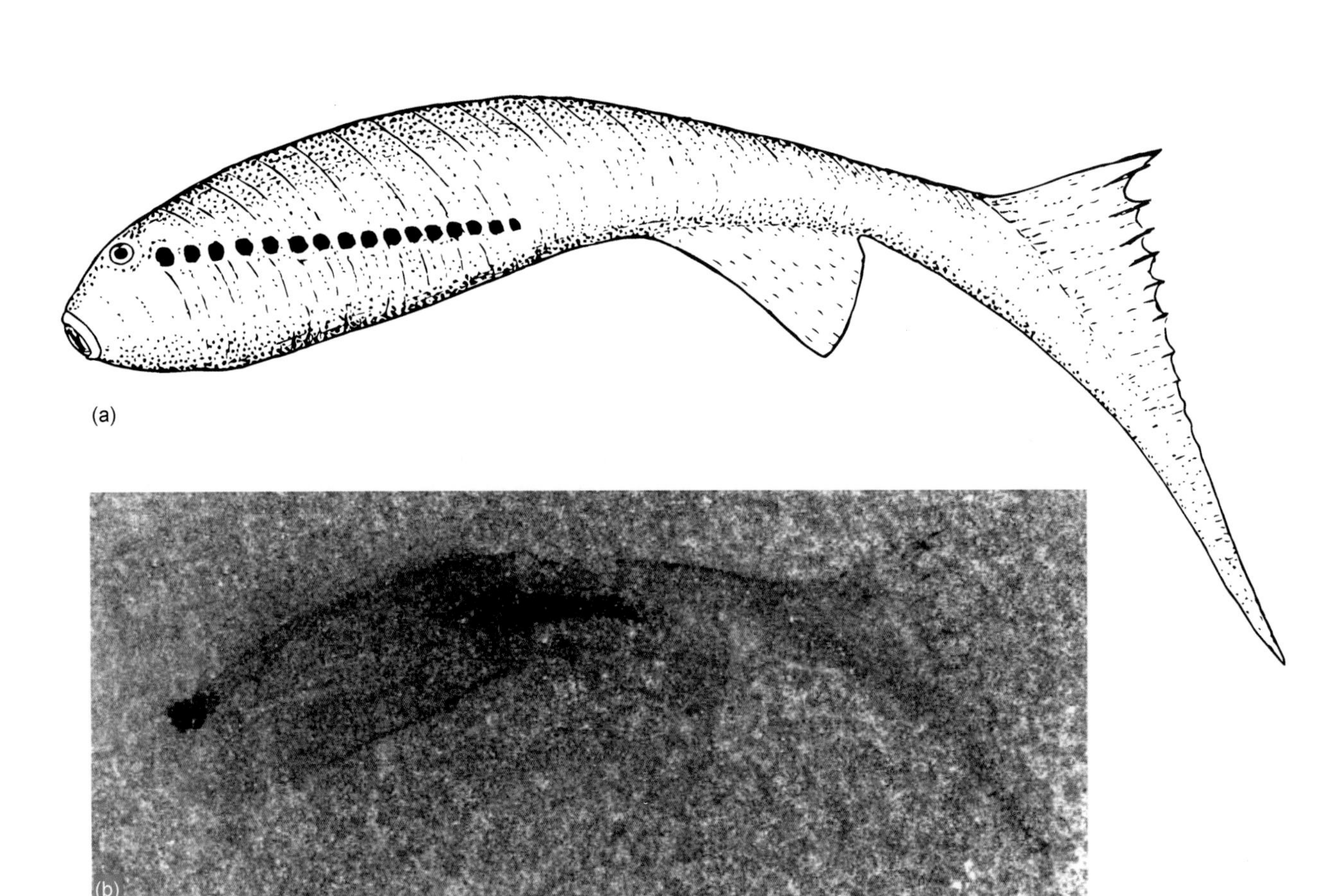

图6-76 布洛温角鱼 a. 复原图，侧视；b. 正型标本，NMS G 1999.37.1。（Newman, Trewin, 2001）

图6-77 布洛温角鱼生态复原图 （N. Tamura绘）

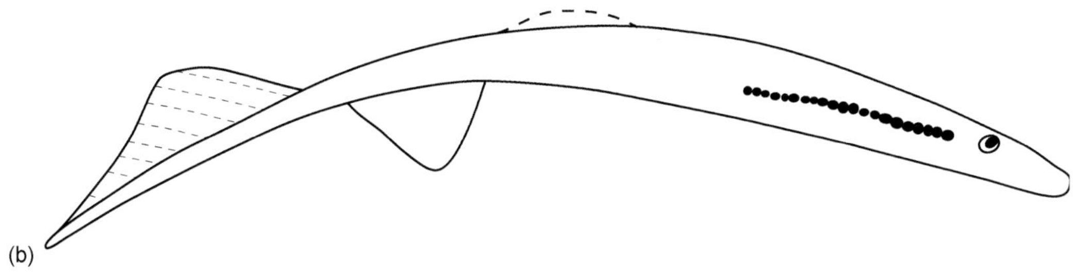

图6–78　特里温阿卡纳鱼
a. 化石标本，NEWHM1999. 1801.2（Newman, 2002）；b. 复原图，侧视（史爱娟绘）。

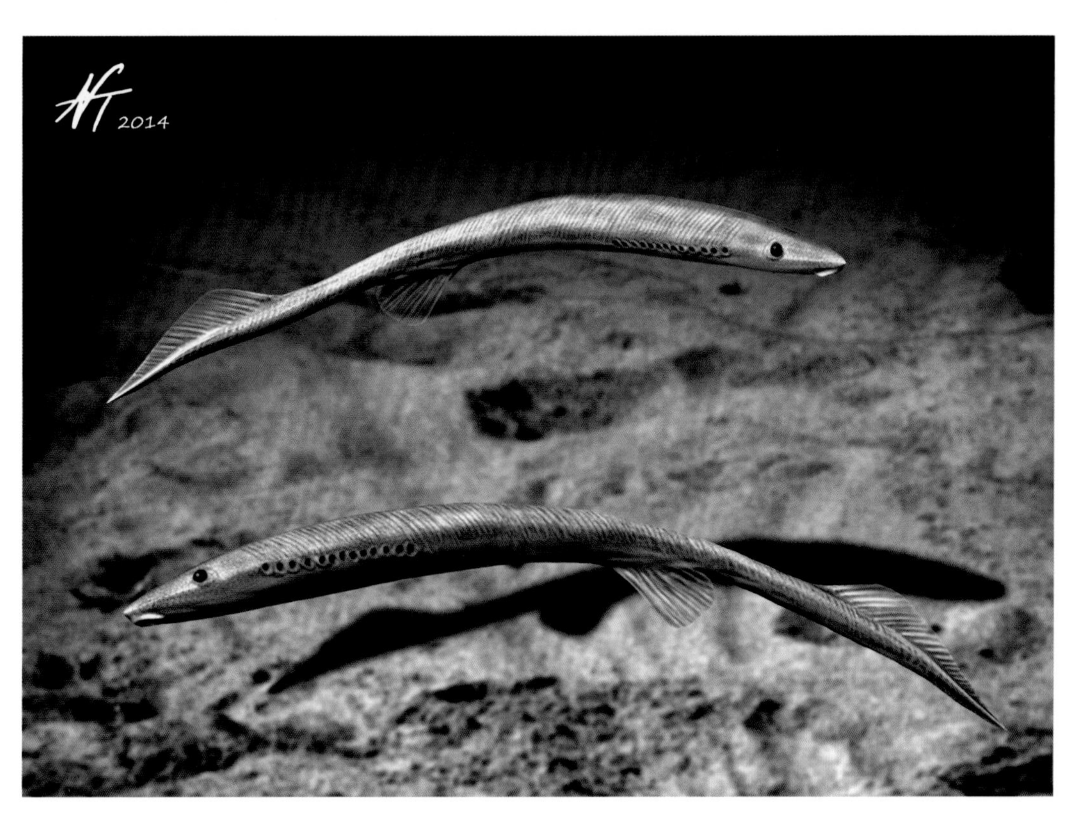

图6–79　特里温阿卡纳鱼生态复原图（N. Tamura绘）

产地与时代 苏格兰凯恩内斯郡(Caithness)阿卡纳采石场(Achanarras quarry),中泥盆世艾菲尔期,阿卡纳灰岩层。

花鳞鱼亚纲 Thelodonti Jaekel, 1911
花鳞鱼目 Thelodontiformes Kiaer, 1932
腔鳞鱼科 Coelolepididae Pander, 1856
花鳞鱼属 *Thelodus* Agassiz, 1839

模式种 小腔花鳞鱼 *Thelodus parvidens* Agassiz, 1839(图6–80,6–81)。

特征 身体扁平的花鳞鱼。两眼相距较远,具一对三角形的侧扇(其内部可能不具备肌肉,因而不能称为鳍)和分叉的尾。身体覆盖脊状鳞片,其中一些个体较大并沿纵向分布。鳃位于侧扇之下腹侧。鳞片材料最常见,其形态很有特点,是花鳞鱼鳞片的几种基本类型之一,看起来非常像现代鲨鱼的板状鳞。

图6–80 花鳞鱼 一近于完整的花鳞鱼化石,侧视。(Long, 2011)

图6–81 小腔花鳞鱼生态复原图 (N. Tamura绘)

产地与时代 英国英格兰、威尔士，也发现于德国和环波罗的海地区；志留纪罗德洛—普里道利世。

马钱鱼科 Loganelliidae Märrss et al., 2002

马钱鱼属 *Loganellia* Fredholm, 1990

模式种 爱尔兰马钱鱼 *Loganellia scotica* Traquair, 1898 (图6–82, 6–83)。

特征 鳞片小，并有一膨大基部。在一对侧叶腹侧具有7～8对非常明显的鳃。眼眶被两块新月形骨片包围。具一背鳍和一臀鳍，尾部分叉，一支为含有脊索的腹侧叶。

产地与时代 苏格兰莱斯马黑戈 (Lesmahagow)；志留纪兰多维列世晚期—温洛克世早期。

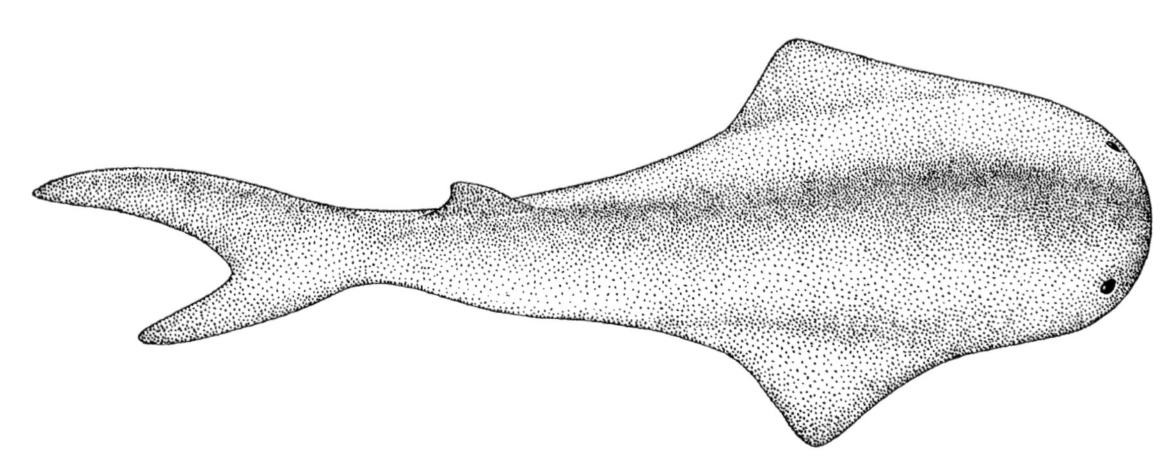

图6–82 爱尔兰马钱鱼 复原图，背视（Traquair, 1898）。

图6–83 爱尔兰马钱鱼生态复原图 （N. Tamura绘）

脉鳞鱼目 Phlebolepidiformes Berg, 1937

脉鳞鱼科 Phlebolepididae Berg, 1940

脉鳞鱼属 *Phlebolepis* Pander, 1856

模式种 雅致脉鳞鱼 *Phlebolepis elegans* Pander, 1856 (图6–84,6–85)。

特征 体型较小,鳞片具很大的髓腔,船型;眼被两块新月形骨片包围;有一尾鳍和一臀鳍;背侧与腹侧存在感觉线,并延伸至尾部。

产地与时代 瑞典哥特兰岛 (Gotland Island),爱沙尼亚帕尔瓦黑米斯特层 (Himmiste bed),波罗的海东部等;志留纪罗德洛世。

叉尾鱼目 Furcacaudiformes Wilson et Caldwell, 1998

叉尾鱼科 Furcacaudidae Wilson et Caldwell, 1998

叉尾鱼属 *Furcacauda* Wilson et Caldwell, 1998

模式种 海因茨叉尾鱼 *Furcacauda* (=*Canonia*) *heintzae* Dineley et Loeffler, 1976 (图6–86,6–87)。

特征 体型、尾型与其他花鳞鱼相差巨大,显示花鳞鱼类巨大的形态分异度。体型为竖扁形,头较小,呈圆锥状,具有一对腹鳍褶和一个背鳍,臀鳍非常退化,尾柄短,分叉的尾鳍相当发育,存在少而明显的辐条,肛门位于叉形尾前端稍下方靠后处;叉形尾中间尾鳍叶数目少于10;中背脊鳞和中腹脊鳞与身体两侧的鳞明显不同。

产地与时代 加拿大西北地区麦肯锡山 (Mackenzie mountains);早泥盆世洛赫考夫期,德洛姆群顶部 (Delorme Group)。

茄甲鱼亚纲 Pituriaspida Young, 1991

茄甲鱼属 *Pituriaspis* Young, 1991

模式种 道尔茄甲鱼 *Pituriaspis doylei* Young, 1991 (图6–88,6–89)。

图6–84 雅致脉鳞鱼 a. 拉脱维亚志留纪晚期许多脉鳞鱼待定种化石(Maisey, 1996); b. 爱沙尼亚标本,TUG 865–28–4,头部及身体前部特写,示胸鳍; c. 爱沙尼亚标本TUG 865–4–1,一条近于完整的鱼(b、c引自Wilson, Märss, 2012)。

图6–85 雅致脉鳞鱼生态复原图 （N. Tamura绘）

特征 一件狭长的头甲，腹区长，具有腹面的口鳃孔，有短的角、长吻突和明显的偶鳍附着区。眶孔明显分开，横向分开，眶孔之下具一用途不明的凹。没有松果体孔和鼻垂体孔，鼻孔可能位于靠近吻突的腹面。

产地与时代 澳大利亚西昆士兰佐治亚盆地；早泥盆世埃姆斯期–中泥盆世艾菲尔期，克雷文斯峰层(Cravens Peak Bed)。

骨甲鱼亚纲 Osteostraci Lankester, 1868

无角鱼科 Ateleaspididae Traquair, 1899

无角鱼属 *Ateleaspis* Traquair, 1899

模式种 镶嵌无角鱼*Ateleaspis tesselata* Traquair, 1899 (图6–90, 6–91)。

特征 最原始的骨甲鱼类之一。具中部凹陷的头甲。侧区与中区较大，内淋巴管于中区的中心与外界联通。眶孔靠得很近，眼被一个硬化的环包围。两眼间是被松果体孔截断的松果体片。钥匙形的鼻孔位于心形的浅凹内。口和鳃孔位于头部腹面，被微小的鳞片所覆盖。头甲上的线和管构成感觉线。身体被成排的小鳞片覆盖，没有中背脊鳞。有两个背鳍，只有后背鳍有鳍网。尾为正歪尾。

产地与时代 苏格兰莱斯马黑戈 (Lesmahagow)；志

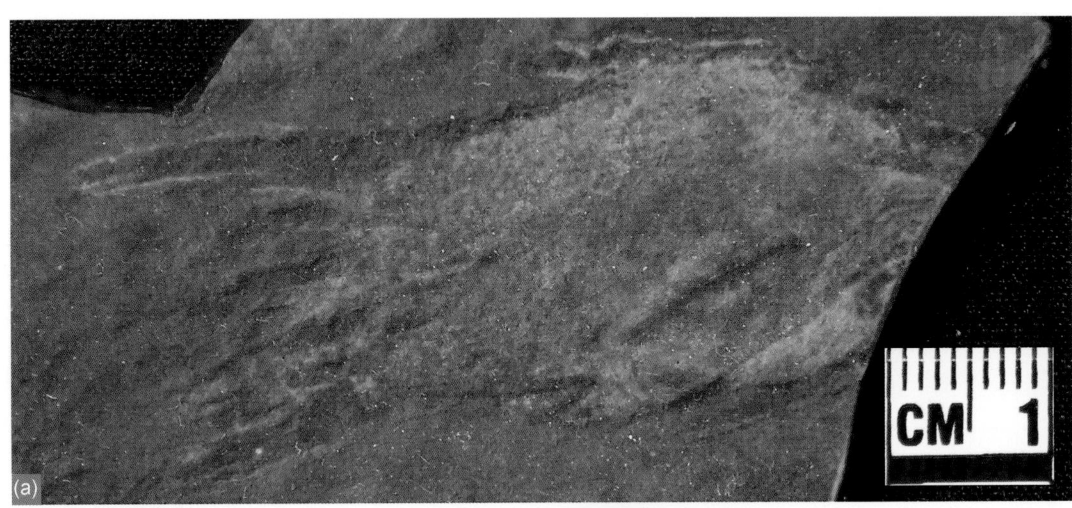

图6–86　海因茨叉尾鱼
a. 一近于完整鱼的化石模型（耿丙河供图），侧视；b. 整体复原图，侧视（杨定华绘）。

图6–87　海因茨叉尾鱼生态复原图（N. Tamura绘）

图6-88 道尔茄甲鱼 a. 标本CPC 27713化石，侧视（Long, 2011）；b. 复原图（杨定华据Long, 2011重绘）。

图6-89 道尔茄甲鱼生态复原图 （N. Tamura绘）

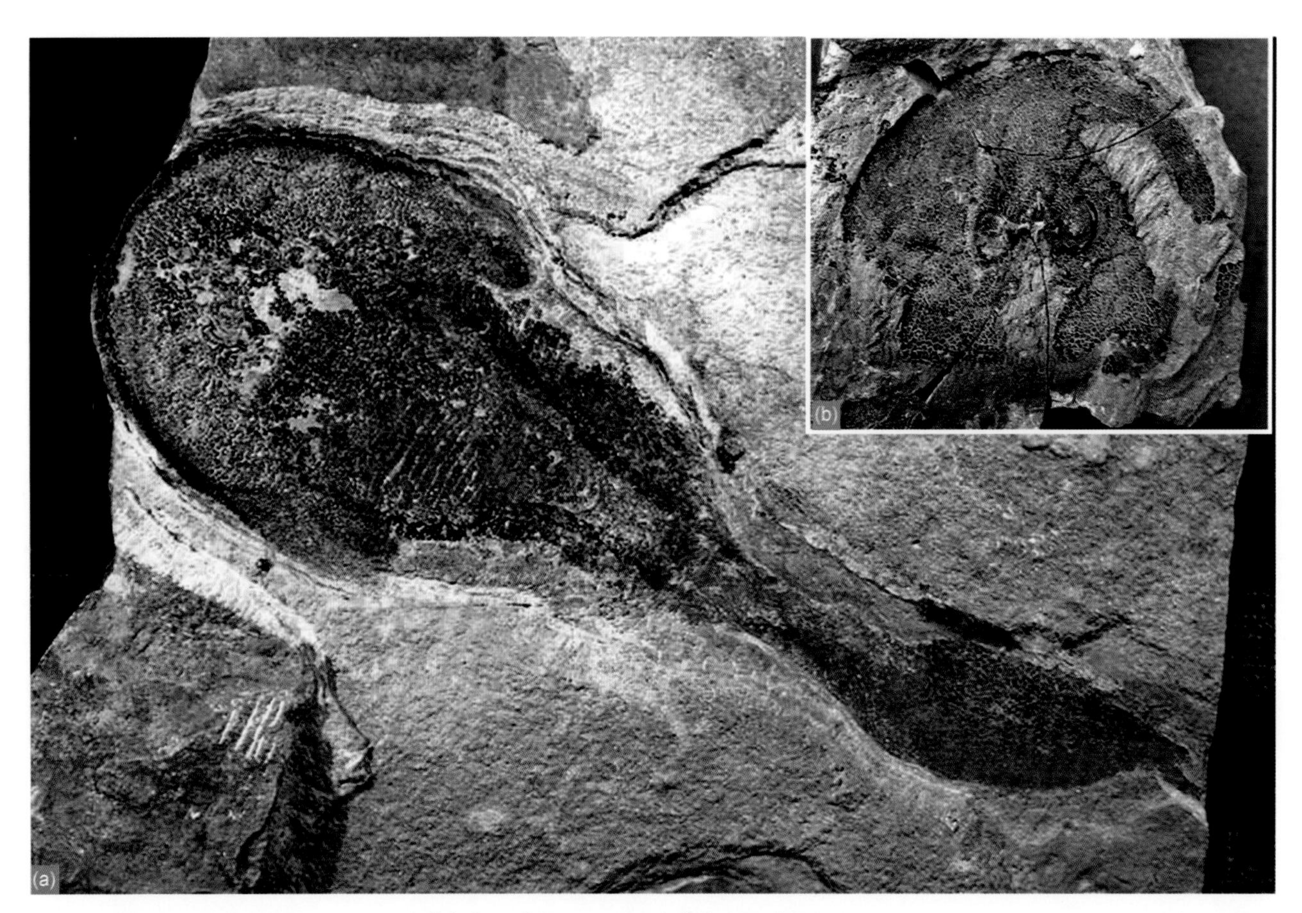

图6–90 镶嵌无角鱼 a. 一近于完整鱼化石，背视；b. 一近于完整的头甲，背视（Ichthyolites of the old red sandstone, 2017）。

留纪兰多维列世晚期—温洛克世早期。

半环鱼属 *Hemicyclaspis* Lankester, 1870

模式种 麦奇生半环鱼*Hemicyclaspis murchisoni* Egerton, 1857 (图6–92, 6–93)。

特征 中等到大型的原始骨甲鱼类。头甲具有圆拱形前缘，头甲中部有明显的中背脊，侧区较窄，头甲后方无角，头甲腹面被小骨片所覆盖。身体中部中背脊鳞较大，前背鳍退化为一个大的中脊鳞，身体两侧的鳞片比其他无角骨甲鱼要宽的多，排列方式可以区分出明显的背系列和侧系列。

产地与时代 英国英格兰赫里福德和伍斯特郡(Hereford and Worcester)，加拿大北极群岛(Canadian Artic Archipelago)索默塞特岛(Somerset Island)；早泥盆世老红砂岩底部。

角鱼目 Cornuata Janvier, 1981

头甲鱼科 Cephalaspididae Agassiz, 1843

头甲鱼属 *Cephalaspis* Agassiz, 1835

模式种 莱伊尔头甲鱼*Cephalaspis lyelli* Agassiz, 1835 (图6–94, 6–95)。

特征 中等大小的骨甲鱼类，头甲呈马蹄形，具较长的眶前区，头甲侧区、中区较窄；松果片常大大减少或与头甲愈合；角的基部相对较宽，扁平；前背鳍退化，由一块大的中背脊鳞代表。

产地与时代 苏格兰、挪威斯匹次卑尔根；早泥盆世老红砂岩。

禅甲鱼科 Zenaspididae Stensiö, 1958

禅甲鱼亚科 Zenaspidinae Stensiö, 1958

禅甲鱼属 *Zenaspis* Egerton, 1857

模式种 莎尔维禅甲鱼 *Zenaspis salweyi* Egerton, 1857 (图6–96, 6–97)。

归入种 佩奇禅甲鱼 *Zenaspis pagei* Lankester, 1870。

特征 偶鳍较窄，位于后角之后。侧区较窄。在腹侧，口明显带有长条形的口片，且每个鳃孔都被小鳞片所覆盖。腹侧其余部分为较大的骨片覆盖。鳞片较大，并有一排独立的中背脊鳞。没有前背鳍，仅有残余的后

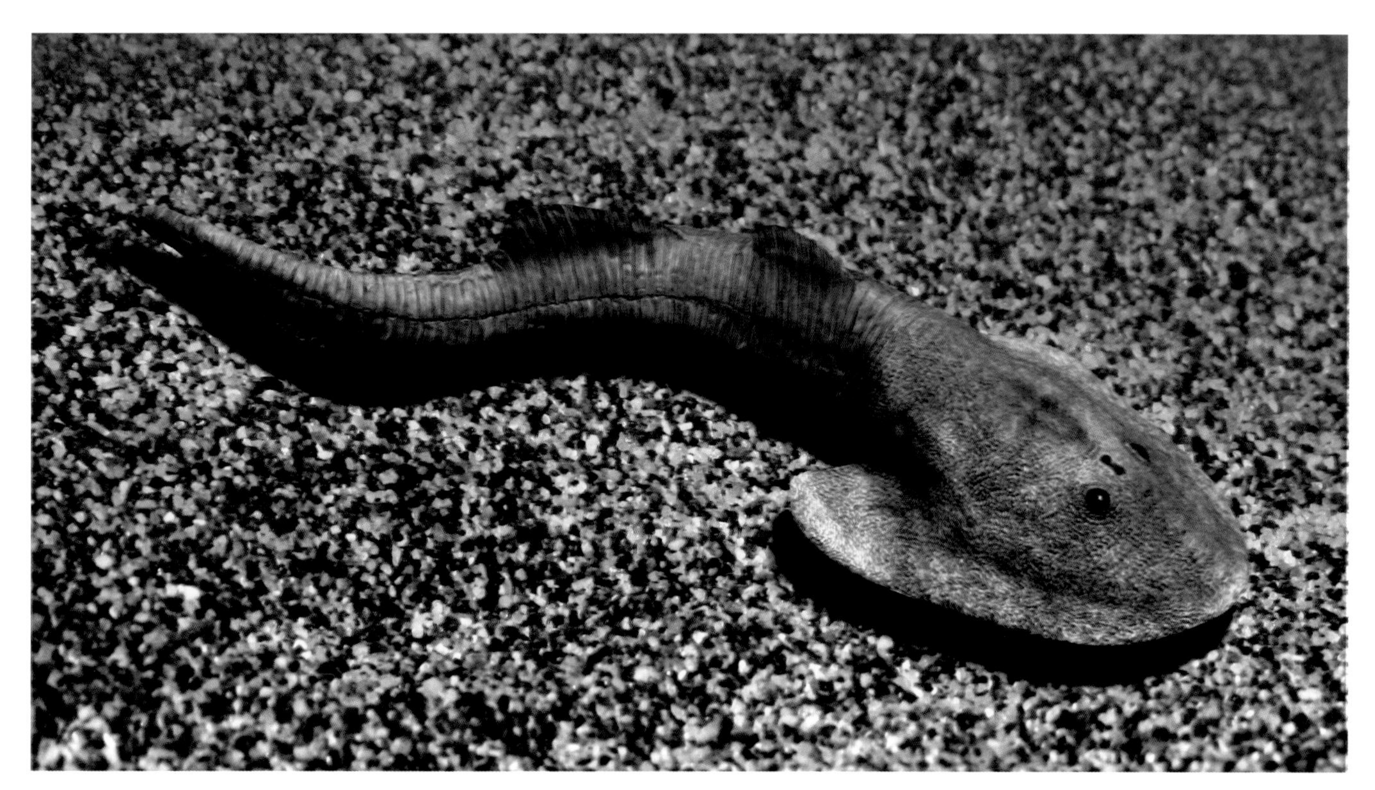

图6–91 镶嵌无角鱼生态复原图 （N. Tamura绘）

图6–92 麦奇生半环鱼 来自英国赫里福郡（Herefordshire）下泥盆统大量麦奇生半环鱼集群埋藏化石（模型）。（Maisey, 1996）

图6–93　麦奇生半环鱼生态复原图　（N. Tamura绘）

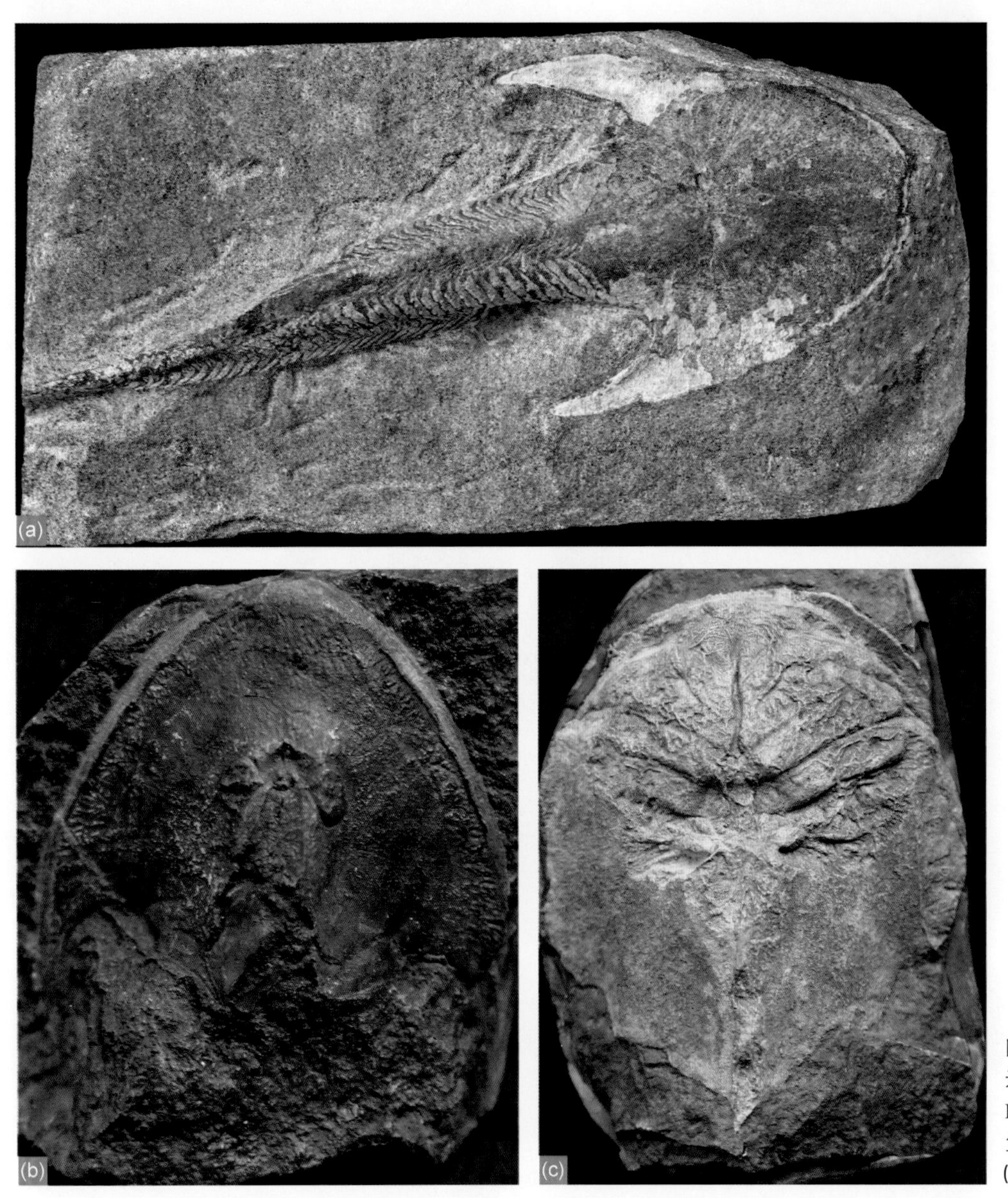

图6–94　莱伊尔头甲鱼　a. 一近于完整的鱼化石，背视（Natural History Museum, 2014）；b，c. 头甲鱼属待定种的头甲和内模模型，背视（耿丙河供图）。

图6-95　莱伊尔头甲鱼生态复原图（N. Tamura绘）

图6-96　佩奇禅甲鱼化石（Ichthyolites of the old red sandstone, 2017）

图6–97 佩奇禅甲鱼生态复原图 （N. Tamura绘）

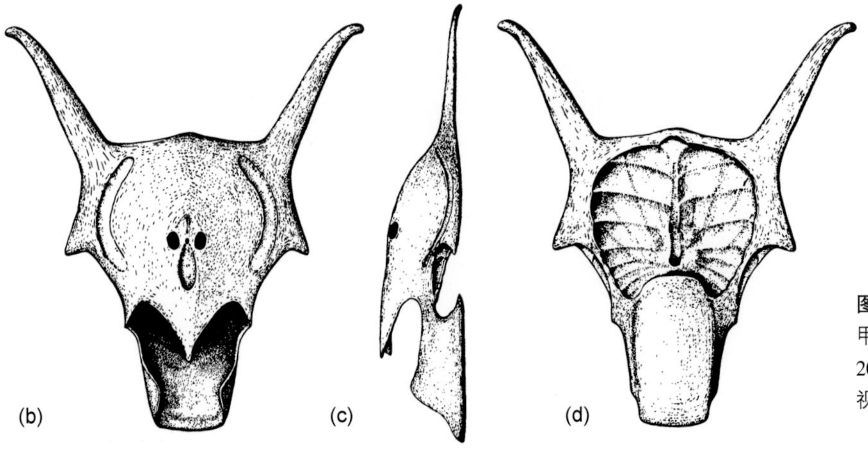

图6–98 长吻牛甲鱼 a. 一件近于完整的头甲化石，腹视（Geoscience collections of Estonia, 2017）；b–d. 头甲复原图。a. 背视；b. 侧视；c. 腹视（Mark-Kurik, Janvier, 1995）。

图6–99　长吻牛甲鱼生态复原图（N. Tamura绘）

背鳍。

产地与时代　英国赫里福郡 (Herefordshire) 维恩特里夫采石场 (Wayne Herebert quarry)；早泥盆世洛赫考夫期，老红砂岩底部，迪顿群 (Ditton Group)。

篮甲鱼科 Benneviaspididae Janvier, 1996

刺甲鱼亚科 Boreaspidinae Stensiö, 1958

牛甲鱼属 *Tauraspis* Mark-Kurik et Janvier, 1995

模式种　长吻牛甲鱼 *Tauraspis rara* Mark-Kurik et Janvier, 1995 (图6–98，6–99)。

特征　比较特化的骨甲鱼类。头甲低平，外骨骼中没有辐射管网。侧区较长。只有一个背鳍，后角略退化。其最显著的特点为头甲前部具有两个向外延伸的非常特殊的"角"，实为特化的头甲突起。

产地与时代　俄罗斯北地群岛 (Sevemaya Zemlya Archipelago)、十月革命岛 (October Revolution Island)；早泥盆世布拉格期，斯波科依纳亚组 (Spokoinaya Formation)。

凯尔鱼科 Kiaeraspididae Stensiö, 1932

瑞典鱼属 *Gustavaspis* Wängsjö, 1952

模式种　三点瑞典鱼 *Gustavaspis trinodis* Wängsjö, 1952 (图6–100，6–101)。

特征　瑞典鱼是凯儿鱼科中最常见的属，这是一类个体非常小的骨甲鱼，其个体往往没有指甲大。头甲卵圆形，具有相当长的腹区，没有角等凸起。"侧区"与"中区"减少且相互分开。口开向背侧。

产地与时代　挪威北特伦德拉格郡斯彻达尔 (Stjørdal)；早泥盆世布拉格期，斯匹次卑尔根动物群 (Spitsbergen Fauna)。

梯厄斯忒斯鱼科 Thyestiidae Berg, 1940

洞甲鱼亚科 Tremataspidinae Woodward, 1891

洞甲鱼属 *Tremataspis* Schmidt, 1866

模式种　施伦克洞甲鱼 *Tremataspis schrenkii* Pander, 1856 (图6–31a–c，6–102，6–103)。

归入种　乳突洞甲鱼 *Tremataspis mammillata* Patten, 1931。

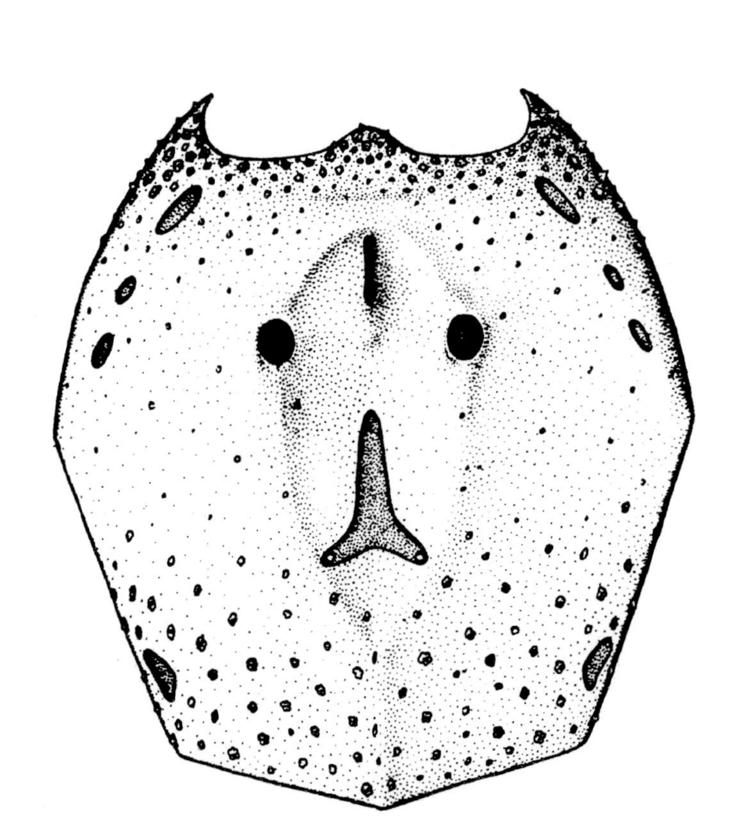

图6-100　三点瑞典鱼　头甲复原图，背视（Janvier, 1985）。

图6-101　三点瑞典鱼生态复原图　（史爱娟绘）

特征 形状十分特殊的骨甲鱼类。不存在偶鳍和角，侧区非常小，分为前后两段。中区小，外淋巴管向外开放。有迹象表明松果体片可以稍微前后移动，松果体腔可能通过这种方式开闭。腹侧有很小的口，有两个大的口片，其边缘具有微小的牙齿。头腹区被相当大的骨片所覆盖。身体覆盖较大的鳞片，没有背鳍，背鳍可能退化为中背刺。尾十分小，鳍网被多边形鳞片所覆盖，表明其运动能力较差。没有平行于尾鳍的小叶。

产地与时代 爱沙尼亚萨雷县 (Saare county)，志留纪罗德洛世，帕达拉组 (Paadla Formation)。

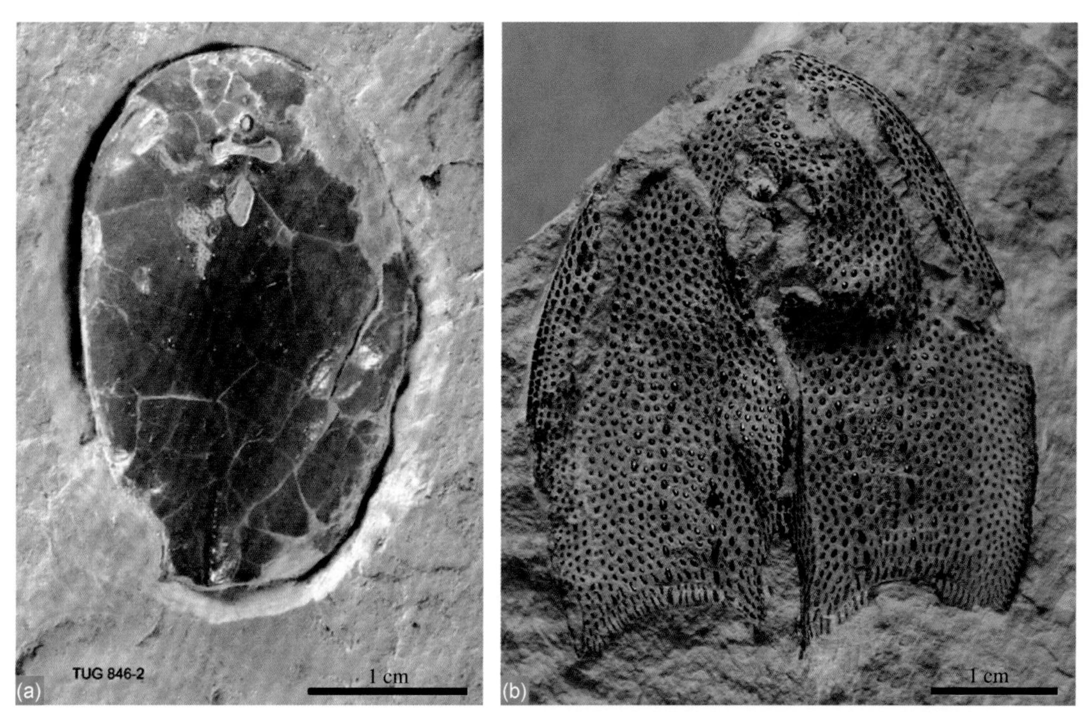

图6–102 乳突洞甲鱼 a，b. 两件近于完整头甲化石照片。a. 背视；b. 腹视（Paleobiodiversity in Baltoscandia, 2017）。

图6–103 乳突洞甲鱼生态复原图 （N. Tamura绘）

宽大吻突三岔鱼生态复原图（N. Tamura绘）

7 中国的无颌类

7.1 概述

中国发现的无颌类化石主要为盔甲鱼类。盔甲鱼类是东亚地区特有的一个土著性类群，目前只发现于新疆（塔里木板块）、宁夏（华北板块）、中国南方和越南北部的志留—泥盆纪地层里（图7–1a）。根据大地构造划分，中国南方大部与越南北部（红河断裂以北）属同一构造单元（华南板块），其志留—泥盆纪脊椎动物化石组合相一致，属同一生物区，而盔甲鱼类在新疆、宁夏的发现，说

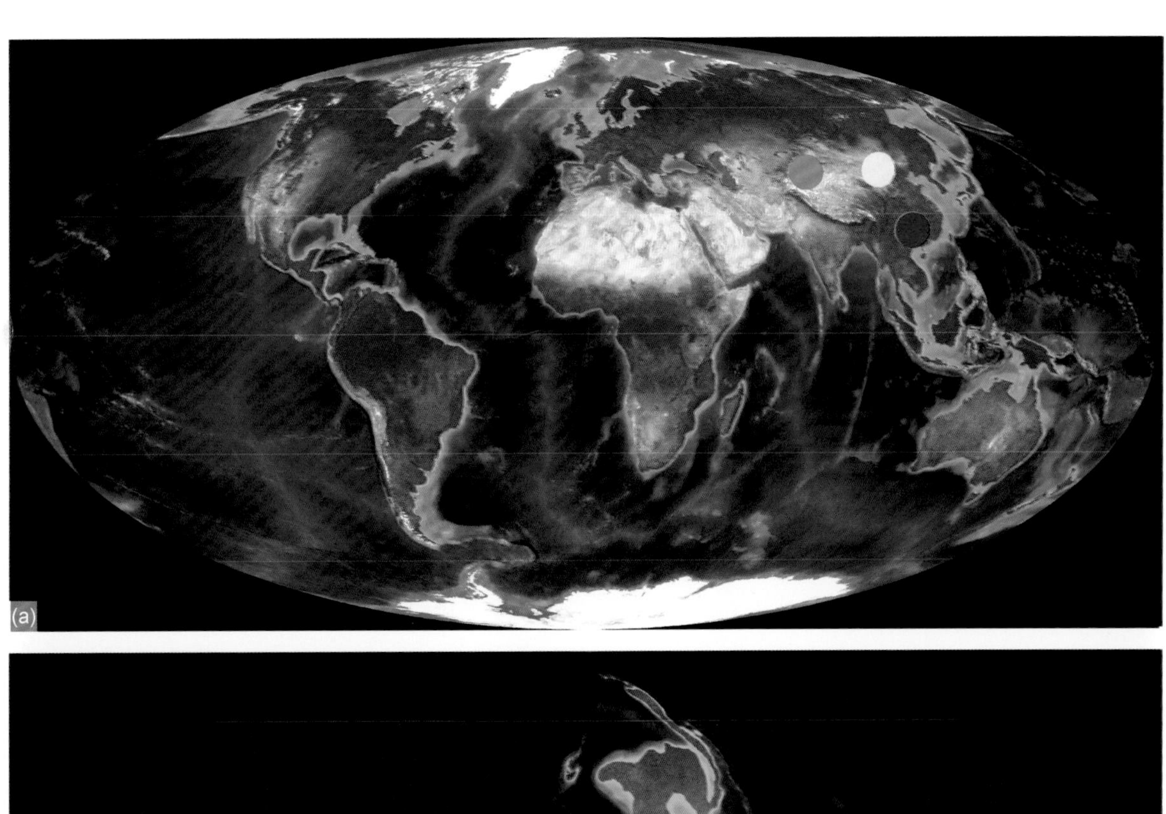

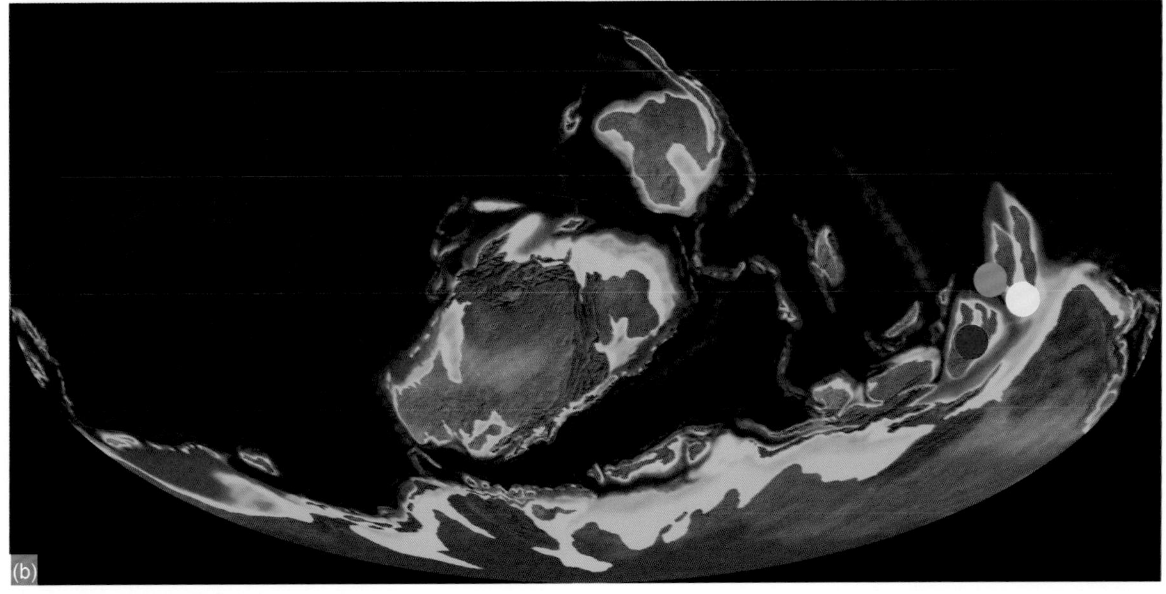

图7–1　泥盆纪盔甲鱼类主要化石分布区（a）与古地理位置（b）　红色代表华南板块的位置，绿色代表塔里木板块的位置，黄色代表华北板块的位置。（Sansom, 2009; Zhao, Zhu, 2007）（古地理图由Colorado Plateau Geosystems Inc.授权使用，授权号60317）

明塔里木、华北与华南板块在志留—泥盆纪时曾经相近或者相接(图7–1b)(Pan, Dineley, 1988),构成了泛华夏陆块群(许效松等,1996;潘桂堂等,1997)。自从刘玉海(1965)首次描述盔甲鱼类以来,盔甲鱼类目前约有58属76种被描述,并建立起亚纲一级的分类单元,成为与骨甲鱼亚纲、异甲鱼亚纲、缺甲鱼亚纲、花鳞鱼亚纲并列的五大类群之一。该亚纲的单系性已无太多争议,其共近裔特征有:头甲前部具有一个椭圆形或裂隙形的大鼻孔,鼻孔与口鳃腔相通,具有吸入水流的功能;具有成对分离的鼻囊,并共同开口于中央鼻孔;垂体管与鼻囊分离,水平向前延伸,与鼻囊共同开口于前方的口鼻腔;头甲背面侧线感觉管系统呈格栅状分布;组织学上既不同于骨甲鱼类也不同于异甲鱼类,而是为盔甲鱼类所独具,是一种被称为盔甲质(galeaspidin)的特殊无细胞骨。

对于盔甲鱼亚纲的系统位置,目前大多数系统发育分析结果均认为骨甲鱼类与有颌类的亲缘关系最近,它们组成一个姐妹群,而盔甲鱼类是骨甲鱼类和有颌类的姐妹群(Forey, Janvier, 1993; Forey, 1995; Janvier, 1996a; Donoghue et al., 2000; Donoghue, Smith, 2001)。不过这些系统发育分析均是基于盔甲鱼类不完整的内部解剖信息得来的。近年来,应用同步辐射X射线显微成像和计算机三维虚拟复原等技术手段,对中国志留纪兰多维列世的早期盔甲鱼类浙江曙鱼(*Shuyu zhejiangensis*)的脑颅进行详细研究,共完成7件曙鱼脑颅化石的三维虚拟复原,在只有指甲大小的脑颅里,几乎重现了所有脑、感觉器官及头部神经与血管的通道。研究显示,盔甲鱼的脑颅在颌起源前,已发生了关键的重组,成对鼻囊位于口鼻腔的两侧,垂体管向前延伸,并开口于口腔,与七鳃鳗和骨甲鱼类的鼻垂体复合体完全不同,而与有颌类的非常相似。无颌类面部特征这一显著变化与发育生物学家2002年建立起来的颌发育模型非常吻合,代表了在颌演化过程中的一个非常关键的中间环节。相比之下,骨甲鱼类的鼻孔构造却与现生无颌类七鳃鳗惊人相似,并不具备有颌类颌骨发育的先决条件。因此,盔甲鱼类很可能取代骨甲鱼类,成为有颌类的姐妹群(图7–2),最早的有颌类很可能就从志留纪盔甲鱼类演化而来,而且很可能就发生在中国(Cowen, 2013)。这也许可以解释为什么中国近10年来发现了大量早期原始有颌类,如志留纪罗德洛世潇湘动物群发现的鬼鱼、全颌鱼、宏颌鱼和麒麟鱼(Zhu et al., 2009, 2013, 2016)。

7.2 盔甲鱼类发现史

7.2.1 盔甲鱼化石的零星记录

化石无颌类在中国的发现最早可追溯到20世纪初。早在1907年,Mansuy就曾报道产自云南华宁盘溪地区泥盆纪鱼类化石,但未给予详细描述,也未附化石图版;Mansuy在1912年正式发表云南泥盆纪鱼化石图版,这是中国早期脊椎动物研究工作的开始(Zhu, 1996;赵文金,2002)。

丁文江1914年在云南曲靖廖廓山(旧称廖角山,曾被误称妙高山)、翠峰山(面店村附近)志留纪和泥盆纪地层中发现过鱼类化石,当时一些化石被认为是头甲鱼(*Cephalaspis*),未予以描述报道。直至1925年,有关中国早期无颌类化石的报道和研究仍是空白。从1926年到1939年,有关志留纪及泥盆纪鱼类化石的报道和研究也寥寥无几,仅在几篇文章中提及中国云南,主要是东部地区志留纪晚期地层中含有鱼类化石(Ting, Wong, 1926; Ting, Wang, 1936—1937;杨钟健,1939)。1930年王曰伦再次在云南马龙易隆至曲靖间开展地质调查,在丁文江原考察地点的数个层位采得鱼化石标本。面店村附近的含鱼层位,如丁文江、王曰伦(1937)所称之为志留系玉龙寺组,而廖廓山的含鱼层位后来划为下泥盆统的翠峰山群西山村组。化石经葛利普(A. W. Grabau)鉴定为鱼化石(fish remains,丁氏所采)(Grabau, 1924)或头甲鱼(*Cephalaspis* sp., *Cephalaspis yunnanensis,* 丁氏、王氏所采)(Ting, Wang, 1937)。其后的抗战期间,孙云铸带队的西南联大师生也在上述地区地层中采到鱼化石,经杨钟健鉴定为头甲鱼科的成员(Cephalaspidae)(Young, 1945)。此外,该校师生还在昆明二村奥陶纪红石崖组中采到可疑鱼化石碎片。可惜这些化石均未作古生物学描述,且由于战乱,早已不知其下落。

时至1957年,潘江在其"有关中国泥盆纪鱼化石地史分布"一文中刊出采自武昌"武昌砂岩"中一破碎甲片,认为属于不能做进一步鉴定的胴甲鱼类(潘江,1957,图版V–7)。现在看来,按其纹饰当属盔甲鱼亚纲中的汉阳鱼(*Hanyangaspis*),含鱼层即后来命名的志留系"锅顶山组",现归入坟头组(湖北省地质矿产局,1996;纵瑞文等,2011)。

以上鱼化石虽未经系统描述,甚至标本也已流失,但这些文字记载却对后来的化石无颌类的发现提供了弥足珍贵的线索。

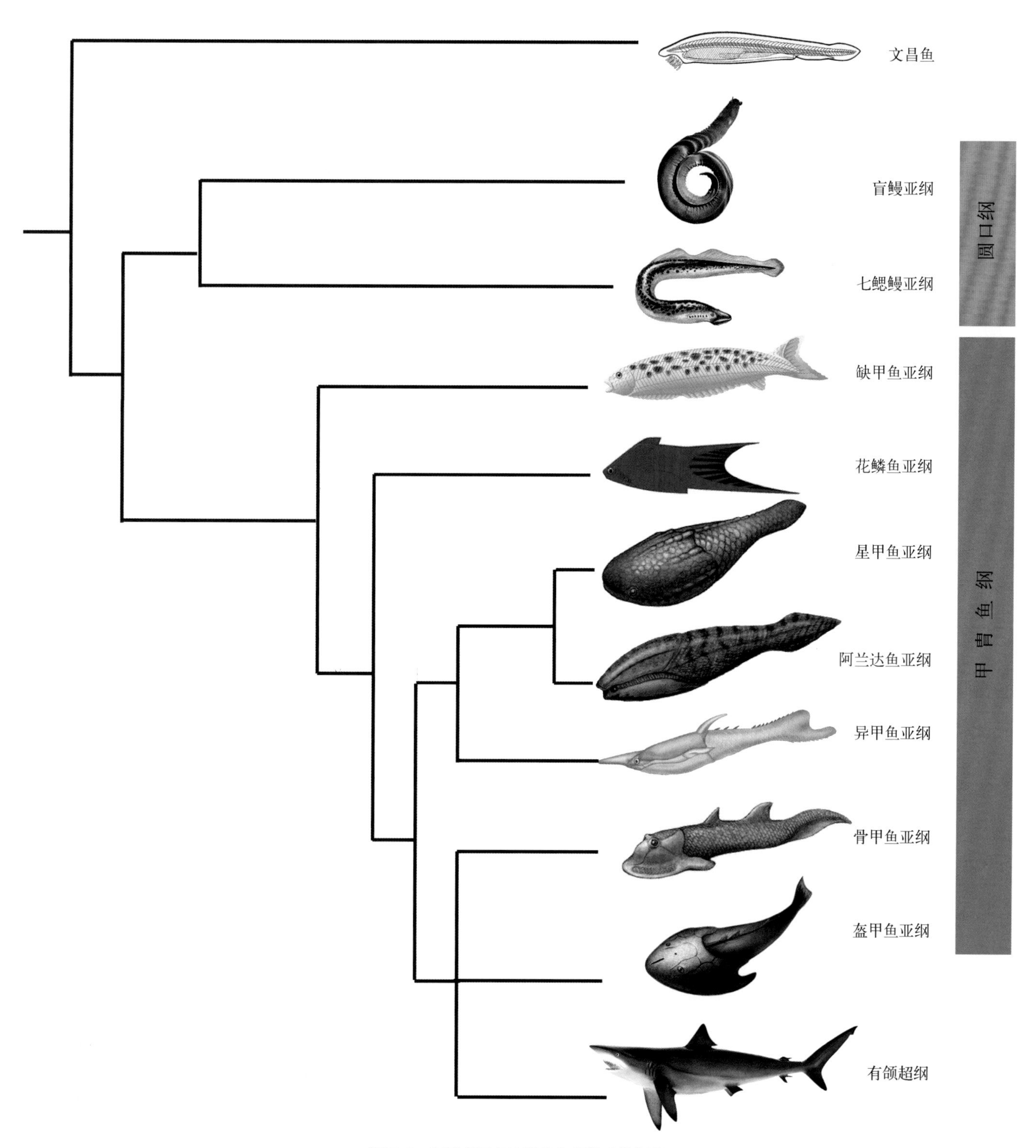

图7–2　盔甲鱼亚纲在甲胄鱼纲的系统位置

7.2.2　盔甲鱼类发现的井喷期

正是根据上述信息和当时地质部门的有关资料，刘玉海从1960年冬到1961年春赴云南考察泥盆纪鱼化石，先后调查了武定人民桥至龙潭村一带，安宁县的八街和二街，曲靖和沾益。此次踏勘查明了一些化石地点，并采集了部分鱼化石，主要为胴甲鱼类（刘玉海，1962，1963），少许无颌类碎片当时尚不能确认。这次得到的成果和信息令人对研究前景抱有很大预期，于是刘玉海、张国瑞、袁祖银、李功卓等从1962年冬到1963年春再次赴滇，集中力量在曲靖和武定地区进行泥盆纪鱼化石调查和采集，野外工作中得到时在昆明工学院地质系任教的张欣平的全程协助。这次考察在武定和曲靖均获得大量脊椎动物化石标本，包括无颌类、盾皮鱼类（胴甲鱼类和节甲鱼类）及肉鳍鱼类等。其中的无颌类经刘玉海于1965年进行的古生物学描述，建立了真盔甲鱼（*Galeaspis*，后易名*Eugaleaspis*）、南盘鱼（*Nanpanaspis*）和多鳃鱼（*Polybranchiaspis*）3属，揭开了中国化石无颌类研究的序幕。当时真盔甲鱼和南盘鱼列入骨甲鱼类亚纲，而多鳃鱼列入异甲鱼类亚纲，其后它们被归为甲胄鱼类中一个新的亚纲——盔甲鱼亚纲（Galeaspida Tarlo, 1967），成为与骨甲鱼亚纲、异甲鱼亚纲并列的三大类群之一。由于真盔甲鱼在犁头状的头甲、裂隙状的中背孔和背位的眶孔方面酷似骨甲鱼类中的头甲鱼（*Cephalaspis*），因此，造成将发现于曲靖的头甲鱼化石标本当作真盔甲鱼的误判。而迄今为止，骨甲类化石从未在中国大地上发现。

1970—1972年间，应当时的云南石油会战指挥部地质队和云南地质局实验室邀请，中国科学院古脊椎动物与古人类研究所低等动物脊椎研究室组队先后3次对云南东部的泥盆纪地层和鱼化石进行了广泛勘察。考察成果除提供地质报告（刘玉海，王俊卿，1973）外，其间所采盔甲鱼类化石分别于1973年和1975年由刘玉海做了古生物学描述，其中产于四川雁门坝的标本为刘玉海、刘时藩于1966年在四川考察泥盆纪鱼化石时所采。至此，累计共发现盔甲鱼9属13种，涵盖盔甲鱼类现有的3目：真盔甲鱼目、多鳃鱼目和华南鱼目。同一时期，潘江和王士涛等于1975年建立盔甲鱼类4属种，分别产自四川、广西和湖北。其中汉阳鱼采自武汉汉阳的志留系兰多维列统坟头组（“锅顶山组”），是最早发现的志留纪盔甲鱼类，并代表一新目，汉阳鱼目（Hanyangaspidida）。1978年潘江和王士涛又描述了产自贵州、云南和四川早泥盆世盔甲鱼类的6个新种并建立3新属：都匀鱼属（*Duyunaspis*，后易名*Duyunolepis*）、副都匀鱼（*Paraduyunaspis*）和新都匀鱼（*Neoduyunaspis*）。所以20世纪六七十年代盔甲鱼类的发现和记述主要集中在泥盆纪早期，展示了盔甲鱼类在早泥盆世的丰富多样性和在华南的广阔分布空间。

进入20世纪80年代，盔甲鱼类在泥盆纪地层中仍不断有新发现，但大量志留系时期的盔甲鱼类被发掘出来，如潘江和王士涛于1980年和1983年分别记述了江西修水志留系兰多维列统茅山组（原称“西坑组”）的山口中华盔甲鱼（*Sinogaleaspis hankouensis*）、西坑中华盔甲鱼（*Sinogaleaspis xikengensis*）和江西修水鱼（*Xiushuiaspis jiangxiensis*）、赣北修水鱼（*Xiushuiaspis ganbeiensis*），代表了盔甲鱼类在江西及长江中下游地区的首次发现。1986年，潘江在浙江长兴煤山的茅山组下部紫红色砂岩内发现中华盔甲鱼和修水鱼化石。王念忠（1991）又在该地区开展野外工作，发现并描述了雷曼煤山鱼和顾氏长兴鱼2新属种。

值得一提的是，早在1975年，湖南省地质矿产局地质调查队曾在湘西志留系兰多维列统溶溪组发现过一些鱼类化石碎片，但一直没有采到完整碎片。1982年，潘江等在原发现者王维沛的陪同下，终于在张家界（原“大庸县”）温塘志留系兰多维列统溶溪组中发现较完整的盔甲鱼类的头甲。1985年，潘江和曾祥渊正式发表记述了这一标本，湖南大庸鱼（*Dayongaspis hunanensis*），并建立了大庸鱼科。至此，已记述的志留纪盔甲鱼类已多达9属16种，显示早在志留纪兰多维列世盔甲鱼类已相当繁盛。

7.2.3 新疆塔里木盆地盔甲鱼类的发现

20世纪90年代初，王俊卿等人在参加“塔里木盆地油气资源”的“八五、九五”科技攻关项目时，曾两次赴塔里木地区考察，在塔里木盆地西北缘的志留纪地层中发现大量早期鱼类化石：无颌类有柯坪南疆鱼（*Nanjiangaspis kalpinensis*），张氏南疆鱼（*Nanjiangaspis zhangi*），塔里木柯坪鱼（*Kalpinolepis tarimensis*），潘氏小瘤鱼（*Microphymaspis pani*），天山宽头鱼（*Paltycaraspis tianshanensis*），巴楚假都匀鱼（*Pseudoduyuanspis bachuensis*），共计6属种（王俊卿等，1996a，2002；卢立伍等，2007）（图7–3）。尽管塔里木盆地盔甲鱼类标本保存得不尽如人意，但其总体面貌与产自华南板块的兰多维列世盔甲鱼群相近，同时这两个地区也都产中国特有的兰多维列世中华棘鱼类（Sinacanthids）棘刺。盔甲鱼和中华棘鱼原来是华南区所特有的鱼类化石，盔甲鱼类作为一种土著色彩很浓的无颌类，其在塔里木盆地的发现，充分说明塔里木板块和华南板块在志留纪时应属于同一古动物地理区系。两个板块上的鱼群同为一个古动物地理区系所有，说明两个板块在志留纪时期有非常密切的关系，或者通过古陆桥相连，或者彼此连在一起成为统一的大板块，即塔里木—华南联合板块（图7–3）（刘时藩，1995；王俊卿等，2002；赵文金，2005；赵文金等，2009）。

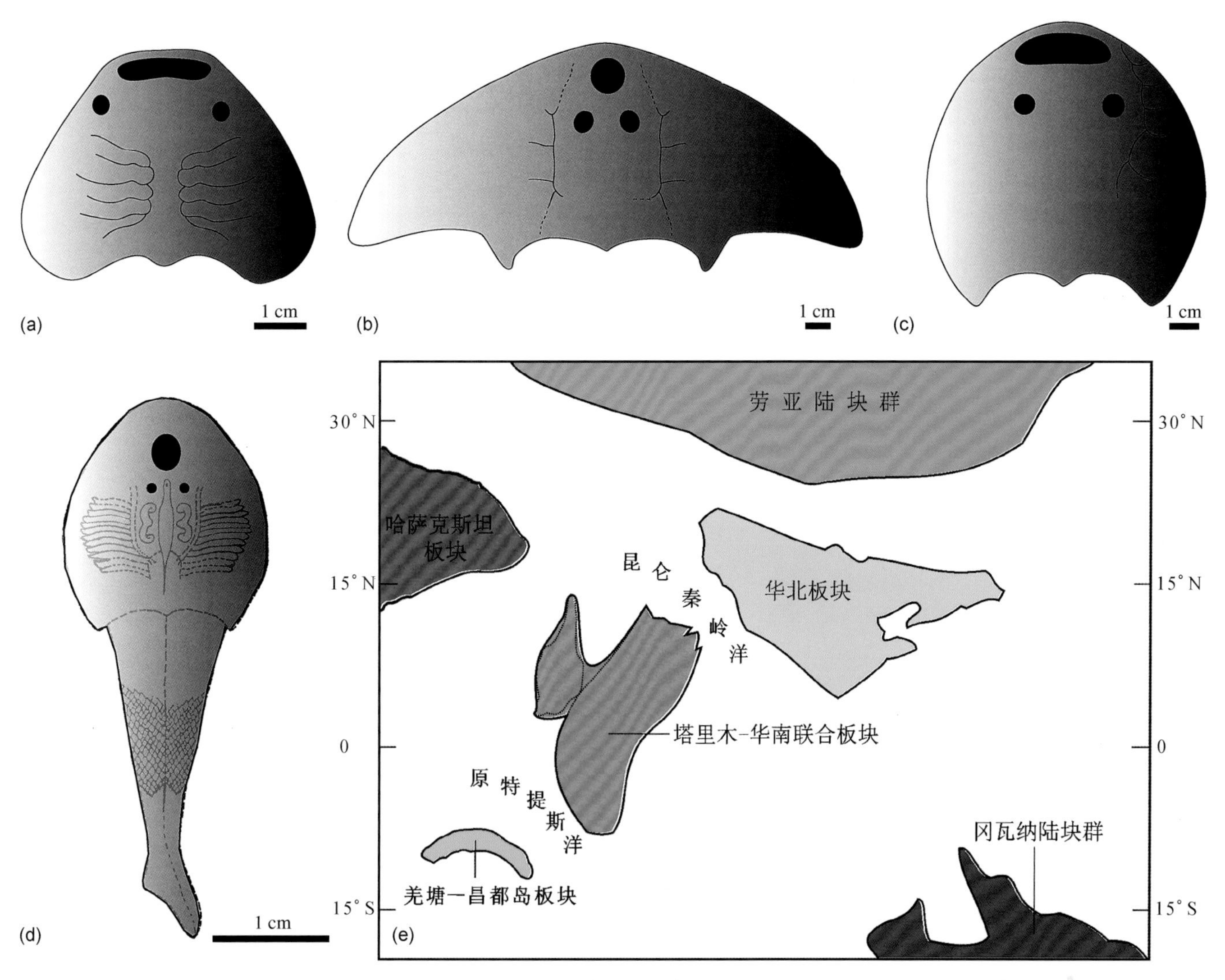

图7–3 新疆塔里木盔甲鱼类的发现与古地理意义 a. 塔里木柯坪鱼（据王俊卿等，1996b重绘）；b. 天山宽头鱼（据王俊卿等，2002重绘）；c. 潘氏小瘤鱼（据王俊卿等，2002重绘）；d. 巴楚假都匀鱼（据王俊卿等，1996a重绘）；e. 塔里木板块与华南板块的古地理复原（据赵文金，2005重绘）。

7.2.4 新方法在盔甲鱼类研究中的应用

21世纪，随着分支系统学及CT技术的兴起，盔甲鱼类的研究进入了一个新的发展阶段。Zhu和Gai (2006) 对所有已知盔甲鱼类的形态特征进行了全面的讨论，在此基础上展开了简约性分析，从而得到包括当时所有已知属级阶元的系统发育树。这是对盔甲鱼类分类的总结，为其未来的分类研究奠定了基础。

近年来，运用高分辨率X射线断层扫描 (显微CT)，特别是同步辐射显微CT对古生物化石开展高精度无损探测，并建立三维虚拟模型，已成为古生物学研究越来越受欢迎的方法。显微CT不仅能够提供化石内部解剖结构的高分辨率断层图像，而且能够提供准确的体积、空间分布、方向和大小，以及生物埋藏学和成岩过程等信息。盔甲鱼类是除了骨甲鱼类外，唯一一种具有钙化脑颅三维保存的“甲胄鱼类”。盔甲鱼类脑颅大多为软骨，一般很难保存为化石，但因软骨表层经常有一层球状钙化软骨，或者脑颅内部的空腔被沉积物填充形成一个自然内模，在外骨骼风化的情况下自然地暴露在外，成为研究脑颅的很好材料。潘江和王士涛 (1978) 对都匀鱼 (*Duyunolepis*)、副都匀鱼 (*Paraduyunaspis*)，Wang (1991) 对长兴鱼 (*Changxingaspis*) 的自然暴露的脑颅分别做了很好的研究。

在长期的野外调查中，盖志琨、朱敏等在浙江长兴志留系茅山组的地层中采集到大量早期盔甲鱼类曙鱼的标本，其中7件标本特异保存了三维立体的脑颅，大小只有10 mm × 10 mm × 5 mm，尺寸非常适合用同步辐射显微CT对曙鱼脑颅开展精细的比较解剖学研究，最终在2011年成功地做出脑颅内模三维虚拟复原 (图7–4)。与自然保存的脑颅相比，三维复原图显示出更多的细微构造和前者观察不到的构造。三维复原图显示曙鱼的一对鼻囊

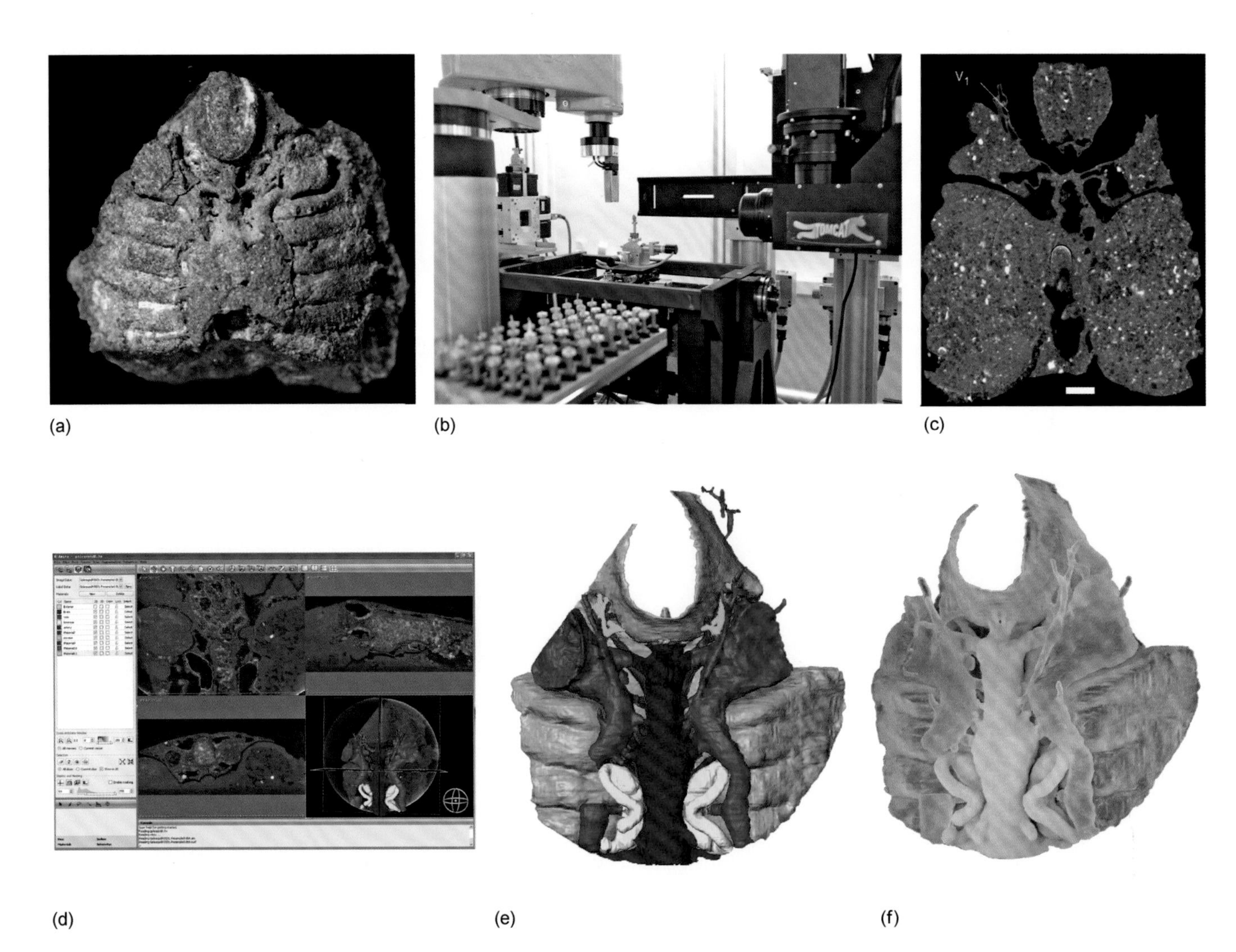

图7-4 盔甲鱼类脑颅的三维虚拟复原 a. 浙江曙鱼(*Shuyu zhejiangensis*)脑颅化石标本IVPP V 14334.1，背视；b. 瑞士光源同步辐射TOMCAT线站(瑞士光源M. Stampanoniz供图)；c. 浙江曙鱼脑颅断层显微成像，水平切片；d. 古生物化石计算机三维虚拟复原软件(Amira)及操作界面；e. 浙江曙鱼脑颅内模三维虚拟复原；f. 浙江曙鱼脑颅内模3D打印模型。

位于口鼻腔的两侧，而垂体管前端则开口于口鼻腔的中间，因此，鼻囊与垂体器官是分离的。当前有关颌的起源理论推测，鼻垂体复合体的分裂是颌发育的先决条件，应该发生在颌出现之前，并且鼻垂体复合体的分裂可能也是导致有颌类双鼻孔起源的关键因素。但是在此之前，这一推测无论在现生生物还是化石方面均无例证，因此，盔甲鱼类化石提供了无颌类鼻垂体复合体在颌起源前分裂的实证，代表脊椎动物颌演化的一个非常关键的中间阶段。

纵观中国化石无颌类的研究历史，虽然只有几十年，但研究成果却令人瞩目。实际上，就化石无颌类研究领域而言，这几十年中国是世界范围内研究成果最丰富、研究活动最活跃、最受古生物学工作者关注的地区。正是因为研究历史短，幅员广袤的中国在化石无颌类研究方面还是刚刚被开发的处女地，将来必会产生更丰硕的成果。

7.3 外部形态

盔甲鱼类的头甲显示出很高的形态差异度。从表面形态上看，盔甲鱼类与骨甲鱼类很相似，都具有一个由外骨骼和内骨骼共同组成的扁平头甲，但缺少成对的胸鳍，也不可能是电区或感觉区的背区和侧区。在一些原始盔甲鱼类中，头甲相对较宽阔，形状大体呈梯形（如汉阳鱼）或卵圆形（如修水鱼），其中卵圆形头甲在一些更进步的类群里被继承下来，如多鳃鱼目的大部分成员均具有卵圆形头甲。但在一些特殊的类群，如真盔甲鱼目，头甲显著缩短，呈马蹄状。

7.3.1 头甲背面

盔甲鱼类头甲背腹扁平，背面轻微隆起。在不同种类中，头甲背面被大小不等的3 ～ 8个孔洞穿，分别是中背孔、眶孔、松果孔、内淋巴孔和窗。

1. 中背孔

盔甲鱼类头甲的最前面被一个大的中背孔洞穿 (图7–5 ~图7–7)。中背孔亦称鼻垂体孔 (naso-hypophysial opening) 或鼻孔 (Wang, 1991; Gai et al., 2011)，一般认为是与嗅觉功能相关的器官。曙鱼脑颅内模的三维虚拟复原显示，中背孔下面是一个大的口鼻腔，鼻囊位于口鼻腔的两侧，垂体管开口于口鼻腔的后壁，口鼻腔向下与口孔相通，向后与咽腔相通 (Gai et al., 2011)。中背孔与口鼻腔、咽腔相通，指示它是一个具有呼吸功能的进水孔 (Janvier, 1981, 1984) 或者出水孔 (Belles-Isles, 1985)。多鳃鱼中背孔的前缘具有很多细小的尖状瘤突，尖头朝前 (Tông-Dzuy et al., 1995)，支持它是一个进水孔的解释。中背孔周缘的外骨骼经常加厚，形成一个凸起的环。

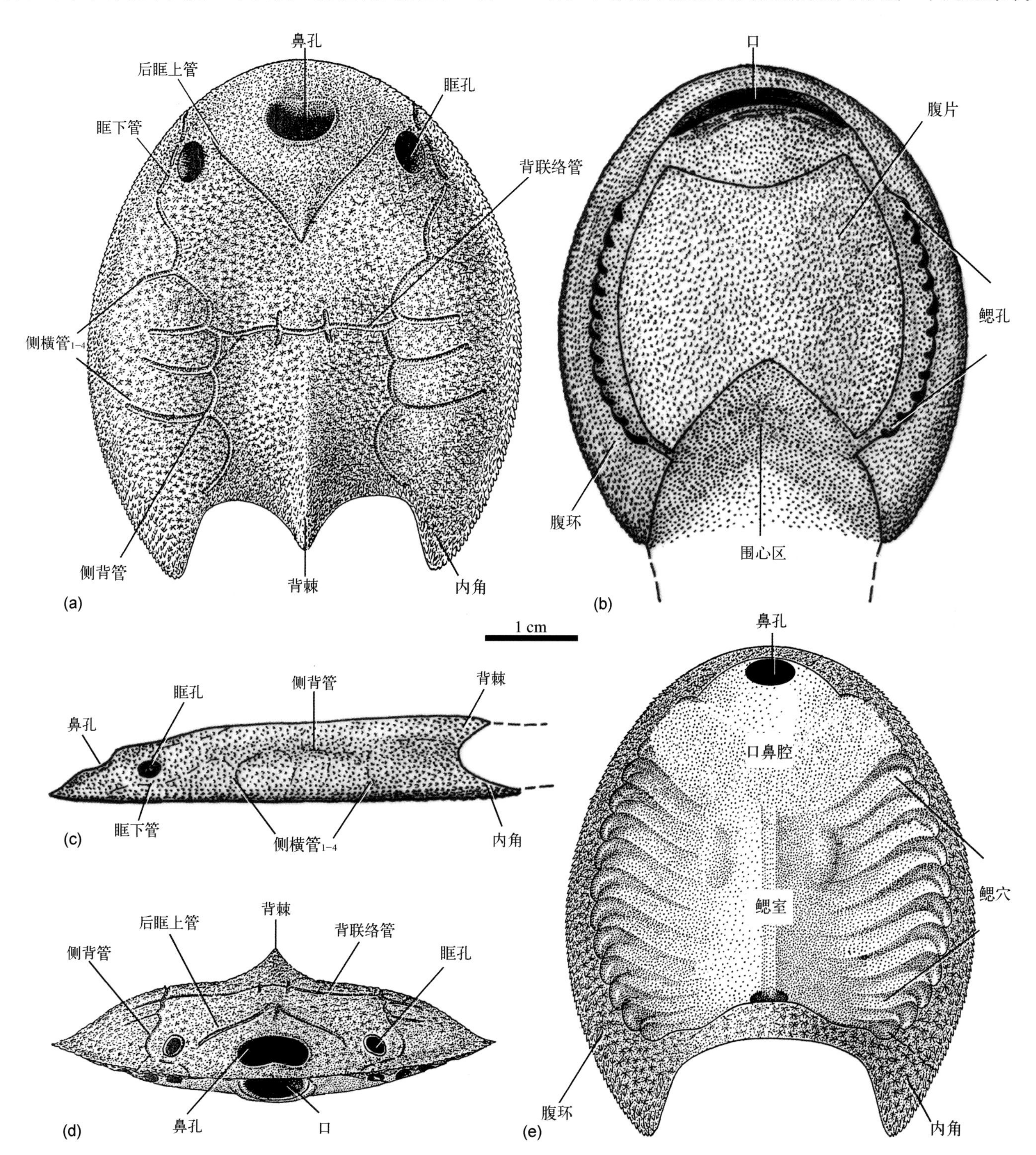

图7–5　廖角山多鳃鱼(*Polybranchiaspis liaojiaoshanensis*)头甲形态　a–d. 头甲复原图。a. 背视；b. 腹视；c. 侧视；d. 前视；e. 口鳃腔复原图，腹视。(修改自Janvier, 1975, 1996)

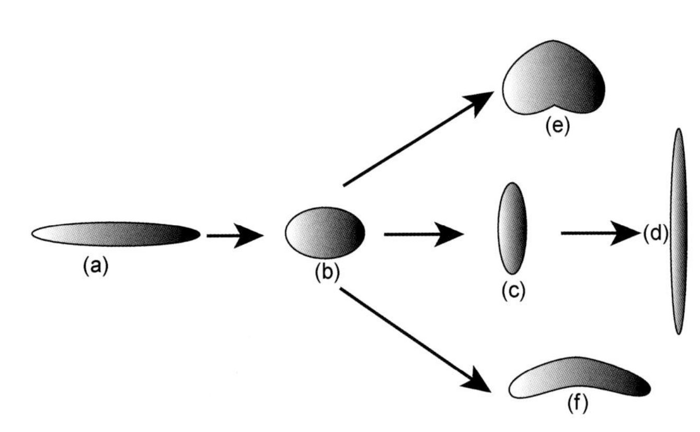

图7–6 盔甲鱼类中背孔形态与可能的演化途径 a. 横宽裂隙形；b. 椭圆形或亚圆形；c. 纵长椭圆形；d. 纵长裂隙形；e. 心形；f. 新月形。

中背孔的形状在不同的类群里变化很大，是一个很好的分类依据。大体说来，可以区分出6种类型中背孔（图7–6）：以汉阳鱼和修水鱼为代表的横宽裂隙形；以大庸鱼、多鳃鱼和东方鱼为代表的椭圆形或亚圆形；以云南盔甲鱼为代表的纵长椭圆形；以真盔甲鱼为代表的纵长裂隙形；以华南鱼和龙门山鱼（*Lungmenshanaspis*）为代表的心形和以三歧鱼（*Sanqiaspis*）为代表的新月形。汉阳鱼和修水鱼的横宽裂隙形中背孔几乎位于头甲吻端，与腹位的口孔只有很狭窄的膜质骨相隔，被认为是盔甲鱼类的原始类型。在一些泥盆纪的类型中，中背孔离头甲前缘较远。

2. 眶孔

在中背孔后侧方，头甲被一对眶孔洞穿。除了真盔甲鱼目，眶孔都相对较小。眶孔大多是背位或者背侧位，指示盔甲鱼类营底栖生活，但也有一些属种的眶孔侧位，如汉阳鱼、华南鱼和昭通鱼等。最近发现的裂甲鱼的眶孔位于头甲腹侧方，具有向下视觉，指示了一种上底栖的生活方式。总的来说，盔甲鱼的两个眶孔彼此相距较远，与骨甲鱼类的眶孔彼此靠近，且近头甲中线的情况明显不同。但在一些原始的盔甲鱼类（如大庸鱼、长兴鱼和安吉鱼）中，两个眶孔比较靠近头甲中线，可能代表了盔甲鱼类的原始状态。

3. 松果孔

位于眶孔之间或者之后的位置，是松果器与外界沟通的渠道，具有感光功能，堪称鱼类的“第三只眼”或者“顶眼”。在一些头甲背壁腹面保存较好的盔甲鱼中，如张氏真盔甲鱼，可以看到与“松果孔”相对处为一浅穴，应是容纳松果器和副松果器之处。盔甲鱼类的松果器是否洞穿头甲形成松果孔，长期以来众说纷纭。在盔甲鱼类的最初描述中曾认为存在松果孔（刘玉海，1965，1975；潘江等，1975；潘江，王世涛，1978），后来的研究则认为松果孔是封闭的（Halstead et al., 1979；朱敏，1992），或者松果孔存在于原始种类，在有些衍生种类中可能是封闭了（Janvier, 1984）。最近对大量盔甲鱼标本观察显示，在盔甲鱼类中存在松果孔的种类应只占极少数，绝大多数松果孔是封闭的；松果孔的洞开或封闭与鱼类所处时代或者所处系统发育位置似乎均无关，至少目前看不出其间的联系（刘玉海等，2013）。

4. 淋巴孔

在一些志留纪早期的属中，像长兴鱼、曙鱼等，头甲背面存在一对内耳内淋巴管的外开孔，但在其他属中尚未发现。这对小孔正好位于中背管前方，可能代表盔甲鱼类的原始特征。内淋巴管在七鳃鳗和盲鳗中都是封闭的，但在骨甲鱼类、盾皮鱼类和软骨鱼类等门类中是开放的，可能代表盔甲鱼类、骨甲鱼类和有颌类的共有裔征（Janvier, 2001）。

5. 窗

一些多鳃鱼类和华南鱼类头甲的背面存在一对窗的构造。这一构造最早是潘江和王士涛（1981）在记述箐门鱼时发现，但由于该标本保存不甚好，潘江等对该构造的确认有所保留，并暂时作为背鳃孔解释（图7–7c, d）。江油龙门山鱼头甲侧缘在眶孔和角之间存在一湾状凹陷。王念忠（1991）认为这对凹陷可能是窗的构造，但这一构造并未在后来发现的云南龙山鱼中得到证实。潘江（1992）对存在于盔甲鱼类五窗鱼、微盔鱼、大窗鱼和箐门鱼的窗构造进行系统总结，将其命名为窗（fenestra），并按照窗的位置，进一步区分为背窗（dorsal fenestra）和侧背窗（lateral dorsal fenestra）。但是Janvier（1996）认为，由于头甲外骨骼在鳃区部分本身比较脆弱，而此处内骨骼也非常薄，极易破碎，这些所谓的窗很可能是保存的假象（图7–8a）。盖志琨和朱敏（2007）在描述王冠鱼时也发现了窗的构造，标本上侧背窗边缘整齐自然，不似鳃区破碎后的保存假象。

关于窗的功能，目前各家尚无一致的看法。潘江（1992）的解释是：这些无颌类生活时，窗的背面可能为皮肤所覆盖，窗既不可能具有骨甲鱼类侧区的功能，也不具鳃孔或喷水孔的功能，而是具有水动力学的功能。刘玉海（1993）则认为侧窗在形态和功能上，可能相当于骨甲鱼类的侧区，其功能在于感觉。笔者重新观察了所有具有窗的盔甲鱼类标本，发现窗和眶孔的位置存在一定程度的耦合关系，主要存在三种类型：① 在五窗鱼、微盔鱼和王

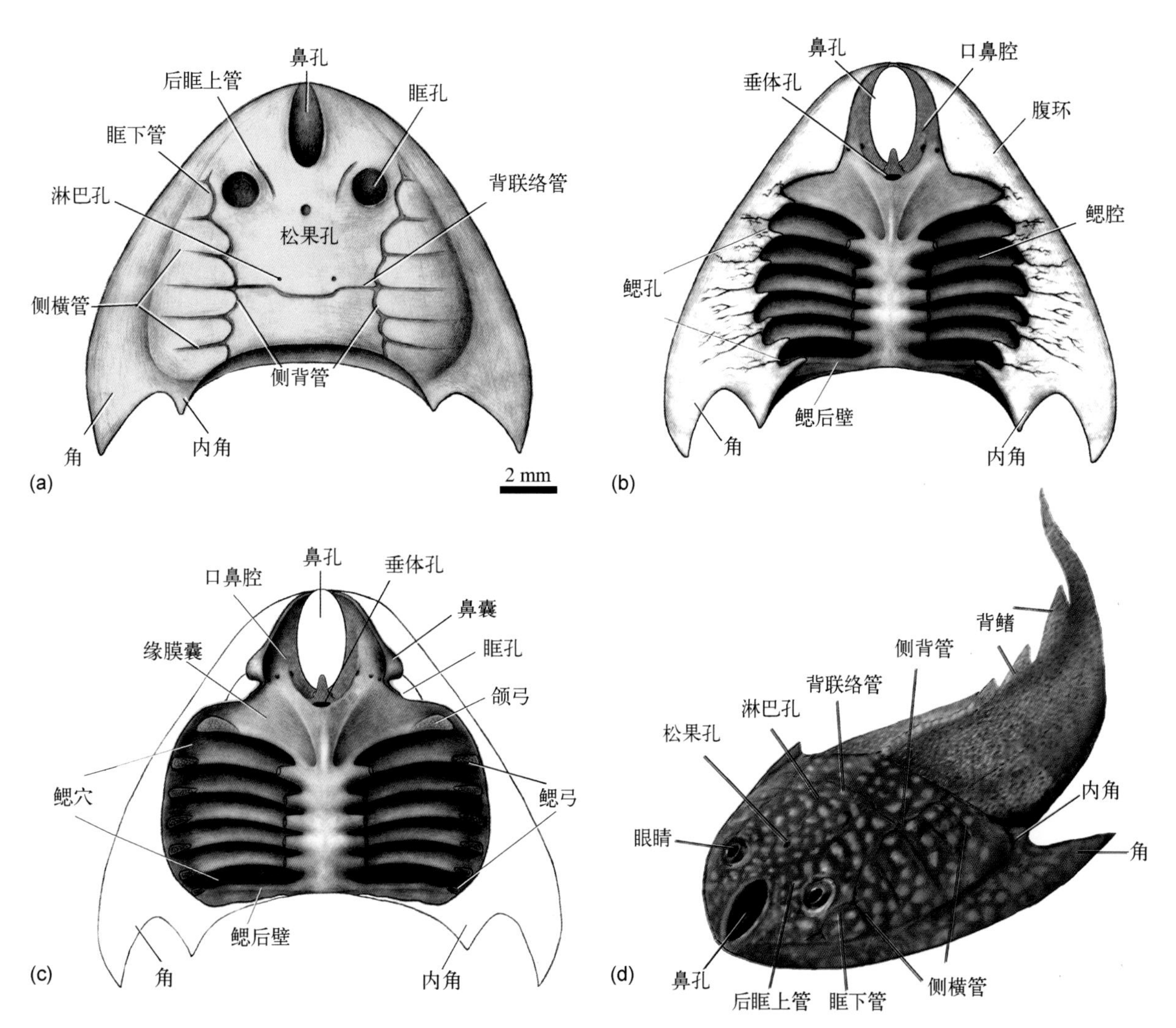

图7-7　浙江曙鱼头甲形态　a, b. 头甲复原图。a. 背视；b. 腹视；c. 口鳃窗复原图，腹视，移走腹环后示鳃弓构造(a–c吴飞翔绘)；d. 整体复原，前侧视(B. Choo绘)。

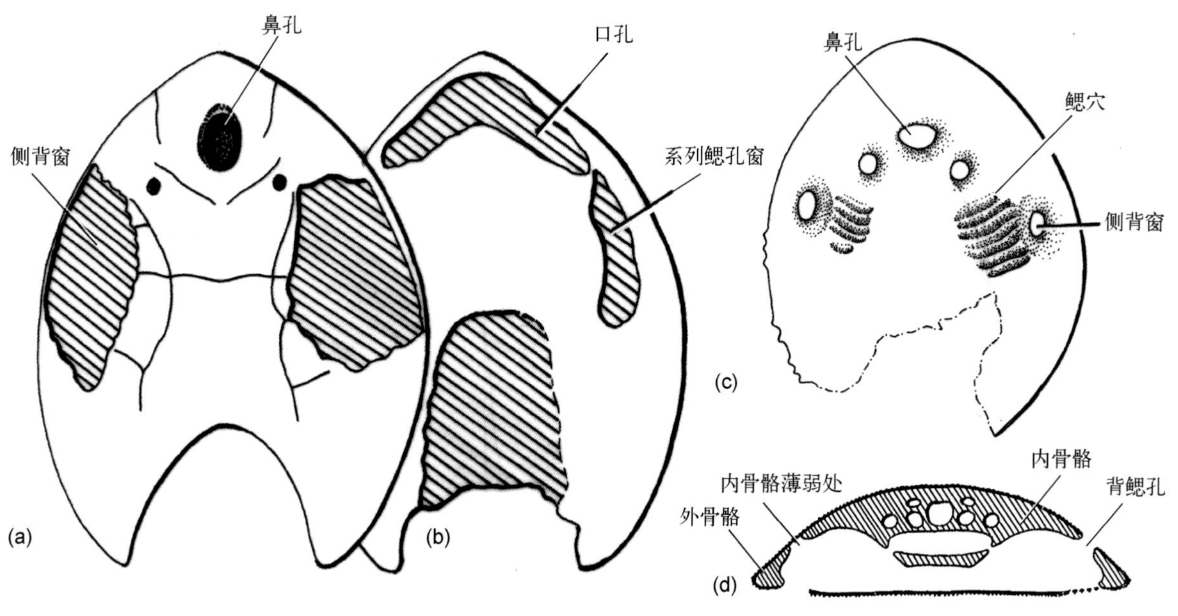

图7-8　多鳃鱼类中窗的构造　a, b. 盾状五窗鱼(*Pentathyraspis pelta*)。a. 背视；b. 腹视；c, d. 小孔微盔鱼(*Microhoplonaspis microthyris*)。c. 背视；d. 通过窗的横切面，示窗的可能解释。(Janvier, 1996)

冠鱼中，眶孔位于头甲背位，窗则均为侧背窗；② 在大窗鱼和中华四川鱼中，眶孔位于头甲侧位，窗则均为背窗；③ 在箐门鱼中，眶孔极度靠近头甲中线，窗则十分大，几乎占据整个头甲，不易区分为背窗或侧背窗。另外，笔者还发现具有窗的盔甲鱼类的眶孔非常小，其眶孔直径约占整个头甲中长的1/20 ~ 1/40，而在真盔甲鱼类中这个比率约为1/6 ~ 1/10，因此这些盔甲鱼类的视觉可能不是很发达。考虑到盔甲鱼类外骨骼头甲的主要成分为羟基磷灰石，这种骨骼和牙齿最常见矿物成分，具有良好介电性能，这使得外骨骼头甲不仅可以探测到来自附近生物的放电，也可以探测到这些生物位置。因此，保守一点的解释，笔者倾向于窗可能具有电通讯的功能，用以弥补视觉的不足，如眶孔背位，其观察身体两侧的能力不足，侧背窗的电通讯则弥补了这一缺陷。眶孔侧位，背窗的电通讯又恰恰弥补了观察身体上方能力不足的缺陷。当然更进一步的解释，这些窗的构造可能与现生电鳐、电鳗一样是电区，是发电装置，里面有特殊的肌肉组织 (图7–9a, b)，可以在自身周围形成一个微弱的电场。由于它游动时身体大多不会弯曲，身体周围的电场便不会扰乱；一旦有敌害来冒犯，电场的均匀性被打乱了，这样它就会通过身上的感觉器官感受到这些变化，从而能及时避开敌害，这对于在黑暗中或者浑水中活动的鱼类是非常有用的 (图7–9c)。

7.3.2 头甲腹面

1. 腹环

盔甲鱼类头甲向腹面弯曲，形成腹环。腹环较平，内缘呈现一系列半圆形凹刻，代表鳃孔的位置。腹环包围一较大的口鳃窗，口鳃窗由腹片覆盖，其上方为较大的口鳃腔 (图7–10a)。腹环在一些种类中如东方鱼、宽甲鱼等，变得非常宽，头甲显得更扁平，从而使其更适应底栖生活；而在一些类群中如鸭吻鱼、裂甲鱼等，腹环则完全丢失，使头甲呈现鱼雷形，可能营上底栖生活 (图7–10c)。

2. 口鳃腔

头甲内骨骼向下包裹着一个硕大的口鳃腔。口鳃腔呈梨形，腹面由外骨骼形成的腹环包围，分前后两部分：前半部分为口鼻腔 (图7–5, 7–7, 7–10)，容纳鼻囊和口，背面被中背孔洞穿；后半部分为鳃腔，向前延伸至眶孔后缘，两侧呈现出一系列成对的鳃穴，数目6 ~ 45对不等。鳃穴之间由鳃间脊分开。口鳃腔向下对应一个大的口鳃窗，口鳃窗较宽，一般近圆形或梨形 (图7–10a, b, d)，而在裂甲鱼中，口鳃窗特别狭长，呈纺锤形 (图7–10c)。

3. 腹甲

在汉阳鱼中，口鳃腔是由前后两块位于中央的骨板所覆盖，后面一块为腹片，较大，主要覆盖鳃腔，其边缘有连续的凹槽，与腹环的凹槽形成外鳃孔；前面一块为前腹片，较小，呈月牙形，其前缘形成口的后边界，因此也称为口片 (图7–10a)。多鳃鱼中可能只有一块大的位于中央的腹片，腹片与腹环之间可能被布满嵌片的皮肤所覆盖 (图7–5b)。在五窗鱼中，腹片也只有1块，并且可能部分与头甲其他部分愈合 (图7–8b)。在乌蒙山鱼中，腹片保存不完整，但可以看出腹片前端与头甲愈合。

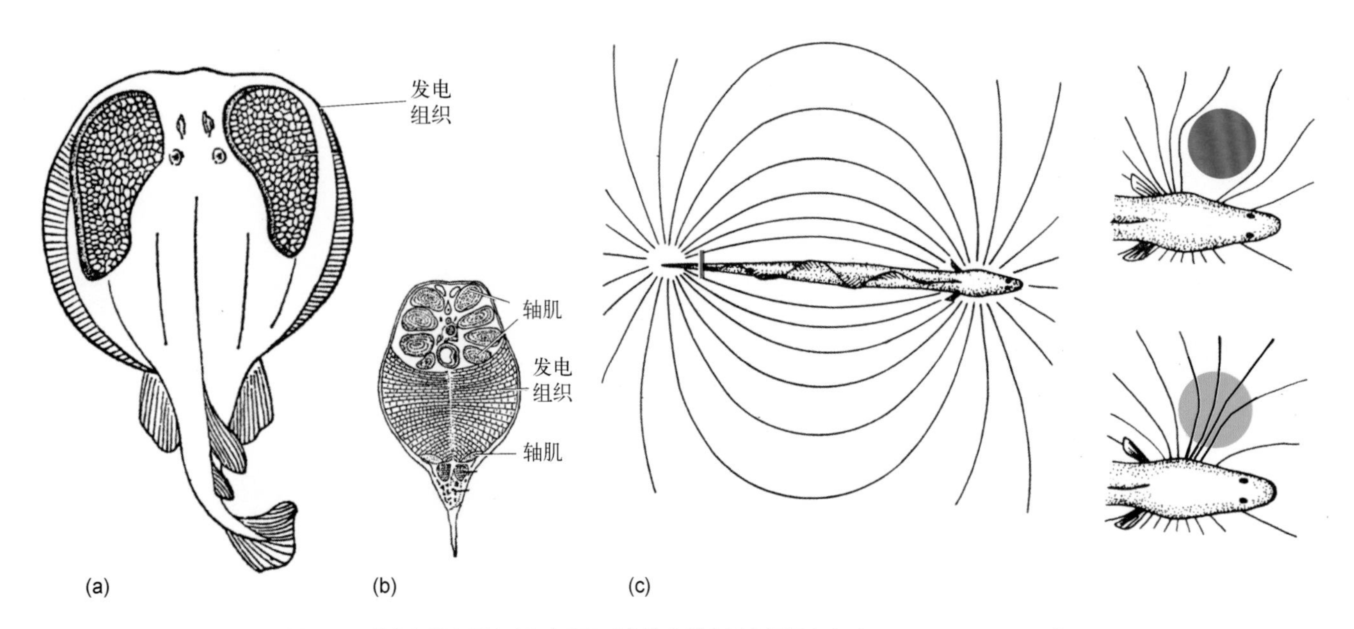

图7–9 现生鱼类电鳐（a）和电鳗（b）的发电器官及电通讯（c）（Romer, Parsons, 1977）

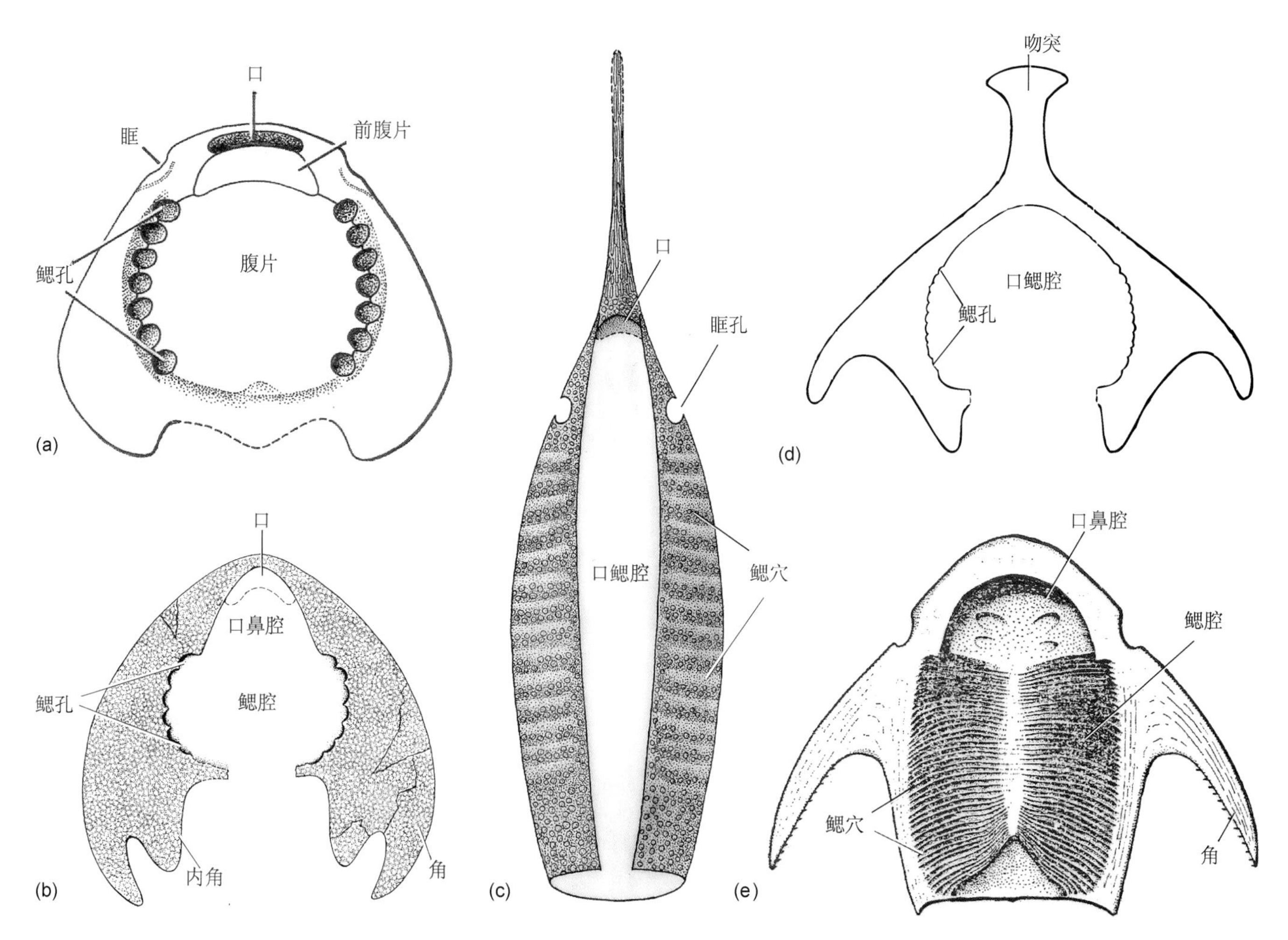

图7–10　盔甲鱼类的头甲腹面　a. 锅顶山汉阳鱼（*Hanyangaspis guodingshanensis*）（P. Janveir据P'an et Liu, 1975重绘）; b. 硕大云南盔甲鱼（*Yunnanogaleaspis major*）（Pan, Wang, 1980; Pan, 1992）; c. 剑裂甲鱼（*Rhegmaspis xiphoidea*）（史爱娟绘）; d. 宽大吻突三岔鱼（*Sanchaspis magalarostrata*）（Pan, Wang, 1981）; e. 让氏昭通鱼（*Zhaotongaspis janvieri*）（Wang, Zhu, 1994）。

4. 口孔

盔甲鱼类的口孔和外鳃孔位于头甲腹面。口孔由前腹片的前缘和腹环形成，呈横宽的豌豆形或裂隙形，目前仅在汉阳鱼、五窗鱼、曙鱼、乌蒙山鱼中有所保存（图7–8，7–10）。

5. 外鳃孔

外鳃孔位于腹甲侧缘和头甲腹环之间，鳃孔数目从6对（如修水鱼、曙鱼）（图7–7b）到35对（如昭通鱼）不等（图7–10e），甚至可能达到45对（如东方鱼）（图7–5，7–7，7–10）。早期的类型，如长兴鱼、曙鱼，以及真盔甲鱼目只有6对外鳃孔（图7–7，7–10b），可能代表盔甲鱼类的祖征，与有颌类5个鳃裂及喷水孔相对应。

7.3.3　头甲突起

盔甲鱼类的头甲形态呈现出相当大的差异度。在一些类群里，头甲向前、向上、向后或两侧分别发育出吻突、中背棘、角和内角等头甲突起（图7–11）。盔甲鱼类在角、吻突、中背棘等诸多方面与骨甲鱼类很相似，但明显都是平行进化的结果。

1. 吻突

盔甲鱼类的头甲向前突出形成吻突，吻突在各目级类群里都有出现，如真盔甲鱼目的三尖鱼、翼角鱼，多鳃鱼目的古木鱼以及华南鱼目的所有成员，这显然由于平行演化所致。华南鱼目一些类型如三歧鱼、鸭吻鱼等，头甲向前延伸出比头甲本身还要长的吻突。关于吻突的功能目前尚无清楚认识。潘江等（1981）曾认为是为增强鱼体浮力和平衡作用，且兼具帮助取食功能，其作用似铲。盖志琨等（2015）也认为一些盔甲鱼类可能有一种更积极的取食行为，例如可能利用细长的吻突像铲子一样以较快速度在海底搅动，从而能比其他盔甲鱼更有效率地滤食食物。另外，一些华南鱼类的吻突还具有一些瘤状物或刺状物，如乌蒙山鱼的吻突布满了瘤状颗粒，耿氏鸭吻鱼的吻突排满小刺，这些小刺或瘤突可能司感觉功能。

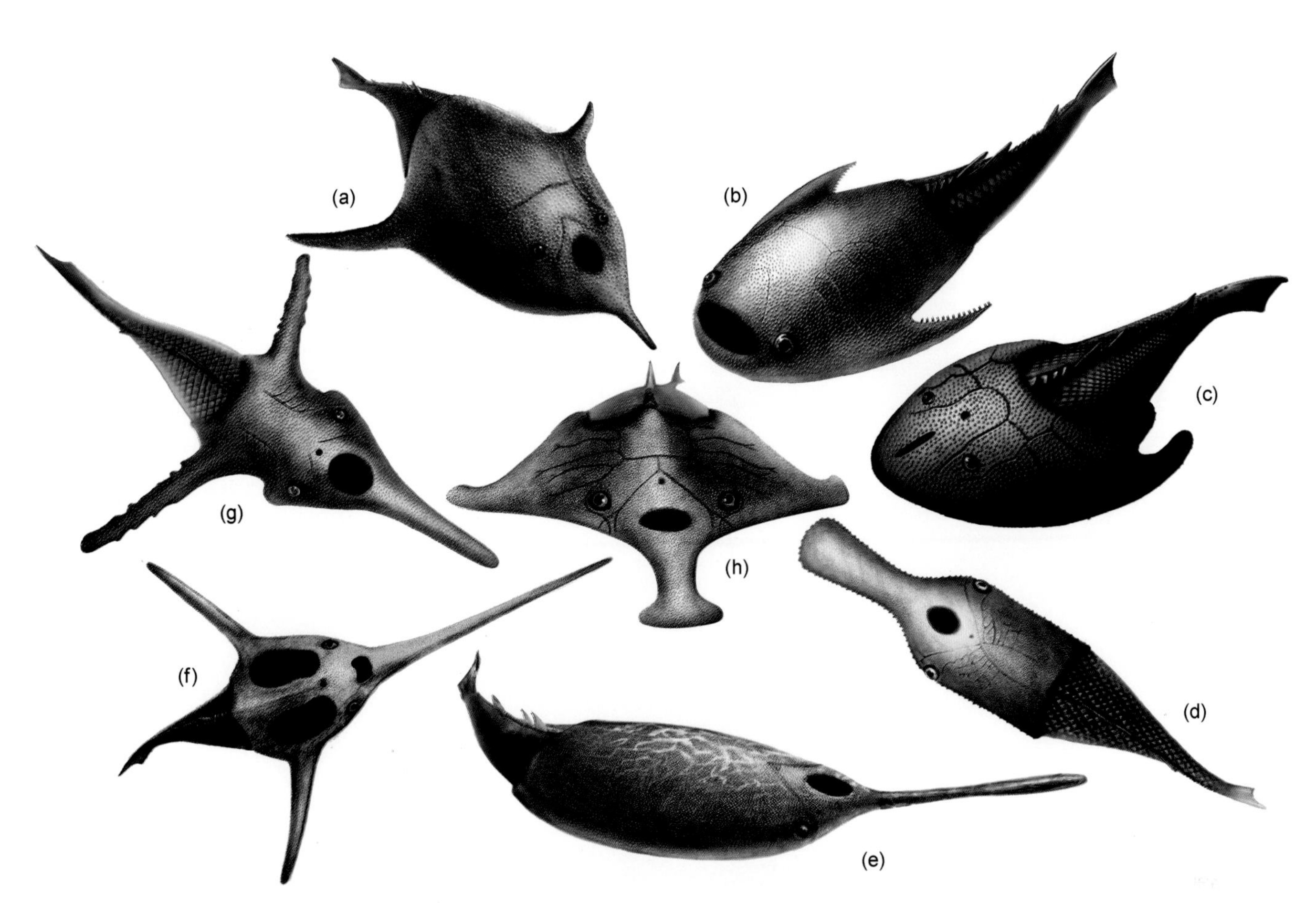

图7–11　盔甲鱼类形态多样的头甲　a. 双翼王冠鱼（*Stephaspis dipteriga*），示吻突、侧向延伸的角和侧背窗；b. 让氏昭通鱼，示角及角上的棘刺；c. 硕大云南盔甲鱼，示角及肥大叶状内角；d. 耿氏鸭吻鱼（*Gantarostrataspis gengi*），示宽大吻突及吻突上的棘刺；e. 剑裂甲鱼，示吻突及角和内角丢失；f. 长矛大窗鱼（*Macrothyraspis longilanceus*），示吻突、侧向延伸的角和背窗；g. 云南龙门山鱼（*Lungmenshanaspis yunnanensis*），示吻突、侧向延伸的角等，原来认为的侧背窗可能并不存在。（杨定华绘）

2. 角和内角

盔甲鱼类的头甲向后和两侧突出形成角和内角。在角内侧没有胸窦，表明盔甲鱼可能并不存在成对的胸鳍。在基干的盔甲鱼类中，如修水鱼，头甲向后扩展，包裹整个胸部，角和内角均不明显；大庸鱼同时具有角和内角，角很小，内角很发育，呈肥大叶状；朱敏（1992）以大庸鱼为原型，认为角和内角在以后的演化中向着两个不同的方向进行。在真盔甲鱼支系中角越来越发育，而内角则从肥大叶状到棘状，甚至完全消失（如真盔甲鱼属）；在多鳃鱼支系中内角发育，角丢失，因此多鳃鱼类所谓的角实际上相当于华南鱼类和真盔甲鱼类的内角，而都匀鱼类不但角丢失，且内角也退化甚至完全消失。华南鱼目一些种类，如龙门山鱼、亚洲鱼等，角侧向延伸，很长，甚至远远超出头甲宽度，游泳时可能有与滑翔机机翼相似的作用，用以稳定身体位置。一些盔甲鱼类角的内缘还有小刺，如昭通鱼和文山鱼（图7–11b）。关于角的功能目前尚无清楚认识，其可能功能有：辅助游泳，如增强鱼体浮力和平衡作用；特殊的皮肤感觉器官；仅仅是增大鱼体尺寸，使其看起来更像一个捕食者（潘江、王士涛，1981；Janvier, 1996）。某些生活在深海区域中的鱼类，由于光线很弱，视力退化，但它们往往具有非常发达的鳍刺或触须，上面布满敏感的神经，在水中游动时可以感知水流变化以寻觅和捕捉猎物，接收性信号。鉴于此，笔者也比较倾向认为盔甲鱼细长的吻突和侧向延伸的角可能具有触觉通讯的功能。

3. 中背脊和中背棘

盔甲鱼类的头甲背面向上突出，形成中背脊和中背棘（图7–12）。除了真盔甲鱼目，中背脊和中背棘在盔甲鱼类中广泛存在，从形态上可以分为三类：① 中背脊从背联络管后侧缓慢升起，向后超过头甲后缘，形成一个锥状的中背棘，这种类型最常见如汉阳鱼、多鳃鱼、三岔鱼等（图7–12a）；② 中背脊从背联络管后侧陡然升起，形成一个高耸尖锐的中背棘，这种类型只见于多鳃鱼类两个属四营鱼和耸刺鱼（图7–12b）；③ 中背脊高耸，呈刀刃

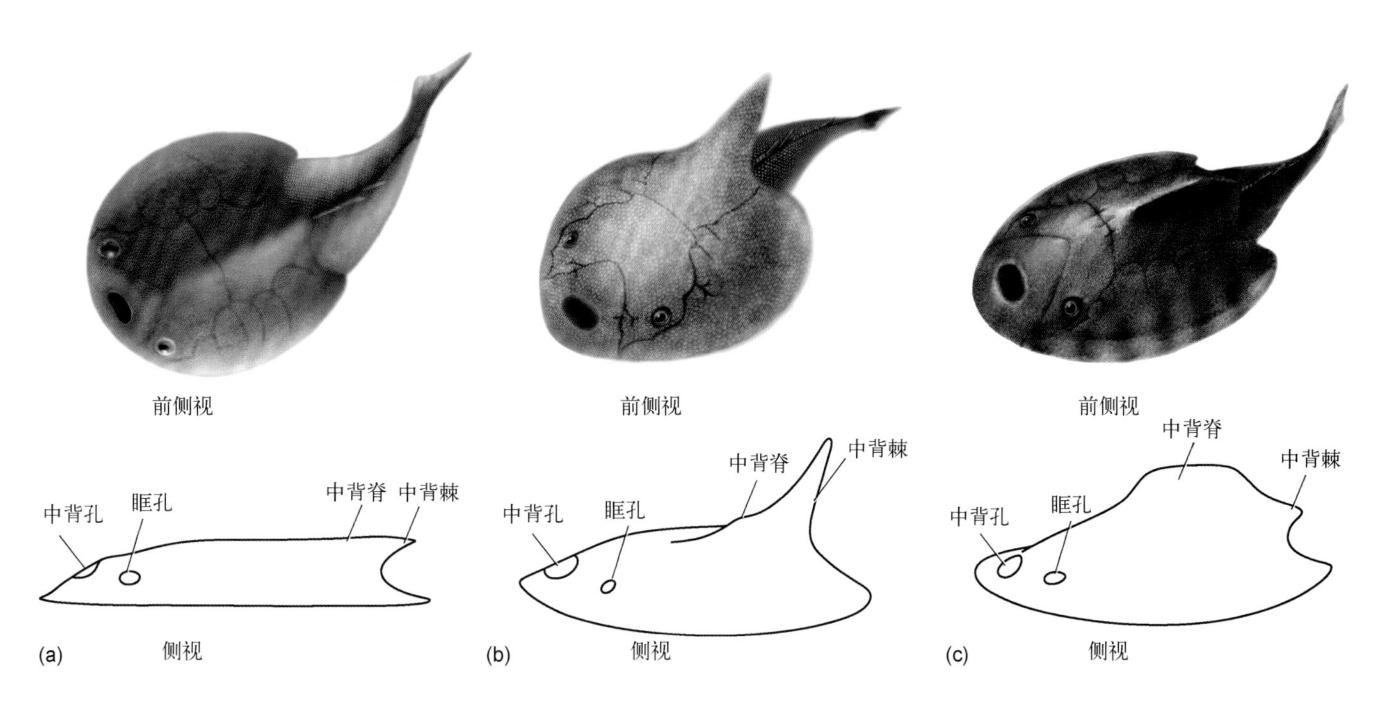

图7–12 盔甲鱼类中背脊和中背棘的形态多样性 a. 廖角山多鳃鱼；b. 高棘四营鱼（*Siyingia altuspinosa*）；c. 惠清驼背鱼（*Altigibbaspis huiqingae*）。

状，顶缘几乎水平向后延伸，最后在靠近头甲后缘的地方才下降，形成中背棘，见于多鳃鱼类的驼背鱼（图7–12c）。盔甲鱼类大多营底栖生活，中背脊和中背棘的功能可能类似飞机的垂直尾翼，能够提供方向的稳定性，有助于它们能在较缓和的水流中保持不动，不必消耗太多能量。多鳃鱼类大多既没有吻突，也没有侧向延伸的角，中背脊和中背棘在多鳃鱼类中的形态多样性，表明它们可能还衍生出一些附加功能。考虑到与盔甲鱼鱼类共生的大型捕食者，如西山村组中发现的广翅鲎与四营鱼和驼背鱼共生在一起（Wang, Gai, 2014），刀刃状的中背脊或高耸尖锐中背棘可能起到一种防护作用，能够抵御大型捕食者捕食（Liu et al., 2017）。

7.3.4 侧线系统

盔甲鱼类具有发育的侧线系统。侧线系统是鱼类和两栖类独有的一类感觉器官，作为水流感受器，能够感知水的流向、压力，以及周围环境移动物体的情况，有助于动物调整姿态和运动方向。在鱼类侧线系统中，现生圆口类七鳃鳗，其侧线的各神经丘（neuromast）是孤立的，虽然在体表排列成行，但没有管道把它们串通起来（7–13a）。而典型的侧线在形态结构上分为两类。其一为感觉沟，乃是沟状的开放型。侧线位置浅，呈现为凹沟状，神经丘分布于凹沟底部，直接与动物所处水体沟通（Romer, Parsons, 1986）。这一类型侧线在现生鱼类中仅见于个别软骨鱼类如皱鳃鲨（*Chlamydoselachus*）（Goodrich, 1930）（图2–13b）和少数硬骨鱼类（Romer, Parsons, 1986）。在化石记录中，沟状侧线存在于无颌类，如骨甲鱼类（Stensiö, 1927, 1932; Wängsjö, 1952）（图7–13d）和大多数盾皮鱼类中（Dension, 1978）（图7–13a）。其二为感觉管，乃是管状的封闭型。侧线管深陷于皮肤或骨甲内，经由其衍生的上升短管开口于鱼体表面，从而通过这些小孔与外界水环境沟通（Goodrich, 1930），将水的流向和压力传递给侧线管底部的神经丘（图7–13c）。这种类型的侧线系统存在于绝大多数的硬骨鱼类与软骨鱼类中，化石无颌类中的异甲鱼类（图7–13e）和少数盾皮鱼类如瓣甲鱼目（Petalichthyida）（Dension, 1978）也具有这类侧线管（图7–13f）。

盔甲鱼类的侧线系统属于管状封闭型，侧线深陷外骨骼的基部，呈管状，穿行于骨甲内（刘玉海，1965，1986）（图7–14a）。由于头甲的膜质骨薄，覆盖感觉管这部分的膜质骨易于在标本采集和修理过程中受到破坏，因而感觉管时常呈现为沟状暴露于外（图7–14b）。在很多情况下感觉管被沉积物填充，从而在头甲上保存为管状填充物内模（图7–14c）。与典型的管状侧线不同，盔甲鱼类的感觉管不具通向外界的衍生短管；另一方面，迄今也未曾发现感觉管本身具有直接通向外界的确切开口。Janvier等（1993）和Tong-Dzuy等（1995）宣称分别在产自越南下泥盆统的盔甲鱼类班润鱼（*Bannhuanaspis*）和多鳃鱼（*Polybranchiaspis*）的头甲上发现其侧线感觉管并不是完

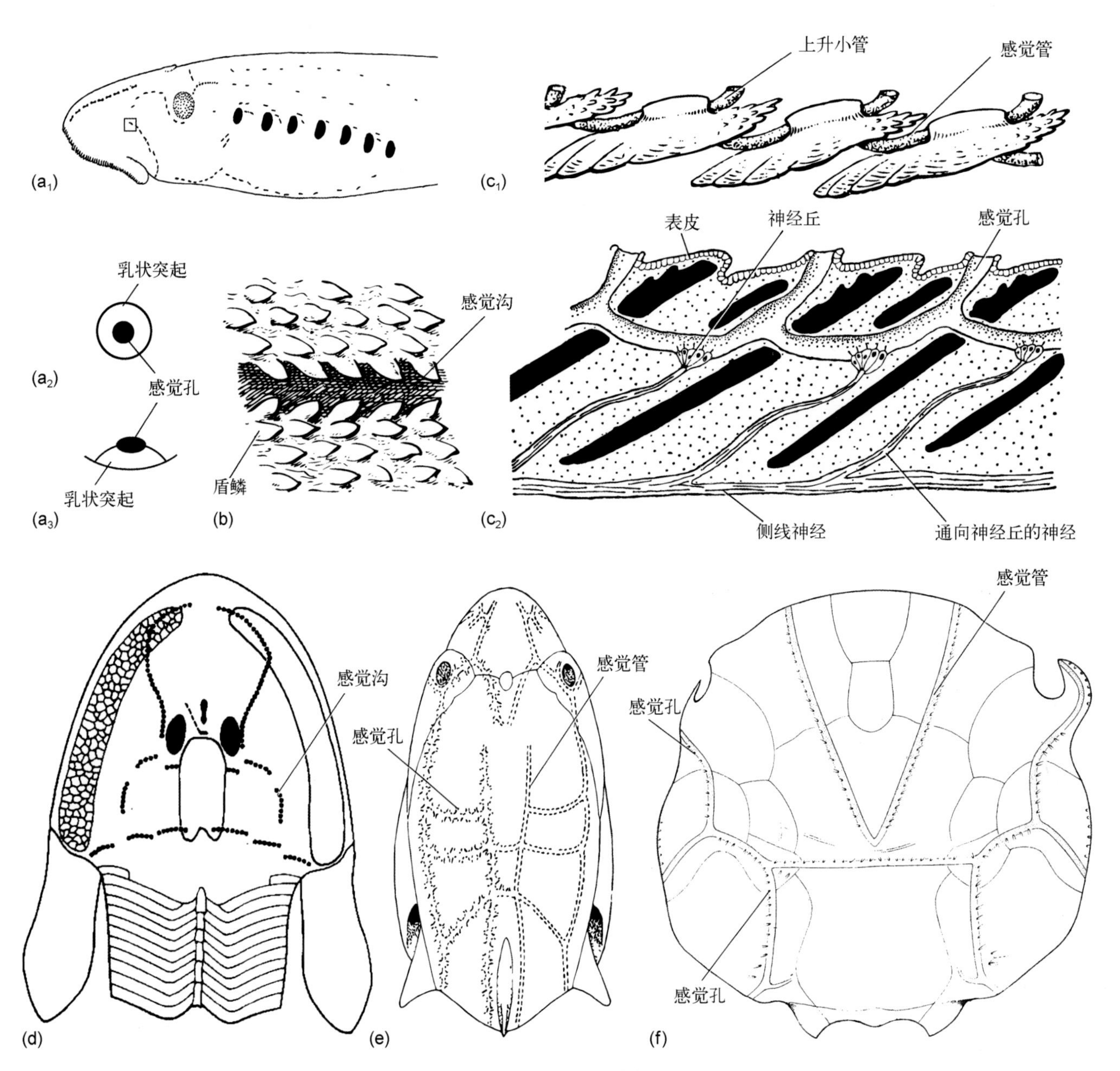

图7–13 侧线与外界沟通的方式 a. 圆口类(Lamreys),侧线是孤立的神经丘,没有管道联系,直接通过乳状突起开口于体表。a_1. 神经丘呈线状分布(Jollie, 1962); a_2, a_3. 乳状突起。a_2. 背视; a_3. 侧视(孟庆闻等,1987); b. 软骨鱼类皱鳃鲨(*Chlamydoselachus anguineus*)侧线系统呈沟状,沟两侧有盾鳞变异的齿状突起覆盖保护(Goodrich, 1930); c. 绝大多数鱼类侧线器官位于封闭的管内,并通过上升的小管开口于体表。c_1. 鳞与感觉管侧视; c_2. 鳞与感觉管的纵切面; d. 骨甲鱼类半环鱼(*Hemicyclaspis*),示侧线以感觉沟的形式与外界沟通(Stensio, 1932); e. 异甲鱼类鳍甲鱼(*Pteraspis*),示感觉管通过上升小管及感觉孔与外界沟通(Jollie, 1962); f. 盾皮鱼类瓣甲鱼目宽甲鱼(*Eurycaraspis*),示感觉管通过旁边的感觉孔与外界沟通(Liu, 1991)。

全封闭的,而是间隔地出现短的裂隙,借此与外界水体沟通。他们描述的情况如若属实,则颇为类似现生的全头类银鲛 (Chimaera) 的头部侧线 (Collinge, 1895)。但刘玉海等 (2015) 认为这些裂隙可能属于感觉管填充物脱落后造成的保存假象。因此,对于盔甲鱼类的侧线系统如何与外界沟通、如何发挥其功能,仍是令人困惑的问题。

盔甲鱼类的侧线系统在不同类群间的分布格局变化颇大,但基本上呈栅栏状或由栅栏布局演变而来 (刘玉海, 1986)。侧线系统在头甲背面最为发育,由纵行管和横行管组成,主要包括前眶上管、后眶上管、中背管、眶下管、侧背管、侧横管及中横联络管 (刘玉海, 1965, 1986) (图7–15)。前眶上管通常起始于背甲前缘,经过中背孔侧面,终止于眶孔的背前方,其后端一般不与后眶上管的前端衔接,两者间或多或少留有间隙。后眶上管在多鳃鱼目多数种类里,其两支呈“V”形;由眶孔背前方向后中方辏合于松果器官之后。在一些志留纪的早期种类,如汉阳鱼、曙鱼等,两条后眶上管向后并不相遇,呈倒“八”字形,可能代表盔甲鱼类的原始类型 (图7–7a)。在

图7–14　盔甲鱼类侧线感觉管的三种保存状态　a. 侧线深陷外骨骼的基部，呈管状，穿行于骨甲内；b. 膜质骨外骨骼脱落，感觉管呈现为沟状暴露于外；c. 感觉管被沉积物填充，在头甲上保存为管状填充物内模。

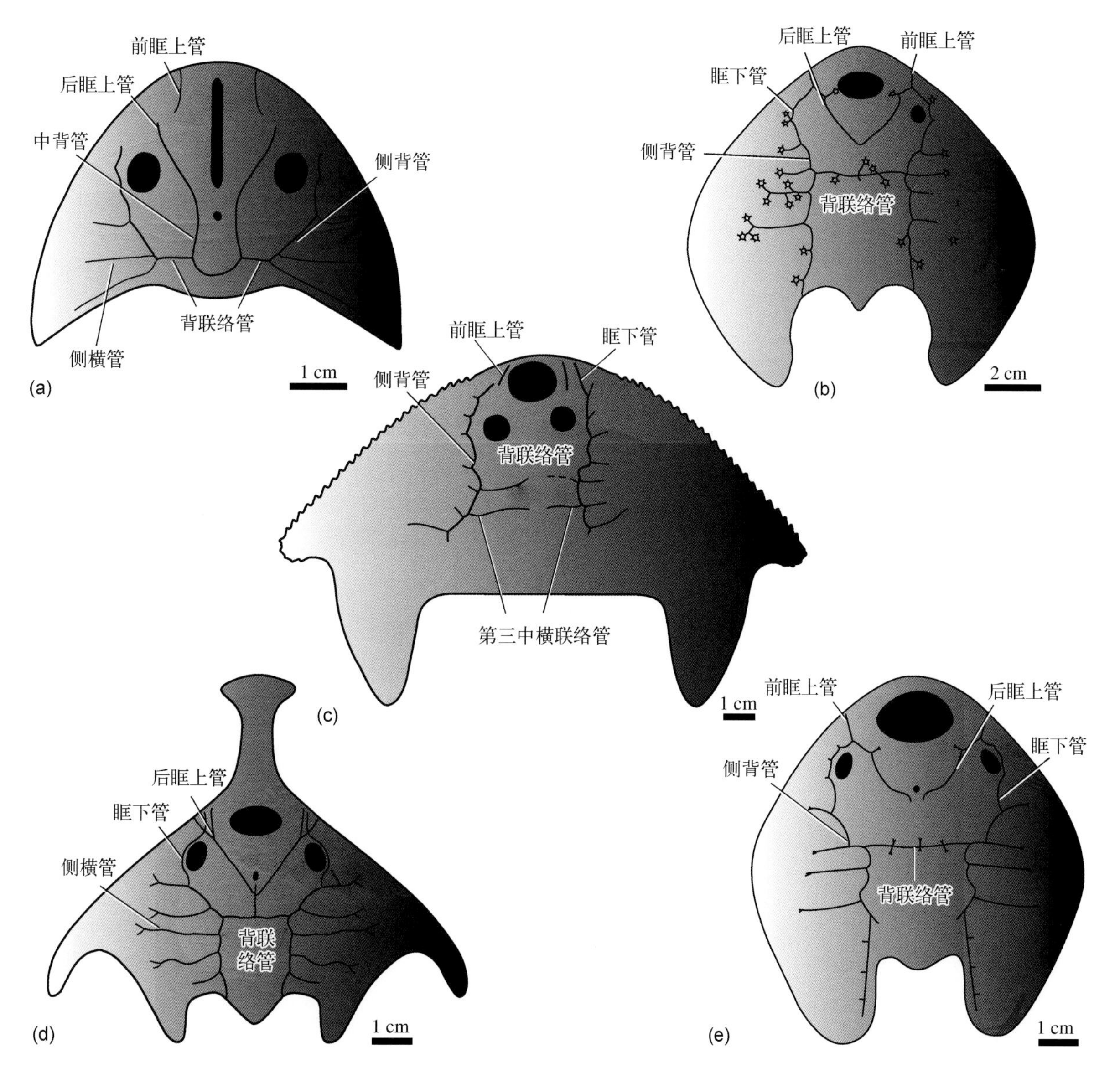

图7–15　盔甲鱼类的侧线感觉管系统　a. 张氏真盔甲鱼（*Eugaleaspis changi*）（据刘玉海，1965重绘）；b. 曲靖宽甲鱼（*Laxaspis qujingensis*）（据刘玉海，1975重绘）；c. 湖南大庸鱼（*Dayongaspis hunanensis*）（据潘江，曾祥渊，1985重绘）；d. 宽大吻突三歧鱼（*Sanchaspis magalarostrata*）（据潘江，王士涛，1981重绘）；e. 变异坝鱼（*Damaspis vartus*）（据王念忠，王俊卿，1982b重绘）。

真盔甲鱼目中，两条后眶上管则向后与中背管自然衔接，吻合成连续的纵管（图7–15a）。

中背管只在比较晚期的真盔甲鱼类中发育，其前端与前眶上管衔接，后端接近背甲后缘。两侧中背管后端向背中弯曲，并于中线会合，形成封闭的乳头形（图7–15a）。中背管在早期的盔甲鱼类和多鳃鱼目大多数种类中并不存在，或者消失，但在某些种类，如多鳃鱼、宽甲鱼、坝鱼，尚保留残余，成为与背联络管呈十字交叉的一对短管（图7–15a, e）。

眶下管前端始于眶孔的前侧方，向后绕过眶孔腹面，然后与侧背管自然相接。侧背管是一对近于平行的纵行干管，向后延伸至头甲后缘，可能与身体的主侧线相连（图7–15）。

眶下管和侧背管向头甲外侧发出数目不等的侧横管，其中眶下管发出1～4对相对较短的侧横管，但在真盔甲鱼目的多数属种里均已退化，仅在曙鱼和煤山鱼的眶下管上尚有两对保留（图7–7a）。侧背管发出1～7对侧横管，但在大多数种类里只有4对发育的侧横管，自眶孔之下向后依次排列。在真盔甲鱼目一些晚期种类里，由于眶孔之后的头甲显著缩短，第4侧横管也退化了（图7–15a）。在多鳃鱼目一些种类里，如宽甲鱼、东方鱼、团甲鱼等，侧横管的末端经常分叉。这些末端分支有的甚至形成了封闭的五边形（图7–15b）。

两条侧背管之间由1～3对中横联络管相连。在大多数种类里，中横联络管只有1对，并且左右支在背中线汇合成背联络管（图7–15），其位置大致与第2侧横管相对应，或位于第2侧横管略后方。背联络管在盔甲鱼类中有稳定的发育，可以作为对中横联络管进行同源关系对比的标志。具有1对以上中横联络管的主要是一些早期种类，如大庸鱼、汉阳鱼、长兴鱼、中华盔甲鱼等，可能代表盔甲鱼类的原始类型。大庸鱼前一对中横联络管大致与侧背管上的第2侧横管相对应，因此可能与背联络管相当（图7–15c）。在汉阳鱼和长兴鱼中，大致与侧背管上的第2侧横管相对应的是后一对中横联络管。中华盔甲鱼的中横联络管有3对，分别与前3对侧横管相对应，不过，第2中横联络管（背联络管）的位置略在第2侧横管之前。

7.3.5 头甲纹饰

盔甲鱼鱼类头甲外表面纹饰主要有4种类型（图7–16）：

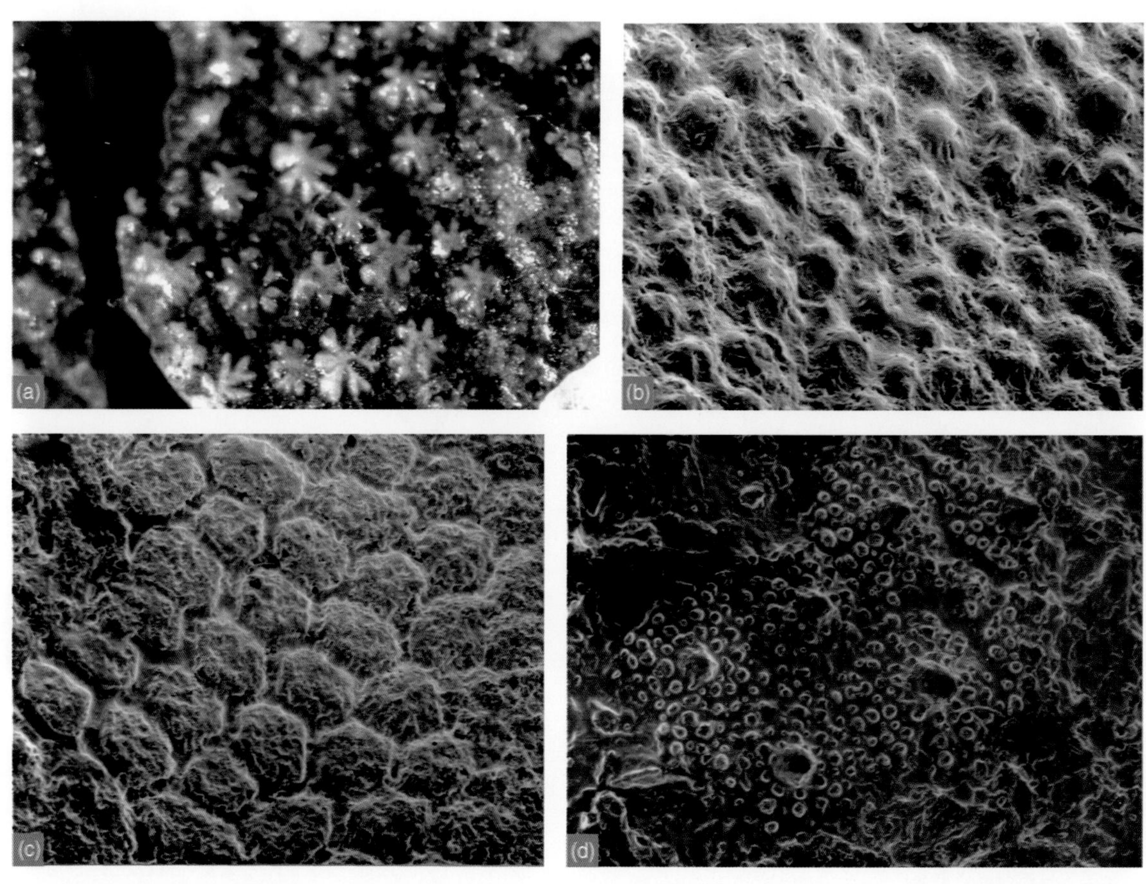

图7–16 盔甲鱼类头甲纹饰类型 a. 雪花状或星状纹饰；b. 瘤状或粒状纹饰；c. 多边形纹饰；d. 中央较大瘤突周围布满呈放射状排列的小瘤点。

① 放射脊纹的雪花状或星状纹饰，这种纹饰见于汉阳鱼、煤山鱼、憨鱼、多鳃鱼；② 均匀细小的瘤状或粒状纹饰，这种纹饰见于曙鱼、修水鱼、真盔甲鱼等；③ 顶部较平的多边形纹饰，这种纹饰见于盾鱼、裂甲鱼等属种；④ 中央较大瘤突周围布满呈放射状排列的小瘤点，这种纹饰仅见于一些属种待定的多鳃鱼类 (Wang et al., 2005)；前两种纹饰最常见，广泛分布于盔甲鱼类的各个类群，但是分布比较随机，并无规律可循，且两种纹饰在原始类群中都有存在，比如汉阳鱼是雪花状纹饰，而修水鱼是瘤状纹饰，因此无法确定那种类型更原始。在一些华南鱼类中，如鸭吻鱼、文山鱼，这些疣突或瘤点有的沿着头甲或角的边缘发育成棘状突起，而亚洲鱼、龙门山鱼的放射脊纹状疣突尤其大，且零星散布在头甲表面。

7.3.6 躯干和尾

目前对盔甲鱼类的身体部分了解尚不充分，仅在三歧鱼、盾鱼、宽甲鱼、假都匀鱼和秀甲鱼中有零星的保存 (图7–17)。身体相对于非常宽的头甲，显得十分窄小，且越来越细，与骨甲鱼类一样，身体腹面应该非常扁平。不具成对的胸鳍和腹鳍。这种体型十分适应底栖生活，有利于它们待在水底不动，不需要消耗较多的能量。身体的鳞列由细小的菱形或圆形鳞片组成，沿身体倾斜排列。宽甲鱼身体腹外侧具有两列很大的嵴鳞，是否具有中背嵴鳞尚不清楚 (图7–17c)。尾鳍只在长吻三歧鱼中有所描述，属歪型尾。但由于尾叶 (caudal lobe) 与身体保存在同一平面上，无法确定是上歪尾，还是下歪尾。根据其他没有成对胸鳍的无颌类，如莫氏鱼、缺甲鱼类和花鳞鱼类等推测，可能属于下歪尾，即脊索向下弯曲，形成一个较发育的腹叶。从功能看，这种类型的尾会产生一个向上的力来抬升头甲 (Kermack, 1943)，对没有成对胸鳍的鱼类来说有着非常重要的适应意义。

7.4 内部解剖

盔甲鱼类头骨分为咽颅和脑颅，但在盔甲鱼类中脑颅和咽颅愈合成一整块大的软骨，背面紧贴着头甲外骨骼，受外骨骼装甲保护。大多数情况下，内骨骼和外骨骼分布区域大部分是重叠的，但在一些原始的类群里 (如修水鱼)，外骨骼向后延伸，远远超过内骨骼分布的区域。在外骨骼和内骨骼的交界处，有着丰富的皮下脉管丛 (Janvier, 1990; Wang, 1991)。内骨骼是软骨，一般很难保存为化石，软骨外成骨在保存早期脊椎动物脑颅形态

图7–17 盔甲鱼类的身体 a. 珍奇秀甲鱼 (*Geraspis rara*); b. 长吻三歧鱼 (*Sanqiaspis rostrata*); c. 曲靖宽甲鱼 (相似种) (*Laxaspis* cf. *L. qujingensis*)。

信息方面起着非常关键的作用，但对于盔甲鱼类的内骨骼是否存在软骨外成骨，目前仍存很大争议 (Wang et al., 2005, Zhu, Janvier, 1998)。在某些特殊条件下，盔甲鱼软骨脑颅中的空腔可以迅速被矿物填充，在软骨无法保存的情况下，会留下矿物质形成的颅内模 (endocast)，因此可通过颅内模来了解盔甲鱼脑颅内部的解剖信息。笔者应用同步辐射显微CT对曙鱼脑颅开展精细的比较解剖学研究，最终在只有指甲大小的脑颅里，复原了几乎所有脑、神经及头部血管的通道。

7.4.1 咽颅

1. 鳃弓

在盔甲鱼类中从未发现独立的内骨骼鳃弓构造，这是一个长期令人困惑的问题。曙鱼的三维虚拟复原显示，原来所谓的“鳃间脊”实际上就是鳃弓的背面组分，呈横置“Y”形骑跨在颈背静脉上，可进一步分为上咽鳃骨、下咽鳃骨和上鳃骨；上咽鳃骨、下咽鳃骨与中间的脑颅愈合成一个巨大的内骨骼头甲，将颈背静脉包裹在头甲内骨骼中 (这多少与龟鳖类身体的肋骨与脊椎愈合形成龟壳有些

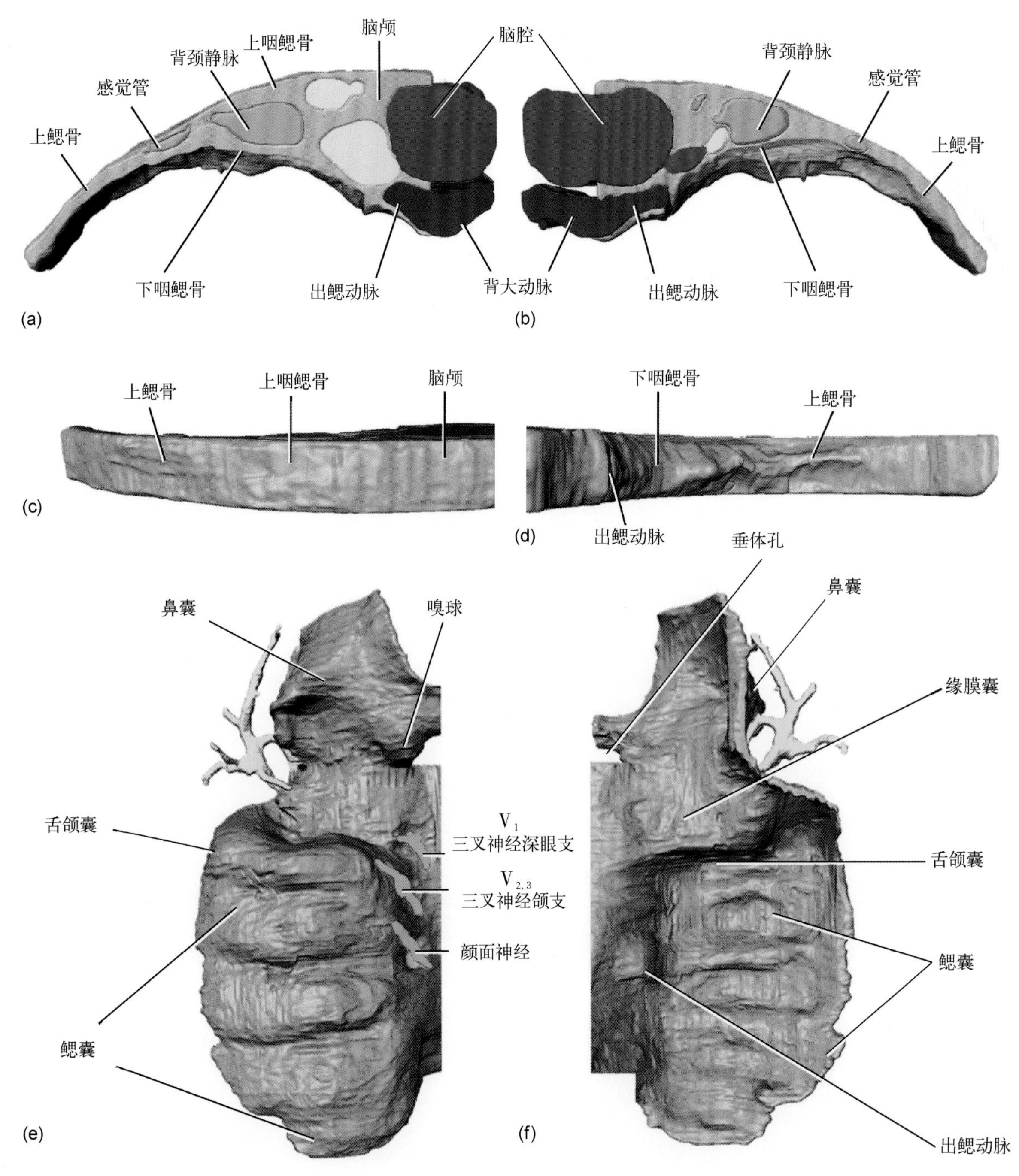

图7–18 浙江曙鱼咽颅的比较解剖 a–d. 第一鳃弓三维虚拟复原。a. 后视；b. 前视；c. 背视；d. 腹视；e, f. 咽颅三维虚拟复原。e. 背视；f. 腹视。

类似)。有颌类中,鳃弓不与脑颅愈合,颈背静脉大多数情况下不被内骨骼包围,仅在舌弓或颌弓处被包围。基于这一比较,颈背静脉可以作为盔甲鱼类脑颅与咽颅的一个分界。目前尚未发现鳃弓腹面组分(图7–18)。

2. 鳃囊

两个连续鳃弓(鳃间脊)之间是鳃囊,每个鳃囊容纳前后两个鳃的后半鳃和前半鳃。鳃囊内模的背面会保存鳃片、鳃外静脉、脑神经的印痕。每个鳃囊内侧发出出鳃动脉进入中央的背大动脉,而外侧则有来自边缘静脉和动脉发出来的横向小管进入每个鳃囊。不同于骨甲鱼类,盔甲鱼类的鳃囊并没有向前延伸超过眶孔的后缘。

3. 鳃后壁

口鳃腔向后与身体的胸腔之间被一个完整的鳃后壁分开。鳃后壁从脑颅后方向下伸出,在鳃腔和腹腔之间形成一个完整隔膜。鳃后壁被很多脑神经和头部血管所洞穿,中间是一大的背大动脉,侧背方是一对颈背静脉,两侧是迷走神经的肠支和后侧线神经的通道。盔甲鱼鳃后壁的存在阻止了鳃下肌肉对水流的泵吸作用,因此盔甲鱼应该像七鳃鳗那样有一个缘膜,能够向鳃囊泵吸水流,进行呼吸。鳃后壁在长兴鱼(Wang, 1991)、曙鱼(Gai et al., 2011)和三歧鱼(Janvier et al., 2009)等中都有所发现,具有完整的鳃后壁可能是盔甲鱼类和骨甲鱼类的一个共有裔征。

7.4.2 脑颅

1. 脑区与脑神经

盔甲鱼类的脑颅被复杂的空腔和管道洞穿,里面容纳着脑、脑神经、头部血管和成对的感觉器官(包括鼻囊、眼囊和耳囊等)。脑颅中央是一个轴向的脑腔,脑腔不封闭,前端以前脑窗开口于口鼻腔(图7–19, 7–20),背部前后分别有松果孔和内淋巴孔,后端与神经管相通,侧壁被视窗、听窗、神经孔、血管孔所洞穿(图7–20)。三维虚拟重建的脑颅内模显示出一系列的球状突起,可能相当于脑的不同分区,从前向后分别为端脑区、间脑区、中脑区、后脑区和延脑区。

端脑区向前延伸为独立的嗅球,具有独立的嗅束和端神经,嗅束之后有一对独立的大脑半球。与十分发育的嗅球相比,大脑半球显得很小,仅仅表现为松果区前的一对小突起。嗅球前侧方与鼻囊相通,可能有嗅神经(Ⅰ)通过一对浅槽通向鼻囊(图7–19, 7–20)。

间脑区位于大脑半球之后,比大脑半球稍宽,背面凸起为烟囱状的松果管,可能容纳松果体和副松果体,并以松果孔开口与外界;间脑区侧面被一对大的视窗洞穿,并有大的管道通向眶区,里面可能容纳着视神经(Ⅱ);腹面向下突起为一漏斗状突起,可能为垂体囊,垂体囊向前延伸为垂体管,垂体管向前水平延伸,开口于口鼻腔的正后方(图7–19, 7–20)。

中脑区位于间脑区之后,后部向背面轻微隆起,可能相当于视顶盖,但是并不能区分出左右两叶;间脑区侧壁被动眼神经(Ⅲ)和滑车神经(Ⅳ)洞穿,动眼神经在前,靠近脑腔腹面,滑车神经在后,靠近脑腔背面,位于中脑区和后脑区的交界处。间脑区腹面两翼有一对凹槽,里面可能容纳着外展神经(Ⅵ)(图7–19, 7–20)。

后脑区位于中脑区之后,是整个脑区最宽、最大的部分,但是比中脑区和延脑区稍短。后脑区背面有一对显著的球状隆起,可能代表小脑的位置。球状隆起背面向前发出三叉神经的眼支($V_{0,1}$),在眶孔附近分开为浅眼支(V_0)和深眼支(V_1)。后脑区腹面向前发出三叉神经的颌支($V_{2,3}$),但并未见其进一步分为上颌支和下颌支(图7–19, 7–20)。

延脑区是整个脑区最长的部分,几乎占据整个脑区的一半。延脑区背面保存了一些自然的不规则构造,这些不规则构造形成一个复杂的网络,并通过小管与延脑腔相通,可能是后脑脉络丛,向后延脑腔顶壁还被一对内耳淋巴管和一些颞上侧线神经分支所洞穿。延脑腔侧壁被一对大的听窗洞穿,听神经(Ⅷ)很可能从这里通过进入前庭;颜面神经(Ⅶ)从听窗的前腹面发出,通过一条独立的管道,进入到第一鳃囊;听窗之后的延脑侧壁前后被2对大的神经孔洞穿,前面一对为舌咽神经(Ⅸ),后面一对尤其大,可能是迷走神经(Ⅹ)和后侧线神经的共同通道,都匀鱼的迷走神经非常长,发出很多侧枝,支配每一个鳃囊(图7–19, 7–20)。

延脑区向后延伸并逐渐变细为一圆形的神经管,里面能容纳脊髓,在迷走神经管之后,神经管侧壁被一对离得很近的横向小管洞穿,可能相当于第一对脊神经的背根和复根。从侧面看,脊神经的背根和复根离得很近,并且向一个方向延伸,这表明它们可能在外围合并成一根,与有颌类比较相似。

2. 嗅觉器官

盔甲鱼类最典型的特征是在头甲前部中央有一很大的中背孔,既充当鼻孔,也是主要的进水孔。曙鱼中背孔呈纵长椭圆形,由两侧软骨的匙状长吻包围而成。在中背孔下面是一个很大的口鼻腔,口鼻腔向上、向下、向后

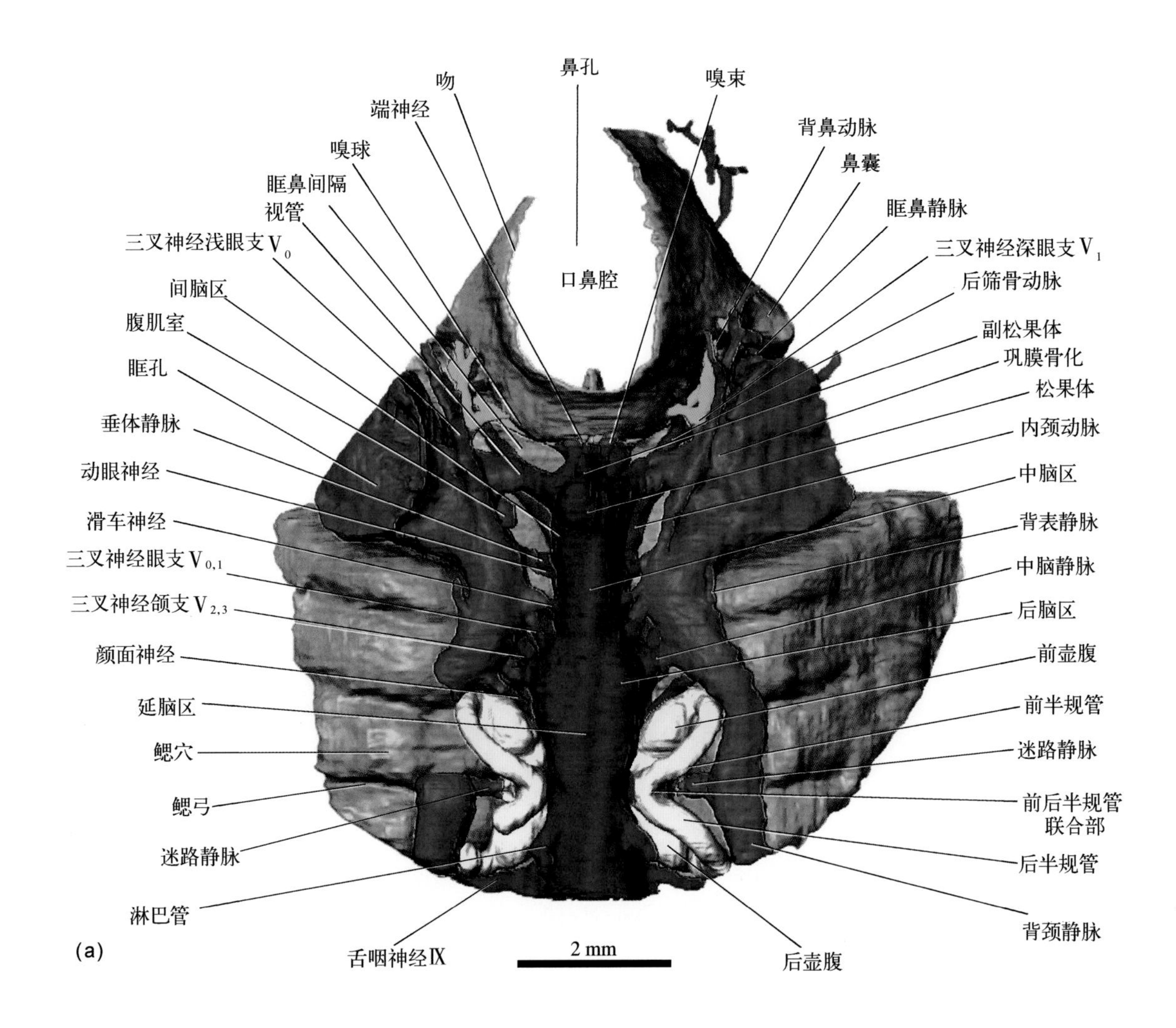

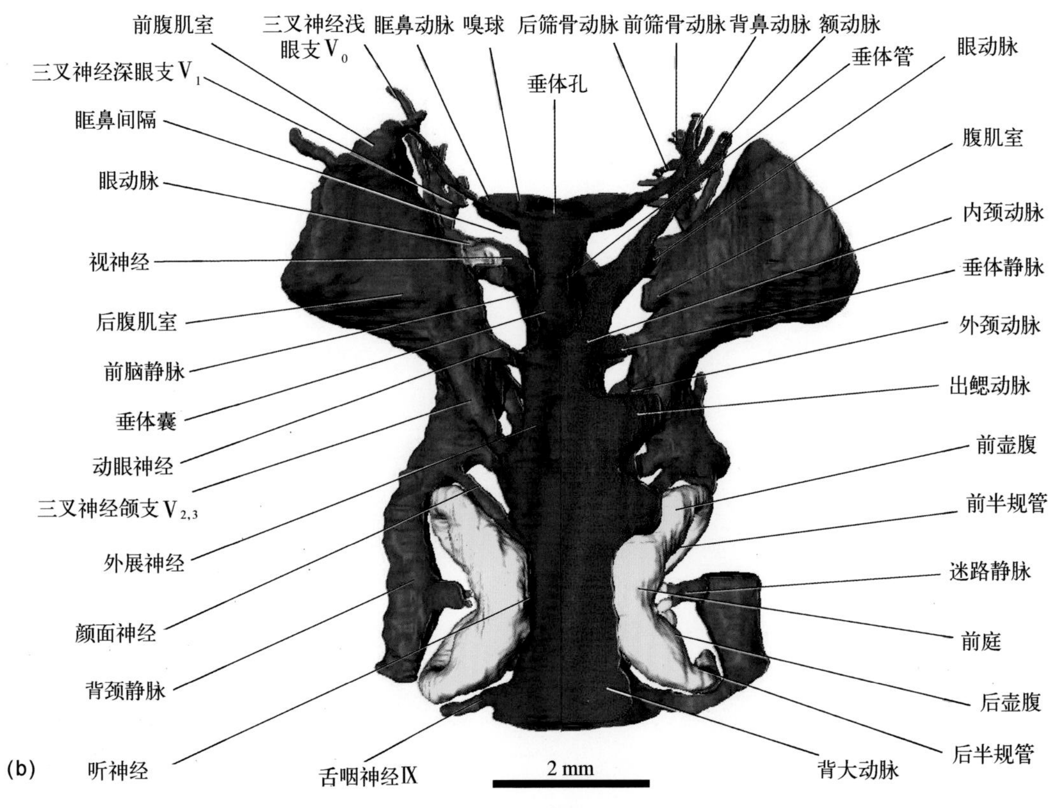

图7-19 浙江曙鱼脑颅内模三维虚拟复原 a. 背视；b. 腹视。

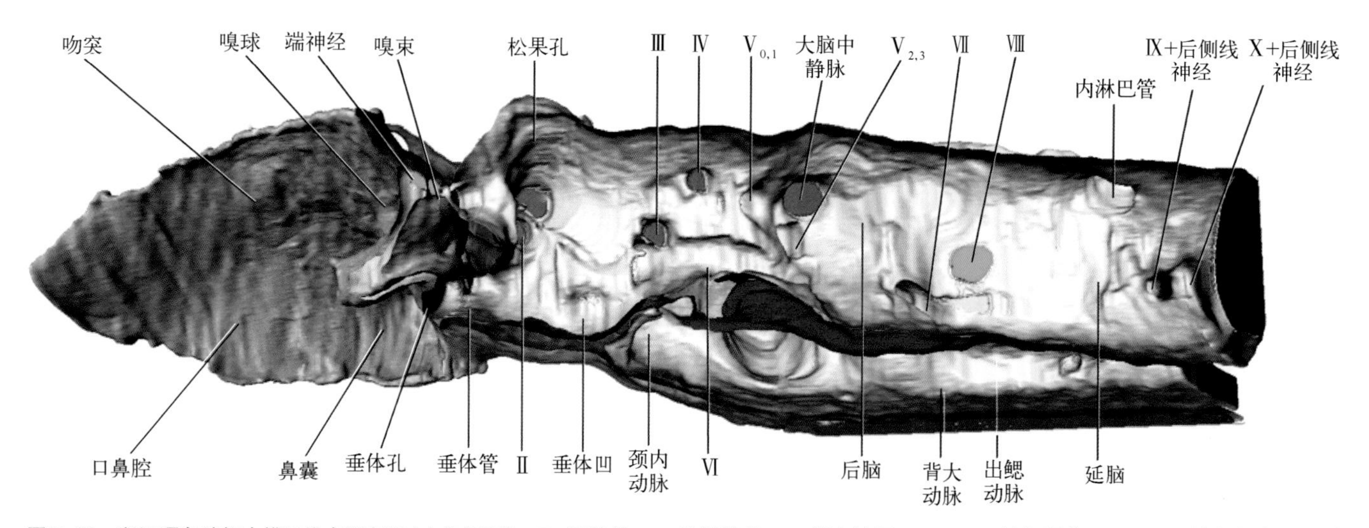

图7–20　浙江曙鱼脑颅内模三维虚拟复原（中矢切面） Ⅱ. 视神经；Ⅲ. 动眼神经；Ⅳ. 滑车神经；$V_{0,1}$. 三叉神经眼支；$V_{2,3}$. 三叉神经颌支；Ⅵ. 外展神经；Ⅶ. 颜面神经；Ⅷ. 听神经；Ⅸ. 舌咽神经；Ⅹ. 迷走神经。

分别与鼻孔、口和咽腔相通。一对很大的鼻囊呈横置圆锥状，位于口鼻腔的两侧，共同开口于中间的中背孔，而垂体管开向口鼻腔的中部，也就是说两个鼻囊和垂体管三者是彼此分离的，这与有颌类相似，而与七鳃鳗和骨甲鱼类位于头顶的鼻垂体复合体完全不同。由于盔甲鱼类的鼻囊已经像有颌类那样，位于眶孔的前侧方，因此在鼻囊和眶孔之间存在一对狭长的软骨薄片——眶鼻间隔，形成鼻腔的侧后壁和眶腔的前壁；与有颌类的眶鼻间隔一样，盔甲鱼类的眶鼻间隔被特征性的神经和血管洞穿，如三叉神经浅眼支（V_0）、深眼支（V_1）、眶鼻动脉和眶鼻静脉等。眶鼻间隔呈"W"状，中央向前凸出一短的软骨突，可能相当于有颌类的筛骨板，支撑并分隔成对的嗅球。与有颌类相比，盔甲鱼类的筛骨板相对较小，只能称为筛骨突，它并未向前充分延伸，把两侧的鼻囊完全分开鼻间隔尚未形成因此，盔甲鱼两侧的鼻囊仍然共用一个鼻孔——中背孔（图7–19 ~图7–21）。

3. 视觉器官

盔甲鱼类的视觉器官容纳在一对大的杯状眼囊内，眼囊可能由眶下板、眶上脊和眶间隔三部分软骨愈合而成，分别形成眼囊的基底、前顶壁和内侧壁，使眼囊分别与口鳃腔、鼻囊和脑腔分开。眼囊是整个脑颅中最复杂的部分，容纳眼球、眼肌和静脉窦，同时也是通向眶区和筛区的神经与血管聚集的地方。眼囊的内侧壁上被前脑静脉和视神经洞穿，腹面向后拉长为三叉神经室，位于颈背静脉腹侧。颈背静脉洞穿眼囊后壁，进入眼囊内，并以一个大的静脉窦结束。眼囊内有几个明显的凹陷，可能为眼肌室，是眼外肌附着的地方，目前可以区分出4个明显的眼肌室，分别为腹肌室、后腹肌室、后背肌室和前腹肌室。腹肌室是4个肌室中最大的，动眼神经进入该肌室，根据其位置和容积，可能同时容纳上直肌、下直肌和内直肌；后腹肌室位于三叉神经室前方，可能容纳了外直肌，外展神经很可能从视窗底部进入该肌室；后背肌室不是很明显，但滑车神经进入眼囊的后背方，表明后背肌室很可能位于滑车神经管前方，里面容纳着后（上）斜肌；前腹肌室位于眼囊的前腹侧方，里面可能容纳着前（下）斜肌（图7–19，7–22）。

4. 听觉器官

盔甲鱼类的听觉器官容纳在内耳的迷路腔内，位于延脑区的两侧，并通过一个大的听窗与脑腔相通。迷路腔由半规管、壶腹、半规管联合部以及前庭组成。半规管只有前后两个垂直半规管，缺少水平半规管。前后半规管与前庭不愈合，形成环状回路。内淋巴管由半规管联合部的背面发出，向头甲背后方延伸，开口于中横联络管的前方（图7–19，7–20，7–23）。

7.4.3　循环系统

1. 头部动脉系统

盔甲鱼类头部动脉系统中最主要的是位于脑腔之下的一条非常粗的血管，可能为背主动脉。背主动脉两侧通过一系列的小孔与口鳃腔相通，每个小孔恰好位于前后两个鳃囊之间鳃间脊的近端。出鳃动脉可能通过这些小孔进入背主动脉，负责把前后两个半鳃含氧的血输送到背主动脉。背主动脉向前进一步分为外颈动脉和内颈动脉。外颈动脉很可能从第一出鳃动脉后部发出，横向延伸，与三叉神经室汇合，很可能向前为缘膜肌肉供血；

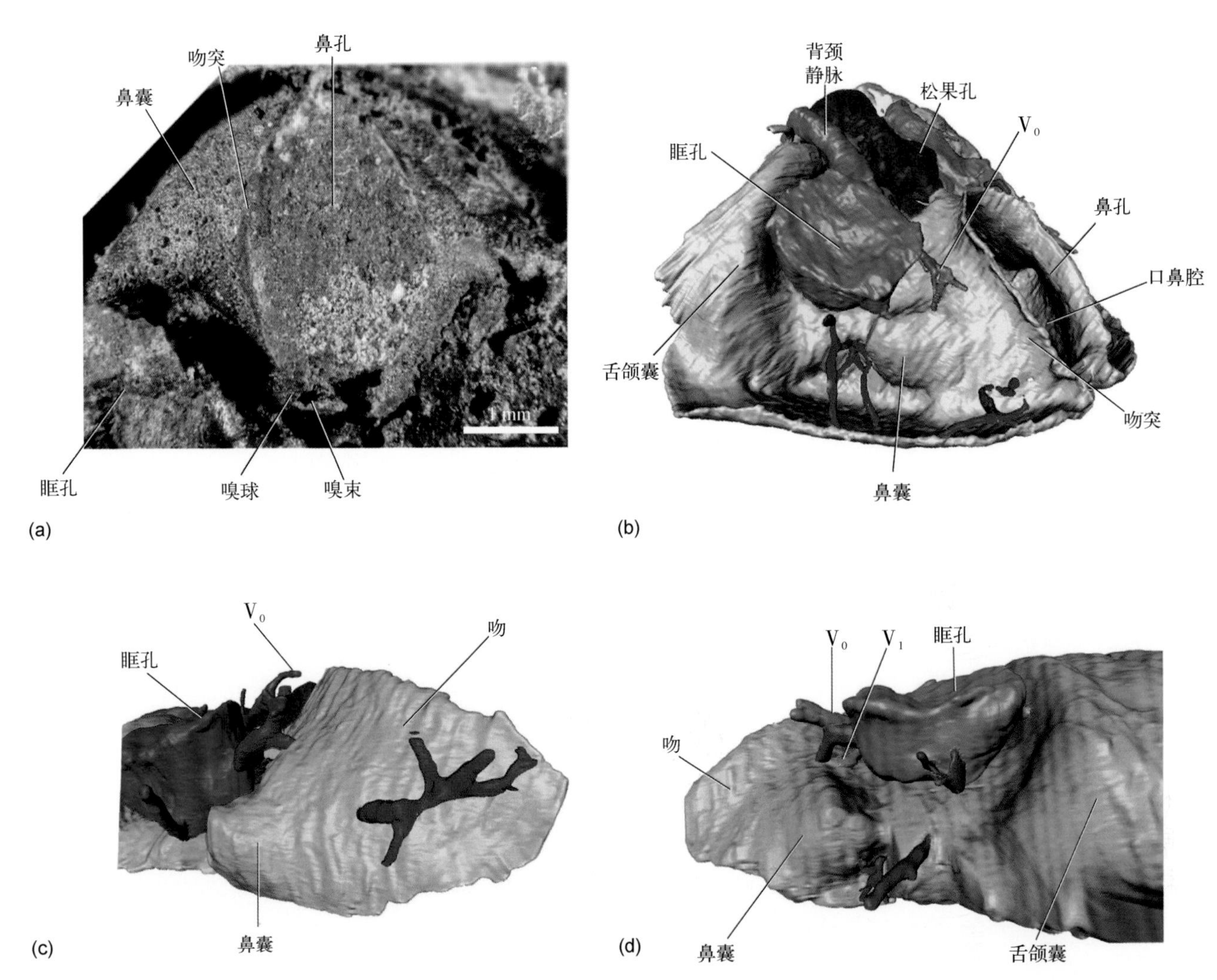

图7-21　浙江曙鱼鼻区比较解剖　a. 一脑颅的自然内模(V14334.5),示鼻囊、鼻孔、嗅球与嗅神经;b–d. 鼻区的三维虚拟复原。b. 基于标本V14334.2重建,前侧视;c. 基于标本V14334.3重建,前侧视;d. 基于V14334.1重建,侧视。V_0. 三叉神经浅眼支;V_1. 三叉神经深眼支。

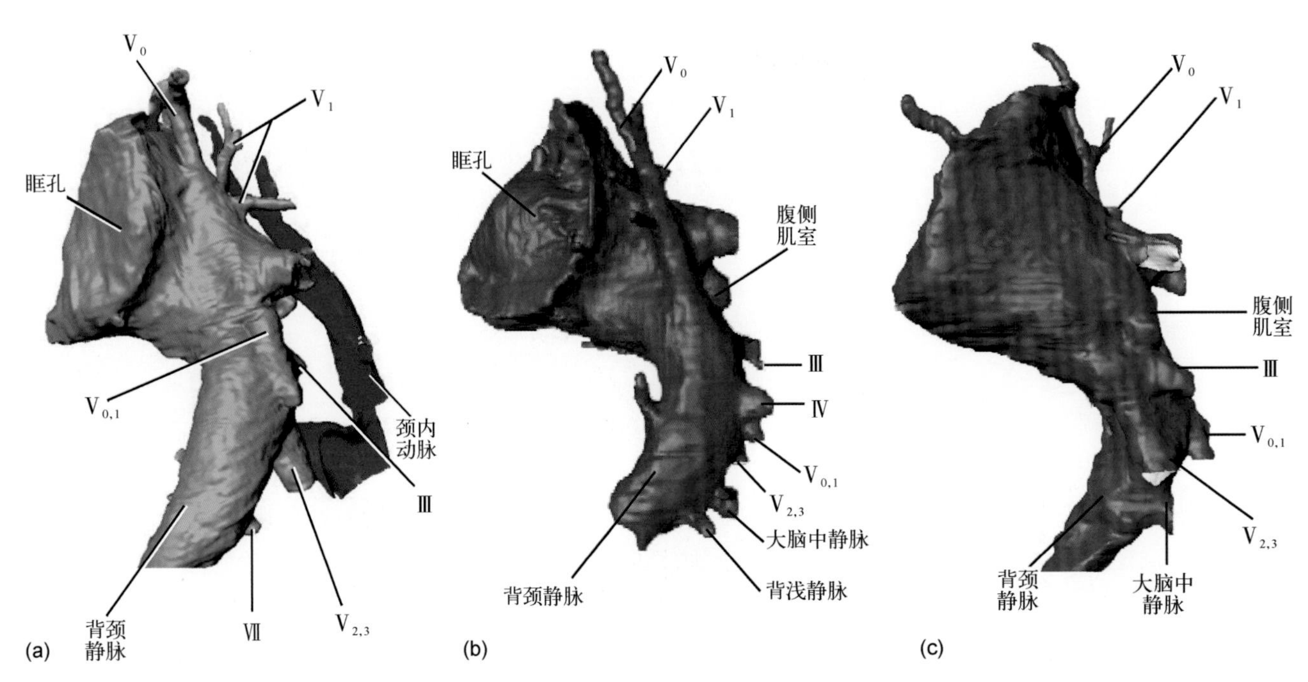

图7-22　浙江曙鱼眶区三维虚拟复原　a. 基于标本V14334.5重建,背视;b,c. 基于标本14334.3重建。b. 背视;c. 腹视。

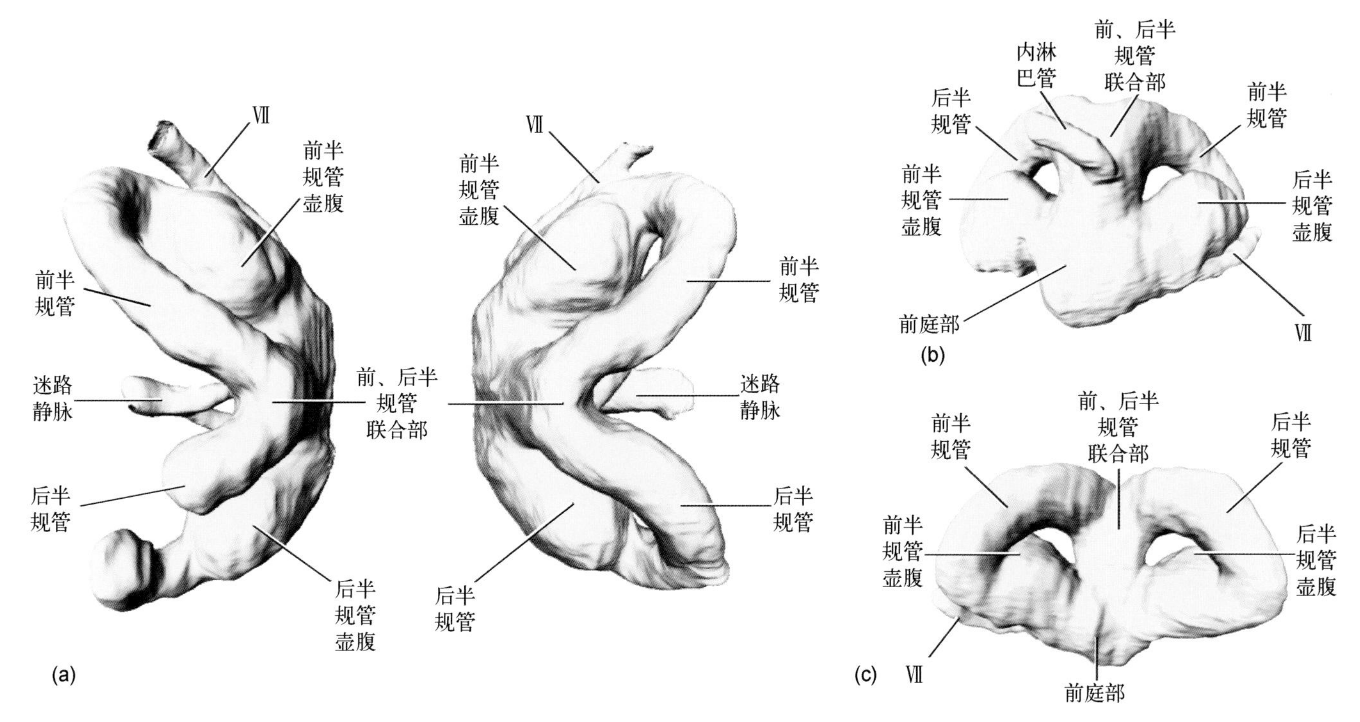

图7-23　浙江曙鱼耳区三维虚拟复原　a. 基于标本V14334.3重建，背视；b,c. 基于标本V14334.4重建。b. 内侧视；c. 外侧视。

内颈动脉在垂体之后完全进入脑颅，在脑颅内进一步分支出垂体动脉、前脑动脉、眶鼻动脉、眼动脉、前筛动脉、后筛动脉、鼻背动脉和额动脉等，给整个脑区和头甲背部供血。背主动脉向后分支为中脑动脉、后脑动脉、前、中、后迷路动脉，分别给脑区后部和耳区供血。头甲腹部动脉系统包括腹大动脉，边缘动脉、入鳃动脉、腹环动脉和角动脉，为整个头甲腹面供血。腹大动脉并不被软骨包裹，因此很难被重建出来 (图7–19,7–24)。

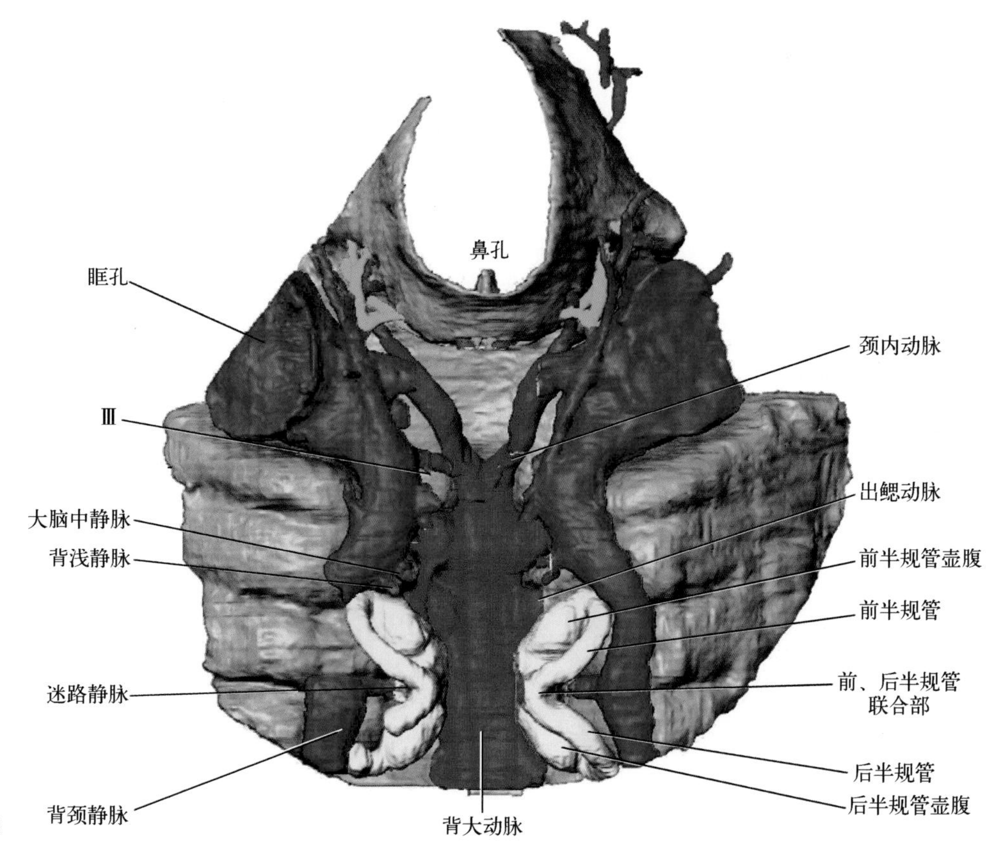

图7–24　浙江曙鱼的循环系统

2. 头部静脉系统

与骨甲鱼类一样，盔甲鱼类脑腔和迷路腔两侧具一对很粗的血管，可能与有颌类的颈背静脉 (Forey, Janvier, 1993) 或七鳃鳗幼体的侧头静脉同源 (Stensiö, 1927)。颈背静脉两侧接收很多来自鳃囊的血管，可能为鳃外静脉。鳃外血通过鳃外静脉汇集颈背静脉，可能是盔甲鱼类的一个裔征，而在骨甲鱼类中，鳃外血则可能通过鳃外静脉汇集到边缘静脉 (Janvier, 1981)。颈背静脉内侧接收来自脑腔、垂体和内耳的血管，主要包括前脑静脉、中脑静脉、垂体静脉、迷路静脉等，向前可能穿过眼囊，继续延伸为眶鼻静脉和额静脉。头甲腹面两侧还有一对比较大的血管，围绕整个口鳃腔，可能为边缘静脉，沿途接收来自头甲各方向的小管。边缘静脉和边缘动脉目前仅在盔甲鱼类和骨甲鱼类中发现，尚不能确定与其他类群的哪支血管同源 (图 7–19, 7–24)。

7.5 组织学特征

盔甲鱼类的组织学仍然不十分清楚，目前仅在多鳃鱼 (Wang, 1991; Tông-Dzuy et al., 1995; Wang et al., 2005) 和汉阳鱼 (Wang et al., 2005) 中有外骨骼的切片描述。外骨骼非常薄，由几乎完全愈合的小单元组成，与骨甲鱼类大的镶嵌片完全不同。在头甲上，这些小单元的基座呈五边形，紧密排列，并愈合成一个连续的层，即板状层 (图 7–25a, b)。盔甲鱼类的外骨骼属于无细胞骨，没有容纳骨细胞的空腔 (Janvier, 1990)。虽然 Wang (1991) 提到多鳃鱼外骨骼可能存在细胞腔，但这些细胞腔后来被认为是保存的假象 (Wang et al., 2005)。没有证据表明盔甲鱼类的外骨骼具有齿质和釉质，在一些属种外骨骼的每个瘤点单元外面覆盖了一层透明的硬组织，像一个帽子直接叠覆在无细胞骨上，看起来有点像似釉质 (Zhu, Janvier, 1998)。不过，这层透明的硬组织

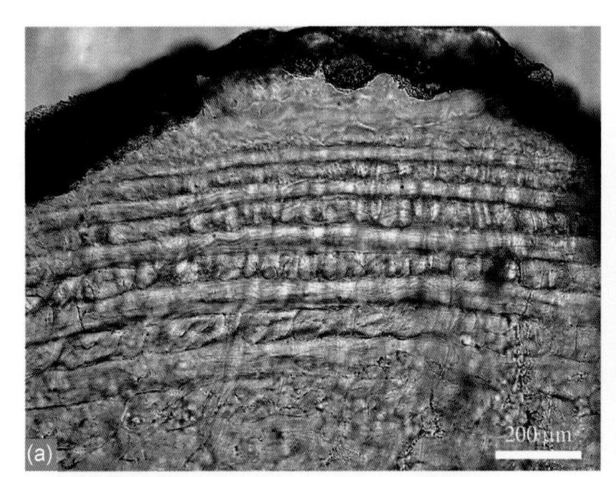

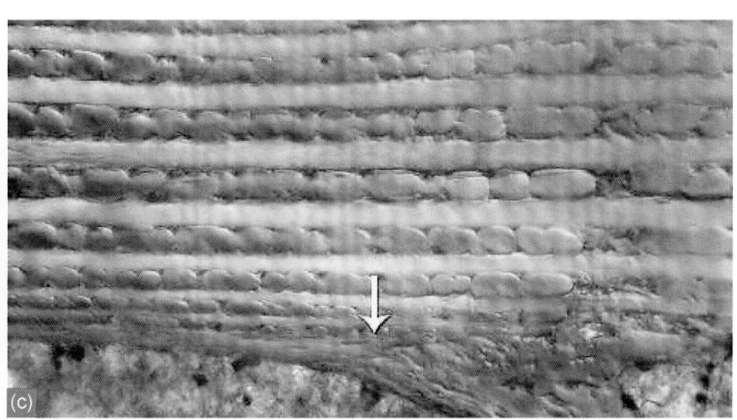

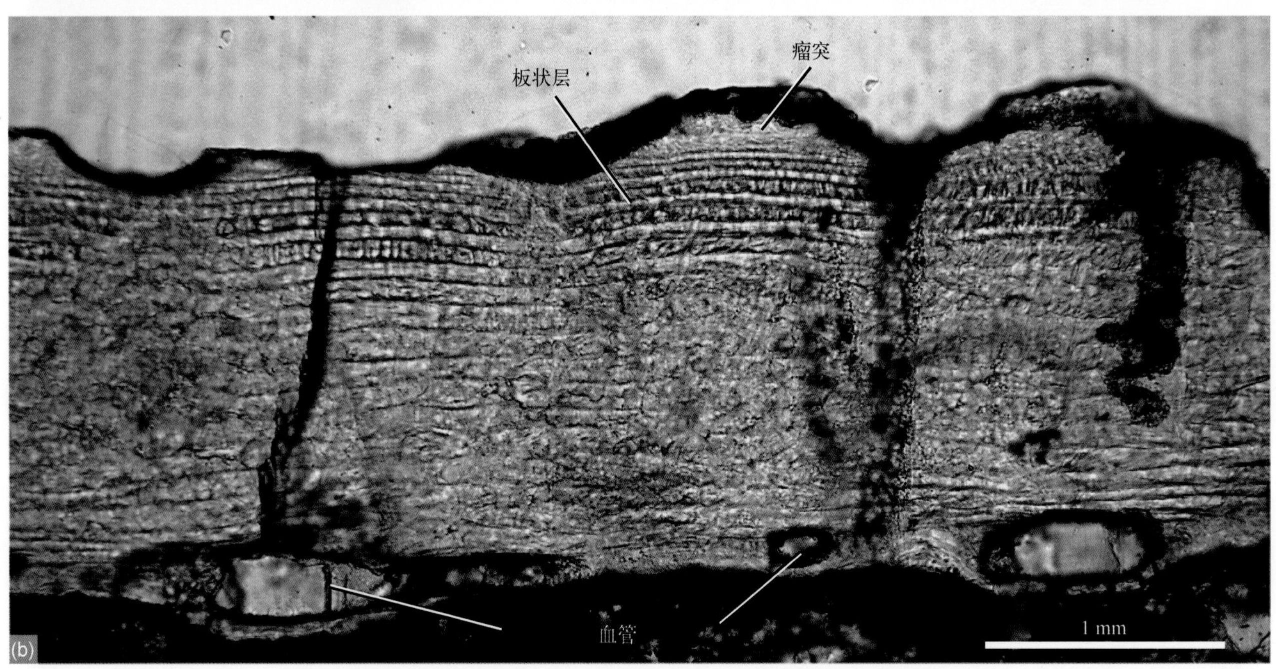

图 7–25 盔甲鱼类 (a, b) 与骨甲鱼类 (c) 组织学切片对比

可能仅仅是外骨骼表层的球状超矿化，不是真正的似釉质 (Wang et al., 2005)。

盔甲鱼类的外骨骼不具骨细胞，是一种特殊的无细胞骨，结构上与三合板状的板状骨 (plywood-like laminar bone) 非常相似，由钙化的胶原纤维束水平正相交交互叠覆而成，即组成每一薄片的所有纤维束排列方向一致，但同与其相邻的上层和下层薄片的纤维束方向呈十字交叉 (图7–26)；同时，这些叠加在一起的薄片为沙普氏纤维 (Sharpey's fibers) 垂直穿过，牢固地把它们缝合在一起，形成外骨骼头甲 (图7–26a)。钙化的胶原纤维束的这种排列方式与异甲鱼类的无细胞骨完全不同，被认为是无细胞骨的一种变异，为盔甲鱼类所特有，称为盔甲质 (galeaspidin) (Wang et al., 2005)。盔甲鱼类的内骨骼为软骨，外层呈球状钙化 (Zhu, Janvier, 1998; Wang et al., 2005)，但对于球状钙化软骨外是否存在软骨外成骨仍存很大争议 (Wang et al., 2005, Zhu, Janvier, 1998)。在外骨骼和内骨骼之间有着丰富的皮下脉管丛和感觉管。

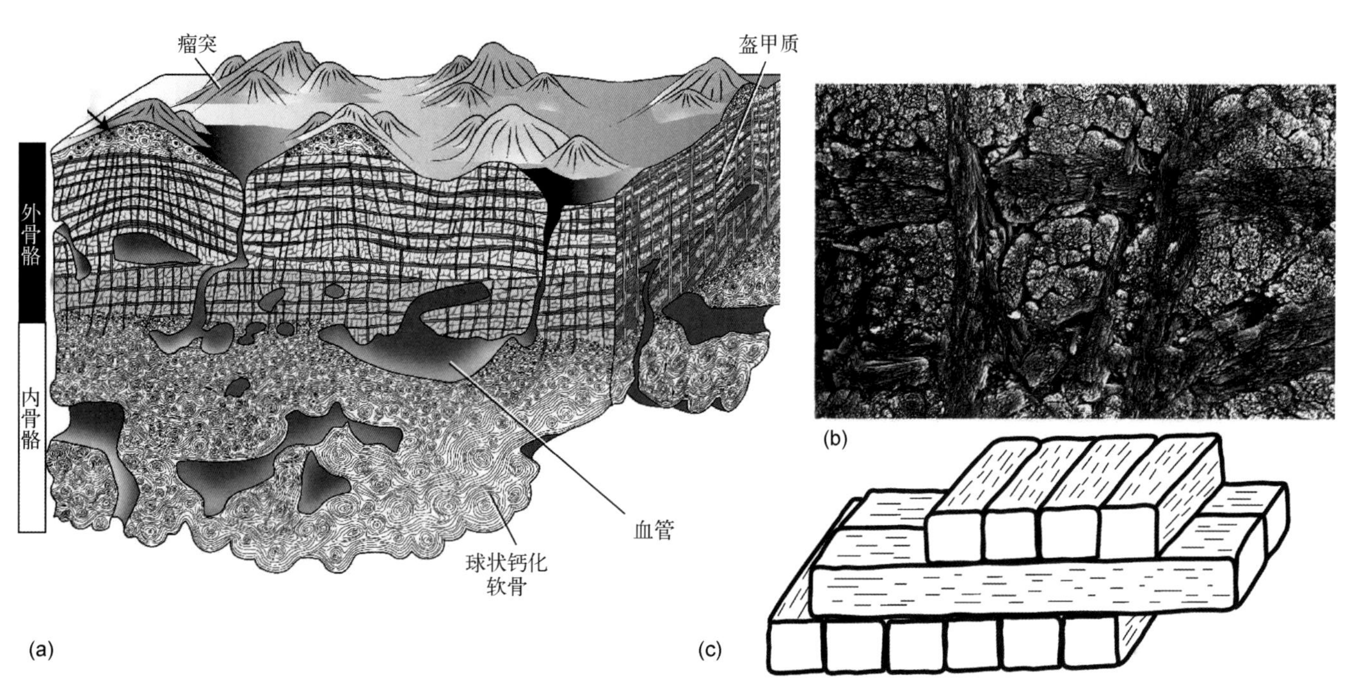

图7–26　盔甲鱼类的组织学示意图　a. 盔甲鱼外骨骼骨组织学的图解重建；b，c 由钙化胶原纤维束水平正相交交互叠覆而成的三合板状的板状层。b. 扫描电镜成像；c. 解释示意图。(a、b引自Wang et al., 2005；c引自Qu et al., 2013)

7.6　系统分类

盔甲鱼亚纲包括4大单系类群，分别为汉阳鱼目、真盔甲鱼目、多鳃鱼目和华南鱼目，以及3个处于基干位置的科 (大庸鱼科、秀甲鱼科和昭通鱼科)。多鳃鱼目、华南鱼目、秀甲鱼科和昭通鱼科又一起组成多鳃鱼超目 (Zhu, Gai, 2006) (图7–27)。

7.6.1　汉阳鱼目

该目包括汉阳鱼科和修水鱼科，主要特征是头甲呈前窄后宽的梯形或纵长的卵圆形，不具有角，内角发育；中背孔紧邻头甲吻缘，呈横置裂隙状或横置引长的椭圆形；眶孔侧位或背位；侧背纵管极发达，由前而后纵贯头甲；侧横管可多达8对；中横联络管通常2对；中背纵管完全缺如，或仅有眶上管呈短的片段；鳃囊6对或7对。该目是盔甲鱼亚纲出现最早的类群之一，主要发现于湖北、湖南、安徽、新疆的志留纪兰多维列世特列奇期的地层。

1. 汉阳鱼科

该科包括汉阳鱼、宽吻鱼、柯坪鱼、南疆鱼和锥角鱼5属，主要特征为头甲呈前窄后宽的梯形，吻缘微凸近于平直，头甲后侧角膨大为肥钝的内角；中背孔呈横置引长的椭圆形；眶孔侧位，在头甲侧缘呈缺刻状，间或背位；松果孔封闭；口鳃窗由前腹片和腹片覆盖；鳃囊7对；组成纹饰的突起多呈雪花形。该科主要发现于湖北、湖南、安徽、新疆的志留纪兰多维列世特列奇期的地层。

2. 修水鱼科

该科包括修水鱼属和长兴鱼属，主要特征为个体较小的盔甲鱼类，头甲长，圆形至卵圆形，长20～35 mm。中背孔极宽，呈裂隙状，靠近头甲吻缘。眶孔背位，相互

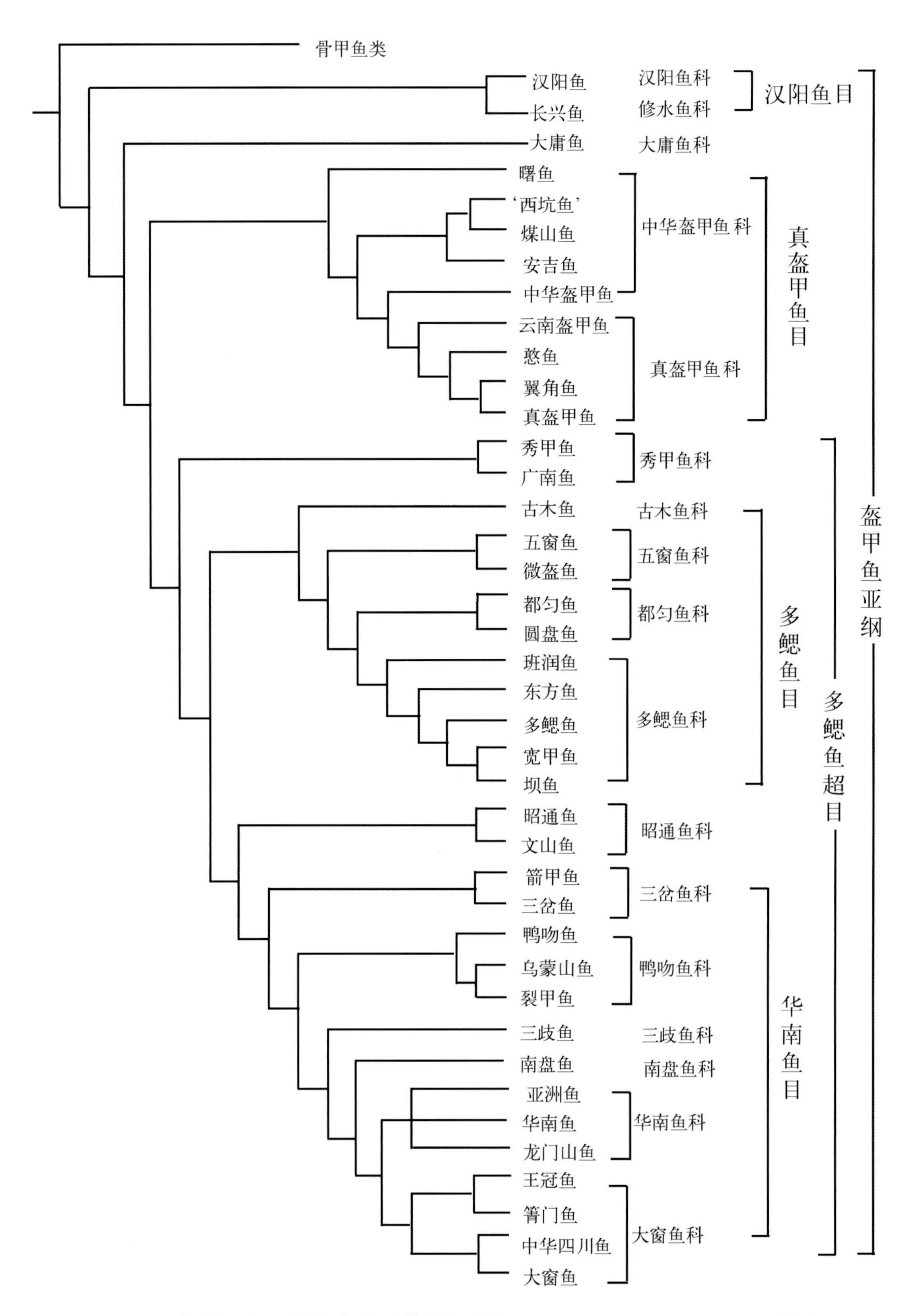

图7–27 盔甲鱼亚纲系统发育关系与系统分类（据Zhu, Gai, 2005; Liu et al., 2015, 2017修订）

靠近。松果孔位于眶孔之间，松果前区很短，约为头甲中长的1/5。口鳃区较短，头甲鳃后区甚长。侧线系统里侧背纵管发达，中背纵管缺失。纹饰为粒状突起。具6对鳃孔。该科主要发现于江西、浙江、新疆的志留纪兰多维列世晚特列奇期的地层。

7.6.2 真盔甲鱼目

该目包括中华盔甲鱼科和真盔甲鱼科，主要特征是头甲呈三角形，背腹扁平，其鳃后区部分较短，背视头甲呈半圆形至三角形，吻缘圆钝，间或突伸成吻突；角和内角均发育，通常呈棘状或叶状，内角可次生消失；

中背孔纵长，呈长椭圆形至裂隙状；眶孔大，背位；松果孔大多封闭；侧线系统中侧背纵管和中背纵管均发达，但在甚多的早期种类里中背纵管萎缩，仅后眶上管尚部分残留，呈倒“八”字形分布于眶孔的背侧；鳃穴6对。该目成员主要发现于云南、广西、重庆、浙江、江西的志留纪兰多维列世晚特列奇期—早泥盆世布拉格期的地层。

1. 中华盔甲鱼科

该科包括中华盔甲鱼、曙鱼、煤山鱼和安吉鱼4属，主要特征是个体普遍较小，具有纵长的椭圆形或梨形的中背孔，棘状内角，4 ～ 7对侧横管等。这些特征可能仅仅代表了真盔甲鱼目的原始特征。该科成员可能并不构成一个单系类群，而是一个并系类群，其中曙鱼代表了整个真盔甲鱼目的最原始类型，而山口中华盔甲鱼可能与真盔甲鱼科有更近的亲缘关系。该科是目前已发现最早的真盔甲鱼类，代表真盔甲鱼目早期的演化阶段，均出现于志留纪兰多维列世晚特列奇期的地层。

2. 真盔甲鱼科

该科包括真盔甲鱼、云南盔甲鱼、憨鱼、翼角鱼、三尖鱼、盾鱼6属，主要特征是头甲半圆形至三角形，吻缘间或引长成吻突；角发达，内角叶状或完全消失；中背孔狭长、裂隙状；眶下管与主侧线管组成的侧背干管仅具3条侧横管，中背纵管与后眶上管流畅衔接形成引长的“U”形。该科成员大为分化，如翼角鱼和三尖鱼具有长长的吻突和侧向延伸的角，与华南鱼目有几分相像，可能属于平行演化。该科成员均分布于中国南方，主要发现于云南、广西、重庆的志留纪兰多维列世晚特列奇期—早泥盆世布拉格期地层，是盔甲鱼亚纲中延续时间最长的一个科，代表了真盔甲鱼目的晚期演化。

7.6.3 多鳃鱼目

该目包括五窗鱼科、都匀鱼科、多鳃鱼科以及处于基干位置的属——古木鱼属，主要特征是头甲多呈卵圆形，具有椭圆形中背孔和多鳃鱼型侧线系统，主要发现于中国云南、贵州、四川、广西，越南安明 (Yen Minh)、河江 (Ha Giang) 早泥盆世地层。该目是盔甲鱼类中形态分化程度最高的类群，都匀鱼科包括都匀鱼、副都匀鱼、新都匀鱼和圆盘鱼，其主要特征是卵圆形头甲，不具有角和内角以及多于20对的鳃囊，可能代表了多鳃鱼目在泥盆纪最后的辐射演化。

1. 古木鱼属

头甲具有吻突的多鳃鱼类，但不具有侧向延伸的角，具有多鳃鱼目和华南鱼目的镶嵌特征，可能代表了多鳃鱼目的原始类型。

2. 五窗鱼科

头甲具有背窗的中等大小的多鳃鱼类，包括五窗鱼和微盔鱼2属，主要特征是头甲略呈椭圆形，吻缘尖出；眶孔很小，背位，每一眶孔侧前方各具一圆形突起；松果孔封闭。靠近头甲侧缘具一对侧背窗，呈狭长的椭圆形。侧线系统为多鳃鱼型，主侧线管上具侧横管4对。纹饰由具放射脊突起组成。头甲腹面口鳃窗为一大腹片所覆盖，腹片呈前凸后平的五边形，口孔呈倒“V”形，鳃孔约10对。主要发现于云南的早泥盆世早洛赫考夫期。根据该科头甲背面具有一对窗的构造，曾经为之建立大窗鱼目 (Pan, 1992)，但其在头甲形状、中背孔和眶孔的位置等特征上与多鳃鱼类甚为相似 (刘玉海, 1993)，可能代表了多鳃鱼目一个特化的类群 (Zhu, Gai, 2006)。

3. 都匀鱼科

头甲角和内角均缺失的多鳃鱼类，包括都匀鱼、副都匀鱼、新都匀鱼和圆盘鱼4属，主要特征是头甲近于椭圆形，内角消失或不发达；中背孔接近圆形，位置后移而远离头甲吻缘；眶孔背位，小，圆形；鳃囊数目众多，多可达32对，少亦近20对。脑颅矿化，保存很好，显示出精细的脑颅内部构造。该科均出现于早泥盆世晚期 (埃姆斯期)，分布在贵州、广西，为早泥盆世晚期出现的一个特化类群。

4. 多鳃鱼科

该科包括多鳃鱼、四营鱼、坝鱼、宽甲鱼、东方鱼、滇东鱼、团甲鱼、显眶鱼和班润鱼，主要特征是体形较小至中等的盔甲鱼类。头甲呈卵圆形，中背棘发育，角丢失，内角叶状，中背孔亚圆形或横的椭圆形，感觉管系统发育，具“V”形眶上管，眶下管上具有较多的侧横管，侧背管上具有4对以上的侧横管，第4侧横管之后具有数目较多的侧横管，鳃囊10对以上。该科是盔甲鱼类分异度较大的一个科，主要发现于中国云南、四川、广西，以及越南安明 (Yen Minh)、河江 (Ha Giang) 的早泥盆世洛赫考夫期—布拉格期地层。

7.6.4 华南鱼目

在华南鱼目中，南盘鱼的头甲侧缘具有两对非常奇特的侧向延伸的突起，很难对华南鱼类的其他属种直接对比，导致南盘鱼的分类位置长期以来一直存在较大争议。基于对这两对侧突同源性的比较，刘玉海等 (2017) 对南盘鱼4种潜在系统分类位置进行了充分讨

论，并鉴于南盘鱼奇特的形态，以及它在华南鱼目中相对较早的出现时代，建议暂时把南盘鱼放到一个单属科——南盘鱼科。原来被认为南盘鱼姐妹群的王冠鱼(盖志琨，朱敏，2007)，两者不但头甲形状迥然不同，其共同裔征“较长的角后区”和中背孔的形状似乎也比较牵强。刘玉海等 (2015) 认为王冠鱼总体上与箐门鱼最接近，两者头甲均呈王冠形，吻突细窄，角棘状而侧展，存在背窗；其主要区别在于后者的背窗极为宽大和中背孔后移，两者能互为姐妹群。新材料显示龙门山鱼头甲侧缘的所谓的“侧背窗”可能并不存在，暂将其移出大窗鱼科。重新厘定后的华南鱼科可能形成两个单系类群，华南鱼、亚洲鱼、龙门山鱼三者非常相似，可能形成一个单系类群，可以定义为厘定后的华南鱼科，而原来的大窗鱼亚科形成一个单系群，则可以相应提升为大窗鱼科，包括大窗鱼、中华四川鱼、王冠鱼和箐门鱼4属。

重新厘定后的华南鱼目主要包括三岔鱼科、鸭吻鱼科、三歧鱼科、南盘鱼科、华南鱼科和大窗鱼科，该目以长吻突为主要特征，具有豌豆形、圆形或心脏形的中背孔，侧向或向后延伸的角。华南鱼目成员的出现相对较晚，主要分布中国云南、广西、四川，以及越南安明 (Yen Minh) 的早泥盆世洛赫考夫期—布拉格期地层，其中主要集中出现在华南地区早泥盆世布拉格期，可能代表了盔甲鱼类的最后一次辐射演化。

1. 三岔鱼科

该科包括三岔鱼和箭甲鱼，主要是体形中等和较大的盔甲鱼类，头甲略呈中部宽的六角形；吻突十分发育，其末端膨大呈蘑菇状；角及内角均非常发育，角位置靠前，其末端止于内角基部之前；中背孔大，呈圆形或横宽的卵圆形；眶孔背位，或侧位在头甲侧缘呈缺刻状；侧横管5对，其游离末端均分叉；前后眶上管相汇合；纹饰为细小的瘤突，排列无规律，但很均匀。该科其宽大的吻突为主要特征，因其侧向延伸的角从头甲中部伸出，与不具有吻突的昭通鱼科比较相近，可能代表了华南鱼目的最原始类型，主要发现于中国云南、广西的早泥盆世布拉格的地层。

2. 鸭吻鱼科

该科包括鸭吻鱼、乌蒙山鱼和裂甲鱼，主要是中等至小型的华南鱼类，吻突长，或具有棘状小刺，中背孔呈椭圆形，眶孔位于背甲侧位或腹侧位，头甲两侧缘近于平行，鳃穴向头甲腹面弯曲，角、内角和腹环丢失。该科可能通过鳃穴向头甲腹面弯曲，丢失腹环，大大降低了头甲宽度，具有流线型体型，可能营上底栖生活，主要发现于中国云南早泥盆世布拉格期—埃姆斯期地层。

3. 三歧鱼科

该科包括三歧鱼属3个种，分别为长吻三歧鱼、昭通三歧鱼和越南三歧鱼，主要特征是头甲狭长，略呈三角形，具有细长而扁平的吻突，胸角呈棘状、后掠；中背孔呈前凸后凹的新月形；眶孔位于背甲侧缘，呈缺刻状；侧线系统多鳃鱼型，眶上管呈“V”形、较短，或漏斗形、前端二分叉；两侧侧背管之间具前后两对横管，后面一对相汇合；头甲后的躯干部分裸露，可能为倒歪尾。纹饰由极小的粒状突起组成。鳃囊17 ~ 19对。主要发现于中国云南、四川，越南安明 (Yen Minh) 的早泥盆世地层里。

4. 南盘鱼科

该科仅包括南盘鱼1属，主要是中等大小的盔甲鱼类；头甲略呈五边形，吻突短而尖；两对角甚短，三角形，位置靠前；中背孔为纵长的卵圆形，后端较前端圆钝；眶孔小，背位；侧线系统中背纵管仅“V”形眶上管发育，侧背纵管的眶下管部分无侧横管；纹饰不详；鳃穴8对以上，可能分布于头甲的前2/3部分，鳃后区从而较长。南盘鱼科主要发现于云南早泥盆世早洛赫考夫期地层，代表了华南鱼目早期分出来的一个支系。

5. 华南鱼科

该科包括华南鱼、亚洲鱼、龙门山鱼，主要是个体中等至小型的盔甲鱼类，头甲呈头盔形，吻端具有狭长的吻突，头甲后侧具有侧向延伸的角。中背孔呈卵圆形或心脏形。眶孔普遍较小，背位或侧位。感觉管系统不甚发育。主要发现于云南、广西、四川等地早泥盆世洛赫考夫期—布拉格期地层中。

6. 大窗鱼科

该科包括大窗鱼、中华四川鱼、王冠鱼和箐门鱼，主要是中等大小的华南鱼类，头甲呈头盔形或王冠形，吻端具有狭长的吻突，头甲后侧具有侧向延伸的角。中背孔呈卵圆形或心脏形。眶孔普遍较小，侧位。感觉管系统不甚发育，头甲背侧具有背窗或侧背窗的构造，主要发现于云南、四川的早泥盆世洛赫考夫期—布拉格期地层中。

7.6.5 基干类型的科

1. 大庸鱼科

该科包括大庸鱼、宽头鱼、小瘤鱼，主要为中等大小的盔甲鱼类，头甲宽展，呈侧视斗笠形；吻缘和侧缘连续成缓弧状并于头甲后侧角形成角；角短，三角形，位置靠前；内角发达、叶状、指向后方；中背孔近于圆形、靠近吻缘；眶孔背位，靠近头甲中线和其前方的中背孔，三孔形成紧凑的“品”字形；松果孔封闭；侧线系统方面，中背纵管欠发育，仅前眶上管存在，而侧背纵管极发达，其前端几达吻缘，向后纵贯头甲，其发出的侧横管短，可多达7对，均匀分布于侧背纵管全程，中横联络管2对；纹饰由小的星状突起组成。该科与多鳃鱼超目和真盔甲鱼目构成的单系类群，有着更近的亲缘关系，主要发现于湖南、新疆的志留纪兰多维列世早特列奇期的地层，代表了盔甲鱼类的最早出现。

2. 秀甲鱼科

该科包括秀甲鱼属和广南鱼属2属，主要为体中等大小的盔甲鱼类。头甲略呈吻缘圆钝的三角形，其后缘显著向内凹进。背脊不发育。具很发育的三角形角，其末端显著超过头甲中央的后缘。中背孔为多鳃鱼型，略呈圆形，并且靠近吻缘。眶孔明显靠近头甲背中线。头甲之后的躯干及尾部的长度约为头甲中长的1.5倍，躯干及尾部被细小而密集的菱形鳞片覆盖。纹饰由小的粒状突起组成。该科与多鳃鱼目和华南鱼目构成的单系类群有着更近的亲缘关系，并与它们一起组成多鳃鱼超目。主要发现于安徽、云南的志留纪兰多维列世中特列奇期—早泥盆世布拉格期地层。

3. 昭通鱼科

该科包括昭通鱼和文山鱼2属，主要特征是头甲吻缘圆钝不具吻突，具发育的角，角内缘具有锯齿状小刺；中背孔大，横置椭圆形；眶孔靠前，侧位，于头甲侧缘呈深缺刻状；侧线系统属多鳃鱼型，感觉管游离端二叉分支；鳃多达30对或以上。该科具侧向延伸的角，但尚不具吻突，无法归入华南鱼目，该科可能代表华南鱼目吻突尚未发育的祖先类型，均发现于云南省境内的早泥盆世布拉格期地层里。

7.7 生活方式

大多数盔甲鱼类具强烈扁平的头甲，其鼻孔背位，眼睛背位或侧位，口腹位，且开口向下，指示一种营底栖的生活方式（图7–28a）。强烈扁平的头甲，较窄的身体，且逐渐变细，有助于它们在缓和的水流环境中待在水底不动，不必消耗较多能量，这与现生软骨鱼纲的扁鲨、鳐、蝠鲼和辐鳍鱼纲的蝙蝠鱼、方头鲶、平头鱼等底栖鱼类比较类似（Helfman et al., 2009）。口腹位且开口向下，有助于它们在游泳时滤食水底沉积物中的有机物颗粒，同时眼睛位于头甲背位，十分有利于及时探测到来自水体顶部的危险。这种形态上的适应性表明它们是生活在近海或浅海环境中砂质或泥质基底上的底栖居民（Janvier, 1996）。

Gai等（2015）在云南昭通早泥盆世布拉格期坡松冲组中首次发现第一个具有流线型体型盔甲鱼类——裂甲鱼（*Rhegmaspis*）。与大多数头甲扁平的盔甲鱼类不同的是，裂甲鱼通过将横宽的鳃穴向腹面弯曲和丢失扁平腹环等方式大大地使头甲变厚变窄，从而具有更适合积极游泳的鱼雷形头甲（图7–28b）。鱼雷形头甲比强烈扁平

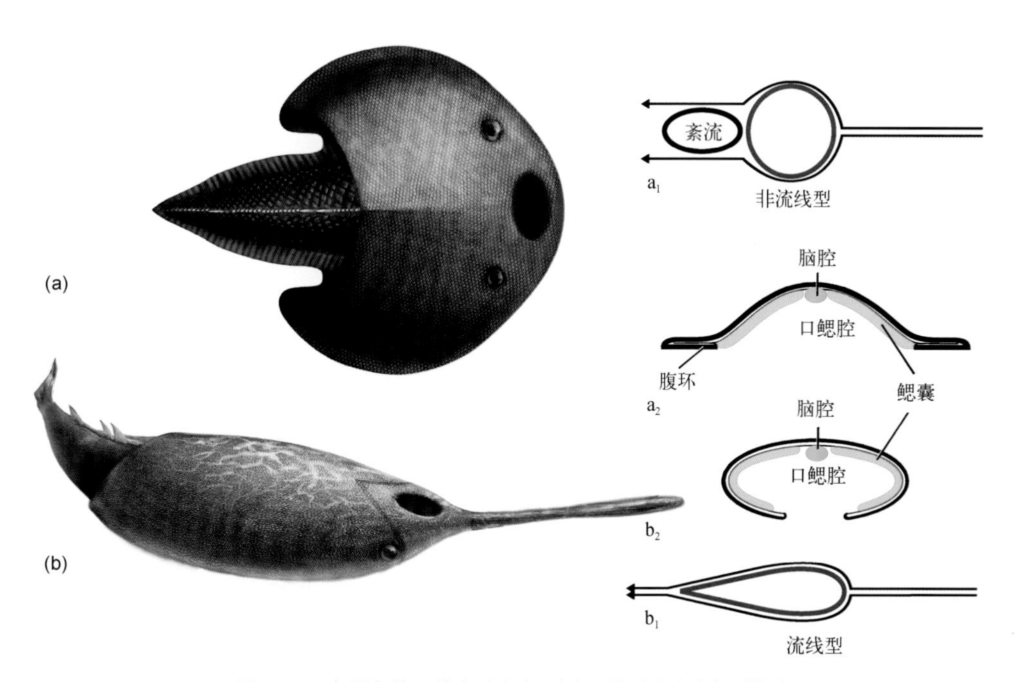

图7–28　盔甲鱼的两种生活方式：底栖型（a）和上底栖型（b）

的头甲展现出更好的流线型体型，这种体型可以在动物以较快速度游泳的时候，最大限度地减少水流的阻力，因为它能够减少身体上的压力梯度的强度，允许水流在身体表面流过的时候不分离，避免了紊流的产生 (Vogel, 1994)。同时裂甲鱼具有腹侧位的眼和细长的吻突，这些形态上的适应表明裂甲鱼可能已具相当的游泳能力，开始了一种营上底栖生活的生活方式。在这种生活方式下，裂甲鱼可能有了一种更积极的取食行为，例如它可能利用细长的吻突像铲子一样以较快的速度在海底搅动，腹侧位的眼有助于它们快速发现搅动带来的可消化的有机物，从而能够比底栖的盔甲鱼类更有效率地滤食食物。裂甲鱼的发现表明，在头甲扁平的底栖盔甲鱼类处于优势地位的情况下，一些盔甲鱼类特别是华南鱼类通过增加其游泳能力和改变取食行为，占据了一个未开发的生态位，例如Janvier (1996) 认为一些性状奇特的华南鱼类，如三歧鱼和龙门山鱼，具有长长的吻突和侧向延伸的角，表明它们可能像一些骨甲鱼类营自游生活。这也许可以解释华南鱼类为什么在早泥盆世布拉格期有了一次大的适应辐射 (Zhu, Gai, 2006; Zhu et al., 2015)。

产盔甲鱼类的地层大多为近岸浅海相沉积，大多与腕足类共生，但有少数与笔石等共生，如傅力浦和潘江 (1980) 在陕西南部紫阳县志留纪早期吴家河组发现的多鳃鱼类化石碎片与笔石共存。因此可以推断大多数盔甲鱼类生活在底部多泥多沙、与外海之间有一定障壁间隔的滨海环境，如三角洲和潟湖 (王士涛等, 2001)。潘江和曾祥渊 (1985) 认为盔甲鱼类的栖息地，最初可能是近岸浅海地带，志留纪晚期才向大陆盆地迁移，到早泥盆世可能更多的类群以淡水湖泊或河流为家。习性和生活环境的改变无疑是与当时的海陆变迁、陆生植物的普遍兴旺发达有着密不可分的关系，如早泥盆世时期以徐家冲组为代表的固定河道的弯曲型河流，具有广泛的、厚度极大的泥质泛滥平原，陆生植物镰蕨非常繁盛 (Xue et al., 2016) (图7–29)，这些变化为云南曲靖、昭通、四川龙门山等地区的早泥盆世盔甲鱼类提供了丰富的膳食之源，从而开始了辐射式发展。

从志留纪晚期开始出现的海洋大型有颌类和无脊椎动物的发展，也可能是促使盔甲鱼类向内陆河流或湖泊迁徙的一个重要原因，比如最近笔者在志留纪洛德罗发现的志留纪最大的有颌类——钝齿宏颌鱼 (*Megamastax amblyodus*) 的硬骨鱼，下颌长10多厘米，按梦幻鬼鱼和其他完整保存的早期硬骨鱼身体比例计算，其体长应超过1 m，最大个体可能达到1.2 m，远远超过之前发现的所有志留纪脊椎动物，这就否定了早泥盆世埃姆斯期以前不存在大型脊椎动物的论断，从体型来看，钝齿宏颌鱼可能是当时脊椎动物家族中最早的顶级掠食者，完全有能力捕食和它生活在同一水域中披盔戴甲的鱼类，如盔甲鱼类的长孔盾鱼 (*Dunyu longiforus*) (Choo et al., 2014) (图7–30)。

另外，Wang和Gai (2014) 在早泥盆世西山组发现的大型海蝎子广翅鲎，仅前肢的螯就达10 cm (图7–31)，为了防御，一些多鳃鱼类如驼背鱼发育出刀刃状的中背脊 (Liu et al., 2017)。当然也还有一小部分属种，仍然栖息在陆缘滨海的河口地区和浅海地带，但属种单一，如贵州包阳的都匀鱼 (*Duyunolepis*)、副都匀鱼 (*Paraduyunaspis*) 等，发现于正常的海相沉积，与腕足类共生在一起，广泛的黄铁矿化，表明其生活环境可能为前滨的潮间带，属于水动力能量较低的还原环境 (Wang, 1991)。

盔甲鱼类缺少成对的胸鳍和腹鳍，表明其游泳能力不强，迁移扩散能力有限，不仅陆地可以成为其迁移的障碍，而且海洋也会造成一种隔离，因此盔甲鱼类具有重要的古动物地理意义，比如盔甲鱼类在塔里木盆地的发现，说明今天相距甚远的塔里木区与华南区，在志留—泥盆纪时属于同一生物地理区，当时应该相近或相接 (赵文金, 2005)。

7.8 地史分布

盔甲鱼类化石不仅属种繁多，个体数量丰富，且地理分布广泛，其分布区域最南可达越南中部的东桂地区，最北可能到达西伯利亚地区 (见于一些未报道的盔甲鱼鳞片)。中国主要分布在三个古板块——华南板块、华北板块及塔里木板块之上，产地遍布新疆、宁夏、陕西、四川、贵州、云南、安徽、江苏、浙江、湖北、湖南、广西、江西等省或自治区 (图7–33, 7–34)。

7.8.1 志留纪

盔甲鱼类在志留纪早期开始出现，最早的盔甲鱼类化石发现于湘西北大庸地区的温塘，含鱼层位为志留纪兰多维列世特列奇早期溶溪组上部的红色泥岩 (图7–35)，主要化石属种有湖南大庸鱼及大眼锥角鱼 (潘江, 曾祥渊, 1985；Pan, 1992)。盔甲鱼类的出现与志留纪初期中国大陆板块主体处于赤道附近的低纬度地区，并具温暖、干热的气候条件有关。志留纪初期，气候开始转暖，冰川消融，同时导致全球性海侵的发生，生物界的总体面貌也随志留纪初期以来海侵的发生而逐渐发生重大改观 (赵文金, 2005)。盔甲鱼类也开始了第一次辐射演

图7-29　徐家冲组代表的早期内陆河流和植被景观复原图　（邓珍珍绘，薛进庄提供）

图7-30　云南曲靖地区志留纪晚期盔甲鱼类生活环境　钝齿宏颌鱼捕食盔甲鱼类长孔盾鱼，大型有颌类的出现可能是促使盔甲鱼类由近岸浅海向内陆河流湖泊迁徙的原因之一。（B. Choo绘）

图7–31 云南曲靖早泥盆世西山村组盔甲鱼类的生活环境 大型海蝎子广翅鲎(Eurypterida)捕食盔甲鱼类廖角山多鳃鱼,大型无脊椎动物的发展,可能是促使盔甲鱼类由近岸浅海向内陆迁徙的原因之一。(杨定华绘)

图7–32 云南曲靖早泥盆世西屯组盔甲鱼类的生活环境复原 (B. Choo绘)

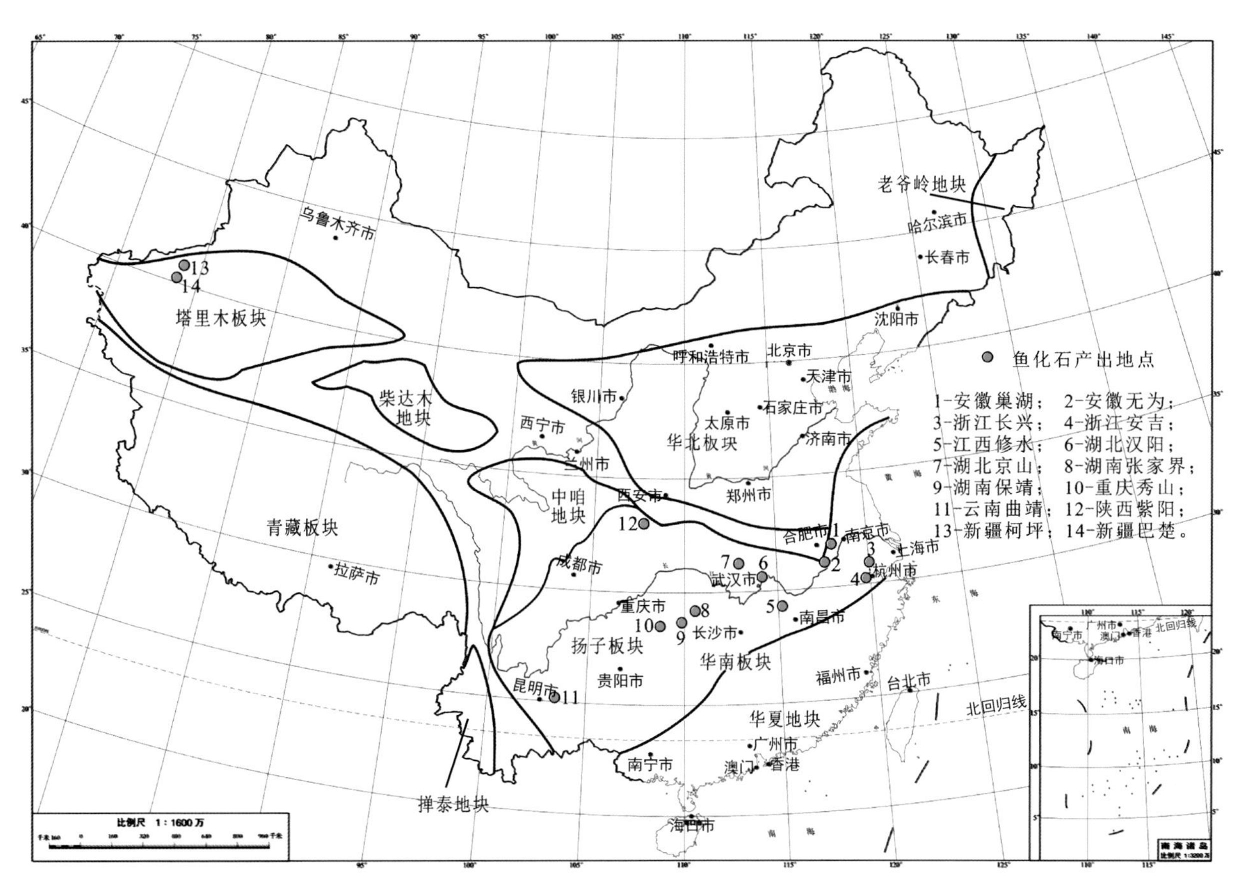

图7-33 志留纪盔甲鱼类化石点分布 （孙智新据赵文金，朱敏，2014重绘）[审图号：GS(2008)1027号]

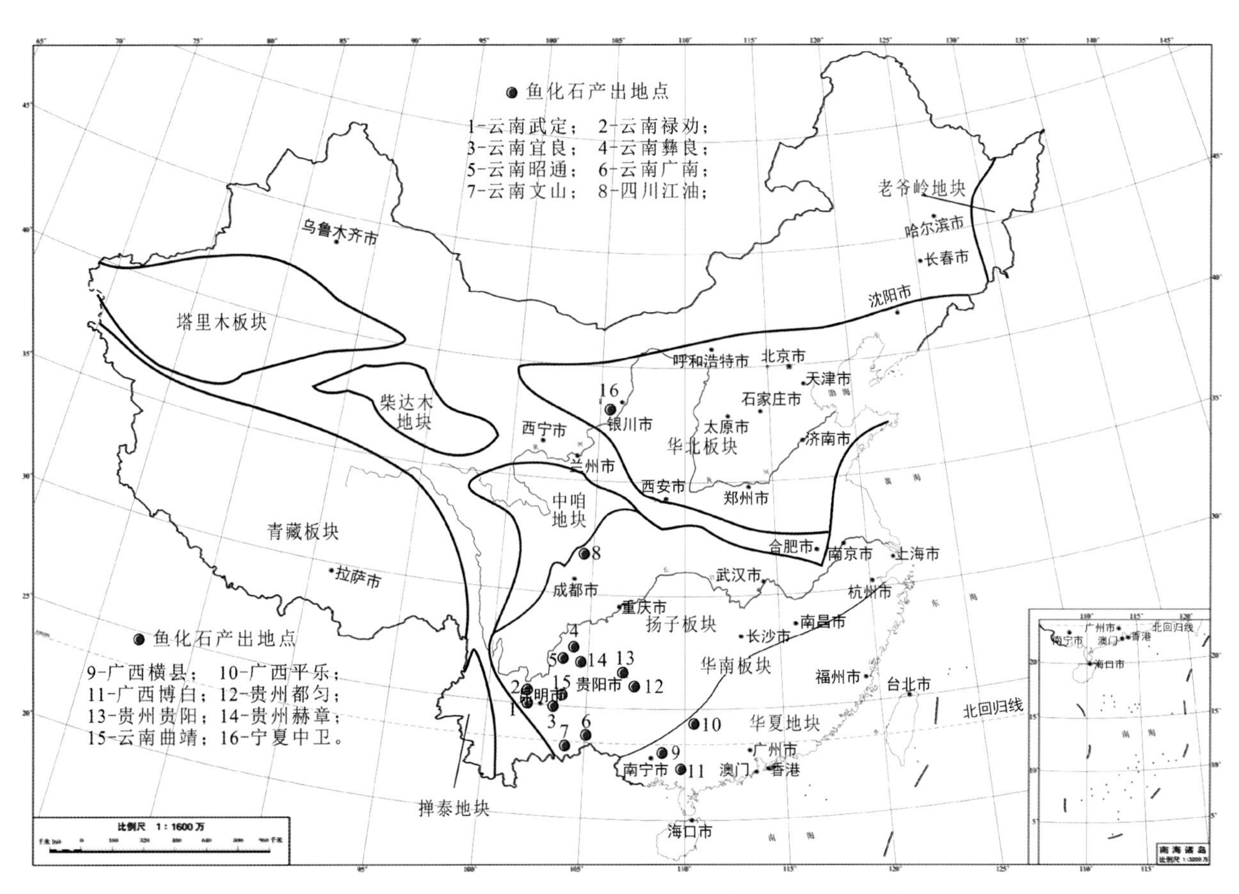

图7-34 泥盆纪盔甲鱼类化石点分布 （孙智新绘）[审图号：GS(2008)1027号]

化，主要是基干盔甲鱼类和真盔甲鱼目的辐射演化 (Zhu, Gai, 2015) 。这一时期盔甲鱼类主要发现于华南古板快扬子中下游地区及塔里木古板快西北缘，包括湘西北 (保靖卡棚、张家界温塘) 、重庆 (秀山) 、黔东南、鄂中 (京山) 、鄂东南 (汉阳、武昌) 、赣北 (修水) 、皖北 (巢湖、无为) 、皖南 (宁国) 、浙西北 (长兴、安吉) 、滇东 (曲靖) 、陕南 (紫阳) 及塔西北 (柯坪、巴楚等地) (图7–33) ，含鱼层位主要有兰多维列统下特列奇阶的溶溪组 (华南) 和塔塔埃尔塔格组 (新疆) ，中特列奇阶的坟头组 (华南) 和依木干他乌组 (新疆) ，上特列奇阶的迴星哨组和茅山组，上罗德洛统的关底组和小溪组 (赵文金，朱敏，2014) 。

在志留纪兰多维列世末期、温洛克世初期，由于受加里东运动的影响，中国也发生了扬子上升运动，造成盔甲鱼类的主要生活地区如华南板块的大部分地区已开始拼接并逐渐上升直至隆起成陆，并成为剥蚀区 (吴浩若，2000) 。同时伴随海退的发生，当时的古地理面貌又发生了重大改变，这一切因素的综合导致海洋无脊椎动物及早期脊椎动物在中国境内几乎全部灭绝消失。只有滇东曲靖地区、湘西北张家界和塔里木地区所受的影响较小，沉积了一套自罗德洛世至普利道利世的以碎屑岩为主的地层，目前该时期内所发现的盔甲鱼类化石多样性不高，包括玉龙寺组上部发现的廖角山多鳃鱼、面店村多鳃鱼，关底组的长孔盾鱼和小溪组的秀山盾鱼 (赵文金，朱敏，2014) 。

7.8.2 泥盆纪

中国的泥盆纪盔甲鱼类主要发现于华南板块之上。当时的华南板块仍处于赤道低纬度地区，气候温暖，但由于受板块内部裂陷构造及全球海平面变化的影响，其古地理面貌与志留纪的完全不同，在早泥盆世出现了“山高水深”的独特地貌，再加上当时处于海侵的初期，海侵规模较小，因此存在着严重的古生物迁移阻障，这为古生物的发展提供了丰富的、十分有利的生存空间，从而导致生物界的大发展，中国的盔甲鱼也开始了第二次大的辐射演化，主要是早泥盆世洛赫考夫期—布拉格期的多鳃

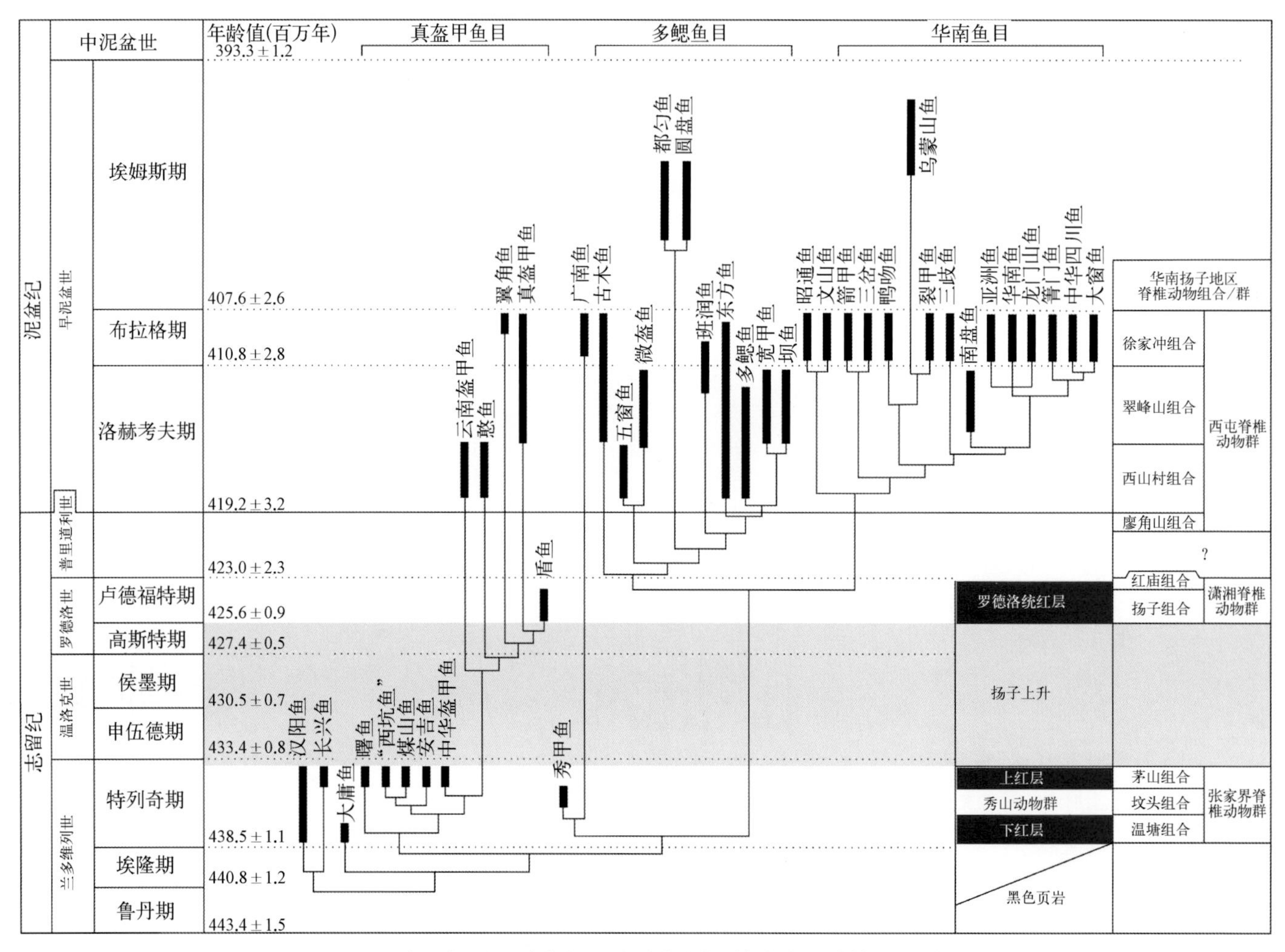

图7–35 盔甲鱼亚纲系统发育关系与地史分布 (据赵文金，朱敏，2014重绘)

鱼目和华南鱼目的辐射演化，并达到鼎盛阶段（赵文金，2005）。早泥盆世的盔甲鱼类的分布范围与晚志留世相比已经扩大很多。化石产地除滇东滇东曲靖地区以外，还包括云南昆明附近（武定、禄劝、海口、宜良）、滇东北昭通（彝良、昭通）、滇东南（广南、文山、砚山、弥勒）、四川龙门山（江油、北川）、桂中（象州、横县）、桂东（平乐、贺县）、桂南（玉林、博白）、黔南（都匀）、黔中（贵阳）及黔西（赫章）等地区。该时期的盔甲鱼类经过辐射演化，多样性大为提高，成为中国华南下泥盆统非海相地层对比的重要类群之一。含鱼层位主要有洛赫考夫阶的西山村组、西屯组，布拉格阶的徐家冲组、坡松冲组、莲花山组、那高岭组及平驿铺组，埃姆斯阶的郁江组、贺县组、乌当组、舒家坪组及缩头山组（赵文金，2005）。

自早泥盆世晚期以后，华南板块上构造活动减弱，再加上受泥盆纪第二次海侵的影响逐渐增强，逐渐形成山已不再高、水已不再深的古地理面貌，古生物迁移阻障也随之逐渐消失，中国具有浓厚区域性特色的无颌类盔甲鱼类分子只剩下一些孑遗分子，如中泥盆世的显眶鱼，分布于广西博白地区，含鱼层位为艾菲尔阶的信都组。随着具有全球性分布特征的有颌类兴起，盔甲鱼类的多样性急剧减少，仅有少数属种幸存到晚泥盆世法门期。最晚的盔甲鱼类化石发现于宁夏中卫沙堂家红石湾，含鱼层位为晚泥盆世中宁组上部紫红色细砂岩层，由于当时采集的标本均不甚完整，故未确定其属种名称，但据其不完整的头甲外模上鳃区的鳃囊特点及星状突起纹饰等特征，将其归属为头甲很大的盔甲鱼类（潘江等，1987）。

7.9 系统古生物学

脊索动物门 Chordata Bateson, 1885

脊椎动物亚门 Vertebrata Cuvier, 1812

无颌超纲 Agnatha Cope, 1889

甲胄鱼纲 Ostracodermi Cope, 1889

盔甲鱼亚纲 Galeaspida Tarlo, 1967

汉阳鱼目 Hanyangaspidida P' an et Liu, 1975

汉阳鱼科 Hanyangaspidae P' an et Liu, 1975

汉阳鱼属 *Hanyangaspis* P' an et Liu, 1975

模式种 锅顶山汉阳鱼 *Hanyangaspis guodingshanensis* P'an et Liu, 1975（图7–36，7–37）。

特征 体形较大的汉阳鱼类，头甲长约100 mm，宽约130 m，呈宽大于长的梯形，背腹扁平，后部略隆起成中背脊，并于头甲后缘突伸为中背棘；棘两侧头甲后缘凹进。头甲前缘近于平直，头甲后侧角扩展为肥钝的叶状内角。头部腹面口鳃窗由前腹片和腹片覆盖。其中前腹片远小于腹片，略呈梯形，覆盖口鳃窗的口区部分，其前缘构成口孔的后缘，侧缘与腹环相邻，后缘与腹片毗连；腹片大，近圆形，覆盖口鳃窗的鳃区部分，其前缘与前腹片毗连，侧缘与头甲腹环之间由外鳃孔隔开，且两者边缘各具7个半圆形的缺刻，相互对应形成7个圆形的外鳃孔，后缘则以头甲的鳃后壁为界。头甲背面前端为中背孔洞穿，孔呈横置引长的椭圆形，靠近头甲前缘。松果孔封闭。眶孔靠前、侧位，导致头甲边缘呈缺刻状。侧线系统之中，包含眶下管和主侧线的侧背纵管发达，分布呈中部深度弯向头甲中线的弓形，其前端由眶孔后方伸延至眶孔腹方、止于头甲腹环上，后端达头甲后缘侧方，每一侧背纵管发出的侧横管可多达8条，其中5对位于背联络管（=第2中横联络管）之前，较短，第7、第8对相对较长；中横联络管2条；中背纵管缺失。组成纹饰的突起呈雪花状，前腹片上的突起明显大于腹片和头甲背面上的；每个突起顶面略凸起或近于平坦，而表面则具自突起中心辐射向周围的纤细脊纹，这些脊纹于突起边缘作二分叉。

产地与时代 湖北武汉市汉阳区锅顶山坟头组（“锅顶山组”）上部；志留纪兰多维列世特列奇期。

汉阳鱼每个突起堪比产自欧洲志留纪和早泥盆世的花鳞鱼类 *Thelodus sculptilis*、*T. admirabilis* 的一个鳞片的冠部（Märss, 1982）；另外，其纹饰又与中奥陶世的孔甲鱼（*Porophoraspis*）类似（Ritchie, Gilbert-Tomlinson, 1977）。这可能意味着汉阳鱼的头甲起源，是由类似于花鳞鱼类鳞片这样的众多单元镶嵌而成，各单元的冠部是分开的，尽管基部上部彼此愈合，但每个单元的界线在基部下部仍保存。汉阳鱼头甲的这种形成方式可能与异甲鱼类相似。

修水鱼科 Xiushuiaspidae Pan et Wang, 1983

修水鱼属 *Xiushuiaspis* Pan et Wang, 1983

模式种 江西修水鱼 *Xiushuiaspis jiangxiensis* Pan et Wang, 1983（图7–38，7–39）。

归入种 赣北修水鱼 *Xiushuiaspis ganbeiensis* Pan et Wang, 1983。

特征 体形小，头甲长在30 mm以下。头甲呈卵圆形，最宽部位约在头甲长的中分线附近，头甲后缘近平直，内角短小而末端指向中后方。中背孔、眶孔和松果孔

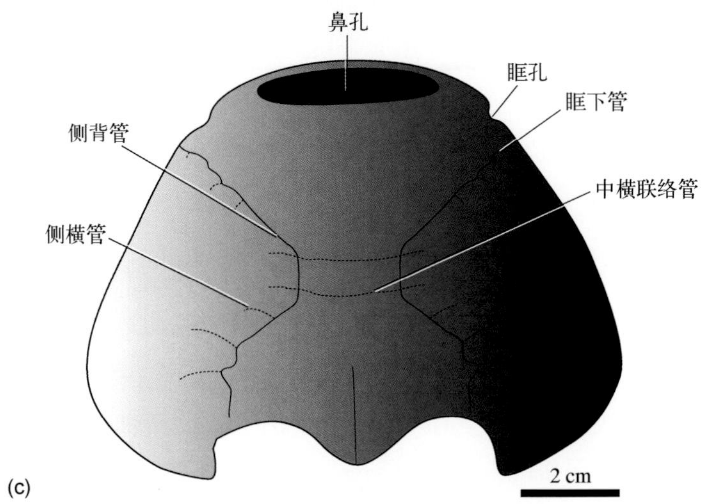

图7-36　锅顶山汉阳鱼　a. 一件近于完整的头甲背面，外模，后缘残缺，GMC V1822-1，腹视；b. 一件较完整的头甲腹面，外模，GMC V1823，背视；c. 头甲复原图，背视（据潘江，1986a，b重绘）。

图7-37　锅顶山汉阳鱼复原图　（杨定华绘）

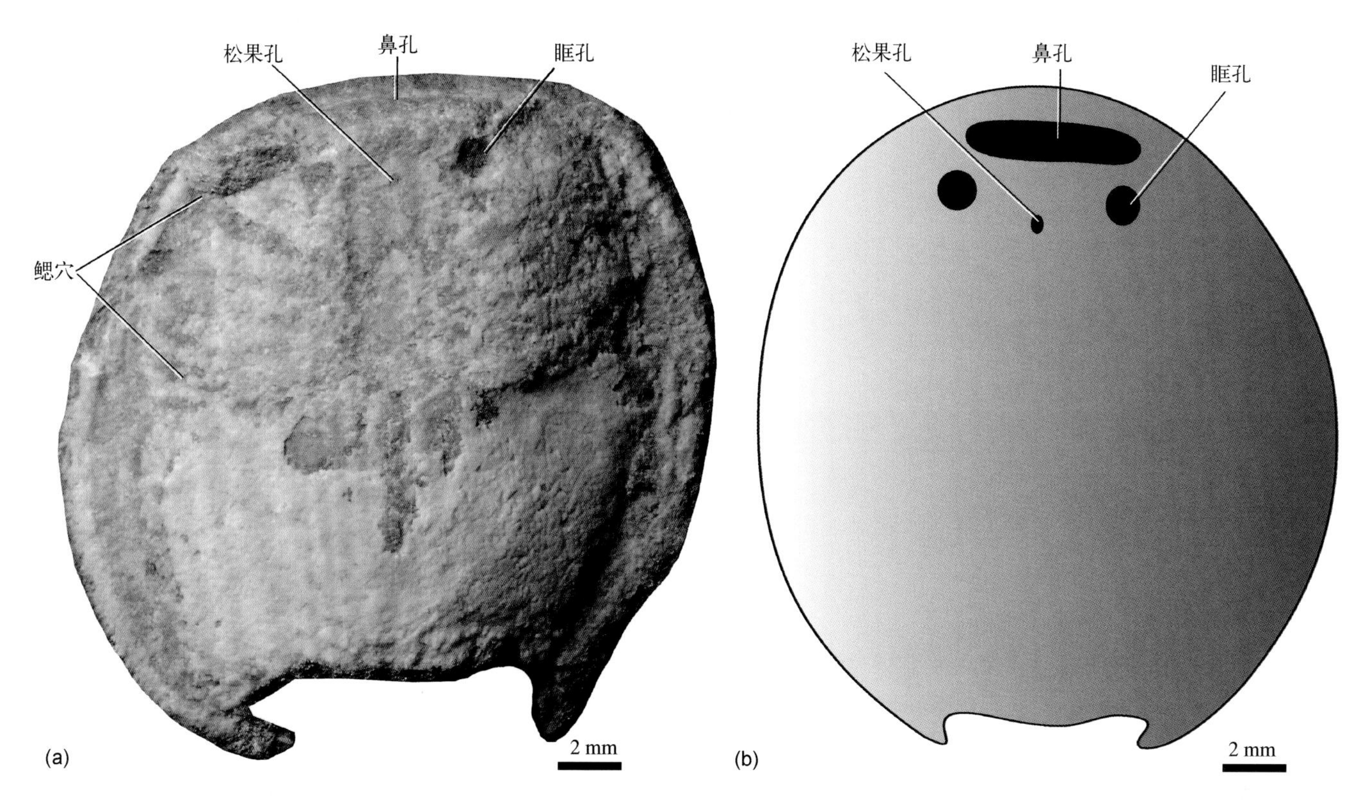

图7–38 江西修水鱼 a. 一近于完整的头甲，吻缘残缺，正模，GMC V1747，背视；b. 头甲复原图（据潘江、王士涛，1983重绘），背视。

图7–39 江西修水鱼生态复原图 （杨定华绘）

三者集聚于头甲前端，因此眶前区和松果前区均很短；中背孔靠近头甲前缘，呈横置裂隙状，宽可达长的4倍；眶孔小，贴近中背孔后缘并在其两端之后；松果孔小，紧靠眶孔后缘联线之后。侧线系统了解甚少。纹饰可能为粒状突起。口鳃窗约仅占头甲的前1/2，因此，鳃后区显著长；鳃穴6对，近于与头甲中轴垂直排列。

产地与时代 江西修水县三都镇山口茅山组（原"西坑组"）；志留纪兰多维列世晚特列奇期。

长兴鱼属 *Changxingaspis* Wang, 1991

模式种 顾氏长兴鱼 *Changxingaspis gui* Wang, 1991（图7–40，7–41）。

特征 头甲呈椭圆形，长约35 mm，最宽部位在头甲长的中分线附近，约32 mm；内角发达，呈向内弯曲的镰

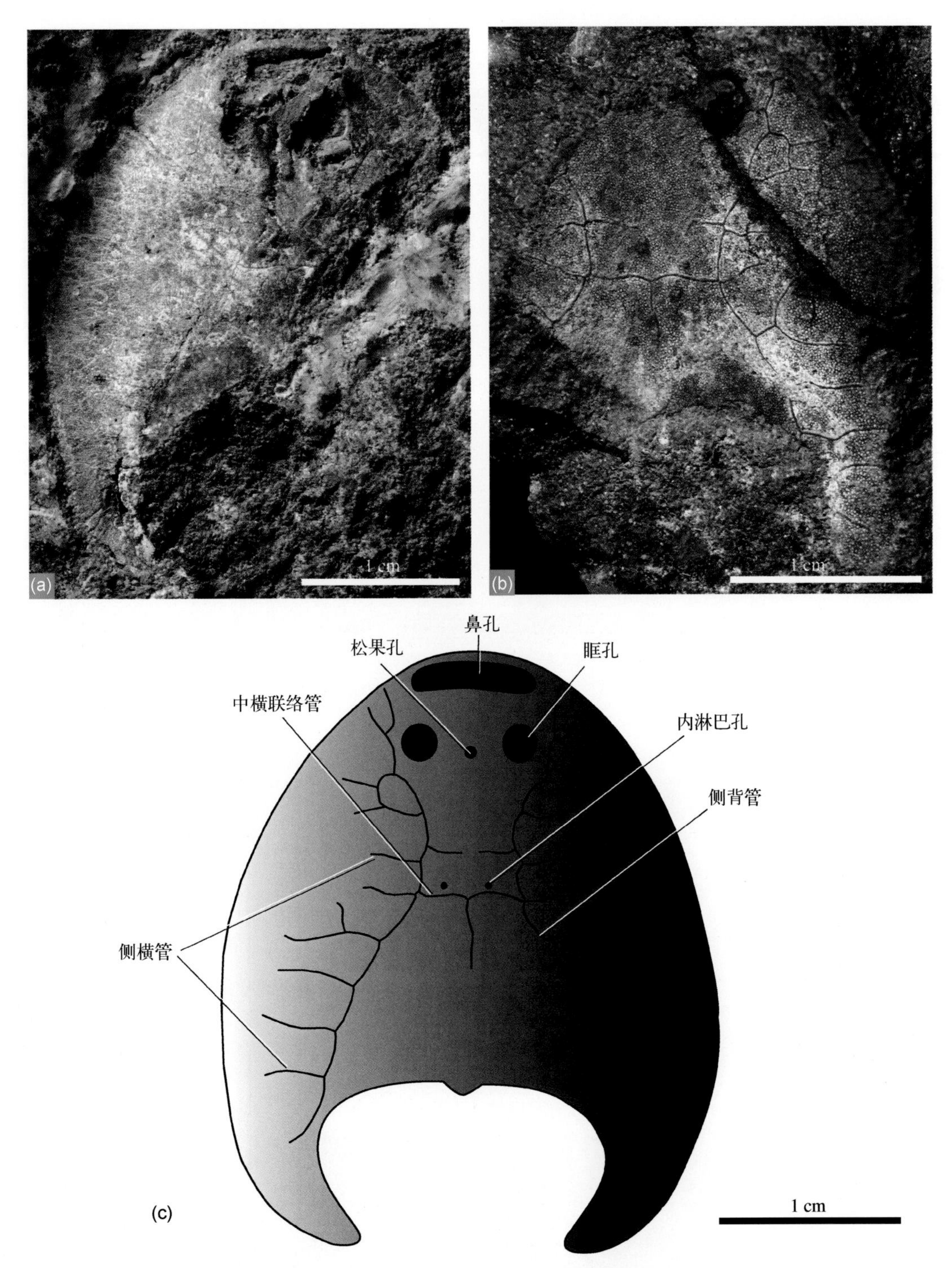

图7–40 顾氏长兴鱼 a.一近于完整的头甲，正模，IVPP V8297.1，背视；b，一近于完整的头甲外模，IVPP V8297.7，腹视，保存感觉管系统和内淋巴孔；c. 头甲复原，背视（据Wang, 1991重绘）。

图7-41 顾氏长兴鱼生态复原图 （杨定华绘）

刀形。头甲背面除中背孔、眶孔和松果孔外尚具一对内淋巴孔，其中中背孔、眶孔和松果孔相互聚拢并靠近头甲吻缘。中背孔宽而短，宽约为长的5.5倍，逼近头甲吻缘，其前、后缘均向前弓且与头甲吻缘近于平行。眶孔圆、背位，位于中背孔之后，与中背孔之距约相当眶孔直径长。松果孔位于两眶孔后缘连线略前。内淋巴孔甚小，居于头甲前1/2的后部、第2中横联络管（背联络管）之前。鳃穴6对。侧线系统中，由眶下管和主侧线管组成的侧背纵干管极为发达，由吻缘至后缘纵贯头甲，前、后两端外敞而于中部中横联络管区向内收窄呈蜂腰形，侧横管9对，中横联络管两条；中背纵干管完全缺失，或于松果孔附近偶有短的眶上管存在。纹饰由细小的突起组成。

产地与时代 浙江长兴县煤山茅山组；志留纪兰多维列世晚特列奇期。

大庸鱼科 Dayongaspidae Pan et Zeng, 1985

大庸鱼属 *Dayongaspis* Pan et Zeng, 1985

模式种 湖南大庸鱼 *Dayongaspis hunanensis* Pan et Zeng, 1985（图7–42，7–43）。

特征 中等大小的盔甲鱼；头甲宽约100 mm，长远

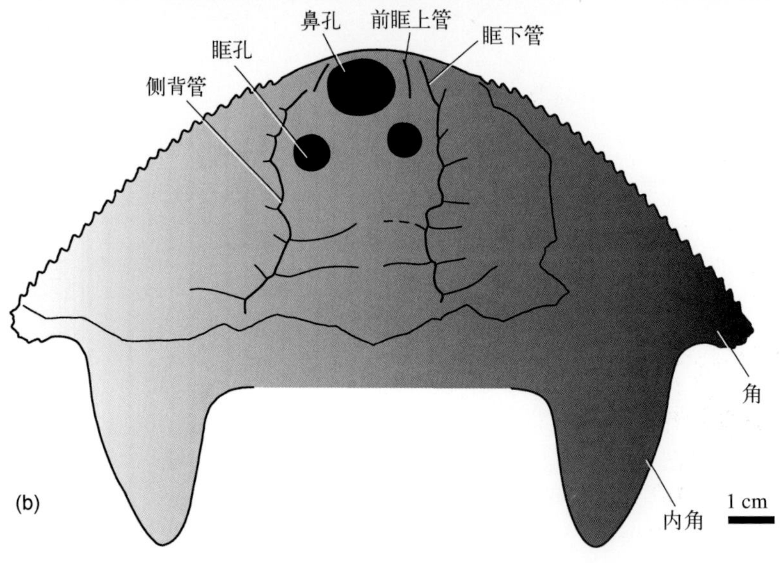

图7–42 湖南大庸鱼 a. 一不完整的头甲，其右侧缘、后缘及吻缘残缺，左侧缘完整，正模，GMC V1782a，背视；b. 头甲复原图，背视，头甲前部据GMC V1782、后部据GMC V1783复原（据潘江，曾祥渊，1985重绘）。

图7–43 湖南大庸鱼生态复原图（杨定华绘）

小于宽，仅约60 ～ 70 mm，呈侧视斗笠形，吻缘与侧缘组成弓形的弧，并于头甲的后侧角突伸成檐状的短角；头甲侧缘与角的边缘均具三角形小齿；内角极发达，叶状，指向后方；头甲背面，松果孔封闭，而中背孔和2个眶孔彼此聚拢成“品”字形；其中中背孔近于圆形，逼近吻缘；眶孔中等大小，形圆，背位，趋向头甲中线，眶间距约与中背孔横径等长。侧线系统中，由眶下管和主侧线管组成的侧背纵干管发达，其前端几达吻缘，这对干管向头甲中线靠近而远离头甲侧缘，每支干管自头甲吻缘不远处向后，间距均匀地发出侧横管，侧横管现存7条，其中4条位于中横联络管之前，侧横管多数甚短；中背纵管极不发育，只是在中背孔两侧各存在的一小段眶上管而已；中横联络管两条，但均不与对侧者对接。纹饰由呈星状的突起组成，突起大小中等，密而不相互融合。头甲腹面显示，腹环由前向后宽度快速递增，因此留给口鳃窗的空间相对狭小，口鳃窗宽度不及头甲宽度之半，鳃后壁位于角末端水平线略后。

产地与时代 湖南张家界市（原大庸县）温塘镇溶溪组上部；志留纪兰多维列世早特列奇期。

真盔甲鱼目 Eugaleaspiformes Liu, 1980

中华盔甲鱼科 Sinogaleaspidae Pan et Wang, 1980

中华盔甲鱼属 *Sinogaleaspis* Pan et Wang, 1980

模式种 山口中华盔甲鱼 *Sinogaleaspis shankouensis* Pan et Wang, 1980（图7–44，7–45）。

特征 个体小的盔甲鱼，头甲呈吻缘圆钝的三角形，长约19 mm，长略大于宽；角发育，其长将近头甲中长的1/2，内角棘状，短小；中背孔狭长，其宽略小于长的1/3，前端不及头甲前缘，后端达眶孔中心水平线；眶孔大、背位；松果孔位于眶孔后缘水平线上，即头甲中长的中分线上；侧线系统分外发育，其中前眶上管略呈倒置漏斗形，后眶上管呈“V”形，两者隔空相望而不对接；中背管近于相互平行，前端承接楔入的“V”形后眶上管，后端相互对接略呈“W”形；侧背管之眶下管部分的前端由眶孔下前方头甲边缘始，向后弯曲地绕经眶孔下方，至主侧线部分平行后延直达头甲后缘；中横联络管3对，侧横管4对；纹饰可能为粒状突起。

产地与时代 江西修水县三都镇西坑山口茅山组下

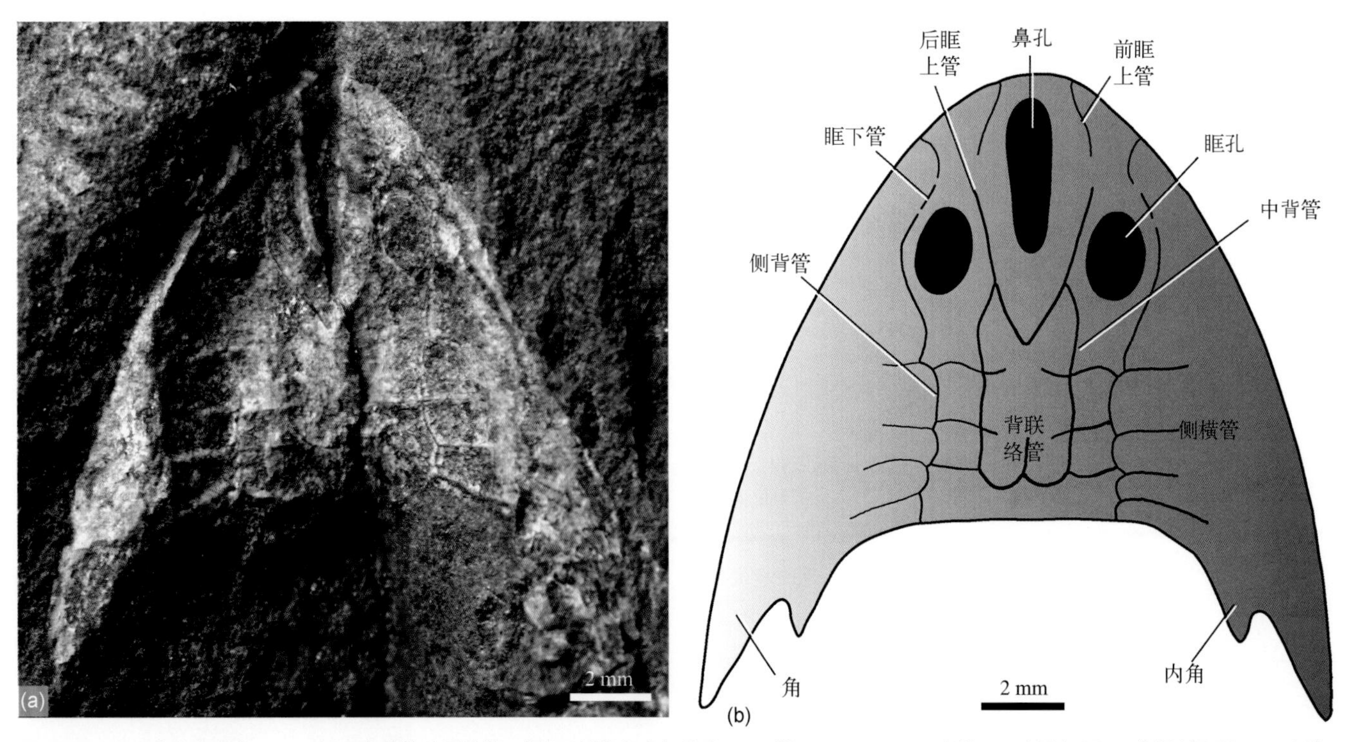

图7-44　山口中华盔甲鱼　a. 一近于完整的头甲外模，吻缘及侧缘保存部分腹环，正模，IVPP V1751，腹视；b. 头甲复原图，背视（据潘江，王士涛，1980重绘）。

图7-45　山口中华盔甲鱼生态复原图　（杨定华绘）

段；志留纪兰多维列世晚特列奇期。

曙鱼属 *Shuyu* Gai, Donoghue, Zhu, Janvier et Stampanoni, 2011

模式种　浙江曙鱼 *Shuyu zhejiangensis* (Pan, 1986) Gai et al., 2011 (图7–46, 7–47, 7–51)

特征　个体较小的盔甲鱼。头甲呈横宽的三角形，长约13 mm，中长约10 mm，宽约17 mm。头甲背面沿中轴线显著隆起，吻缘和侧缘呈平缓弧形。眶孔圆形，中等大小，位置靠前。中背孔呈纵长的椭圆形，前端达头甲吻缘。松果孔位于眶孔后缘联线上。侧线系统中的后眶上管甚短，仅存在于眶孔的前内侧，呈倒"八"字形；包含眶下管和主侧线管的侧背管前端始于眶孔前侧方，下行微向内弯、接近平行；侧横管6对；背联络管1对、互相对接，其两侧横平而中部略凹；腹环后部不封闭，鳃囊6对。纹饰为均匀分布的细小粒状突起。

产地与时代　浙江长兴县茅山组；志留兰多维列特列奇期。

煤山鱼属 *Meishanaspis* Wang, 1991

模式种　雷曼煤山鱼 *Meishanaspis lehmani* Wang, 1991 (图7–48, 7–49)。

特征　中等大小的盔甲鱼；头甲呈横宽的三角形，长约32 mm，宽约42 mm；角与内角均发育，皆作内弯的棘状，内角远短于角；中背孔纵长椭圆形，其前缘接近头甲前缘，后缘几达两眶孔前缘联线；眶孔大小中等，眶孔间

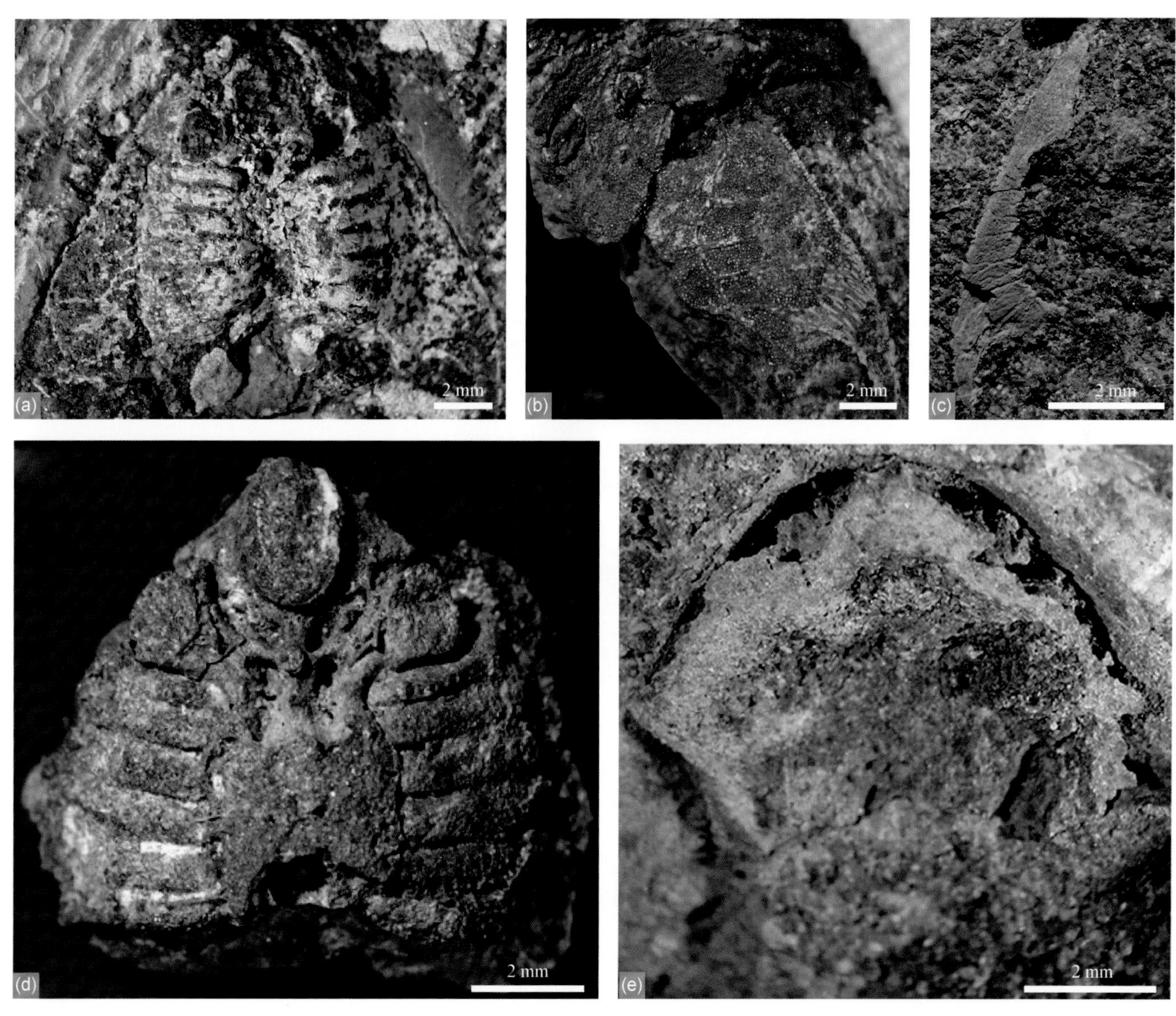

图7–46　浙江曙鱼　a. 一近于完整的头甲内模，IVPP V 14330.2，背视；b. 一不完整头甲的外模，IVPP V 14330.3，腹视，示感觉管系统；c. 一不完整头甲的腹环，IVPP V14334.11，腹视，示6个外鳃孔；d, e. 一完整脑颅的自然内模，IVPP V14334.1。d. 背视，示鼻囊、眶孔、鳃囊、脑腔的内模；e. 腹视，示口鳃腔。

图7–47　浙江曙鱼生态复原图　（B. Choo绘）

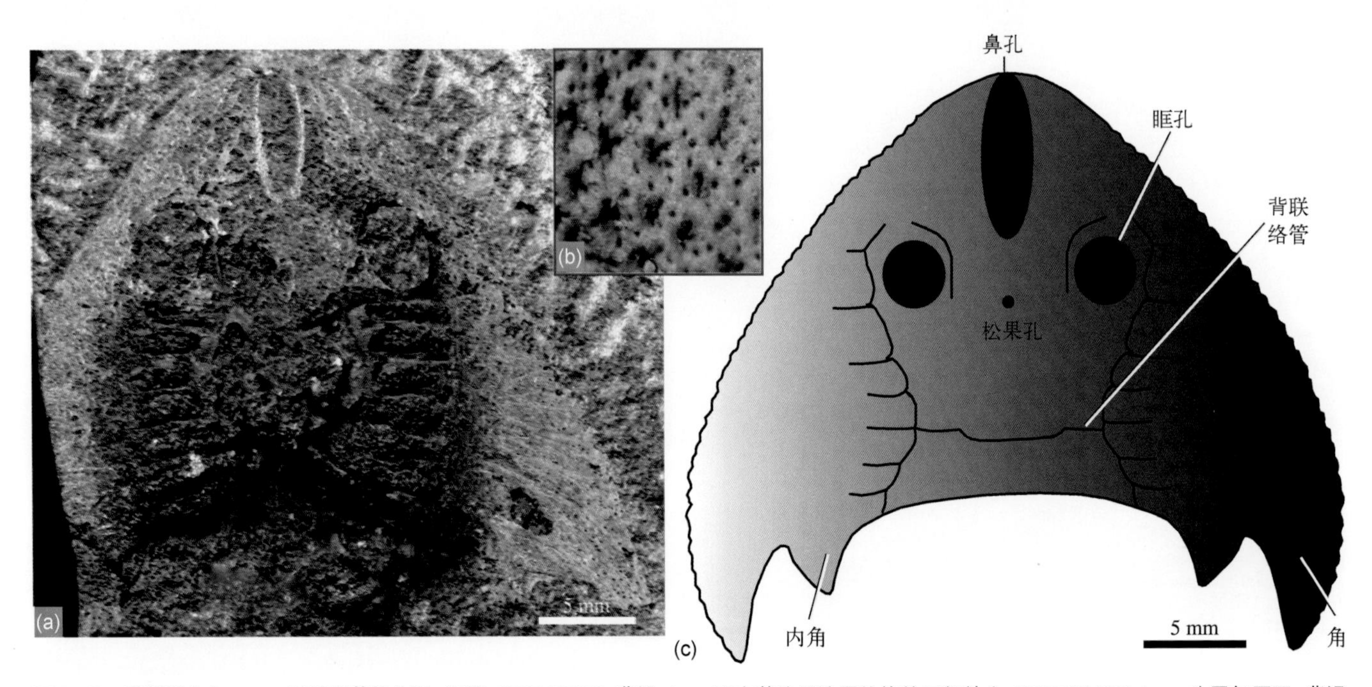

图7–48　雷曼煤山鱼　a. 一近乎完整的头甲，正模，IVPP V8298，背视；b. 一不完整头甲头甲纹饰的局部放大，IVPP V14331.1；c. 头甲复原图，背视（据盖志琨等，2005重绘）。

图7–49　雷曼煤山鱼生态复原图　（杨定华绘）

距约为头甲中长的1/3；松果孔位于两眶孔后缘联线上；侧线系统中，两后眶上管略呈浅漏斗形，前端始于眶孔前方，绕经眶孔内侧，止于眶孔后缘联线之前，中背管是否发育不确定，但唯一的中横联络管两侧水平，而中部呈浅弧形后凹，暗示中背管可能存在；两侧连续的眶下管和侧背管呈中部深度弯向头甲中线的双凹形，中横联络管连接于双凹形顶部；侧横管间距较均匀，多达6对；纹饰为具放射脊纹的星状突起，均匀分布。

产地与时代　浙江长兴县煤山茅山组；志留纪兰多维列世晚特列奇期。

安吉鱼属 *Anjiaspis* Gai et Zhu, 2005

模式种　网状安吉鱼*Anjiaspis reticularis* Gai et Zhu, 2005 (图7–50, 7–51)。

特征　体形较小的盔甲鱼。头甲呈横宽的三角形，长约19 mm，宽稍大于长；头甲边缘作锯齿状；角与内角均不甚发达，呈短棘状；中背孔纵长、滴水状，前端稍尖、远离头甲吻缘，中背孔前端与头甲吻缘间距约与中背孔纵轴等长，后端圆钝远居眶孔之前，与眶孔后缘水平线之距相当眶孔的直径；眶孔小，靠近头甲中线，眶前区长，居于头甲中长的中分线后；松果孔位于两眶孔中心连线上；侧线系统不详；鳃穴6对；纹饰为分布均匀的细小疣突。

产地与时代　浙江安吉县茅山组；志留纪兰多维列世晚特列奇期。

真盔甲鱼科 Eugaleaspidae (Liu, 1965) Liu, 1980

真盔甲鱼属 *Eugaleaspis* (Liu, 1965) Liu, 1980

模式种　张氏真盔甲鱼 *Eugaleaspis changi* Liu, 1965 (图7–52, 7–53)。

特征　中等大小的真盔甲鱼，头甲呈半圆形，长45 mm，中长37 mm，头甲宽与长的比率约为1.3；吻端圆钝，与侧缘形成连续的弧形，侧缘于头甲后侧端继续延伸构成末端指向后侧方的角，内角缺如。头甲吻缘和侧缘平展呈半环形帽檐状，与头甲腹面的腹环相对应，半环檐内头甲作弓形隆起，其高度由前而后递增。中背孔裂隙状，两侧缘平行，长20 mm，其宽与长的比率约0.12，其后端越过眶孔中心连线以远；松果孔封闭，松果斑靠

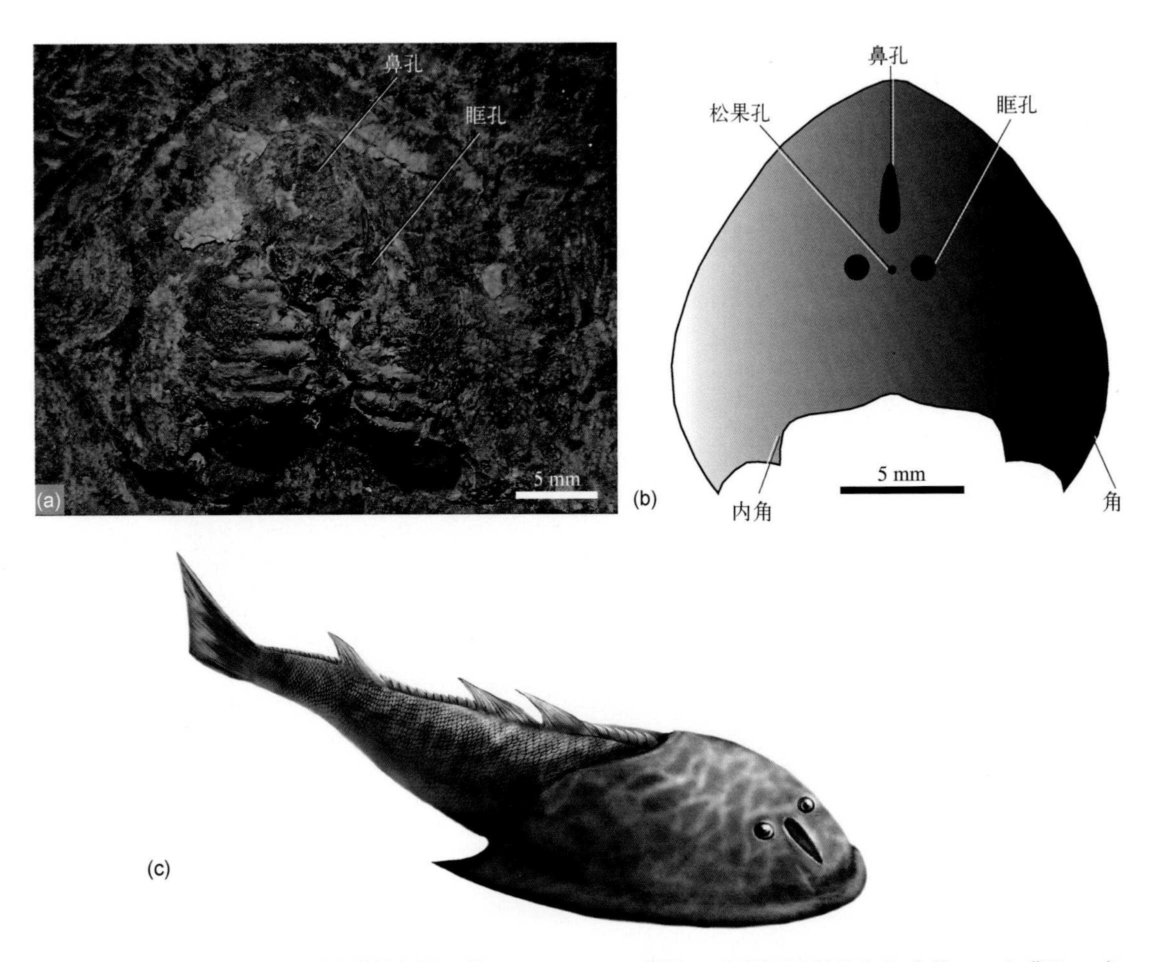

图7-50　网状安吉鱼　a. 一近乎完整的头甲，正模，IVPP V14332.1，背视；b. 头甲复原图（盖志琨，朱敏，2005），背视；c. 复原图（杨定华绘）。

图7-51　志留纪兰多维列世安吉鱼（左）与曙鱼（右）生态复原图　（杨定华绘）

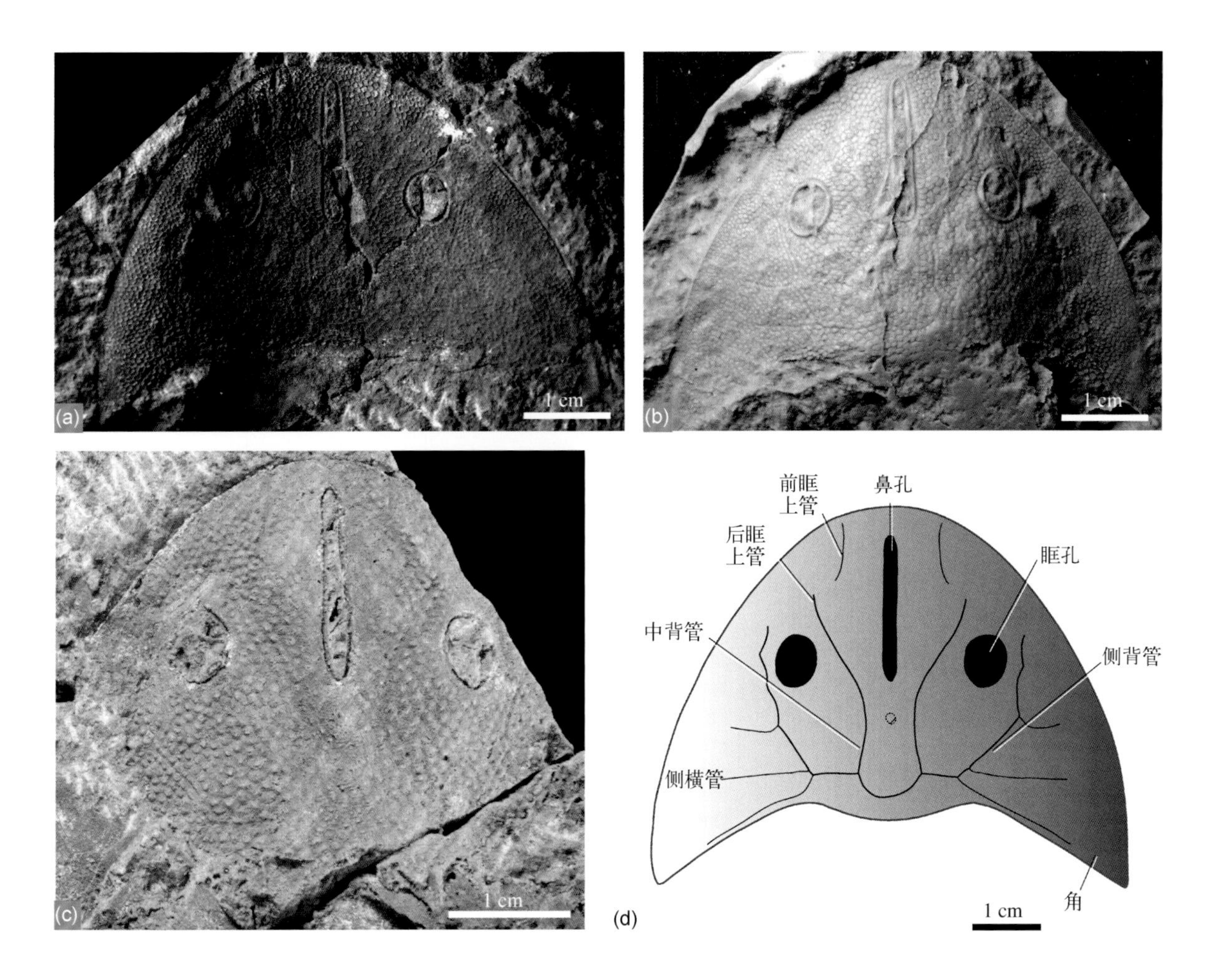

图7-52　张氏真盔甲鱼　a. 一完整头甲外模，正模，IVPP V2981，腹视；b. 正模的硅胶内模，背视；c. 一近于完整的头甲，IVPP V 20844.1a；d. 头甲复原图，背视（据刘玉海，1975重绘）。

图7-53　张氏真盔甲鱼生态复原图　（杨定华绘）

后，距头甲吻缘23 mm，远在眶孔后缘连线之后，远长于至头甲后缘的距离，两者间比率约1.6。眶孔较大，朝向背侧方，眼间距与横穿眶孔中心延线处的头甲宽的比率约为0.45。侧线系统中前眶上管与后眶上管不衔接，间或作折线对接，后眶上管和中背管两者连续过渡，两侧中背管后端会合呈"U"形，背联络管1条；由眶下管与主侧线管组成的侧背干管于主侧线管部分具3条侧横管，眶下管波形折曲暗示2～3条侧横管消失后的残迹。纹饰由粒状突起组成，由头甲边缘向中央突起有增大趋势，环眶孔和中背孔的疣突拉长并作长轴与孔缘垂直排列。

产地与时代 云南曲靖市麒麟区寥廓山翠峰山群西山村组；早泥盆世洛赫考夫期—布拉格期。刘玉海 (1965, 1975) 将张氏真盔甲鱼的层位记述为西屯组 (原文"翠峰山组泥灰岩段")。经野外重新确认，刘玉海对张氏真盔甲鱼和小眼南盘鱼 (*Nanpanaspis microculus*) (刘玉海, 1965, 1975) 以及节甲鱼类云南斯氏鱼 (*Szelepis yunnanensis*) (刘玉海, 1979) 的产出层位作出更正，其产出层位应为西山村组 (即砂岩段) 而非西屯组 (即泥灰岩段)。

归入种 徐家冲真盔甲鱼 *Eugaleaspis xujiachongensis* (Liu, 1975) Liu, 1980 (图7–54, 7–55)。

特征 个体较大的种，头甲长67 mm，宽91 mm，中长48 mm。角向后侧方伸展，其后缘于基部略凹进成浅窦，而于末端凹进呈喙状。中背孔裂隙状、近后端稍膨大，后端止于眶孔后缘水平线稍前，该孔宽与长的比率约为0.11。眶孔大而位置靠后，眶前区仅略长于眶后区。松果孔封闭，位偏后，松果后区与松果前区之比约为0.43。侧线系统中前眶上管与后眶上管作约90°的折曲衔接。组成纹饰的突起较细小，密集而分布均匀。

产地与时代 云南曲靖市麒麟区西城街道徐家冲翠

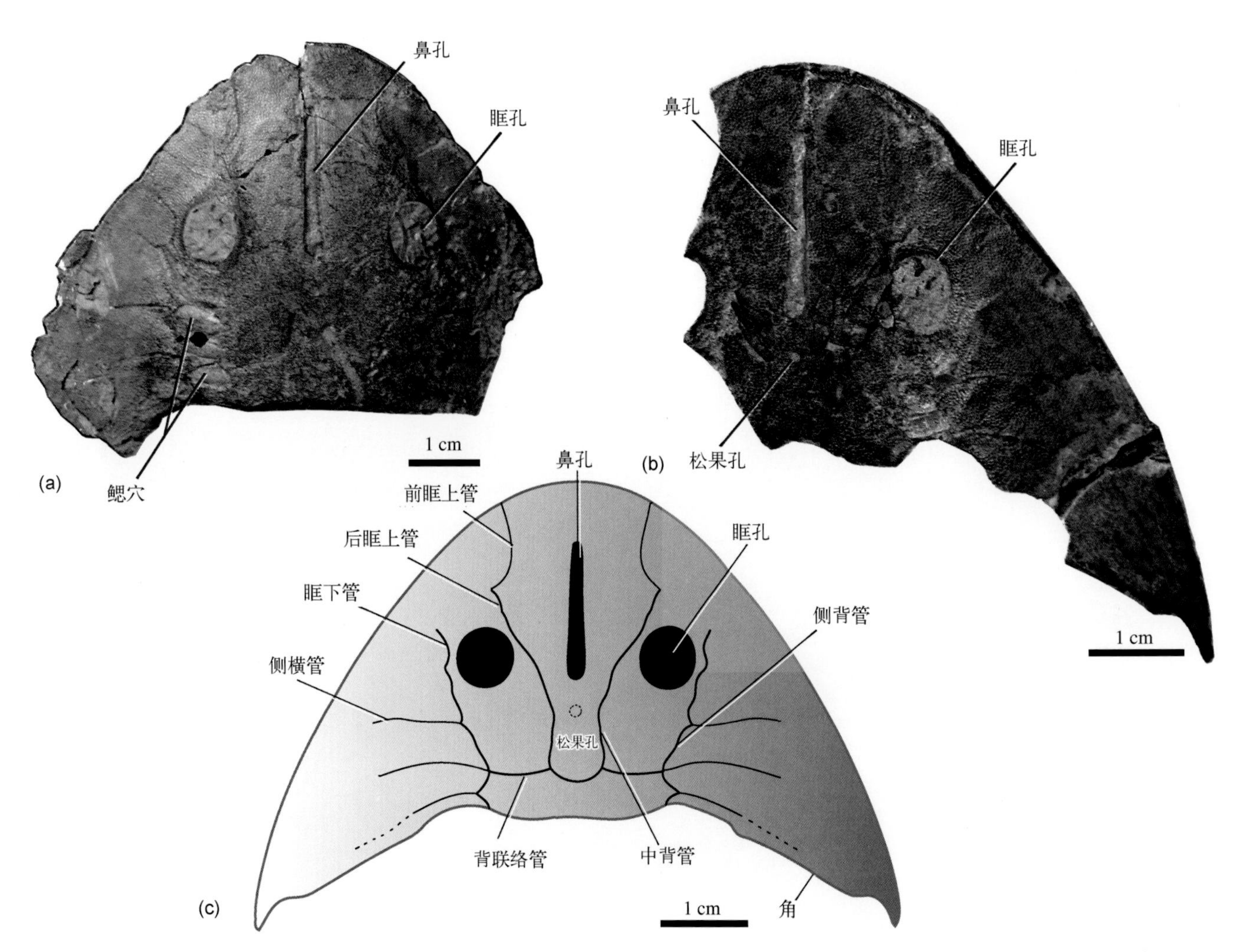

图7–54 徐家冲真盔甲鱼 a, b. 一完整头甲及其外模，正模，IVPP V4415。a. 头甲，背视；b. 头甲外模，腹视；c. 头甲复原图，背视 (据刘玉海，1975重绘)。

图7–55 徐家冲真盔甲鱼生态复原图

峰山群徐家冲组；早泥盆世布拉格期。

盾鱼属 *Dunyu* Zhu, Liu, Jia et Gai, 2012

模式种 长孔盾鱼 *Dunyu longiforus* Zhu et al., 2012 (图7–56, 7–57)。

特征 中等大小的真盔甲鱼类，头甲长约85 mm，宽约78 mm，头甲最宽部位于角的末端略前，宽、长比小于1.1；角呈棘状，伸向后方，内角消失；中背孔裂隙状，向后伸延几达眶孔后缘或超越后缘；中背孔及眶孔绕以表面光滑的脊环；眶孔大，椭圆形，位前置，头甲眶前区远短于眶后区；中背管与后眶上管流畅衔接，两侧中背管向后辏合呈"U"形对接，侧背管具3支侧横管，第3对末端二分叉；纹饰突起在大小上颇具变化，呈多边形，顶部平，颗粒大，直径可达2 mm；鳃孔6对，腹环较窄。

产地与时代 云南曲靖市麒麟区潇湘街道关底组；志留纪罗德洛世。

归入种 秀山盾鱼 *Dunyu xiushanensis* Liu, 1983, Zhu et al. 2012 (图7–58, 7–59)。

特征 体型较小的种，头甲长约55 mm，中长37 mm，宽约58 mm；最宽部位于角的基部；头甲吻缘圆钝；角叶状，伸向后方；裂隙状中背孔末端止于眶孔后缘连线之前；眶孔位置相对靠前，眶前区与眶后区的比率约为0.8；前眶上管与后眶上管不衔接，眶下管短，两侧主侧线近于平行，具侧横管3对。头后躯干被以细小的菱形鳞片。

产地与时代 重庆秀山县水源头小溪组，志留系罗德洛世。王怿等 (2010) 发现产秀山盾鱼的迴星哨组上部应为新厘定的小溪组。Rong等 (2012) 认为湘西小溪组与曲靖关底组的时代相当，为罗德洛世晚期；盾鱼属在小溪组的发现小溪组与关底组之间的地层对比提供了佐证。

这个种建立时归入*Eugaleaspis* (刘时藩, 1983)。Zhu等 (2012) 经再研究，将其归入新建的盾鱼属。

翼角鱼属 *Pterogonaspis* Zhu, 1992

模式种 玉海翼角鱼 *Pterogonaspis yuhaii* Zhu, 1992 (图7–60, 7–61)。

特征 具长的吻突和侧向伸展的角；内角叶状宽而

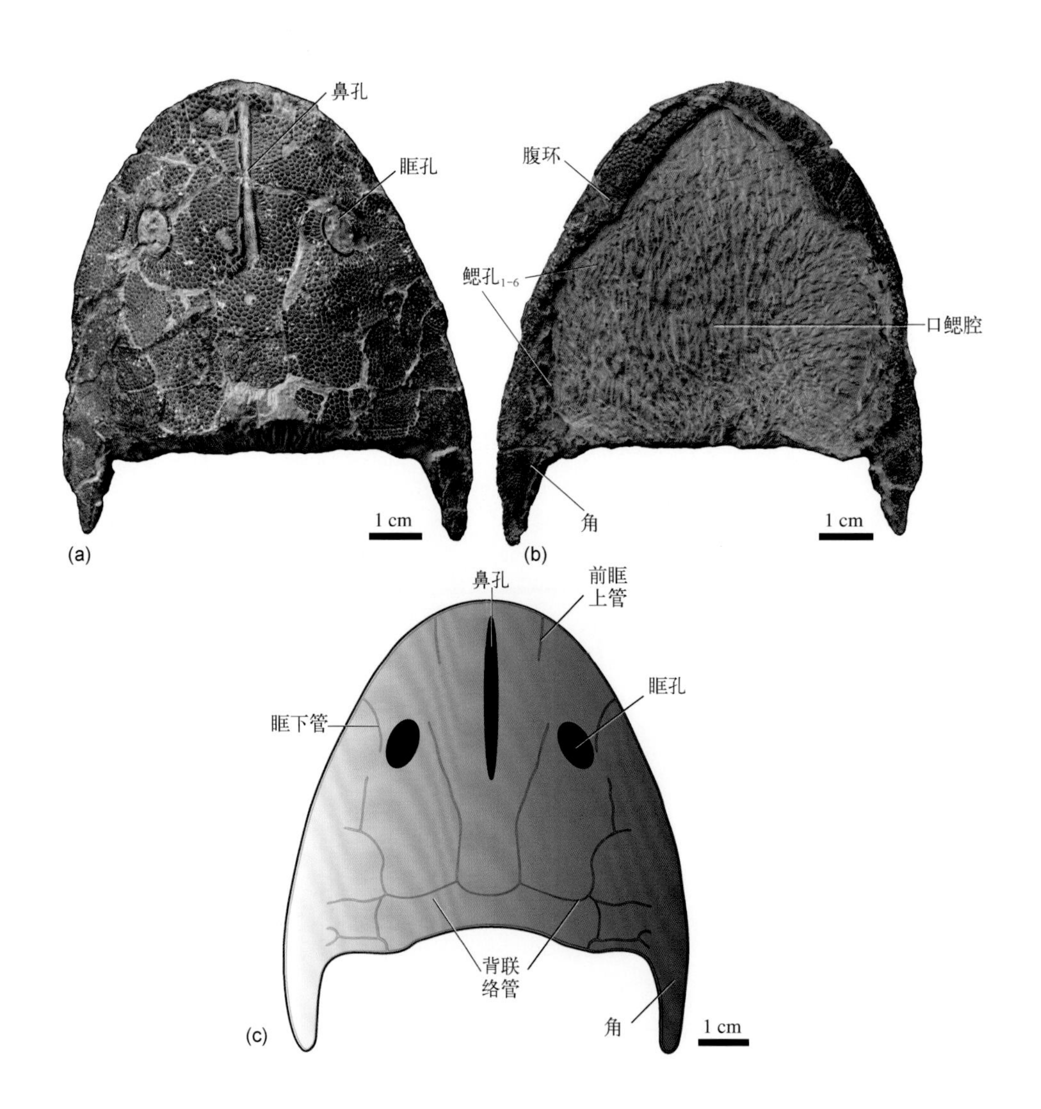

图7-56　长孔盾鱼　a, b. 一完整头甲，正模，IVPP V17681。a. 背视；b. 腹视，示腹环和6个外鳃孔；c. 头甲复原图，背视（据Zhu et al., 2012重绘）。

图7-57　长孔盾鱼生态复原图　（杨定华绘）

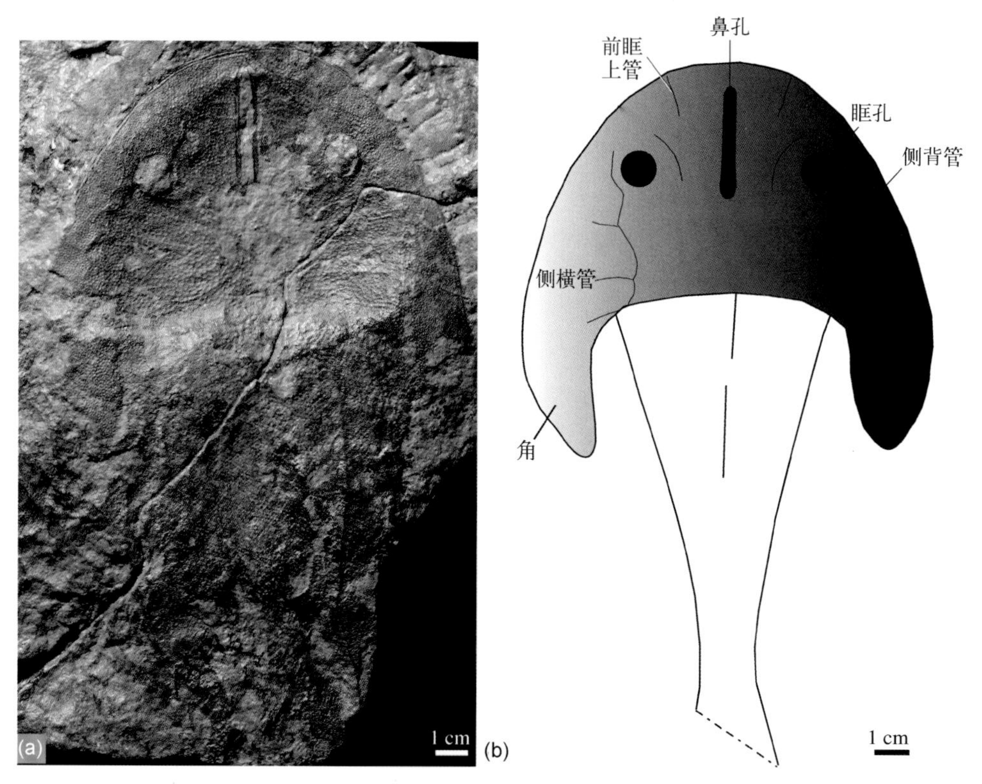

图7–58　秀山盾鱼　a. 一近于完整头甲连同前部躯干的外模，正模，IVPP V6793.1，腹视；b. 头甲复原图，背视（据Zhu et al., 2012重绘）。

图7–59　秀山盾鱼生态复原图

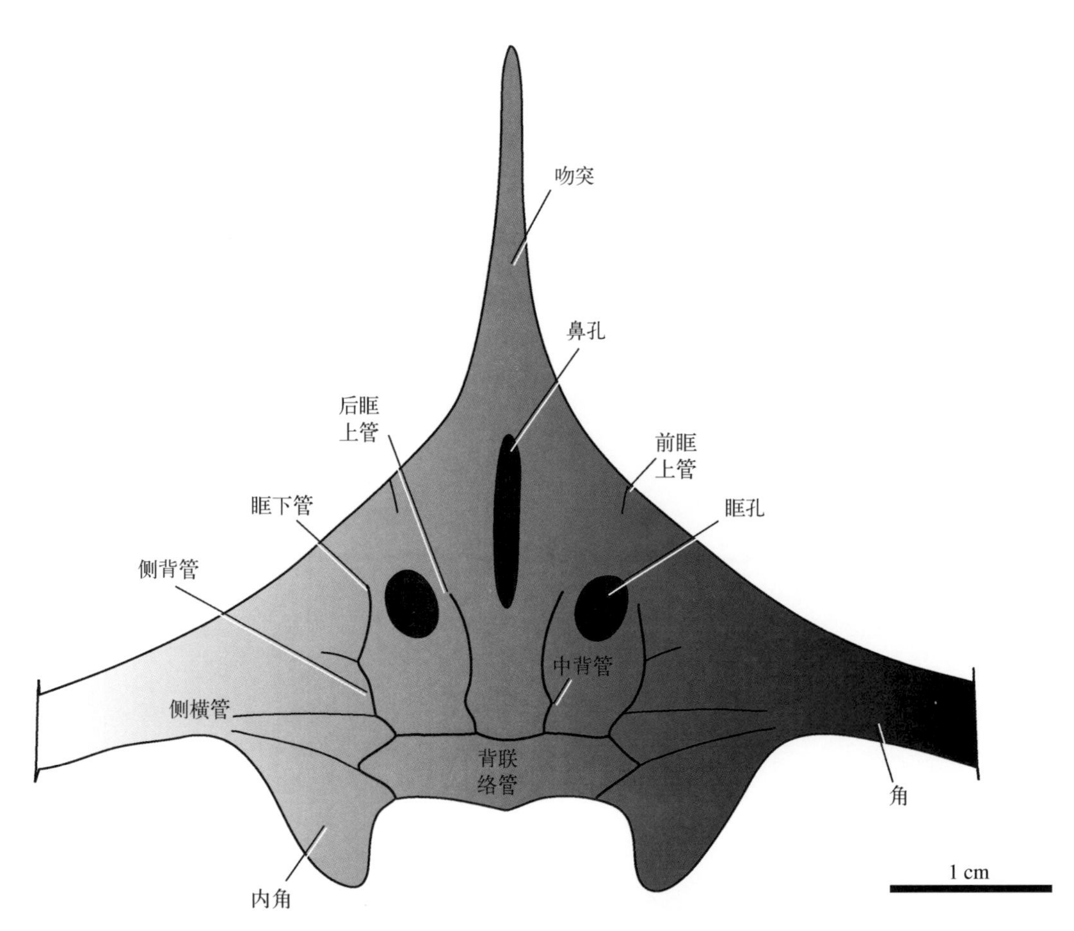

图7-60 玉海翼角鱼 头甲复原图，背视（据朱敏，1992重绘）。

图7-61 玉海翼角鱼生态复原图 （杨定华绘）

短、指向后方，内角间距大于内角的长度；中背孔纵长裂隙形，后端后延至眶孔之间；“真盔甲鱼型”侧线系统，三对侧横管；纹饰为细小的粒状突起。

产地与时代 云南曲靖市麒麟区西城街道徐家冲翠峰山群徐家冲组；早泥盆世布拉格期。

三尖鱼属 *Tridensaspis* Liu, 1986

模式种 大眼三尖鱼 *Tridensaspis magnoculus* Liu, 1986 (图7–62, 7–63)。

特征 一个了解很不够的属，个体较小，头甲长估计约30 mm，依据部分保存的吻突和角推测头甲当为具有长吻突和侧展角的三角形，头甲后部不详。中背孔裂隙状，其长约是宽的6倍，前端尖，后部有所加宽而末端圆钝、约止于眶孔前缘连线上。眶孔显著大，圆形。松果孔封闭。侧线系统仅知眶上管与中背管，两者流畅无痕衔接；眶上管眶前部分可能发达，向侧前方作弧形前进。纹饰由小的粒状突起组成，相邻突起常融合为短脊。

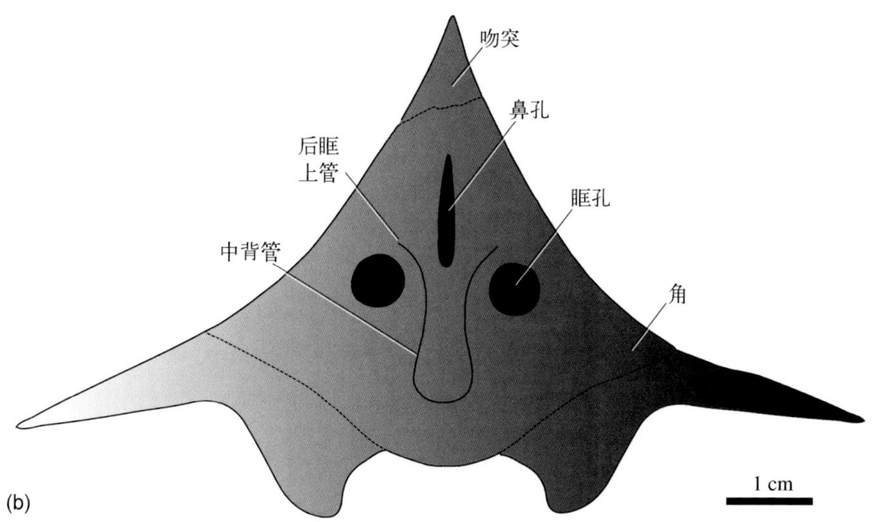

图7–62 大眼三尖鱼 a. 一不完整的头甲外模，正模，IVPP V8001，腹视；b. 头甲复原图，背视（据刘时藩，1986重绘）。

图7–63 大眼三尖鱼生态复原图（杨定华绘）

产地与时代 广西象州县大乐镇郁江组底部；早泥盆世布拉格期。

憨鱼属 *Nochelaspis* Zhu, 1992

模式种 漫游憨鱼 *Nochelaspis maeandrine* Zhu, 1992（图7–64，7–65）。

特征 硕大的真盔甲鱼类，头甲三角形，长达127 mm，宽大于长；角发育，棘状；内角呈叶状，远硕壮于角，末端向后稍超越角的末端，内角达头甲中长的2/3；中背孔呈纵长裂隙形，后端位于眶孔前缘连线之前；"真盔甲鱼型"侧线系统，前眶上管消失，侧横管3对；纹饰为较大的星状突起。漫游憨鱼是迄今最大的真盔甲鱼类。腹环内缘修理出5个外鳃孔，可能为6个。

产地与时代 云南曲靖市麒麟区寥廓山翠峰山群西山村组下部；早泥盆世早洛赫考夫期。

云南盔甲鱼属 *Yunnanogaleaspis* Pan et Wang, 1980

模式种 硕大云南盔甲鱼 *Yunnanogaleaspis major* Pan et Wang, 1980（图7–66，7–67）。

特征 个体硕大的盔甲鱼；头甲略呈半圆形，长约112 mm，最宽部位处于头甲后缘延线上，稍小于其长；头甲吻缘圆钝，侧缘呈显著的弧形；角呈内弯的镰刀状，内角粗壮，末端止于角末端之前；中背孔较短，前端不及头甲吻缘，后端不及眶孔前缘水平线，该孔裂隙状，由前向后收窄，其宽为其长的1/4强。眶孔中等大小，位于头甲中长的前半区；侧线系统中眶上管与中背管连续，眶上管前部作弧形向侧扩张，向后收窄与中背管续接，中背管接近相互平行；由眶下管与主侧线管构成的侧背干管大致相互平行，只是眶下管绕经眶孔时向外扩张；中横联络管1条，侧横管3对；口鳃窗后缘可能不封闭；纹饰由粒状突起组成。

产地与时代 云南曲靖市麒麟区西城街道西山水库西岸翠峰山群西山村组；早泥盆世下洛赫考夫期。

多鳃鱼超目 Polybranchiaspidida Janvier, 1996

秀甲鱼科 Geraspididae Pan et Chen, 1993

秀甲鱼属 *Geraspis* Pan et Chen, 1993

模式种 珍奇秀甲鱼 *Geraspis rara* Pan et Chen, 1993（图7–68，7–69）。

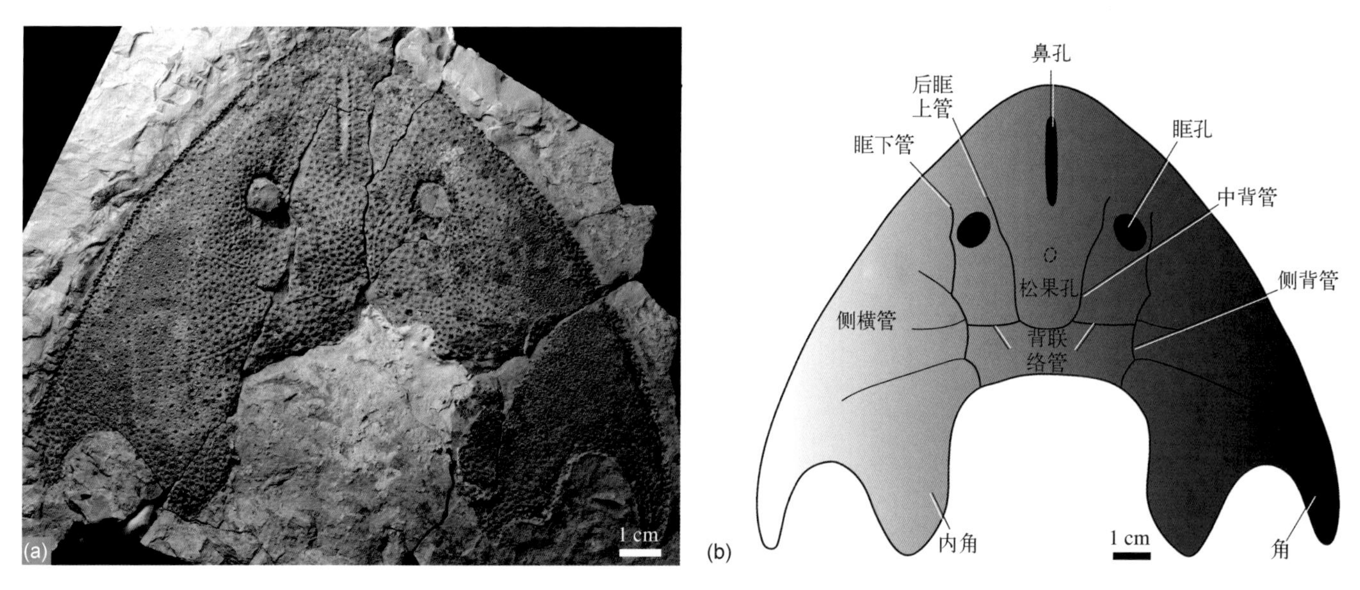

图7–64 漫游憨鱼 a. 一件完整的头甲外模，正模，IVPP V10106，腹视；b. 头甲复原图，背视（据朱敏，1992重绘）。

图7–65 漫游憨鱼生态复原图 （杨定华绘）

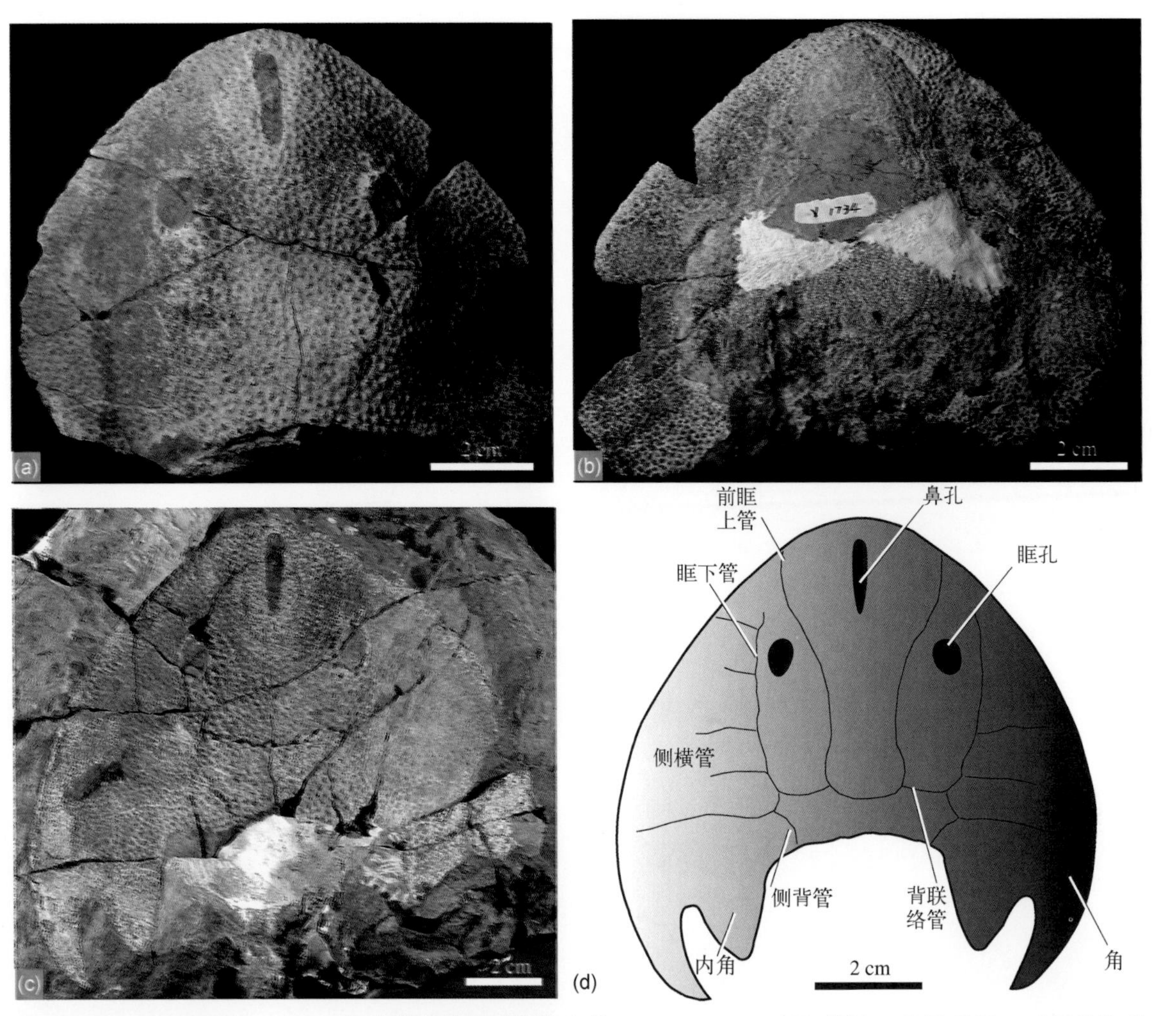

图7–66　硕大云南盔甲鱼　a–c. 一近于完整的头甲及其外模，正模，GMC V1734。a. 头甲，背视；b. 头甲，腹视；c. 头甲外模，腹视；d. 头甲复原图（据潘江，王士涛，1980; Pan, 1992重绘）。

图7–67　硕大云南盔甲鱼生态复原图　（杨定华绘）

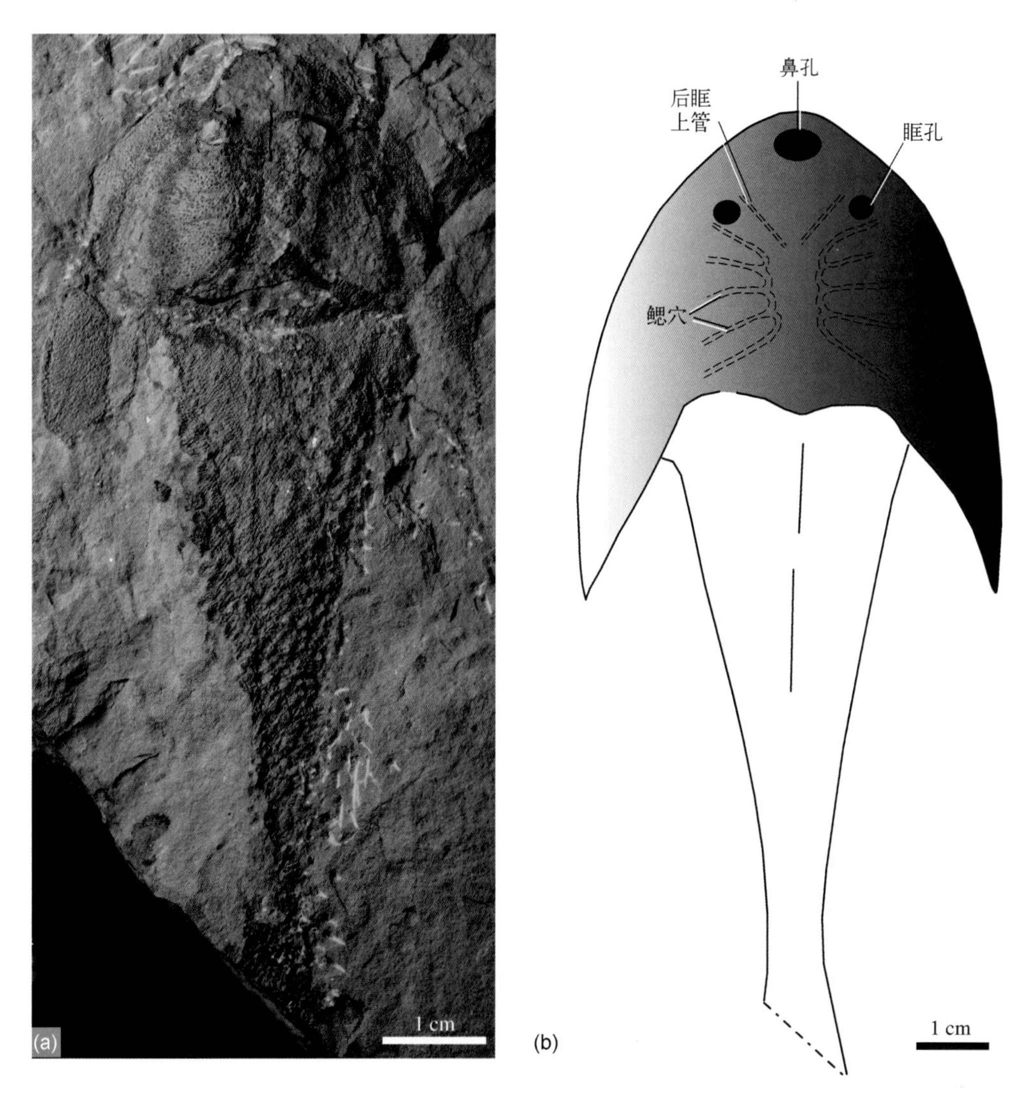

图7–68　珍奇秀甲鱼　a. 一条完整鱼，包括头甲及其后覆盖鳞片的躯体，正模，GMC V8749，背视；b. 头甲及躯干复原图，背视（据潘江，陈烈祖，1993重绘）。

图7–69　珍奇秀甲鱼生态复原图　（杨定华绘）

特征 中等大小的盔甲鱼类，鱼体由头至尾长约110 mm，头甲全长41 mm；头甲呈吻缘圆钝的三角形，无背棘；角发达，叶状，指向后方，末端远超过头甲后缘，不具内角；中背孔近于圆形，靠近吻缘；眶孔背位，较小；具5 ~ 6对鳃间脊；头甲纹饰由小的粒状突起组成，头甲之后的躯干被以细小菱形鳞。

产地与时代 安徽无为县潘家大山坟头组上部；志留纪兰多维列世中特列奇期。

广南鱼属 *Kwangnanaspis* Cao, 1979

模式种 近三角广南鱼 *Kwangnanaspis subtriangularis* Cao, 1979（图7–70，7–71）。

特征 头甲长约40 mm，宽约50 mm，略呈前窄后宽的三角形；吻缘窄但圆钝，侧缘弧度较缓，向后、侧伸延；角发达、叶状；角的基部与头甲后缘之间具一半圆形腋窝，腋窝深，开向后方；头甲后缘了解甚少，可能近于截形；头甲背面略隆起，不具中背脊；中背孔远离吻缘，圆形，较小（直径5 mm），明显凸向背方，形似下粗上细的矮囱状；眶孔小，背位，与中背孔的垂直距离约相当眶孔的直径；松果孔封闭；侧线系统仅知位于头甲后部的部分，侧背管之间具背联络管仅1条，于该联络管之前，干管取向前、侧敞开走势，其前部（包括眶下管）不详，于背联络管之后，侧背管近平行后行；中背纵干管不详，若存在，当仅眶上管发育。纹饰由分布均匀的粒状突起组成，突起表面细微特征不详。

产地与时代 云南广南县麻当坡松冲组；早泥盆世布拉格期。曹仁关（1979）仅记述化石产出层位为早泥盆世，但隐指“陆相地层”。从滇东南地区产盔甲鱼类化石的地层情况看，广南鱼的层位应为坡松冲组。

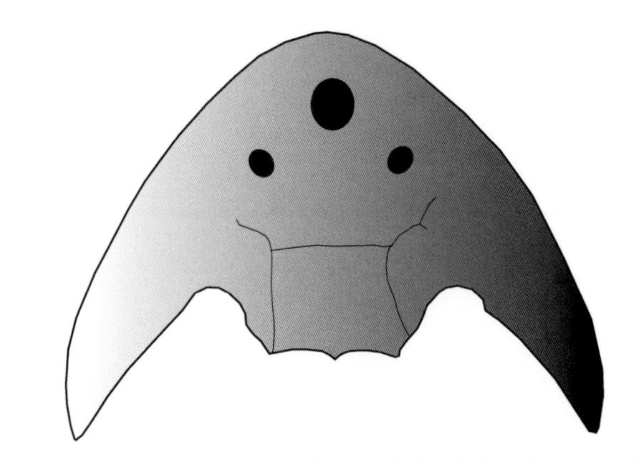

图7–70 近三角广南鱼 头甲复原图，背视（据曹仁关，1979重绘）。

多鳃鱼目 Polybranchiaspiformes Liu, 1965

古木鱼属 *Gumuaspis* Wang et Wang, 1992

模式种 长吻古木鱼 *Gumuaspis rostrata* Wang et Wang, 1992（图7–72，7–73）。

图7–71 近三角广南鱼生态复原图 （杨定华绘）

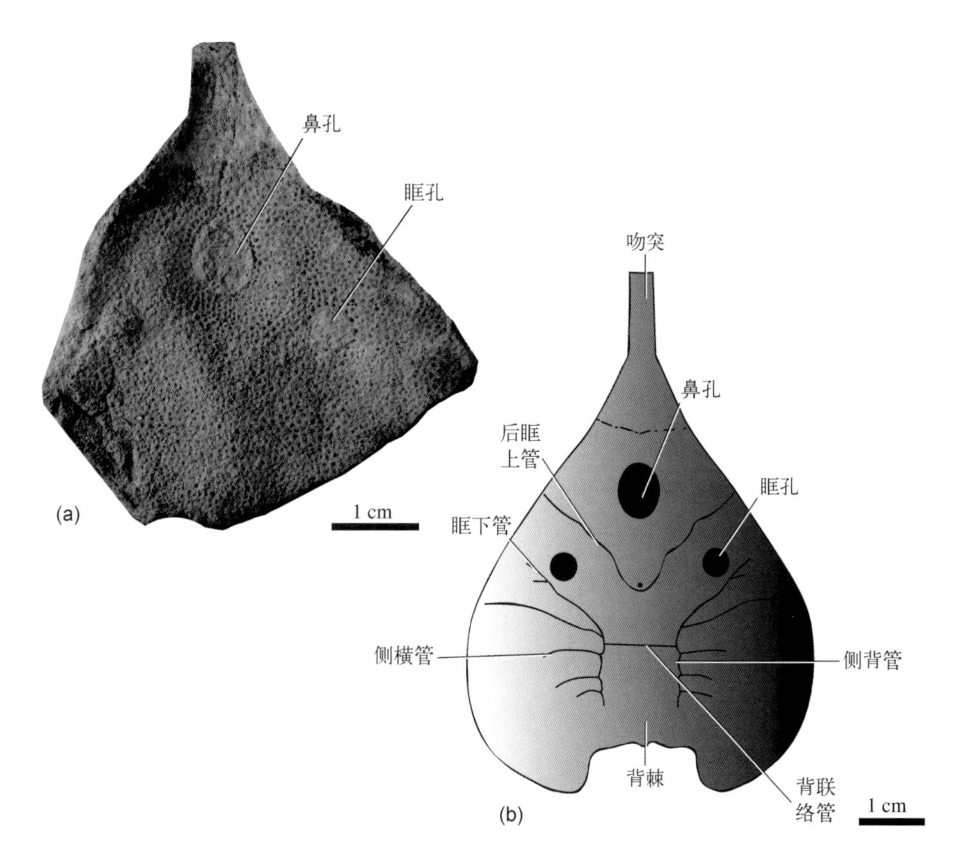

图7-72　长吻古木鱼　a. 一较完整的头甲外模，正模，IVPP V9759.2，腹视；b. 头甲复原图，背视（王俊卿，王念忠，1992）。

图7-73　长吻古木鱼生态复原图（杨定华绘）

特征 中等大小的多鳃鱼类，头甲宽约65 mm，中背孔前缘至内角后端头甲长约60 mm；头甲略呈葫芦形，吻缘引长为发达的吻突，自吻突基部向后头甲渐次增宽，至背联络管稍后达到头甲最宽部位，此后迅即收窄，并形成肥大的内角；内角末端圆钝，超越头甲后缘。头甲于中背孔部位作矮丘状凸起，位于该丘顶端的中背孔，呈椭圆形，长稍大于宽；眶孔背位，中等大小，位于横切中背孔后端水平线稍后；松果孔封闭；侧线系统为多鳃鱼型，其中中背干管仅眶上管发达，呈"V"形，包括眶下管和主侧线管的侧背干管发达，居于其间的背联络管1条，侧横管5对，最前面1对甚短，第2对极长，几达头甲侧缘，其后3对位于背联络管之后，次第缩短；鳃穴9对；纹饰由星状突起组成。

产地与时代 云南文山县古木镇坡松冲组；早泥盆世布拉格期。

五窗鱼科 Pentathyraspidae Pan, 1992

五窗鱼属 *Pentathyraspis* Pan , 1992

模式种 盾状五窗鱼 *Pentathyraspis pelta* Pan, 1992 (图7–74，7–75)。

特征 中等大小的多鳃鱼类，头甲长约66 mm，宽、长比率约0.87。头甲略呈椭圆形，吻缘尖出，但不引长为吻突，后缘作深度弧形凹进，而不具中背棘；内角发达，呈末端指向后方的叶状。中背孔为竖径，稍长于横径的椭圆形；眶孔很小，背位，每一眶孔侧前方各具一圆形突起；松果孔封闭。靠近头甲侧缘具一对侧背窗，呈狭长的椭圆形，其长接近头甲长的1/3。侧线系统为多鳃鱼型，但眶下管甚短，其前端尚不达眶孔水平线，主侧线管具侧横管4对，中横联络管前、后各2对；中背纵管仅前眶上管与后眶上管发育，两者不相遇。纹饰由具放射脊突起组成。头甲腹面口鳃窗为一大的腹片所覆盖，腹片呈前凸后平的五边形，其一对前侧缘构成倒"V"形口孔的后缘，两侧缘与腹环间由外鳃孔隔开，而后缘则与腹环的鳃后区部分愈合。口鳃区短，仅略长于鳃后区，鳃孔计10对。

产地与时代 云南曲靖市麒麟区西城街道西山水库附近采石场，翠峰山群西山村组；早泥盆世早洛赫考夫期。

微盔鱼属 *Microhoplonaspis* Pan, 1992

模式种 小孔微盔鱼 *Microhoplonaspis microthyris* Pan, 1992 (图7–76，7–77)。

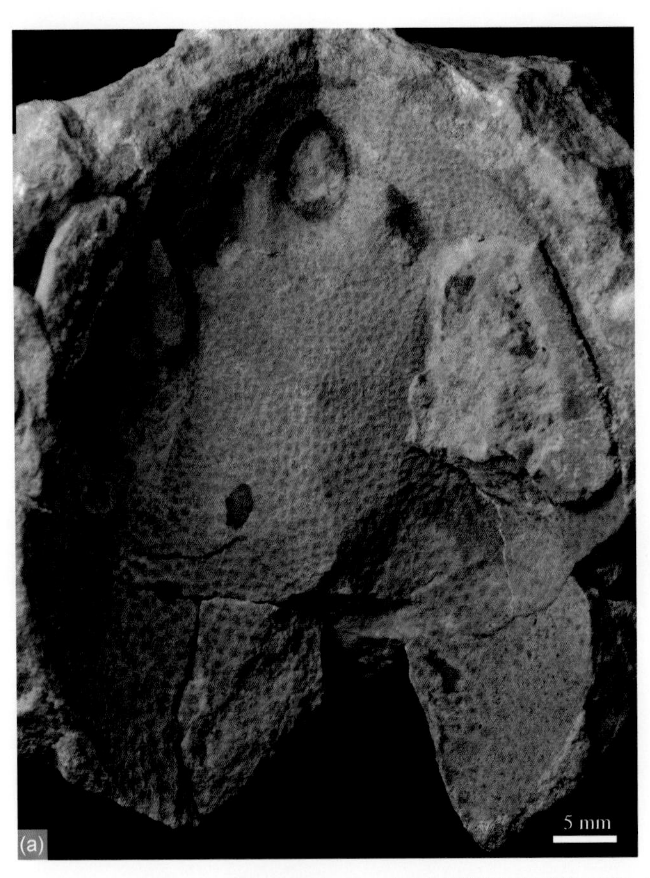

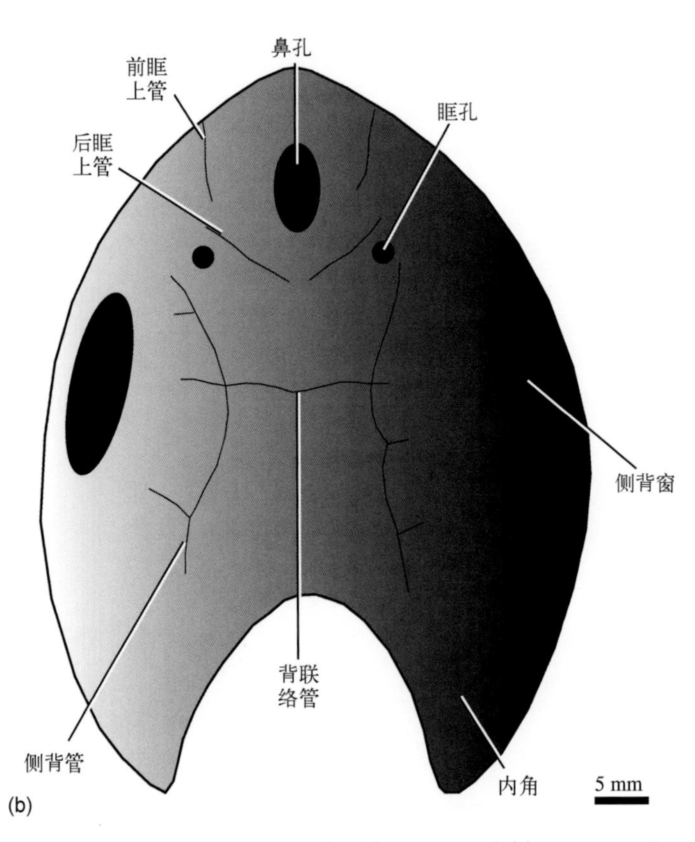

图7–74 盾状五窗鱼 a. 一近于完整的头甲外模，正模，GMC V2071–2，腹视；b. 头甲复原图，背视（据Pan, 1992重绘）。

图7–75 盾状五窗鱼生态复原图

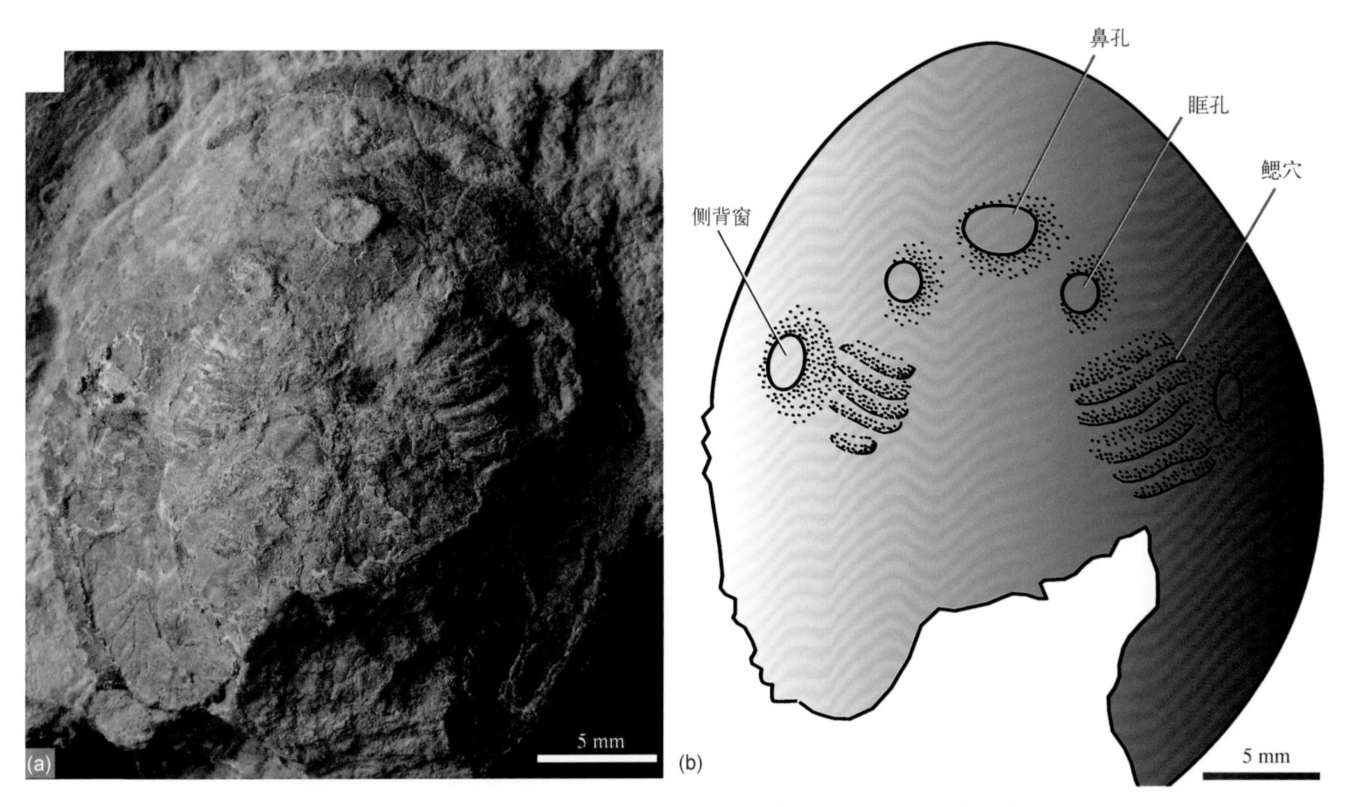

图7–76 小孔微盔鱼 a. 一近于完整的头甲，正模，GMC V2076–2，背视；b. 头甲复原图，背视（据Pan, 1992重绘）。

图7-77　小孔微盔鱼生态复原图（杨定华绘）

特征 小型多鳃鱼类，头甲长约30 mm，宽、长比约0.8。头甲呈椭圆形，吻缘圆钝，与弓形侧缘流畅过渡，后缘浅度凹进，内角若存在则甚短。中背孔远离吻缘，其间距达头甲长的1/5，该孔较小，亚圆形，宽略大于长；眶孔亦小，并向中背孔聚拢，从而三孔排列成“品”字形；松果孔不详；侧背窗甚小，椭圆形，纵长略大于宽，约位于头甲平分线上，靠近头甲侧缘，与腹环相对从而在鳃区之外。侧线系统不详；纹饰由细小的结节状突起组成。鳃囊远多于7对。

产地与时代 云南曲靖市麒麟区西城街道西屯，翠峰山群西屯组；早泥盆世晚洛赫考夫期。

都匀鱼科 Duyunolepidae Pan et Wang, 1982

都匀鱼属 *Duyunolepis* (P'an et Wang, 1978) Pan et Wang, 1982

模式种 包阳都匀鱼 *Duyunolepis paoyangensis* P'an et Wang, 1978 (图7–78, 7–79)。

特征 体型较大的都匀鱼，头甲长约90 mm，宽约60 mm。头甲略呈椭圆形，背向显著拱起，横切面呈半圆形；吻缘圆钝，侧缘徐缓弓曲，自头甲后部边缘渐次内敛、引长，形成末端圆钝的后中背突，从而内角消失。中背孔大，远离头甲吻缘，呈亚圆形，宽略大于长。眶孔小，背位，稍后于中背孔后缘水平线。松果孔位于眶孔后缘线；侧线系统不详；纹饰由星状突起组成。鳃囊20对。脑颅中枢神经系统和头部血管所占据的空腔被次生铁矿所填充，在软骨的脑颅消失之后，保存了非常精美的颅内模，是研究盔甲鱼类脑颅解剖学的非常重要的材料。

产地与时代 贵州都匀市河阳乡包阳村枧槽寨，舒家坪组最下部；早泥盆世埃姆斯期。

副都匀鱼属 *Paraduyunaspis* P'an et Wang, 1978

模式种 赫章副都匀鱼 *Paraduyunaspis hezhangensis* P'an et Wang, 1978 (图7–80, 7–81)。

特征 中等大小的都匀鱼类，头甲长约72 mm，宽65 mm。头甲略呈长稍大于宽的椭圆形，据侧缘走势估计不具角和内角。中背孔近于圆形，距吻缘稍近；眶孔小，

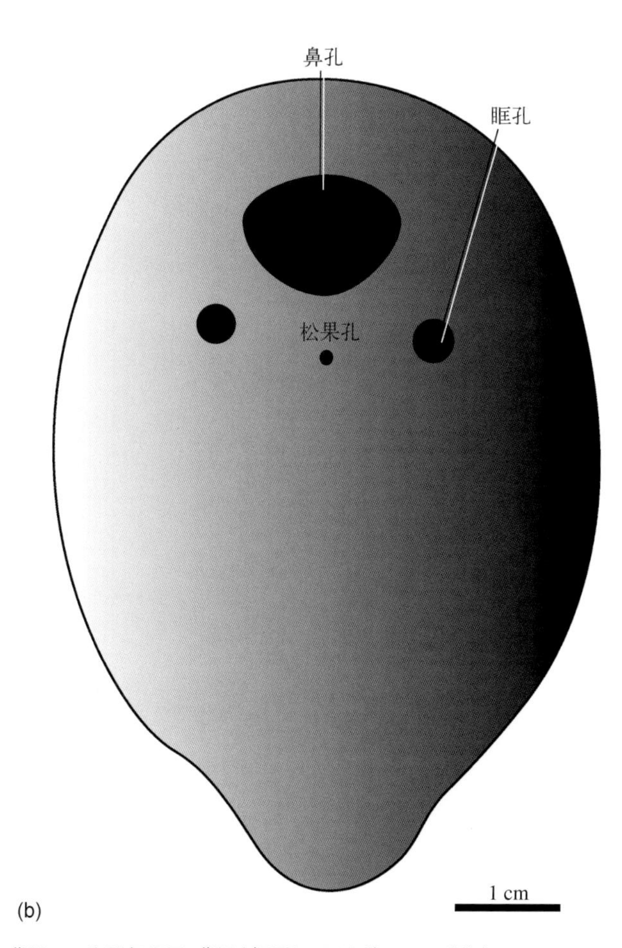

图7–78 包阳都匀鱼 a. 一完整的脑颅自然内模，正模，GMC V1324，背视；b. 头甲复原图，背视（据潘江，王士涛，1978重绘）。

图7-79 包阳都匀鱼生态复原图 （杨定华绘）

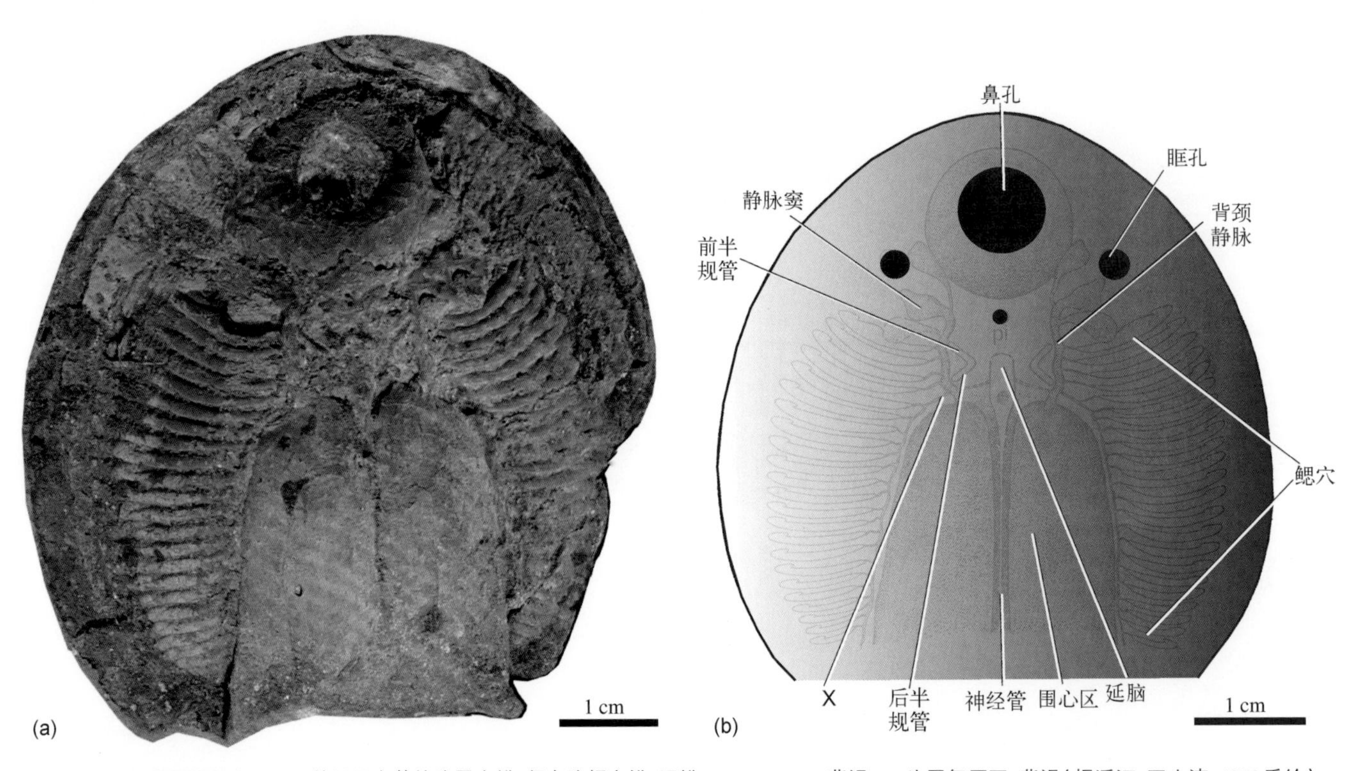

图7-80 赫章副都匀鱼 a. 一件近于完整的头甲内模，保存脑颅内模，正模，GMC V1543，背视；b. 头甲复原图，背视（据潘江，王士涛，1978重绘）。

图7-81 赫章副都匀鱼生态复原图

背位，处于头甲侧缘与中轴线之间、紧靠中背孔后缘水平线；松果孔小而靠后，远在眶孔之后。侧线系统和纹饰均不详。鳃囊24对。目前只有一件标本。该属与都匀鱼的主要区别是鳃区的鳃囊每侧有24个，不是20个；中背孔较小而距头甲前缘较近。此外，背甲也较短而宽。

产地与时代 贵州赫章县铁矿山，丹林组最上部；早泥盆世埃姆斯期。

新都匀属 *Neoduyunaspis* P'an et Wang, 1978

模式种 小型新都匀鱼 *Neoduyunaspis minuta* P'an et Wang, 1978 (图7–82, 7–83)。

特征 都匀鱼科中体型小的种类，头甲长约40 mm，宽约30 mm。头甲略呈椭圆形，最宽部位约在中部，吻端圆钝，稍宽或近于后端宽；头甲边缘具锯齿状小刺；角和内角均消失。中背孔椭圆形，长约为宽的2/3。眶孔圆形，位后移，远在中背孔水平线之后，并向中轴靠近，眶间距小于眶孔至头甲侧缘的距离。侧线系统不详。纹饰由具放射脊突出组成。鳃囊15对以上。

产地与时代 贵州贵阳市乌当区麦秧寨大平山，乌当组顶部；早泥盆世埃姆斯期。

圆盘鱼属 *Lopadaspis* Wang et al., 2001, 2002

模式种 平乐圆盘鱼 *Lopadaspis pinglensis* Wang et al., 2001, 2002 (图7–84, 7–85)。

特征 体型较大的都匀鱼类，头甲长81 ～ 95 mm，宽76 ～ 84 mm。头甲略呈卵圆形，最宽部位靠近头甲1/2分界线，吻缘稍向前凸而未形成吻突，侧缘后端于头甲后侧角形成甚短的内角，内角之间的头甲后缘略前凹，近于截形；头甲自背联络管向后逐渐隆起为中背脊；中背孔为纵长卵圆形，长与宽之比率约为1.25，向后延伸入两眶孔间达1/3 ～ 1/2眶孔直径之距；眶孔圆形，背位，与头甲侧缘之距远小于眶间距；松果孔位于眶孔后缘联线稍后；侧线系统属多鳃鱼类型，"V"形眶上管前端和眶下管前端于眶孔前侧合并而伸向头甲侧缘，中背纵管退化为残迹，甚短，交汇于背联络管后方；包括眶下管和主侧线管的侧背纵管具5对侧横枝，其中背联络管之前2对、之

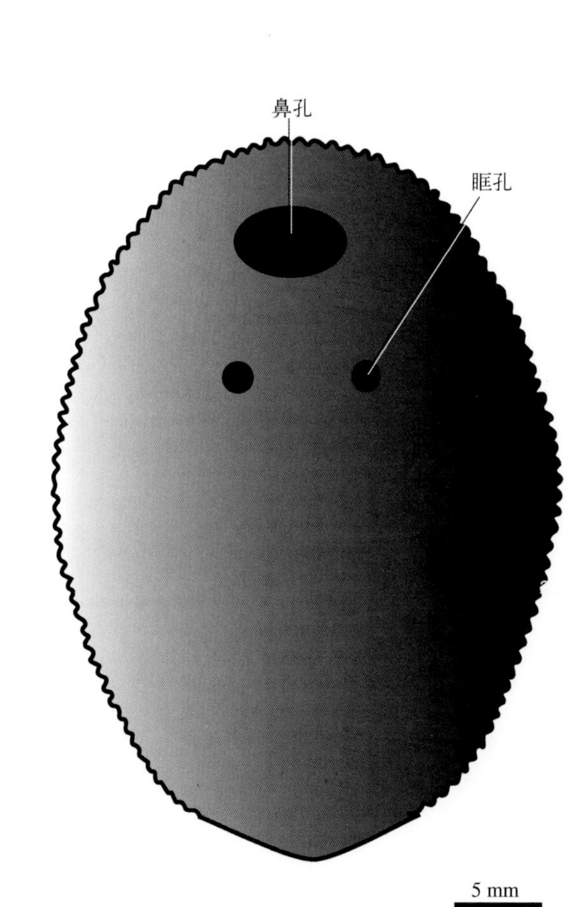

图7–82 小型新都匀鱼 头甲复原图，背视（据Pan, 1992；潘江，王士涛，1978重绘）。

图7–83 小型新都匀鱼生态复原图 （杨定华绘）

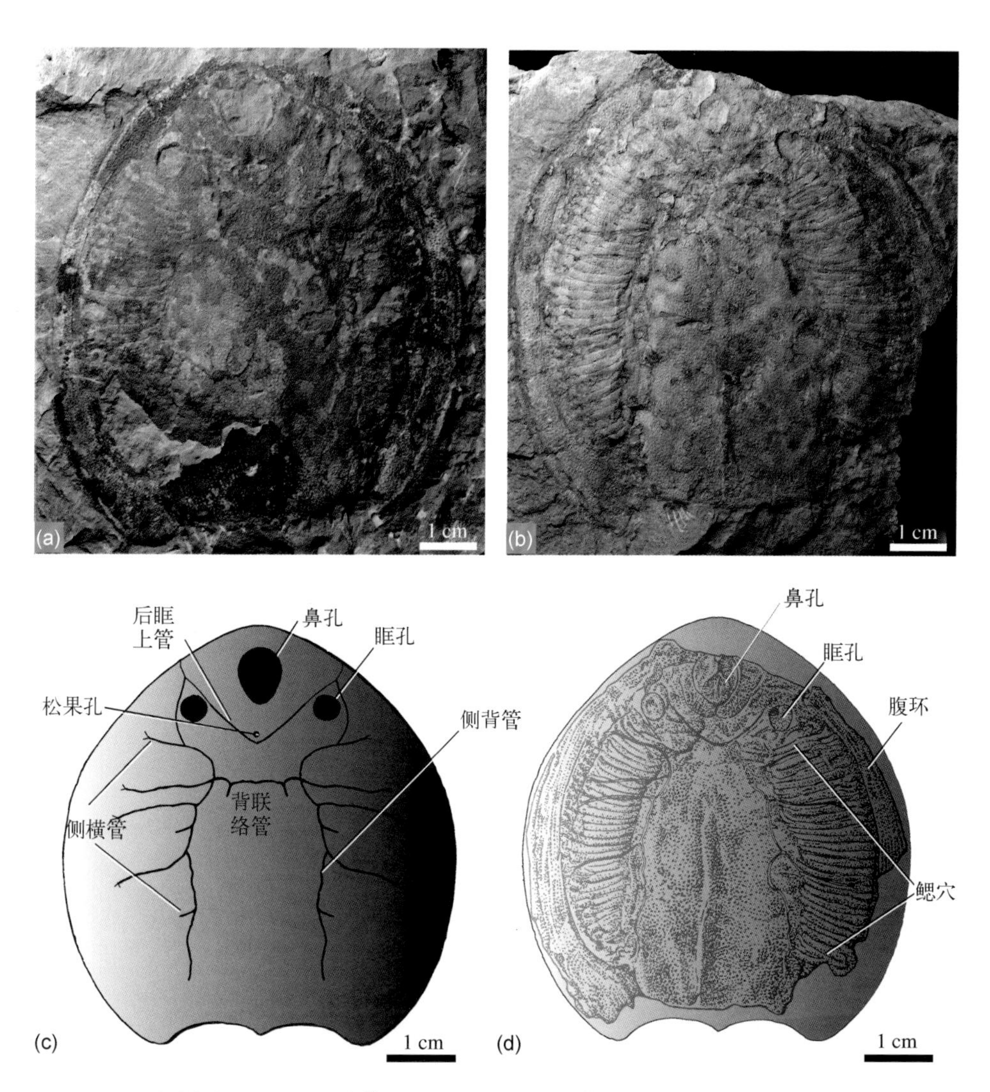

图7-84　平乐圆盘鱼　a. 一近于完整的头甲，副模，GMC V1953；b. 一近于完整的头甲，正模，GMC V1952-1；c. 头甲复原图，背视（据Janvier, 2004重绘）；d. 一近于完整头甲的素描图，正模，GMC V1952-1（王士涛等，2001）。

图7-85　平乐圆盘鱼生态复原图（杨定华绘）

后3对，横枝末端分叉，第5对横枝作勾状向前弯曲；纹饰由具放射脊的突起组成；鳃囊达32对。

产地与时代 广西平乐县源头圩，贺县组；早泥盆世埃姆斯期。

多鳃鱼科 Polybranchiaspidae Liu, 1965

多鳃鱼属 ***Polybranchiaspis*** **Liu, 1965**

模式种 廖角山多鳃鱼 *Polybranchiaspis liaojiaoshanensis* Liu, 1965 (图7–86, 7–87)。

特征 多鳃鱼类中体形中等至较小的属。头甲呈卵圆形，长大于宽；中背棘发达，其末端与内角末端约处于同一水平线上；内角叶状，欠发达。中背孔亚圆形，或前缘略平，宽大于长，中背孔与头甲吻缘之距通常小于该孔纵轴的1/2；眶孔背位，与头甲侧缘之距远小于至头甲中轴之距；松果孔封闭，无明显的松果斑，位于眶孔后缘水平线之后较远；侧线系统中侧背纵管通常具4支（间或5支）发育的侧横枝，该侧横枝之前和后可存在若干侧横枝残迹，作短突或波折状，侧背纵管的眶下管部分前端与眶上管相遇；左右纵管间的背联络管近于处在头甲之长的平分线上；"V"形眶上管常被一横短管分隔为前后两部

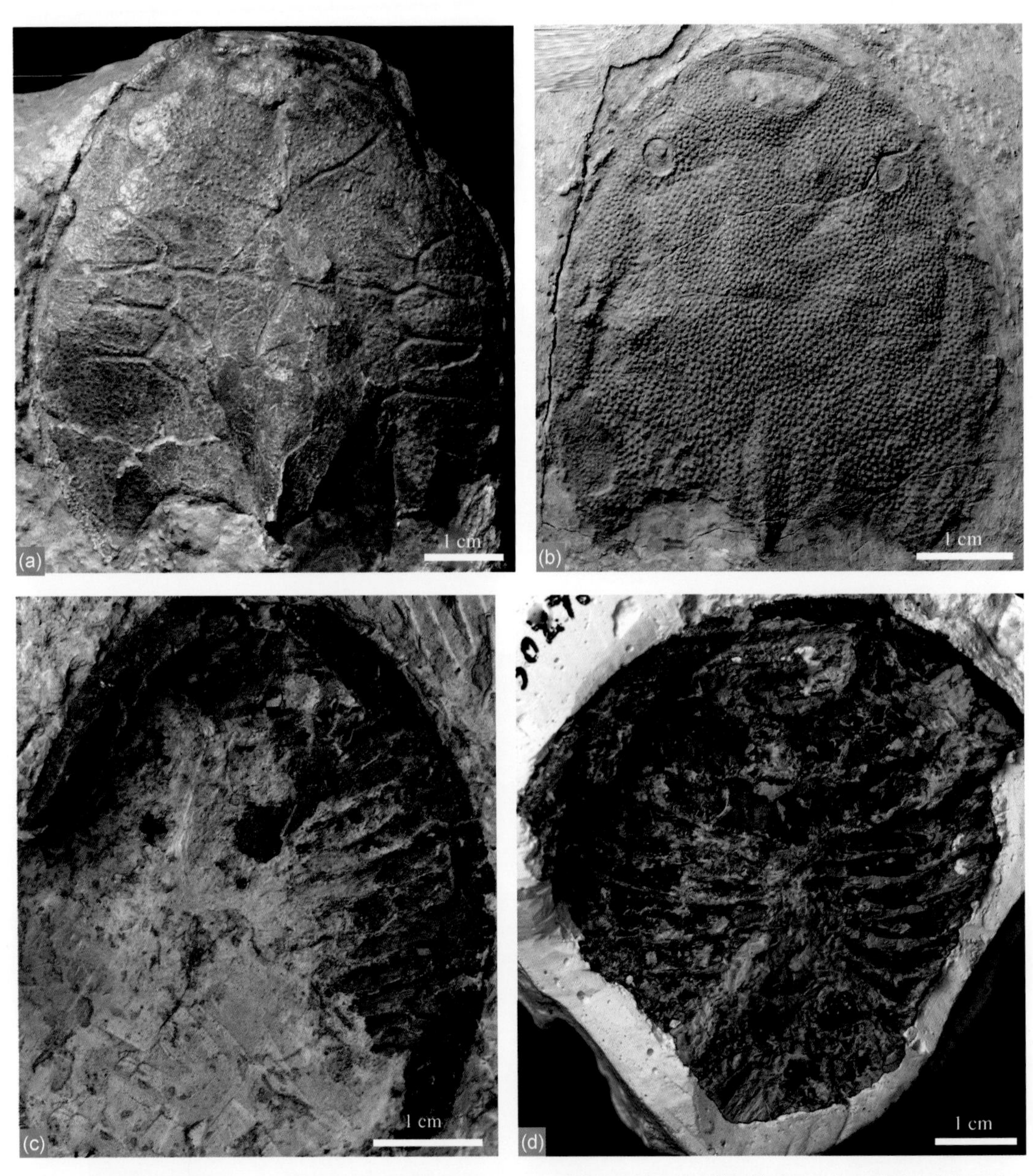

图7–86 廖角山多鳃鱼 a. 一完整的头甲，正模，IVPP V3027，背视，示侧线感觉管因其盖层丢失而呈现为沟状暴露在外；b. 一完整的头甲，IVPP V3027.1，背视，示侧线感觉管封闭，侧线感觉管经过路线的某些段落头甲表面略微下陷；c. 一件近于完整的头甲，副模，IVPP V3027.2，腹视，示脏骨骼、口鳃腔及腹环；d. 一件近于完整的头甲，IVPP V3027.11，腹视，示脏骨骼及口鳃腔。

图7–87 廖角山多鳃鱼生态复原图（杨定华绘）

分。组成纹饰的突起具放射脊或不具，因物种而异。盔甲鱼类中迄今所知分布最广、标本发现最多的物种。各地收集的头甲标本应在60件以上，头甲长约58 mm，即使包括个体差异、标本保存状况、测量误差等因素，也未见55 ~ 60 mm范围之外者。说明盔甲鱼类的头甲是在鱼达到成体后迅速获得，而个体亦停止生长。

产地与时代 云南曲靖市麒麟区寥廓山与翠峰山、宜良县万寿山、嵩明县小练灯，翠峰山群西山村组；云南曲靖市麒麟区寥廓山，翠峰山群西屯组；除中国以外，还见于越南北部。在延续时代上由早泥盆世洛赫考夫期至布拉格期。

归入种 小甲多鳃鱼 *Polybranchiaspis minor* Liu, 1975 (图7–88, 7–89)。

特征 体形小的多鳃鱼，头甲长约20 mm；中背孔较大，呈横宽的椭圆形；侧线系统为多鳃鱼型，但主侧线具5条侧横枝；纹饰由小的粒状突起组成。

产地与时代 云南曲靖市麒麟区寥廓山新寺，翠峰山群西山村组；早泥盆世洛赫考夫期。

四营鱼属 *Siyingia* Wang et Wang, 1982b

模式种 高棘四营鱼 *Siyingia altuspinosa* Wang et Wang, 1982b (图7–90, 7–91)。

特征 头甲估计长约55 mm，宽略小于长；背联络管居于头甲1/2平分线附近，自背联络管向后沿头甲中线渐次隆起为背脊，并于头甲后端翘起形成侧扁、末端指向背方的高耸背棘；侧线系统多鳃鱼型，感觉管末端分叉呈枝状；组成纹饰的突起顶部较平，突起互不融合。该属与多鳃鱼和滇东鱼最为接近，比如头甲的大致形状，中背孔与眶孔的相对位置，侧线感觉管的大致形态等。该属与上述两属的明显区别在于，头甲后缘的中背棘高而侧扁，侧线感觉管末端呈分枝状。

产地与时代 云南宜良县喷水洞，翠峰山群西屯组；早泥盆世晚洛赫考夫期。

宽甲鱼属 *Laxaspis* Liu, 1975

模式种 曲靖宽甲鱼 *Laxaspis qujingensis* Liu, 1975 (图7–92, 7–93)。

特征 形体较大的多鳃鱼，头甲长约13 mm，宽与长

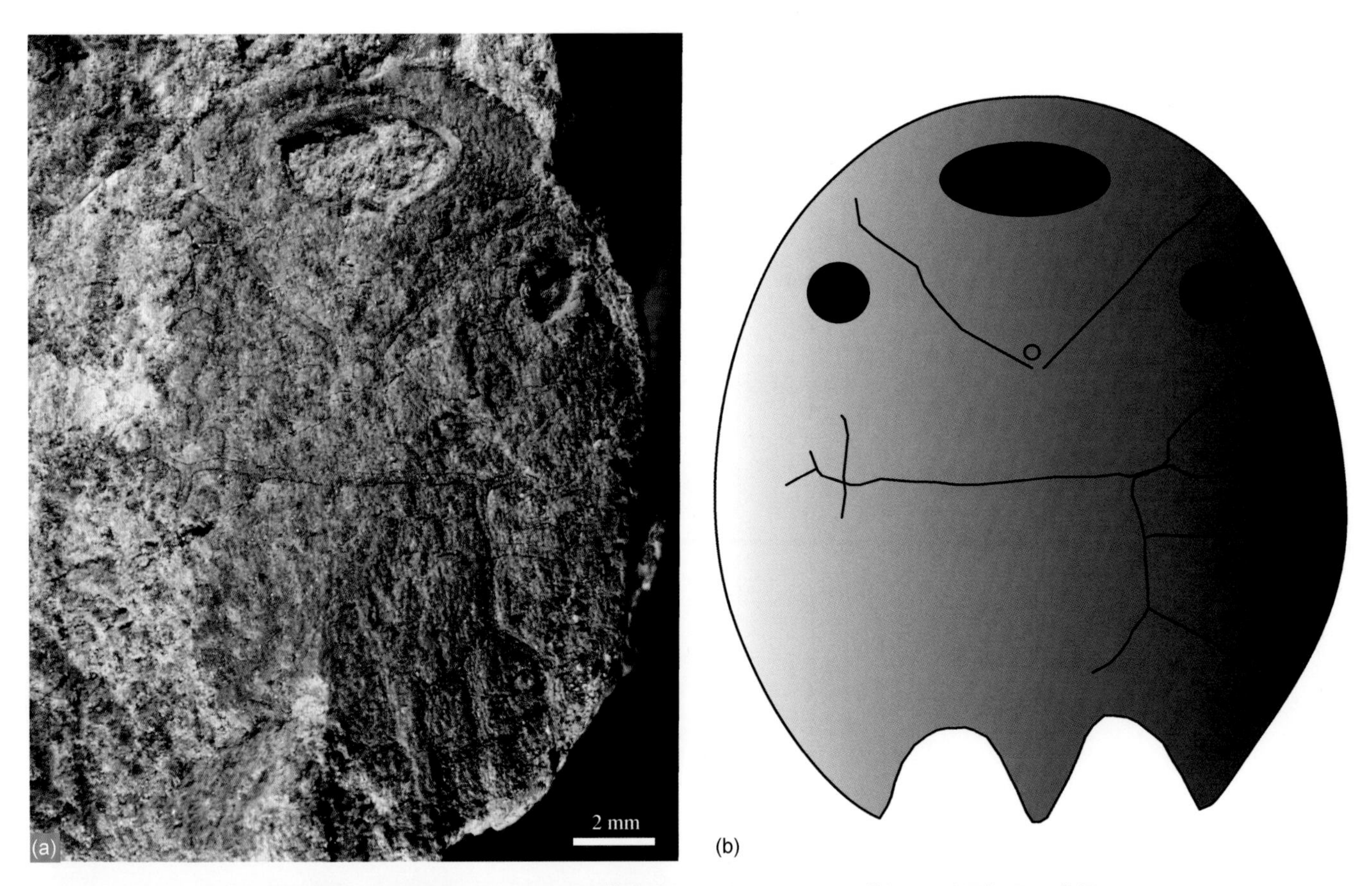

图7-88　小甲多鳃鱼　a. 一件近于完整的头甲，正模，IVPP V5018，背视；b. 头甲复原图，背视。

图7-89　小甲多鳃鱼生态复原图（杨定华绘）

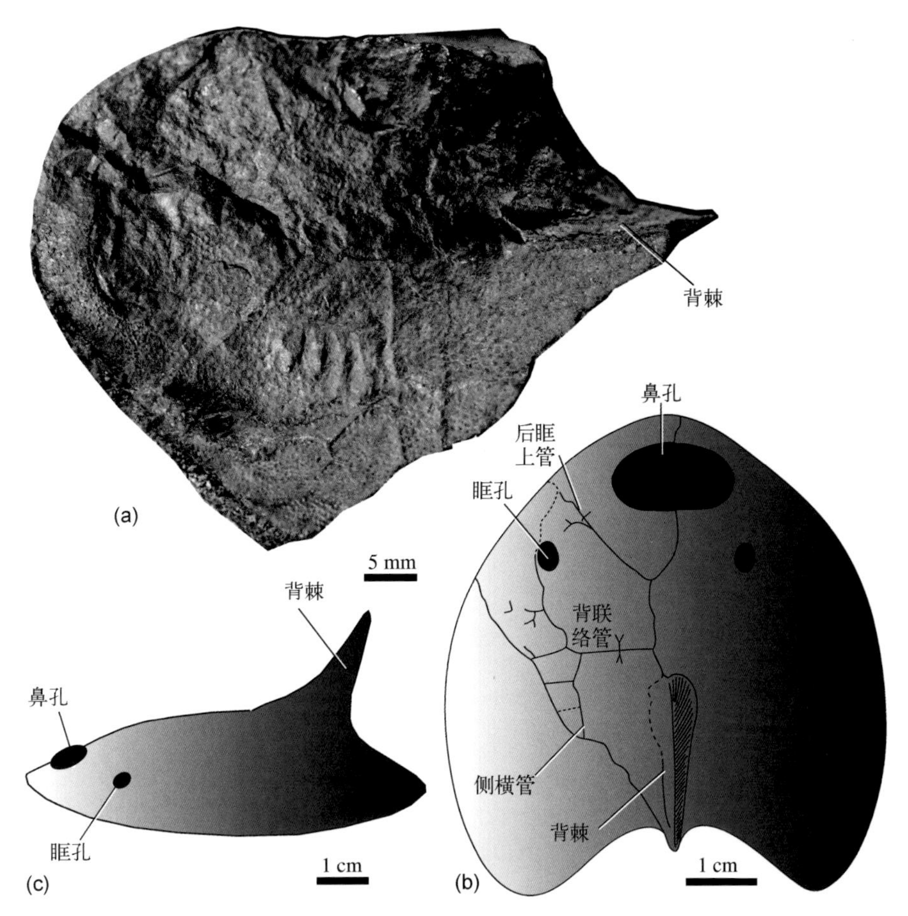

图7–90　高棘四营鱼　a. 一不完整的头甲外模，正模，IVPP V 6258.1，腹视；b，c. 头甲复原图。b. 背视；c. 侧视（据王念忠，王俊卿，1982b重绘）。

图7–91　高棘四营鱼生态复原图　（杨定华绘）

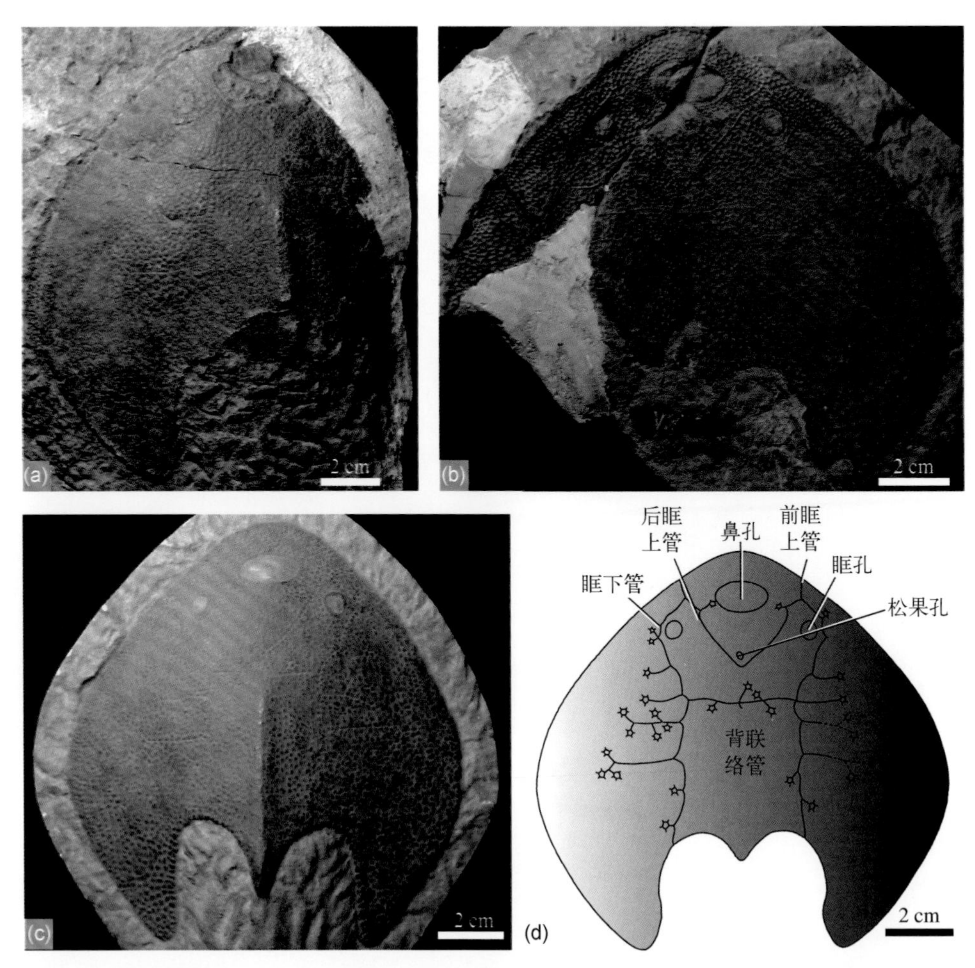

图7-92　曲靖宽甲鱼　a, b. 一近于完整头甲及其外模，正模IVPP V5017。a. 头甲，背；b. 外模，腹视；c. 头甲复原模型，据正模，背视；d. 头甲复原图，背视（刘玉海，1975）。

图7-93　曲靖宽甲鱼生态复原图（杨定华绘）

约相等。头甲吻缘窄而前突，但不形成吻角或吻突；背棘发育；内角发达、叶状、肥大，其末端向后大大超出背棘；中背孔椭圆形，长不及宽的3/5；眶孔背位，相对小，圆形；松果斑位于眶孔后缘水平线之后；侧线系统几乎与廖角山多鳃鱼相同，但趋向头甲前部集拢，从而背联络管处于头甲的约前2/5分界线，并且感觉管末端分叉，且叉枝多折曲并偶尔吻合成星状环。纹饰由较大的具放射脊的突起组成。

产地与时代 云南曲靖市麒麟区寥廓山，翠峰山群西山村组；早泥盆世洛赫考夫期。

归入种 “曲靖东方鱼”“*Dongfangaspis qujingensis*” Pan et Wang, 1981 (图7–94，7–95)。

特征 头甲长估计约12 cm，宽约10 cm，宽、长比率0.83；头甲椭圆形，具肥大的内角和发达的中背棘，该棘两侧头甲后缘深度凹进；中背孔亚圆形，宽略大于长；眶

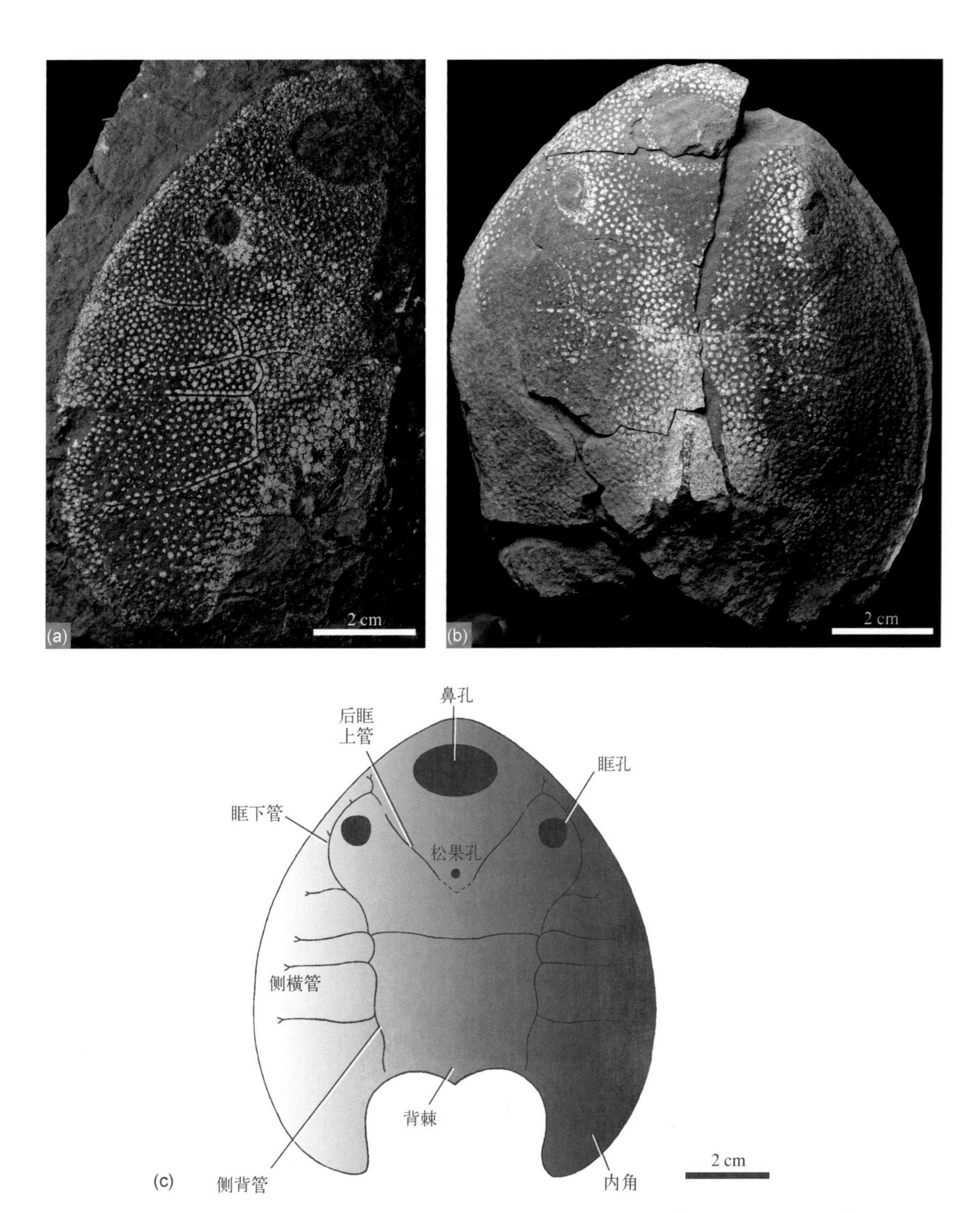

图7–94 “曲靖东方鱼” a. 一不完整头甲外模，正模，GMC V1753，腹视；b. 一完整头甲，IVPP V5017.1，背视；c. 头甲复原图，背视。

图7–95　曲靖东方鱼生态复原图　（杨定华绘）

孔大，与中背孔的水平距约为眶孔直径的1/2，松果孔洞开而大，位于眶孔后缘水平线稍后；侧线系统的布局与曲靖宽甲鱼甚为相近，但后者感觉管中可能只有第一侧横管末端二分叉，呈树枝状，其余不分叉。纹饰由星状突起组成，突起中等大小，分布均匀。

产地与时代　云南曲靖市麒麟区西城街道西山水库，翠峰山群西山村组；早泥盆世洛赫考夫期。

曲靖宽甲鱼（相似种）*Laxaspis* cf. *L. qujingensis* Pan, 1992（图7–96）。

特征　形体较大的多鳃鱼，头甲长120 mm，宽132 mm，宽长比率1.1。头甲吻较宽，且圆钝；背棘发育；内角发达，叶状，肥大，其末端向后大大超出背棘；中背孔椭圆形，长约为宽的3/5；眶孔背位，相对小，圆形；侧线系统几乎与廖角山多鳃鱼相同，但中背联络管远居于头甲平分线之前，而廖角山多鳃鱼中，则约居于平分线之上，侧横管末端分叉。纹饰由较大的具放射脊的突起组成。头甲后的躯干部分罕见地保存下来，躯干的背部和腹侧覆盖以肋状鳞，这两部分间的躯干侧面则覆以菱形鳞。盔甲鱼类中目前鳞列结构保存最好的种。

产地与时代　云南曲靖市麒麟区西城街道面店村附近，玉龙寺组上部（“面店村组”）；志留纪普里道利世。

坝鱼属 *Damaspis* Wang et Wang, 1982

模式种　变异坝鱼 *Damaspis vartus* Wang et Wang, 1982（图7–97，7–98）。

特征　头甲中等大小，长约82 mm，略大于宽，最大宽度在侧线第3与第4侧横管之间；头甲背脊低平；内角肥大，呈叶状；中背孔略呈横置椭圆形，前缘显著前凸；“V”形眶上管的两支后端不相遇；主侧线管沿内角内缘而下直达其后端；感觉管末端二分叉；纹饰由细小而密的突起组成；具鳃囊15对。

产地与时代　云南曲靖市麒麟区西城街道面店水库附近，翠峰山群西山村组；早泥盆世早洛赫考夫期。

团甲鱼属 *Cyclodiscaspis* Liu, 1975

模式种　栉刺团甲鱼 *Cyclodiscaspis ctenus* Liu, 1975（图7–99，7–100）。

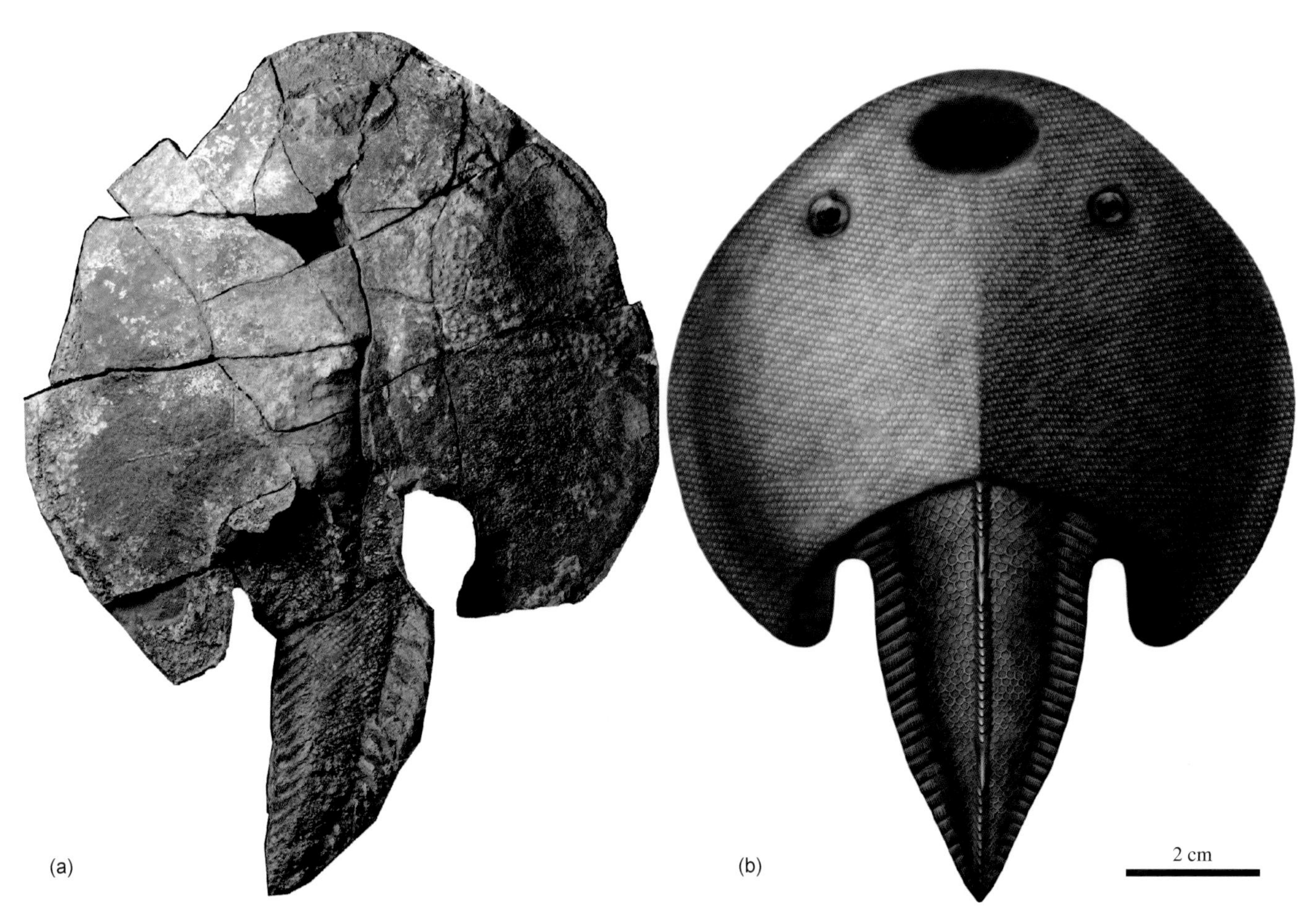

图7–96　曲靖宽甲鱼（相似种） a. 一条完整的鱼，头甲、身体近于完整保存，GMC V2072–1，背视；b. 头甲及身体复原图，背视（杨定华绘）。

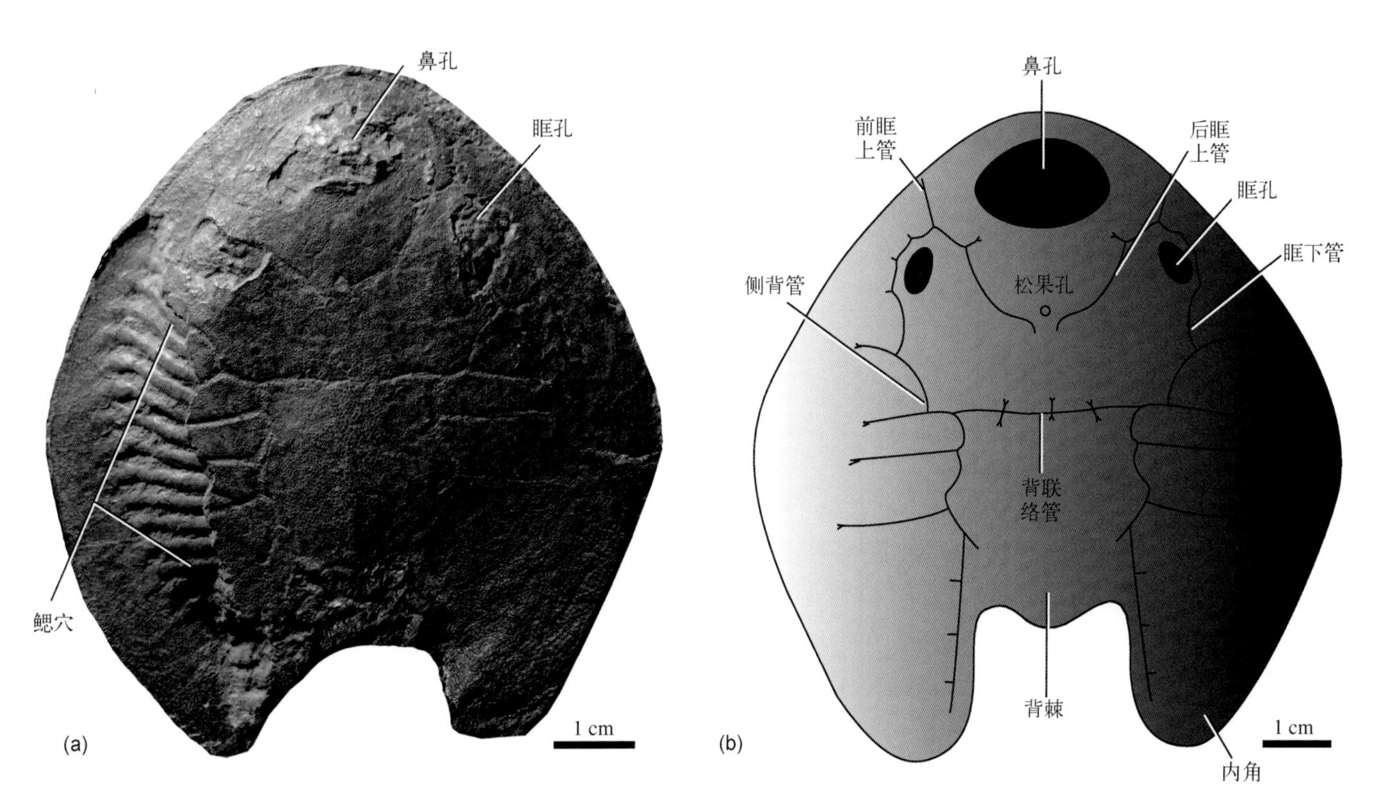

图7–97　变异坝鱼 a. 一件完整的头甲，正模，IVPP V6259.1，背视；b. 头甲复原图，背视（据王念忠，王俊卿，1982b重绘）。

图7–98　变异坝鱼生态复原图　该标本侧线系统存在变异。通常情况下，头甲背部的侧线系统是左右对称的，但坝鱼的正型标本则不对称，左侧较长的侧横管具有5条，而右侧只有4条。(杨定华绘)

特征　头甲呈团扇形，长约115 mm，宽略大于长或近于长；头甲侧缘自中部向后至内角末端之间呈锯齿状，内角肥大而短；自头甲中部向后沿中线渐隆起，估计应存在中背脊和背棘；中背孔横宽显著，达其纵长的2.5倍；眶孔侧位，于头甲边缘呈缺刻状，位置前移，眶刻前缘向前越过中背孔后缘水平线，因之眶前区甚短；感觉管末端呈星状环，"V"形眶上管的两支于后端不汇合、呈漏斗形；纹饰由细小的粒状突起组成。

产地与时代　云南宜良县喷水洞，翠峰山群西屯组；早泥盆世晚洛赫考夫期。

东方鱼属 *Dongfangaspis* Liu, 1975

模式种　硕大东方鱼 *Dongfangaspis major* Liu, 1975 (图7–101, 7–102)。

特征　个体较大的多鳃鱼类，背甲长约200 mm；吻缘圆钝；内角叶状，不特别肥大。腹环内缘平行于背甲侧缘；中背孔前缘较平后缘凸，宽大于长；眶孔背位，眶间距接近中背孔之宽；松果孔位置靠前，约在两眼孔后缘连线上；感觉管游离末端分叉呈树枝状；主侧线管上有8对发育的侧横管，其中两对位于联络管之前；模式标本腹环后段的内缘保存了不少于30个外鳃孔，考虑缺失的部分，估计该鱼的鳃孔数目为45对左右，为多鳃鱼目中鳃孔数目最多的种；背甲纹饰不详，腹环纹饰由很小的粒状突起组成。

产地与时代　四川江油市雁门坝，平驿铺组；早泥盆世布拉格期。

滇东鱼属 *Diandongaspis* Liu, 1975

模式种　西山村滇东鱼 *Diandongaspis xishancunensis* Liu, 1975 (图7–103, 7–104)。

特征　吻缘圆钝；背甲侧缘显著凸出，因此背甲较宽；中背孔似为横的椭圆形；眼孔椭圆形，背位，距头甲侧缘近；感觉管末端呈多边形放射状；纹饰由非常细小的粒状突起组成，每平方毫米约有突起4个。Pan (1992) 认为滇东鱼的属型种西山村滇东鱼与曲靖宽甲鱼有很多相似的特征，比如很宽的头甲具有向前深深凹

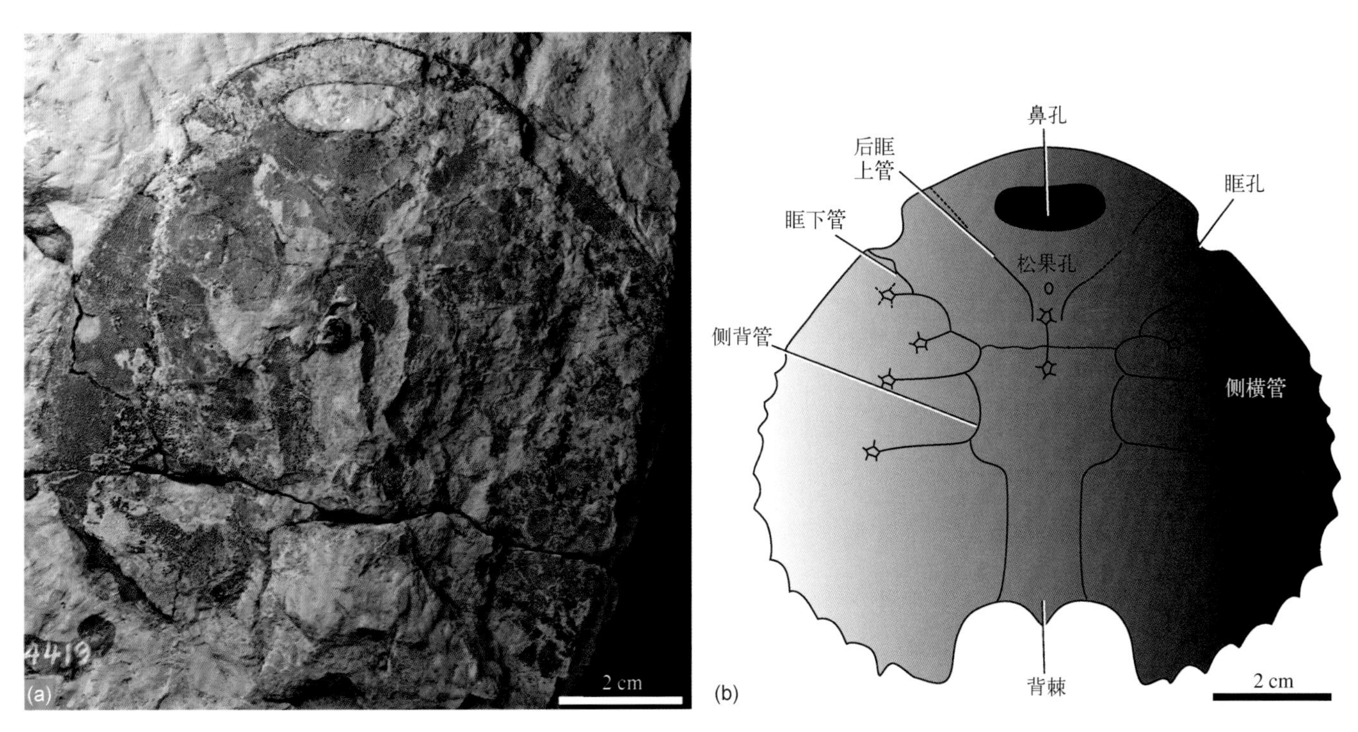

图7-99 栉刺团甲鱼 a. 一近于完整的头甲，正模，IVPP V4419，背视；b. 头甲复原图，背视（据刘玉海，1975重绘）。

图7-100 栉刺团甲鱼生态复原图 （杨定华绘）

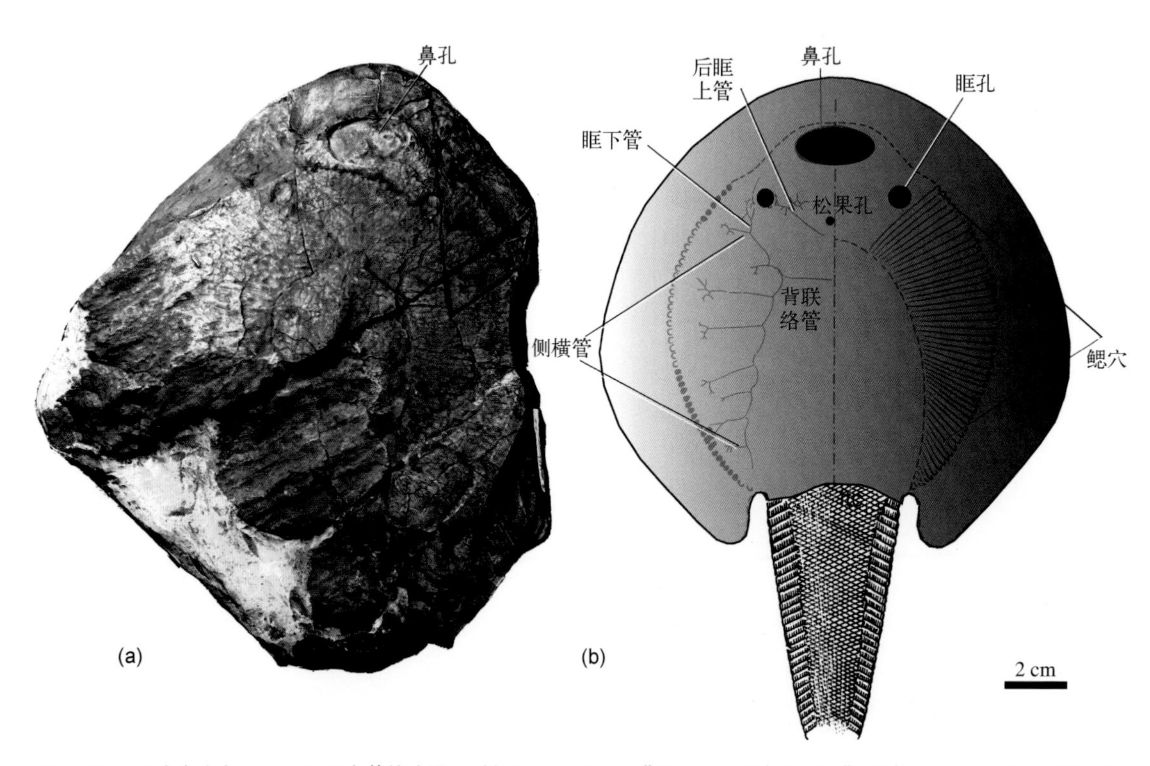

图7-101 硕大东方鱼 a. 一近于完整的头甲，正模，IVPP V4421，背视；b. 头甲复原图，背视（据Janvier, 2004；刘玉海，1975重绘）。

图7-102 硕大东方鱼生态复原图（杨定华绘）

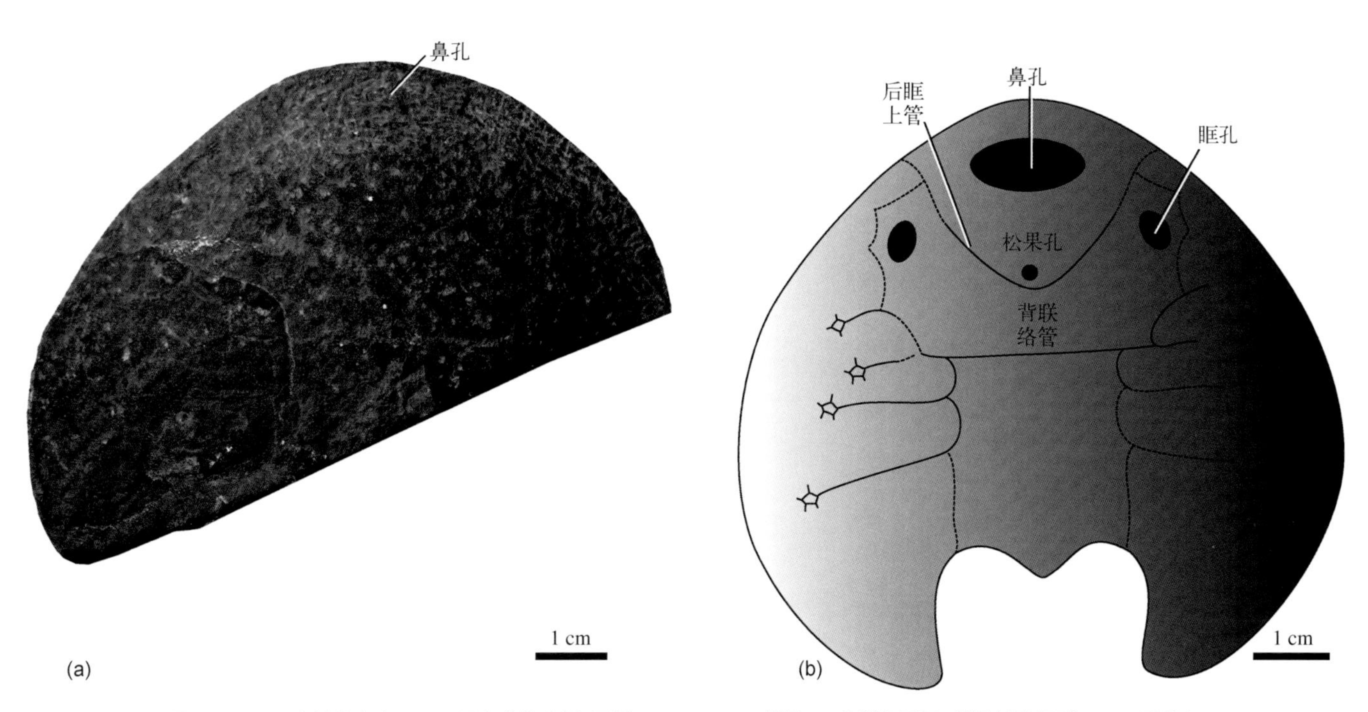

图7-103 西山村滇东鱼 a. 一不完整的头甲，正模，IVPP V4418，背视；b. 头甲复原图，背视（据刘玉海，1975重绘）。

图7-104 西山村滇东鱼生态复原图 （杨定华绘）

进的后缘，椭圆形中背孔，侧横管末端呈星状等。因此，认为西山村滇东鱼只是宽甲鱼的一个种，应取消滇东鱼(*Diandongaspis*)。Zhu和Gai (2006) 认为西山村滇东鱼与曲靖宽甲鱼确实有某些相似之处，尤其是在头甲的总体性状和感觉管的模式上，但是这两个种在头甲纹饰上存在很大的差异：西山村滇东鱼为很小的简单的粒状纹饰，而曲靖宽甲鱼则为很大的星状纹饰。因此，建议保留滇东鱼 (*Diandongaspis*)。

产地与时代 云南曲靖市麒麟区西城街道西山村，翠峰山群西山村组；早泥盆世早洛赫考夫期。

驼背鱼属 *Altigibbaspis* Liu et al., 2017

模式种 惠清驼背鱼*Altigibbaspis huiqingae* Liu et al., 2017 (图7–105，7–106)。

特征 中等大小的多鳃鱼类，头甲呈卵圆形，长约60 mm，宽约50 mm，高约18 mm；中背孔呈横宽的椭圆形，宽约10 mm，长约5 mm，宽/长比率约2.0；眶孔呈圆形，直径4 ~ 5 mm，位于头甲的前背位，中背孔之后；多鳃鱼型的侧线感觉管系统；头甲背面具有一特征性的驼背状隆起，其上具有一刀刃状的中背脊，中背脊从中横联络中间出发出，水平延伸约16 mm，在靠近头甲后缘的地方，开始下降；内角呈宽大叶状，向后延伸超过中背脊；头甲纹饰保存为较平的多边形印痕，较大。

产地与时代 云南曲靖市麒麟区西城街道西山村，翠峰山群西山村组；早泥盆世早洛赫考夫期。

目不确定 Incerti ordinis

昭通鱼科 Family Zhaotongaspidide Wang et Zhu, 1994

昭通鱼属 *Zhaotongaspis* Wang et Zhu, 1994

模式种 让氏昭通鱼 *Zhaotongaspis janvieri* Wang et Zhu, 1994 (图7–107，7–108)。

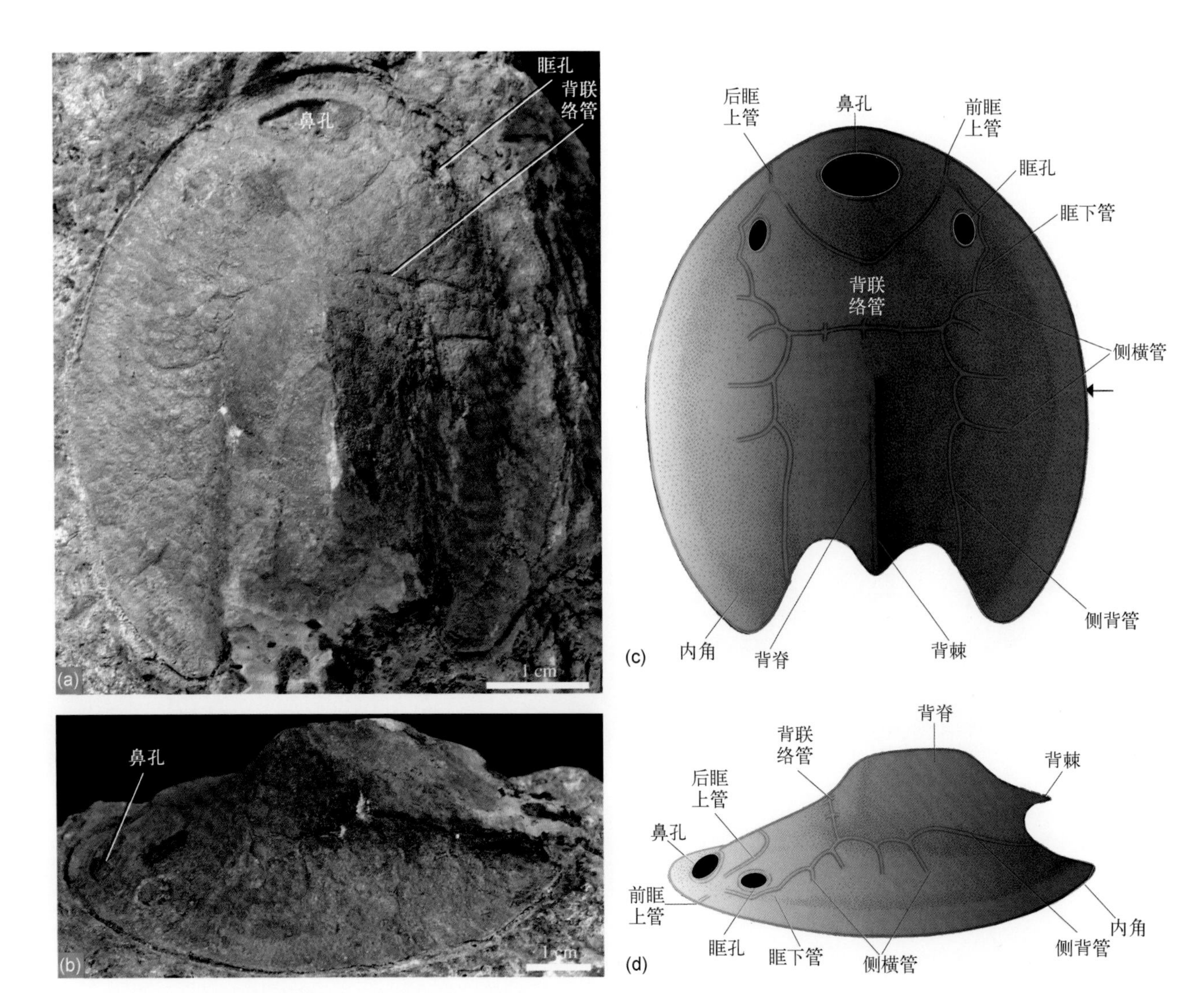

图7–105 惠清驼背鱼 a，b. 一件完整的头甲，正模，IVPP V 20843.1；c，d. 头甲复原；a，c 背视；b，d 侧视 (Liu et al., 2017)。

图7–106　云南曲靖西山村组早泥盆世早洛赫考夫期盔甲鱼类生态复原　1. 惠清驼背鱼；2. 小眼南盘鱼；3. 张氏真盔甲鱼；4. 双翼王冠鱼；5. 廖角山多鳃鱼；6. 板足鲎。(杨定华绘)

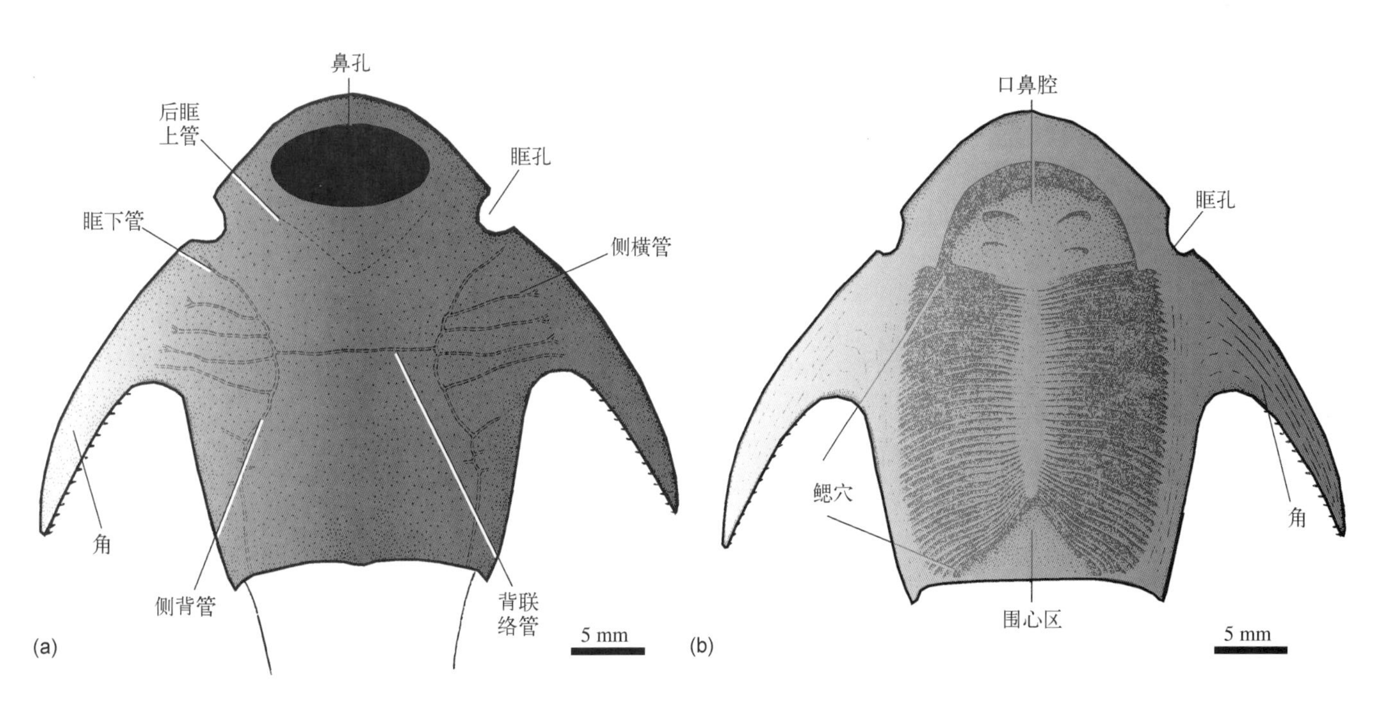

图7–107　让氏昭通鱼　a. 头甲复原图，背视；b. 头甲复原图，腹视(据王俊卿，朱敏，1994重绘)。

图7–108 让氏昭通鱼生态复原图 （杨定华绘）

特征 头甲长约50 mm；角位置前移，其基部始于眶刻后，作侧后掠的翼状，角与头甲后侧缘间形成一深的腋窝，沿角内缘具一行锯齿状小刺，角的末端止于头甲后缘之前；头甲的角后部分甚长，由前向后略收窄，后缘近于截形，内角若存在当极微弱；中背孔大，横置椭圆形；眶孔侧位，较大，于头甲侧缘呈深缺刻状；侧线系统中，具4对发育的侧横管，第4对之后尚存在若干对萎缩残迹，感觉管游离端二叉分支，背联络管约居于头甲1/2平分线上；纹饰由小的突起组成，局部如角的侧缘和中背孔边缘可引长为脊；鳃穴排列紧密，多达31对以上，可能35～40对。

产地与时代 云南昭通市昭阳区北闸镇箐门村，坡松冲组；早泥盆世布拉格期。

文山鱼属 *Wenshanaspis* Zhao, Zhu et Jia, 2002

模式种 纸厂文山鱼 *Wenshanaspis zhichangensis* Zhao et al., 2002 (图7–109, 7–110)。

特征 头甲略呈悬钟形，长约45 mm，宽与长约相等；角位置靠后，其基部略前于头甲后缘，呈棘状，内缘具锯齿状小刺；内角发育为叶状；中背孔远离吻缘，呈宽大于长的椭圆形；眶孔位靠前，侧位，于头甲侧缘呈缺刻状；侧线系统的感觉管游离端二叉分支，侧横管4对，第4侧横管贯穿角的全程，背联络管居于头甲前1/2的后部；纹饰由细小的粒状突起组成；鳃30对。

产地与时代 云南文山县古木，坡松冲组；早泥盆世布拉格期。

华南鱼目 Huananaspiformes Janvier, 1975

三岔鱼科 Sanchaspidae Pan et Wang, 1981

三岔鱼属 *Sanchaspis* Pan et Wang, 1981

模式种 宽大吻突三岔鱼 *Sanchaspis magalarotrata* Pan et Wang, 1981 (图7–111, 7–112)。

特征 头甲略呈六角形，长约80 mm，宽大于长；吻突发达，前端膨大呈蘑菇状；角略内弯作镰刀状，其位置前移从而其末端尚不达内角基部；内角粗壮，指向后方，其末端是头甲终点；头甲后缘具硕壮的背棘，与两侧的内角构成“M”形；中背孔呈横置椭圆形，宽约为长的2倍；眶孔背位，但距头甲侧缘近；松果斑约处于眶孔后缘水平

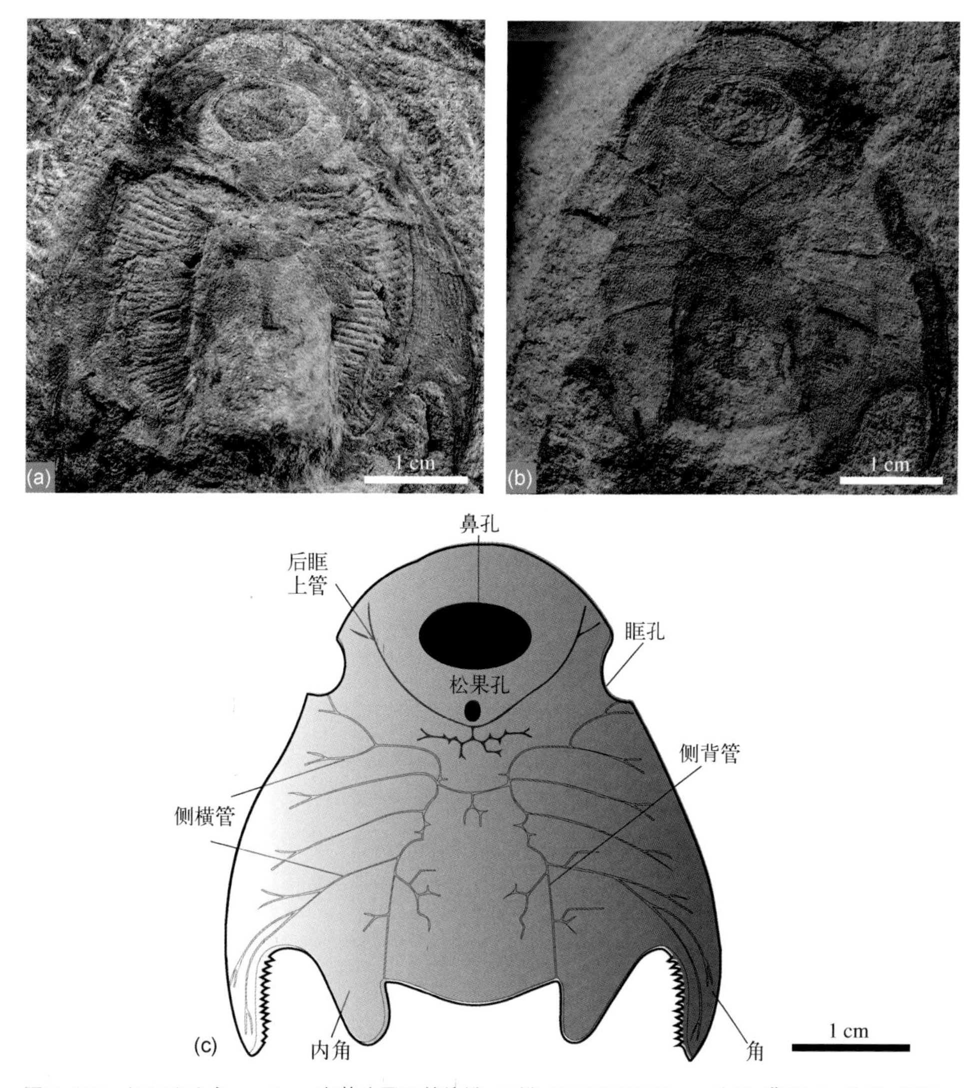

图7-109　纸厂文山鱼　a, b. 一完整头甲及其外模，正模，IVPP V12740。a. 头甲，背视；b. 外模，腹视；c. 头甲复原图，背视（据赵文金等，2002重绘）。

图7-110　纸厂文山鱼生态复原图　（杨定华绘）

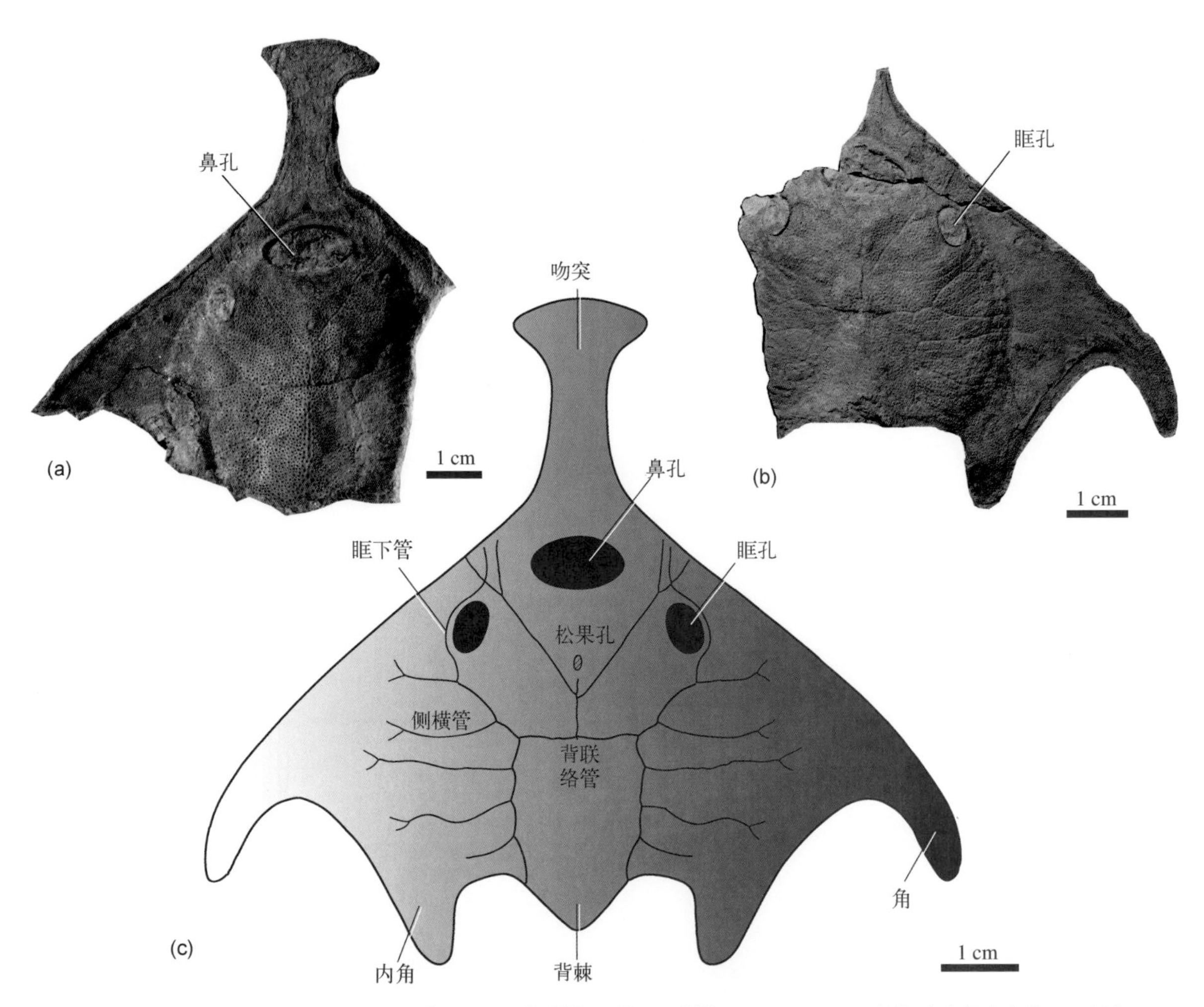

图7–111　宽大吻突三岔鱼　a, b. 一右侧完整的头甲及其外模，正模。a. 外模，GMC V1742–2，腹视，吻突保存完整；b. 头甲，GMC V1742–1，背视，右侧角与内角保存完整；c. 头甲复原图，背视（据潘江，王士涛，1981重绘）。

图7–112　宽大吻突三岔鱼生态复原图　（杨定华绘）

线上；侧线系统中侧横管5对，游离端分叉，“V”形眶上管与眶下管于眶孔前方相遇而交叉；纹饰由小而密的突起组成；鳃囊12对或稍多。

产地与时代 云南曲靖市麒麟区西城街道徐家冲，翠峰山群徐家冲组；早泥盆世布拉格期。

箭甲鱼属 *Antiquisagittiaspis* Liu, 1985

模式种 角箭甲鱼*Antiquisgittiaspis cornuta* Lui, 1985 (图7–113,7–114)。

特征 个体硕大，头甲由中背孔后缘至内角末端长达200 mm，如具吻突估计头甲长接近300 mm，宽约260 mm；可能具吻突；角强壮，呈基部宽、稍后掠的短翼状，角基部显著前移，导致头甲的角后部分甚长；内角呈狭长的三角形，直指后方；自松果区向后头甲沿中轴略隆起，临近后缘翘起成硕壮的背棘，与内角形成三叉形；中背孔大，圆形；眶孔侧位，于头甲侧缘呈浅刻状，位置靠前，与中背孔后缘在同一水平线；感觉管游离端分叉，“V”形眶上管与眶下管不相遇，侧横管4对；纹饰由不大的突起组成，突起较平，其上更分布有粒状小突。箭甲鱼是迄今个体最大的华南鱼类。吻突和胸角显然符合流体力学原理，在游泳中可减少水的阻力。内骨骼表面具丰富的皮下脉管丛。

产地与时代 广西横县霞义岭，那高岭组；早泥盆世布拉格期。

鸭吻鱼科 Gantarostrataspidae Wang et Wang, 1992

鸭吻鱼属 *Gantarostrataspis* Wang et Wang, 1992

模式种 耿氏鸭吻鱼 *Gantarostrataspis gengi* Wang et Wang, 1992 (图7–115,7–116)。

特征 包括吻突在内头甲长约90 mm，宽不及长的

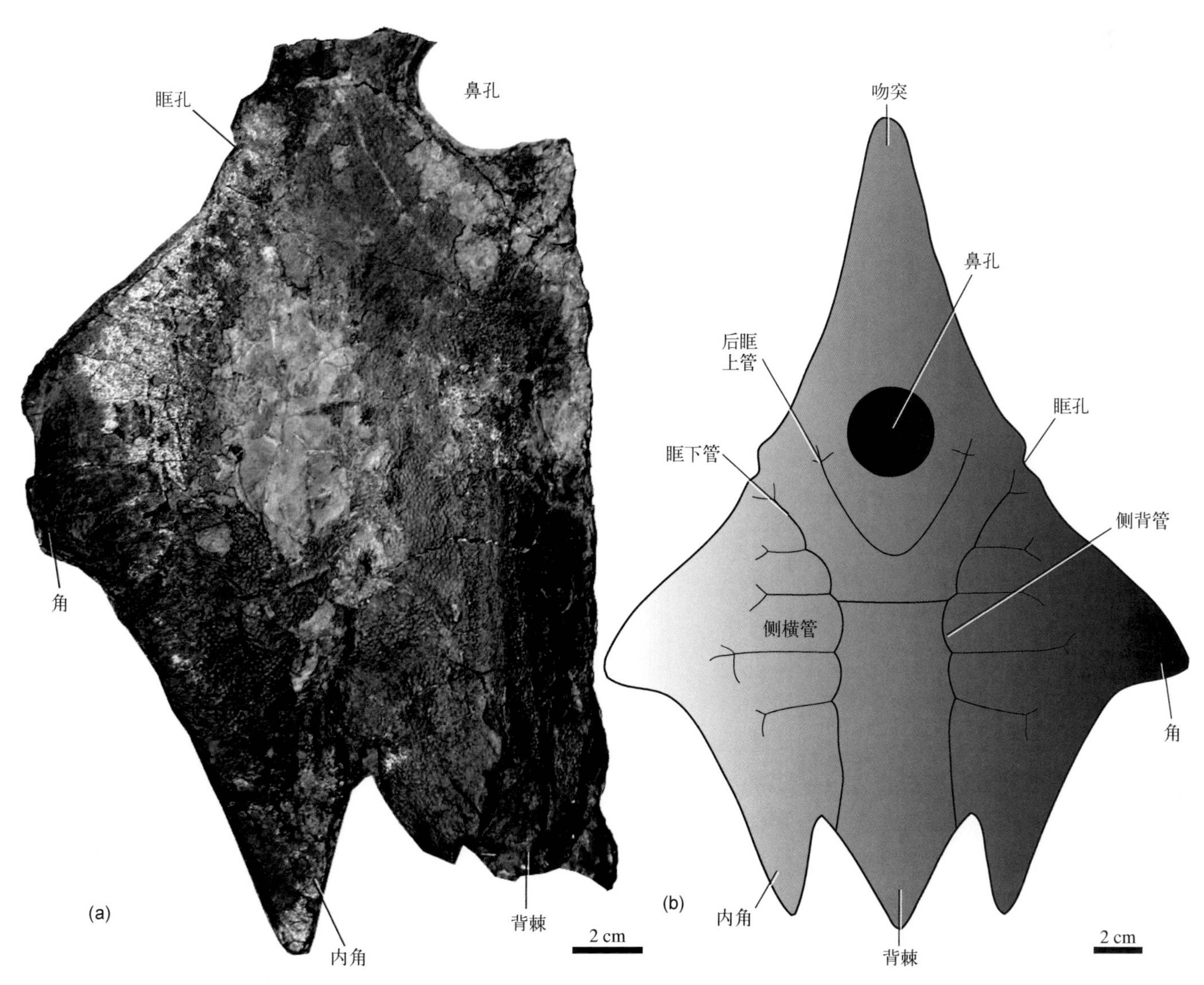

图7–113 角箭甲鱼 a. 一不完整的头甲，正模，广西地质局陈列馆标本登记号GGBM GV0001，背视；b. 头甲复原图，背视（据刘玉海，1985重绘）。

图7–114　角箭甲鱼生态复原图　（杨定华绘）

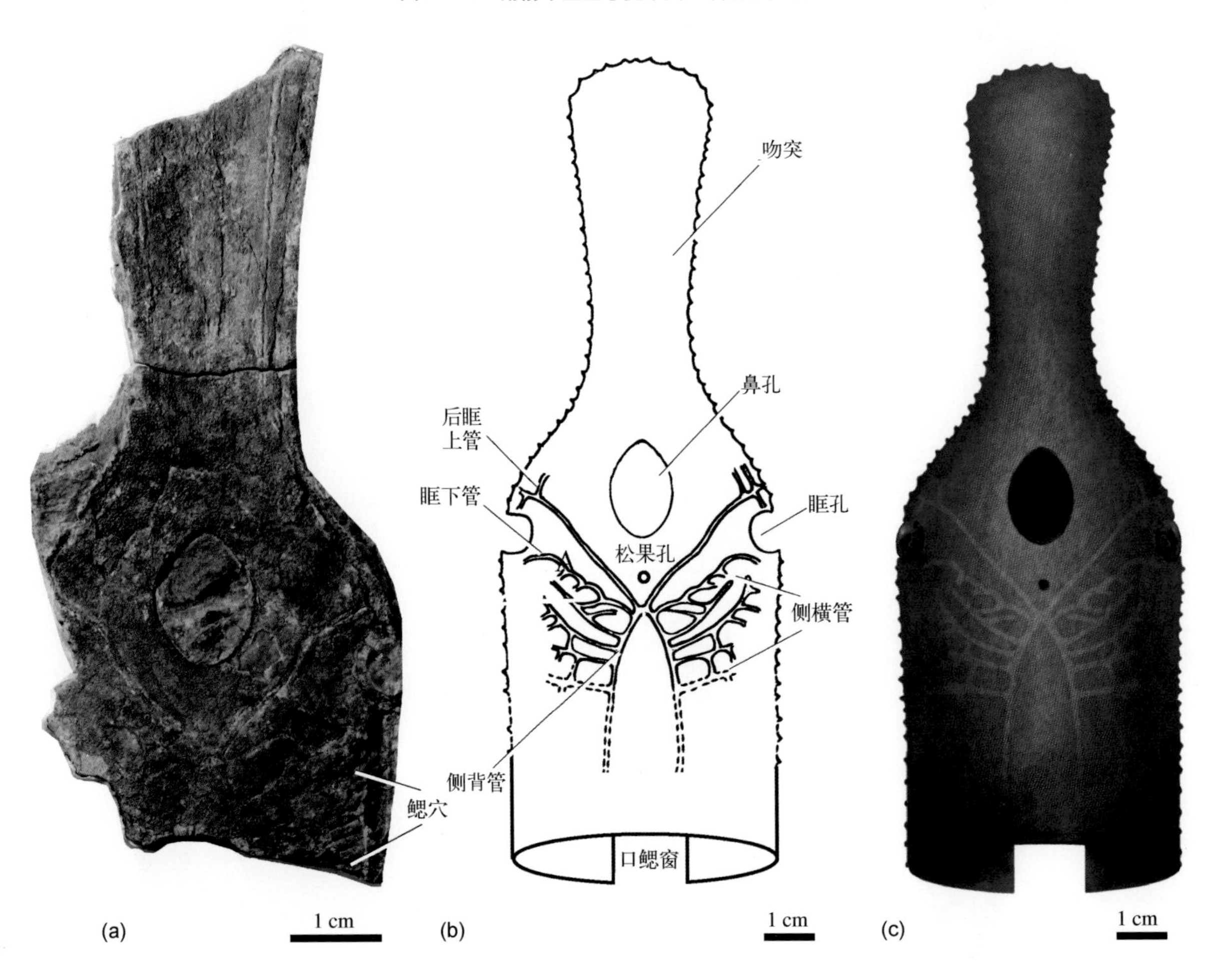

图7–115　耿氏鸭吻鱼　a. 一件后部缺失的头甲，正模，IVPP V9758，背视；b，c. 头甲复原图，背视（据王俊卿，王念忠，1992重绘）。

图7–116 耿氏鸭吻鱼生态复原图 （杨定华绘）

1/2；吻突长而宽，呈鸭喙状；眶刻后的头甲左右侧缘近于平行下行，头甲吻突和侧缘具一行小刺；中背孔大，呈纵长的椭圆形，宽约为长的2/3，该孔的后1/4向后越过眶孔前缘水平线；眶孔大，侧位，于头甲侧缘呈深的缺刻状；松果孔封闭；侧线系统中，眶下管与主侧线间作90°弯曲，两侧弯曲顶端之间有一轭状中横管沟通，侧横管可能3对以上，每支侧横管向后发出2 ~ 3支短管，背联络管很短，“V”形眶上管的两支后端不汇合，而与轭状中横联络管相接，眶上管前部则向前和后发出1 ~ 2短管；纹饰由小而密集的粒状突起组成；鳃穴与头甲中轴近于垂直，10对以上。

产地与时代 云南文山县古木，坡松冲组；云南曲靖市麒麟区西城街道徐家冲，翠峰山群徐家冲组。早泥盆世布拉格期。

乌蒙山鱼属 *Wumengshanaspis* Wang et Lan, 1984

模式种 寸田乌蒙山鱼 *Wumengshanaspis cuntianensis* Wang et Lan, 1984 (图7–117, 7–118)。

特征 体形较小，头甲估计长约26 mm，宽远小于长；吻突发达，细长，约达头甲长的1/3，吻突边缘和背面具纵行的齿状小刺；吻突之后仅口鳃区以印模形式保存，依据该印模推测可能头甲狭长，角呈棘状、后掠；中背孔特大，纵长椭圆形；眶孔侧位，于头甲侧缘呈缺刻状；鳃囊9对。

产地与时代 云南彝良县寸田，缩头山组第一铁矿层顶板；早泥盆世埃姆斯期。

裂甲鱼属 *Rhegmaspis* Gai et al., 2015

模式种 剑裂甲鱼 *Rhegmaspis xiphoidea* Gai et al., 2015 (图7–119, 7–120)。

特征 小型华南鱼类，头甲呈鱼雷形，长约36 mm，宽约10 mm，头甲侧缘近于平行，缺少腹环、角和内角；头甲向前伸出一细长吻突，长约11 mm，吻突偶尔可见细小瘤刺；中背孔呈纵长椭圆形，长3 ~ 4 mm，宽2 ~ 3 mm；眶孔较小，位于头甲腹侧位，直径约1.5 mm，轻微向下，可能具有向下视觉；侧线感觉管仅见“V”形后眶上管；具12 ~ 16对鳃囊，鳃囊向头甲腹面弯曲；口鳃窗呈纺锤形，长约25 mm，宽约5 mm；头甲纹饰由较大的多边形瘤点

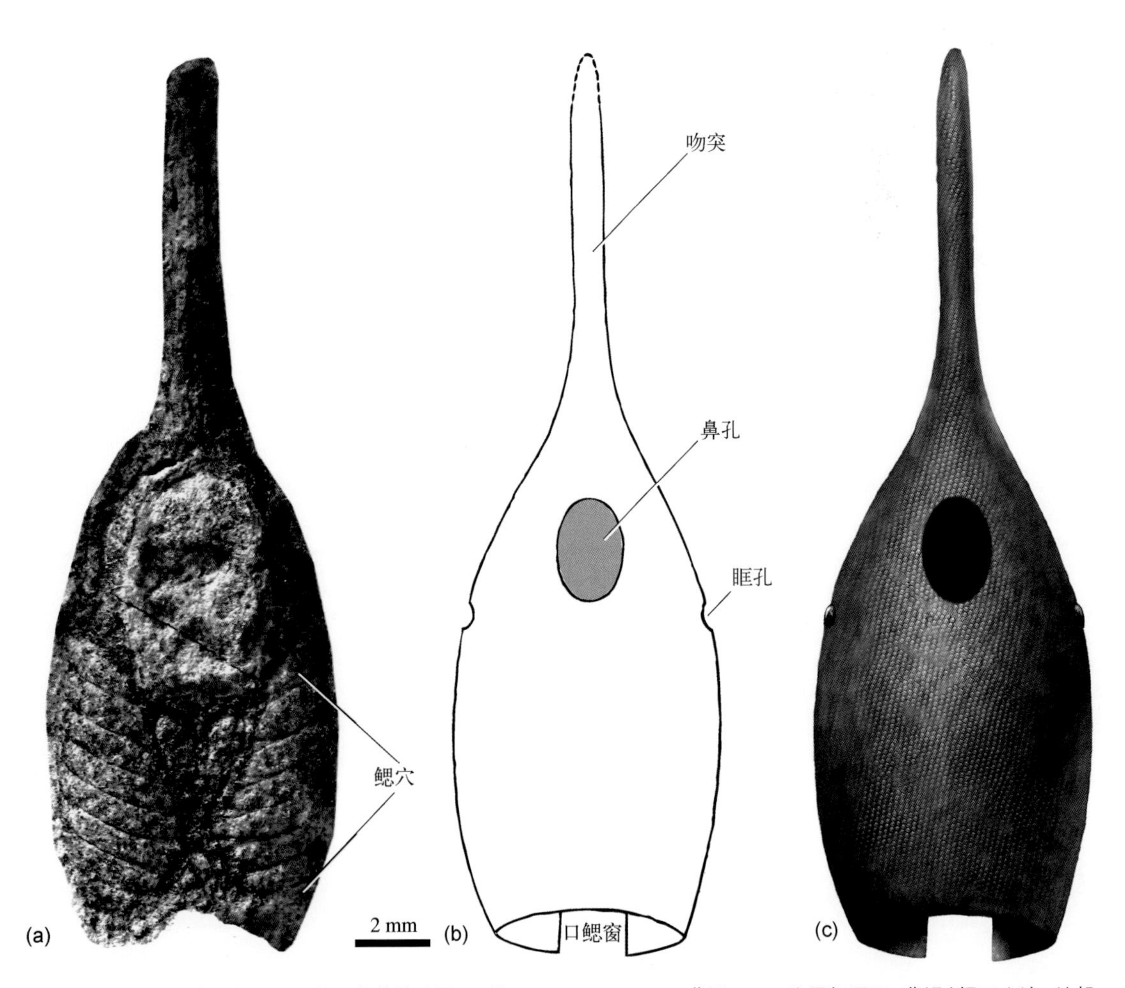

图7-117　寸田乌蒙山鱼　a. 一件不完整的头甲，正模，IGCAGS V1744.1，背视；b，c. 头甲复原图，背视（据王士涛，兰朝华，1984；Gai et al., 2015）。

图7-118　寸田乌蒙山鱼生态复原图（杨定华绘）

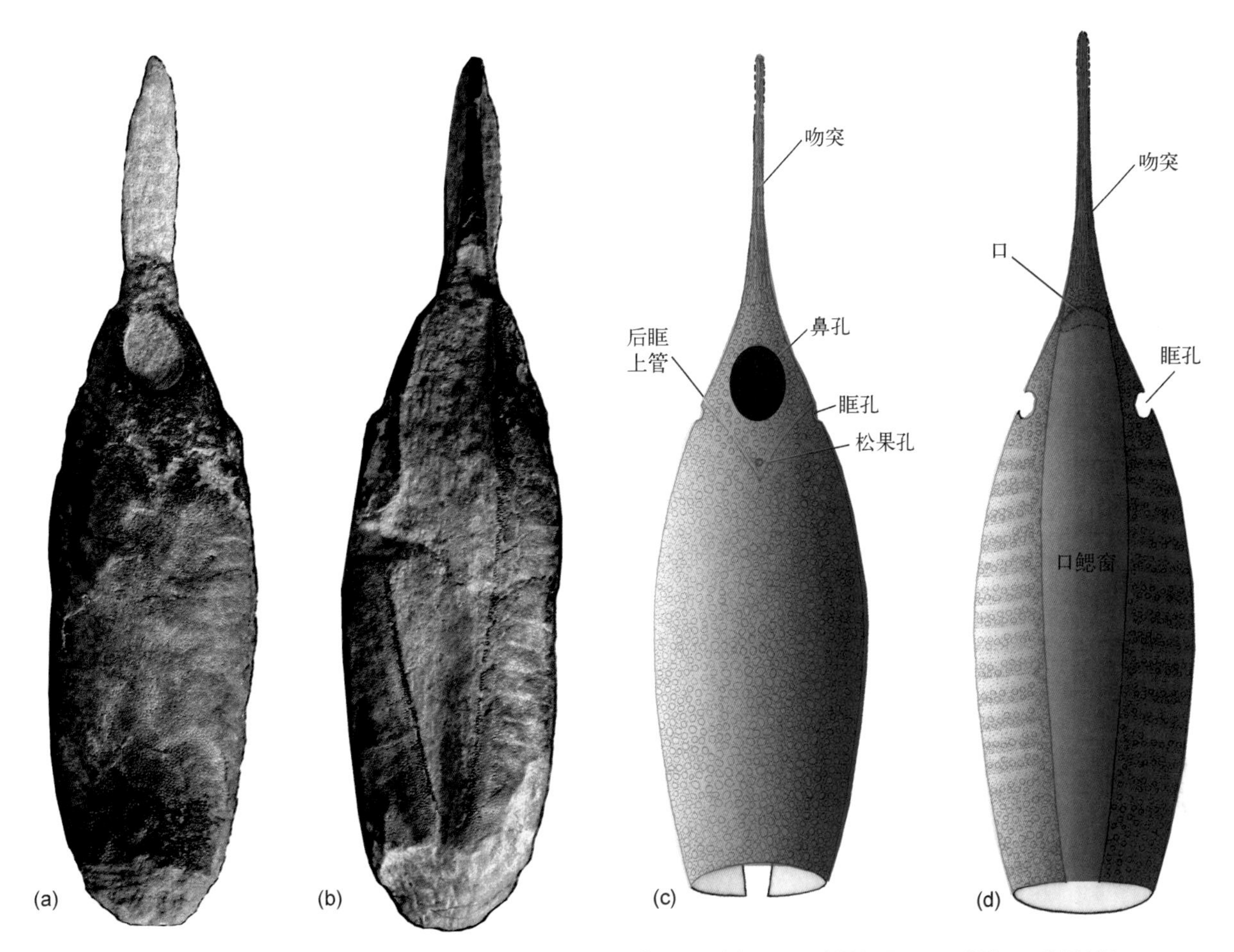

图7-119 剑裂甲鱼 a, b. 一完整头甲, 正模, IVPP V 19354.1。a. 背视; b. 腹视; c, d. 头甲复原图。c. 背视; d. 腹视(据Gai et al., 2015重绘)。

图7-120 剑裂甲鱼生态复原图 裂甲鱼(1)、昭通鱼(2)、三歧鱼(3)畅游在早期维管植物掌裂蕨之间。(杨定华绘)

组成。

产地与时代 云南昭通市昭阳区北闸镇箐门村，坡松冲组；早泥盆世布拉格期。

三歧鱼科 Sanqiaspidae Liu, 1975

三歧鱼属 *Sanqiaspis* Liu, 1975

模式种 长吻三歧鱼*Sanqiaspis rostrata* Liu, 1975（图7–121，7–122）。

特征 中等大小的盔甲鱼类，由头甲至尾部鱼体全长95 ~ 110 mm，头甲呈狭长的三叉形，长约75 ~ 82 mm；吻突狭长、扁平，前端呈截形而略扩展，其长度因个体而变化，甚者可达中背孔至头甲后缘长的1.5倍以上；头甲两侧缘近于平行；角呈狭长棘状，指向侧后方；内角欠发育；头甲后缘两侧凹进，中央为较弱的中背突；中背孔新月形，前突后凹；眶孔侧位，于头甲侧缘呈深缺刻状；松果孔封闭，头甲内模显示松果窝位于眶刻后缘水平线之前；侧线系统在不同标本间表现不同，可能系保存原因所致，其中中背纵管仅眶上管部分存在，较短，呈"V"形；侧背纵管前方始于眶刻后头甲侧缘、向后抵达头甲后缘，并于眶后深度内弯，其间存在两对横管，后一对

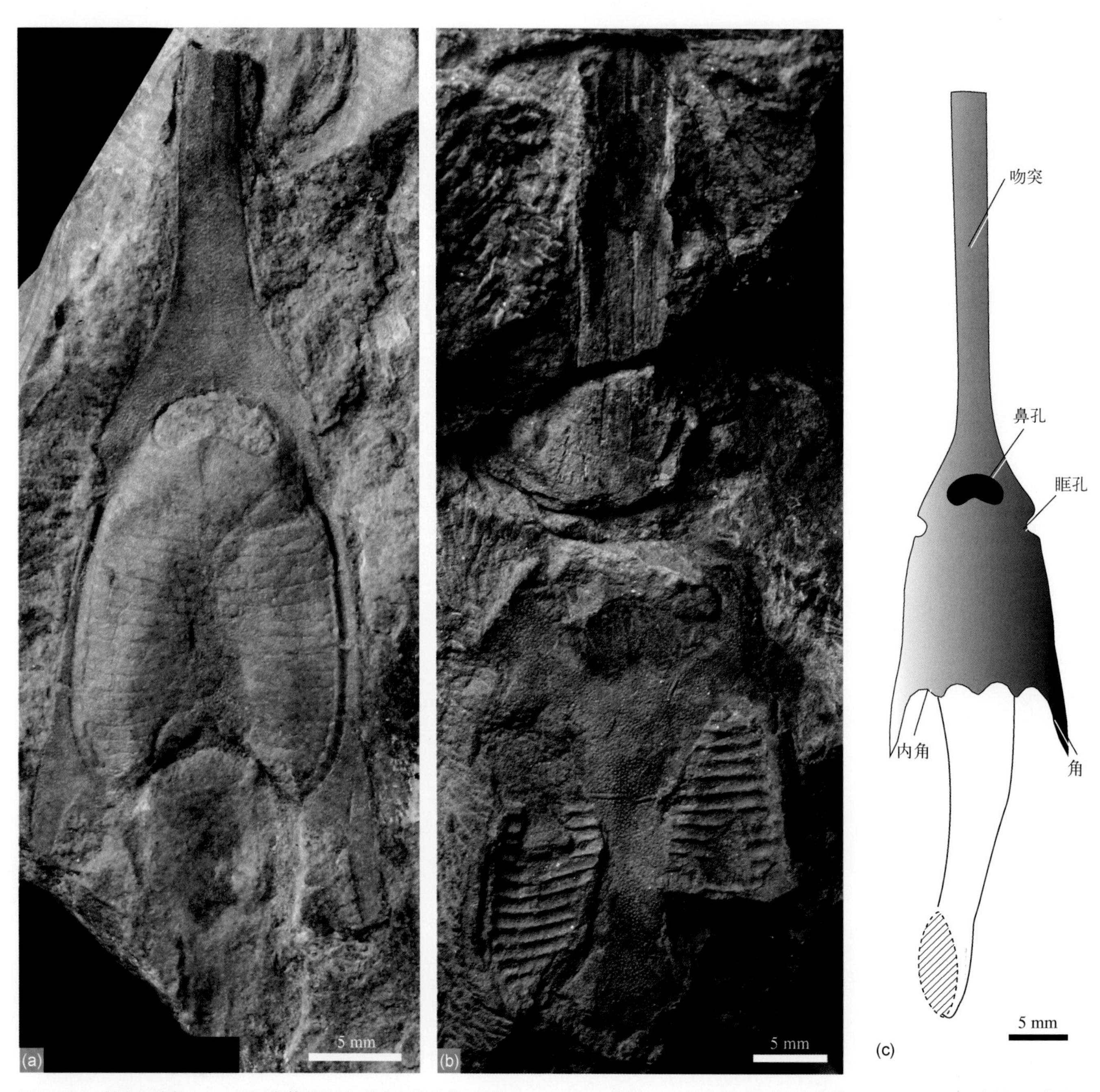

图7–121 长吻三歧鱼 a. 一近于完整的头甲，保存部分身体，正模，IVPP V4420，背视；b. 一近于完整头甲的外模，IVPP V 12742b，腹视；c. 头甲及身体复原图，背视（据刘玉海，1975重绘）。

图7–122 长吻三歧鱼生态复原图 (杨定华绘)

相汇合于中线，相当于背联络管。纹饰由细小的粒状突起组成。鳃穴17 ~ 19对。

产地与时代 四川江油市雁门坝，平驿铺组中部；云南文山县古木，坡松冲组。早泥盆世布拉格期。

归入种 昭通三歧鱼 *Sanqiaspis zhaotongensis* Liu, 1975 (图7–123，7–124)。

特征 头甲由中背孔至角末端长约35 mm，这个种与属型种长吻三歧鱼的不同在于其头甲明显相对宽、具发育的内角；内角呈棘状并在内角的内侧或内、外侧各具一小棘；在侧线系统方面与属型种长吻三歧鱼的差别在于，首先其眶上管呈漏斗形而非"V"形，并且前端二分叉；部分保存的侧背纵管显示该纵管后段显著靠近头甲中线；侧横管4对或更多，长短差别甚大，分布间隔极不均 (可能有些未被保存所致)；中横管两对，其中后一对相汇合为背联络管；纹饰由小而密集颗粒状突起组成。

产地与时代 云南昭通市昭阳区北闸镇箐门村，坡松冲组；早泥盆世布拉格期。

三歧鱼属是盔甲鱼类中分布较广的属之一，除中国的两个种外，第3个种越南三歧鱼 (*Sanqiaspis vietnamensis*) 则产自越南北部安明 (Yen Minh)。目前所知该属出现时代仅限于布拉格期。*Sanqiaspis sichuanensis* P'an et Wang, 1978被认为是*Sanqiaspis rostrata* Liu, 1975的同物异名，其间侧线系统上的差异可能是化石保存上的原因造成的 (刘玉海，1986；王俊卿等，1996b；赵文金等，2002)。

华南鱼科 Huananaspidae Liu, 1973

华南鱼属 *Huananaspis* Liu, 1973

模式种 武定华南鱼*Huananaspis wudinensis* Liu, 1973 (图7–125，7–126)。

特征 头甲呈三角形，吻缘引长为狭长的吻突；角发达，侧向伸展，作略向后弯的窄镰刀形，两角末端间乃头甲最宽处，可达150 mm，稍大于头甲长；头甲后缘具向后尖出的中背棘；中背孔横宽稍大于长，心脏形，后缘内凹为缺刻；眶孔侧位，于头甲侧缘呈缺刻状；侧线不详；纹饰似为粒状突起。

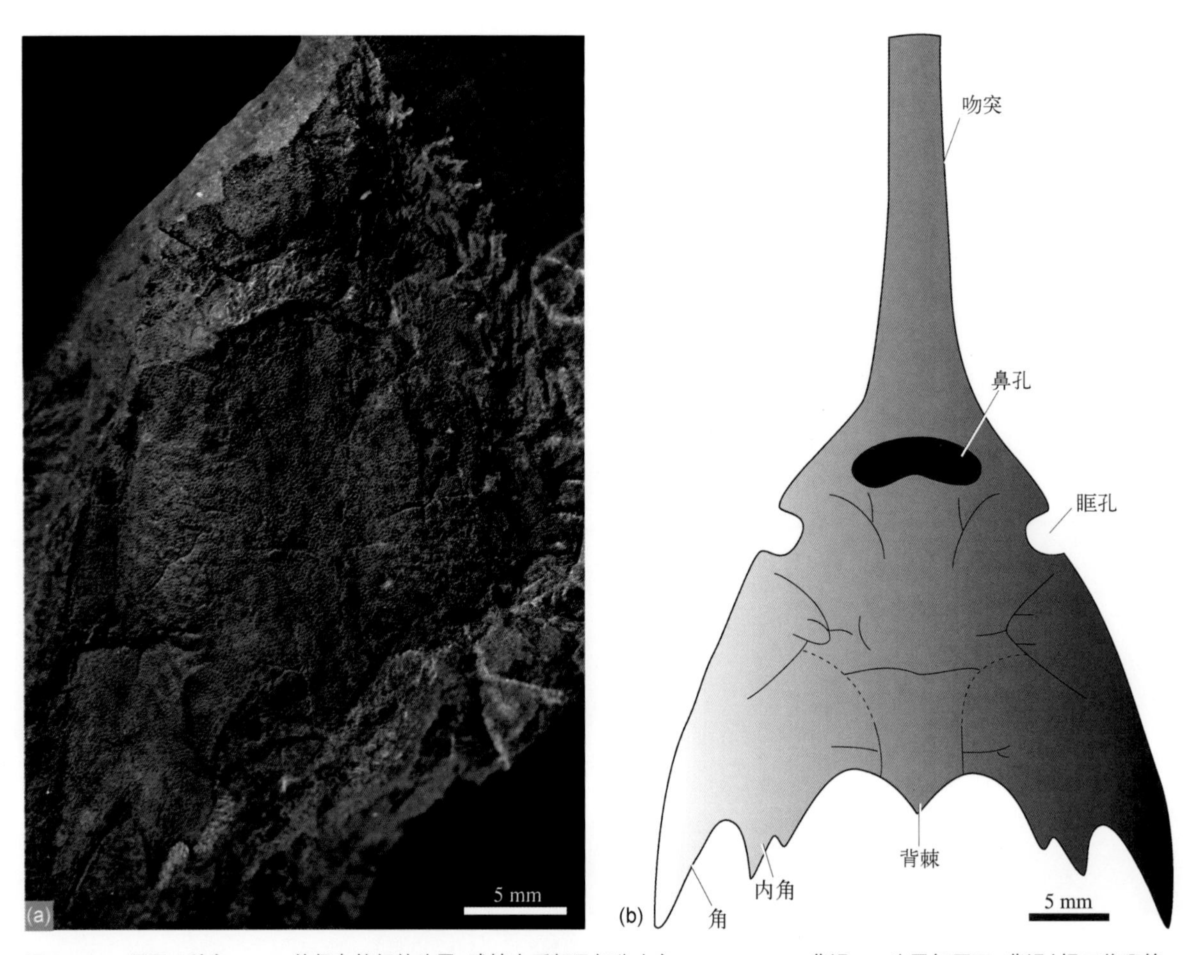

图7–123 昭通三歧鱼 a. 一件保存较好的头甲，残缺右后部及部分吻突，IVPP V9762，背视；b. 头甲复原图，背视（据王俊卿等，1996b重绘）。

图7–124 昭通三歧鱼生态复原图 （杨定华绘）

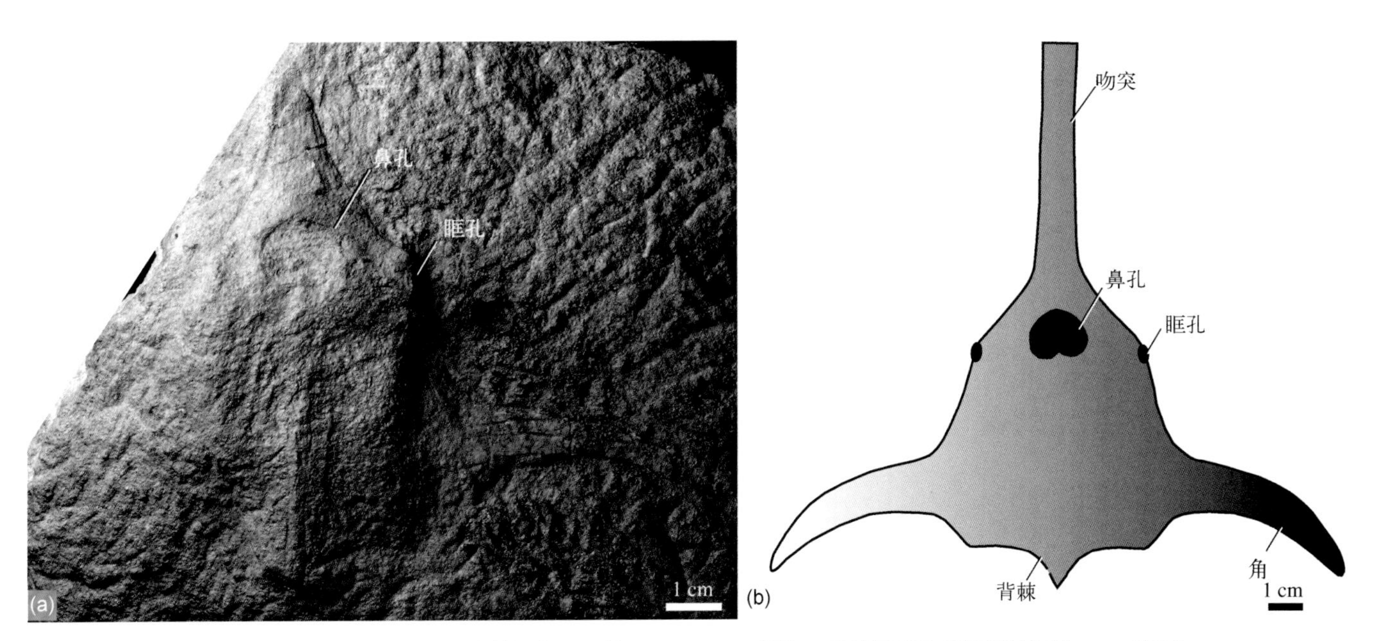

图7–125 武定华南鱼 a. 一不完整的头甲，正模，IVPP V4414，背视；b. 头甲复原图，背视（据刘玉海，1973重绘）。

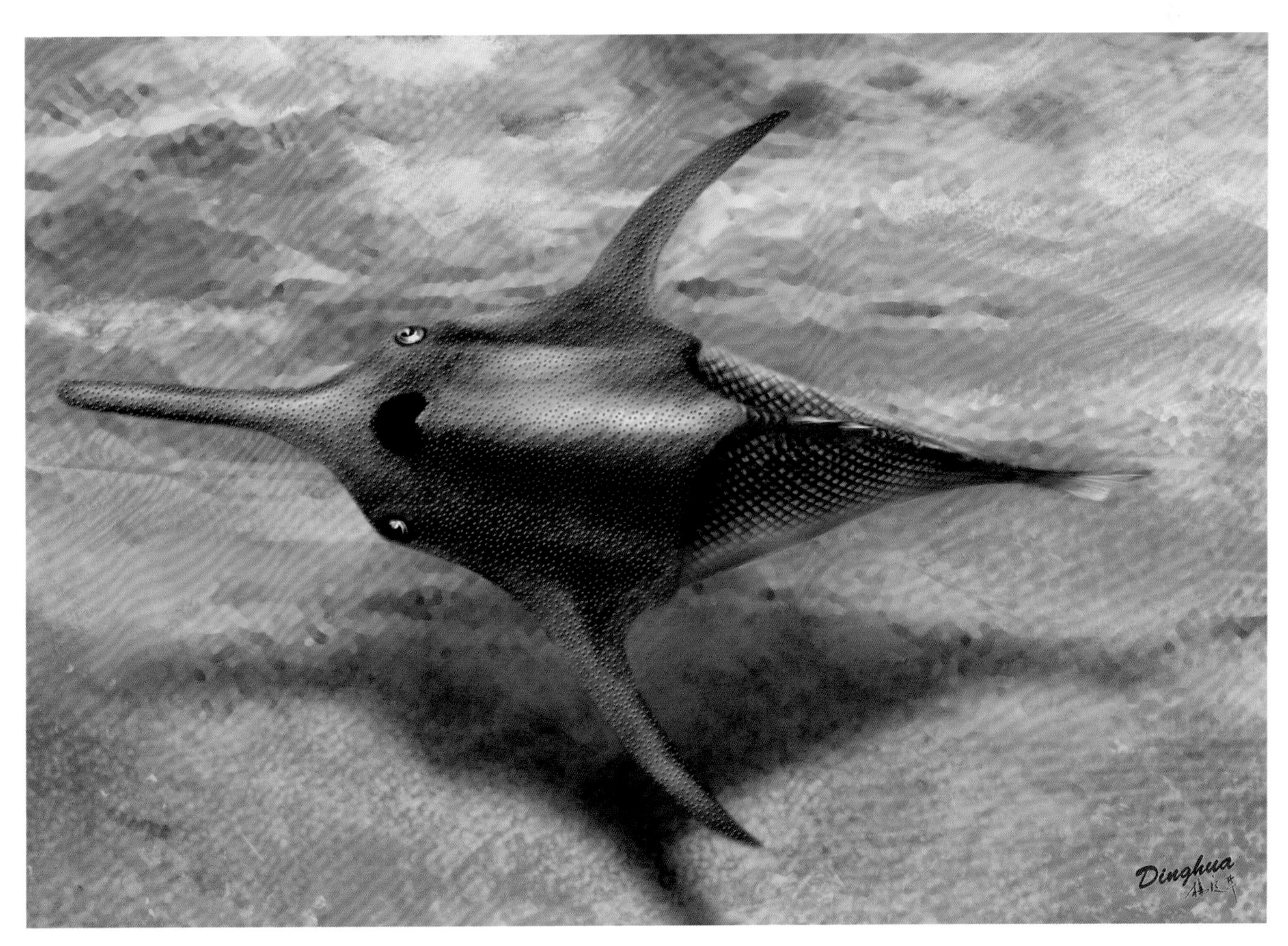

图7–126 武定华南鱼生态复原图 （杨定华绘）

产地与时代 云南武定县人民桥，坡松冲组，原为翠峰山组，当时是作为云南早泥盆世非海相地层的统称。后进一步划分，将武定地区该含鱼层定为坡松冲组；早泥盆世布拉格期。

亚洲鱼属 *Asiaspis* P'an, 1975

模式种 宽展亚洲鱼 *Asiaspis expansa* P'an, 1975（图7–127，7–128）。

特征 头甲呈三角形，两侧缘约呈60°夹角，后缘前凹，不具中背棘，头甲最宽处位于角侧端，宽大于长。吻突狭长，前部渐尖，横切面扁圆形；角侧展，棘状，微后弯，末端向后略超过头甲后缘水平线；中背孔亚圆形，横宽稍大于长；眶孔背位，但距头甲侧缘近，并朝向背侧方，孔口小，纵长；侧线系统为多鳃鱼型，目前仅知中背纵管中只有"V"形眶上管发育，侧背纵管发育，主侧线上保存两对侧横管和背联络管；纹饰由具放射脊纹的疣突组成；鳃穴11对。

产地与时代 广西横县六景霞义岭，那高岭组；早泥盆世布拉格期。潘江等（1975）最初认为产宽展亚洲鱼的地层为莲花山组六坎口段。刘玉海（1985）评论该含鱼层属六坎口段之上的那高岭组，两者为连续沉积，后者产海相无脊椎动物。

南盘鱼属 *Nanpanaspis* Liu, 1965

模式种 小眼南盘鱼 *Nanpanaspis microculus* Liu, 1965（图7–129，7–130）。

特征 中等大小的盔甲鱼类。头甲略呈五边形，吻突短而尖，约为头甲长的1/5；角甚短，三角形，位置靠前，以致头甲的角前部分（不包括吻突）短于角后部分；头甲角后部分前端宽于两角间的宽度，两者间呈现为凹刻；头甲后缘可能近于截形；中背孔为纵长的卵圆形，后端较前端圆钝；眶孔小，背位；侧线系统中中背纵管仅"V"形眶上管发育，侧背纵管的眶下管部分无侧横管，主侧线部分于背联络管之前具2对侧横枝，之后不少于1对；纹饰不详；鳃穴8对以上，可能分布于头甲的前2/3部分，鳃后区从而较长。

产地与时代 云南曲靖市麒麟区寥廓山王家园，翠峰山群西山村组；早泥盆世早洛赫考夫期。

南盘鱼的分类位置长期以来一直存在着较大争议。刘玉海（1965）建立该属时，其目级位置不定，后为其建立南盘鱼目（Nanpanaspiformes）和南盘鱼科（Nanpanaspididae）（1975）。Janvier（1975）试图将其归到多鳃鱼目下，但仍存很大疑虑。Zhu和Gai（2006）的系统发育分析结果显示南盘鱼有狭长吻突和侧向延伸的角，可能是华南鱼目华南鱼科的新成员，暂将其归到华南鱼科。

龙门山鱼属 *Lungmenshanaspis* P'an et Wang, 1975

模式种 江油龙门山鱼 *Lungmenshanaspis kiangyouensis* P'an et Wang, 1975（图7–131，7–132）。

特征 形体中等至较小的华南鱼类。头甲主体部分狭长，呈三角形，具狭长的吻突和细长、棘状、侧展的角；

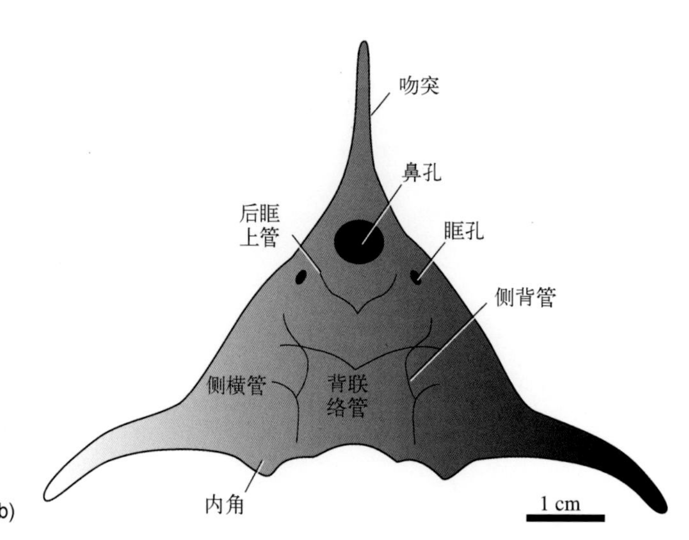

图7–127 宽展亚洲鱼 a. 一件比较完整的头甲，角缺失，吻突不完整，正模，GMC V1314，背视；b. 头甲复原图，背视（据潘江等，1975重绘）。

图7–128　宽展亚洲鱼生态复原图

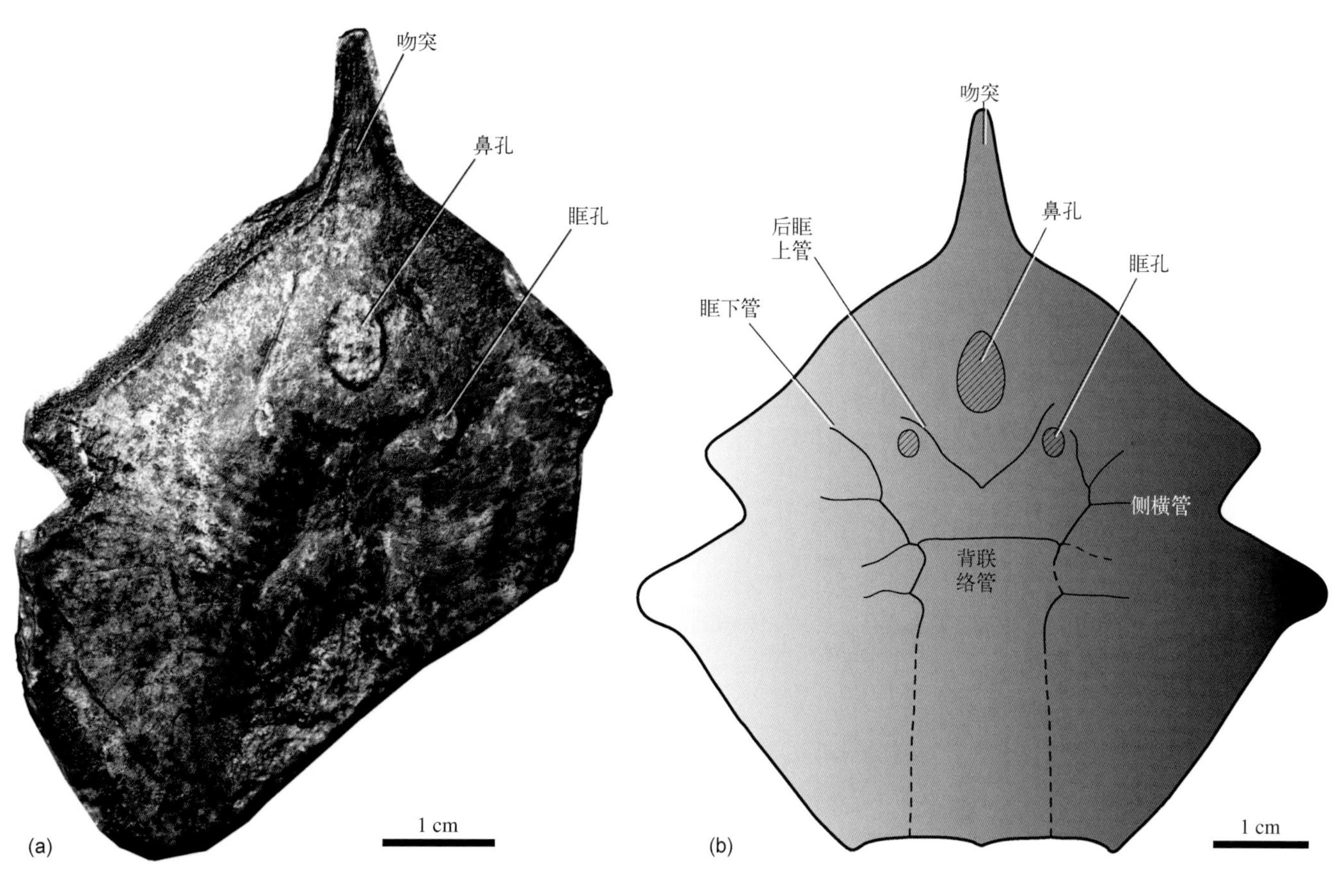

图7–129　小眼南盘鱼　a. 一件比较完整的头甲，正模，IVPP V3030，背视；b. 头甲复原图，背视（据刘玉海，1975重绘）。

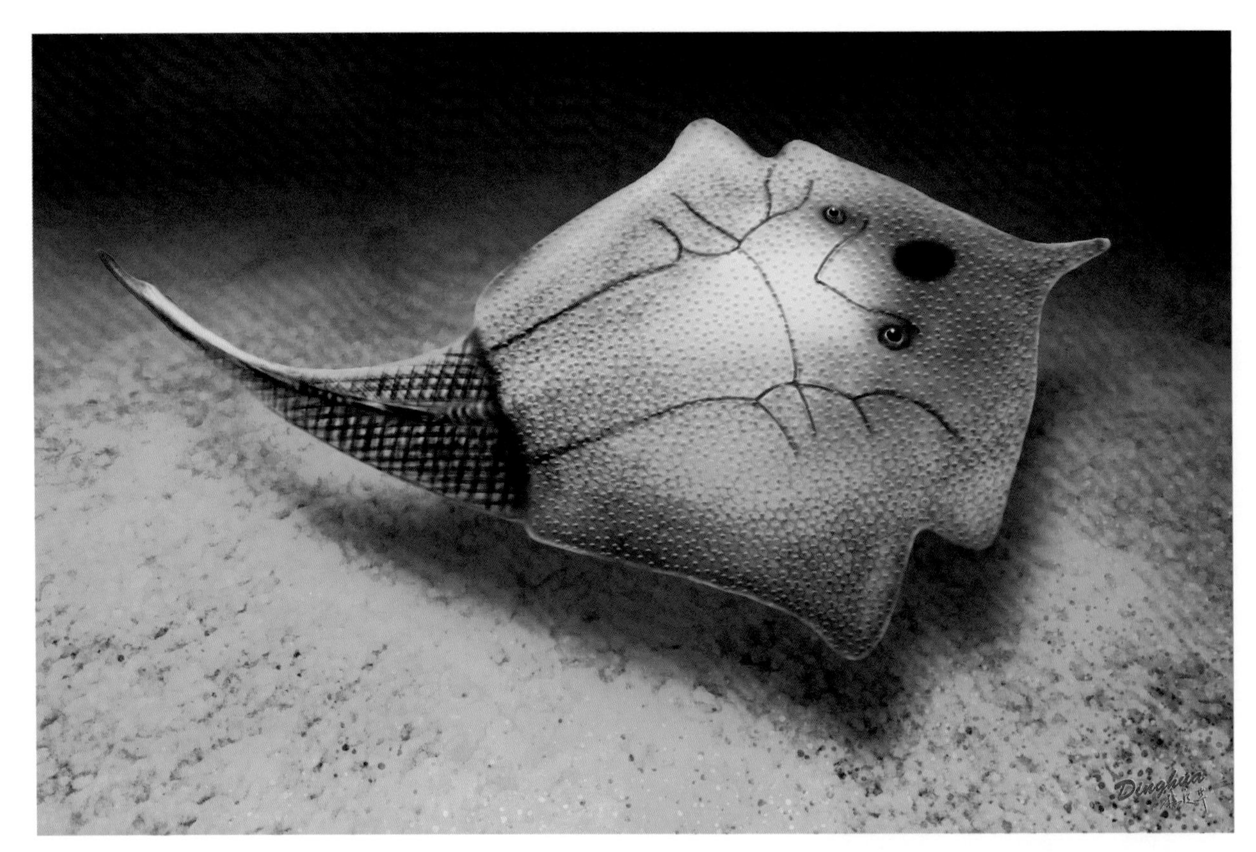

图7–130　小眼南盘鱼生态复原图 （杨定华绘）

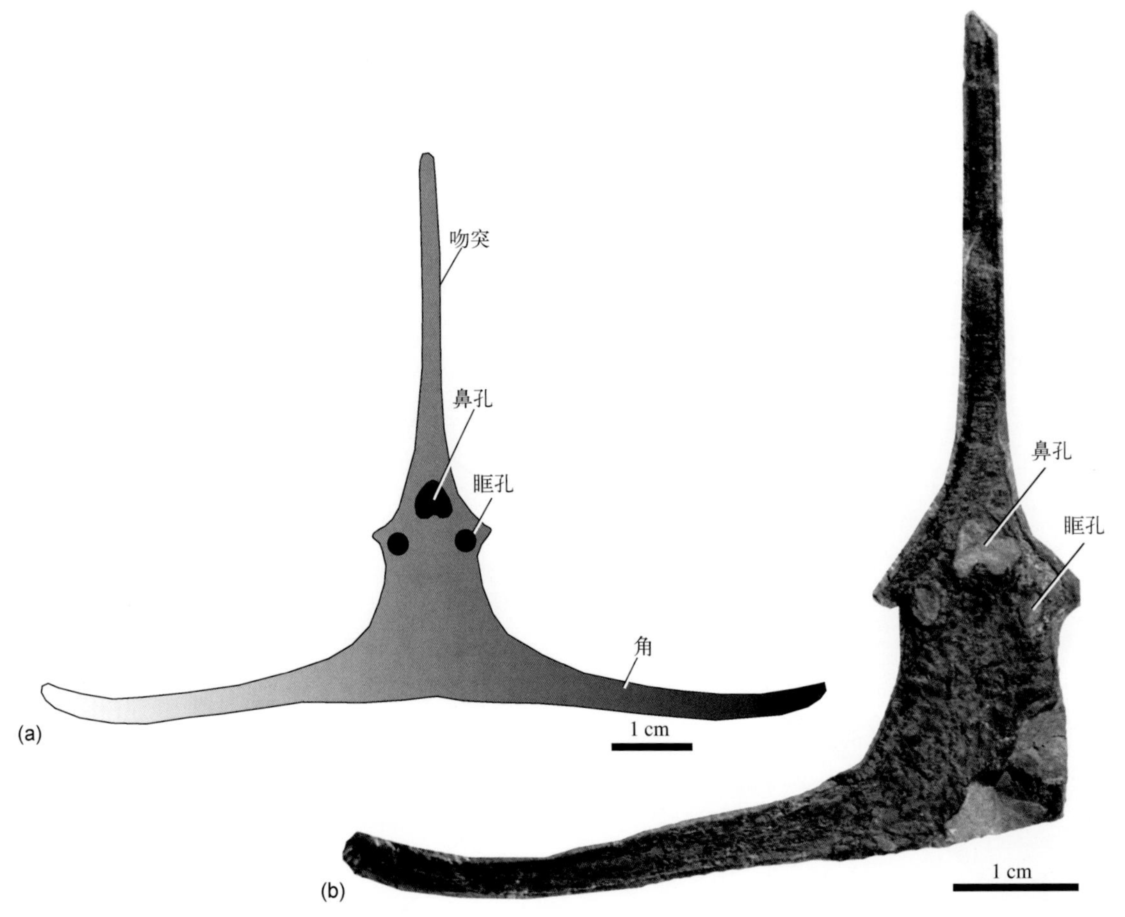

图7–131　江油龙门山鱼　a. 头甲复原图，背视（据潘江等，1975重绘）；b. 一比较完整头甲，右侧角缺失，正模，GMC V1513，背视。

图7–132 江油龙门山鱼生态复原图（杨定华绘）

中背孔前缘至头甲后缘之长接近眶突间之宽的2倍，吻突和角均狭长，均超过中背孔前缘至头甲后缘之长；头甲侧缘于眶孔前侧方突出为眶突，而于眶突至角基部间则凹进；中背孔大，呈后缘凹进的心脏形；眶孔大，背位而靠近头甲侧缘，位于眶突后内侧；该属与华南鱼科其他属之不同在于具眶突和头甲侧缘内凹；侧缘侧线不详；组成纹饰的突起呈星状，大而稀疏；鳃穴不少于10对。

产地与时代 四川江油市雁门坝深道湾，平驿铺组中部；早泥盆世布拉格期。

归入种 云南龙门山鱼 *Lungmenshanaspis yunnanensis* Wang, Fan et Zhu, 1996（图7–133，7–134）。

特征 头甲主体部分较宽，中背孔前缘至头甲后缘之长（头甲主体长）约为眶突间宽的1.2倍；角短于头甲主体之长，前后缘均具锯齿状小刺；内角短，三角形；眶突位于眶孔的后侧方；中背孔可能为圆形，而非呈后缘稍凹进的心脏形；侧线系统仅知存在"V"形眶上管，眶下管之后可能具4对侧横枝；纹饰由细小而密集的粒状突起组成；鳃穴不多于11对。

产地与时代 云南昭通市昭阳区北闸镇箐门村，坡松冲组；早泥盆世布拉格期。

大窗鱼亚科 Macrothyraspinae Pan, 1992

大窗鱼属 *Macrothyraspis* Pan, 1992

模式种 长角大窗鱼 *Macrothyraspis longicornis* Pan, 1992（图7–135，7–136）。

特征 头甲三角形，长大于宽，（不包括吻突）长25 ~ 30 mm，具细而长的吻突和角，吻突长约与头甲中长相等。角侧展，位前移，以致头甲具显著的角后区，角末端微前翘；头甲后缘突伸为短的中背棘；中背孔大，心脏形；眶孔侧位，中等大小；松果孔封闭；侧窗纵长卵圆形，面积大，长约为头甲中长（不含吻突）的2/5，侧窗自身宽约为长的3/5；侧线可能欠发达，眶上管甚短，倒"八"字形，不于后端汇合，眶上管之前、中背孔侧面存在一对横向短管，背联络管出现于两侧窗的空隙间；纹饰粒状突起，细小，密集，分布均匀。

产地与时代 云南广南县杨柳井乡、文山县古木纸厂，坡松冲组；早泥盆世布拉格期。

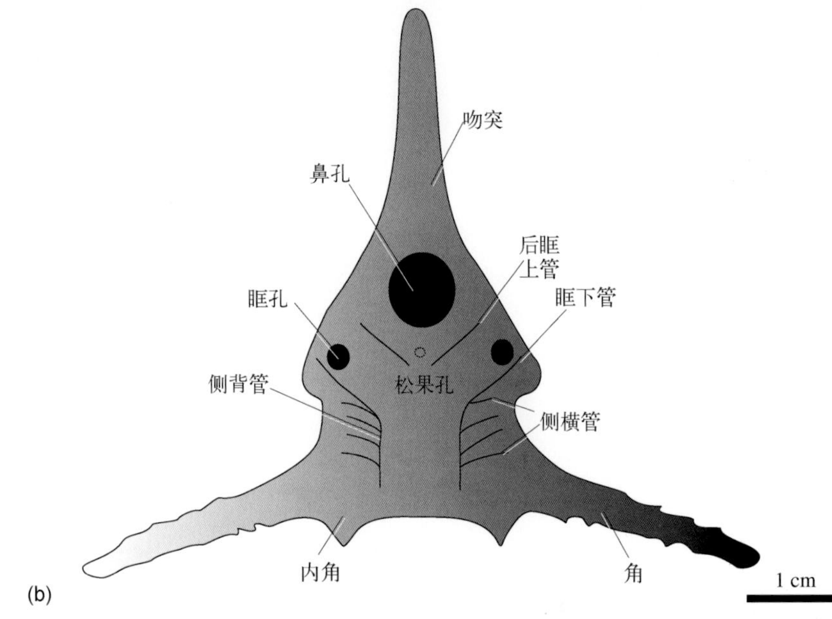

图7-133　云南龙门山鱼　a. 一不完整的头甲，左侧角及吻突缺失，正模，IVPP V9763，背视；b. 头甲复原图，背视（据王俊卿等，1996b重绘）。

图7-134　云南龙门山鱼生态复原图（杨定华绘）

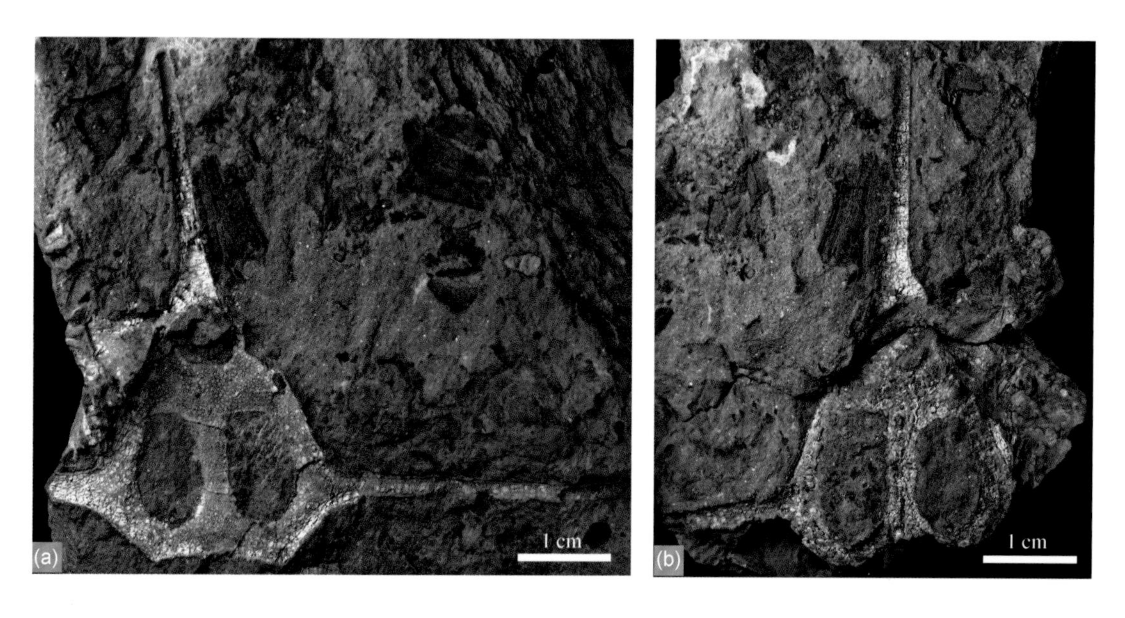

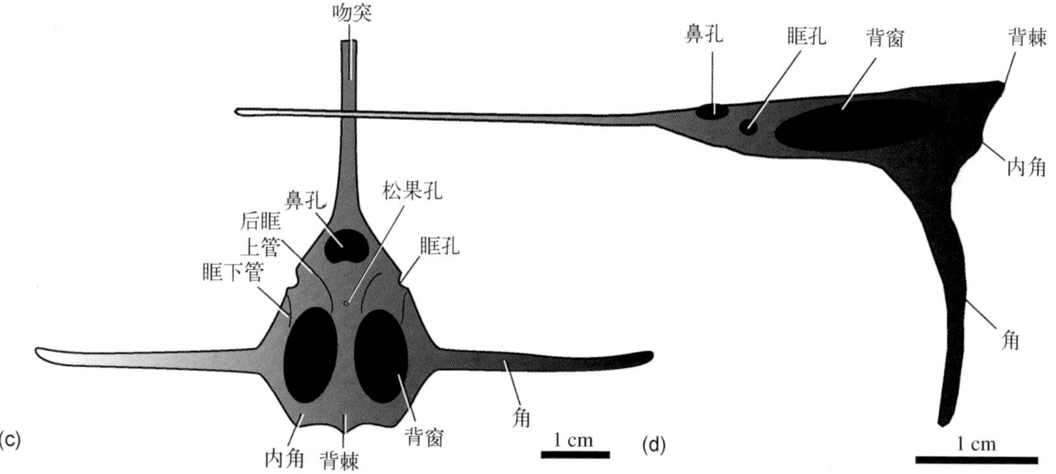

图7–135 长角大窗鱼 a, b. 一不完整头甲及其外模, IVPP V12741a, b。a. 外模, 腹视; b. 头甲, 背视; c, d. 头甲复原图。c. 背视; d. 侧视(据赵文金等, 2002; Pan, 1992重绘)。

图7–136 长角大窗鱼生态复原图（杨定华绘）

归入种 长矛大窗鱼 *Macrothyraspis longilanceus* Wang, Gai et Zhu, 2005 (图7–137, 7–138)。长角大窗鱼 *Macrothyraspis longicornis*。

特征 本种与属型种长角大窗鱼的区别有：吻突特长，超过头甲中长的2倍，后者约与中长相等；眶孔背侧位、圆孔状，后者为侧位、背视缺刻状；侧窗间距宽，约为头甲宽的1/6，后者为1/10；角向头甲后侧方自然倾斜，末端不前翘，后者末端微前翘；感觉管系统两者也有差异，可能与化石保存状态有关。

产地与时代 云南文山县古木纸厂，坡松冲组；早泥盆世布拉格期。

中华四川鱼属 *Sinoszechuanaspis* (P'an et Wang, 1975) P'an et Wang, 1978

模式种 雁门坝中华四川鱼*Sinoszechuanaspis yanmenpaensis* (P'an et Wang, 1975) P'an et Wang, 1978 (图7–139, 7–140)。

特征 较小的华南鱼类，头甲中长(不包括吻突)约25 mm，宽(不包括角)接近中长的4/5；吻突细长，其长超过头甲中长；角长，棘状，略后弯，位前移，致头甲角后区长约达头甲中长的1/6，头甲后缘近于截形面，不具中背棘；角后缘和头甲角后区侧缘具锯齿状小刺；中背孔呈后缘前凹的心形，长略大于宽；眶孔侧位，背视呈缺刻

图7–137 长矛大窗鱼 a. 一近于完整的头甲，正模，IVPP V13592.1，背视；b. 一较完整头甲，副模，IVPP V13592.2，背视。

图7–138 长矛大窗鱼生态复原图 （杨定华绘）

状；侧窗大、卵圆形，长大于宽；侧线系统了解少，“V”形眶上管的两支可能不汇合，眶下管和主侧线出现于眶刻至侧窗前端间，两对侧横管出现于侧窗侧缘外侧，较短；纹饰由细小粒状突起组成。

产地与时代 四川江油市雁门坝深道湾，平驿铺组中部；早泥盆世布拉格期。

箐门鱼属 *Qingmenaspis* Pan et Wang, 1981

模式种 小眼箐门鱼 *Qingmenaspis microculus* Pan et Wang, 1981 (图7–141，7–142)。

特征 体形小的华南鱼类，由中背孔前缘至头甲后端长约20 mm。头甲呈王冠形，眶前区宽且长，吻突和角均为狭窄棘状；中背孔大，椭圆形，宽为长的3/4；眶孔小，靠近头甲中线，位前移，其后缘与中背孔后缘处于同一水平线；侧窗位于眶孔外侧，特大，其长超过中背孔至头甲后端长之半，宽达其所在部位头甲宽的1/3；侧线和纹饰均不详。

产地与时代 云南昭通市昭阳区北闸镇箐门村箐门水库，坡松冲组；早泥盆世布拉格期

王冠鱼属 *Stephaspis* Gai et Zhu, 2007

模式种 双翼王冠鱼 *Stephaspis dipteriga* Gai et Zhu, 2007 (图7–143，7–144)。

特征 中等大小的华南鱼类，头甲略呈王冠形，长（中背孔前缘至头甲后缘）近55 mm，两侧角末端间宽约75 mm。头甲吻缘尖出为细窄的吻突；角侧向伸出，棘状，稍后弯；可能具内角（V14333.2B左侧），短、叶状、指向后方；内角间的后缘窄；中背孔纵长椭圆形，宽约为长的3/4；眶孔小、背位，眶间距稍大于眶孔至头甲侧缘之距；松果孔封闭；背窗贴近头甲侧缘，狭长，其长约为宽的5倍，窗前端与眶孔后缘约在同一水平线；侧线系统只知具“V”形眶上管；纹饰由小粒状突起组成。

产地与时代 云南曲靖市麒麟区西城街道西山水库附近，翠峰山群西山村组；早泥盆世早洛赫考夫期。

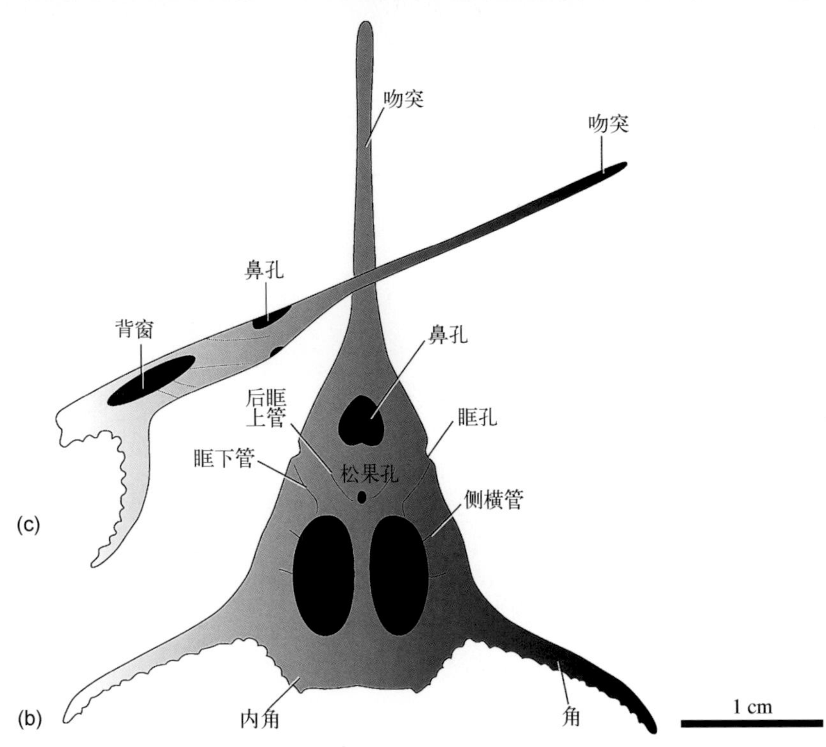

图7–139 雁门坝中华四川鱼
a. 一不完整的头甲，正模GMC V1514b，背视；b, c. 头甲复原图。b. 背视；c. 侧视（据Pan, 1992重绘）。

图7–140 雁门坝中华四川鱼生态复原图（杨定华绘）

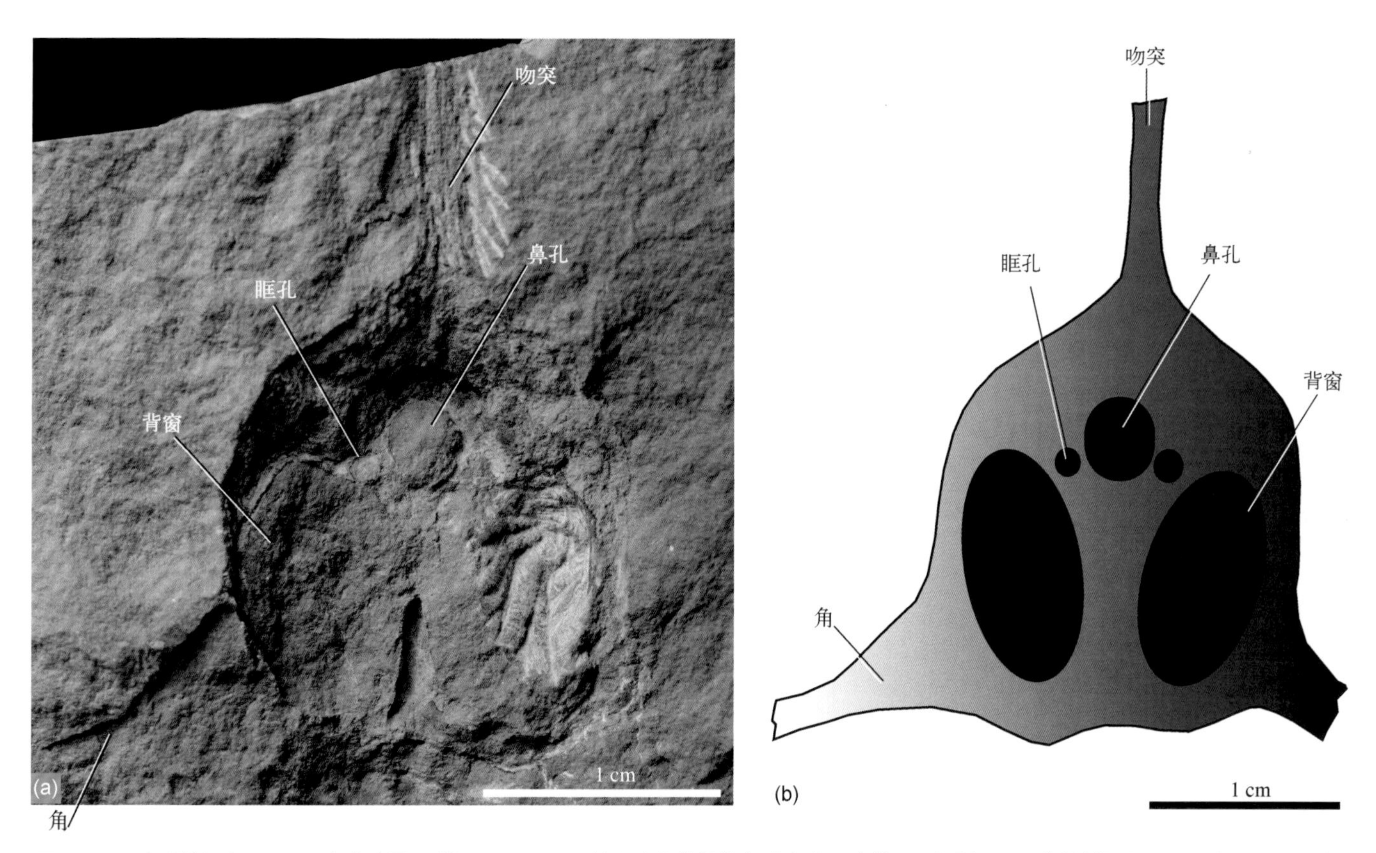

图7-141　小眼箐门鱼　a. 一不完整头甲，正模GMC V1745，腹视，吻突前段缺失，角保存不完整；b. 头甲复原图，背视（据潘江，王士涛，1981重绘）。

图7-142　小眼箐门鱼生态复原图

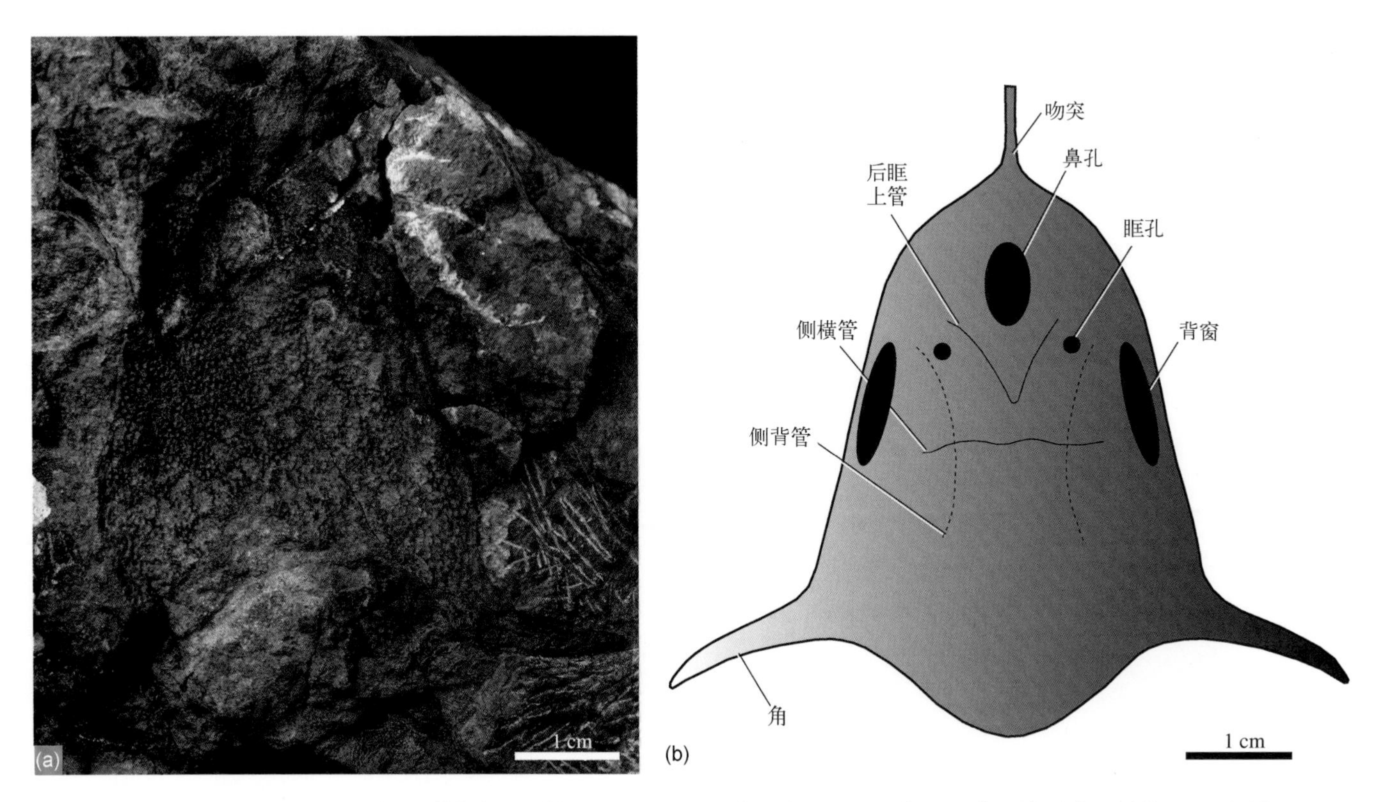

图7–143　双翼王冠鱼　a. 一件不完整的头甲，正模，IVPP V14333.1A，外模，腹视；b. 头甲复原图，背视（据盖志琨，朱敏，2007重绘）。

图7–144　双翼王冠鱼生态复原图

参考文献

曹仁关.1979.云南广南早泥盆世多鳃鱼类一新属 [J].古脊椎动物与古人类,17：118–120.

陈爱林,徐明,张弘.2015.布尔吉斯远古生命的特使 [J].世界遗产,4：76–81.

陈良忠,罗惠麟,胡世学,等.2002.云南东部早寒武世澄江动物群 [M].昆明：云南科学技术出版社.

陈孟莪,钱逸.2002.最古老的脊椎动物：海口虫或原牙形类? [J].地质科学,37：253–256.

董熙平.2007.一些原牙形石、副牙形石和最早的真牙形石的组织学和比较组织学研究 [J].微体古生物学报,24：113–124.

傅力浦,宋礼生.1986.陕西紫阳地区(过渡带)志留纪地层及古生物 [J].中国地质科学院西安地质矿产研究所所刊,14：1–198.

盖志琨,朱敏.2005.浙江安吉志留纪真盔甲鱼类一新属 [J].古脊椎动物学报,43：165–174.

盖志琨,朱敏,赵文金.2005.浙江长兴志留纪真盔甲鱼类新材料及真盔甲鱼目系统发育关系的讨论 [J].古脊椎动物学报,43：61–75.

郭伟,董熙平,曾筱淳,等.2005.最早真牙形石分子的比较组织学研究 [J].北京大学学报(自然科学版),41：219–224.

郝天琪,季承,孙作玉,等.2015.安徽巢湖地区早三叠世粪化石内的牙形石 [J].地层学杂志,39：188–196.

湖北省地质矿产局.1996.湖北省岩石地层 [M].武汉：中国地质大学出版社.

姜云垒,冯江.2006.动物学 [M].北京：高等教育出版社.

蒋平,郭聪.2004.脊椎动物的起源与演化研究进展 [J].四川动物,23：257–261.

赖旭龙.1995.牙形石动物分类归属研究新进展：牙形石是最早的脊椎动物 [J].地质科技情报,14：49–56.

刘时藩.1983.四川秀山无额类化石 [J].古脊椎动物与古人类,21：97–102.

刘时藩.1986.广西盔甲鱼类化石 [J].古脊椎动物学报,24：1–9.

刘时藩.1995.塔里木西北的中华棘鱼化石及地质意义 [J].古脊椎动物学报,33：85–98.

刘玉海.1962.云南*Bothriolepis*属一新种 [J].古脊椎动物与古人类,6：80–85.

刘玉海.1963.云南曲靖附近胴甲鱼(Antiarchi)化石 [J].古脊椎动物与古人类,7：39–46.

刘玉海.1965.云南曲靖地区早泥盆世无颌类化石 [J].古脊椎动物与古人类,9：125–134.

刘玉海.1973.川滇泥盆纪的多鳃鱼和大瓣鱼化石 [J].古脊椎动物与古人类,11：132–143.

刘玉海.1975.川滇早泥盆世的无颌类 [J].古脊椎动物与古人类,13：202–216.

刘玉海.1979.关于汉阳鱼(*Hanyangaspis*)系统位置及其在划分地层时代上的意义 [J].古生物学报,18：592–596.

刘玉海.1980.命名建议：以*Eugaleaspis*代替*Galeaspis* Liu, 1965, 以Eugaleaspidae, Eugaleaspidiformes代替Galeaspidae Liu, 1965和Galeaspidiformes Liu, 1965 [J].古脊椎动物学报,18：256.

刘玉海.1985.盔甲鱼类*Antiquisagittaspis cornuta*(新属、新种)在广西六景下泥盆统的发现 [J].古脊椎动物学报,23：247–254.

刘玉海.1986.盔甲鱼类的侧线系统 [J].古脊椎动物学报,24：245–259.

刘玉海.1993.某些盔甲类是否存在侧区? [J].古脊椎动物学报,31：315–322.

刘玉海,盖志琨,朱敏.2014.关于盔甲鱼类若干问题的讨论 [J].古脊椎动物学报,52：349–363.

卢立伍,潘江,赵丽君.2007.新疆柯坪中古生代无颌类及鱼类新知 [J].地球学报,28：143–147.

鲁中石.2012.鱼：全世界300种鱼的彩色图鉴 [M].北京：中国华侨出版社.

罗惠麟,胡世学,陈良忠,等.1999.昆明地区早寒武世澄江动物群 [M].昆明：云南科技出版社.

孟庆闻,苏锦祥,李婉瑞.1987.鱼类比较解剖 [M].北京：科学出版社.

潘江.1957.中国泥盆纪鱼化石的新资料 [J].科学通报,11：341–342.

潘江.1986a.中国志留纪脊椎动物的新发现 [M]//北京大学地质系.纪念乐森寻教授从事地质科学、教育工作六十年论文选集.北京：地质出版社,67–75.

潘江.1986b.中国志留纪脊椎动物群的初步研究 [J].中国地质科学院院报,15：161–190.

潘江.1988.浙江长兴茅山组修水鱼(*Xiushuiaspis*)的发现及其地层意义 [J].古生物学报,27：256–262.

潘江,陈烈祖.1993.皖北志留纪盔甲鱼类的新发现 [J].古脊椎动物学报,31：225–230.

潘江,霍福臣,曹景轩,等.1987.宁夏陆相泥盆系及其生物群

[M].北京：地质出版社.

潘江，王士涛.1978.中国南方泥盆纪无颌类及鱼类化石［C］//华南泥盆系会议论文集，298–333.

潘江，王士涛.1980.盔甲鱼类在华南的新发现［J］.古生物学报，19：1–7.

潘江，王士涛.1981.云南早泥盆世多鳃鱼类的新发现［J］.古脊椎动物与古人类，19：113–121.

潘江，王士涛.1982.命名建议：以*Duyunolepis*代替*Duyunaspis* P'an et Wang, 1978［J］.古脊椎动物学报，20：370.

潘江，王士涛.1983.江西修水西坑组多鳃鱼目化石一新科［J］.古生物学报，22：505–509.

潘江，王士涛，刘运鹏.1975.中国南方早泥盆世无颌类及鱼类化石［J］.地层古生物论文集1：135–169.

潘江，曾祥渊.1985.湘西早志留世溶溪组无颌类的发现及其意义［J］.古脊椎动物学报，23：207–213.

舒德干，苓陈.2000.最早期脊椎动物的镶嵌演化［J］.现代地质，14：315–321.

舒德干团队.2016.寒武大爆发时的人类远祖.西安：西北大学出版社.

舒德干，张兴亮，韩健.2009.再论寒武纪大爆发与动物树成型［J］.古生物学报，48：414–427.

王俊卿，范俊航，朱敏.1996a.滇东北昭通附近早泥盆世脊椎动物化石新知［J］.古脊椎动物学报，30：1–17.

王俊卿，盖志琨，朱敏.2005.云南文山大窗鱼（*Macrothyraspis*）属一新种［J］.古脊椎动物学报，43：304–311.

王俊卿，王念忠.1992.滇东南早泥盆世无颌类［J］.古脊椎动物学报，30：185–194.

王俊卿，王念忠，张国瑞，等.2002.新疆柯坪志留纪兰多维列世无颌类化石［J］.古脊椎动物学报，40：245–256.

王俊卿，王念忠，朱敏.1996b.塔里木盆地西北缘中、古生代脊椎动物化石及相关地层［M］//童晓光，梁狄刚，贾承造.塔里木盆地石油地质研究新进展.北京：科学出版社，8–16.

王俊卿，朱敏.1994.滇东北昭通早泥盆世盔甲鱼类一新属［J］.古脊椎动物学报，32：231–243.

王俊卿，朱敏.1997.内蒙古奥陶纪脊椎动物化石的发现［J］.科学通报，42：1188–1189.

王磊，宿红艳，王昌留.2010.海鞘与文昌鱼谁更接近脊椎动物的始祖［J］.海洋湖沼通报，1：23–30.

王念忠.1997.滇东曲靖翠峰山群下部花鳞鱼类微体化石的再研究［J］.古脊椎动物学报，35：1–17.

王念忠，王俊卿.1982a.多鲤鱼类一新属及该类鱼感觉沟系统的变异［J］.古脊椎动物与古人类，20：276–281.

王念忠，王俊卿.1982b.记一新的无颌类化石兼论多鳃鱼类的分类地位［J］.古脊椎动物与古人类，20：99–105.

王士涛，兰朝华.1984.滇东北彝良泥盆纪多鳃鱼类的新发现［J］.中国地质科学院地质研究所所刊，9：113–123.

王士涛，王俊卿，王念忠，等.2001.广西东部中泥盆世晚期盔甲鱼类一新属［J］.古脊椎动物学报，39：157–167.

吴浩若.2000.广西加里东运动构造古地理问题［J］.古地理学报，2：70–76.

许效松，徐强，潘桂棠，等.1996.中国南大陆演化与全球古地理对比［M］.北京：地质出版社.

杨钟健.1939.中国早期脊椎动物化石之分布［J］.地质论评，4：413–421.

张劲硕，张帆.2014.脊索动物［M］.南京：江苏科学技术出版社.

张舜新.1997.关于牙形石和早期脊椎动物［J］.微体古生物学报，14：93–109.

赵方臣，朱茂炎，胡世学.2010.云南寒武纪早期澄江动物群古群落分析［J］.中国科学：地球科学，40：1135–1153.

赵文金.2005.中国古生代中期盔甲鱼类及其古地理意义［J］.古地理学报，7：305–320.

赵文金，王士涛，王俊卿，等.2009.新疆柯坪—巴楚地区志留纪含鱼化石地层序列与加里东运动［J］.地层学杂志，33：225–240.

赵文金，朱敏.2014.中国志留纪鱼化石及含鱼地层对比研究综述［J］.地学前缘，21：185–202.

赵文金，朱敏，贾连涛.2002.云南文山早泥盆世盔甲鱼类的新发现［J］.古脊椎动物学报，40：97–113.

周明镇，刘玉海，孙艾玲，等.1979.脊椎动物进化史［M］.北京：科学出版社.

朱敏.1992.记真盔甲鱼类两新属——兼论真盔甲鱼类系统发育关系［J］.古脊椎动物学报，30：169–184.

纵瑞文，刘琦，龚一鸣.2011.湖北武汉下志留统坟头组化石组合及沉积环境［J］.古地理学报，13：299–308.

Adam H. 1963. Structure and histochemistry of the alimentary canal［M］//Brodal A, Fänge R. The Biology of Myxine. Oslo: Universitetsforlaget: 256–288.

Albanesi G L, Astini R. 2002. Fauna de conodontes y *Sacabambaspis janvieri* (Vertebrata) en el Ordovícico medio de la Cordillera Oriental Argentina. Implicancias estratigráficas y paleogeográficas［J］. Resúmenes 8° Congreso Argentino de Paleontología y Bioestratigrafía, 1: 17.

Aldridge R J, Purnell M A, Gabbott S E, et al. 1995. The apparatus architecture and function of *Promissum pulchrum* Kovács-Endrödy (Conodonta, Upper Ordovician), and the prioniodontid plan［J］. Philosophical Transactions of the Royal Society of London, Series B, 347: 275–291.

Aldridge R J, Smith M P, Norby R D, et al. 1987. The architecture and function of Carboniferous polygnathacean conodont apparatuses［M］//Aldridge R J. Palaeobiology of Conodonts. Chichester: Ellis Horwood: 63–76.

Aldridge R J, Theron J N. 1993. Conodonts with preserved soft tissue from a new Upper Ordovician Konservat-Lagerstätte. Journal of Micropalaeontology［J］, 12: 113–117.

Bardack D. 1991. First fossil hagfish (Myxinoidea): a record from the Pennsylvanian of Illinois［J］. Science, 254: 701–703.

Bardack D, Richardson Jr E S. 1977. New agnathous fishes from the Pennsylvanian of Illinois［J］. Fieldiana Geology, 33: 489–510.

Bardack D, Zangerl R. 1968. First fossil lamprey: a record from the Pennsylvanian of Illinois [J] . Science, 162: 1265–1267.

Belles-Isles M. 1985. Nouvelle interpretation de L'orifice mediodorsal des Galeaspidomorphes ("Agnatha", Devonien, Chine) [J] . Neues Jahrbuch für Geologie und Paläontologie-Abhandlungen, 7: 385–394.

Benton M J. 2014. Vertebrate Palaeontology [M] . 4th edition. Oxford: Wiley Blackwell.

Berg L S. 1940. A classification of fishes, both living and fossil [J] . Trudy Zoologicheskovo Instituta, Leningrad, 5: 85–517.

Blair J E, Hedges S B. 2005. Molecular phylogeny and divergence times of deuterostome animals [J] . Molecular Biology and Evolution, 22: 2275–2284.

Blais S A, MacKenzie L A, Wilson M V H. 2011. Tooth-like scales in Early Devonian eugnathostomes and the "outside-in" hypothesis for the origins of teeth in vertebrates [J] . Journal of Vertebrate Paleontology, 31: 1189–1199.

Blieck A, Turner S. 2003. Global Ordovician vertebrate biogeography. Palaeogeography, Palaeoclimatology, Palaeoecology [J] , 195: 37–54.

Blom H. 2012. New birkeniid anaspid from the Lower Devonian of Scotland and its phylogenetic implications [J] . Palaeontology, 55: 641–652.

Blom H, Märss T, Miller C G. 2002. Silurian and earliest Devonian birkeniid anaspids from the Northern Hemisphere [J] . Transactions of the Royal Society of Edinburgh: Earth Sciences, 92: 263–323.

Bockelie T G, Fortey R A. 1976. An early Ordovician vertebrate [J] . Nature, 260: 36–38.

Branson E B, Mehl M G. 1931. Fishes of the Jefferson Formation of Utah [J] . Journal of Geology, 39: 509–531.

Briggs D E G. 1992. Conodonts: a major extinct group added to the vertebrates [J] . Science, 256: 1285–1286.

Briggs D E G, Clarkson E N K. 1987. An enigmatic chordate from the Lower Carboniferous Granton "shrimp-bed" of Edinburgh district, Scotland [J] . Lethaia, 20: 107–115.

Briggs D E G, Clarkson E N K, Aldridge R J. 1983. The conodont animal [J] . Lethaia, 16: 1–14.

Broad D S, Dineley D L. 1973. *Torpedaspis*, a new Upper Silurian and Lower Devonian genus of Cyathaspididae (Ostracodermi) from Arctic Canada [J] . Geological Survey of Canada, Bulletin, 222: 53–91.

Brotzen F. 1936. Beiträge zur vertebratenfauna des Westpodoloschen Silurs und Devons. I. *Protaspis arnelli* n. sp. und *Brachiopteraspis* n. gen. *latissima* Zych [J] . Arkiv för Zoologi, 28A: 1–52.

Büttner S H, Prevec S A, Gess R. 2015. Field guide to geological sights in the Grahamstown area [J] . SciFest: 1–12.

Caron J-B, Scheltema A H, Schander C, et al. 2006. A soft-bodied mollusc with radula from the Middle Cambrian Burgess Shale [J] . Nature, 442: 159–163.

Chang M M, Wu F X, Miao D S, et al. 2014. Discovery of fossil lamprey larva from the Lower Cretaceous reveals its three-phased life cycle [J] . Proceedings of the National Academy of Sciences of the United States of America, 11: 15486–15490.

Chang M M, Zhang J Y, Miao D S. 2006. A lamprey from the Cretaceous Jehol Biota of China [J] . Nature, 441: 972–974.

Chen J Y, Huang D Y, Li C W. 1999. An early Cambrian craniate-like chordate [J] . Nature, 402: 518–522.

Chen J Y, Huang D Y, Peng Q Q, et al. 2003. The first tunicate from the Early Cambrian of South China [J] . Proceedings of the National Academy of Sciences of the United States of America, 100: 8314–8318.

Choo B, Zhu M, Zhao W J, et al. 2014. The largest Silurian vertebrate and its palaeoecological implications [J] . Scientific Reports, 4: 5242.

Clements T, Dolocan A, Martin P, et al. 2016. The eyes of *Tullimonstrum* reveal a vertebrate affinity [J] . Nature, 532: 500–503.

Cong P Y, Hou X G, Aldridge R, et al. 2015. New data on the palaeobiology of the enigmatic yunnanozoans from the Chengjiang Biota, Lower Cambrian, China [J] . Palaeontology, 58: 45–70.

Conway Morris S. 1976. A new Cambrian lophophorate from the Burgess Shale of British Columbia [J] . Palaeontology, 19: 199–222.

Conway Morris S. 1985. Conodontophorids or conodontophrages? A review of the evidence of the Conodontochordates from the Bear Gulch Limestone (Namurian) of Montana, USA [J] . IX International Carboniferous Congress, Compte Rendu, 5: 473–480.

Conway Morris S, Caron J-B. 2012. *Pikaia gracilens* Walcott, a stem-group chordate from the Middle Cambrian of British Columbia [J] . Biological Reviews, 87: 480–512.

Conway Morris S, Caron J-B. 2014. A primitive fish from the Cambrian of North America [J] . Nature, 512: 419–422.

Conway Morris S, Whittington H B. 1979. Animals of the Burgess Shale [J] . Scientific American, 241: 122–133.

Cope E D. 1889. Synopsis on the families of the Vertebrata [J] . American Naturalist, 23: 849–867.

Cowen R. 2013. History of Life [M] . 5th edition. Chichester: Wiley-Blackwell.

Daniel J F. 1934. The Elasmobranch Fishes [M] . 3rd edition. Berkeley: University of California Press.

Darby D G. 1982. The early vertebrate *Astraspis*, habitat based on a lithologic association [J] . Journal of Paleontology, 56: 1187–1196.

Davies P C W, Benner S A, Cleland C E, et al. 2009. Signatures of a shadow biosphere [J] . Astrobiology, 9: 241–249.

De Iuliis G, Pulerà D. 2007. The Dissection of Vertebrates: a

Laboratory Manual [M] . Amsterdam: Academic Press.

Delsuc F, Brinkmann H, Chourrout D, et al. 2006. Tunicates and not cephalochordates are the closest living relatives of vertebrates [J] . Nature, 439: 965–968.

Denison R H. 1963. New Silurian Heterostraci from southeastern Yukon [J] . Fieldiana Geology, 14: 105–141.

Denison R H. 1964. The Cyathaspididae: a family of Silurian and Devonian jawless vertebrates [J] . Fieldiana Geology, 13: 309–473.

Denison R H. 1967. Ordovician vertebrates from western United States [J] . Fieldiana Geology, 16: 131–192.

Denison R H. 1978. Placodermi [M] //Schultze H-P. Handbook of Paleoichthyology, vol. 2. Stuttgart: Gustav Fischer Verlag: 1–128.

Donoghue P C J, Forey P L, Aldridge R J. 2000. Conodont affinity and chordate phylogeny [J] . Biological Reviews, 75: 191–251.

Donoghue P C J, Keating J N. 2014. Early vertebrate evolution [J] . Palaeontology, 57: 879–893.

Donoghue P C J, Purnell M A, Aldridge R J, et al. 2008. The interrelationships of "complex" conodonts (Vertebrata) [J] . Journal of Systematic Palaeontology, 6: 119–153.

Donoghue P C J, Sansom I J, Downs J P. 2006. Early evolution of vertebrate skeletal tissues and cellular interactions, and the canalization of skeletal development [J] . Journal of Experimental Zoology Part B: Molecular and Developmental Evolution, 306B: 278–294.

Donoghue P C J, Smith M P. 2001. The anatomy of *Turinia pagei* (Powrie), and the phylogenetic status of the Thelodonti [J] . Transactions of the Royal Society of Edinburgh: Earth Sciences, 92: 15–37.

Donoghue P C J, Smith M P, Sansom I J. 2003. The origin and early evolution of chordates: molecular clocks and the fossil record [M] //Donoghue P C J, Smith M P. Telling the Evolutionary Time: Molecular Clocks and the Fossil Record. London: CRC Press: 190–223.

Duméril A M C. 1806. Zoologie analytique, ou méthode naturelle de classification des animaux [M] . Paris: Didot.

Dzik J. 1976. Remarks on the evolution of Ordovician conodonts [J] . Acta Palaeontologica Polonica, 21: 395–455.

Elliott D K. 1987. A reassessment of *Astraspis desiderata*, the oldest North American vertebrate [J] . Science, 237: 190–192.

Erwin D, Valentine J. 2013. The Cambrian Explosion: The Construction of Animal Biodiversity [M] . Colorado: Greenwood Village Roberts and Company.

Fäng R, Bloom G, Östlund E.1963. The portal vein heart of Myxinoids. [M] //Brodal A, Fänge R. The Biology of Myxine. Oslo: Universitetsforlaget: 340–351.

Fernholm B. 1985. The lateral line system of cyclostomes [M] // Foreman R, Gorbman A, Dodd J. Evolutionary Biology of Primitive Fishes. New York: Plenum Press: 113–122.

Fernholm B, Norén M O, Kullander S, et al. 2013. Hagfish phylogeny and taxonomy, with description of the new genus *Rubicundus* (Craniata, Myxinidae) [J] . Journal of Zoological Systematics and Evolutionary Research, 51: 296–307.

Forey P L. 1987. The Downtonian ostracoderm *Sclerodus* Agassiz (Osteostraci: Tremataspidae) [J] . Bulletin of the British Museum (Natural History), Geology, 41: 1–30.

Forey P L. 1995. Agnathans recent and fossil, and the origin of jawed vertebrates [J] . Reviews in Fish Biology and Fisheries, 5: 267–303.

Forey P L, Janvier P. 1993. Agnathans and the origin of jawed vertebrates [J] . Nature, 361: 129–134.

Friedman M, Sallan L C. 2012. Five hundred million years of extinction and recovery: a phanerozoic survey of large-scale diversity patterns in fishes [J] . Palaeontology, 55: 707–742.

Fritzsch, B, Sonntag R, Dubuc R, et al. 1990. Organization of the six motor nuclei innervating the ocular muscles in lamprey [J] . Journal of Comparative Neurology, 294: 491–506.

Fudge D S, Schorno S, Ferraro S. 2015. Physiology, biomechanics, and biomimetics of hagfish slime [J] . Annual Review of Biochemistry, 84: 947–967.

Gabbott S E, Aldridge R J, Theron J N. 1995. A giant conodont with preserved muscle tissue from the Upper Ordovician of South Africa [J] . Nature, 374: 800–803.

Gabbott S E, Donoghue P C J, Sansom R S, et al. 2016. Pigmented anatomy in Carboniferous cyclostomes and the evolution of the vertebrate eye [J] . Proceedings of the Royal Society B: Biological Sciences, 283: 20161151.

Gagnier P-Y. 1993. *Sacabambaspis janvieri*, vertébré Ordovicien de Bolivie: I: analyse morphologique [J] . Annales de Paléontologie, 79: 19–69.

Gagnier P-Y. 1995. Ordovician vertebrates and agnathan phylogeny [J] . Bulletin du Muséum national d'Histoire naturelle, Paris 4e sér, Section C, 17: 1–37.

Gagnier P-Y, Blieck A. 1992. On *Sacabambaspis janvieri* and the vertebrate diversity in Ordovician seas [M] //Mark-Kurik E. Fossil Fishes as Living Animals. Tallinn: Institute of Geology, Academy of Sciences of Estonia: 9–20.

Gagnier P-Y, Blieck A R M, Rodrigo S G, 1986. First Ordovician vertebrate from South America [J] . Geobios, 19: 629–634.

Gai Z K, Donoghue P C J, Zhu M, et al., 2011. Fossil jawless fish from China foreshadows early jawed vertebrate anatomy [J] . Nature, 476: 324–327.

Gai Z K, Yu X B, Zhu M. 2017. The evolution of the zygomatic bone from Agnatha to Tetrapoda [J] . Anatomical Record, 300: 16–29.

Gai Z K, Zhu M. 2012. The origin of the vertebrate jaw: Intersection between developmental biology-based model and fossil evidence [J] . Chinese Science Bulletin, 57: 3819–3828.

Gai Z K, Zhu M, Jia L T, et al. 2015. A streamlined jawless fish

(Galeaspida) from the Lower Devonian of Yunnan, China and its taxonomic and paleoecological implications [J]. Vertebrata PalAsiatica, 53: 93–109.

Garstang W. 1928. The morphology of Tunicata and its bearing on the phylogeny of the Chordata [J]. Quarterly Journal of the Microscopical Society, 72: 51–187.

Geoscience collections of Estonia. 2017. http://geokogud.info/git.php.

Germain D, Sanchez S, Janvier P, et al. 2014. The presumed hagfish *Myxineidus gononorum* from the Upper Carboniferous of Montceau-les-Mines (Saône-et-Loire, France): New data obtained by means of propagation phase contrast X-ray synchrotron microtomography [J]. Annales de Paléontologie, 100: 131–135.

Gess R W, Coates M I, Rubidge B S. 2006. A lamprey from the Devonian period of South Africa [J]. Nature, 443: 981–984.

Ghedoghedo. 2013. Wikimedia Commons, https://commons.wikimedia.org/wiki/File: Sacabambaspis_janvieri_many_specimens.JPG#/media/File:Sacabambaspis_janvieri_many_specimens.JPG.

Goodrich E S. 1930. Studies on the Structure and Development of Vertebrates [M]. London: Macmillan & Co.

Goudemanda N, Orchard M J, Urdy S, et al. 2011. Synchrotron-aided reconstruction of the conodont feeding apparatus and implications for the mouth of the first vertebrates [J]. Proceedings of the National Academy of Sciences of the United States of America, 108: 8720–8724.

Grabau A W. 1924. Stratigraphy of China: Palaeozoic and Older [M]. Peking: Geological Survey of China.

Grogan E D, Lund R. 2002. The geological and biological environment of the Bear Gulch Limestone (Mississippian of Montana, USA) and a model for its deposition. Geodiversitas, 24: 295–315.

Gross W. 1958. Anaspiden-schuppen aus dem Ludlow des Ostseegebiets [J]. Paläontologische Zeitschrift, 32: 24–37.

Gross W. 1961. Aufbau des Panzers obersilurischer Heterostraci und Osteostraci Norddeutschlands (Geschiebe) und Oesels [J]. Acta Zoologica, 42: 73–150.

Gross W. 1967. Über Thelodontier-Schuppen [J]. Palaeontographica Abt A, 127: 1–67.

Gudo M, Grasshoff M. 2002. The origin and early evolution of chordates: the "Hydroskelett-Theorie" and new insights towards a metameric ancestor [J]. Senckenbergiana Lethaea, 82: 325.

Halstead L B. 1969. The Pattern of Vertebrate Evolution [M]. Edinburgh: Oliver & Boyd.

Halstead L B. 1973a. The affinities of the Heterostraci (Agnatha) [J]. Biological Journal of the Linnean Society, 5: 339–349.

Halstead L B. 1973b. The heterostracan fishes [J]. Biological Reviews, 48: 279–332.

Halstead L B. 1982. Evolutionary trends and the phylogeny of the Agnatha [M] //Joysey K A, Friday A E. Problems of Phylogenetic Reconstruction. London: Academic Press: 159–196.

Halstead L B. 1987. Evolutionary aspects of neural crest-derived skeletogenic cells in the earliest vertebrates [M] //Maderson P F A. Developmental and Evolutionary Aspects of the Neural Crest. London: John Wiley and Sons: 339–358.

Halstead L B, Liu Y H, P'an K. 1979. Agnathans from the Devonian of China [J]. Nature, 282: 831–833.

Halstead L B, Turner S. 1973. Silurian and Devonian ostracoderms [M] //Hallam A. Atlas of Palaeobiogeography. Amsterdam: Elsevier: 67–79.

Halstead Tarlo L B. 1963. Aspidin: the precursor of bone [J]. Nature, 199: 46–48.

Halstead Tarlo L B. 1964. The origin of bone [M] //Blackwood H. Bone and Tooth. New York: Pergamon Press: 3–17.

Halstead Tarlo LB. 1965. Psammosteiformes (Agnatha) — a review with descriptions of new material from the Lower Devonian of Poland II-systematic part [J]. Palaeontologia Polonica, 15: 1–168.

Harder W. 1975. Anatomy of Fishes [M]. Stuttgart: Schweizerbart'sche.

Hedges S B. 2001. Molecular evidence for the early history of living vertebrates [M] //Ahlberg P E. Major Events in Early Vertebrate Evolution: Palaeontology, Phylogeny, Genetics and Development. London: Taylor & Francis: 119–134.

Heimberg A M, Cowper-Sallari R, Semon M, et al. 2010. MicroRNAs reveal the interrelationships of hagfish, lampreys, and gnathostomes and the nature of the ancestral vertebrate [J]. Proceedings of the National Academy of Sciences of the United States of America, 107: 19379–19383.

Heintz A. 1957. The dorsal shield of *Psammolepis paradoxa* Agassiz [J]. Journal of the Palaeontological Society of India, 2: 153–162.

Helfman G, Collette B B, Facey D E, et al. 2009. The Diversity of Fishes: Biology, Evolution, and Ecology [M]. 2nd edition. London: Wiley-Blackwell. 1–720.

Holmes T. 2008. The first vertebrates: Oceans of the Paleozoic Era [M]. New York: Chelsea House Publishers.

Holmgren N, Stensiö E. 1936. Kranium und visceral Skelett der Akranier, Cyclostomen und Fische [M] //Bolk L, Göppert E, Kallius L, et al. Handbuch der Vergleichenden Anatomie und Morphologie der Wirbeltiere. Berlin: Urban und Schwarzenberg: 233–500.

Hopson J A. 1974. The functional significance of the hypocercal tail and lateral fin fold of anaspid ostracoderms [J]. Fieldiana Geology, 33: 83–93.

Hou X G, Bergström J. 2003. The Chengjiang fauna — the oldest preserved animal community [J]. Paleontological Research, 7: 55–70.

Ichthyolites of the old red sandstone. 2017. http://www.oldredsandstone.com.

Janvier P. 1971. La position et la forme du sac nasal chez les Osteostraci [J] . Comptes Rendus Hebdomadaires des Seances de l'Academie des Sciences, 272: 2434–2436.

Janvier P. 1974. The structure of the naso-hypophysial complex and the mouth in fossil and extant cyclostomes, with remaks on amphiaspiforms [J] . Zoologica Scripta, 3: 193–200.

Janvier P. 1975a. Anatomie et position systématique des Galéaspides (Vertebrata, Cyclostomata), Céphalaspidomorphes du Dévonien inférieur du Yunnan (Chine) [J] . Bulletin du Muséum national d'Histoire naturelle, Paris, 278: 1–16.

Janvier P. 1975b. Les yeux des Cyclostomes fossiles et le problème de l'origine des Myxinoïdes [J] . Acta Zoologica, 56: 1–9.

Janvier P. 1981a. *Norselaspis glacialis* n.g., n.sp. et les relations phylogénétiques entre les Kiaeraspidiens (Osteostraci) du Dévonien Inférieur du Spitsberg [J] . Palaeovertebrata, 11: 19–131.

Janvier P. 1981b. The phylogeny of the cranianta, with particular reference to the significance of fossil "Agnathans" [J] . Journal of Vertebrate Paleontology, 1: 121–159.

Janvier P. 1984. The relationships of the Osteostraci and Galeaspida [J] . Journal of Vertebrate Paleontology, 4: 344–358.

Janvier P. 1985. Les Céphalaspides du Spitsberg: anatomie, phylogénie et systématique des Ostéostracés siluro-dévoniens; revisions des Ostéostracés de la Formation de Wood Bay (Dévonien inférieur du Spitsberg) [M] . Paris: Cahiers de Paléontologie, Centre national de la Recherche scientifique.

Janvier P. 1987. The paired fins of anaspids: one more hypothesis about their function [J] . Journal of Paleontology, 61: 850–853.

Janvier P. 1990. La structure de l'exosquelette des Galeaspida (Vertebrata) [J] . Comptes Rendus de l'Academie des Sciences Paris Série II, 130: 655–659.

Janvier P. 1993. Patterns of diversity in the skull of jawless fishes [M] //Hanken J, Hall B K. The Skull. Chicago: University of Chicago Press: 131–188.

Janvier P. 1996a. The dawn of the vertebrates: characters versus common ascent in the rise of current vertebrate phylogenies [J] . Palaeontology, 39: 259–287.

Janvier P. 1996b. Early Vertebrates [M] . Oxford: Clarendon Press.

Janvier P. 1999. Catching the first fish [J] . Nature, 402: 21–22.

Janvier P. 2001. Ostracoderms and the shaping of the gnathostome characters [M] //Ahlberg P. Major Events in Early Vertebrate Evolution: Palaeontology, Phylogeny, Genetics and Development. London: Taylor Francis: 172–186.

Janvier P. 2003. Vertebrate characters and the Cambrian vertebrates [J] . Comptes Rendus Palevol, 2: 523–531.

Janvier P. 2004. Early specializations in the branchial apparatus of jawless vertebrates: a consideration of gill number and size [M] //Arratia G, Wilson M V H, Cloutier R. Recent Advances in the Origin and Early Radiation of Vertebrates. München: Verlag Dr. Friedrich Pfeil: 29–52.

Janvier P. 2007. Homologies and evolutionary transitions in early vertebrate history [M] //Anderson J S, Sues H-D. Major Transitions in Vertebrate Evolution. Bloomington and Indianapolis: Indiana University Press: 57–121.

Janvier P. 2015. Facts and fancies about early fossil chordates and vertebrates [J] . Nature, 520: 483–489.

Janvier P, Arsenault M. 2007. The anatomy of *Euphanerops longaevus* Woodward, 1900, an anaspid-like jawless vertebrate from the Upper Devonian of Miguasha, Quebec, Canada [J] . Geodiversitas, 29: 143–216.

Janvier P, Lund R. 1983. *Hardistiella montanensis* n.gen. et sp. (Petromyzontida) from the Lower Carboniferous of Montana, with remarks on the affinities of lampreys [J] . Journal of Vertebrate Paleontology, 2: 407–413.

Janvier P, Tông-Dzuy T, Phuong T H. 1993. A new Early Devonian galeaspid from Bac Thai Province, Vietnam [J] . Palaeontology, 36: 297–309.

Janvier P, Tông-Dzuy T, Phuong T H, et al. 2009. Occurrence of *Sanqiaspis*, Liu, 1975 (Vertebrata, Galeaspida) in the Lower Devonian of Vietnam, with remarks on the anatomy and systematics of the Sanqiaspididae [J] . Comptes Rendus Palevol, 8: 59–65.

Jarvik E. 1980. Basic Structure and Evolution of Vertebrates, Vol. 1 [M] . London: Academic Press.

Jefferies R P S. 1986. The Ancestry of the Vertebrates [M] . London: British Museum (Natural History).

Jeffery W. 2007. Chordate ancestry of the neural crest: New insights from ascidians [J] . Seminars in Cell & Developmental Biology, 18: 481–491.

Jeffery W R, Strickler A G, Yamamoto Y. 2004. Migratory neural crest-like cells form body pigment in a urochordate embryo [J] . Nature, 431: 696–699.

Johansen K, Strahan R. 1963. The respiratory system of *Myxine glutinosa* L. [M] //Brodal A, Fänge R. The Biology of Myxine. Oslo: Universitetsforlaget: 352–372.

Johanson Z, Smith M M. 2005. Origin and evolution of gnathostome dentitions: a question of teeth and pharyngeal denticles in placoderms [J] . Biological Reviews, 80: 303–345.

Johnels A G. 1948. On the development and morphology of the skeleton of the head of *Petromyzon* [J] . Acta Zoologica, 29: 139–279.

Jollie M. 1962. Chordate Morphology [M] . New York: Reinhold Books.

Jollie M. 1968. Some implications of the acceptance of a delamination principle [M] //Ørvig T. Current Problems of Lower Vertebrate Phylogeney. Nobel Symposium 4. Stockholm: Almqvist & Wiksell: 89–102.

Jones D, Evans A R, Siu K K W, et al. 2012. The sharpest tools in the box? Quantitative analysis of conodont element functional morphology [J]. Proceedings of the Royal Society B: Biological Sciences, 279: 2849–2854.

Kardong K V. 2015. Vertebrates: Comparative Anatom, Function, Evolution [M]. 7th edition. New York: McGraw-Hill Education.

Kermack K A. 1943. The functional significance of the hypocercal tail in *Pteraspis rostrata* [J]. Journal of Experimental Biology, 20: 23–27.

Kiaer J. 1930. *Ctenaspis*, a new genus of cyathaspidian fishes [J]. Skrifter om Svalbard og Ishavet, 33: 1–7.

Kiaer J. 1932. The Downtonian and Devonian vertebrates of Spitsbergen IV. Suborder Cyathaspida [J]. Skrifter om Svalbard og Ishavet, 52: 1–26.

Koken E. 1885. Über fossile Säugethiere aus China, nach dem Sammlungen des Herrn Ferdinand Freiherrn von Richthofen bearbeitet [J]. Geologisches Paläontologisches Abhandlungen, 3: 31–113.

Krejsa R J, Bringas P, Slavkin H C. 1990. A neontological interpretation of conodont elements based on agnathan cyclostome tooth structure, function, and development [J]. Lethaia, 23: 359–378.

Kuraku S, Kuratani S. 2006. Time scale for cyclostome evolution inferred with a phylogenetic diagnosis of hagfish and lamprey cDNA sequences [J]. Zoological Science, 23: 1053–1064.

Lankester E R. 1868–1870. A Monograph of the Fishes of the Old Red Sandstone of Britain. 1. The Cephalaspidae [M]. London: Palaeontographical Society.

Lee M S Y, Soubrier J, Edgecombe G D. 2013. Rates of phenotypic and genomic evolution during the Cambrian Explosion [J]. Current Biology, 23: 1889–1895.

Lehtola K A. 1983. Articulated Ordovician fish from Cañon City, Colorado [J]. Journal of Paleontology, 57: 605–607.

Lindström M. 1973. On the affinities of conodonts [M] //Rhodes F H T. Conodont paleozoology. Boulder: Geological Society of America: 85–102.

Lindström M. 1974. The conodont apparatus as a food-gathering mechanism [J]. Palaeontology, 17: 729–744.

Lindström M, Ziegler W. 1971. Feinstrukturelle untersuchungen an conodonten 1. Die überfamilie Panderodontacea [J]. Geologica et Palaeontologica. 5: 9–33.

Linnaeus C. 1758. Systema naturae per regna tria naturae [M]. 10th edition. Stockholm: Laurentii Salvii.

Liu Y H. 1991. On a new petalichthyid, *Eurycaraspis incilis* gen. et sp. nov., from the Middle Devonian of Zhanyi, Yunnan [M] // Chang M M, Liu Y H, Zhang G R. Early Vertebrates and Related Problems of Evolutionary Biology. Beijing: Science Press: 139–177.

Liu Y H, Gai Z K, Zhu M. 2017. New findings of galeaspids (Agnatha) from the Lower Devonian of Qujing, Yunnan, China [J/OL]. https://www.researchgate.net/profile/Vertebrata_Palasiatica.

Long J A. 2011. The Rise of Fishes — 500 Million Years of Evolution [M]. 2nd edition. Baltimore: The John Hopkins Univerisity Press.

Long J A, Burrett C F. 1989. Tubular phosphatic microproblematica from the Early Ordovician of China [J]. Lethaia, 22: 439–446.

Løvtrup S. 1977. The Phylogeny of Vertebrata [M]. London: John Wiley & Sons Ltd.

Ludvigsen R, Westrop S R, Pratt B R, et al. 1986. Dual biostratigraphy: zones and biofacies [J]. Geoscience Canada, 13: 139–154.

Lund R, Grogan E D. 2005. Bear Gulch web site, http://people.sju.edu/~egrogan/BearGulch/index.html.

Luo H L, Hu S X, Chen L Z. 2001. New Early Cambrian chordates from Haikou, Kunming [J]. Acta Geologica Sinica (English Edition), 75: 345–348.

Maisey J G. 1986. Heads and tails: a chordate phylogeny [J]. Cladistics, 2: 201–256.

Maisey J G. 1996. Discovering Fossil Fishes [M]. New York: Henry Holt and Company.

MaŁKowski K, Racki G, Drygant D, et al. 2009. Carbon isotope stratigraphy across the Silurian–Devonian transition in Podolia, Ukraine: evidence for a global biogeochemical perturbation [J]. Geological Magazine, 146: 674–689.

Mallatt J. 1984. Early vertebrate evolution: pharyngeal structure and the origin of gnathostomes [J]. Journal of Zoology, 204: 169–183.

Malte H, Lomholt J P. 1998. Ventilation and gas exchange [M] // Jorgensen J M, Lomholt J P, Weber R E,et al. The Biology of Hagfishes. London: Chapman & Hall: 223–234.

Mansuy H. 1907. Résultats paléontologiques [M] //Lantenois M H. Résultats de la mission géologique et minière du Yunnan méridional (Septembre 1903-Janvier 1904). Paris: Dunod and Pinat: 150–177.

Marinelli W, Strenger A. 1954. Vergleichende Anatomie und Morphologie der Wirbeltiere. 1. *Lampetra fluviatilis* [M]. Wien: Franz Deuticke.

Marinelli W, Strenger A. 1956. Vergleichende Anatomie und Morphologie der Wirbeltiere. 2. *Myxine glutinosa* [M]. Wien: Franz Deuticke.

Mark-Kurik E, Janvier P. 1995. Early Devonian osteostracans from Severnaya Zemlya, Russia [J]. Journal of Vertebrate Paleontology, 15: 449–462.

Märss T. 1979. Lateral line sensory system of the ludlovian thelodont *Phlebolepis elegans* Pander [J]. Proceedings of the Estonian Academy of Sciences: Geology, 1979: 108–111.

Märss T. 1986. Squamation of the thelodont agnathan *Phlebolepis* [J]. Journal of Vertebrate Paleontology, 6: 1–11.

Märss T, Fredholm D, Karatajute-Talimaa V, et al. 1995. Silurian vertebrate biozonal scheme [J] . Geobios Mémoire Spécial, 19: 369–372.

Märss T, Turner S, Karatajute-Talimaa V. 2007. Handbook of Paleoichthyology. Volume 1B: "Agnatha" II. Thelodonti [M] . München: Verlag Dr Friedrich Pfeil.

Martínez-Pérez C, Rayfield E J, Botella H, et al. 2016. Translating taxonomy into the evolution of conodont feeding ecology [J] . Geology, 44: 247–250.

Martini F H. 1998. Secrets of the slime hag [J] . Scientific American, 1998: 70–75.

Matsuda H, Goris R C, Kishida R. 1991. Afferent and efferent projections of the glossopharyngeal-vagal nerve in the hagfish [J] . Journal of Comparative Neurology, 311: 520–530.

Mazan S, Jaillard D, Baratte B, et al. 2000. Otx1 gene-controlled morphogenesis of the horizontal semicircular canal and the origin of the gnathostome characteristics [J] . Evolution & Development, 2: 186–193.

McCoy V E, Saupe E E, Lamsdell J C, et al. 2016. The "Tully monster" is a vertebrate [J] . Nature, 532: 496–499.

Melton W, Scott H W. 1973. Conodont-bearing animals from the Bear Gulch Limestone, Montana [J] . Special Paper of the Geological Society of America, 141: 31–65.

Miller J F. 1969. Conodont fauna of the Motch Peak Limestone (Cambro-Ordovician), House Range, Utah [J] . Journal of Paleontology, 43: 413–439.

Moy-Thomas J A, Miles R S. 1971. Palaeozoic Fishes [M] . London: Chapman and Hall.

Müller K J. 1981. Internal structure [M] //Robison R A. Treatise on Invertebrate Paleontology, Part W, Miscellanea, Supplement 2, Conodonta. Lawrence: Geological Society of America and University of Kansas Press: W20–W41.

Murdock D J E, Dong X P, Repetski J E, et al. 2013. The origin of conodonts and of vertebrate mineralized skeletons [J] . Nature, 502: 546–549.

Muséum national d'Histoire naturelle. 2017. http://www.mnhn.fr/.

Natural History Museum. 2014. Dataset: Collection specimens. http://dx.doi.org /10.5519/0002965.

Nelson J, Grande T C, Wilson W V H. 2016. Fishes of the World. 5th ed. New Jersey：Wiley.

Newman M J. 2002. A new naked jawless vertebrate from the Middle Devonian of Scotland [J] . Palaeontology, 45: 933–941.

Newman M J, Trewin N H. 2001. A new jawless vertebrate from the Middle Devonian of Scotland [J] . Palaeontology, 44: 43–51.

Nicoll R S. 1985. Multielement composition of the conodont species *Polygnathus xylus xylus* Stauffer, 1940 and *Ozarkodina brevis* (Bischoff and Ziegler, 1957) from the Upper Devonian of the Canning Basin, Western Australia [J] . Journal of Australian Geology and Geophysics, 9: 133–147.

Nicoll R S. 1987. Form and function of the Pa element in the conodont animal [M] //Aldridge R J. Palaeobiology of Conodonts. Chichester: Ellis Horwood: 77–90.

Novitskaya L I. 1974. On the brain and cranial nerves of the Heterostraci (Agnatha) [J] . Paleontologicheskii Zhurnal, 8: 205–218.

Novitskaya L I. 1983. Morphology of ancient agnathans. Heterostracans and the problem of relationships of agnathans and gnathostome vertebrates [J] . Trudi Palaeontologicheskogo Instituta,169: 1–184. (in Russian)

Obruchev D V. 1939. *Bothriolepis turanica* n. sp. from western Tien Shan [J] . Reports Acad Sci USSR, 23: 115–116.

Obruchev D V, Mark-Kurik E. 1965. Devonian psammosteids (Agnatha, Psammosteidae) of the USSR [J] . Eesti NSV Teaduste Akadeemia Toimetised, Geoloogia, 16: 1–304.

Oisi Y, Fujimoto S, Ota K G, et al. 2015. On the peculiar morphology and development of the hypoglossal, glossopharyngeal and vagus nerves and hypobranchial muscles in the hagfish [J] . Zoological Letters, 1: 6.

Oisi Y, Ota KG, Fujimoto S, et al. 2013. Development of the chondrocranium in hagfishes, with special reference to the early evolution of vertebrates [J] . Zoological Science, 30: 944–961.

Ørvig T. 1951. Histologic studies of ostracoderms, placoderms and fossil elasmobranchs 1. The endoskeleton, with remarks on the hard tissues of lower vertebrates in general [J] . Arkiv för Zoologi, 2: 321–454.

Ørvig T. 1958. *Pycnaspis splendens*, new genus, new species, a new ostracoderm from the Upper Ordovician of North America [J] . Proceedings of the United States National Museum, 108: 1–23.

Ørvig T. 1967. Phylogeny of tooth tissues: evolution of some calcified tissues in early vertebrates [M] //Miles A. Structural and Chemical Organization of Teeth. New York: Academic Press: 45–110.

Ørvig T. 1989. Histologic studies of ostracoderms, placoderms and fossil elasmobranchs. 6. Hard tissues of Ordovician vertebrates [J] . Zoologica Scripta, 18: 427–446.

Ota K G, Fujimoto S, Oisi Y, et al. 2011. Identification of vertebra-like elements and their possible differentiation from sclerotomes in the hagfish [J] . Nature Communications, 2: 373.

Ota K G, Kuratani S. 2006. The history of scientific endeavors towards understanding hagfish embryology [J] . Zoological Science, 23: 403–418.

Ota K G, Oisi Y, Fujimoto S, et al. 2014. The origin of developmental mechanisms underlying vertebral elements: implications from hagfish evo-devo [J] . Zoology, 117: 77–80.

Paleobiodiversity in Baltoscandia. 2017a. http://fossiilid.info/3087.

Paleobiodiversity in Baltoscandia. 2017b. http://fossiilid.info/3262.

Paleobiodiversity in Baltoscandia. 2017c. http://fossiilid.info/3198.

Pan J. 1992. New Galeaspids (Agnatha) from the Silurian and Devonian of China [M] . Beijing: Geological Publishing House.

Pan J, Dineley D L. 1988. A review of early (Silurian and Devonian) vertebrate biogeography and biostratigraphy of China [J] . Proceedings of the Royal Society of London Series B — Biological Sciences, 235: 29–61.

Pander C H. 1856. Monographie der Fossilen Fische des Silurischen Systems der Russischbaltischen Gouvernements [M] . St Petersburg: Akademie der Wissenschaften.

Parrington F R. 1958. On the Nature of the Anaspida [M] // Westoll T S. Studies on Fossil Vertebrates. London: University of London, The Athlone Press: 108–128.

Patten W. 1931. New ostracoderms from Oesel [J] . Science, 73: 671–673.

Pellerin N M, Wilson M V H. 1995. New evidence for structure of Irregulareaspididae tails from Lochkovian beds of the Delorme Group, Mackenzie Mountains, Northwest Territories, Canada [J] . Geobios Mémoire Spécial, 19: 45–50.

Perrier V, Charbonnier S. 2014. The Montceau-les-Mines Lagerstätte (Late Carboniferous, France) [J] . Comptes Rendus Palevol, 13: 353–367.

Peters A.1963. The peripheral nervous system [M] //Brodal A, Fänge R. The Biology of Myxine. Oslo: Universitetsforlaget: 352–372.

Peterson K J, Eernisse D J. 2001. Animal phylogeny and the ancestry of bilaterians: inferences from morphology and 18S rDNA gene sequences [J] . Evolution & Development, 3: 170–205.

Philippe H, Lartillot N, Brinkmann H. 2005. Multigene analyses of bilaterian animals corroborate the monophyly of Ecdysozoa, Lophotrochozoa, and Protostomia [J] . Molecular Biology and Evolution, 22: 1246–1253.

Piveteau J. 1964. Traité de Paléontologie [M] .Paris: Masson.

Poplin C, Sotty D, Janvier P. 2001. A hagfish (Craniata, Hyperotreti) from the Late Carboniferous Konservat-Lagerstatte of Montceau-les-Mines (Allier, France) [J] . Comptes rendus de l'Academie des Sciences Serie II, Fascicule A, Sciences de la Terre et des Planètes, 332: 345–350.

Potter I C, Gill H S, Renaud C B, et al. 2015. The taxonomy, phylogeny, and distribution of lampreys [M] //Docker M F. Lampreys: Biology, Conservation and Control: Volume 1. Dordrecht: Springer Netherlands: 35–73.

Pough F H, Janis C M, Heiser J B. 2009. Vertebrate Life [M] . 8th edition. San Francisco: Pearson Benjamin Cummings.

Purnell M A. 1995. Microwear on conodont elements and macrophagy in the first vertebrates [J] . Nature, 374: 798–800.

Purnell M A. 2001. Scenarios, selection and the ecology of early vertebrates [M] //Ahlberg P E. Major Events in Early Vertebrate Evolution: Palaeontology, Phylogeny, Genetics and Development. London: Taylor & Francis: 187–208.

Qu Q M, Blom H, Sanchez S, et al. 2015. Three-dimensional virtual histology of Silurian osteostracan scales revealed by synchrotron radiation microtomography [J] . Journal of Morphology, 276: 873–888.

Qu Q M, Zhu M, Wang W J. 2013. Scales and dermal skeletal histology of an early bony fish *Psarolepis romeri* and their bearing on the evolution of rhombic scales and hard tissues [J] . PloS One, 8: e61485.

Renaud C B. 2011. Lampreys of the World, an Annotated and Illustrated Catalogue of Lamprey Species Known to Date [M] . Rome: Food and Agriculture Organization of the United Nations.

Rhodes F H T, Austin R L, Druce E C. 1969. British Avonian (Carboniferous) conodont faunas, and their value in local and intercontinental correlation [J] . Bulletin of the British Museum (Natural History), Geology Supplement, 5: 1–313.

Richardson E S. 1966. Wormlike fossil from the Pennsylvanian of Illinois [J] . Science, 151: 75–76.

Ritchie A. 1964. New light on the morphology of the Norwegian Anaspida [J] . Skrifter utgitt av det Norske Videnskaps-Akademi, 1 Matematisk-Naturvidenskapslige klasse, 14: 1–35.

Ritchie A. 1967. *Ateleaspis tessellata* Traquair, a non-cornuate cephalaspid from the Upper Silurian of Scotland [J] . Zoological Journal of the Linnean Society, 47: 69–81.

Ritchie A. 1968. New evidence on *Jamoytius kerwoodi* White, an important ostracoderm from the Silurian of Lanarkshire, Scotland [J] . Palaeontology, 11: 21–39.

Ritchie A. 1980. The Late Silurian anaspid genus *Rhyncholepis* from Oesel, Estonia, and Ringerike, Norway [J] . American Museum Novitates, 2699: 1–18.

Ritchie A, Gilbert-Tomlinson J. 1977. First Ordovician vertebrates from the Southern Hemisphere [J] . Alcheringa, 1: 351–368.

Romer A S, Parsons T S. 1986. The Vertebrate Body. 6th edition [M] . Philadelphia: W. B. Saunders.

Salas C, Yopak K, Warrington R, et al. 2015. Ontogenetic shifts in brain scaling reflect behavioral changes in the life cycle of the pouched lamprey *Geotria australis* [J] . Frontiers in Neuroscience, 9: 251.

Sansom I J, Donoghue P C J, Albanesi G. 2005. Histology and affinity of the earliest armoured vertebrate [J] . Biology Letters, 1: 446–449.

Sansom I J, Haines P W, Andreev P, et al. 2013. A new pteraspidomorph from the Nibil Formation (Katian, Late Ordovician) of the Canning Basin, Western Australia [J] . Journal of Vertebrate Paleontology, 33: 764–769.

Sansom I J, Miller C G, Heward A, et al. 2009. Ordovician fish from the Arabian Peninsula [J] . Palaeontology, 52: 337–342.

Sansom I J, Smith M M, Smith M P. 2001. The Ordovician radiation of vertebrates [M] //Ahlberg P. Major Events in Early Vertebrate Evolution: Palaeontology, Phylogeny, Genetics and Development. London: Taylor Francis: 156–171.

Sansom I J, Smith M P, Armstrong H A, et al. 1992. Presence of the earliest vertebrate hard tissues in conodonts [J] . Science, 256: 1308–1311.

Sansom I J, Smith M P, Smith M M. 1994. Dentine in conodonts [J] . Nature, 368: 591.

Sansom I J, Smith M P, Smith M M. 1996. Scales of thelodont and shark-like fishes from the Ordovician [J] . Nature, 379: 628–630.

Sansom I J, Smith M P, Smith M M, et al. 1997. *Astraspis* — the anatomy and histology of an Ordovician fish [J] . Palaeontology, 40: 625–643.

Sansom R S. 2009a. Endemicity and palaeobiogeography of the Osteostraci and Galeaspida: a test of scenarios of gnathostome evolution [J] . Palaeontology, 52: 1257–1273.

Sansom R S. 2009b. Phylogeny, classification and character polarity of the Osteostraci (Vertebrata) [J] . Journal of Systematic Palaeontology, 7: 95–115.

Sansom R S, Freedman K I M, Gabbott S E, et al. 2010. Taphonomy and affinity of an enigmatic Silurian vertebrate, *Jamoytius kerwoodi* White [J] . Palaeontology, 53: 1393–1409.

Sansom R S, Gabbott S E, Purnell M A. 2013. Unusual anal fin in a Devonian jawless vertebrate reveals complex origins of paired appendages [J] . Biology Letters, 9: 20130002.

Sansom R S, Randle E, Donoghue P C. 2015. Discriminating signal from noise in the fossil record of early vertebrates reveals cryptic evolutionary history [J] . Proceedings of the Royal Society B: Biological Sciences, 282: 20142245.

Schubert M, Escriva H, Xavierneto J, et al. 2006. Amphioxus and tunicates as evolutionary model systems [J] . Trends in Ecology & Evolution 21: 269–277.

Schultze H-P. 1969. Griphognathus Gross, ein langschnauziger Dipnoer aus dem Oberdevon von Bergisch-Gladbach (Rheinisches Schiefergebirge) und von Lettland [J] . Geologica et Palaeontologica, 3: 21–79.

Scott H W. 1934. The zoological relationships of the conodonts [J] . Journal of Paleontology, 8: 448–455.

Scott H W. 1942. Conodont assemblages from the Heath Formation, Montana [J] . Journal of Paleontology,16: 293–300.

Shigetani Y, Sugahara F, Kawakami Y, et al. 2002. Heterotopic shift of epithelial-mesenchymal interactions in vertebrate jaw evolution [J] . Science, 296: 1316–1319.

Shu D G. 2003. A paleontological perspective of vertebrate origin [J] . Chinese Science Bulletin, 48: 725–735.

Shu D G. 2009. Cambrian explosion: formation of tree of animals [J] . Journal of Earth Sciences and Environment, 31: 111–134.

Shu D G, Chen L, Han J, et al. 2001. An Early Cambrian tunicate from China [J] . Nature, 411: 472–473.

Shu D G, Conway Morris S, Han J, et al. 2003. Head and backbone of the Early Cambrian vertebrate *Haikouichthys* [J] . Nature, 421: 526–529.

Shu D G, Conway Morris S, Zhang X L. 1996. A *Pikaia*-like chordate from the Lower Cambrian of China [J] . Nature, 384: 157–158.

Shu D G, Luo H L, Conway Morris S, et al. 1999. Lower Cambrian vertebrates from South China [J] . Nature, 402: 42–46.

Simonetta A M, Insom E. 1993. New animals from the Burgess Shale (Middle Cambrian) and their possible significance for the understanding of the Bilateria [J] . Bollettino di Zoologia, 60: 97–107.

Sire J-Y, Donoghue P C J, Vickaryous M K. 2009. Origin and evolution of the integumentary skeleton in non-tetrapod vertebrates [J] . Journal of Anatomy, 214: 409–440.

Smith M M, Sansom I J, Smith M P. 1996. "Teeth" before armour: the earliest vertebrate mineralized tissues [J] . Modern Geology, 20: 303–319.

Smith M P, Briggs D E G, Aldridge R J. 1987. A conodont animal from the lower Silurian of Wisconsin, U.S.A., and the apparatus architecture of panderodontid conodonts [M] //Aldridge R J. Palaeobiology of Conodonts. Chichester: Ellis Horwood: 91–104.

Smith M P, Sansom I J. 1995. The affinity of *Anatolepis* Bockelie & Fortey [J] . Geobios Mémoire Spécial, 19: 61–63.

Soehn K L, Wilson M V H. 1990. A complete, articulated heterostracan from the Wenlockian (Silurian) beds of the Delorme Group, Mackenzie Mountains Northwest Territories, Canada [J] . Journal of Vertebrate Paleontology, 10: 405–419.

Stensiö E A. 1927. The Downtonian and Devonian vertebrates of Spitsbergen. Part 1. Family Cephalaspidae [J] . Skrifter om Svalbard og Nordishavet, 12: 1–391.

Stensiö E A. 1964. Les Cyclostomes fossiles ou Ostracodermes [M] //Piveteau J. Traité de Paléontologie, volume 4, part 1. Paris: Masson: 96–382.

Tarlo L B H. 1961. Psammosteids from the Middle and Upper Devonian of Scotland [J] . Quarterly Journal of the Geological Society, London, 117: 193–213.

Tarlo L B H. 1962. The classification and evolution of the Heterostraci [J] . Acta Palaeontologica Polonica, 7: 249–290.

Tarlo L B H. 1967. Agnatha [M] //Harland W B, Holland C H, House M R, et al. The Fossil Record. London: The Geological Society of London: 629–636.

Theron J N, Kovács-Endrödy E. 1986. Preliminary note and description of the earliest known vascular plant, or an ancestor of vascular plants, in the flora of the Lower Silurian Cedarberg Formation, Table Mountain Group, South Africa [J] . South African Journal of Science, 82: 102–105.

Thomson, K S. 1971. The adaptation and evolution of early fishes [J] . Quarterly Review of Biology, 46: 139–166.

Ting V K, Wang Y L. 1937. Cambrian and Silurian Formations of Malung and Chutsing Districts, Yunnan [J] . Bulletin of the Geological Society of China, 16: 1–28.

Tông-Dzuy T, Janvier P, Ta-Hoa P, et al. 1995. Lower Devonian biostratigraphy and vertebrates of the Tong Vai Valley, Vietnam [J]. Palaeontology, 38: 169–186.

Traquair R H. 1898. Notes on Palaeozoic fishes. No. II [J]. Annals and Magazine of Natural History, 2: 67–70.

Turner S. 1991. Monophyly and interrelationships of the Thelodonti [M] //Chang M M, Liu Y H, Zhang G R. Early Vertebrates and Related Problems of Evolutionary Biology. Beijing: Science Press: 87–119.

Turner S. 1992. Thelodont lifestyles [M] //Mark-Kurik E. Fossil Fishes as Living Animals. Tallinn: Academia: 21–40.

Turner S. 2000. New Llandovery to early Pridoli microvertebrates including Lower Silurian zone fossil, *Loganellia avonia* nov. sp., from Britain [J]. Courier Forschungsinstitut Senckenberg, 223: 91–127.

Turner S. 2004. Early vertebrates: analysis from microfossil evidence [M] //Arratia G, Wilson M V H, Cloutier R. Recent Advances in the Origin and Early Radiation of Vertebrates. München: Verlag Dr. Friedrich Pfeil: 67–94.

Turner S, Blieck A, Nowlan G S. 2004. Vertebrates (agnathans and gnathostomes) [M] //Webby B D. The Great Ordovician Biodiversification Event. New York: Columbia University Press: 327–335.

Turner S, Burrow C J, Schultze H-P, et al. 2010. False teeth: conodont-vertebrate phylogenetic relationships revisited [J]. Geodiversitas, 32: 545–594.

Turner S, Miller R F. 2005. New ideas about old sharks [J]. American Scientist, 93: 244–252.

Van der Brugghen W, Janvier P. 1993. Denticles in thelodonts [J]. Nature, 364: 107.

Van der Brugghen W. 2010. New observations on the Silurian anaspid *Lasanius problematicus* Traquair. Fossil Quarry Articles No.1 [J/OL].

Vogel S, 1994. Life in Moving Fluids [M]. Princeton: Princeton University Press: 1–484.

Wada H, Satoh N. 1994. Details of the evolutionary history from invertebrates to vertebrates, as deduced from the sequences of 18S rDNA [J]. Proceedings of the National Academy of Sciences of the United States of America, 91: 1801–1804.

Wang B, Gai Z K. 2014. A sea scorpion claw from thc Lower Devonian of China (Chelicerata: Eurypterida) [J]. Alcheringa, 38: 296–300.

Wang J Q, Zhu M. 1994. *Zhaotongaspis janvieri* gen. et sp. nov., a galeaspid from Early Devonian of Zhaotong, northeastern Yunnan [J]. Vertebrata PalAsiatica, 32: 231–243.

Wang J Q, Zhu M. 1997. Discovery of Ordovician vertebrate fossil from Inner Mongolia, China [J]. Chinese Science Bulletin, 42: 1560–1563.

Wang N Z. 1984. Thelodont, acanthodian and chondrichthyanfossils from the Lower Devonian of southwest China [J]. Proceedings of the Linnean Society of New South Wales, 107: 419–441.

Wang N Z. 1991. Two new Silurian galeaspids (jawless craniates) from Zhejiang Province, China, with a discussion of galeaspid-gnathostome relationships [M] //Chang M M, Liu Y H, Zhang G R. Early Vertebrates and Related Problems of Evolutionary Biology. Beijing: Science Press: 41–66.

Wang N Z. 1995. Thelodonts from the Cuifengshan Group of East Yunnan, China and its biochronological significance [J]. Geobios Mémoire Spécial, 19: 403–409.

Wang N Z, Donoghue P C J, Smith M M, et al. 2005. Histology of the galeaspid dermoskeleton and endoskeleton, and the origin and early evolution of the vertebrate cranial endoskeleton [J]. Journal of Vertebrate Paleontology, 25: 745–756.

Wängsjö G. 1952. The Downtonian and Devonian vertebrates of Spitsbergen. IX. Morphologic and systematic studies of the Spitsbergen cephalaspids [J]. Norsk Polarinstitutt Skrifter, 97: 1–615.

Westoll T S. 1958. The lateral fin-fold theory and the pectoral fins of ostracoderms and early fishes [M] //Westoll T S. Studies on Fossil Vertebrates. London: Athlone Press: 180–211.

White E I. 1935. The ostracoderm *Pteraspis* Kner and the relationships of the agnathous vertebrates [J]. Philosophical Transactions of the Royal Society of London, Series B, 225: 381–457.

White E I. 1946. *Jamoytius kerwoodi*, a new chordate from the Silurian of Lanarkshire [J]. Journal of Geology, 83: 89–97.

Wicht H, Nieuwenhuys R. 1998. Hagfishes (Myxinoidea) [M] //Nieuwenhuys R, Donkelaar H J, Nicholson C. The Central Nervous System of Vertebrates. Berlin: Springer: 497–549.

Wilson M V H, Caldwell M W. 1993. New Silurian and Devonian fork-tailed "thelodonts" are jawless vertebrates with stomachs and deep bodies [J]. Nature, 361: 442–444.

Wilson M V H, Caldwell M W. 1998. The Furcacaudiformes: a new order of jawless vertebrates with thelodont scales, based on articulated Silurian and Devonian fossils from northern Canada [J]. Journal of Vertebrate Paleontology, 18: 10–29.

Wilson M V H, Hanke G F, Märss T. 2007. Paired fins of jawless vertebrates and their homologies across the "agnathan"-gnathostome transition [M] //Anderson J S, Sues H-D. Major Transitions in Vertebrate Evolution. Bloomington and Indianapolis: Indiana University Press: 122–149.

Wilson M V H, Märss T. 2004. Toward a phylogeny of the thelodonts [M] //Arratia G, Wilson M V H, Cloutier R. Recent Advances in the Origin and Early Radiation of Vertebrates. München: Verlag Dr. Friedrich Pfeil: 95–108.

Wilson M V H, Märss T. 2009. Thelodont phylogeny revisited, with inclusion of key scale-based taxa [J]. Estonian Journal of Earth Sciences, 58: 297–310.

Wilson M V H, Märss T. 2012. Anatomy of the Silurian thelodont *Phlebolepis elegans* Pander [J]. Estonian Journal of Earth Sciences, 61: 261–276.

Winchell C J, Sullivan J, Cameron C B, et al. 2002. Evaluating Hypotheses of Deuterostome Phylogeny and Chordate Evolution with New LSU and SSU Ribosomal DNA Data [J] . Molecular Biology and Evolution, 19: 762–776.

Withers P C. 1992. Comparative Animal Physiology [M] . Fort Worth: Saunders College Publishing.

Witten P E, Sire J Y, Huysseune A. 2014. Old, new and new-old concepts about the evolution of teeth [J] . Journal of Applied Ichthyology, 30: 636–642.

Woodward A S. 1898. Outlines of Vertebrate Palaeontology for Students of Zoology [M] . Cambridge: Cambridge University Press.

Xue J Z, Deng Z Z, Huang P, et al. 2016. Belowground rhizomes in paleosols: The hidden half of an Early Devonian vascular plant [J] . Proceedings of the National Academy of Sciences of the United States of America, 113: 9451–9456.

Yalden D W. 1985. Feeding mechanisms as evidence for cyclostome monophyly [J] . Zoological Journal of the Linnean Society, 84: 291–300.

Young C C. 1945. A review of the fossil fishes of China, their stratigraphical and geographical distribution [J] . American Journal of Science, 243: 127–137.

Young G C. 1991. The first armoured agnathan vertebrates from the Devonian of Australia [M] //Chang M M, Liu Y H, Zhang G R. Early Vertebrates and Related Problems of Evolutionary Biology. Beijing: Science Press: 67–85.

Young G C. 1997. Ordovician microvertebrate remains from the Amadeus Basin, Central Australia [J] . Journal of Vertebrate Paleontology, 17: 1–25.

Zhang X G, Hou X G. 2004. Evidence for a single median fin-fold and tail in the Lower Cambrian vertebrate, *Haikouichthys ercaicunensis* [J] . Journal of Evolutionary Biology, 17: 1162–1166.

Zhao W J, Zhu M. 2007. Diversification and faunal shift of Siluro-Devonian vertebrates of China [J] . Geological Journal, 42: 351–369.

Zhu M. 1996. Studies on the Devonian fishes of South China [J] . Science Foundation in China, 4: 47.

Zhu M, Ahlberg P E, Pan Z H, et al. 2016. A Silurian maxillate placoderm illuminates jaw evolution [J] . Science, 354: 334–336.

Zhu M, Gai Z K. 2006. Phylogenetic relationships of galeaspids (Agnatha) [J] . Vertebrata PalAsiatica, 44: 1–27.

Zhu M, Janvier P. 1998. The histological structure of the endoskeleton in galeaspids (Galeaspida,Vertebrata) [J] . Journal of Vertebrate Paleontology, 18: 650–654.

Zhu M, Liu Y H, Jia L T, et al. 2012. A new genus of eugaleaspidiforms (Agnatha: Galeaspida) from the Ludlow, Silurian of Qujing, Yunnan, southwestern China [J] . Vertebrata PalAsiatica, 50: 1–7.

Zhu M, Yu X B, Ahlberg P E, et al. 2013. A Silurian placoderm with osteichthyan-like marginal jaw bones [J] . Nature, 502: 188–193.

Zhu M, Zhao W J, Jia L-T, et al. 2009. The oldest articulated osteichthyan reveals mosaic gnathostome characters [J] . Nature, 458: 469–474.

Zigaite Z, Blieck A. 2013. Chapter 28 Palaeobiogeography of Early Palaeozoic vertebrates [J] . Geological Society, London, Memoirs, 38: 449–460.

Zintzen V, Roberts C D, Anderson M J, et al. 2011. Hagfish predatory behaviour and slime defence mechanism [J] . Scientific Reports, 1: 131.

Zintzen V, Roberts C D, Shepherd L, et al. 2015. Review and phylogeny of the New Zealand hagfishes (Myxiniformes: Myxinidae), with a description of three new species [J] . Zoological Journal of the Linnean Society, 174: 363–393.

分类索引

名词索引

作者介绍

盖志琨　中国科学院古脊椎动物与古人类研究所副研究员。2002年考入中国科学院古脊椎动物与古人类研究所攻读硕士学位，师从朱敏研究员，开始从事无颌类盔甲鱼研究。2006—2011年，在英国布里斯托大学攻读博士学位，师从英国皇家科学院院士Philip C.J. Donoghue，应用大科学装置同步辐射X射线成像和计算机三维虚拟重建技术，开展无颌类盔甲鱼脑颅三维虚拟重建和有颌脊椎动物起源的研究，已发表学术论文20余篇。经过十余年研究积累，在脊椎动物颌起源领域取得了一系列突破性进展，相关成果在*Nature*杂志以封面推荐文章发表，在国际学术界引起广泛关注，并先后被编入英、美经典教科书。2011年入选《北京科技报》青年科学家栏目科学新锐，2012年获国际古脊椎动物学会（SVP）颁发的发展中国家青年科学家奖，2014年荣获中国科学院卢嘉锡青年人才奖，2015年入选国家"万人计划"（青年拔尖人才支持计划）。

朱　敏　中国科学院古脊椎动物与古人类研究所研究员，主要从事早期脊椎动物及相关地层学、古生物地理学研究。为解决古生物学与演化生物学领域一些长期争论不休的科学问题（如颌起源、有颌类起源与早期分化格局、硬骨鱼纲起源与早期演化、四足动物起源等）提出有影响力的新假说，并提供了关键实证，使中国早期脊椎动物研究稳居古脊椎动物研究领域的国际前沿地位。曾任国际地质对比计划IGCP491项目主席、国际地层委员会泥盆纪分会投票委员、中国古生物学会副理事长、中国科学院古脊椎动物与古人类研究所所长；现为科技部创新人才计划重点领域创新团队负责人，中国科学院脊椎动物演化与人类起源重点实验室主任。国家杰出青年基金获得者，2004年入选首批"新世纪百千万人才工程"国家级人选，2013年成为瑞典皇家科学院第三期阿特迪讲座三位主讲嘉宾之一，2016年入选国家"万人计划"领军人才。曾获中国高校自然科学奖一等奖（第5完成人，2001年）、中国青年五四奖章（2002年）、中国青年科技奖（2004年）、中国青年科学家奖（2006年）、国家自然科学奖二等奖（第1完成人，2013）、何梁何利基金科学与技术进步奖（2014）等奖项。

Nobu Tamura 物理学家，古生物绘画业余爱好者，热衷于史前古生物的复原。2014年与古生物学家Dean R. Lomax合著《不列颠群岛的恐龙》(*Dinosaurs of the British Isles*)，其作品被广泛用于各类图书、杂志、博物馆展览、电视节目及应用程序使用。现居美国加利福尼亚州。

杨定华 艺名华风。中国古生物复原画师，现就职于中国科学院南京地质古生物研究所。复原作品多次在国内外重要刊物发表，代表作有《冠状皱囊动物》《长吻麒麟鱼》《侏罗奇异虫》《独角蚁》《夏氏针虻》《始祖动吻虫》和《黄氏憶人扇螅》。复原图曾发表于*Nature*、*Science*、*elife*、*Current Biology*、*The Science of Nature*、*Scientific Report*等国际知名刊物。其中，《冠状皱囊动物》被选用于*Nature*杂志封面，《律动海百合》于2016年5月在中国科学院"发现科学之美"图片大赛中荣获优秀奖。

史爱娟 毕业于中央美术学院，现任中国科学院古脊椎动物与古人类研究所科学插画师。复原图代表作有《早白垩世鸟类卵泡演化》《热河鸟》《食鱼反鸟》《重明鸟》和《晚萌齿兽》等，发表于*Nature*、*PNAS*、*Current Biology*、*Scientific Reports*等国际知名刊物。《鹏鸟》复原图被选为《古脊椎动物学报》2014年52卷第1期的封面。

尾声 无颌类的一支创造性地演化出了颌，成为有颌类，包括盾皮鱼类、棘鱼类、软骨鱼类和硬骨鱼类。有颌类在泥盆纪开始繁盛，在泥盆纪末成功登上陆地，又经过近4亿年的演化，最终衍生出我们人类自己。(B. Choo绘)